Formeln und Tabellen Maschinenbau

Lizenz zum Wissen.

Sichern Sie sich umfassendes Technikwissen mit Sofortzugriff auf tausende Fachbücher und Fachzeitschriften aus den Bereichen: Automobiltechnik, Maschinenbau, Energie + Umwelt, E-Technik, Informatik + IT und Bauwesen.

Exklusiv für Leser von Springer-Fachbüchern: Testen Sie Springer für Professionals 30 Tage unverbindlich. Nutzen Sie dazu im Bestellverlauf Ihren persönlichen Aktionscode C0005406 auf
www.springerprofessional.de/buchaktion/

**Jetzt
30 Tage
testen!**

Springer für Professionals.
Digitale Fachbibliothek. Themen-Scout. Knowledge-Manager.

- Zugriff auf tausende von Fachbüchern und Fachzeitschriften
- Selektion, Komprimierung und Verknüpfung relevanter Themen durch Fachredaktionen
- Tools zur persönlichen Wissensorganisation und Vernetzung

www.entschieden-intelligenter.de

Springer für Professionals

 Springer

Alfred Böge · Wolfgang Böge
Herausgeber

Formeln und Tabellen Maschinenbau

Für Studium und Praxis

4., überarbeitete und erweiterte Auflage

Mit über 2000 Stichwörtern

Autoren:
Alfred Böge/Wolfgang Böge: Maschinenelemente,
Mathematik, Thermodynamik, Fluidmechanik,
Festigkeitslehre, Fertigungstechnik
Gert Böge: Physik, Mechanik fester Körper
Peter Franke: Elektrotechnik
Peter Kurzweil: Chemie
Wolfgang Weißbach: Werkstofftechnik

Herausgeber

Alfred Böge †

Wolfgang Böge
Wolfenbüttel, Deutschland

ISBN 978-3-658-09816-2   ISBN 978-3-658-09817-9 (eBook)
DOI 10.1007/978-3-658-09817-9

Die Deutsche Nationalbibliothek verzeichnet diese Publikation in der Deutschen Nationalbibliografie;
detaillierte bibliografische Daten sind im Internet über http://dnb.d-nb.de abrufbar.

Springer Vieweg
© Springer Fachmedien Wiesbaden 2007, 2009, 2012, 2015

Lektorat: Thomas Zipsner
Abbildungen: Graphik & Text Studio Dr. Wolfgang Zettlmeier, Barbing
Satz: Klementz Publishing Services, Freiburg

Gedruckt auf säurefreiem und chlorfrei gebleichtem Papier.

Springer Fachmedien Wiesbaden GmbH ist Teil der Fachverlagsgruppe Springer Science+Business Media
(www.springer.com)

Vorwort

Ingenieure und Techniker in Ausbildung und Beruf finden in den *Formeln und Tabellen Maschinenbau* Größengleichungen und Formeln, Diagramme, Tabellenwerte, Regeln und Verfahren und Hinweise auf wichtige Normen und Richtlinien, die zum Lösen von Aufgaben aus den technischen Grundlagenfächern des Maschinenbaus erforderlich sind.

Die mit vielen Abbildungen versehenen Berechnungs- und Dimensionierungsgleichungen aus Mathematik, Physik, Chemie, Werkstofftechnik, Thermodynamik, Mechanik fester Körper, Fluidmechanik, Festigkeitslehre, Maschinenelemente und Fertigungstechnik sind in Tabellen so geordnet, dass sie einer speziellen Aufgabe leicht zugeordnet werden können:

- Das umfangreiche Sachwortverzeichnis führt schnell zu den gesuchten technisch-physikalischen Größen.

- Die zugehörige Tabelle zeigt die erforderlichen Größengleichungen.

- Zusätzlichen Erläuterungen sichern die richtige Anwendung der Formeln, Diagramme und Tabellenwerte.

Die nun vorliegende vierte Auflage der Formeln und Tabellen Maschinenbau ist in vielen Kapiteln erweitert worden:

Physik
Im Kapitel Optik werden nun die wichtigsten Definitionsgleichungen aufgeführt. Das Kapitel Akustik wurde neu aufgenommen.

Mechanik fester Körper
In der Statik wurden das Culmann´sche, das Ritter´sche und das Knotenschnittverfahren neu aufgenommen. Auch die Gesetzmäßigkeiten der harmonischen Wellen ergänzen dieses Kapitel.

Fluidmechanik
Das Kapitel Statik der Flüssigkeiten wurde um die Bestimmung der Druckkraft auf gewölbte Böden und die Beanspruchung einer Kessel- oder Rohrlängsnaht erweitert.

Festigkeitslehre
Neu aufgenommen wurde die Knickung im Stahlbau nach DIN EN 1993-1-1 (Eurocode 3). Außerdem werden jetzt die Begriffe Kernweite/Querschnittsform bei der zusammengesetzten Beanspruchung definiert.

Maschinenelemente
Die Normen und Richtlinien sind in den Bereichen Toleranzen und Passungen, | Schraubenverbindungen | Achsen, Wellen, Zapfen | Nabenverbindungen | Zahnradgetriebe | stark erweitert worden.

Fertigungstechnik
Das bisher „Zerspantechnik" genannte Kapitel wurde in „Fertigungstechnik" umbenannt, weil die beiden Fertigungsverfahren Biegen und Schneiden neu aufgenommen wurden.

In sämtlichen Kapiteln wurden wiederum die zahlreichen Anregungen, Verbesserungsvorschlä-
ge und kritischen Hinweise von Lehrern, Fachleuten aus Industrie und Handwerk und
Studierenden dankbar berücksichtigt und verarbeitet.

Ein herzlicher Dank der Autoren und des Herausgebers gilt dem Lektorat Maschinenbau des
Springer Vieweg Verlags, Herrn Dipl.-Ing. Thomas Zipsner und Frau Imke Zander. Ihr
Engagement und Fachwissen haben wieder einmal zum Gelingen der vierten Auflage der
Formeln und Tabellen Maschinenbau beigetragen.

Die E-Mail-Adresse des Herausgebers: w_boege@t-online.de

Wolfenbüttel, Oktober 2015   *Wolfgang Böge*

Inhaltsverzeichnis

1 Mathematik

1.1 Mathematische Zeichen (nach DIN 1302)

$\sim$	proportional, ähnlich, asymptotisch gleich (sich $\rightarrow \infty$ angleichend), gleichmächtig	$\mid$	teilt; $n\mid m$: natürliche Zahl n teilt natürliche Zahl m ohne Rest
$\approx$	ungefähr gleich	$\nmid$	nicht teilt; $n\nmid m$: m ist nicht Vielfaches von n
$\cong$	kongruent		
$\hat{=}$	entspricht	$\mathbb{N}$	$= \{0, 1, 2, 3, ...\}$ Menge der natürlichen Zahlen mit Null
$\neq$	ungleich		
$<$	kleiner als	$\mathbb{N}^*$	$= \{1, 2, 3, ...\}$ Menge der natürlichen Zahlen ohne Null
$\leq$	kleiner als oder gleich		
$>$	größer als	$\mathbb{Z}$	$= \{..., -2, -1, 0, 1, 2, ...\}$ Menge der ganzen Zahlen
$\geq$	größer als oder gleich		
∞	unendlich	$\mathbb{Z}^*$	$= \{..., -2, -1, 1, 2, ...\}$ Menge der ganzen Zahlen ohne Null
$\parallel$	parallel		
$\nparallel$	nicht parallel	$\mathbb{Q}$	$= \left\{ \dfrac{n}{m} \mid n \in \mathbb{Z} \wedge m \in \mathbb{N}^* \right\}$
$⫲$	parallelgleich: parallel und gleich lang		Menge der rationalen Zahlen (Bruchzahlen)
$\perp$	orthogonal zu		
$\rightarrow$	gegen (bei Grenzübergang), zugeordnet	$\mathbb{Q}^*$	$= \left\{ \dfrac{n}{m} \mid n \in Z^* \wedge m \in \mathbb{N}^* \right\}$
$\Rightarrow$	aus... folgt...		Menge der rationalen Zahlen ohne Null
$\Leftrightarrow$	äquivalent (gleichwertig); aus... folgt... und umgekehrt	$\mathbb{R}$	Menge der reellen Zahlen
$\wedge$	und, sowohl... als auch...	$\mathbb{R}^*$	Menge $\mathbb{R}$ ohne Null
$\vee$	oder; das eine oder das andere oder beides (also nicht: entweder... oder...)	$\mathbb{C}$	Menge der komplexen Zahlen
		$n!$	$= 1 \cdot 2 \cdot 3 \cdot ... \cdot n$, n Fakultät
$\lvert x \rvert$	Betrag von x, Absolutwert	$\dbinom{n}{k}$	$\dfrac{n(n-1)(n-2)...(n-k+1)}{k!}$
$\{x\mid...\}$	Menge aller x, für die gilt...		
$\{a,b,c\}$	Menge aus den Elementen a, b, c; beliebige Reihenfolge der Elemente		gelesen: n über k; $k \leq n$; binomischer Koeffizient
(a, b)	Paar mit den geordneten Elementen (Komponenten) a und b; vorgeschriebene Reihenfolge	$[a; b]$	$= a ... b$; geschlossenes Intervall von a bis b, d. h. a und b eingeschlossen: $= \{x \mid a \leq x \leq b\}$
(a,b,c)	Tripel mit den geordneten Elementen (Komponenten) a, b und c; vorgeschriebene Reihenfolge	$]a; b[$	$= \{x \mid a < x < b\}$; offenes Intervall von a bis b, d. h. ohne die Grenzen a und b
AB	Gerade AB; geht durch die Punkte A und B	$]a; b]$	$= \{x \mid a < x \leq b\}$; halboffenes Intervall, a ausgeschlossen, b eingeschlossen
$\overline{AB}$	Strecke AB		
$\lvert \overline{AB} \rvert$	Betrag (Länge) der Strecke AB	$\lim$	Limes, Grenzwert
(A, B)	Pfeil AB	$\log$	Logarithmus, beliebige Basis
$\overrightarrow{AB}$	Vektor AB; Menge aller zu (A, B) parallelgleichen Pfeile	$\log_a$	Logarithmus zur Basis a
		$\lg x$	$= \log_{10} x$ Zehnerlogarithmus
$\in$	Element von	$\ln x$	$= \log_e x$ natürlicher Logarithmus
$\notin$	nicht Element von	Δx	Delta x, Differenz von zwei x-Werten, z. B. $x_2 - x_1$

$\mathrm{d}x$ Differenzial von x, symbolischer Grenzwert von Δx bei $\Delta x \to 0$

$\dfrac{\mathrm{d}y}{\mathrm{d}x}$ $\mathrm{d}y$ nach $\mathrm{d}x$, Differenzialquotient

$y' = f'(x)$, $y'' = f''(x)$, ... Abkürzungen für

$$\frac{\mathrm{d}f(x)}{\mathrm{d}x},\ \frac{\mathrm{d}^2 f(x)}{\mathrm{d}x^2} = \frac{\mathrm{d}}{\mathrm{d}x}\left(\frac{\mathrm{d}f(x)}{\mathrm{d}x}\right),\dots$$

erste, zweite,... Ableitung; Differenzialquotient erster, zweiter, ... Ordnung

$\displaystyle\sum_{v=1}^{n} a_v$ $= a_1 + a_2 + \dots + a_\mathrm{n}$, Summe

$\displaystyle\int \dots \mathrm{d}x$ unbestimmtes Integral, Umkehrung des Differenzialquotienten

$$\int_a^b f(x)\,\mathrm{d}x = [F(x)]_a^b = F(b) - F(a)$$

mit $F'(x) = f(x)$, bestimmtes Integral

1.2 Griechisches Alphabet

α	A	Alpha	η	H	Eta	ν	N	Ny	τ	T	Tau
β	B	Beta	ϑ	Θ	Theta	ξ	Ξ	Xi	υ	Y	Ypsilon
γ	Γ	Gamma	ι	J	Jota	o	O	Omikron	φ	Φ	Phi
δ	Δ	Delta	κ	K	Kappa	π	Π	Pi	χ	X	Chi
ε	E	Epsilon	λ	Λ	Lamda	ϱ	P	Rho	ψ	Ψ	Psi
ζ	Z	Zeta	μ	M	My	σ	Σ	Sigma	ω	Ω	Omega

1.3 Häufig gebrauchte Konstanten

$\sqrt{2} = 1{,}41422$	$\sqrt{\pi/2} = 1{,}253314$	$\sqrt{2g} = 4{,}42945$	$\sqrt[3]{1/\pi} = 0{,}682784$
$\sqrt{3} = 1{,}73205$	$\sqrt[3]{\pi} = 1{,}464592$	$1/\pi = 0{,}318310$	$1/e = 0{,}367879$
$\pi = 3{,}141593$	$e = 2{,}718282$	$1/2\pi = 0{,}159155$	$1/e^2 = 0{,}135335$
$2\pi = 6{,}283185$	$e^2 = 7{,}389056$	$1/3\pi = 0{,}106103$	$\sqrt{1/e} = 0{,}606531$
$3\pi = 9{,}424778$	$\sqrt{e} = 1{,}648721$	$1/4\pi = 0{,}079577$	$\sqrt[3]{1/e} = 0{,}716532$
$4\pi = 12{,}566371$	$\sqrt[3]{e} = 1{,}395612$	$2/\pi = 0{,}636620$	$e^{-\pi/2} = 0{,}207880$
$\pi/2 = 1{,}570796$	$e^{\pi/2} = 4{,}810477$	$3/\pi = 0{,}954930$	$e^{-\pi} = 0{,}043214$
$\pi/3 = 1{,}047198$	$e^{\pi} = 23{,}140693$	$4/\pi = 1{,}273240$	$e^{-2\pi} = 0{,}001867$
$\pi/4 = 0{,}785398$	$e^{2\pi} = 535{,}491656$	$180/\pi = 57{,}295780$	$1/M = \ln 10 = 2{,}302585$
$\pi/180 = 0{,}017453$	$M = \lg e = 0{,}434294$	$1/\pi^2 = 0{,}101321$	$1/g = 0{,}10194$
$\pi^2 = 9{,}869604$	$g = 9{,}81\ \mathrm{m/s^2}$	$\sqrt{1/\pi} = 0{,}564190$	$1/2g = 0{,}050968$
$\sqrt{\pi} = 1{,}772454$	$g^2 = 96{,}2361$	$\sqrt{1/2\pi} = 0{,}398942$	$\sqrt[\pi]{g} = 9{,}83976$
$\sqrt{2\pi} = 2{,}506628$	$\sqrt{g} = 3{,}13209$	$\sqrt{2/\pi} = 0{,}797885$	$\sqrt[\pi]{2g} = 13{,}91552$

1.4 Multiplikation, Division, Klammern, Binomische Formeln, Mittelwerte

Produkt n · a

$$n \cdot a = \underbrace{a + a + a + \ldots + a}_{n \ \text{Summanden}} \qquad n, a \ \text{Faktoren}$$

Vorzeichenregeln

$$(+a)(+b) = ab \qquad (+a)(-b) = -ab$$
$$(-a)(+b) = -ab \qquad (-a)(-b) = \ ab$$
$$(+a):(+b) = a/b \qquad (+a):(-b) = -a/b$$
$$(-a):(+b) = -a/b \quad (-a):(-b) = \ a/b$$

Rechnen mit Null

$$a \cdot b = 0 \ \text{heißt} \ a = 0 \ \text{oder} \ b = 0; \ 0 \cdot a = 0; \ 0 : a = 0$$

Multiplizieren von Summen

$$(a+b)(c+d) = ac + ad + bc + bd$$

Quotient

$$a = b/n = b : n; \ n \neq 0; \ b \ \text{Dividend}; \ n \ \text{Divisor}$$
Division durch 0 gibt es nicht

Brüche

$$\frac{a}{b} \cdot \frac{c}{d} = \frac{ac}{bd}$$

Brüche werden multipliziert, indem man ihre Zähler und ihre Nenner multipliziert.

$$\frac{a}{b} : \frac{c}{d} = \frac{ad}{bc}$$

Brüche werden dividiert, indem man mit dem Kehrwert des Divisors multipliziert.

$$\frac{a}{d} + \frac{b}{d} - \frac{c}{d} = \frac{a+b-c}{d}; \quad \frac{a+b}{c} = \frac{a}{c} + \frac{b}{c}$$

$$\frac{a}{mx} + \frac{b}{nx} - \frac{c}{px} = \frac{anp + bmp - cmn}{mnpx}$$

$m \ n \ p \ x$ Hauptnenner

Klammerregeln

$$a + (b - c) = a + b - c$$
$$a - (b + c) = a - b - c$$
$$a - (b - c) = a - b + c$$

Steht ein Minuszeichen vor der Klammer, sind beim Weglassen der Klammer die Vorzeichen aller in der Klammer stehenden Summanden umzukehren.

Binomische Formeln, Polynome

$$(a+b)^2 = (a+b)(a+b) = a^2 + 2ab + b^2 \ \bigg| \ a^2 - b^2 =$$
$$(a-b)^2 = (a-b)(a-b) = a^2 - 2ab + b^2 \ \bigg| \ (a+b)(a-b)$$
$$(a+b+c)^2 = a^2 + b^2 + c^2 + 2ab + 2ac + 2bc$$
$$(a \pm b)^3 = a^3 \pm 3a^2b + 3ab^2 \pm b^3$$
$$a^3 + b^3 = (a+b)(a^2 - ab + b^2)$$
$$a^3 - b^3 = (a-b)(a^2 + ab + b^2)$$
$$(a+b)^n = a^n + \frac{n}{1}a^{n-1}b + \frac{n(n-1)}{1 \cdot 2}a^{n-2}b^2 +$$
$$+ \frac{n(n-1)(n-2)}{1 \cdot 2 \cdot 3}a^{n-3}b^3 + \ldots + b^n$$

1

Mathematik

arithmetisches Mittel	$x_\mathrm{a} = \dfrac{x_1 + x_2 + \ldots + x_n}{n}$	z. B. $x_\mathrm{a} = \dfrac{2 + 3 + 6}{3} = 3{,}67$
geometrisches Mittel	$x_\mathrm{g} = \sqrt[n]{x_1 \cdot x_2 \ldots x_n}$	z. B. $x_\mathrm{g} = \sqrt[3]{2 \cdot 3 \cdot 6} = \sqrt[3]{36} = 3{,}3$
harmonisches Mittel	$x_\mathrm{h} = \dfrac{1}{\dfrac{1}{n}\left(\dfrac{1}{x_1} + \dfrac{1}{x_2} + \ldots + \dfrac{1}{x_n}\right)}$	z. B. $x_\mathrm{h} = \dfrac{1}{\dfrac{1}{3}\left(\dfrac{1}{2} + \dfrac{1}{3} + \dfrac{1}{6}\right)} = 3{,}0$
Beziehung zwischen $x_\mathrm{a}, x_\mathrm{a}, x_\mathrm{h}$	$x_\mathrm{a} \geqq x_\mathrm{g} \geqq x_\mathrm{h}$; Gleichheitszeichen nur bei $x_1 = x_2 = \ldots = x_n$	

1.5 Potenzrechnung (Potenzieren)

Definition (*a* Basis, *n* Exponent, *c* Potenz)	$\underbrace{a \cdot a \cdot a \cdot \ldots \cdot a}_{n\ \text{Faktoren}} = a^n = c$	$3 \cdot 3 \cdot 3 \cdot 3 = 3^4 = 81$
Potenzen mit der Basis $a = (-1)$ *n* ist ganze Zahl	$\left.\begin{array}{l}(-1)^0 \\ (-1)^2 \\ (-1)^4 \\ (-1)^{2n}\end{array}\right\} = 1$	$\left.\begin{array}{l}(-1)^1 \\ (-1)^3 \\ (-1)^5 \\ (-1)^{2n+1}\end{array}\right\} = -1$
erste und nullte Potenz	$a^1 = a \qquad a^0 = 1$	$7^1 = 7 \quad 7^0 = 1$
negativer Exponent	$a^{-n} = \dfrac{1}{a^n} \quad a^{-1} = \dfrac{1}{a}$	$\dfrac{1}{7^2} \quad 7^{-1} = \dfrac{1}{7}$
erst potenzieren, dann multiplizieren	$b\,a^n = b \cdot a^n = b \cdot (a^n)$	$6 \cdot 3^4 = 6 \cdot 3 \cdot 3 \cdot 3 \cdot 3 = 6 \cdot (3^4) = 486$ aber: $(6 \cdot 3)^4 = 18^4 = 104976$
Addition und Subtraktion	$p\,a^n + q\,a^n = (p + q)\,a^n$	$2 \cdot 3^4 + 5 \cdot 3^4 = 7 \cdot 3^4$
Multiplikation und Division bei gleicher Basis	$a^n \cdot a^m = a^{n+m}$ $\dfrac{a^n}{a^m} = a^{n-m}$	$3^2 \cdot 3^3 = 3^{2+3} = 3^5 = 243$ $\dfrac{3^5}{3^2} = 3^{5-2} = 3^3 = 27$
Multiplikation und Division bei gleichem Exponenten	$a^n \cdot b^n = (ab)^n$ $\dfrac{a^n}{b^n} = \left(\dfrac{a}{b}\right)^n$	$2^3 \cdot 4^3 = (2 \cdot 4)^3$ $\dfrac{2^3}{4^3} = \left(\dfrac{2}{4}\right)^3 = (0{,}5)^3$
Potenzieren von Produkten und Quotienten	$(ab)^n = a^n \cdot b^n$ $\left(\dfrac{a}{b}\right)^n = \dfrac{a^n}{b^n}$	$(2 \cdot 3)^4 = 2^4 \cdot 3^4$ $\left(\dfrac{2}{3}\right)^4 = \dfrac{2^4}{3^4}$
Potenzieren einer Potenz	$(a^n)^m = a^{nm} = a^{mn}$	$(2^3)^4 = 2^{3 \cdot 4} = 2^{12} = 2^{4 \cdot 3}$
gebrochene Exponenten	$a^{1/n} \cdot b^{1/n} = (ab)^{1/n} = \sqrt[n]{ab}$ $(a^{1/m})^{1/n} = a^{1/mn} = \sqrt[mn]{a}$	$a^{1/n} : b^{1/n} = \left(\dfrac{a}{b}\right)^{1/n} = \sqrt[n]{\dfrac{a}{b}}$ $(a^{1/n})^m = a^{m/n} = (a^m)^{1/n} = \sqrt[n]{a^m}$

Zehnerpotenzen	$10^0 = 1$	10^6 ist 1 Million	$10^{-1} = 0,1$
	$10^1 = 10$	10^9 ist 1 Milliarde	$10^{-2} = 0,01$
	$10^2 = 100$	10^{12} ist 1 Billion	$10^{-3} = 0,001$
	$10^3 = 1000$	10^{15} ist 1 Billiarde usw.	

1.6 Wurzelrechnung (Radizieren)

Definition (c Radikand, n Wurzelexponent, a Wurzel)	$\sqrt[n]{c} = a \rightarrow a^n = c$	$\sqrt[4]{81} = 3 \rightarrow 3^4 = 81$
	$a \geq 0$ und $c \geq 0$, $\sqrt{\ }$ immer positiv	
	$\sqrt[n]{c} = c^{1/n}$	$\sqrt[4]{81} = 81^{1/4} = 3$
	$\sqrt[-n]{c} = c^{-1/n} = \dfrac{1}{c^{1/n}} = \dfrac{1}{\sqrt[n]{c}} = \sqrt[n]{\dfrac{1}{c}} = \sqrt[n]{c^{-1}}$	

Wurzeln sind Potenzen mit gebrochenen Exponenten, es gelten die Regeln der Potenzrechnung

Addition und Subtraktion	$p\sqrt[n]{c} + q\sqrt[n]{c} = (p+q)\sqrt[n]{c}$	$3 \cdot \sqrt[4]{7} + 2 \cdot \sqrt[4]{7} = 5 \cdot \sqrt[4]{7}$
Multiplikation	$\sqrt[n]{c} \cdot \sqrt[n]{d} = \sqrt[n]{c \cdot d}$	$\sqrt[4]{5} \cdot \sqrt[4]{7} = \sqrt[4]{35}$
Division	$\sqrt[n]{c} : \sqrt[n]{d} = \sqrt[n]{\dfrac{c}{d}}$	$\sqrt[4]{5} : \sqrt[4]{7} = \sqrt[4]{\dfrac{5}{7}}$
Wurzel aus Produkt und Quotient	$\sqrt[n]{c\,d} = \sqrt[n]{c} \cdot \sqrt[n]{d}$	$\sqrt{4 \cdot 9} = \sqrt{4} \cdot \sqrt{9} = 2 \cdot 3 = 6 = \sqrt{36}$
	$\sqrt[n]{c/d} = \sqrt[n]{c} : \sqrt[n]{d}$	$\sqrt{\dfrac{4}{9}} = \sqrt{4} : \sqrt{9} = \dfrac{2}{3}$
Wurzel aus Wurzel	$\sqrt[n]{\sqrt[m]{c}} = \sqrt[m]{\sqrt[n]{c}} = \sqrt[mn]{c}$	$\sqrt[3]{\sqrt[2]{64}} = \sqrt[2]{\sqrt[3]{64}} = \sqrt[6]{64} = 2$
Potenzieren einer Wurzel	$\left(\sqrt[n]{c}\right)^m = \sqrt[n]{c^m}$	$\left(\sqrt[3]{8}\right)^2 = \sqrt[3]{8^2} = \sqrt[3]{64} = 4$
Wurzel aus Potenz	$\sqrt[n]{c^m} = \left(\sqrt[n]{c}\right)^m$	$\sqrt[3]{8^2} = \left(\sqrt[3]{8}\right)^2 = 2^2 = 4$
Kürzen von Wurzel- und Potenzexponent	$\sqrt[np]{c^{nq}} = \left(\sqrt[np]{c}\right)^{nq} = \sqrt[p]{c^q} = \left(\sqrt[p]{c}\right)^q$	$\sqrt[2 \cdot 3]{8^{2 \cdot 4}} = \left(\sqrt[2 \cdot 3]{8}\right)^{2 \cdot 4} = \left(\sqrt[3]{8}\right)^4 = 16$
Erweitern der Wurzel	$c \cdot \sqrt{c} = \sqrt{c^2 \cdot c} = \sqrt{c^3}$	$4\sqrt{4} = \sqrt{4^2 \cdot 4} = \sqrt{4^3} = \sqrt{64} = 8$
	$\dfrac{1}{c}\sqrt{c^2 + 1} = \sqrt{1 + \dfrac{1}{c^2}}$	
teilweises Wurzelziehen	$\sqrt{c^3} = \sqrt{c^2 \cdot c} = c \cdot \sqrt{c}$	$\sqrt[3]{5 \cdot c^3} = c \cdot \sqrt[3]{5}$
Rationalmachen des Nenners	$\dfrac{a}{\sqrt[3]{a}} = \dfrac{a \cdot \sqrt[3]{a^2}}{\sqrt[3]{a} \cdot \sqrt[3]{a^2}} = \dfrac{a \cdot \sqrt[3]{a^2}}{a} = \sqrt[3]{a^2}$	$\dfrac{a}{b + \sqrt{c}} = \dfrac{a(b - \sqrt{c})}{(b + \sqrt{c})(b - \sqrt{c})} = \dfrac{a(b - \sqrt{c})}{b^2 - c}$

1

Mathematik

1.7 Logarithmen

Definition (c Radikand, n Wurzelexponent, a Wurzel)	Logarithmus c zur Basis a ist diejenige Zahl n, mit der man a potenzieren muss, um c zu erhalten.	$\log_a c = n \qquad a^n = c$ $\log_3 243 = 5 \qquad 3^5 = 243$ „Logarithmus 243 zur Basis drei gleich fünf"
Logarithmensysteme	Dekadische (Briggs'sche) Logarithmen, Basis $a = 10$: $\log_{10} c = \lg c = n$, wenn $10^n = c$	Natürliche Logarithmen, Basis $a = e = 2{,}71828\ldots$: $\log_e c = \ln c = n$, wenn $e^n = c$

spezielle Fälle

$$a \log_a c = c \qquad\qquad 10^{\lg c} = c$$
$$\log_a (a^n) = n \qquad\qquad \lg 10^n = n$$
$$\log_a a = 1 \qquad\qquad\quad \lg 10 = 1$$
$$\log_a 1 = 0 \qquad\qquad\quad \lg 1 = 0$$

$$e^{\ln c} = c$$
$$\ln e^n = n \qquad \ln \frac{1}{e} = -1$$
$$\ln e = 1$$
$$\ln e = 1$$

Logarithmengesetze (als dekadische Logarithmen geschrieben)

$$\lg(xy) = \lg x + \lg y \qquad\qquad \lg(10 \cdot 100) = \lg 10 + \lg 100 = 1 + 2 = 3$$
$$\lg\left(\frac{x}{y}\right) = \lg x - \lg y \qquad\qquad \lg\left(\frac{10}{100}\right) = \lg 10 - \lg 100 = 1 - 2 = -1$$
$$\log x^n = n \lg x \qquad\qquad \lg 10^{100} = 100 \lg 10 = 100$$
$$\lg \sqrt[n]{x} = \frac{1}{n} \lg x \qquad\qquad \lg \sqrt[100]{10} = \frac{1}{100} \lg 10 = \frac{1}{100}$$

Beziehungen zwischen dekadischen und natürlichen Logarithmen

$$\ln x = \ln 10 \cdot \lg x = \frac{\lg x}{\lg e} = 2{,}30259 \, \lg x$$
$$\lg x = \lg e \cdot \ln x = \frac{\ln x}{\ln 10} = 0{,}43429 \, \ln x$$

Kennziffern der dekadischen Logarithmen

$$\lg \quad 1 \quad\; = 0 \qquad\qquad \lg 0{,}1 \quad\; = -1$$
$$\lg \quad 10 \quad = 1 \qquad\qquad \lg 0{,}01 \quad = -2$$
$$\lg \quad 100 \;\; = 2 \qquad\qquad \lg 0{,}001 = -3 \text{ usw.}$$
$$\lg \quad 1000 = 3 \text{ usw}$$
$$\lg \infty \qquad = \infty \qquad\qquad \lg 0 \qquad\quad = -\infty$$

n natürliche Zahl

$$\lg 10^n = n \qquad\qquad\qquad \lg 10^{-n} \qquad = -n$$

Lösen von Exponentialgleichungen

$$a^x = b \qquad\qquad\qquad\qquad 10^x = 1000$$
$$x \lg a = \lg b \qquad\qquad\qquad x \lg 10 = \lg 1000$$
$$x = \frac{\lg b}{\lg a} \qquad\qquad\qquad x = \frac{\lg 1000}{\lg 10} = \frac{3}{1} = 3$$

Exponentialfunktion und logarithmische Funktion

$$y = e^x \; \xleftarrow{\text{Umkehrfunktion}} \; y = \ln x$$
$$y = 10^x \; \xleftarrow{\text{Umkehrfunktion}} \; y = \lg x$$

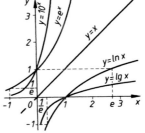

1.8 Komplexe Zahlen

imaginäre Einheit i und Definition

$i = \sqrt{-1}$ also auch: $i^3 = -i$; $i^4 = 1$; $i^5 = i$ usw.

$i^2 = -1$ bzw. $i^{-1} = 1/i = -i$; $i^{-2} = -1$; $i^{-3} = i$; $i^{-4} = 1$; $i^{-5} = -i$ usw.

allgemein: $i^{4n+m} = i^m$

rein imaginäre Zahl

ist darstellbar als Produkt einer reellen Zahl mit der imaginären Einheit z. B.:

$\sqrt{-4} = \sqrt{4}\sqrt{-1} = 2i$

komplexe Zahl z

ist die Summe aus einer reellen Zahl a und einer imaginären Zahl b i (a, b reell):

a Realteil
b Imaginärteil

$z = a + bi$ $\left.\begin{array}{l} z = a - bi \\ z = a + bi \end{array}\right\}$ konjugiert komplexes Zahlenpaar

goniometrische Darstellung der komplexen Zahl

$z = a + bi = r(\cos\varphi + i\sin\varphi) = r\,e^{i\varphi}$

$r = \sqrt{a^2 + b^2} = |z|$ absoluter Betrag oder Modul

$\tan\varphi = \dfrac{b}{a}$; φ Argument

$a = r\cos\varphi$; $b = r\sin\varphi$

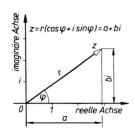

Darstellungsbeispiel

$z = 3 + 4i = 5(\cos 53° 8' + i\sin 53° 8') = 5(0{,}6 + 0{,}8\,i)$

Addition und Subtraktion

$z_1 + z_2 = (a_1 + b_1 i) + (a_2 + b_2 i) = (a_1 + a_2) + (b_1 + b_2)i$

$z_1 - z_2 = (a_1 + b_1 i) - (a_2 + b_2 i) = (a_1 - a_2) + (b_1 - b_2)i$

Beispiel: $(3 + 4i) - (5 - 2i) = -2 + 6i$

Multiplikation

$z_1 \cdot z_2 = (a_1 + b_1 i) \cdot (a_2 + b_2 i) = (a_1 a_2 - b_1 b_2) + i(b_1 a_2 + b_2 a_1)$

Beispiel: $(3 + 4i) \cdot (5 - 2i) = 23 + 14i$

z_1, z_2 sind konjugiert komplex

$z_1 \cdot z_2 = (a_1 + b_1 i) \cdot (a_1 - b_1 \cdot i) = a^2 + b^2$

Beispiel: $(3 + 4i) \cdot (3 - 4i) = 25$

z_1, z_2 in goniometrischer Darstellung

$z_1 \cdot z_2 = r_1(\cos\varphi_1 + i\sin\varphi_1) \cdot r_2(\cos\varphi_2 + i\sin\varphi_2) =$

$= r_1 r_2[\cos(\varphi_1 + \varphi_2) + i\sin(\varphi_1 + \varphi_2)]$

Beispiel: $5(\cos 30° + i\sin 30°) \cdot 13(\cos 60° + i\sin 60°) =$

$= 65(\cos 90° + i\sin 90°) = 65i$

z_1, z_2 in Exponentialform

$z_1 \cdot z_2 = r_1 e^{i\varphi_1} \cdot r_2 e^{i\varphi_2} = r_1 r_2 e^{i(\varphi_1 + \varphi_2)}$

Beispiel: $3e^{i25°} \cdot 5e^{i30°} = 15e^{i55°}$

Division

$\dfrac{z_1}{z_2} = \dfrac{a_1 + b_1 i}{a_2 + b_2 i} = \dfrac{(a_1 + b_1 i)(a_2 - b_2 i)}{(a_2 + b_2 i)(a_2 - b_2 i)} = \dfrac{a_1 a_2 + b_1 b_2}{a_2^2 + b_2^2} + \dfrac{a_2 b_1 - a_1 b_2}{a_2^2 + b_2^2}i$

Beispiel: $\dfrac{(3 + 4i)}{(5 - 2i)} = \dfrac{(3 + 4i)(5 + 2i)}{(5 - 2i)(5 + 2i)} = \dfrac{7}{29} + \dfrac{26}{29}i$

1

Mathematik

z_1, z_2 in goniometrischer Darstellung	$\dfrac{z_1}{z_2} = \dfrac{r_1(\cos\varphi_1 + i\sin\varphi_1)}{r_2(\cos\varphi_2 + i\sin\varphi_2)} = \dfrac{r_1}{r_2}[\cos(\varphi_1 - \varphi_2) + i\sin(\varphi_1 - \varphi_2)]$
z_1, z_2 in Exponentialform	$\dfrac{z_1}{z_2} = \dfrac{r_1\,e^{i\varphi_1}}{r_2\,e^{i\varphi_2}} = \dfrac{r_1}{r_2}e^{i(\varphi_1 - \varphi_2)} = \dfrac{3e^{i125^\circ}}{5e^{i130^\circ}} = \dfrac{3}{5}e^{-i\,5^\circ}$

Potenzieren
mit einer natürlichen Zahl

durch wiederholtes Multiplizieren mit sich selbst:

$$(a + b\,i)^3 = (a^3 - 3\,a\,b^2) + (3\,a^2b - b^3)\,i$$

Beispiel: $(4 + 3\,i)^3 = -44 + 117\,i$

Potenzieren (radizieren) mit beliebigen reellen Zahlen (nur in goniometrischer Darstellung möglich)

man potenziert (radiziert) den Modul und multipliziert (dividiert) das Argument mit dem Exponenten (durch den Wurzelexponenten):

$$(a + b\,i)^n = [r(\cos\varphi + i\sin\varphi)^n] = r^n(\cos n\varphi + i\sin n\varphi)$$

$$\sqrt[n]{a + b\,i} = \sqrt[n]{r(\cos\varphi + i\sin\varphi)} = \sqrt[n]{r}\left(\cos\dfrac{\varphi}{n} + i\sin\dfrac{\varphi}{n}\right)$$

Beispiel:
$$
\begin{aligned}
(4 + 3\,i)^3 &= [5\,(\cos 36{,}87^\circ & + i\sin 36{,}87^\circ)]^3 \\
&= 125\,(\cos 110{,}61^\circ & + i\sin 110{,}619) \\
&= 125\,(-\cos 69{,}39^\circ & + i\sin 69{,}39^\circ) \\
&= 125\,(-0{,}3520 & + 0{,}9360\,i) \\
&= -44{,}00 & + 117{,}00\,i
\end{aligned}
$$

Ist der Wurzelexponent n eine natürliche Zahl, gibt es genau n Lösungen, z. B. bei $\sqrt[3]{1}$

$$w_1 = \sqrt[3]{1(\cos 0^\circ + i\sin 0^\circ)} = 1$$

$$w_2 = \sqrt[3]{1(\cos 360^\circ + i\sin 360^\circ)} = 1(\cos 120^\circ + i\sin 120^\circ) = -\dfrac{1}{2} + \dfrac{i}{2}\sqrt{3}$$

$$w_3 = \sqrt[3]{1(\cos 720^\circ + i\sin 720^\circ)} = 1(\cos 240^\circ + i\sin 240^\circ) = -\dfrac{1}{2} - \dfrac{i}{2}\sqrt{3}$$

Exponentialform der komplexen Zahl

$$e^{i\varphi} = \cos\varphi + i\sin\varphi \qquad\qquad e^{-i\varphi} = \cos\varphi - i\sin\varphi = \dfrac{1}{\cos\varphi + i\sin\varphi}$$

$$|e^{-i\varphi}| = \sqrt{\cos^2\varphi + \sin^2\varphi} = 1$$

$$\cos\varphi = \dfrac{e^{i\varphi} + e^{-i\varphi}}{2} \qquad\qquad \sin\varphi = \dfrac{e^{i\varphi} - e^{-i\varphi}}{2i}$$

$$\lg z = \ln r + i\,(\varphi + 2\,\pi\,n)$$

1.9 Quadratische Gleichungen

Allgemeine Form

$$a_2\,x^2 + a_1\,x + a_0 = 0 \quad (a_2 \neq 0)$$

Normalform

$$x^2 + \dfrac{a_1}{a_2}x + \dfrac{a_0}{a_2} = x^2 + p\,x + q = 0$$

Lösungsformel

$$x_{1,2} = -\dfrac{p}{2} \pm \sqrt{\left(\dfrac{p}{2}\right)^2 - q}$$

Die Lösungen x_1, x_2 sind
a) beide verschieden und reell, wenn der Wurzelwert positiv ist
b) beide sind gleich und reell, wenn der Wurzelwert null ist
c) beide sind konjugiert komplex, wenn der Wurzelwert negativ ist.

Beispiel

$$25x^2 - 70x + 13 = 0 \atop x^2 - \frac{70}{25}x + \frac{13}{25} = 0 \Bigg\} \quad x_{1,2} = +\frac{70}{50} \pm \sqrt{\left(\frac{70}{50}\right)^2 - \frac{13}{25}}$$

$$x_1 = +\frac{7}{5} + \sqrt{\frac{49}{25} - \frac{13}{25}} = \frac{13}{5}; \quad x_2 = \frac{1}{5}$$

Kontrolle der Lösungen (Viéta)

Im Beispiel ist

$$x_1 + x_2 = -p \qquad p = -\frac{70}{25} \text{ und } q = \frac{13}{25}, \text{ also } x_1 + x_2 = \frac{13}{5} + \frac{1}{5} = \frac{14}{5} = \frac{70}{25} = -p$$

$$x_1 \cdot x_2 = q \qquad x_1 \cdot x_2 = \frac{13}{5} \cdot \frac{1}{5} = \frac{13}{25} = q$$

1.10 Wurzel-, Exponential-, Logarithmische und Goniometrische Gleichungen in Beispielen

Wurzelgleichungen

a) $11 - \sqrt{x+3} = 6$

$\sqrt{x+3} = 11 - 6$

$x + 3 = 25$

$x = 22$

b) $2x - \sqrt{3+x} + 5 = 6$

$\sqrt{3+x} = 2x + 5$

$3 + x = 4x^2 + 20x + 25$

$x^2 + \frac{19}{4}x + \frac{11}{2} = 0$

$x_1 = -2 \qquad x_2 = -\frac{11}{4}$

Nur x_1 ist Lösung der gegebenen Gleichung.

Logarithmische Gleichungen

a) $\log_7(x^2 + 19) = 3$

$x^2 + 19 = 7^3$

$x_{1,2} = \pm 18$

b) $\log_3(x+4) = x$

$x + 4 = 3^x$

Die Gleichung ist nicht geschlossen lösbar. Näherungslösung durch systematisches Probieren, z. B. mit Hilfe des Taschenrechners.

$x \approx 1{,}561919$

Exponentialgleichungen

$2^x = 5; \quad x = \log_2 5 = \log_{10} 5 : \log_{10} 2 = \dfrac{\lg 5}{\lg 2} = \dfrac{0{,}699}{0{,}301} = 2{,}32$

Goniometrische Gleichungen

a) $\sin x = \sin 75°$

$x = \text{arc } 75° + 2\,n\,\pi$ und

$x = \text{arc } (180° - 75°) + 2\,n\,\pi$

mit

$n = 0 \pm 1; \pm 2; \pm 3; \ldots$

oder

$x = \text{arc } (90° \pm 15°) + 2\,n\,\pi,$

also $x = \dfrac{\pi}{2} \pm \dfrac{\pi}{12} + 2\,n\pi$

b) $\sin^2 x + 2 \cos x = 1{,}5$

Man setzt $\sin^2 x = 1 - \cos^2 x$ und erhält eine quadratische Gleichung für $\cos x$:

$1 - \cos^2 x + 2 \cos x = 1{,}5$

$\cos x_{1,2} = 1 \pm \sqrt{1 - 0{,}5}$

$\cos x_1 = 1 + \frac{1}{2}\sqrt{2}$ scheidet aus, da

$|\cos x| \leqq 1$

$\cos x_2 = 1 - \frac{1}{2}\sqrt{2} \approx 0{,}293$

$x_2 \approx 73{,}0° \approx 1{,}274$ rad ist Hauptwert

c) $\sin x + \cos x - 0{,}9\,x = 0$

Diese transzendente Gleichung ist nicht geschlossen lösbar. Näherungslösung durch Probieren (Interpolieren in der Nähe der Lösung), z. B. mit dem programmierbaren Taschenrechner.

$x = 76°39' = 1{,}3377$ rad ist näherungsweise die einzige reelle Lösung.

1

Mathematik

1.11 Graphische Darstellung der wichtigsten Relationen (schematisch)

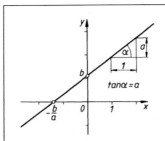

Gerade
$y = a\,x + b$

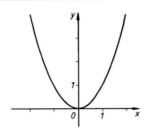

Parabel
$y = x^2$

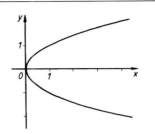

Parabel
$y = \pm\sqrt{x}$

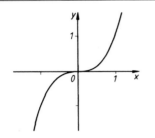

Kubische Parabel
$y = x^3$

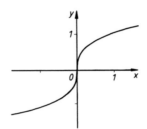

Kubische Parabel
$y = \sqrt[3]{x}$

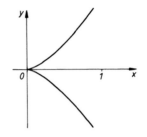

Semikubische Parabel
$y = \pm x^{3/2} = \pm\sqrt{x^3}$

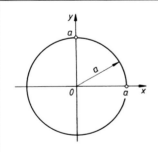

Kreis
$y = \pm\sqrt{a^2 - x^2}$

$x^2 + y^2 = a^2$

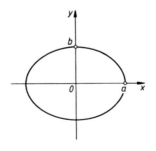

Ellipse
$y = \pm\dfrac{b}{a}\sqrt{a^2 - x^2}$

$\dfrac{x^2}{a^2} + \dfrac{y^2}{b^2} = 1$

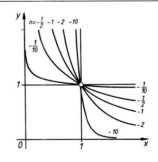

Potenzfunktionen
$y = x^n$
für $n < 0$ und $x > 0$

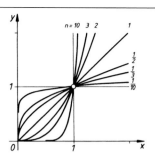

Potenzfunktionen
$y = x^n$ für $n > 0$ und $x > 0$

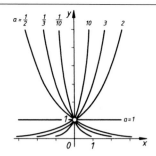

Exponentialfunktionen
$y = a^x$ für $a > 0$

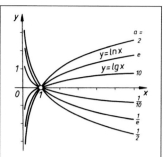

Logarithmische Funktionen
$y = \log_a x$ für $a > 0$ und $x > 0$

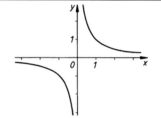

Hyperbel
$$y = \frac{1}{x}$$

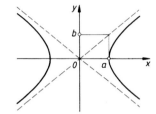

Hyperbel
$$y = \pm\frac{b}{a}\sqrt{x^2 - a^2}$$
$$\frac{x^2}{a^2} - \frac{y^2}{b^2} = 1$$

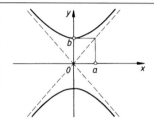

Hyperbel
$$y = \pm\frac{b}{a}\sqrt{x^2 + a^2}$$
$$\frac{y^2}{b^2} - \frac{x^2}{a^2} = 1$$

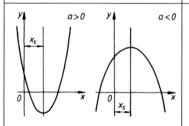

Quadratisches Polynom
$$y = a x^2 + b x + c \ \text{ mit } x_s = \frac{-b}{2a}$$

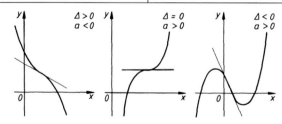

Polynom dritten Grades
$y = a x^3 + b x^2 + c x + d$ (kubische Parabel)
Diskriminante $\Delta = 3\,a\,c - b^2$

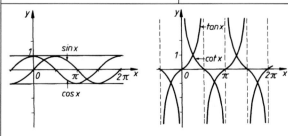

Trigonometrische Funktionen
$y = \sin x, \ y = \cos x, \ y = \tan x, \ y = \cot x$

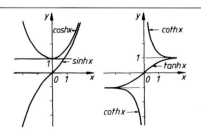

Hyperbelfunktionen
$y = \sinh x, \ y = \cosh x, \ y = \tanh x, \ y = \coth x$

1

Mathematik

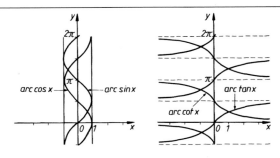

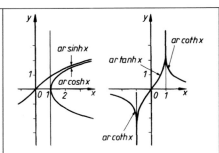

Inverse trigonometrische Funktionen
$$y = \arcsin x, \quad y = \arccos x,$$
$$y = \arctan x, \quad y = \operatorname{arccot} x$$

Inverse Hyperbelfunktionen
$$y = \operatorname{arsinh} x = \ln(x + \sqrt{x^2 + 1}\,)$$
$$y = \operatorname{arcosh} x = \ln(x \pm \sqrt{x^2 - 1}\,)$$
$$y = \operatorname{artanh} x = \frac{1}{2}\ln\frac{1+x}{1-x}$$
$$y = \operatorname{arcoth} x = \frac{1}{2}\ln\frac{x+1}{x-1}$$

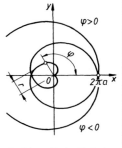

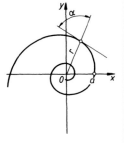

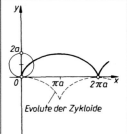

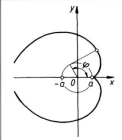

Archimedische Spirale	Logarithmische Spirale	Zykloide	Kreisevolvente
$r = a\,\varphi$	$r = a\,e^{m\varphi}$	$x = a\,(t - \sin t)$	$x = a\cos\varphi + a\,\varphi\sin\varphi$
$\varrho = a\dfrac{(1+\varphi^3)^{3/2}}{2+\varphi^2}$	$\alpha = \operatorname{arccot} m = \text{konstant}$	$y = a\,(1 - \cos t)$	$y = a\sin\varphi - a\,\varphi\cos q$
	$\varrho = r\sqrt{m^2 + 1}$	(a Radius, t Wälzwinkel)	

(ϱ Radius des Krümmungskreises)

1.12 Flächen

A Fläche, U Umfang

Quadrat	Rhombus	Rechteck	Parallelogramm
$A = a^2$	$A = a \cdot h = \dfrac{d_1 d_2}{2}$	$A = a \cdot b$	$A = a \cdot h = a \cdot b \cdot \sin\alpha$
$U = 4a$	$U = 4a$	$U = 2(a + b)$	$U = 2(a + b)$
$d = a\sqrt{2}$		$d = \sqrt{a^2 + b^2}$	$d_1 = \sqrt{(a + h\cot\alpha)^2 + h^2}$
			$d_2 = \sqrt{(a - h\cot\alpha)^2 + h^2}$

Trapez

$$A = \frac{a+c}{2}h = mh$$

$$m = \frac{a+c}{2}$$

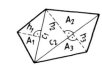 **Vieleck**

$$A = A_1 + A_2 + A_3$$

$$A = \frac{c_1 h_1 + c_2 h_2 + c_2 h_3}{2}$$

 Regelmäßiges Sechseck

$$A = \frac{3}{2}a^2\sqrt{3}$$

Schlüsselweite: $S = a\sqrt{3}$

Eckenmaß: $e = 2a$

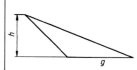 **Dreieck**

$$A = \frac{gh}{2}$$

siehe auch unter 1.15 und 1.16

 Kreis

$$A = r^2\pi = \frac{d^2\pi}{4}$$

$$U = 2r\pi = d\pi$$

$$\pi = 3{,}141592$$

 Kreisring

$$A = \pi(r_a^2 - r_i^2)$$

$$A = \frac{\pi}{4}(d_a^2 - d_i^2) = d_m\pi s$$

$$s = \frac{d_a - d_i}{2}; \quad d_m = \frac{d_a + d_i}{2}$$

 Kreissektor

$$A = \frac{br}{2} = \frac{\varphi^\circ}{360^\circ}\pi r^2 = \frac{\varphi r^2}{2}$$

Bogenlänge b:

$$b = \varphi r = \frac{\varphi^\circ \pi r}{180^\circ}$$

 Kreisringabschnitt

$$A = \frac{\varphi^\circ \cdot \pi}{360^\circ}(R^2 - r^2) = l\,s$$

mittlere Bogenlänge l:

$$l = \frac{R+r}{2}\cdot\frac{\pi}{180^\circ}\varphi^\circ$$

Ringbreite s:

$$s = R - r$$

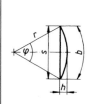 **Kreisabschnitt**

$$A = \frac{r^2}{2}\left(\frac{\varphi^\circ\pi}{180^\circ} - \sin\varphi\right)$$

$$A = \frac{1}{2}[r(b-s) + sh]$$

$$A \approx \frac{2}{3}sh$$

Sehnenlänge s:

$$s = s = 2r\sin\frac{\varphi}{2}$$

Kreisradius r:

$$r = \frac{\left(\frac{s}{2}\right)^2 + h^2}{2h}$$

Bogenhöhe h:

$$h = r\left(1 - \cos\frac{\varphi}{2}\right)$$

$$h = \frac{s}{2}\tan\frac{\varphi}{4}$$

Bogenlänge b:

$$b = \sqrt{s^2 + \frac{16}{3}h^2}$$

$$b = \frac{\varphi^\circ\pi r}{180^\circ} = \varphi r$$

1.13 Flächen einiger regelmäßiger Vielecke

r Umkreisradius, ϱ Inkreisradius

 Dreieck (gleichseitiges)

$$A = \frac{a^2}{4}\sqrt{3}$$

$$r = \frac{a}{3}\sqrt{3}; \quad \varrho = \frac{a}{6}\sqrt{3}$$

 Viereck (Quadrat)

$$A = a^2$$

$$r = \frac{a}{2}\sqrt{2}; \quad \varrho = \frac{a}{2}$$

1

Mathematik

Fünfeck $A = \frac{a^2}{4}\sqrt{25 + 10\sqrt{5}}$ $r = \frac{a}{10}\sqrt{50 + 10\sqrt{5}}$ $\varrho = \frac{a}{10}\sqrt{25 + 10\sqrt{5}}$	**Sechseck** $A = \frac{3}{2}a^2\sqrt{3}$ $r = a$ $\varrho = \frac{a}{2}\sqrt{3}$
Achteck $A = 2a^2(\sqrt{2} + 1)$ $r = \frac{a}{2}\sqrt{4 + 2\sqrt{2}}$ $\varrho = \frac{a}{2}(\sqrt{2} + 1)$	**Zehneck** $A = \frac{5}{2}a^2\sqrt{5 + 2\sqrt{5}}$ $r = \frac{a}{2}(\sqrt{5} + 1)$ $\varrho = \frac{a}{2}\sqrt{5 + 2\sqrt{5}}$

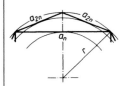

n-Eck

$$A = \frac{an}{2}r\sqrt{1 - \frac{a^2}{4r^2}} \qquad \varrho = r\sqrt{1 - \frac{a^2}{4r^2}}$$

Ist $a = a_n$ die Seite des n-Ecks, dann gilt für das $2\,n$-Eck: $a_{2n} = r\sqrt{2 - \sqrt{4 - \frac{a_n^2}{r^2}}}$

1.14 Körper

V Volumen, O Oberfläche, M Mantelfläche

Würfel $V = a^3$ $O = 6a^2$ $d = a\sqrt{3}$	**Quader** $V = abc$ $O = 2(ab + ac + bc)$ $d = \sqrt{a^2 + b^2 + c^2}$
Sechskantsäule $V = \frac{3}{2}a^2h\sqrt{3} = \frac{\sqrt{3}}{2}s^2h$ $O = 3a(a\sqrt{3} + 2h)$ $O = \sqrt{3}\,s(s + 2h)$	**Pyramide** $V = \frac{Ah}{3}$ (gilt für jede Pyramide)
Pyramidenstumpf $V = \frac{h}{3}\left(A_u + \sqrt{A_u A_o} + A_o\right)$ $V = h\frac{A_u + A_o}{2}$	**Keil** $V = \frac{h}{6}b_u(2a_u + a_o)$
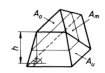 **Prismatoid (Prismoid)** $V = \frac{h}{6}(A_o + 4A_m + A_u)$	**Kreiszylinder** $V = \frac{d^2\pi}{4}h$ $M = d\pi h$ $O = \frac{\pi d}{2}(d + 2h)$

Volumen eines **Hohlzylinders** als Differenz zweier Zylinder berechnen.

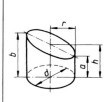

Kreiszylinder, schief abgeschnitten

$$V = \pi r^2 \left(\frac{a+b}{2}\right) = \frac{d^2\pi}{4}h$$

$$M = d\pi h = \pi r(a+b)$$

$$O = r\left[a+b+r+\sqrt{r^2+\left(\frac{b-a}{2}\right)^2}\right]$$

Zylinderhuf

$$V = \frac{h}{3b}\left[a(3r^2-a^2)+ +3r^2(b-r)\varphi\right]$$

$$M = \frac{2rh}{b}\left[(b-r)\varphi+a\right]$$

(φ in rad)

Für Halbkreisfläche als Grundfläche ist:

$$V = \frac{2}{3}r^2h; \quad M = 2rh$$

$$O = M + \frac{r^2\pi}{2} + \frac{r\pi\sqrt{r^2+h^2}}{2}$$

gerader Kreiskegel

$$V = \frac{1}{3}r^2\pi h; \quad M = r\pi s$$

$$s = \sqrt{r^2+h^2}$$

$$O = r\pi(r+s)$$

Abwicklung ist Kreissektor mit Öffnungswinkel φ:

$$\varphi° = 360°\frac{r}{s} = 360°\sin\beta$$

gerader Kreiskegelstumpf

$$V = \frac{\pi h}{3}(R^2+Rr+r^2)$$

$$s = \sqrt{(R-r)^2+h^2}$$

$$M = \pi s(R+r)$$

$$O = \pi\left[R^2+r^2+s(R+r)\right]$$

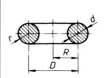

Kreisringtorus

$$V = \frac{d^2\pi^2 D}{4} = 2r^2\pi^2 R$$

$$M = d\pi^2 D = 4r\pi^2 R$$

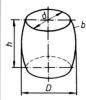

Fass
bei kreisförmigem b

$$V = \frac{\pi h}{12}(2D^2+d^2)$$

bei parabelförmigem b

$$V = \frac{\pi h}{15}\left(2D^2+Dd+\frac{3}{4}d^2\right)$$

Kugel

$$V = \frac{4}{3}r^3\pi = \frac{1}{6}d^3\pi = 4{,}189\,r^3$$

$$O = 4\pi r^2 = \pi d^2$$

Kugelzone (Kugelschicht)

$$V = \frac{\pi h}{6}(3a^2+3b^2+h^2)$$

$$M = 2\pi r h$$

$$O = \pi(2rh+a^2+b^2)$$

$$h = \sqrt{r^2-a^2}+\sqrt{r^2-b^2}$$

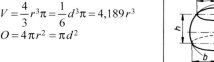

Kugelabschnitt, -segment, -kappe, -kalotte

$$V = \frac{\pi h}{6}\left(\frac{3}{4}s^2+h^2\right) = \pi h^2\left(r-\frac{h}{3}\right)$$

$$M = 2\pi r h = \frac{\pi}{4}(s^2+4h^2)$$

Kugelausschnitt, -sektor

$$V = \frac{2}{3}r^2\pi h$$

$$O = \frac{\pi r}{2}(4h+s)$$

zylindrisch durchbohrte Kugel

$$V = \frac{\pi h^3}{6}$$

$$O = 2\pi h(R+r)$$

kegelig durchbohrte Kugel

$$V = \frac{2\pi r^2 h}{3}$$

$$O = 2\pi r\left(h+\sqrt{r^2-\frac{h^2}{4}}\right)$$

1.15 Rechtwinkliges Dreieck

allgemeine
Beziehungen

Pythagoras: $c^2 = a^2 + b^2$

Euklid: $b^2 = c\,q\,;\; a^2 = c\,p\,;\; h^2 = p\,q$

$$\sin\alpha = \frac{a}{c}\,;\;\; \cos\alpha = \frac{b}{c}$$

$$\tan\alpha\frac{a}{b}\,;\;\; \cot\alpha = \frac{b}{a}$$

$$\frac{h}{a} = \frac{b}{c}\,;\;\; h = \frac{ab}{c}\,;\;\; h^2 = \frac{a^2 b^2}{a^2 + b^2}\,;\;\; \frac{1}{h^2} = \frac{1}{a^2} + \frac{1}{b^2}$$

Fläche $A = \dfrac{1}{2}ab = \dfrac{1}{2}a^2\cot\alpha = \dfrac{1}{2}b^2\tan\alpha = \dfrac{1}{4}c^2\sin 2\alpha$

gegeben a, b

$$\tan\alpha = \frac{a}{b}\,;\;\; \alpha = 90° - \beta\,;\;\; \tan\beta = \frac{b}{a}\,;\;\; \beta = 90° - \alpha$$

$$c = \sqrt{a^2 + b^2} = \frac{a}{\sin\alpha} = \frac{b}{\sin\beta} = \frac{a}{\cos\beta} = \frac{b}{\cos\alpha}$$

$$A = \frac{ab}{2}\,;\;\; h = \frac{ab}{\sqrt{a^2 + b^2}}$$

gegeben a, c

$$\sin\alpha = \frac{a}{c}\,;\;\; \alpha = 90° - \beta\,;\;\; \cos\beta = \frac{a}{c}\,;\;\; \beta = 90° - \alpha$$

$$b = \sqrt{c^2 - a^2} = \sqrt{(c+a)(c-a)} = c\cos\alpha = c\sin\beta = a\cot\alpha$$

$$A = \frac{a}{2}\sqrt{c^2 - a^2} = \frac{1}{2}ac\sin\beta\,;\;\; h = \frac{a}{c}\sqrt{c^2 - a^2}$$

gegeben b, c

$$\cos\alpha = \frac{b}{c}\,;\;\; \beta = 90° - \alpha$$

$$a = \sqrt{c^2 - b^2}\,;\;\; A = \frac{1}{2}b^2\tan\alpha\,;\;\; h = \frac{b}{c}\sqrt{c^2 - b^2}$$

gegeben a, α

$$\beta = 90° - \alpha\,;\;\; b = a\cot\alpha\,;\;\; c = \frac{a}{\sin\alpha}\,;\;\; A = \frac{1}{2}a^2\cot\alpha\,;\;\; h = a\cos\alpha$$

gegeben b, α

$$\beta = 90° - \alpha\,;\;\; a = b\tan\alpha\,;\;\; c = \frac{b}{\cos\alpha}\,;\;\; A = \frac{1}{2}b^2\tan\alpha\,;\;\; h = b\sin\alpha$$

gegeben a, α

$$\beta = 90° - \alpha\,;\;\; a = c\sin\alpha$$

$$b = c\cos\alpha\,;\;\; A = \frac{1}{2}c^2\sin\alpha\cos\alpha\,;\;\; h = c\sin\alpha\cos\alpha$$

1.16 Schiefwinkliges Dreieck

allgemeine
Beziehungen

$$\sin\frac{\alpha}{2} = \sqrt{\frac{(s-b)(s-c)}{bc}} = \sqrt{\frac{(s-a)(s-b)}{ab}} = \sqrt{\frac{(s-a)(s-c)}{ac}}$$

$$\cos\frac{\alpha}{2} = \sqrt{\frac{s(s-a)}{bc}}; \dots \text{[1]}$$

$$\tan\frac{\alpha}{2} = \sqrt{\frac{(s-b)(s-c)}{s(s-a)}} = \frac{\varrho}{s-a}; \dots \text{[1]}$$

$$\tan\alpha = \frac{a\sin\gamma}{b-a\cos\gamma}; \dots \text{[1]}$$

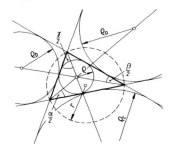

halber Umfang s

$$s = \frac{1}{2}(a+b+c) = 4r\cos\frac{\alpha}{2}\cos\frac{\beta}{2}\cos\frac{\gamma}{2}$$

Radius des Inkreises ϱ

$$\varrho = 4r\sin\frac{\alpha}{2}\sin\frac{\beta}{2}\sin\frac{\gamma}{2} = \frac{abc}{4rs}$$

$$\varrho = \sqrt{\frac{(s-a)(s-b)(s-c)}{s}} = s\tan\frac{\alpha}{2}\tan\frac{\beta}{2}\tan\frac{\gamma}{2}$$

Radien der Ankreise
$\varrho_a, \varrho_b, \varrho_c$

$$\varrho_a = \varrho\frac{s}{s-a} = s\tan\frac{\alpha}{2} = \sqrt{\frac{s(s-b)(s-c)}{s-a}}; \dots \text{[1]}$$

Höhen h_a, h_b, h_c

$$h_a = b\sin\gamma = c\sin\beta = \frac{bc}{a}\sin\alpha; \dots \text{[1]}$$

$$a h_a = b h_b = c h_c = 2\sqrt{s(s-a)(s-b)(s-c)}$$

Seitenhalbierende
Mittellinien m_a, m_b, m_c

$$m_a = \tfrac{1}{2}\sqrt{2(b^2+c^2)-a^2}; \dots \text{[1]} \qquad m_a^2 + m_b^2 + m_c^2 = \frac{3}{4}(a^2+b^2+c^2)$$

$$\frac{1}{\varrho} = \frac{1}{\varrho_a} + \frac{1}{\varrho_b} + \frac{1}{\varrho_c} = \frac{1}{h_a} + \frac{1}{h_b} + \frac{1}{h_c}$$

$$\frac{1}{\varrho_a} = -\frac{1}{h_a} + \frac{1}{h_b} + \frac{1}{h_c}$$

Winkelhalbierende
w_a, w_b, w_c

$$w_a = \frac{2}{b+c}\sqrt{bcs(s-a)} = \frac{1}{b+c}\sqrt{bc[(b+c)^2-a^2]}; \dots \text{[1]}$$

Flächeninhalt

$$A = \varrho s = \sqrt{s(s-a)(s-b)(s-c)} = 2r^2\sin\alpha\sin\beta\sin\gamma$$

$$A = \frac{1}{2}ab\sin\gamma = \frac{1}{2}bc\sin\alpha = \frac{1}{2}ac\sin\beta$$

Radius des Umkreises r

$$r = \frac{a}{2\sin\alpha} = \frac{b}{2\sin\beta} = \frac{c}{2\sin\gamma}$$

[1] Die Punkte weisen darauf hin, dass sich durch zyklisches Vertauschen von a, b, c und α, β, γ, noch zwei weitere Gleichungen ergeben.

Mathematik

1

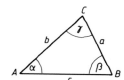

Sinussatz

$$\frac{a}{b}=\frac{\sin\alpha}{\sin\beta};\ \frac{b}{c}=\frac{\sin\beta}{\sin\gamma};\ \frac{c}{a}=\frac{\sin\gamma}{\sin\alpha}$$

Kosinussatz (bei
stumpfem Winkel
α wird cos α negativ)

$$a^2=b^2+c^2-2bc\cos\alpha;\ ...^{1)}$$
$$a^2=(b+c)^2-4bc\cos^2(\alpha/2);\ ...^{1)}$$
$$a^2=(b-c)^2+4bc\sin^2(\alpha/2);\ ...^{1)}$$

Projektionssatz

$$a=b\cos\gamma+c\cos\beta;\ ...^{1)}$$

Mollweide'sche Formeln

$$\frac{a+b}{c}=\cos\frac{\alpha-\beta}{2}:\cos\frac{\alpha+\beta}{2}=\cos\frac{\alpha-\beta}{2}:\sin\frac{\gamma}{2};\ ...^{1)}$$
$$\frac{a-b}{c}=\sin\frac{\alpha-\beta}{2}:\sin\frac{\alpha+\beta}{2}=\sin\frac{\alpha-\beta}{2}:\cos\frac{\gamma}{2};\ ...^{1)}$$

Tangenssatz

$$\frac{a+b}{a-b}=\tan\frac{\alpha+\beta}{2}:\tan\frac{\alpha-\beta}{2};\ ...^{1)}$$

gegeben:
1 Seite und 2 Winkel
(z. B. a, α, β) WWS

$$\gamma=180°-(\alpha+\beta);\ b=\frac{a\sin\beta}{\sin\alpha};\ c=\frac{a\sin\gamma}{\sin\alpha}$$
$$A=\frac{1}{2}ab\sin\gamma$$

gegeben:
2 Seiten und der
eingeschlossene Winkel
(z. B. a, b, γ) SWS

$$\tan\frac{\alpha-\beta}{2}=\frac{a-b}{a+b}\cot\frac{\gamma}{2};\ \frac{\alpha+\beta}{2}=90°-\frac{\gamma}{2}$$
Mit $\alpha+\beta$ und $\alpha-\beta$ ergibt sich α und β und damit:
$$c=a\frac{\sin\gamma}{\sin\alpha};\ A=\frac{1}{2}ab\sin\gamma$$

gegeben:
2 Seiten und der einer
von beiden gegenüber-
liegende Winkel
(z. B. a, b, α) SSW

$$c=a\frac{\sin\gamma}{\sin\alpha};\ A=\frac{1}{2}ab\sin\gamma$$
Ist $a\geqq b$, so ist $\beta<90°$ und damit β eindeutig bestimmt.

Ist $a<b$, so sind folgende Fälle möglich:
1. β hat für $b\sin\alpha<a$ zwei Werte ($\beta_2=180°-\beta_1$)
2. β hat den Wert 90° für $b\sin\alpha=a$
3. für $b\sin\alpha>a$ ergibt sich kein Dreieck.
$$\gamma=180°-(\alpha+\beta);\ c=a\frac{\sin\gamma}{\sin\alpha};\ A=\frac{1}{2}ab\sin\gamma$$

gegeben:
3 Seiten (z. B. a, b, c) SSS

$$\varrho=\sqrt{\frac{(s-a)(s-b)(s-c)}{s}}$$
$$\tan\frac{\alpha}{2}=\frac{\varrho}{s-a};\ \tan\frac{\beta}{2}=\frac{\varrho}{s-b};\ \tan\frac{\gamma}{2}=\frac{\varrho}{s-c}$$
$$\varrho s=\sqrt{s(s-a)(s-b)(s-c)}$$

[1] Die Punkte weisen darauf hin, dass sich durch zyklisches Vertauschen von a, b, c und α, β, γ, noch
zwei weitere Gleichungen ergeben.

1.17 Einheiten des ebenen Winkels

Begriff des ebenen
Winkels

Der *ebene* Winkel α (kurz: Winkel α, im Gegensatz zum Raumwinkel) zwischen den beiden Strahlen g_1, g_2 ist die Länge des Kreisbogens b auf dem Einheitskreis, der im Gegenuhrzeigersinn von Punkt P_1 zum Punkt P_2 führt.

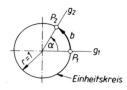

Bogenmaß des ebenen
Winkels

Die Länge des Bogens b auf dem Einheitskreis ist das Bogenmaß des Winkels.

kohärente Einheit des
ebenen Winkels

Die kohärente Einheit (SI-Einheit) des ebenen Winkels ist der Radiant (rad).

$$1\,\text{rad} = \frac{b}{r} = 1$$

Der Radiant ist der ebene Winkel, für den das Verhältnis der Länge des Kreisbogens b zu seinem Radius r gleich eins ist.

Vollwinkel und rechter
Winkel

Für den Vollwinkel α beträgt der Kreisbogen $b = 2\,\pi\,r$. Es ist demnach:

$$\alpha = \frac{b}{r} = \frac{2\,\pi\,r}{r}\,\text{rad} = 2\,\pi\,\text{rad} \qquad\qquad \text{Vollwinkel} = 2\,\pi\,\text{rad}$$

Ebenso ist für den rechten Winkel (1^{L}):

$$\alpha = 1^{\text{L}} = \frac{b}{r} = \frac{2\,\pi\,r}{4r}\,\text{rad} = \frac{\pi}{2}\,\text{rad} \qquad\qquad \text{rechter Winkel } 1^{\text{L}} = \frac{\pi}{2}\,\text{rad}$$

Umrechnung von
Winkeleinheiten

Ein Grad ($1°$) ist der 360ste Teil des Vollwinkels ($360°$). Folglich gilt:

$$1° = \frac{b}{r} = \frac{2\,\pi\,r}{360\,r}\,\text{rad} = \frac{2\pi}{360}\,\text{rad} = \frac{\pi}{180}\,\text{rad}$$

$$1° = \frac{\pi}{180}\,\text{rad} \approx 0,0175\,\text{rad}$$

oder durch Umstellen:

$$1\,\text{rad} = \frac{1° \cdot 180}{\pi} = \frac{180°}{\pi} \approx 57,3°$$

Beispiel: a) $\alpha = 90° = \frac{\pi}{180°}\,90\,\text{rad} = \frac{\pi}{2}\,\text{rad}$

  b) $\alpha = \pi\,\text{rad} = \pi\frac{180°}{\pi} = 180°$

1.18 Trigonometrische Funktionen (Graphen in 1.11)

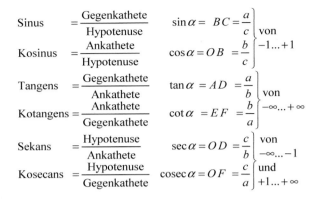

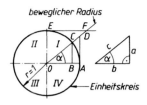

Sinus $\quad = \dfrac{\text{Gegenkathete}}{\text{Hypotenuse}} \qquad \sin\alpha = BC = \dfrac{a}{c}$

Kosinus $\ = \dfrac{\text{Ankathete}}{\text{Hypotenuse}} \qquad \cos\alpha = OB = \dfrac{b}{c}$ } von $-1...+1$

Tangens $\ = \dfrac{\text{Gegenkathete}}{\text{Ankathete}} \qquad \tan\alpha = AD = \dfrac{a}{b}$

Kotangens $= \dfrac{\text{Ankathete}}{\text{Gegenkathete}} \qquad \cot\alpha = EF = \dfrac{b}{a}$ } von $-\infty...+\infty$

Sekans $\quad = \dfrac{\text{Hypotenuse}}{\text{Ankathete}} \qquad \sec\alpha = OD = \dfrac{c}{b}$ } von $-\infty...-1$

Kosecans $\ = \dfrac{\text{Hypotenuse}}{\text{Gegenkathete}} \qquad \operatorname{cosec}\alpha = OF = \dfrac{c}{a}$ } und $+1...+\infty$

Hinweis: Winkel werden vom festen Radius OA aus linksdrehend gemessen.

Vorzeichen der Funktion (richtet sich nach dem Quadranten, in dem der bewegliche Radius liegt)

Quadrant	Größe des Winkels	sin	cos	tan	cot	sec	cosec
I	0° bis 90°	+	+	+	+	+	+
II	90° bis 180°	+	−	−	−	−	+
III	180° bis 270°	−	−	+	+	−	−
IV	270° bis 360°	−	+	−	−	+	−

Funktionen für Winkel zwischen 90°... 360°

Funktion	$\beta = 90° \pm \alpha$	$\beta = 180° \pm \alpha$	$\beta = 270° \pm \alpha$	$\beta = 360° - \alpha$
$\sin \beta$	$+\cos \alpha$	$\pm \sin \alpha$	$-\cos \alpha$	$-\sin \alpha$
$\cos \beta$	$\pm \sin \alpha$	$-\cos \alpha$	$\pm \sin \alpha$	$+\cos \alpha$
$\tan \beta$	$\pm \cot \alpha$	$\pm \tan \alpha$	$\pm \cot \alpha$	$-\tan \alpha$
$\cot \beta$	$\pm \tan \alpha$	$\pm \cot \alpha$	$\pm \tan \alpha$	$-\cot \alpha$

Beispiel [1]: $\sin 205° = \sin(180 + 25°) = -(\sin 25°) = -0{,}4226$

Funktionen für negative Winkel werden auf solche für positive Winkel zurückgeführt

$\sin(-\alpha) = -\sin\alpha$
$\cos(-\alpha) = \ \ \cos\alpha$
$\tan(-\alpha) = -\tan\alpha$
$\cot(-\alpha) = -\cot\alpha$

Beispiel [1]: $\sin(-205°) = -205°$

Funktionen für Winkel über 360° werden auf solche von Winkeln zwischen 0°... 360° zurückgeführt (bzw. zwischen 0°... 180°); „n" ist ganzzahlig

$\sin(360° \cdot n + \alpha) = \sin\alpha$
$\cos(360° \cdot n + \alpha) = \cos\alpha$
$\tan(180° \cdot n + \alpha) = \tan\alpha$
$\cot(180° \cdot n + \alpha) = \cot\alpha$

Beispiel [1]:
$\sin(-660°) = -\sin(660°) = -\sin(360° \cdot 1 + 300°) = -\sin 300° =$
$= -\sin(270° + 30°) = +\cos 30° = 0{,}8660$

[1] Der Rechner liefert die Funktionswerte direkt, z. B. $\sin(-660°) = 0{,}866\,025\,403\,8$

1.19 Beziehungen zwischen den trigonometrischen Funktionen

Grundformeln

$$\sin^2\alpha + \cos^2\alpha = 1; \quad \tan\alpha = \frac{\sin\alpha}{\cos\alpha}; \quad \cot\alpha = \frac{1}{\tan\alpha} = \frac{\cos\alpha}{\sin\alpha}$$

Umrechnung zwischen Funktionen desselben Winkels (die Wurzel erhält das Vorzeichen des Quadranten, in dem der Winkel α liegt)

	$\sin\alpha$	$\cos\alpha$	$\tan\alpha$	$\cot\alpha$
$\sin\alpha =$	$\sin\alpha$	$\sqrt{1-\cos^2\alpha}$	$\dfrac{\tan\alpha}{\sqrt{1+\tan^2\alpha}}$	$\dfrac{1}{\sqrt{1+\cot^2\alpha}}$
$\cos\alpha =$	$\sqrt{1-\sin^2\alpha}$	$\cos\alpha$	$\dfrac{1}{\sqrt{1+\tan^2\alpha}}$	$\dfrac{\cot\alpha}{\sqrt{1+\cot^2\alpha}}$
$\tan\alpha =$	$\dfrac{\sin\alpha}{\sqrt{1-\sin^2\alpha}}$	$\dfrac{\sqrt{1-\cos^2\alpha}}{\cos\alpha}$	$\tan\alpha$	$\dfrac{1}{\cot\alpha}$
$\cot\alpha =$	$\dfrac{\sqrt{1-\sin^2\alpha}}{\sin\alpha}$	$\dfrac{\cos\alpha}{\sqrt{1-\cos^2\alpha}}$	$\dfrac{1}{\tan\alpha}$	$\cot\alpha$

Additionstheoreme

$$\sin(\alpha+\beta) = \sin\alpha\cdot\cos\beta + \cos\alpha\cdot\sin\beta \qquad \sin(\alpha-\beta) = \sin\alpha\cdot\cos\beta - \cos\alpha\cdot\sin\beta$$

$$\cos(\alpha+\beta) = \cos\alpha\cdot\cos\beta - \sin\alpha\cdot\sin\beta \qquad \cos(\alpha-\beta) = \cos\alpha\cdot\cos\beta + \sin\alpha\cdot\sin\beta$$

$$\tan(\alpha+\beta) = \frac{\tan\alpha + \tan\beta}{1-\tan\alpha\cdot\tan\beta} \qquad \tan(\alpha-\beta) = \frac{\tan\alpha - \tan\beta}{1+\tan\alpha\cdot\tan\beta}$$

$$\cot(\alpha+\beta) = \frac{\cot\alpha\cdot\cot\beta - 1}{\cot\alpha + \cot\beta} \qquad \cot(\alpha-\beta) = \frac{\cot\alpha\cdot\cot\beta + 1}{\cot\beta - \cot\alpha}$$

Summenformeln

$$\sin\alpha + \sin\beta = 2\sin\frac{\alpha+\beta}{2}\cos\frac{\alpha-\beta}{2}$$

$$\sin\alpha - \sin\beta = 2\cos\frac{\alpha+\beta}{2}\sin\frac{\alpha-\beta}{2}$$

$$\cos\alpha + \cos\beta = 2\cos\frac{\alpha+\beta}{2}\cos\frac{\alpha-\beta}{2}$$

$$\cos\alpha - \cos\beta = -2\sin\frac{\alpha+\beta}{2}\sin\frac{\alpha-\beta}{2}$$

$$\tan\alpha + \tan\beta = \frac{\sin(\alpha+\beta)}{\cos\alpha\cos\beta} \qquad \cot\alpha + \cot\beta = \frac{\sin(\alpha+\beta)}{\sin\alpha\sin\beta}$$

$$\tan\alpha - \tan\beta = \frac{\sin(\alpha-\beta)}{\cos\alpha\cos\beta} \qquad \cot\alpha - \cot\beta = \frac{\sin(\alpha-\beta)}{\sin\alpha\sin\beta}$$

$$\sin(\alpha+\beta) + \sin(\alpha-\beta) = \qquad \cos(\alpha+\beta) + \cos(\alpha-\beta) =$$
$$= 2\sin\alpha\cos\beta \qquad\qquad = 2\cos\alpha\cos\beta$$

$$\sin(\alpha+\beta) - \sin(\alpha-\beta) = \qquad \cos(\alpha+\beta) - \cos(\alpha-\beta) =$$
$$= 2\cos\alpha\sin\beta \qquad\qquad = -2\sin\alpha\sin\beta$$

$$\cos\alpha + \sin\alpha = \sqrt{2}\sin(45°+\alpha) \qquad \cos\alpha - \sin\alpha = \sqrt{2}\cos(45°+\alpha)$$
$$= \sqrt{2}\cos(45°-\alpha) \qquad\qquad = \sqrt{2}\sin(45°-\alpha)$$

$$\frac{1+\tan\alpha}{1-\tan\alpha} = \tan(45°+\alpha) \qquad \frac{\cot\alpha+1}{\cot\alpha-1} = \cot(45°-\alpha)$$

1 Mathematik

Funktionen für
Winkelvielfache

$$\sin 2\alpha = 2\sin\alpha \cdot \cos\alpha \qquad\qquad \cos 2\alpha = \cos^2\alpha - \sin^2\alpha$$
$$= 1 - 2\sin^2\alpha$$
$$= 2\cos^2\alpha - 1$$

$$\sin 3\alpha = 3\sin\alpha - 4\sin^3\alpha \qquad\qquad \cos 3\alpha = 4\cos^3\alpha - 3\cos\alpha$$
$$\sin 4\alpha = 8\sin\alpha \cdot \cos^3\alpha - 4\sin\alpha \cdot \cos\alpha \qquad \cos 4\alpha = 8\cos^4\alpha - 8\cos^2\alpha + 1$$

$$\tan 2\alpha = \frac{2\tan\alpha}{1 - \tan^2\alpha} \qquad\qquad \cot 2\alpha = \frac{\cot^2\alpha - 1}{2\cot\alpha}$$

$$\tan 3\alpha = \frac{3\tan\alpha - \tan^3\alpha}{1 - 3\tan^2\alpha} \qquad\qquad \cot 3\alpha = \frac{\cot^3\alpha - 3\cot\alpha}{3\cot^2\alpha - 1}$$

Für $n > 3$ berechnet man $\sin n\,\alpha$ und $\cos n\,\alpha$ nach der Moivre-Formel:

$$\sin n\alpha = n\sin\alpha\cos^{n-1}\alpha - \binom{n}{3}\sin^3\alpha\cos^{n-3}\alpha \pm \ldots$$

$$\cos n\alpha = \cos^n\alpha - \binom{n}{2}\cos^{n-2}\alpha\sin^2\alpha + \binom{n}{4}\cos^{n-4}\alpha\sin^4\alpha \mp \ldots$$

Funktionen der halben
Winkel
(die Wurzel erhält das
Vorzeichen des
entsprechenden
Quadranten)

$$\sin\frac{\alpha}{2} = \sqrt{\frac{1 - \cos\alpha}{2}} \qquad\qquad \cos\frac{\alpha}{2} = \sqrt{\frac{1 + \cos\alpha}{2}}$$

$$\tan\frac{\alpha}{2} = \sqrt{\frac{1 - \cos\alpha}{1 + \cos\alpha}} = \frac{1 - \cos\alpha}{\sin\alpha} = \frac{\sin\alpha}{1 + \cos\alpha}$$

$$\cot\frac{\alpha}{2} = \sqrt{\frac{1 + \cos\alpha}{1 - \cos\alpha}} = \frac{\sin\alpha}{1 - \cos\alpha} = \frac{1 + \cos\alpha}{\sin\alpha}$$

Produkte von
Funktionen

$$\sin(\alpha + \beta)\,\sin(\alpha - \beta) = \sin^2\alpha - \sin^2\beta = \cos^2\beta - \cos^2\alpha$$
$$\cos(\alpha + \beta)\,\cos(\alpha - \beta) = \cos^2\alpha - \sin^2\beta = \cos^2\beta - \sin^2\alpha$$

$$\sin\alpha \cdot \sin\beta = \frac{1}{2}[\cos(\alpha - \beta) - \cos(\alpha + \beta)]$$

$$\cos\alpha \cdot \cos\beta = \frac{1}{2}[\cos(\alpha - \beta) + \cos(\alpha + \beta)]$$

$$\sin\alpha \cdot \cos\beta = \frac{1}{2}[\sin(\alpha - \beta) + \sin(\alpha + \beta)]$$

$$\tan\alpha \cdot \tan\beta = \frac{\tan\alpha + \tan\beta}{\cot\alpha + \cot\beta} = -\frac{\tan\alpha - \tan\beta}{\cot\alpha - \cot\beta}$$

$$\cot\alpha \cdot \cot\beta = \frac{\cot\alpha + \cot\beta}{\tan\alpha + \tan\beta} = -\frac{\cot\alpha - \cot\beta}{\tan\alpha - \tan\beta}$$

Potenzen von
Funktionen

$$\sin^2\alpha = \frac{1}{2}(1 - \cos 2\alpha) \qquad\qquad \cos^2\alpha = \frac{1}{2}(1 + \cos 2\alpha)$$

$$\sin^3\alpha = \frac{1}{4}(3\sin\alpha - \sin 3\alpha) \qquad\qquad \cos^3\alpha = \frac{1}{4}(\cos 3\alpha + 3\cos\alpha)$$

$$\sin^4\alpha = \frac{1}{8}(\cos 4\alpha - 4\cos 2\alpha + 3) \qquad \cos^4\alpha = \frac{1}{8}(\cos 4\alpha + 4\cos 2\alpha + 3)$$

Funktionen dreier Winkel

$$\sin\alpha + \sin\beta + \sin\gamma = 4\cos\frac{\alpha}{2}\cos\frac{\beta}{2}\cos\frac{\gamma}{2}$$

$$\cos\alpha + \cos\beta + \cos\gamma = 4\sin\frac{\alpha}{2}\sin\frac{\beta}{2}\sin\frac{\gamma}{2}+1$$

$$\tan\alpha + \tan\beta + \tan\gamma = \tan\alpha \cdot \tan\beta \cdot \tan\gamma$$

$$\cot\frac{\alpha}{2} + \cot\frac{\beta}{2} + \cot\frac{\gamma}{2} = \cot\frac{\alpha}{2}\cdot\cot\frac{\beta}{2}\cdot\cot\frac{\gamma}{2}$$

$$\sin^2\alpha + \sin^2\beta + \sin^2\gamma = 2(\cos\alpha\cos\beta\cos\gamma+1)$$

$$\sin 2\alpha + \sin 2\beta + \sin 2\gamma = 4\sin\alpha\sin\beta\sin\gamma$$

gültig für $\alpha + \beta + \gamma = 180°$

1.20 Arcusfunktionen

Die Arcusfunktionen sind invers zu den Kreisfunktionen

Invers zur Kreis-funktion	ist die Arcus-funktion	mit der Definition (y in Radiant)	Hauptwert der Arcusfunktion im Bereich	Definitions-bereich
$y = \sin x$	$y = \arcsin x$	$x = \sin y$	$\dfrac{-\pi}{2} \leqq y \leqq \dfrac{\pi}{2}$	$-1 \leqq x \leqq 1$
$y = \cos x$	$y = \arccos x$	$x = \cos y$	$0 \leqq y \leqq \pi$	$-1 \leqq x \leqq 1$
$y = \tan x$	$y = \arctan x$	$x = \tan y$	$\dfrac{-\pi}{2} < y < \dfrac{\pi}{2}$	$-\infty < x < +\infty$
$y = \cot x$	$y = \text{arccot } x$	$x = \cot y$	$0 < y < \pi$	$-\infty < x < +\infty$

Beziehungen zwischen den Arcusfunktionen (Formeln in eckigen Klammern gelten nur für positive Werte von x)

$$\arcsin x = -\arcsin(-x) = \frac{\pi}{2} - \arccos x = \left[\arccos\sqrt{1-x^2}\right] =$$

$$= \arctan\frac{x}{\sqrt{1-x^2}} = \left[\text{arccot}\frac{\sqrt{1-x^2}}{x}\right]$$

$$\arccos x = \pi - \arccos(-x) = -\frac{\pi}{2} - \arcsin x = \left[\arcsin\sqrt{1-x^2}\right] =$$

$$= \left[\arctan\frac{\sqrt{1-x^2}}{x}\right] = \text{arccot}\frac{x}{\sqrt{1-x^2}}$$

Beispiel: Der Kosinus eines Winkels x beträgt: $\cos x = 0{,}88$.
Lässt sich der Winkel x nur mit der Arcus-Tangensfunktion berechnen (z. B. auf dem PC) gilt:

$$x = \arctan\left(\frac{\sqrt{1-0{,}88^2}}{0{,}88}\right) = 29{,}36°$$

$$\arctan x = -\arctan(-x) = \frac{\pi}{2} - \text{arc cot } x = \arcsin\frac{x}{\sqrt{1+x^2}} =$$

$$= \left[\arccos\frac{1}{\sqrt{1+x^2}}\right] = \left[\text{arccot}\frac{1}{x}\right]$$

$$\text{arc cot } x = \pi - \text{arc cot}(-x) = \frac{\pi}{2} - \arctan x = \left[\arcsin\frac{1}{\sqrt{1+x^2}}\right] =$$

$$= \arccos\frac{x}{\sqrt{1+x^2}} = \left[\arctan\frac{1}{x}\right]$$

1

Mathematik

Additionstheoreme und andere Beziehungen

$\arcsin x + \arcsin y = \arcsin(x\sqrt{1-y^2} + y\sqrt{1-x^2})$ $[x\,y \leqq 0 \ \text{oder} \ x^2 + y^2 \leqq 1]$

$\qquad\qquad = \pi - \arcsin(x\sqrt{1-y^2} + y\sqrt{1-x^2})$ $[x > 0, y > 0 \ \text{und} \ x^2 + y^2 > 1]$

$\qquad\qquad = -\pi - \arcsin(x\sqrt{1-y^2} + y\sqrt{1-x^2})$ $[x < 0, y < 0 \ \text{und} \ x^2 + y^2 > 1]$

$\arcsin x - \arcsin y = \arcsin(x\sqrt{1-y^2} - y\sqrt{1-x^2})$ $[x\,y \geqq 0 \ \text{oder} \ x^2 + y^2 \leqq 1]$

$\qquad\qquad = \pi - \arcsin(x\sqrt{1-y^2} - y\sqrt{1-x^2})$ $[x > 0, y < 0 \ \text{und} \ x^2 + y^2 > 1]$

$\qquad\qquad = -\pi - \arcsin(x\sqrt{1-y^2} - y\sqrt{1-x^2})$ $[x < 0, y > 0 \ \text{und} \ x^2 + y^2 > 1]$

$\arccos x + \arccos y = \arccos(xy - \sqrt{1-x^2}\sqrt{1-y^2})$ $[x + y \geqq 0]$

$\qquad\qquad = 2\pi - \arccos(xy - \sqrt{1-x^2}\sqrt{1-y^2})$ $[x + y < 0]$

$\arccos x - \arccos y = -\arccos(xy + \sqrt{1-x^2}\sqrt{1-y^2})$ $[x \geqq y]$

$\qquad\qquad = \arccos(xy + \sqrt{1-x^2}\sqrt{1-y^2})$ $[x < y]$

$\arctan x + \arctan y = \arctan\dfrac{x+y}{1-x\,y}$ $[x\,y < 1]$

$\qquad\qquad = \pi + \arctan\dfrac{x+y}{1-x\,y}$ $[x > 0, \ x\,y > 1]$

$\qquad\qquad = -\pi + \arctan\dfrac{x+y}{1-x\,y}$ $[x < 0, \ x\,y > 1]$

$\arctan x - \arctan y = \arctan\dfrac{x-y}{1+x\,y}$ $[x\,y > -1]$

$\qquad\qquad = \pi + \arctan\dfrac{x-y}{1+x\,y}$ $[x > 0, \ x\,y < -1]$

$\qquad\qquad = -\pi + \arctan\dfrac{x-y}{1+x\,y}$ $[x < 0, \ x\,y < -1]$

$2\arcsin x = \arcsin(2x\sqrt{1-x^2})$ $\left[|x| \leqq \dfrac{1}{\sqrt{2}}\right]$

$\qquad = \pi - \arcsin(2x\sqrt{1-x^2})$ $\left[\dfrac{1}{\sqrt{2}} < x \leqq 1\right]$

$\qquad = -\pi - \arcsin(2x\sqrt{1-x^2})$ $\left[-1 \leqq x < -\dfrac{1}{\sqrt{2}}\right]$

$2\arccos x = \arccos(2x^2 - 1)$ $\left[0 \leqq x \leqq 1\right]$

$\qquad = 2\pi - \arccos(2x^2 - 1)$ $\left[-1 \leqq x < 0\right]$

$2\arctan x = \arctan\dfrac{2x}{1-x^2}$ $\left[|x| < 1\right]$

$\qquad = \pi + \arctan\dfrac{2x}{1-x^2}$ $\left[x > 1\right]$

$\qquad = -\pi + \arctan\dfrac{2x}{1-x^2}$ $\left[x < -1\right]$

1.21 Hyperbelfunktionen

Definitionen

$$\sinh x = \sinh x = \frac{e^x - e^{-x}}{2}; \quad \cosh x = \frac{e^x + e^{-x}}{2}$$

$$\tanh x = \tanh x = \frac{e^x - e^{-x}}{e^x + e^{-x}} = \frac{e^{2x} - 1}{e^{2x} + 1}; \quad \coth x = \frac{e^x + e^{-x}}{e^x - e^{-x}} = \frac{e^{2x} + 1}{e^{2x} - 1}$$

Grundbeziehungen

$$\left.\begin{array}{l} \cosh^2 x - \sinh^2 x = 1 \\ \tanh x \cdot \coth x = 1 \end{array}\right| \tanh x = \frac{\sinh x}{\cosh x}; \quad \coth x = \frac{\cosh x}{\sinh x}$$

Beziehungen zwischen den Hyperbel-funktionen (vgl. die entsprechenden Formeln der trigonometrischen Funktionen)

$$\sinh x = \sqrt{\cosh^2 x - 1} = \frac{\tanh x}{\sqrt{1 - \tanh^2 x}} = \frac{1}{\sqrt{\coth^2 x - 1}}$$

$$\cosh x = \sqrt{\sinh^2 x + 1} = \frac{1}{\sqrt{1 - \tanh^2 x}} = \frac{\coth x}{\sqrt{\coth^2 x - 1}}$$

$$\tanh x = \frac{\sinh x}{\sqrt{\sinh^2 x + 1}} = \frac{\sqrt{\cosh^2 x - 1}}{\cosh x} = \frac{1}{\coth x}$$

$$\coth x = \frac{\sqrt{\sinh^2 x + 1}}{\sinh x} = \frac{\cosh x}{\sqrt{\cosh^2 x - 1}} = \frac{1}{\tanh x}$$

Für negative x gilt:

$$\sinh(-x) = -\sinh x \qquad \tanh(-x) = -\tanh x$$
$$\cosh(-x) = \cosh x \qquad \coth(-x) = -\coth x$$

Additionstheoreme und andere Beziehungen

$$\sinh(x \pm y) = \sinh x \cdot \cosh y \pm \cosh x \cdot \sinh y$$
$$\cosh(x \pm y) = \cosh x \cdot \cosh y \pm \sinh x \cdot \sinh y$$

$$\tanh(x \pm y) = \frac{\tanh x \pm \tanh y}{1 \pm \tanh x \cdot \tanh y}; \quad \coth(x \pm y) = \frac{1 \pm \coth x \cdot \coth y}{\coth x \pm \coth y}$$

$$\left.\begin{array}{l} \sinh 2x = 2\sinh x \cdot \cosh x \\ \cosh 2x = \sinh^2 x + \cosh^2 x \end{array}\right| \begin{array}{l} \tanh 2x = \dfrac{2\tanh x}{1 + \tanh^2 x} \\ \coth 2x = \dfrac{1 + \coth^2 x}{2\coth x} \end{array}$$

$$(\cosh x \pm \sinh x)^n = \cosh nx \pm \sinh nx$$

+ für $x > 0$
– für $x < 0$

$$\sinh\frac{x}{2} = \pm\sqrt{\frac{\cosh x - 1}{2}}; \quad \tanh\frac{x}{2} = \frac{\cosh x - 1}{\sinh x} = \frac{\sinh x}{\cosh x + 1}$$

$$\cosh\frac{x}{2} = \sqrt{\frac{\cosh x + 1}{2}}; \quad \coth\frac{x}{2} = \frac{\sinh x}{\cosh x - 1} = \frac{\cosh x + 1}{\sinh x}$$

$$\sinh x \pm \sinh y = 2\sinh\frac{1}{2}(x \pm y)\cosh\frac{1}{2}(x \mp y)$$

$$\cosh x + \cosh y = 2\cosh\frac{1}{2}(x + y)\cosh\frac{1}{2}(x - y)$$

$$\cosh x - \cosh y = 2\sinh\frac{1}{2}(x + y)\sinh\frac{1}{2}(x - y)$$

$$\tanh x \pm \tanh y = \frac{\sinh(x \pm y)}{\cosh x \cosh y}$$

1

Mathematik

1.22 Areafunktionen

Die Areafunktionen
sind die Umkehr-
funktionen der
Hyperbelfunktionen.

Invers zur Hyperbel- funktion	ist die Areafunktion	mit der Definition	Grenzen der Funktion	Definitions- bereich
$y = \sinh x$	$y = \operatorname{arsinh} x = \ln(x + \sqrt{x^2 + 1})$	$x = \sinh y$	$-\infty < y < +\infty$	$-\infty < x < +\infty$
$y = \cosh x$	$y = \operatorname{arcosh} x = \ln(x \pm \sqrt{x^2 - 1})$	$x = \cosh y$	$-\infty < y < +\infty$	$1 \leqq x < +\infty$
$y = \tanh x$	$y = \operatorname{artanh} x = \dfrac{1}{2}\ln\dfrac{1+x}{1-x}$	$x = \tanh y$	$-\infty < y < +\infty$	$-1 < x < 1$
$y = \coth x$	$y = \operatorname{arcoth} x = \dfrac{1}{2}\ln\dfrac{x+1}{x-1}$	$x = \coth y$	$-\infty < y < +\infty$	$-1 > x > 1$

Beziehungen zwischen
den Areafunktionen

$$\operatorname{arsinh} x = \pm\operatorname{arcosh}\sqrt{x^2+1} = \operatorname{artanh}\frac{x}{\sqrt{x^2+1}} = \operatorname{arcoth}\frac{\sqrt{x^2+1}}{x}$$

$$\operatorname{arcosh} x = \pm\operatorname{arsinh}\sqrt{x^2-1} = \pm\operatorname{artanh}\frac{\sqrt{x^2-1}}{x} = \pm\operatorname{arcoth}\frac{x}{\sqrt{x^2-1}}$$

+ für $x > 0$
– für $x < 0$

$$\operatorname{artanh} x = \operatorname{arsinh}\frac{x}{\sqrt{1-x^2}} = \pm\operatorname{arcosh}\frac{1}{\sqrt{1-x^2}} = \operatorname{arcoth}\frac{1}{x}$$

$$\operatorname{arcoth} x = \operatorname{arsinh}\frac{1}{\sqrt{x^2-1}} = \pm\operatorname{arcosh}\frac{x}{\sqrt{x^2-1}} = \operatorname{artanh}\frac{1}{x}$$

Für negative x gilt

$$\operatorname{arsinh}(-x) = -\operatorname{arsinh} x \qquad\qquad \operatorname{artanh}(-x) = -\operatorname{artanh} x$$

$$\operatorname{arcosh}(-x) = \operatorname{arcosh} x \qquad\qquad \operatorname{arcoth}(-x) = -\operatorname{arcoth} x$$

Additionstheoreme

$$\operatorname{arsinh} x \pm \operatorname{arsinh} y = \operatorname{arsinh}(x\sqrt{1+y^2} \pm y\sqrt{1+x^2})$$

$$\operatorname{arcosh} x \pm \operatorname{arcosh} y = \operatorname{arcosh}(x\,y \pm \sqrt{(x^2-1)(y^2-1)})$$

$$\operatorname{artanh} x \pm \operatorname{artanh} y = \operatorname{artanh}\frac{x \pm y}{1 \pm x\,y}$$

1.23 Analytische Geometrie: Punkte in der Ebene

Entfernung zweier
Punkte

$$e = \sqrt{(x_2 - x_1)^2 + (y_2 - y_1)^2}$$

Koordinaten des
Mittelpunktes einer
Strecke

$$x_{\mathrm{m}} = \frac{x_1 + x_2}{2}; \quad y_{\mathrm{m}} = \frac{y_2 - y_1}{2}$$

Teilungsverhältnis
λ einer Strecke

$$\lambda = \frac{x - x_1}{x_2 - x} = \frac{y - y_1}{y_2 - y} = \frac{m}{n} = \frac{P_1 P}{P P_2}$$

(+) innerhalb, (–) außerhalb $\overline{P_1 P_2}$

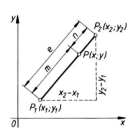

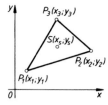

Koordinaten des Teilungspunktes P einer Strecke	$x_p = \dfrac{m\,x_2 + n\,x_1}{m+n} = \dfrac{x_1 + \lambda\,x_2}{1+\lambda}$ $y_p = \dfrac{m\,y_2 + n\,y_1}{m+n} = \dfrac{y_1 + \lambda\,y_2}{1+\lambda}$
Flächeninhalt eines Dreiecks	$A = \dfrac{x_1(y_2 - y_3) + x_2(y_3 - y_1) + x_3(y_1 - y_2)}{2}$
Schwerpunkt S eines Dreiecks (Koordinaten von S)	$x_s = \dfrac{x_1 + x_2 + x_3}{3}; \quad y_s = \dfrac{y_1 + y_2 + y_3}{3}$

1.24 Analytische Geometrie: Gerade

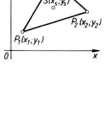

Normalform der Geraden	$y = m\,x + n$ n ist Ordinatenabschnitt
Achsenabschnittsform der Geraden	$\dfrac{x}{a} + \dfrac{y}{b} = 1$ a Abschnitt auf der x-Achse b Abschnitt auf der y-Achse
Punkt-Steigungsform der Geraden	$m = \tan\varphi = \dfrac{y - y_1}{x - x_1}$
Zweipunkteform der Geraden	$\dfrac{y - y_1}{x - x_1} = \dfrac{y_2 - y_1}{x_2 - x_1}$
Steigung m und Steigungswinkel φ	$m = \dfrac{y_2 - y_1}{x_2 - x_1} = \tan\varphi = \dfrac{\Delta y}{\Delta x}$
Hesse'sche Normalform	$x \cos\alpha + y \sin\alpha - p = 0$

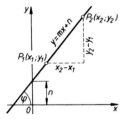

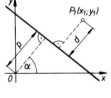

Senkrechter Abstand d eines Punktes P_1 von einer Geraden	$d = x_1 \cos\alpha + y_1 \sin\alpha - p$ (+) wenn P und 0 auf verschiedenen Seiten der Geraden liegen; sonst (−)
Allgemeine Linearform der Geradengleichung	$A\,x + B\,y + C = 0$ Bei $A = 0$ ist die Gerade parallel zur x-Achse, bei $B = 0$ parallel zur y-Achse, bei $C = 0$ geht die Gerade durch 0.
Schnittpunkt s zweier Geraden	$x_s = \begin{vmatrix} B_1 & C_1 \\ B_2 & C_2 \end{vmatrix} : \begin{vmatrix} A_1 & B_1 \\ A_2 & B_2 \end{vmatrix} \quad y_s = \begin{vmatrix} C_1 & A_1 \\ C_2 & A_2 \end{vmatrix} : \begin{vmatrix} A_1 & B_1 \\ A_2 & B_2 \end{vmatrix}$

Sonderfälle	bei $\begin{vmatrix} A_1 & B_1 \\ A_2 & B_2 \end{vmatrix} = 0$ sind die gegebenen Geraden parallel, bei $\dfrac{A_1}{A_2} = \dfrac{B_1}{B_2} = \dfrac{C_1}{C_2}$ fallen sie zusammen.
Schnittpunkt s zweier Geraden, die in Normalform gegeben sind	gegeben: $y_1 = m_1 x + n_1$; $\quad y_2 = m_2 x + n_2$ $x_s = x_s = \dfrac{n_1 - n_2}{m_2 - m_1}$; $\quad y_s = \dfrac{n_1 m_2 - n_2 m_1}{m_2 - m_1}$
Sonderfall	Die dritte Gerade geht durch den Schnittpunkt der beiden ersten Geraden, wenn $\begin{vmatrix} A_1 & B_1 & C_1 \\ A_2 & B_2 & C_2 \\ A_3 & B_3 & C_3 \end{vmatrix} = 0$ ist.

Schnittwinkel φ zweier Geraden

$$\tan\varphi = \frac{m_2 - m_1}{1 + m_1 m_2} \qquad\qquad\qquad \begin{aligned} y &= m_1\, x + n_1 \\ y &= m_2\, x + n_1 \end{aligned}$$

$$\tan\varphi = \frac{A_1 B_2 - A_2 B_1}{A_1 A_2 - B_1 B_2} \qquad\qquad \begin{aligned} A_1\, x + B_1\, y + C_1 &= 0 \\ A_2\, x + B_2\, y + C_2 &= 0 \end{aligned}$$

Schnittwinkel φ wird beim Drehen der Geraden g_1 in der Lage von g_2 überstrichen (im entgegengesetzten Sinn des Uhrzeigers).

Sonderfälle

bei $m_2 = m_1$ bzw. $\dfrac{A_1}{B_1} = \dfrac{A_2}{B_2}$ sind Gerade parallel,

bei $m_2 = -\dfrac{1}{m_1}$ bzw. $\dfrac{A_1}{B_1} = -\dfrac{B_2}{A_2}$ stehen sie rechtwinklig aufeinander

Winkelhalbierende w_1, w_2 zweier Geraden g_1, g_2

Sind g_{1H} und g_{2H} die Hesse'schen Normalformen der Geraden, so wird $w_{1,2} = g_{1H} \pm g_{2H}$. w_1, w_2 sind die Gleichungen für die Winkelhalbierenden.

1.25 Analytische Geometrie: Lage einer Geraden im rechtwinkligen Achsenkreuz

Zur Kontrolle der Rechnungen nach 1.25 wird die Gleichung der Geraden auf die Form $Ax + By + C = 0$ gebracht, die Konstanten A, B und C bestimmt und die Lage der Geraden der folgenden Tabelle entnommen. Gleichungen mit positiver Konstante C müssen vorher mit (-1) multipliziert werden.

Vorzeichen der Konstanten			Beziehung zwischen Konstanten A und B	Lage der Geraden	
A	B	C		Steigungswinkel φ mit positiver x-Achse	Lage zum Koordinatenursprung
+	+	−	$A > B$	$90° < \varphi < 135°$	rechts oberhalb
			$A = B$	$135°$	
			$A < B$	$135° < \varphi < 180°$	
−	+	−	$|A| < B$	$0° < \varphi < 45°$	links oberhalb
			$|A| = B$	$45°$	
			$|A| > B$	$45° < \varphi < 90°$	
−	−	−	$|A| > |B|$	$90° < \varphi < 135°$	links unterhalb
			$A = B$	$135°$	
			$|A| < |B|$	$135° < \varphi < 180°$	
+	−	−	$A < |B|$	$0° < \varphi < 45°$	rechts unterhalb
			$A = |B|$	$45°$	
			$A > |B|$	$45° < \varphi < 90°$	

Beispiel:
Gegeben ist eine Gerade mit $16x - 11y + 6 = 0$; mit (-1) multipliziert:
$-16x + 11y - 6 = 0$; also ist $A = -16$, $B = +11$ und $C = -6$, d. h. $|A| > \beta$.
Nach der Tabelle liegt die Gerade links oberhalb des Koordinatenursprungs
mit Steigungswinkel φ zwischen 45° und 90° ($\varphi \approx 56{,}4°$).

Zusammenfassung der
Sonderfälle

Konstante	Gleichung	Lage der Geraden
$A = 0$ [1)]	$y = -\dfrac{C}{B}$	Parallele zur x-Achse im Abstand $-C/B$
$B = 0$ [1)]	$x = -\dfrac{C}{A}$	Parallele zur y-Achse im Abstand $-C/A$
$C = 0$	$y = -\dfrac{A}{B}x$	Gerade durch den Koordinatenursprung
$A = 0$; $C = 0$	$y = 0$	Gerade fällt zusammen mit der x-Achse
$B = 0$; $C = 0$	$x = 0$	Gerade fällt zusammen mit der y-Achse

1.26 Analytische Geometrie: Kreis

Kreisgleichung
(Mittelpunkt M liegt im
Nullpunkt)

$x^2 + y^2 = r^2$

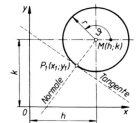

in Parameterform

$x = h + r \cos \vartheta$; $y = k + r \sin \vartheta$

Kreisgleichung für
beliebige Lage von
M $(h; k)$

$(x - h)^2 + (y - k)^2 = r^2$

Scheitelgleichung
(M liegt auf x-Achse,
Kreis geht durch
Nullpunkt)

$y^2 = x\,(2r - x)$

Schnitt von Kreis und
Gerade

Kreis $x^2 + y^2 = r^2$ wird von der Geraden $y = mx + n$ geschnitten, wenn
Diskriminante $\varLambda = r^2\,(1 + m^2) - n^2 > 0$ ist.
Bei $r^2\,(1 + m^2) - n^2 = 0$ ist die Gerade eine Tangente.

Abszissen der Geraden-
schnittpunkte

$x_{1,2} = \dfrac{1}{1 + m^2}\left[-mn \pm \sqrt{r^2(1 + m^2) - n^2}\,\right]$

Tangentengleichung
für Berührungspunkt
$P_1(x_1; y_1)$

$x_1\,x + y_1\,y = r^2$

$(x_1 - h)(x - h) + (y_1 - k)(y - k) = r^2$

Für den Kreis mit: $x^2 + y^2 = r^2$
$(x - h)^2 + (y - k)^2 = r^2$

Normalengleichung

$y = \dfrac{y_1}{x_1}x$; $\dfrac{y - k}{x - h} = \dfrac{k - y_1}{h - x_1}$

1.27 Analytische Geometrie: Parabel

Scheitelgleichungen und Lage der Parabel	Scheitel S		Lage der Parabel bei	
	im Nullpunkt	beliebig	$p > 0$	$p < 0$
x-Achse ist Symmetrieachse	$y^2 = 2\,p\,x$	$(y-k)^2 = 2\,p\,(x-h)$	nach rechts geöffnet	nach links geöffnet
y-Achse ist Symmetrieachse	$x^2 = 2\,p\,y$	$(x-h)^2 = 2\,p\,(y-k)$	nach oben geöffnet	nach unten geöffnet

k; h sind Koordinaten des Scheitels S (siehe Kreis und Ellipse)

Halbparameter p	Entfernung des Brennpunkts F von der Leitlinie l (Strecke FL)

Tangentengleichungen für Berührungspunkt $P_1\,(x_1;y_1)$

$y\,y_1 = p\,(x+x_1)$ für Scheitelgleichung $y^2 = 2\,p\,x$

$x\,x_1 = p\,(y+y_1)$ für Scheitelgleichung $x^2 = 2\,p\,y$

$(y-k)\,(y_1-k) = p\,(x+x_1-2\,h)$ für Scheitelgleichung $(y-k)^2 = 2\,p\,(x-h)$

$(x-h)\,(x_1-h) = p\,(y+y_1-2\,k)$ für Scheitelgleichung $(x-h)^2 = 2\,p\,(y-k)$

Normalengleichung $p\,(y-y_1) + y_1\,(x-x_1) = 0$

Krümmungsradius ϱ in $P\,(x_1;y_1)$ $\varrho = \dfrac{(p+2\,x_1)^{3/2}}{\sqrt{p}}$

Krümmungsradius im Scheitel $r_\mathrm{s} = p$

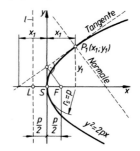

Schnitt der Parabel $y^2 = 2\,p\,x$ mit der Geraden $y = m\,x + n$ ergibt

zwei reelle Schnittpunkte für $p > 2\,m\,n$,
eine Tangente für $p = 2\,m\,n$,
keinen reellen Schnittpunkt für $p < 2\,m\,n$

1.28 Analytische Geometrie: Ellipse und Hyperbel

Grundeigenschaft der Ellipse $P\,F_1 + P\,F_2 = 2\,a$

Grundeigenschaft der Hyperbel $P\,F_2 - P\,F_1 = 2\,a$

F_1, F_2 Brennpunkte,
r_1, r_2 Brennstrahlen,
a große, b kleine Halbachse,
S_1, S_2 Hauptscheitel,
S'_1, S'_2 Nebenscheitel

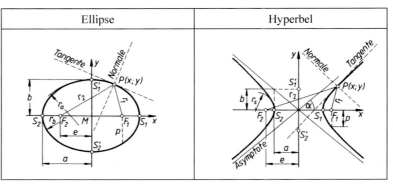

Ellipse	Hyperbel

	Ellipse	Hyperbel
Mittelpunktsgleichung (M liegt im Nullpunkt)	$\dfrac{x^2}{a^2} + \dfrac{y^2}{b^2} = 1$	$\dfrac{x^2}{a^2} - \dfrac{y^2}{b^2} = 1$
in Parameterform	$x = a \cos \vartheta; \quad y = b \sin \vartheta$	$x = a \cosh \vartheta; \quad y = b \sinh \vartheta$
für beliebige Lage von $M\,(h;k)$	$\dfrac{(x-h)^2}{a^2} + \dfrac{(y-k)^2}{b^2} = 1$	$\dfrac{(x-h)^2}{a^2} - \dfrac{(y-k)^2}{b^2} = 1$
lineare Exzentrizität e	$e = \sqrt{a^2 - b^2}$	$e = \sqrt{a^2 + b^2}$
numerische Exzentrizität ε	$\varepsilon = \dfrac{e}{a} < 1$	$\varepsilon = \dfrac{e}{a} > 1$
Länge des Lotes p in den Brennpunkten	$p = \dfrac{b^2}{a}$	$p = \dfrac{b^2}{a}$
Scheitelgleichung	$y^2 = 2px - \dfrac{p}{a}x^2$	$y^2 = 2px + \dfrac{p}{a}x^2$
Polargleichung (Mittelpunkt ist Pol)	\multicolumn{2}{c}{$r = \dfrac{p}{1 - \varepsilon \cos \varphi}$}
Brennstrahlenlänge r_1, r_2	$r_1 = F_1\,P = a - \varepsilon x$ $r_2 = F_2\,P = a + \varepsilon x$	$r_1 = F_1\,P = \pm(\varepsilon x - a)$ $r_2 = F_2\,P = \pm(\varepsilon x + a)$
Tangentengleichung für $M\,(0;0)$	$\dfrac{x\,x_1}{a^2} + \dfrac{y\,y_1}{b^2} = 1$	$\dfrac{x\,x_1}{a^2} - \dfrac{y\,y_1}{b^2} = 1$
Normalengleichung für $M\,(0;0)$	$\dfrac{x - x_1}{x_1 b^2} = \dfrac{y - y_1}{y_1 a^2}$	$\dfrac{x - x_1}{x_1 b^2} = -\dfrac{y - y_1}{y_1 a^2}$
Scheitelradien r_a, r_b, r_s	$r_a = \dfrac{a^2}{b}; \quad r_b = \dfrac{b^2}{a}$	$r_s = \dfrac{b^2}{a}$
Radius ϱ des Krümmungskreises im Punkt $(x_1; y_1)$	$\varrho = a^2 b^2 \left(\dfrac{x_1^2}{a^4} + \dfrac{y_1^2}{b^4} \right)^{3/2}$	$\varrho = a^2 b^2 \left(\dfrac{x_1^2}{a^4} + \dfrac{y_1^2}{b^4} \right)^{3/2}$
Ellipsenumfang U (Näherung)	$U = \pi \left[1{,}5(a+b) - \sqrt{ab} \right]$	
Flächeninhalt A	$A = \pi\,a\,b$	
Steigungswinkel α der Asymptoten aus		$\tan \alpha = m = \pm \dfrac{b}{a}$

Die gleichseitige Hyperbel hat gleiche Achsen: $a = b$; ihre Gleichung lautet: $x^2 - y^2 = a^2$; ihre Asymptoten stehen rechtwinklig aufeinander; sind die Koordinatenachsen die Asymptoten der gleichseitigen Hyperbel, so gilt $x\,y = a^2/2$ als deren Gleichung.

1.29 Reihen

Arithmetische Reihen

Definition

In einer arithmetischen Reihe $a_1 + a_2 + \dots a_n$ ist die Differenz d zweier aufeinander folgender Glieder konstant; jedes Glied ist arithmetisches Mittel seiner beiden Nachbarglieder:
$$a_2 - a_1 = a_3 - a_2 = \dots a_n - a_{n-1} = d$$

allgemeine Form
(s Summe)

$$s = a + (a + d) + (a + 2\,d) + \dots + [a + (n - 2)\,d] + [a + (n - 1)\,d]$$

Schlussglied z

$$z = a + (n - 1)\,d$$

Anfangsglied a

$$a = z - (n - 1)\,d$$

Differenz d

$$d = \frac{z - a}{n - 1}$$

Anzahl der Glieder n

$$n = \frac{z - a + d}{d} = \frac{z - a}{d} + 1$$

Summe s von n Gliedern
der Reihe

$$s = \frac{n}{2}(a + z) = a\,n + \frac{n(n-1)\cdot d}{2} = \frac{n}{2}(2a + n\,d - d)$$

$$s = \frac{n}{2}(2z - n\,d + d) = \frac{a + z}{2}\cdot\frac{z - a + d}{d}$$

$n = 4$ Glieder
Schema einer
arithmetischen Stufung

Geometrische Reihen

Definition

In einer geometrischen Reihe $a_1 + a_2 + \dots + a_n$ ist der Quotient q zweier aufeinander folgender Glieder konstant; jedes Glied ist geometrisches Mittel seiner beiden Nachbarglieder:
$$\frac{a_2}{a_1} = \frac{a_3}{a_2} = \dots = \frac{a_n}{a_{n-1}} = q$$

allgemeine Form
(s Summe)

$$s = a + a\,q + a\,q^2 + a\,q^3 + a\,q^4 + \dots$$
$$+ a\,q^{n-2} + a\,q^{n-1}$$

Schlussglied z

$$z = a\,q^{n-1}$$

Summe s von n Gliedern
der Reihe

$$s = a\frac{1 - q^n}{1 - q} = \frac{a - q\,z}{1 - q}\quad\text{(für } q < 1\text{)}$$

$$s = a\frac{q^n - 1}{q - 1} = \frac{q\,z - a}{q - 1}\quad\text{(für } q > 1\text{)}$$

Quotient a
(Stufensprung)

$$q = \sqrt[n-1]{\frac{z}{a}}$$

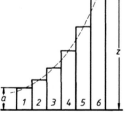

$n = 6$ Glieder
Schema einer
geometrischen Stufung

1.30 Potenzreihen

Funktion	Potenzreihe	Konvergenzbereich
$(1 \pm x)^n$	$1 \pm \binom{n}{1}x + \binom{n}{2}x^2 \pm \binom{n}{3}x^3 + \pm \ldots$ (n beliebig)	$\lvert x \rvert \leqq 1$
$(1 \pm x)^{1/2}$	$1 \pm \dfrac{1}{2}x - \dfrac{1 \cdot 1}{2 \cdot 4}x^2 \pm \dfrac{1 \cdot 1 \cdot 3}{2 \cdot 4 \cdot 6}x^3 - \dfrac{1 \cdot 1 \cdot 3 \cdot 5}{2 \cdot 4 \cdot 6 \cdot 8}x^4 \pm - \ldots$ $1 \pm \dfrac{1}{2}x - \dfrac{1}{8}x^2 \pm \dfrac{1}{16}x^3 - \dfrac{5}{128}x^4 \pm - \ldots$	$\lvert x \rvert \leqq 1$
$(1 \pm x)^{1/3}$	$1 \pm \dfrac{1}{3}x - \dfrac{1 \cdot 2}{3 \cdot 6}x^2 \pm \dfrac{1 \cdot 2 \cdot 5}{3 \cdot 6 \cdot 9}x^3 - \dfrac{1 \cdot 2 \cdot 5 \cdot 8}{3 \cdot 6 \cdot 9 \cdot 12}x^4 \pm - \ldots$ $1 \pm \dfrac{1}{3}x - \dfrac{1}{9}x^2 \pm \dfrac{5}{81}x^3 - \dfrac{10}{243}x^4 \pm - \ldots$	$\lvert x \rvert \leqq 1$
$(1 \pm x)^{1/4}$	$1 \pm \dfrac{1}{4}x - \dfrac{3}{32}x^2 \pm \dfrac{7}{128}x^3 - \dfrac{77}{2048}x^4 \pm \dfrac{231}{8192}x^5 - \pm \ldots$	$\lvert x \rvert \leqq 1$
$\dfrac{1}{(1 \pm x)^n}$	$1 \mp \dfrac{n}{1}x + \dfrac{n(n+1)}{1 \cdot 2}x^2 \mp \dfrac{n(n+1)(n+2)}{1 \cdot 2 \cdot 3}x^3 + \mp \ldots$	$\lvert x \rvert < 1$
$\dfrac{1}{(1 \pm x)^{1/2}}$	$1 \mp \dfrac{1}{2}x + \dfrac{1 \cdot 3}{2 \cdot 4}x^2 \mp \dfrac{1 \cdot 3 \cdot 5}{2 \cdot 4 \cdot 6}x^3 + \dfrac{1 \cdot 3 \cdot 5 \cdot 7}{2 \cdot 4 \cdot 6 \cdot 8}x^4 \mp + \ldots$	$\lvert x \rvert < 1$
$\dfrac{1}{(1 \pm x)^{1/3}}$	$1 \mp \dfrac{1}{3}x + \dfrac{1 \cdot 4}{3 \cdot 6}x^2 \mp \dfrac{1 \cdot 4 \cdot 7}{3 \cdot 6 \cdot 9}x^3 + \dfrac{1 \cdot 4 \cdot 7 \cdot 10}{3 \cdot 6 \cdot 9 \cdot 12}x^4 \mp + \ldots$	$\lvert x \rvert < 1$
$\dfrac{1}{(1 \pm x)^{1/4}}$	$1 \mp \dfrac{1}{4}x + \dfrac{1 \cdot 5}{4 \cdot 8}x^2 \mp \dfrac{1 \cdot 5 \cdot 9}{4 \cdot 8 \cdot 12}x^3 + \dfrac{1 \cdot 5 \cdot 9 \cdot 13}{4 \cdot 8 \cdot 12 \cdot 16}x^4 \mp + \ldots$	$\lvert x \rvert < 1$
$\dfrac{1}{(1 \pm x)}$	$1 \mp x + x^2 \mp x^3 + x^4 \mp + \ldots$	$\lvert x \rvert < 1$
$\dfrac{1}{(1 \pm x)^2}$	$1 \mp 2x + 3x^2 \mp 4x^3 + 5x^4 \mp + \ldots$	$\lvert x \rvert < 1$
$\dfrac{1}{(1 \pm x)^3}$	$1 \mp \dfrac{1}{2}(2 \cdot 3x \mp 3 \cdot 4x^2 + 4 \cdot 5x^3 \mp 5 \cdot 6x^4 + \mp \ldots$	$\lvert x \rvert < 1$
a^x	$1 + \ln a \dfrac{x}{1!} + (\ln a)^2 \dfrac{x^2}{2!} + (\ln a)^3 \dfrac{x^3}{3!} + (\ln a)^4 \dfrac{x^4}{4!} + \ldots$	$\lvert x \rvert < \infty$
e^x	$1 + \dfrac{x}{1!} + \dfrac{x^2}{2!} + \dfrac{x^3}{3!} + \dfrac{x^4}{4!} + \ldots$; daraus e^1: $e^1 = 1 + \dfrac{1}{1!} + \dfrac{1}{2!} + \dfrac{1}{3!} + \ldots = 2{,}718\,281\,828\,459$	$\lvert x \rvert < \infty$
e^{-x}	$1 - \dfrac{x}{1!} + \dfrac{x^2}{2!} - \dfrac{x^3}{3!} + \dfrac{x^4}{4!} - + \ldots$; daraus e^{-1}: $e^{-1} = 1 - \dfrac{1}{1!} + \dfrac{1}{2!} - \dfrac{1}{3!} + \dfrac{1}{4!} - + \ldots = 0{,}367\,879\,441$	$\lvert x \rvert < \infty$
e^{ix}	$\cos x + i\sin x = 1 + i\dfrac{x}{1!} - \dfrac{x^2}{2!} - i\dfrac{x^3}{3!} + \dfrac{x^4}{4!} + i\dfrac{x^5}{5!} - - + + \ldots$	Formeln
e^{-ix}	$\cos x - i\sin x = 1 - i\dfrac{x}{1!} - \dfrac{x^2}{2!} + i\dfrac{x^3}{3!} + \dfrac{x^4}{4!} - - + + \ldots$	von Euler

1

Mathematik

Funktion	Potenzreihe	Konvergenzbereich
$\ln(1+x)$	$x - \dfrac{1}{2}x^2 + \dfrac{1}{3}x^3 - \dfrac{1}{4}x^4 + - \ldots$	$-1 < x \leqq 1$
$\ln(1-x)$	$x - \dfrac{1}{2}x^2 - \dfrac{1}{3}x^3 - \dfrac{1}{4}x^4 + - \ldots$	$-1 < x \leqq 1$
$\ln\dfrac{1+x}{1-x}$	$2\left(x + \dfrac{1}{3}x^3 + \dfrac{1}{5}x^5 + \dfrac{1}{7}x^7 + \ldots\right)$	$|x| \leqq 1$
$\ln\dfrac{x+1}{x-1}$	$2\left(x^{-1} + \dfrac{1}{3}x^{-3} + \dfrac{1}{5}x^{-5} + \dfrac{1}{7}x^{-7} + \ldots\right)$	$|x| > 1$
$\ln x$	$2\left[\dfrac{x-1}{x+1} + \dfrac{1}{3}\left(\dfrac{x-1}{x+1}\right)^3 + \dfrac{1}{5}\left(\dfrac{x-1}{x+1}\right)^5 + \dfrac{1}{7}\left(\dfrac{x-1}{x+1}\right)^7 + \ldots\right]$	$x > 0$
$\ln(a+x)$	$\ln a + 2\left[\dfrac{x}{2a+x} + \dfrac{1}{3}\left(\dfrac{x}{2a+x}\right)^3 + \dfrac{1}{5}\left(\dfrac{x}{2a+x}\right)^5 + \ldots\right]$	$a > 0;\ x > -a$
$\ln 2$	$\dfrac{1}{2} + \dfrac{1}{2\cdot2^2} + \dfrac{1}{3\cdot2^3} + \dfrac{1}{4\cdot2^4} + \ldots = 0{,}693147180$	
$\ln 3$	$1 + \dfrac{2}{3\cdot2^3} + \dfrac{2}{5\cdot2^5} + \dfrac{2}{7\cdot2^7} + \ldots = 1{,}098612288$	
$\sin x$	$\dfrac{x}{1!} - \dfrac{x^3}{3!} + \dfrac{x^5}{5!} - \dfrac{x^7}{7!} + \dfrac{x^9}{9!} - \dfrac{x^{11}}{11!} + - \ldots$	$|x| < \infty$
$\cos x$	$1 - \dfrac{x^2}{2!} + \dfrac{x^4}{4!} - \dfrac{x^6}{6!} + \dfrac{x^8}{8!} - \dfrac{x^{10}}{10!} + - \ldots$	$|x| < \infty$
$\tan x$	$x + \dfrac{x^3}{3} + \dfrac{2x^5}{3\cdot5} + \dfrac{17x^7}{3^2\cdot5\cdot7} + \dfrac{62x^9}{3^2\cdot5\cdot7\cdot9} + \ldots$	$|x| < \pi/2$
$\cot x$	$\dfrac{1}{x} - \dfrac{x}{3} - \dfrac{x^3}{3^2\cdot5} - \dfrac{2x^5}{3^3\cdot5\cdot7} - \dfrac{x^7}{3^3\cdot5^2\cdot7} - \ldots$	$0 < |x| < \pi$
$\sin 1$	$1 - \dfrac{1}{3!} + \dfrac{1}{5!} - \dfrac{1}{7!} + - \ldots = 0{,}841470984$	
$\cos 1$	$1 - \dfrac{1}{2!} + \dfrac{1}{4!} - \dfrac{1}{6!} + - \ldots = 0{,}540302305$	
$\arcsin x$	$x + \dfrac{x^3}{2\cdot3} + \dfrac{1\cdot3\,x^5}{2\cdot4\cdot5} + \dfrac{1\cdot3\cdot5\,x^7}{2\cdot4\cdot6\cdot7} + \ldots$	$|x| < 1$
$\arccos x$	$\dfrac{\pi}{2} - \arcsin x$	$|x| < 1$
$\arctan x$	$x - \dfrac{x^3}{3} + \dfrac{x^5}{5} - \dfrac{x^7}{7} + \dfrac{x^9}{9} - + \ldots$	$|x| < 1$
$\arctan x$	$\dfrac{\pi}{2} - \arctan x$	$|x| < 1$
$\sinh x$	$x + \dfrac{x^3}{3!} + \dfrac{x^5}{5!} + \dfrac{x^7}{7!} + \ldots$	$|x| < \infty$
$\cosh x$	$1 + \dfrac{x^2}{2!} + \dfrac{x^4}{4!} + \dfrac{x^6}{6!} + \ldots$	$|x| < \infty$
$\sinh 1$	$1{,}175201193; \quad \cosh 1 = 1{,}543080634$	

1.31 Differenzialrechnung: Grundregeln

Funktion	Ableitung	Beispiele
Funktion mit konstantem Faktor $y = a\,f(x)$	$y' = a\,f'(x)$	$y = 3\,x^2 \qquad\qquad y' = 6\,x$ $y = -3\,x^4 \qquad\qquad y' = -12\,x^3$
Potenzfunktion: $y = x^n$	$y' = n\,x^{n-1}$	$y = \sqrt{x} = x^{\frac{1}{2}} ; \qquad y' = \dfrac{1}{2\sqrt{x}}$
Konstante $y = a$	$y' = 0$	$y = 50 \qquad\qquad y' = 0$
Summe oder Differenz $y = u(x) \pm v(x)$	$y' = u'(x) \pm v'(x)$	$y = x + x^3 \qquad\qquad y' = 1 + 3\,x^2$ $y = 5 - 2\,x + x^2$ $y' = -2 + 2\,x = 2\,(x-1)$
Produktregel: $y = u(x) \cdot v(x)$	$y' = u'\,v + u\,v'$	$y = \sin x \cdot \cos x$ $y' = \sin(x) \cdot (-\sin x) + \cos x \cdot \cos x = \cos 2x$
bei mehr als zwei Faktoren: $y = u \cdot v \cdot w \cdot z = f(x)$	$y' = u'\,v\,w\,z + u\,v'\,w\,z + $ $\quad + u\,v\,w'\,z + u\,v\,w\,z'$	$y = e^x \arcsin x\, x^4$ $y' = e^x \arcsin x\, x^4 + e^x\, \dfrac{1}{\sqrt{1-x^2}}\,x^4 + e^x \arcsin x\, 4x^3$ $y' = e^x x^3 \left(x \arcsin x + \dfrac{x}{\sqrt{1-x^2}} + 4\arcsin x \right)$
Quotientenregel: $y = \dfrac{u(x)}{v(x)}$	$y' = \dfrac{u'v - uv'}{v^2}$	$y = \dfrac{x+1}{x-1} \qquad y' = -\dfrac{2}{(x-1)^2}$
Kettenregel: $y = f[u(x)]$	$y' = f'(u) \cdot u'(x) =$ $\quad = \dfrac{d\,y}{d\,u} \cdot \dfrac{d\,u}{d\,x}$	$y = \cos(3x+5), \;$ also $u = 3\,x+5$ und damit $y' = -\sin(3\,x+5) \cdot 3 = -3\sin x\,(3\,x+5)$
Umkehrfunktion: $x = \varphi(y)$	$y' = \dfrac{d\,y}{d\,x} = \dfrac{1}{\varphi'(y)}$	$y = \tan x \qquad x = \arctan y$ $\varphi'(y) = \dfrac{1}{1+\tan^2 x} = \dfrac{1}{1+y^2} \qquad y' = \dfrac{1}{\varphi'(y)} = 1 + y^2$
logarithmische Regel	Erst logarithmieren, dann nach der Kettenregel differenzieren	$y = (2\,x)^{\sin x}$ $\ln y = \ln(2\,x)^{\sin x} = \sin x \cdot \ln(2\,x)$ $\dfrac{1}{y} \cdot y' = \sin x \cdot \dfrac{1}{2\,x} \cdot 2 + \ln(2\,x) \cdot \cos x$ $y' = (2\,x)^{\sin x} \left[\dfrac{\sin x}{x} + \cos x \cdot \ln(2\,x) \right]$
implizites Differenzieren	Die Funktion wird nicht nach einer Veränderlichen aufgelöst, sondern implizit gliedweise differenziert	$x^2 + y^2 = r^2$ $2\,x + 2\,y \cdot y' = 0$ $y' = \dfrac{-x}{y}$

1

Mathematik

1.32 Differenzialrechnung: Ableitungen elementarer Funktionen

$$\frac{\mathrm{d}\,a}{\mathrm{d}\,x} = 0 \;(a = \text{konst})$$

$$\frac{\mathrm{d}^a \log x}{\mathrm{d}\,x} = \frac{1}{x \ln a}$$

$$\frac{\mathrm{d}\,\sinh x}{\mathrm{d}\,x} = \cosh x$$

$$\frac{\mathrm{d}\,x^n}{\mathrm{d}\,x} = n\,x^{n-1}$$

$$\frac{\mathrm{d}\,\sin x}{\mathrm{d}\,x} = \cos x$$

$$\frac{\mathrm{d}\,\cosh x}{\mathrm{d}\,x} = \sinh x$$

$$\frac{\mathrm{d}(m\,x + a)}{\mathrm{d}\,x} = m$$

$$\frac{\mathrm{d}\,\cos x}{\mathrm{d}\,x} = -\sin x$$

$$\frac{\mathrm{d}\,\tanh x}{\mathrm{d}\,x} = \frac{1}{\cosh^2 x} = 1 - \tanh^2 x$$

$$\frac{\mathrm{d}\,a\,x^n}{\mathrm{d}\,x} = n\,a\,x^{n-1}$$

$$\frac{\mathrm{d}\,\tan x}{\mathrm{d}\,x} = \frac{1}{\cos^2 x} = 1 + \tan^2 x$$

$$\frac{\mathrm{d}\,\coth x}{\mathrm{d}\,x} = -\frac{1}{\sinh^2 x} = 1 - \coth^2 x$$

$$\frac{\mathrm{d}\,\sqrt{x}}{\mathrm{d}\,x} = \frac{1}{2\sqrt{x}}$$

$$\frac{\mathrm{d}\,\cot x}{\mathrm{d}\,x} = -\frac{1}{\sin^2 x} = -1 - \cot^2 x$$

$$\frac{\mathrm{d}\,\operatorname{arsinh} x}{\mathrm{d}\,x} = \frac{1}{\sqrt{x^2 + 1}}$$

$$\frac{\mathrm{d}(1\,/\,x)}{\mathrm{d}\,x} = -\frac{1}{x^2}$$

$$\frac{\mathrm{d}\,\arcsin x}{\mathrm{d}\,x} = \frac{1}{\sqrt{1 - x^2}}$$

$$\frac{\mathrm{d}\,\operatorname{arcosh} x}{\mathrm{d}\,x} = \frac{1}{\sqrt{x^2 - 1}}$$

$$\frac{\mathrm{d}\,e^x}{\mathrm{d}\,x} = e^x$$

$$\frac{\mathrm{d}\,\arccos x}{\mathrm{d}\,x} = -\frac{1}{\sqrt{1 - x^2}}$$

$$\frac{\mathrm{d}\,\operatorname{artanh} x}{\mathrm{d}\,x} = \frac{1}{1 - x^2}$$

$$\frac{\mathrm{d}\,a^x}{\mathrm{d}\,x} = a^x \ln a$$

$$\frac{\mathrm{d}\,\arctan x}{\mathrm{d}\,x} = \frac{1}{1 + x^2}$$

$$\frac{\mathrm{d}\,\operatorname{arcoth} x}{\mathrm{d}\,x} = \frac{1}{1 - x^2}$$

$$\frac{\mathrm{d}\,\ln x}{\mathrm{d}\,x} = \frac{1}{x}$$

$$\frac{\mathrm{d}\,\operatorname{arccot} x}{\mathrm{d}\,x} = -\frac{1}{1 + x^2}$$

1.33 Integrationsregeln

Konstantenregel

Ein Faktor k beim Integranden $f(x)\,\mathrm{d}x$ kann vor das Integral gezogen werden:

$$\int k \cdot f(x)\,\mathrm{d}\,x = k \int f(x)\,\mathrm{d}\,x$$

$$\int 7 \cdot x^2\,\mathrm{d}\,x = 7 \cdot \int x^2\,\mathrm{d}\,x = 7\left[\frac{x^3}{3}\right] + C$$

Summenregel

Eine Summe wird gliedweise integriert:

$$\int [u(x) + v(x)]\,\mathrm{d}\,x =$$
$$\int u(x)\,\mathrm{d}\,x + \int v(x)\,\mathrm{d}\,x$$

$$\int (1 + x + x^2 + x^3)\,\mathrm{d}\,x = x + \frac{x^2}{2} + \frac{x^3}{3} + \frac{x^4}{4}$$

Einsetzregel (Substitutionsmethode)

1. Form: In den Integranden wird eine Funktion $z(x)$ so eingeführt, dass deren Ableitung z' als Faktor von dx auftritt:

$$\int f(x)\,\mathrm{d}\,x = \int \varphi(z) \cdot z' \cdot \mathrm{d}\,x =$$
$$= \int \varphi(z)\,\mathrm{d}\,z$$

$$\int \sin x \cos x\,\mathrm{d}\,x; \quad \sin x = z; \quad z' = \frac{\mathrm{d}\,z}{\mathrm{d}\,x} = \cos x$$

$$\int \sin x \cos x\,\mathrm{d}\,x = \int z \cdot z'\,\mathrm{d}\,x =$$

$$= \int z\,\mathrm{d}\,z = \frac{z^2}{2} = \frac{\sin^2 x}{2}$$

Einsetzregel **(Substitutionsmethode)**	*2. Form*: Eine neue Funktion z einführen; aus der Substitutionsgleichung dx berechnen und alles unter dem Integral einführen:	$\int \dfrac{1}{\sqrt{1-x^2}}\,dx = \int \dfrac{1}{\cos z}\cos z\,dz = \arcsin x$ $x = \sin z; \quad \sqrt{1-\sin^2 z} = \sqrt{1-x^2} = \cos z$ $dx = \cos z\,dz; \quad z = \arcsin x$ $\int f(ax+b)\,dx = \dfrac{1}{a}\int \varphi(z)\,dz$ $(ax+b) = z; \quad \dfrac{dz}{dx} = a \;\Rightarrow\; dx = \dfrac{dz}{a}$
Sonderregeln	Ist der Zähler eines Integranden die Ableitung des Nenners, so ist das Integral gleich dem natürlichen Logarithmus des Nenners: $\int \dfrac{f'(x)}{f(x)}\,dx = \ln f(x)$	$\int \dfrac{2ax+b}{ax^2+bx}\,dx = \ln(ax^2+bx)$ $\int \dfrac{1}{x+a}\,dx = \ln(x+a)$
Produktregel **(partielle Integration)**	Lässt sich der Integrand als Produkt zweier Funktionen $f(x)$ und $g(x)$ darstellen, so kann der neue Integrand einfacher zu integrieren sein: $\int f(x)\,g(x)\,dx = \int u\,dv =$ $\qquad = u\cdot v - \int v\,du$	$\int x\cos x\,dx = x\cdot\sin x - \int 1\cdot\sin x\,dx$ $\qquad\quad = x\cdot\sin x + \cos x$ $\quad = x\cdot\sin x + \cos x$ $\begin{pmatrix} u = x; & v' = \cos x\\ u' = 1; & v = \sin x \end{pmatrix}$
Flächenintegral **(bestimmtes Integral)**	Ist A der Flächeninhalt unter der Kurve $y = f(x)$, begrenzt durch die Ordinaten $x = a$ und $x = b$, so gilt $A = \int\limits_a^b f(x)\,dx = \Big[F(x)\Big]_a^b = F(b) - F(a)$ d. h. das bestimmte Integral $f(x)\,dx$ stellt den Flächeninhalt unter der Kurve $y = f(x)$ bis zur x-Achse im Intervall von a bis b dar $(a \leqq x \leqq b)$	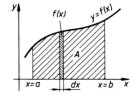
Integrieren einer **Konstanten** k	$\int\limits_a^b k\,dx = \Big[kx\Big]_a^b = k(b-a)$	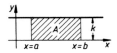
Vorzeichenwechsel	$\int\limits_a^b f(x)\,dx = -\int\limits_b^a f(x)\,dx$	Vertauschen der Grenzen bedeutet Vorzeichenwechsel (Integrieren von anderer Richtung kommend)

Aufspalten des bestimmten Integrals in Teilintegrale	$\displaystyle\int_a^c f(x)\,dx = \int_a^b f(x)\,dx + \int_b^c f(x)\,dx$	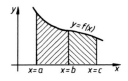

Definition des Mittelwertes y_{m}

Mittelwert y_{m} ist die Höhe des flächengleichen Rechtecks gewonnen aus:

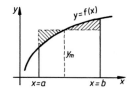

$$(b-a)y_{\mathrm{m}} = \int_a^b f(x)\,dx$$

$$y_{\mathrm{m}} = \frac{1}{b-a}\cdot\int_a^b f(x)\,dx$$

1.34 Grundintegrale

$\displaystyle\int x^n\,dx = \frac{x^{n+1}}{n+1}+C\;;\quad n\neq -1$

$\displaystyle\int \frac{dx}{x} = \ln|x|+C\;;\quad x\neq 0$

$\displaystyle\int \sin x\,dx = -\cos x + C$

$\displaystyle\int \cos x\,dx = \sin x + C$

$\displaystyle\int \frac{dx}{\sin^2 x} = -\cot x + C$

$\displaystyle\int \frac{dx}{\cos^2 x} = \tan x + C$

$\displaystyle\int a^x\,dx = \frac{a^x}{\ln a}+C\;;\quad 0<a\neq 1$

$\displaystyle\int e^x\,dx = e^x + C$

$\displaystyle\int \frac{dx}{\sqrt{1-x^2}} = \arcsin x + C =$
$\qquad\qquad = -\arccos x + C$

$\displaystyle\int \frac{dx}{1+x^2} = \arctan x + C =$
$\qquad\qquad = -\operatorname{arccot} x + C$

$\displaystyle\int \sinh x\,dx = \cosh x + C$

$\displaystyle\int \cosh x\,dx = \sinh x + C$

$\displaystyle\int \frac{dx}{\cosh^2 x} = \tanh x + C$

$\displaystyle\int \frac{dx}{\sinh^2 x} = -\coth x + C\;;\quad x\neq 0$

$\displaystyle\int \frac{dx}{\sqrt{1+x^2}} = \operatorname{arsinh} x + C =$
$\qquad\qquad = \ln\left(x+\sqrt{1+x^2}\right)+C$

$\displaystyle\int \frac{dx}{\sqrt{x^2-1}} = \operatorname{arcosh}|x| + C$
$\qquad\qquad = \ln\left(|x|\pm\sqrt{x^2-1}\right)+C$
$\qquad\qquad\qquad\qquad\qquad |x|>1$

$\displaystyle\int \frac{dx}{1-x^2} = \operatorname{artanh} x + C$
$\qquad\quad = \dfrac{1}{2}\ln\dfrac{1+x}{1-x}+C\;;\;|x|<1$

$\displaystyle\int \frac{dx}{1-x^2} = \operatorname{arcoth} x + C =$
$\qquad\quad = \dfrac{1}{2}\ln\dfrac{x+1}{x-1}+C\;;\;|x|>1$

1.35 Lösungen häufig vorkommender Integrale
(ohne Integrationskonstante C geschrieben)

Integrale algebraischer Funktionen

$\displaystyle\int (a\pm bx)^n\,dx = \pm\frac{(a\pm bx)^{n+1}}{b(n+1)}\;;\quad n\neq -1$

$\qquad\qquad\quad = \pm\dfrac{1}{b}\ln|a\pm bx|\;;\quad n=-1$

$\displaystyle\int \frac{x\,dx}{a+bx} = \frac{x}{b}-\frac{a}{b^2}\ln|a+bx|$

$\displaystyle\int \frac{x\,dx}{(a+bx)^2} = \frac{1}{b^2}\left(\frac{a}{a+bx}+\ln|a+bx|\right)$

$\displaystyle\int \frac{dx}{x^2+a^2} = \frac{1}{a}\arctan\frac{x}{a}$

Integrale algebraischer Funktionen

$$\int \frac{dx}{a^2 - x^2} = \frac{1}{a}\operatorname{artanh}\frac{x}{a}; \quad \left|\frac{x}{a}\right| < 1 \qquad \int \frac{dx}{a^2 + b^2 x^2} = \frac{1}{ab}\arctan\frac{bx}{a}$$

$$\int \frac{dx}{a^2 - x^2} = \frac{1}{a}\operatorname{arcoth}\frac{x}{a}; \quad \left|\frac{x}{a}\right| > 1 \qquad \int \frac{dx}{a^2 - b^2 x^2} = \frac{1}{2ab}\ln\left|\frac{a+bx}{a-bx}\right|$$

$$\int \frac{x\,dx}{(x^2+1)^n} = \frac{1}{2}\ln(x^2+1); \qquad\qquad n=1$$

$$\int \frac{x\,dx}{(x^2+1)^n} = -\frac{1}{2(n-1)(x^2+1)^{n-1}}; \quad n>1$$

$$\int \frac{dx}{ax^2+bx+c} = \frac{2}{\sqrt{4ac-b^2}}\arctan\frac{2ax+b}{\sqrt{4ac-b^2}} \qquad b^2 - 4ac < 0$$

$$\int \frac{dx}{ax^2+bx+c} = -\frac{2}{2ax+b} \qquad b^2 - 4ac = 0$$

$$\int \frac{dx}{ax^2+bx+c} = \frac{1}{\sqrt{b^2-4ac}}\ln\left|\frac{2ax+b-\sqrt{b^2-4ac}}{2ax+b+\sqrt{b^2-4ac}}\right| \qquad b^2 - 4ac > 0$$

$$\int \frac{Ax+B}{ax^2+bx+c}\,dx = \frac{A}{2a}\ln\left|ax^2+bx+c\right| + \left(B-\frac{Ab}{2a}\right)\int \frac{dx}{ax^2+bx+c}$$

$$\int \frac{dx}{(ax^2+bx+c)^n} = \frac{1}{(n-1)(4ac-b^2)}\cdot\frac{2ax+b}{(ax^2+bx+c)^{n-1}} +$$
$$+\frac{2(2n-3)a}{(n-1)(4ac-b^2)}\int \frac{dx}{(ax^2+bx+c)^{n-1}}$$

$$\int \frac{Ax+B}{(ax^2+bx+c)^n}\,dx = -\frac{A}{2a(n-1)}\cdot\frac{1}{(ax^2+bx+c)^{n-1}} +$$
$$+\left(B-\frac{Ab}{2a}\right)\int \frac{dx}{(ax^2+bx+c)^n}$$

$$\int \sqrt{x^2 \pm a^2}\,dx = \frac{x}{2}\sqrt{x^2 \pm a^2} \pm \frac{a^2}{2}\ln\left|x+\sqrt{x^2 \pm a^2}\right|$$

$$\int \sqrt{a^2 - x^2}\,dx = \frac{x}{2}\sqrt{a^2 - x^2} + \frac{a^2}{2}\arcsin\frac{x}{a}$$

$$\int \frac{x\,dx}{\sqrt{x^2 \pm a^2}} = \sqrt{x^2 \pm a^2} \qquad\qquad \int \frac{x\,dx}{\sqrt{a^2 - x^2}} = -\sqrt{a^2 - x^2}$$

$$\int \frac{dx}{x\sqrt{x^2 - a^2}} = -\frac{1}{a}\arcsin\frac{a}{x}$$

$$\int \frac{dx}{x\sqrt{a^2 - x^2}} = -\frac{1}{a}\operatorname{arcosh}\left|\frac{a}{x}\right| = -\frac{1}{2a}\ln\frac{a+\sqrt{a^2 - x^2}}{a-\sqrt{a^2 - x^2}}$$

$$\int \frac{dx}{x\sqrt{x^2 + a^2}} = -\frac{1}{a}\operatorname{arsinh}\frac{a}{x} = -\frac{1}{2a}\ln\frac{\sqrt{x^2 + a^2} + a}{\sqrt{x^2 + a^2} - a}$$

$$\int \frac{dx}{\sqrt{a^2 + b^2 x^2}} = \frac{1}{b}\ln\left(bx+\sqrt{a^2 + b^2 x^2}\right)$$

Mathematik | **1**

Integrale algebraischer Funktionen

$$\int \frac{\mathrm{d}x}{\sqrt{a^2 - b^2 x^2}} = \frac{1}{b} \arcsin\left(\frac{b}{a}x\right)$$

$$\int \frac{\mathrm{d}x}{\sqrt{ax^2 + bx + c}} = \frac{1}{\sqrt{a}} \ln\left|\frac{2ax+b}{2\sqrt{a}} + \sqrt{ax^2 + bx + c}\right| \qquad a > 0$$

$$\int \frac{\mathrm{d}x}{\sqrt{ax^2 + bx + c}} = \frac{1}{\sqrt{-a}} \arcsin\frac{-2ax-b}{\sqrt{b^2 - 4ac}} \qquad a < 0$$

$$\int \sqrt{a^2 + b^2 x^2}\, \mathrm{d}x = \frac{x}{2}\sqrt{a^2 + b^2 x^2} + \frac{a^2}{2b}\operatorname{arsinh}\left(\frac{b}{a}x\right)$$

$$\int \sqrt{a^2 - b^2 x^2}\, \mathrm{d}x = \frac{x}{2}\sqrt{a^2 - b^2 x^2} - \frac{a^2}{2b}\arccos\left(\frac{b}{a}x\right)$$

$$\int \sqrt{ax^2 - b}\, \mathrm{d}x = \frac{x}{2}\sqrt{ax^2 - b} - \frac{b^2}{2a}\operatorname{arcosh}\left(\frac{a}{b}x\right)$$

$$\int x^2\sqrt{a^2 - x^2}\, \mathrm{d}x = \left(\frac{1}{4}x^3 - \frac{1}{8}a^2 x\right)\sqrt{a^2 - x^2} + \frac{1}{8}a^4 \arcsin\frac{x}{a}$$

$$\int x^2\sqrt{x^2 - a^2}\, \mathrm{d}x = \left(\frac{1}{4}x^3 - \frac{1}{8}a^2 x\right)\sqrt{x^2 - a^2} - \frac{1}{8}a^4 \ln\left|x + \sqrt{x^2 - a^2}\right|$$

$$\int x^2\sqrt{a^2 + x^2}\, \mathrm{d}x = \left(\frac{1}{4}x^3 + \frac{1}{8}a^2 x\right)\sqrt{a^2 + x^2} - \frac{1}{8}a^4 \ln\left|x + \sqrt{a^2 + x^2}\right|$$

Integrale transzendenter Funktionen

$$\int \ln(ax)\,\mathrm{d}x = x[\ln(ax) - 1]$$

$$\int \frac{1}{x}(\ln x)^n\, \mathrm{d}x = \frac{1}{n+1}(\ln x)^{n+1}$$

$$\int e^x x^n\, \mathrm{d}x = e^x[x^n - nx^{n-1} + n(n-1)x^{n-2} - + \ldots + (-1)^n n!]$$

$$\int e^{-x} x^n\, \mathrm{d}x = -e^{-x}[x^n + nx^{n-1} + n(n-1)x^{n-2} + \ldots + n!]$$

$$\int e^{ax} \sin bx\, \mathrm{d}x = \frac{a}{a^2 + b^2} e^{ax}\left(\sin bx - \frac{b}{a}\cos bx\right)$$

$$\int e^{ax} \cos bx\, \mathrm{d}x = \frac{a}{a^2 + b^2} e^{ax}\left(\frac{b}{a}\sin bx + \cos bx\right)$$

$$\int \sin(a + bx)\, \mathrm{d}x = -\frac{1}{b}\cos(a + bx) \qquad \int \cos(a + bx)\,\mathrm{d}x = \frac{1}{b}\sin(a + bx)$$

$$\int \frac{\mathrm{d}x}{\sin x} = \ln\left|\tan\frac{x}{2}\right|$$

$$\int \frac{\mathrm{d}x}{\sin x \cos x} = \ln\left|\tan x\right|$$

$$\int \frac{\mathrm{d}x}{a\cos x + b\sin x} = \frac{1}{a}\sin\varphi \ln\left|\tan\frac{x+\varphi}{2}\right| \qquad \tan\varphi = \frac{a}{b}$$

Integrale
transzendenter
Funktionen

$$\int \frac{dx}{\sin^2 x \cos^2 x} = 2 \cot 2x$$

$$\int \sin mx \sin nx \, dx = \frac{1}{2}\left(\frac{\sin(m-n)x}{m-n} - \frac{\sin(m+n)x}{m+n} \right) \qquad |m| \neq |n|$$

$$\int \cos mx \cos nx \, dx = \frac{1}{2}\left(\frac{\sin(m+n)x}{m+n} + \frac{\sin(m-n)x}{m-n} \right) \qquad |m| \neq |n|$$

$$\int \sin mx \cos nx \, dx = -\frac{1}{2}\left(\frac{\cos(m+n)x}{m+n} + \frac{\cos(m-n)x}{m-n} \right) \qquad |m| \neq |n|$$

$$\int \arcsin x \, dx = x \arcsin x + \sqrt{1-x^2} \qquad \int \arccos x \, dx = x \arccos x - \sqrt{1-x^2}$$

$$\int \arctan x \, dx = x \arctan x - \frac{1}{2} \ln(1+x^2)$$

$$\int \text{arccot}\, x \, dx = -x \, \text{arccot}\, x + \frac{1}{2} \ln(1+x^2)$$

$$\int \tan x \, dx = -\ln|\cos x| \qquad \int \cot x \, dx = \ln|\sin x|$$

$$\int \tanh x \, dx = \ln|\cosh x| \qquad \int \coth x \, dx = \ln|\sinh x|$$

Rekursionsformeln

$$\int \frac{dx}{(1+x^2)^n} = \frac{1}{2(n-1)}\left(\frac{x}{(1+x^2)^{n-1}} + (2n-3)\int \frac{dx}{(1+x^2)^{n-1}} \right) \quad n \neq 1$$

$$\int x^n \sin x \, dx = -x^n \cos x + n \int x^{n-1} \cos x \, dx$$

$$\int x^n \cos x \, dx = x^n \sin x - n \int x^{n-1} \sin x \, dx$$

$$\int \frac{\sin x}{x^n} \, dx = -\frac{\sin x}{(n-1)x^{n-1}} + \frac{1}{n-1} \int \frac{\cos x}{x^{n-1}} \, dx; \quad n > 1$$

$$\int \frac{\cos x}{x^n} \, dx = -\frac{\cos x}{(n-1)x^{n-1}} - \frac{1}{n-1} \int \frac{\sin x}{x^{n-1}} \, dx; \quad n > 1$$

$$\int \sin^n x \, dx = -\frac{1}{n} \sin^{n-1} x \cos x + \frac{n-1}{n} \int \sin^{n-2} x \, dx$$

$$\int \cos^n x \, dx = \frac{1}{n} \cos^{n-1} x \sin x + \frac{n-1}{n} \int \cos^{n-2} x \, dx$$

$$\int \tan^n x \, dx = \frac{1}{n-1} \tan^{n-1} x - \int \tan^{n-2} x \, dx; \quad n \neq 1$$

$$\int \cot^n x \, dx = -\frac{1}{n-1} \cot^{n-1} x - \int \cot^{n-2} x \, dx; \quad n \neq 1$$

$$\int (\ln x)^n \, dx = x(\ln x)^n - n \int (\ln x)^{n-1} \, dx; \quad n > 0$$

$$\int \sinh^n x \, dx = \frac{1}{n} \sinh^{n-1} x \cos x - \frac{n-1}{n} \int \sinh^{n-2} x \, dx$$

$$\int \cosh^n x \, dx = \frac{1}{n} \cosh^{n-1} x \sinh x + \frac{n-1}{n} \int \cosh x^{n-2} \, dx$$

Mathematik **1**

1.36 Uneigentliche Integrale (Beispiele)

Integrand im Intervall unendlich

$$A = \int_a^b \frac{1}{\sqrt{x-a}}\, dx = 2\sqrt{x-a}\,\Big|_a^b = 2\sqrt{b-a} - 0 =$$
$$= 2\sqrt{b-a}$$

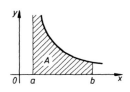

$$A = \int_0^1 \frac{1}{x}\, dx = \ln x\,\Big|_0^1 = \ln 1 - \ln 0 = \infty$$

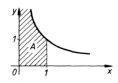

Integrationsweg unendlich

$$A = \int_0^\infty e^{-x}\, dx = -e^{-x}\,\Big|_0^\infty = e^{-x}\,\Big|_0^\infty =$$
$$= e^{-0} - 0 = 1$$

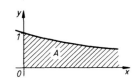

$$A = \int_1^\infty \frac{1}{\sqrt[3]{x^2}}\, dx = \int_1^\infty x^{-\frac{3}{2}}\, dx = 3x^{\frac{1}{3}}\,\Big|_1^\infty =$$
$$= 3(\infty - 1) = \infty$$

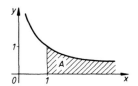

1.37 Anwendungen der Differenzial- und Integralrechnung

Nullstelle

Eine Funktion $y = f(x)$ hat an der Stelle $x = x_0$ dann eine Nullstelle, wenn $y = f(x) = 0$ ist.

Hat die Funktion $y = f(x)$ die Form $y = A(x)/B(x)$, so muss $A(x_0) = 0$ und reell und $B(x_0) \neq 0$ sein. A ist Zähler, B ist Nenner des Bruchs.

Schnittpunkt mit der y-Achse

Eine Funktion $y = f(x)$ hat dann an der Stelle y_1 einen Schnittpunkt mit der y-Achse, wenn $x_1 = 0$ ist. Bei allen transzendenten Funktionen muss y_1 immer reell sein.

Polstelle

Eine Funktion $y = f(x)$ hat an der Stelle $x = x_2$ bei eine Unendlichkeitsstelle. Hat die Funktion $y = f(x)$ die Form $y = A(x)/B(x)$, hat sie Pole, wenn $A(x_2) \neq 0$ und $B(x_2) = 0$ ist.

Asymptote

Eine Funktion $y = f(x)$ hat an der Stelle y_4 eine Unendlichkeitsstelle, wenn der Grenzwert

$$\lim_{x \to \infty} f(x)$$

gebildet werden kann.
Eine Funktion von der Form

$$y = f(x) = \frac{x^m}{x^n}$$

hat eine Asymptote:
1. parallel zur x-Achse bei $m = n$,
2. als x-Achse selbst bei $m < n$.

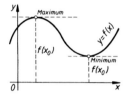

Extremwerte

Voraussetzung muss sein, dass eine Funktion $y = f(x)$ mindestens zweimal stetig differenzierbar ist. Ein (relatives) Maximum (Minimum) einer Funktion $y = f(x)$ an der Stelle $x = x_0$ tritt dann auf, wenn in einer hinreichend kleinen Umgebung alle $f(x)$ kleiner (größer) als $f(x_0)$ sind.

Maximum

Für das Auftreten eines Maximums an der Stelle $x = x_0$ sind die Bedingungen

$$f'(x_0) = 0 \quad \text{und} \quad f''(x_0) < 0$$

hinreichend.

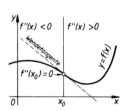

Minimum

Für das Auftreten eines Minimums an der Stelle $x = x_0$ sind die Bedingungen

$$f'(x_0) = 0 \quad \text{und} \quad f''(x_0) > 0$$

hinreichend.

Wendepunkt

Ist eine Funktion $y = f(x)$ dreimal stetig differenzierbar, so besitzt sie an der Stelle $x = x_0$ einen Wendepunkt, wenn sie dort von einer Seite der Tangente auf die andere Seite übertritt.
Für das Auftreten eines Wendepunkts an der Stelle $x = x_0$ sind die Bedingungen

$$f''(x_0) = 0 \quad \text{und} \quad f'''(x_0) \neq 0$$

hinreichend.

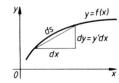

Bogenelement ds bei rechtwinkligen Koordinaten

Für die differenzierbare Funktion $y = f(x)$ zeigt die Anschauung:

$$\mathrm{d}s^2 = \mathrm{d}x^2 + \mathrm{d}y^2 = \left(1 + \frac{\mathrm{d}y^2}{\mathrm{d}x^2}\right)\mathrm{d}x^2$$

$$\mathrm{d}s = \sqrt{1 + y'^2}\,\mathrm{d}x$$

Mathematik 1

in Parameterdarstellung	$x = x(t)$ $dx = \dot{x}\,dt$

$$y = y(t) \qquad dy = \dot{y}\,dt$$

$$ds^2 = \dot{x}^2\,dt^2 + \dot{y}^2\,dt^2 = (\dot{x}^2 + \dot{y}^2)\,dt^2$$

$$ds = \sqrt{\dot{x}^2 + \dot{y}^2}\,dt$$

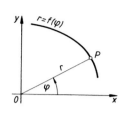

in Polarkoordinaten

$$r = f(\varphi); \quad ds^2 = dr^2 + d\varphi^2 r^2; \quad dr = \dot{r}\,d\varphi$$

$$ds^2 = \dot{r}^2\,d\varphi^2 + r^2\,d\varphi^2 = d\varphi^2(r^2 + \dot{r}^2)$$

$$ds = \sqrt{r^2 + \dot{r}^2}\,d\varphi$$

Krümmung k und Krümmungsradius ϱ

Aus der Definition $k = d\varphi/ds$ und $\varrho = 1/k$ ergibt sich für die Kurve $y = f(x)$:

bei rechtwinkligen Koordinaten

$$k = \frac{y''}{\sqrt{(1 + y'^2)^3}} \qquad \varrho = \frac{1}{|k|} = \frac{\sqrt{(1 + y'^2)^3}}{y''}$$

in Parameterdarstellung

$$k = \frac{\dot{x}\ddot{y} - \dot{y}\ddot{x}}{\sqrt{(\dot{x}^2 + \dot{y}^2)^3}} \qquad \varrho = \frac{1}{|k|} = \frac{\sqrt{(\dot{x}^2 + \dot{y}^2)^3}}{\dot{x}\ddot{y} - \dot{y}\ddot{x}}$$

in Polarkoordinaten

$$k = \frac{r^2 + 2\dot{r}^2 - r\ddot{r}}{\sqrt{(r^2 + \dot{r}^2)^3}} \qquad \varrho = \frac{1}{|k|} = \frac{\sqrt{(r^2 + \dot{r}^2)^3}}{r^2 + 2\dot{r}^2 - r\ddot{r}}$$

Flächenberechnung in rechtwinkligen Koordinaten

$$A = \int_a^b f(x)\,dx = \Big[F(x)\Big]_a^b \qquad A = F(b) - F(a)$$

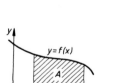

Beispiel: Fläche unter Sinuskurve

$$A = \int_0^\pi \sin x\,dx = \Big[-\cos x\Big]_0^\pi$$

positiver und negativer Flächeninhalt

Vorzeichenwechsel beim Vertauschen der Grenzen:

$$A = \Big[\cos x\Big]_\pi^0 = \cos 0 - \cos\pi$$

$$A = 1 - (-1) = 2$$

Beispiel:

$$A = \int_0^\pi \cos x\,dx = \Big[\sin x\Big]_0^\pi$$

$$A = \sin\pi - \sin 0 = 0 - 0 = 0$$

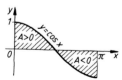

gerade Funktionen $f(-x) = f(x)$

liegen symmetrisch zur y-Achse, z. B. $\cos x$, $\cos^2 x$, x^2, $x\sin x$

$$\int_{-a}^a f(x)\,dx = 2\int_0^a f(x)\,dx$$

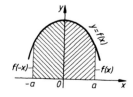

ungerade Funktionen f
$(-x) = -f(x)$

liegen symmetrisch zum Nullpunkt,
z. B. $\sin x$, $\tan x$, $x \cos x$, x^3

$$\int_{-a}^{a} f(x)\, dx = 0$$

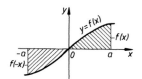

Flächeninhalt zwischen
zwei Funktionen

Obere Funktion minus untere Funktion.

Intervall: $0 \leqq x \leqq b$

$$A = \int_{a}^{b} [f_1(x) - f_2(x)]\, dx$$

Beispiel:

$$A = \int_{0}^{1} [\sqrt{x} - (-x^2)]\, dx$$

$$A = \left[\frac{2}{3}\sqrt{x^3} + \frac{x^3}{3} \right]_0^1 = \frac{2}{3} + \frac{1}{3} = 1$$

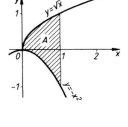

Flächenberechnung in
Parameterdarstellung

$$A = \int_{x_0}^{x} y(t)\, dx = \int_{t_0}^{t} y\dot{x}\, dt$$

$$x = x(t) \qquad y = y(t) \qquad dx = \dot{x}\, dt$$

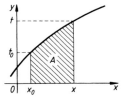

Beispiel: Fläche unter Zykloidenbogen

$$\begin{aligned} x &= r(t - \sin t) \\ y &= r(1 - \cos t) \end{aligned} \qquad \dot{x} = r(1 - \cos t)$$

Intervall: $0 \leqq t \leqq 2\pi$

$$A = \int_{0}^{2\pi} y\dot{x}\, dt = \int_{0}^{2\pi} r(1 - \cos t) r(1 - \cos t)\, dt$$

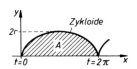

$$A = r^2 \int_{0}^{2\pi} (1 - 2\cos t + \cos^2 t)\, dt$$

$$A = r^2\, (2\pi + 0 + \pi) = 3\, r^2\, \pi$$

Flächeninhalt der
geschlossenen Kurve

Integration vom Anfangsparameter bis zum Endparameter als Grenzpunkt:

$$A = \int_{t_0}^{t_2} y\dot{x}\, dt$$

Beispiel: Kreisfläche

$$x = r \cos t \qquad\qquad \text{Intervall: } 0 \leqq t \leqq 2\pi$$
$$y = 2r + r \sin t \qquad \dot{x} = -r\sin t$$

$$A = \int_{0}^{2\pi} y\dot{x}\, dt = -\int_{0}^{2\pi} r(2 + \sin t) r \cdot \sin t\, dt$$

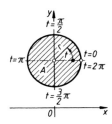

$$A = -r^2 \int_{0}^{2\pi} [2\sin t + \sin^2 t]\, dt$$

$$A = -r^2\, (0 + \pi) = -r^2\, \pi$$

Mathematik

1

Flächenberechnung in
Polarkoordinaten

$$A = \frac{1}{2} \int_{\varphi_1}^{\varphi_2} r^2 \, d\varphi$$

Beispiel: Archimedische Spirale, überstrichene
Fläche von $\varphi_1 = 0$ bis $\varphi_2 = 2\pi$

$r = a\,\varphi$

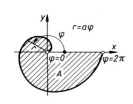

$$A = \frac{1}{2} \int_0^{2\pi} r^2 \, d\varphi = \frac{1}{2} \int_0^{2\pi} a^2 \varphi^2 \, d\varphi = \frac{a^2}{2} \int_0^{2\pi} \varphi^2 \, d\varphi$$

$$A = \left[\frac{a^2}{6} \varphi^3 \right]_0^{2\pi} = \frac{4 a^2 \pi^3}{3}$$

Volumen *V* von
Rotationskörpern

aus erzeugender Fläche mal Schwerpunktsweg bei einer Umdrehung:

um die *x*-Achse: um die *y*-Achse

$$V = \pi \int_{x=a}^{x=b} y^2 \, dx$$ $$V = 2\pi \int_{x=-a}^{x=a} x\,y \, dy \text{ bzw. } V = \pi \int_{y=a}^{y=b} x^2 \, dy$$

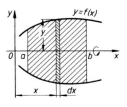   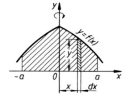

Beispiel: Kugelvolumen   *Beispiel*: Volumen eines
mit $y = \sqrt{r^2 - x^2}$ Rotationsparaboloids mit $y = a\,x^2$

Intervall: $-r \le x \le r$ Intervall: $0 \le y \le h$

$$V = \int_{-r}^{r} (r^2 - x^2) \, dx = \pi \left[r^2 x - \frac{x^3}{3} \right]_{-r}^{r}$$ $$V = \pi \int_0^h x^2 \, dx = \frac{\pi}{a} \int_0^h y \, dy$$

$$V = \pi \left(r^3 - \frac{r^3}{3} + r^3 - \frac{r^3}{3} \right) = \frac{4}{3} r^3 \pi$$ $$V = \left[\frac{\pi}{2a} y^2 \right]_0^h = \frac{\pi h^2}{2a}$$

Kurvenlängen *s* in
rechtwinkligen
Koordinaten

Ist die Funktion $y = f(x)$ im Intervall
$x_1 \le x \le x_2$ eindeutig, also $f'(x)$ stetig,
so ist die Länge *s* der Kurve:

$$s = \int_{x_1}^{x_2} \sqrt{1 + \left(\frac{d\,y}{d\,x} \right)^2} \, dx = \int_{x_1}^{x_2} \sqrt{1 + y'^2} \, dx$$

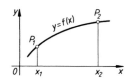

in Parameterdarstellung

$$\left|\begin{array}{l} x = x(t) \\ y = y(t) \end{array}\right| \begin{array}{l} \mathrm{d}\,y = \dot{y}\,\mathrm{d}\,t \qquad\quad \mathrm{d}\,x = \dot{x}\,\mathrm{d}\,t \\ \text{Intervall}\ \ t_1 \leqq t \leqq t_2 \end{array}$$

$$s = \int_{t_1}^{t_2} \sqrt{\dot{x}^2 + \dot{y}^2}\ \mathrm{d}\,t$$

in Polarkoordinaten

$r = f(\varphi)$ Länge s des Kurvenstückes zwischen den Leitstrahlen
$r_1 = f(\varphi_1)$ und $r_2 = f(\varphi_2)$:

$$s = \int_{\varphi_1}^{\varphi_2} \sqrt{r^2 + \dot{r}^2}\ \mathrm{d}\varphi$$

Beispiel: Bogen s des Viertelkreises $y = \sqrt{r^2 - x^2}$ mit Radius r:

$$s = \int_0^r \sqrt{1 + \frac{x^2}{r^2 - x^2}}\ \mathrm{d}\,x = \int_0^r \frac{\mathrm{d}\,x}{\sqrt{1 - \left(\dfrac{x}{r}\right)^2}} = \left[r \cdot \arcsin \frac{x}{r}\right]_0^r = \frac{\pi r}{2}$$

mit $x = r \cos t$ und $y = r \sin t$; $\dot{x}^2 = r^2 \sin^2 t$, $\dot{y}^2 = r^2 \cos^2 t$ wird:

$$s = r \int_0^{\pi/2} \sqrt{\sin^2 t + \cos^2 t}\ \mathrm{d}\,t = r \int_0^{\pi/2} \mathrm{d}\,t = \frac{\pi r}{2};$$

ebenso mit $r = $ konstant, $\mathrm{d}r / \mathrm{d}\varphi = 0$:

$$s = \int_0^{\pi/2} \sqrt{r^2}\ \mathrm{d}\varphi = r \int_0^{\pi/2} \mathrm{d}\varphi = \frac{\pi r}{2}\ ,\ \text{wie oben.}$$

Mantelflächen M von Rotationskörpern

aus erzeugender Kurve mal Schwerpunktsweg bei einer Umdrehung um

die x-Achse: die y-Achse:

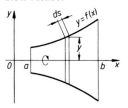

$$M = 2\pi \int_a^b y\ \mathrm{d}\,s = 2\pi \int_a^b y\sqrt{1 + y'^2}\ \mathrm{d}\,x \qquad M = 2\pi \int_0^r x\ \mathrm{d}\,s = 2\pi \int_0^r x\sqrt{1 + y'^2}\ \mathrm{d}\,x$$

Beispiel

Kurvendiskussion der Gleichung

$$y = f(x) = \frac{A(x)}{B(x)} = \frac{x^3}{2x^2 - 3x - 2}$$

(siehe dazu Bild am Ende des Abschnitts)

Nullstellen

$$\left.\begin{array}{l} y = f(x) = 0 \Rightarrow A(x) = 0 \Rightarrow x_1 = 0 \\ y_1 = 0 \end{array}\right\} P_1$$

$x_1 = 0$ ist eine Lösung der Gleichung, da $B(x) \neq 0$ ist und kein unbestimmter Ausdruck vorliegt.

Mathematik

1

Schnittpunkt mit der y-Achse

$$x = 0 \Rightarrow y = \frac{0}{0-0-2} = 0; \quad \left.\begin{array}{l} x_2 = 0 \\ y_2 = 0 \end{array}\right\} P_2$$

Die Kurve schneidet die y-Achse bei $y_2 = 0$.

Polstellen

$$y \Rightarrow \infty \Rightarrow B(x) = 0$$

$$2x^2 - 3x - 2 = 0$$

$$x_{3/4} = \frac{3}{4} \pm \sqrt{\frac{25}{16}} \qquad \left.\begin{array}{l} x_3 = 2 \\ x_4 = -0,5 \end{array}\right\} P_3, P_4$$

Die Funktion besitzt zwei Pole (Unendlichkeitsstellen). Ein unbestimmter Ausdruck liegt nicht vor, weil $A(x_3, x_4) \neq 0$ ist.

Asymptoten

$$x \to \infty \Rightarrow y = f(x) = \frac{x}{2} + \frac{3}{4} + \frac{\frac{13}{4}x + \frac{3}{2}}{2x^2 - 3x - 2}$$

$$y_A = \frac{x}{2} + \frac{3}{4}$$

Die unecht gebrochene rationale Funktion lässt sich in die Summe der ganzen und der gebrochenen Funktionen zerlegen.

Schnittpunkt zwischen Kurve und Asymptote

$$y = y_A \Rightarrow \frac{x^3}{2x^2 - 3x - 2} = \frac{x}{2} + \frac{3}{4}; \quad \left.\begin{array}{l} x_5 = -0,461 \\ y_5 = 0,51 \end{array}\right\} P_5$$

Durch Gleichsetzen der ganzen Funktion mit der Teilfunktion ergeben sich die Koordinaten des Schnittpunkts.

Extremwerte

$$y' = f'(x) = 0 \Rightarrow y' = \frac{2x^2(x^2 - 3x - 3)}{(2x^2 - 3x - 2)^2}$$

$$2x^2(x^2 - 3x - 3) = 0 \qquad \left.\begin{array}{l} x_6 = 0 \\ y_6 = 0 \end{array}\right\} P_6$$

$$2x^2 = 0$$

$$x^2 - 3x - 3 = 0 \qquad \left.\begin{array}{l} x_7 = 3,8 \quad y_7 = 3,58 \\ x_8 = -0,7 \quad y_8 = -0,315 \end{array}\right\} P_7, P_8$$

Die Nullsetzung des Zählers der ersten Ableitung ergibt die x-Koordinaten der Extremwerte. Die zugehörigen y-Koordinaten ergeben sich durch Einsetzen der x-Werte in die Stammfunktion.

$$y'' = f''(x) = \frac{2x(13x^2 + 18x + 12)}{(2x^2 - 3x - 2)^3}$$

$$y'' = f''(x_7) = 131,6 > 0 \quad \text{Minimum}$$

$$y'' = f''(x_8) = -32,9 < 0 \quad \text{Maximum}$$

Die errechneten x-Koordinaten (x_7, x_8) werden in die Funktion $y'' = f''(x)$ eingesetzt, um ein Maximum bzw. Minimum bestimmen zu können.

Wendepunkte

$$y'' = f''(x) = 0$$

$$2x(13x^2 + 18x + 12) = 0 \qquad \left.\begin{array}{l} x_6 = 0 \\ y_6 = 0 \end{array}\right\} P_6$$

$$2x = 0$$

$13x^2 + 18x + 12 = 0$ führt zu einem imaginären Ergebnis

$$y''' = f'''(x) = \frac{-12(13^4 + 48x^3 - 12x^2 - 24x - 4)}{(2x^2 - 3x - 2)^4}$$

$$y''' = f'''(x_6) = 3 \neq 0$$

Es ergeben sich die Koordinaten eines Wendepunkts, der dann existiert, wenn die dritte Ableitung ungleich null ist.

Mantelflächen M von
Rotationskörpern

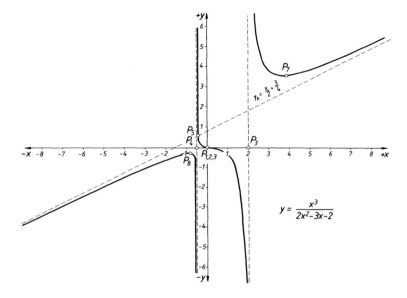

$$y = \frac{x^3}{2x^2 - 3x - 2}$$

1.38 Geometrische Grundkonstruktionen

Senkrechte im Punkt P einer Geraden errichten	Von P aus gleiche Strecken nach links und rechts abtragen ($\overline{PA} = \overline{PB}$). Kreisbögen mit gleichem Radius um A und B schneiden sich in C. $\overline{PC}$ ist gesuchte Senkrechte.	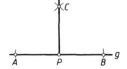
Strecke halbieren (Mittelsenkrechte)	Kreisbögen mit gleichem Radius um A und B nach oben und unten schneiden sich in C und D. $\overline{CD}$ steht rechtwinklig auf $\overline{AB}$ und halbiert diese.	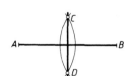
Lot vom Punkt P auf Gerade g fällen	Kreisbogen um P schneidet g in A und B. Kreisbögen mit gleichem Radius um A und B schneiden sich in C. $\overline{PC}$ ist das Lot auf die Gerade g.	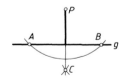
Senkrechte im Endpunkt P einer Strecke s (eines Strahles) errichten	Kreis von beliebigem Radius um P ergibt A. Gleicher Kreis um A ergibt B, um B ergibt C. Kreise von beliebigem Radius um B und C schneiden sich in D. $\overline{PD}$ ist die gesuchte Senkrechte in P.	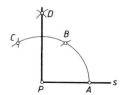

Mathematik

1

Winkel halbieren	Kreis um O schneidet die Schenkel in A und B. Kreise mit gleichem Radius ergeben Schnittpunkt C. $\overline{OC}$ halbiert den gegebenen Winkel.	
einen gegebenen Winkel α an eine Gerade g antragen	Kreis um O mit beliebigem Radius schneidet die Schenkel des gegebenen Winkels α in A und B. Kreis mit gleichem Radius um O' gibt A'. Kreis mit $\overline{AB}$ um A' ergibt Schnittpunkt B'. Strahl von O' durch B' schließt mit Gerade g Winkel α ein.	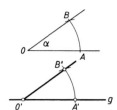
einen rechten Winkel dreiteilen	Kreis um O ergibt Schnittpunkte A und B. Kreise um A und B mit gleichem Radius wie vorher schneiden den Kreis um O in C und D.	
Strecke AB in gleiche Teile teilen	Auf beliebig errichtetem Strahl $\overline{AC}$ von A aus fortschreitend mit beliebiger Zirkelöffnung die gewünschte Anzahl gleicher Teile abtragen, z. B. 5 Teile. B' mit B verbinden und Parallele zu $\overline{BB'}$ durch Teilpunkte 1 ... 4 legen.	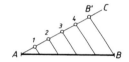
Mittelpunkt eines Kreises ermitteln	Zwei beliebige Sehnen $\overline{AB}$ und $\overline{CD}$ eintragen und darauf Mittelsenkrechte errichten. Schnittpunkt M ist Kreismittelpunkt.	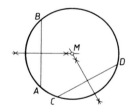
Außenkreis für gegebenes Dreieck	Mittelsenkrechte auf zwei Dreieckseiten schneiden sich im Mittelpunkt M des Außenkreises.	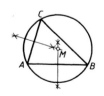
Innenkreis für gegebenes Dreieck	Schnittpunkt von zwei Winkelhalbierenden ist Mittelpunkt M des Innenkreises.	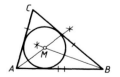

Parallele zu gegebener Gerade *g* durch Punkt *P*	Beliebig gerichteter Strahl von *P* aus trifft Gerade *g* in *A*. Kreis mit $\overline{PA}$ um *A* schneidet *g* in *B*. Kreise mit gleichem Radius $\overline{PA}$ um *P* und *B* schneiden sich in *C*. Strecke $\overline{PC}$ ist Teil der zu *g* parallelen Geraden *p*.	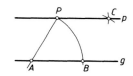
Tangente an Kreis im gegebenen Punkt *A*	*M* mit *A* verbinden und über *A* hinaus verlängern und in *A* Senkrechte errichten – oder – Strecke $\overline{MA}$ zeichnen und im Endpunkt *A* Senkrechte errichten.	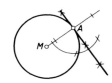
Tangenten an Kreis von gegebenem Punkt *P* aus	*P* mit Mittelpunkt *M* verbinden und $\overline{PM}$ halbieren ergibt M_1. Kreis mit Radius MM_1 um M_1 schneidet gegebenen Kreis in *A* und *B*. $\overline{PA}$ und $\overline{PB}$ sind Teile der gesuchten Tangenten.	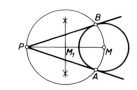
Tangente *t* im gegebenen Punkt *A* an Kreis *k* mit unbekanntem Mittelpunkt	Kreis um *A* von beliebigem Radius ergibt Schnittpunkte *B* und *C*. Kreise von beliebigem Radius um *B* und *C* ergeben *D* und *E*, deren Verbindungslinie Teil des Radiusses von *k* ist. Senkrechte in *A* auf $\overline{DE}$ ist Teil der Tangente *t*.	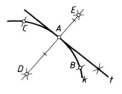
Tangenten an zwei gegebene Kreise	Hilfskreis um M_1 mit Radius $(R-r)$ zeichnen und von M_2 aus die Tangenten $\overline{M_2A}$ und $\overline{M_2B}$ anlegen. Strecken $\overline{M_1A}$ und $\overline{M_1B}$ bis *C* und *D* verlängern. Parallele zu $\overline{M_1C}$ und $\overline{M_1D}$ durch M_2 ergeben *E* und *F*. $\overline{CE}$ und $\overline{DF}$ sind die gesuchten Tangenten.	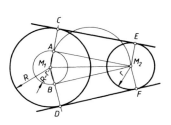
Gleichseitiges Dreieck mit Seitenlänge $\overline{AB}$	Kreise mit Radius $\overline{AB}$ um *A* und *B* ergeben Schnittpunkt *C* und damit das gesuchte Dreieck *ABC*.	
regelmäßiges Fünfeck	Radius $\overline{MA}$ des Umkreises halbieren, ergibt *D*. Kreisbogen mit $\overline{CD}$ um *D* ergibt *E*, mit $\overline{CE}$ um *C* ergibt *F*. $\overline{CF}$ ist die gesuchte Fünfeckseite.	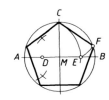

1

Mathematik

regelmäßiges Sechseck	Radius $\overline{MA}$ des Umkreises ist Sechseckseite. Kreisbögen mit $\overline{AM}$ um A und B schneiden den Umkreis in den Eckpunkten des Sechsecks.	
regelmäßiges Siebeneck	Kreisbogen mit Umkreisradius $\overline{MA}$ um A ergibt B und C. Kreisbogen mit Radius $\overline{BD}$ um B ergibt Eckpunkt E. $\overline{BE}$ ist die gesuchte Siebeneckseite.	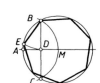
regelmäßiges Achteck	Kreise mit Umkreisradius $\overline{MA}$ um A, B, C ergeben Schnittpunkte D und E. Geraden durch D und M sowie E und M schneiden den Umkreis in den Eckpunkten des Achtecks.	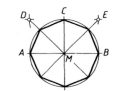
regelmäßiges Neuneck (gilt entsprechend für alle regelmäßigen Vielecke)	Durchmesser $\overline{AB}$ des Umkreises in neun gleiche Teile teilen. Kreise mit Radius $\overline{AB}$ um A und B ergeben Schnittpunkte C und D. Strahlen von C und D durch die Teilpunkte 1, 3, 5, 7 des Durchmessers schneiden den Umkreis in den Eckpunkten des Neunecks.	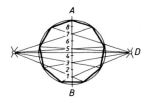
Ellipsenkonstruktion	Hilfskreise um M mit Halbachse a und b als Radius zeichnen und beliebige Anzahl Strahlen 1, 2, 3 ... durch Kreismittelpunkt M legen. In den Schnittpunkten der Strahlen mit den beiden Hilfskreisen Parallele zu den Ellipsenachsen zeichnen, die sich in I, II, III ... als Punkte der gesuchten Kurve schneiden.	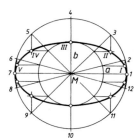
Bogenanschluss: Kreisbogen an die Schenkel eines Winkels	Parallelen p im Abstand R zu den beiden Schenkeln s des Winkels ergeben Schnittpunkt M als Mittelpunkt des gesuchten Kreisbogens. Senkrechte von M auf s ergeben die Anschlusspunkte A.	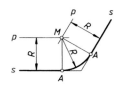
Bogenanschluss: Kreisbogen durch zwei Punkte	Kreisbogen mit R um gegebene Punkte A_1, A_2 legen Mittelpunkt M des gesuchten Kreisbogens fest.	

Bogenanschluss:
Gerade mit Punkt durch
Kreisbogen verbinden

Parallele p im Abstand R zur Geraden g und
Kreisbogen mit R um A legen Mittelpunkt M
des gesuchten Kreisbogens fest.

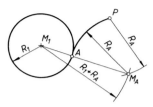

Bogenanschluss:
Kreis mit Punkt; R_A
Radius des
Anschlussbogens

Kreisbögen mit $R_1 + R_A$ um M_1 und mit R_A
um P ergeben Mittelpunkt M_A des
Anschlussbogens. $\overline{M_1 M_A}$ schneidet den
gegebenen Kreis im Anschlusspunkt A.

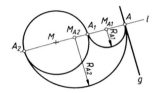

Bogenanschluss:
Kreis mit Gerade g;
R_{A1}, R_{A2} Radien der
Anschlussbögen

Lot l von M auf gegebene Gerade g ergibt
Anschlusspunkte A, A_1, A_2. Die halbierten
Strecken $\overline{AA_1}$ und $\overline{AA_2}$ legen die Mittelpunkte M_{A1}, M_{A2} der beiden Anschlussbögen
fest.

1

Mathematik

2 Physik

2.1 Physikalische Größen, Definitionsgleichungen und Einheiten

2.1.1 Mechanik

Größe	Formel-zeichen	Definitionsgleichung	SI-Einheit [1]	Bemerkung, Beispiel, andere zulässige Einheiten
Länge	l, s, r	Basisgröße	m (Meter)	1 Seemeile (sm) = 1852 m
Fläche	A	$A = l^2$	m^2	Hektar (ha), 1 ha = $10^4\ m^2$ Ar (a), 1 a = $10^2\ m^2$
Volumen	V	$V = l^3$	m^3	Liter (l) 1 l = $10^{-3}\ m^3$ = 1 dm^3
ebener Winkel	α, β, γ	$\alpha = \dfrac{\text{Kreisbogen}}{\text{Kreisradius}}$	rad ≡ 1 (Radiant)	$\alpha = 1{,}7\,\dfrac{m}{m} = 1{,}7$ rad
Raumwinkel	Ω	$\Omega = \dfrac{\text{Kugelfläche}}{\text{Radiusquadrat}}$	sr ≡ 1 (Steradiant)	$\Omega = 0{,}4\,\dfrac{m^2}{m^2} = 0{,}4$ sr
Zeit	t	Basisgröße	s (Sekunde)	1 min = 60 s; 1 h = 60 min 1 d = 24 h = 86400 s
Frequenz	f	$f = \dfrac{1}{T}$	$\dfrac{1}{s} = s^{-1}$ = Hz (Hertz)	Periodendauer
Drehfrequenz (Drehzahl)	n	$n = 2\,\pi\,f$	$\dfrac{1}{s} = s^{-1}$	$\dfrac{1}{\text{min}} = \text{min}^{-1} = \dfrac{1}{60s}$
Geschwindigkeit	v	$v = \dfrac{ds}{dt} = \dfrac{\Delta s}{\Delta t}$	$\dfrac{m}{s}$	$1\,\dfrac{km}{h} = \dfrac{1}{3{,}6}\,\dfrac{m}{s}$
Beschleunigung	a	$a = \dfrac{dv}{dt} = \dfrac{\Delta v}{\Delta t}$	$\dfrac{m}{s^2}$	$\dfrac{cm}{h^2}, \dfrac{km}{s^2} \ldots$
Fallbeschleunigung	g		$\dfrac{m}{s^2}$	Normfallbeschleunigung g_n = 9,80665 m/s^2
Winkelgeschwindigkeit	ω	$\omega = \dfrac{\Delta \varphi}{\Delta t} = \dfrac{v_u}{r}$	$\dfrac{1}{s} = \dfrac{rad}{s}$	φ Drehwinkel in rad
Umfangs-geschwindigkeit	v_u	$v_u = \pi\,d\,n = \omega r$	$\dfrac{m}{s}$	d Durchmesser n Drehzahl
Winkelbeschleunigung	α	$\alpha = \dfrac{\Delta \omega}{\Delta t} = \dfrac{d\omega}{dt} = \dfrac{a}{r}$	$\dfrac{1}{s^2} = \dfrac{rad}{s^2}$	ω Winkelgeschwindigkeit

[1] Einheit des „Système International d'Unités" (Internationales Einheitensystem)

Größe	Formel-zeichen	Definitions-gleichung	SI-Einheit [1]	Bemerkung, Beispiel, andere zulässige Einheiten
Masse	m	Basisgröße	kg	$1 \text{ g} = 10^{-3} \text{ kg}$ $1 \text{ t} = 10^{3} \text{ kg}$
Dichte	ϱ	$\varrho = \dfrac{m}{V}$	$\dfrac{\text{kg}}{\text{m}^3}$	$\dfrac{\text{g}}{\text{cm}^3}; \dfrac{\text{t}}{\text{m}^3}$
Kraft	F	$F = m\,a$	$\text{N} = \dfrac{\text{kgm}}{\text{s}^2}$ (Newton)	$1 \text{ dyn} = 10^{-5} \text{ N}$
Gewichtskraft	F_{G}	$F_{\text{G}} = m\,g$	$\text{N} = \dfrac{\text{kgm}}{\text{s}^2}$	Normgewichtskraft $F_{\text{Gn}} = m\,g_{\text{n}}$
Druck	p	$p = \dfrac{F}{A}$	$\dfrac{\text{N}}{\text{m}^2} = \dfrac{\text{kgm}}{\text{m}^2\text{s}^2}$	$1 \text{ bar} = 10^5 \dfrac{\text{N}}{\text{m}^2}$ $\dfrac{\text{N}}{\text{m}^2} = \text{Pa (Pascal)}$
dynamische Viskosität	η		$\dfrac{\text{Ns}}{\text{m}^2} = \dfrac{\text{kg\,ms}}{\text{m}^2\text{s}^2}$	$\dfrac{\text{Ns}}{\text{m}^2} = \text{Pa} \cdot \text{s}$ $1 \text{ P} = 0,1 \text{ Pa} \cdot \text{s (P Poise)}$
kinematische Viskosität	ν (Ny)	$\nu = \dfrac{\eta}{\varrho}$	$\dfrac{\text{m}^2}{\text{s}} = \dfrac{\text{Ns}/\text{m}^2}{\text{kg}/\text{m}^3}$	$1 \text{ St} = 10^{-4} \dfrac{\text{m}^2}{\text{s}} \text{ (St Stokes)}$
Arbeit	W	$W = F\,s$	$\text{J} = \dfrac{\text{kgm}^2}{\text{s}^2}$	$1 \text{ J} = 1 \text{ Nm} = 1 \text{ Ws}$ J Joule Nm Newtonmeter Ws Wattsekunde kWh Kilowattstunde $1 \text{ kWh} = 3,6 \cdot 10^6 \text{ J} = 3,6 \text{ M}$
Energie	W	$W = \dfrac{m}{2}v^2$ $W = m\,g\,h$	$\text{J} = \dfrac{\text{kgm}^2}{\text{s}^2}$	
Leistung	P	$P = \dfrac{W}{t}$	$\text{W} = \dfrac{\text{Nm}}{\text{s}}$	$1 \dfrac{\text{Nm}}{\text{s}} = 1 \dfrac{\text{J}}{\text{s}} = 1 \text{ W}$
Drehmoment	M	$M = F\,l$	$\text{Nm} = \dfrac{\text{kgm}^2}{\text{s}^2}$	Biegemoment M_{b} Torsionsmoment T
Trägheitsmoment	J	$J = \displaystyle\int \text{d}m\, \varrho^2$	kgm^2	Massenmoment 2. Grades (früher: Massenträgheitsmoment)
Flächenmoment 2. Grades	I_{x}	$I = \displaystyle\int \text{d}A\, x^2$	m^4	mm^4 $I_{\text{x}}, I_{\text{y}}$ axiales Flächenmoment 2. Grades I_{p} polares Flächenmoment 2. Grades (früher: Flächenträgheitsmoment)
	I_{y}	$I_{\text{y}} = \displaystyle\int \text{d}A\, y^2$	m^4	
	I_{p}	$I_{\text{p}} = \displaystyle\int \text{d}A\, \varrho^2$	m^4	
Elastizitätsmodul	E	$E = \sigma \dfrac{l_0}{\Delta l}$	$\dfrac{\text{N}}{\text{m}^2} = \dfrac{\text{kg}}{\text{s}^2\text{m}}$	$\dfrac{\text{N}}{\text{mm}^2}$
Schubmodul	G	$G = \dfrac{E}{2(1+\mu)}$	$\dfrac{\text{N}}{\text{m}^2} = \dfrac{\text{kg}}{\text{s}^2\text{m}}$	$\dfrac{\text{N}}{\text{mm}^2}$ (μ Poisson-Zahl)

[1] Einheit des „Système International d'Unités" (Internationales Einheitensystem)

2.1.2 Thermodynamik

Größe	Formel-zeichen	Definitionsgleichung	SI-Einheit [1]	Bemerkung, Beispiel, andere zulässige Einheiten
Temperatur (thermodynamische Temperatur)	T, Θ	Basisgröße	K (Kelvin)	1 K 1 °C t, ϑ Celsius-Temperatur
spezifische innere Energie	u	$\Delta u = q + W_{\mathrm{v}}$	$\dfrac{\mathrm{J}}{\mathrm{kg}} = \dfrac{\mathrm{kgm}^2}{\mathrm{s}^2\,\mathrm{kg}}$	$1\,\dfrac{\mathrm{kgm}^2}{\mathrm{s}^2} = 1\,\mathrm{Nm} = 1\,\mathrm{J}$
Wärme (Wärmemenge)	Q	$Q = m\,c\,\Delta\vartheta$ $Q = U - w_{\mathrm{v}}$	$\mathrm{J} = \dfrac{\mathrm{kgm}^2}{\mathrm{s}^2}$	$1\,\dfrac{\mathrm{kgm}^2}{\mathrm{s}^2} = 1\,\mathrm{Nm} = 1\,\mathrm{J}$
spezifische Wärme	q	$q = \Delta U - w_{\mathrm{v}}$	$\dfrac{\mathrm{J}}{\mathrm{kg}} = \dfrac{\mathrm{kgm}^2}{\mathrm{s}^2\,\mathrm{kg}}$	
spezifische Wärmekapazität	c	$c = \dfrac{Q}{m\,\Delta\vartheta} = \dfrac{q}{\Delta T}$	$\dfrac{\mathrm{J}}{\mathrm{kg\,K}} = \dfrac{\mathrm{kgm}^2}{\mathrm{s}^2\,\mathrm{kg\,K}}$	
Enthalpie	H	$H = U + pV$ $h = u + pv$	$\mathrm{J} = \dfrac{\mathrm{kgm}^2}{\mathrm{s}^2}$	$h = \dfrac{H}{m}$ spezifische Enthalpie
Wärmeleitfähigkeit	λ		$\dfrac{\mathrm{W}}{\mathrm{m\,K}} = \dfrac{\mathrm{kgm}}{\mathrm{s}^3\,\mathrm{K}}$	$\dfrac{\mathrm{J}}{\mathrm{m\,h\,K}}$ 1 K = 1 °C
Wärmeübergangs-koeffizient	α		$\dfrac{\mathrm{W}}{\mathrm{m}^2\,\mathrm{K}} = \dfrac{\mathrm{kg}}{\mathrm{s}^3\,\mathrm{K}}$	$\dfrac{\mathrm{J}}{\mathrm{m}^2\,\mathrm{h\,K}}$ 1 K = 1 °C
Wärmedurchgangs-koeffizient	k		$\dfrac{\mathrm{W}}{\mathrm{m}^2\,\mathrm{K}} = \dfrac{\mathrm{kg}}{\mathrm{s}^3\,\mathrm{K}}$	$\dfrac{\mathrm{J}}{\mathrm{m}^2\,\mathrm{h\,K}}$ 1 K = 1 °C
spezifische Gaskonstante	$R_{\mathrm{i}} = \dfrac{R}{M}$	$R_{\mathrm{i}} = \dfrac{p}{T\varrho}$	$\dfrac{\mathrm{J}}{\mathrm{kg\,K}} = \dfrac{\mathrm{m}^2}{\mathrm{s}^2\,\mathrm{K}}$	M molare Masse
universelle Gaskonstante	R	$R = 8315\,\dfrac{\mathrm{J}}{\mathrm{kmol\,K}}$	$\dfrac{\mathrm{J}}{\mathrm{kmol\,K}}$	1 kmol = 1 Kilomol
Strahlungskonstante	C		$\dfrac{\mathrm{W}}{\mathrm{m}^2\,\mathrm{K}^4} = \dfrac{\mathrm{kg}}{\mathrm{s}^3\,\mathrm{K}^4}$	$C_{\mathrm{s}} = 5{,}67 \cdot 10^{-8}\,\dfrac{\mathrm{W}}{\mathrm{m}^2\,\mathrm{K}^4}$ C_{s} Strahlungskonstante des schwarzen Körpers

Physik 2

2.1.3 Elektrotechnik

Größe	Formel-zeichen	Definitionsgleichung	SI-Einheit [1]	Bemerkung, Beispiel, andere zulässige Einheiten
elektrische Stromstärke	I	Basisgröße	A (Ampere)	
elektrische Spannung	U	$U = \sum E\,\Delta s$	V (Volt)	$1\,\text{V} = 1\dfrac{\text{W}}{\text{A}} = 1\dfrac{\text{kg}\,\text{m}^2}{\text{s}^3\text{A}}$ W (Watt)
elektrischer Widerstand	R		Ω	$1\dfrac{\text{V}}{\text{A}} = 1\,\Omega = 1\dfrac{\text{kg}\,\text{m}^2}{\text{s}^3\text{A}^2}$
elektrischer Leitwert	G		$\dfrac{1}{\Omega}$	$1\dfrac{\text{A}}{\text{V}} = 1\,\text{S} = 1\dfrac{\text{A}^2\text{s}^3}{\text{kg}\,\text{m}^2}$ S (Siemens)
elektrische Ladung (Elektrizitätsmengen)	Q		C = As (Coulomb)	1 As = 1 C 1 Ah = 3600 As
elektrische Kapazität	C	$C = \dfrac{Q}{U}$	$\text{F} = \dfrac{\text{As}}{\text{V}}$ (Farad)	$1\,\text{F} = 1\dfrac{\text{C}}{\text{V}} = 1\dfrac{\text{As}}{\text{V}} = 1\dfrac{\text{A}^2\text{s}^4}{\text{kg}\,\text{m}^2}$
elektrische Flussdichte	D	$D = \epsilon_0\,\epsilon_\text{r}\,E$	$\dfrac{\text{C}}{\text{m}^2}$	$1\dfrac{\text{C}}{\text{m}^2} = 1\dfrac{\text{As}}{\text{m}^2}$
elektrische Feldstärke	E	$E = \dfrac{F}{Q}$	$\dfrac{\text{V}}{\text{m}}$	$1\dfrac{\text{V}}{\text{m}} = 1\dfrac{\text{kg}\,\text{m}}{\text{s}^3\text{A}}$
Permittivität (früher Dielektrizitätskonstante)	ε	$\varepsilon = \varepsilon_0\,\varepsilon_\text{r}$ ε_0 elektrische Feldkonstante ε_r Permittivitätszahl	$\dfrac{\text{F}}{\text{m}} = \dfrac{\text{A}^2\text{s}^4}{\text{kg}\,\text{m}^3}$	$1\dfrac{\text{s}}{\text{V}} = \dfrac{\text{s}^2\text{C}^2}{\text{kg}\,\text{m}^3}$
elektrische Energie	W_e	$W_\text{e} = \dfrac{QU}{2}$	Ws	$1\,\text{Nm} = 1\,\text{J} = 1\,\text{Ws} = 1\dfrac{\text{kg}\,\text{m}^2}{\text{s}^2}$
magnetische Feldstärke	H	$H = \dfrac{I}{2\pi r}$	$\dfrac{\text{A}}{\text{m}}$	
magnetische Flussdichte, Induktion	B	$B = \mu H$	$\text{T} = \dfrac{\text{kg}}{\text{s}^2\text{A}}$ T (Tesla)	$1\dfrac{\text{Wb}}{\text{m}^2} = 1\dfrac{\text{Vs}}{\text{m}^2} = 1\dfrac{\text{kg}}{\text{s}^2\text{A}}$ $T = 1\dfrac{\text{Vs}}{\text{m}^2}$ Wb (Weber)
magnetischer Fluss	Φ	$\Phi = \sum B\,\Delta A$	$\text{Wb} = \dfrac{\text{kg}\,\text{m}^2}{\text{s}^2\text{A}}$	$1\,\text{Wb} = 1\,\text{Vs} = 1\dfrac{\text{kg}\,\text{m}^2}{\text{s}^2\text{A}}$
Induktivität	L	$L = \dfrac{N\Phi}{I}$ (Windungszahl)	$\text{H} = \dfrac{\text{kg}\,\text{m}^2}{\text{s}^2\text{A}^2}$ H (Henry)	$1\,\text{H} =$ $1\dfrac{\text{Vs}}{\text{A}} = 1\dfrac{\text{Wb}}{\text{A}} = 1\dfrac{\text{kg}\,\text{m}^2}{\text{s}^2\text{A}^2}$
Permeabilität	μ	$\mu = \mu_0\,\mu_\text{r}$ μ_0 magnetische Feldkonstante μ_r Permeabilitätszahl	$\dfrac{\text{H}}{\text{m}} = \dfrac{\text{kg}\,\text{m}}{\text{s}^2\text{A}^2}$	$1\dfrac{\text{Vs}}{\text{A}\,\text{m}} = 1\dfrac{\text{kg}\,\text{m}}{\text{s}^2\text{A}^2}$

2.1.4 Optik

Größe	Formel-zeichen	Definitionsgleichung	SI-Einheit	Bemerkung, Beispiel, andere zulässige Einheiten
Lichtstrom	Φ	$\Phi = I\,\Omega$	Lumen (cd sr)	I Lichtstärke in Candela (cd) Ω Raumwinkel in Steradiant (sr)
Beleuchtungs-stärke	E	$E = \dfrac{\Delta\Phi}{\Delta A} = \dfrac{I\Phi}{\Delta A} = \dfrac{l\cos\varphi}{l^2}$	Lux (lx)	l Abstand φ Einfallswinkel
Brechzahl[2]	n	$n = \dfrac{c_0}{c_k} > 1$	1	Lichtgeschwindigkeit $c_0 = 3\cdot 10^8$ m/s Lichtgeschwindigkeit c_k im durchsichtigen Stoff $c_k = \lambda f$
Gangunterschied in dünnen Blättchen	Δx	$\Delta x = 2\,d\,n - \dfrac{\lambda}{2}$	m	d Dicke des Blättchens
Verstärkung und Auslöschung des Lichts (k natürliche Zahl)		Verstärkung $2k\dfrac{\lambda}{2} = 2\,d\,n - \dfrac{\lambda}{2}$		Auslöschung $(2k-1)\dfrac{\lambda}{2} = 2\,d\,n - \dfrac{\lambda}{2}$
Auslenkungs-winkel α bei Lichtbeugung am Doppelspalt		$\sin\alpha = k\dfrac{\lambda}{2b}$		b Abstand im Doppelspalt heller Streifen bei $k = 0,2,4,\dots$ dunkler Streifen bei $k = 1,3,5,\dots$
Reflexionsgrad	R	$R = \left(\dfrac{n-1}{n+1}\right)^2$	1	n Brechzahl
Brechungsgesetz für Lichtwellen		$\sin\varepsilon_2 = \sin\varepsilon_1\dfrac{n_1}{n_2}$		ε_1 Einfallswinkel ε_2 Brechungswinkel
Parallelverschie-bung in plan-parallelen Platten		$\Delta s = d\dfrac{\sin(\varepsilon_1 - \varepsilon_2)}{\cos\varepsilon_2} =$ $= d\sin\varepsilon_1\left(1 - \dfrac{\cos\varepsilon_2}{\sqrt{n^2 - \sin^2\varepsilon_1}}\right)$		
Totalreflexions-gesetz		$\sin\varepsilon_r = \dfrac{n_1}{n_2}$		$\sin\varepsilon_r = 1$ (für Übertritt in Luft)

2 Physik

Größe	Formel-zeichen	Definitionsgleichung	SI-Einheit	Bemerkung, Beispiel, andere zulässige Einheiten
Linsen-gleichungen		$$\frac{1}{f} = \frac{1}{a} + \frac{1}{b}$$ $$\frac{1}{f} = (n-1)\left(\frac{1}{r_1} + \frac{1}{r_2}\right) -$$ $$-\frac{(n-1)^2}{n} \cdot \frac{d}{r_1 r_2}$$		f Brennweite a Gegenstandsweite b Bildweite r_1, r_2 Radien n Brechzahl d Linsendicke
Lichtstärke	I	$\Phi = I\,\Omega$	Candela (cd)[1]	Basisgröße
Lichtmenge	Q		Lumen · Sekunde (lm · s)	
Lichtausbeute	η		$\dfrac{\text{Lumen}}{\text{Watt}}\left(\dfrac{\text{lm}}{\text{W}}\right)$	
Leuchtdichte	L		$\dfrac{\text{Candela}}{\text{Quadratmeter}}$ $\left(\dfrac{\text{cd}}{\text{m}^2}\right)$	

[1] Umrechnungsfaktoren von Candela in Hefnerkerze (HK) und umgekehrt

Farbtemperatur	HK/cd	cd/HK
2043 K (Platinpunkt)	0,903	1,107
2360 K (Wolfram-Vakuum-Lampe)	0,877	1,140
2750 K (gasgefüllte Wolframlampe)	0,861	1,162

[2] Brechzahlen n für den Übergang des Lichts aus dem Vakuum in optische Mittel[3] (durchsichtige Stoffe)

Luft	$1,000293 \approx 1$	Flintglas[4]	1,56 … 1,9	Steinsalz	1,54
Wasser	1,33	Kanadabalsam	1,54	Saphir	1,76
Acrylglas (Plexiglas)	1,49	Kalkspat[5] (ao Strahl)	1,49	Diamant	2,40
Kronglas[4]	1,48 … 1,57	Kalkspat[5] (o Strahl)	1,66	Schwefelkohlenstoff	1,63

[3] Das optisch dichtere (dünnere) Mittel ist das mit der größeren (kleineren) Brechzahl.

[4] Kronglas hat eine geringere, Flintglas eine hohe Farbzerstreuung (Dispersion).

[5] o ordentlicher Strahl, ao außerordentlicher Strahl

2.1.5 Akustik

Größe	Formel-zeichen	Definitionsgleichung	SI-Einheit	Bemerkung, Beispiel, andere zulässige Einheiten
Grundfrequenz einer Saite	f_0	$f_0 = \dfrac{1}{2l}\sqrt{\dfrac{\sigma_z}{\varrho}}$	$\dfrac{1}{\text{s}}$	σ_z Zugspannung in der Saite ϱ Dichte l Länge der Saite
Schallschnelle	v	$v = 2\pi A f$	$\dfrac{\text{m}}{\text{s}}$	A Amplitude
Schalldruck	p	$p = \varrho c v$	$\dfrac{\text{N}}{\text{m}^2} = \text{Pa}$	
Schall-geschwindigkeit (feste Körper)	c_k	$c_k = \sqrt{\dfrac{E}{\varrho}}$	$\dfrac{\text{m}}{\text{s}}$	E Elastizitätsmodul
Schall-geschwindigkeit (Flüssigkeiten)	c_f	$c_f = \sqrt{\dfrac{1}{k\varrho}}$	$\dfrac{\text{m}}{\text{s}}$	k Kompressibilitätsfaktor in $\dfrac{\text{m}^2}{\text{N}}$
Schall-geschwindigkeit (Gase)	c_g	$c_g = \sqrt{\dfrac{p\gamma}{\varrho}} = \sqrt{RT\gamma}$	$\dfrac{\text{m}}{\text{s}}$	γ Verhältnis der spezifischen Wärme-kapazitäten R spezifische Gaskonstante
Lautstärke	L	$L = 20\,\lg\dfrac{p_n}{p_0}$	phon $1\,\text{phon} \triangleq \dfrac{p_n}{p_0} = 1{,}122$	p_n Normschalldruck p_0 Bezugsschalldruck $p_0 = 2\cdot 10^{-5}\,\text{N/mm}^2$
Schall-geschwindigkeit (Gase) bei bekannter c_{Luft}	c_g	$c_g = c_{\text{Luft}}\dfrac{\lambda_g}{\lambda_{\text{Luft}}}$	$\dfrac{\text{m}}{\text{s}}$	λ_g Wellenlänge der stehenden Schallwelle

Physik **2**

2.1.6 Lautstärke, Schalldruck und Schallstärke (absoluter Schallpegel)

Lautstärke L in phon	Schalldruck p in $\frac{N}{m^2}$ bei 1000 Hz	Schallstärke J in $\frac{W}{m^2}$
0,0	$2{,}000 \cdot 10^{-5}$	$1{,}000 \cdot 10^{-12}$
0,5	$2{,}118 \cdot 10^{-5}$	$1{,}122 \cdot 10^{-12}$
1,0	$2{,}244 \cdot 10^{-5}$	$1{,}259 \cdot 10^{-12}$
2,0	$2{,}518 \cdot 10^{-5}$	$1{,}585 \cdot 10^{-12}$
3,0	$2{,}824 \cdot 10^{-5}$	$1{,}995 \cdot 10^{-12}$
4,0	$3{,}170 \cdot 10^{-5}$	$2{,}512 \cdot 10^{-12}$
5,0	$3{,}556 \cdot 10^{-5}$	$3{,}162 \cdot 10^{-12}$
6,0	$3{,}990 \cdot 10^{-5}$	$3{,}981 \cdot 10^{-12}$
7,0	$4{,}478 \cdot 10^{-5}$	$5{,}012 \cdot 10^{-12}$
8,0	$5{,}024 \cdot 10^{-5}$	$6{,}310 \cdot 10^{-12}$
9,0	$5{,}636 \cdot 10^{-5}$	$7{,}943 \cdot 10^{-12}$
10,0	$6{,}324 \cdot 10^{-5}$	$1{,}000 \cdot 10^{-11}$
15,0	$1{,}125 \cdot 10^{-4}$	$3{,}162 \cdot 10^{-11}$
20,0	$2{,}000 \cdot 10^{-4}$	$1{,}000 \cdot 10^{-10}$
30,0	$6{,}324 \cdot 10^{-4}$	$1{,}000 \cdot 10^{-9}$
40,0	$2{,}000 \cdot 10^{-3}$	$1{,}000 \cdot 10^{-8}$
50,0	$6{,}324 \cdot 10^{-3}$	$1{,}000 \cdot 10^{-7}$
100,0	$2{,}000$	$1{,}000 \cdot 10^{-2}$

2.1.7 Lautstärke von Geräuschen

Art des Geräuschs	Phon
untere Hörschwelle	0
leises Flüstern	10
ruhige Wohnung	20
Baumrauschen im Wind	30
Zerreißen von Papier	40
Umgangssprache	50
Straßenbahn	60
Großstadtstraßen	70
starker Straßenverkehr	80
Maschinenräume, U – Bahn	90
Laute Autohupe	100
Blechschmiede	110
Niet- bzw. Presslufthammer	120
Schmerzgrenze	130

2.2 Allgemeine und atomare Konstanten

Bezeichnung	Beziehung
Avogadro-Konstante	$N_A = 6{,}0221367 \cdot 10^{23}$ mol^{-1}
Boltzmann-Konstante	$k = 1{,}380658 \cdot 10^{-23}$ J/K
elektrische Elementarladung	$e = 1{,}60217733 \cdot 10^{-19}$ C
elektrische Feldkonstante	$\epsilon_0 = 8{,}854187817 \cdot 10^{-12}$ F/m
Faraday-Konstante	$F = 96485{,}309$ C/mol
Lichtgeschwindigkeit im leeren Raum	$c_0 = 2{,}99792458 \cdot 10^8$ m/s
magnetische Feldkonstante	$\mu_0 = 1{,}2566370614 \cdot 10^{-6}$ H/m
molares Normvolumen idealer Gase	$V_{mn} = 2{,}24208 \cdot 10^4$ cm^3/mol
Planck-Konstante	$h = 6{,}6260755 \cdot 10^{-34}$ J $\cdot$ s
Ruhemasse des Elektrons	$m_e = 9{,}1093897 \cdot 10^{-31}$ kg
Ruhemasse des Protons	$m_p = 1{,}672622 \cdot 10^{-27}$ kg
Stefan-Boltzmann-Konstante	$\sigma = 5{,}67051 \cdot 10^{-8}$ W/(m$^2 \cdot$ K^4)
(universelle) Gaskonstante	$R = 8{,}314510$ J/(mol $\cdot$ K)
Gravitationskonstante	$G = 6{,}67259 \cdot 10^{-11}$ m^3 kg^{-1} s^{-2}

2.3 Umrechnungstabelle für metrische Längeneinheiten

Einheit	Pico-meter pm	Ång-ström[1] Å	Nano-meter nm	Mikro-meter µm	Milli-meter mm	Zenti-meter cm	Dezi-meter dm	Meter m	Kilo-meter km
1 pm =	1	10^{-2}	10^{-3}	10^{-6}	10^{-9}	10^{-10}	10^{-11}	10^{-12}	10^{-15}
1 Å [1] =	10^2	1	10^{-1}	10^{-4}	10^{-7}	10^{-8}	10^{-9}	10^{-10}	10^{-13}
1 nm =	10^3	10	1	10^{-3}	10^{-6}	10^{-7}	10^{-8}	10^{-9}	10^{-12}
1 µm =	10^6	10^4	10^3	1	10^{-3}	10^{-1}	10^{-5}	10^{-6}	10^{-9}
1 mm =	10^9	10^7	10^6	10^3	1	10^{-1}	10^{-2}	10^{-3}	10^{-6}
1 cm =	10^{10}	10^8	10^7	10^4	10	1	10^{-1}	10^{-2}	10^{-5}
1 dm =	10^{11}	10^9	10^8	10^5	10^2	10	1	10^{-1}	10^{-4}
1 m =	10^{12}	10^{10}	10^9	10^6	10^3	10^2	10	1	10^{-3}
1 km =	10^{15}	10^{13}	10^{12}	10^9	10^6	10^5	10^4	10^3	1

[1] Das Ångström ist nicht als Teil des Meters definiert, gehört also nicht zum metrischen System. Es ist benannt nach dem schwedischen Physiker *A. J. Ångström* (1814–1874).

Hinweis: Der negative Exponent gibt die Anzahl der Nullen (vor der 1) *einschließlich* der Null vor dem Komma an, z. B. 10^{-4} 0,0001; 10^{-1} 0,1; 10^{-6} 0,000001.
Der positive Exponent gibt die Anzahl der Nullen (nach der 1) an, z. B. 10^4 10000; 10^1 10; 10^6 1000000.

Physik 2

2.4 Vorsatzzeichen zur Bildung von dezimalen Vielfachen und Teilen von Grundeinheiten oder hergeleiteten Einheiten mit selbstständigem Namen

Vorsatz	Kurzzeichen	Bedeutung		
Tera	T	1000000000000	$(= 10^{12})$	Einheiten
Giga	G	1000000000	$(= 10^{9})$	Einheiten
Mega	M	1000000	$(= 10^{6})$	Einheiten
Kilo	k	1000	$(= 10^{3})$	Einheiten
Hekto	h	100	$(= 10^{2})$	Einheiten
Deka	da	10	$(= 10^{1})$	Einheiten
Dezi	d	0,1	$(= 10^{-1})$	Einheiten
Zenti	c	0,01	$(= 10^{-2})$	Einheiten
Milli	m	0,001	$(= 10^{-3})$	Einheiten
Mikro	μ	0,000001	$(= 10^{-6})$	Einheiten
Nano	n	0,000000001	$(= 10^{-9})$	Einheiten
Pico	p	0,000000000001	$(= 10^{-12})$	Einheiten

2.5 Umrechnungstabelle für Leistungseinheiten

Einheit	Nm/s = W	kpm/s	PS	kW	kcal/s
1 Nm/s = 1 W =	1	0,101972	$1,35962 \cdot 10^{-3}$	0,001	$2,38846 \cdot 10^{-4}$
1 kpm/s =	9,80665	1	0,0133333	$9,80665 \cdot 10^{-3}$	$2,34228 \cdot 10^{-3}$
1 PS =	735,499	75	1	0,735499	0,175671
1 kW =	1000	101,972	1,35962	1	0,238846
1 kcal/s =	4186,80	426,935	5,69246	4,18680	1

2.6 Schallgeschwindigkeit c, Dichte ϱ und Elastizitätsmodul E einiger fester Stoffe

Stoff	c in $\frac{m}{s}$	ϱ in $\frac{kg}{m^3}$	E in $\frac{N}{m^2}$
Aluminium in Stabform	5080	2700	$7,1 \cdot 10^{10}$
Blei	1170	11400	$1,6 \cdot 10^{10}$
Stahl in Stabform	5120	7850	$21,0 \cdot 10^{10}$
Kupfer	3700	8900	$12,5 \cdot 10^{10}$
Messing	3500	8100	$10,0 \cdot 10^{10}$
Nickel	4780	8800	$20,0 \cdot 10^{10}$
Zink	3800	7100	$10,5 \cdot 10^{10}$
Zinn	2720	7300	$5,5 \cdot 10^{10}$
Quarzglas	5360	2600	$7,6 \cdot 10^{10}$
Plexiglas	2090	1200	$0,5 \cdot 10^{10}$

2.7 Schallgeschwindigkeit *c* und Dichte ϱ einiger Flüssigkeiten

Flüssigkeit	t in °C	c in $\frac{m}{s}$	ϱ in $\frac{kg}{m^3}$
Benzol	20	1 330	878
Petroleum	34	1 300	825
Quecksilber	20	1 450	13 595
Transformatorenöl	32,5	1 425	895
Wasser	20	1 485	997

2.8 Schallgeschwindigkeit *c*, Verhältnis $\kappa = \dfrac{c_p}{c_v}$ einiger Gase bei *t* = 0 °C

Gas	c in $\frac{m}{s}$	κ
Helium	965	1,66
Kohlenoxid	338	1,4
Leuchtgas	453	–
Luft	331 (344 bei 20 °C)	1,402
Sauerstoff	316	1,396
Wasserstoff	1 284 (1 306 bei 20 °C)	1,408

c_p mittlere spezifische Wärmekapazität bei konstantem Druck
c_v mittlere spezifische Wärmekapazität bei konstantem Volumen

2.9 Schalldämmung von Trennwänden

Baustoff	Dicke s in cm	Masse m' in kg / m²	mittlere Dämmzahl D in dB
Dachpappe	–	1	13
Sperrholz, lackiert	0,5	2	19
Dickglas	0,6 ... 0,7	16	29
Heraklithwand, verputzt	–	50	38,5
Vollziegelwand, $^1/_4$ Stein verputzt	9	153	41,5
bei $^1/_2$ Stein	15	228	44
bei $^1/_1$ Stein	27	457	49,5

2 Physik

2.10 Elektromagnetisches Spektrum

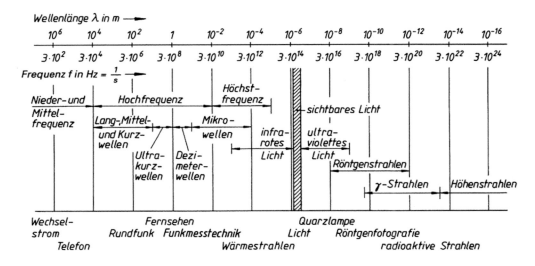

2.11 Brechzahlen *n* für den Übergang des Lichts aus dem Vakuum in optische Mittel [1] (durchsichtige Stoffe)

Luft	$1,000\ 293 \approx 1$	Kalkspat (ao Strahl)	1,49
Wasser	1,33	Kalkspat (o Strahl)	1,66
Acrylglas (Plexiglas)	1,49	Steinsalz	1,54
Kronglas [2]	1,48 ... 1,57	Saphir	1,76
Flintglas [2]	1,56 ... 1,9	Diamant	2,4
Kanadabalsam	1,54	Schwefelkohlenstoff	1,63

[1] Das optisch dichtere (dünnere) Mittel ist das mit der größeren (kleineren) Brechzahl.

[2] Kronglas ist Glas mit geringer, Flintglas mit hoher Farbzerstreuung (Dispersion).

3 Chemie

3.1 Atombau und Atommasse

Atombausteine
Elementarteilchen

Die Masse des Atoms konzentriert sich im **Atomkern** (99,9 %). Die Masse der **Elektronenhülle** ist winzig. Der Atomkern besteht aus **Nucleonen** (Kernbausteine aus Protonen bzw. Neutronen).

Name	Symbol	Masse (kg)	Masse in atomaren Masseneinheiten (u)	Energie-äquivalent (MeV)	Ladung (C = As)
Proton	p	$1,6726 \cdot 10^{-27}$	1,007276	938,272	$+1,602 \cdot 10^{-19}$
Neutron	n	$1,6749 \cdot 10^{-27}$	1,008665	939,656	0
Elektron	e	$9,1094 \cdot 10^{-33}$	0,0005486	0,5110	$-1,602 \cdot 10^{-19}$

Atomare Masseneinheit

Atommassen werden zweckmäßig auf ein Zwölftel der Masse eines Kohlenstoffatoms ^{12}C bezogen.

$u = {}^1/_{12}\, m(^{12}C) = 1,660\,538\,92 \cdot 10^{-27}\,kg$

Atomsymbol

$$_Z^A E_n^{z\pm}$$

Ladung (bei Ionen)

Atommultiplikator (bei Verbindungen)

Die **Ordnungszahl** Z (Kernladungszahl) steht links unten vor dem Elementsymbol. Z ist die Zahl der Protonen im Kern = Zahl der Elektronen in der Hülle. Nach außen ist das Atom ungeladen (elektrisch neutral). Im Periodensystem sind die Elemente nach steigender Ordnungszahl tabelliert.
Die **Massenzahl** A (Nucleonenzahl) entspricht der gerundeten Atommasse und steht links oben vor dem Elementsymbol.
Die **Neutronenzahl** $N = A - Z$ ergibt sich als Differenz von Massenzahl und Kernladungszahl.

Massendefekt und
Kernbindungsenergie

Bei der Vereinigung der Protonen und Neutronen zum Atomkern wird Masse in Energie umgewandelt. Der Atomkern ist um die Kernbindungsenergie stabiler als die freien Elementarteilchen.

Beispiel: Aluminium ^{27}Al wiegt 26,98 u. Die 13 Protonen, 13 Elektronen und 14 Neutronen wiegen gesamt 27,22 u. Der Massendefekt $\Delta m = 0,24$ u wird als Energie frei.

$$_{13}^{27} Al$$

$E = \Delta m \cdot c^2$ Für m in kg, $c = 299\,792\,458$ m/s

$E = \Delta m \cdot 931,5$ MeV/u   Für m in u

Isotope (chemische
Elemente)

Isotope sind Atome desselben Elementes; sie haben gleiche Ordnungszahl, aber unterschiedliche Massenzahl, unterscheiden sich also allein in der Zahl der Neutronen. **Chemische Elemente** (Grundstoffe) lassen sich auf chemischem Wege nicht in andere Stoffe zerlegen; sie bestehen aus Atomen gleicher Ordnungszahl.

Rein- und
Mischelemente

Reinelemente kommen in der Natur nur mit jeweils einer Neutronenzahl (einem Isotop) vor. Es sind dies: Al, As, Au, Be, Bi, Cs, Co, F, Ho, I, Mn, Na, Nb, P, Pr, Rh, Sc, Tb, Tm, Th, Y.

Die meisten Elemente sind **Mischelemente**; sie treten als Gemisch mehrerer Isotope auf.

| Tabellierte Atommasse | Die im Periodensystem tabellierte Atommasse („Atomgewicht") berücksichtigt das natürliche Isotopengemisch der Elemente und weicht daher von der ganzen Zahl der Nucleonen ab. |

Beispiel: Chlor besteht aus zwei Isotopen; Die relative Atommasse berechnet sich als mit der natürlichen Häufigkeit gewichtete Summe der Isotopenmassen.

$$^{35}_{17}\text{Cl} \qquad ^{37}_{17}\text{Cl} \qquad \begin{aligned} A_r(\text{Cl}) &= 75{,}77\% \cdot 34{,}968853 \\ &+ 24{,}23\% \cdot 36{,}965903 = 35{,}4527 \end{aligned}$$

Die im Periodensystem angegebene Masse hat vier Bedeutungen:

$$\begin{array}{c} 28{,}09 \\ \text{Si} \\ 14 \end{array} \qquad \begin{array}{ll} \text{Die relative Atommasse ist:} & A_r = 28{,}09 \\ \text{1 Siliciumatom wiegt im Mittel:} & m = 28{,}09\ u \\ \text{1 mol Siliciumatome wiegt:} & m = 28{,}09\ g \\ \text{Die molare Masse ist:} & M = 28{,}09\ g/mol \end{array}$$

Die **relative Atommasse** A_r gibt an, wie viel Mal schwerer ein Atom ist als die atomare Masseneinheit. Die wegen der umständlichen Zahlenwerte ungebräuchliche **absolute Atommasse**, das Produkt aus relativer Atommasse und atomarer Masseneinheit $A_r \cdot u$, gibt an, wieviel ein Atom tatsächlich in Kilogramm wiegt.

| Stoffmenge und molare Masse | $$n = \frac{m}{M} = \frac{N}{N_A}$$ | n Stoffmenge (mol)
 M molare Masse (g/mol)
 N Teilchenzahl
 N_A AVOGADRO-Konstante: $6{,}022 \cdot 10^{23}\ \text{mol}^{-1}$ |

3.2 Periodensystem der Elemente (PSE)

| Chemische Symbole und Elementnamen | Das **Elementsymbol** bezeichnet zugleich ein Element und ein Atom dieses Elementes. Im Mittelalter bekannte Elemente tragen lateinische Kürzel. Seit 1985 gilt die internationale Schreibweise: Cer statt Zer, Caesium statt Zäsium, Calcium statt Kalzium, Actinium statt Aktinium, Bismut statt Wismut, Iod statt Jod. |

| Molekulares Vorkommen | Wasserstoff H_2, Sauerstoff O_2 und die Halogene (F_2, Cl_2, Br_2, I_2) kommen als zweiatomige **Moleküle** vor. Nur *in statu nascendi*, „im Zustand des Entstehens" bei chemischen Reaktionen, treten Wasserstoff, Sauerstoff und Chlor für Sekundenbruchteile „aktiv" (atomar) auf. Weißer Phosphor ist P_4 und Schwefel S_8. Die übrigen Elemente kommen atomar vor. |

| Radioaktive Elemente | Etliche Elemente sind radioaktiv oder entstehen durch Kernumwandlung. Die Vorsilbe **Eka** oder ein Zahlwort bezeichnet die künstlich erzeugten Transfermiumelemente, die noch keinen international festgelegten IUPAC-Namen tragen. |

Beispiel: Eka-Thallium für Element 113, Ununtrium (Uut)
          Eka-Bismut für Element 115, Ununpentium (Uup).

| Gruppennummer (maximale Wertigkeit) | Die chemischen Eigenschaften werden von der Elektronenhülle bestimmt. In jeder **Gruppe** (Spalte 1 bis 18 des PSE) stehen Elemente mit gleichen chemischen Eigenschaften; sie besitzen in ihrer äußersten Schale die gleiche Zahl von Elektronen und gehen mit anderen Elementen Bindungen gleicher Wertigkeit (Bindigkeit, Oxidationsstufe) ein. Man unterscheidet Hauptgruppen (Ia bis VIIIa: Metalle und Nichtmetalle) und Nebengruppen (Ib bis VIIIb: Übergangsmetalle). |

Chemie **3**

Periodensystem der Elemente

Legende (Zellenaufbau):
- Relative Atommasse
- Ordnungszahl **Elementsymbol**
- Elektronenkonfiguration
- Oxidationsstufen
- * radioaktives Element (stabilstes Isotop)

Farbschlüssel:
- Nichtmetalle
- Edelgase
- Halbmetalle
- Metalle
- Übergangsmetalle
- M Metametall

Eigenschaften: ◆ Säurebildner · □ amphoter · ■ Basenbildner

Schale: K, L, M, N, O, P, Q

Hauptgruppen und Nebengruppen

Periode 1

Ia (s¹)	0 (p⁶)
1,008 — 1 H — $1s^1$ — $-1,+1$	4,003 — 2 He — $1s^2$ — 0

Periode 2 [He]

Ia s¹	IIa s²	IIIa p¹	IVa p²	Va p³	VIa p⁴	VIIa p⁵	0 p⁶
6,94 — 3 Li — $2s^1$ — +1	9,012 — 4 Be — $2s^2$ — +2	10,82 — 5 B — $2s^22p^1$ — +3	12,01 — 6 C — $2s^22p^2$ — $-4,2,4$	14,01 — 7 N — $2s^22p^3$ — $-3,3,5$	16,00 — 8 O — $2s^22p^4$ — $-2(-1)$	19,00 — 9 F — $2s^22p^5$ — -1	20,18 — 10 Ne — $2s^22p^6$ — 0

Periode 3 [Ne]

Ia s¹	IIa s²	IIIa p¹	IVa p²	Va p³	VIa p⁴	VIIa p⁵	0 p⁶
22,99 — 11 Na — $3s^1$ — +1	24,31 — 12 Mg — $3s^2$ — +2	26,98 — 13 Al — $3s^23p^1$ — +3	28,09 — 14 Si — $3s^23p^2$ — 4	30,97 — 15 P — $3s^23p^3$ — $-3,3,5$	32,06 — 16 S — $3s^23p^4$ — $-2,2,4,6$	35,45 — 17 Cl — $3s^23p^5$ — $-1,1,3,5,7$	39,95 — 18 Ar — $3s^23p^6$ — 0

Periode 4 [Ar] — Übergangsmetalle (Nebengruppen)

IIIb d¹	IVb d²	Vb d³	VIb d⁴	VIIb d⁵	VIII d⁶	d⁷	d⁸	Ib d⁹	IIb d¹⁰
44,96 — 21 Sc — $3d^14s^2$ — +3	47,87 — 22 Ti — $3d^24s^2$ — +3,+4	50,94 — 23 V — $3d^34s^2$ — 2,3,4,5	52,00 — 24 Cr — $3d^54s^1$ — 2,3,6	54,94 — 25 Mn — $3d^54s^2$ — 2,3,4,6,7	55,85 — 26 Fe — $3d^64s^2$ — 2,3,6	58,93 — 27 Co — $3d^74s^2$ — 2,3	58,69 — 28 Ni — $3d^84s^2$ — 2,3	63,55 — 29 Cu — $3d^{10}4s^1$ — 1,2	65,38 — 30 Zn — $3d^{10}4s^2$ — 2

Hauptgruppen Periode 4:

IIIa p¹	IVa p²	Va p³	VIa p⁴	VIIa p⁵	0 p⁶
69,72 — 31 Ga — $3d^{10}4s^24p^1$ — +3	72,63 — 32 Ge — $3d^{10}4s^24p^2$ — 4	74,92 — 33 As — $3d^{10}4s^24p^3$ — $-3,3,5$	78,96 — 34 Se — $3d^{10}4s^24p^4$ — $-2,4,6$	79,90 — 35 Br — $3d^{10}4s^24p^5$ — $-1,1,3,5,7$	83,80 — 36 Kr — $3d^{10}4s^24p^6$ — 0,(2,4)

Periode 5 [Kr]

IIIb d¹	IVb d²	Vb d³	VIb d⁴	VIIb d⁵	VIII d⁶	d⁷	d⁸	Ib d⁹	IIb d¹⁰
88,91 — 39 Y — $4d^15s^2$ — +3	91,22 — 40 Zr — $4d^25s^2$ — +4	92,91 — 41 Nb — $4d^45s^1$ — 3,5	95,96 — 42 Mo — $4d^55s^1$ — 2,3,4,5,6	(98,91) — 43 Tc* — $4d^55s^2$ — 7	101,1 — 44 Ru — $4d^75s^1$ — 3,4,8	102,9 — 45 Rh — $4d^85s^1$ — 1,2,3,4	106,4 — 46 Pd — $4d^{10}$ — 2,4	107,9 — 47 Ag — $4d^{10}5s^1$ — 1	112,4 — 48 Cd — $4d^{10}5s^2$ — 2

Hauptgruppen Periode 5:

IIIa p¹	IVa p²	Va p³	VIa p⁴	VIIa p⁵	0 p⁶
114,8 — 49 In — $4d^{10}5s^25p^1$ — 3	118,7 — 50 Sn — $4d^{10}5s^25p^2$ — 2,4	121,8 — 51 Sb — $4d^{10}5s^25p^3$ — $-3,3,5$	127,6 — 52 Te — $4d^{10}5s^25p^4$ — $-2,4,6$	126,9 — 53 I — $4d^{10}5s^25p^5$ — $-1,1,3,5,7$	131,3 — 54 Xe — $4d^{10}5s^25p^6$ — 0,(2,4,6)

Periode 6 [Xe]

IIIb d¹	IVb d²	Vb d³	VIb d⁴	VIIb d⁵	VIII d⁶	d⁷	d⁸	Ib d⁹	IIb d¹⁰
138,9 — 57 La — $5d^16s^2$ — +3	178,5 — 72 Hf — $4f^{14}5d^26s^2$ — +4	180,9 — 73 Ta — $4f^{14}5d^36s^2$ — +5	183,8 — 74 W — $4f^{14}5d^46s^2$ — 2,3,4,5,6	186,2 — 75 Re — $4f^{14}5d^56s^2$ — 2,4,7	190,2 — 76 Os — $4f^{14}5d^66s^2$ — 2,3,4,6,8	192,2 — 77 Ir — $4f^{14}5d^76s^2$ — 1,2,3,4,6	195,1 — 78 Pt — $4f^{14}5d^96s^1$ — 2,4	197,0 — 79 Au — $4f^{14}5d^{10}6s^1$ — 1,3	200,6 — 80 Hg — $4f^{14}5d^{10}6s^2$ — 1,2

Hauptgruppen Periode 6:

IIIa p¹	IVa p²	Va p³	VIa p⁴	VIIa p⁵	0 p⁶
204,4 — 81 Tl — $4f^{14}5d^{10}6s^26p^1$ — 1,3	207,2 — 82 Pb — $4f^{14}5d^{10}6s^26p^2$ — 2,4	209,0 — 83 Bi — $4f^{14}5d^{10}6s^26p^3$ — 3,5	(210,0) — 84 Po* — $4f^{14}5d^{10}6s^26p^4$ — 2,4	(210,0) — 85 At* — $4f^{14}5d^{10}6s^26p^5$ — $-1,1,3,5,7$	(222,0) — 86 Rn* — $4f^{14}5d^{10}6s^26p^6$ — 0,(2)

Periode 7 [Rn]

Ia s¹	IIa s²	IIIb d¹	IVb d²	Vb d³	VIb d⁴	VIIb d⁵	VIII d⁶	d⁷	d⁸	Ib d⁹	IIb d¹⁰
(223,0) — 87 Fr* — $7s^1$ — +1	(226,0) — 88 Ra* — $7s^2$ — +2	227,0 — 89 Ac* — $6d^17s^2$ — +3	(261) — 104 Rf*	(262) — 105 Db*	(266) — 106 Sg*	(264) — 107 Bh*	(277) — 108 Hs*	(268) — 109 Mt*	(281) — 110 Ds*	(272) — 111 Rg*	(285) — 112 Cn*

Hauptgruppen Periode 7:

IIIa p¹	IVa p²	Va p³	VIa p⁴	VIIa p⁵	0 p⁶
(284) — 113 Uut*	(289) — 114 Fl*	(288) — 115 Uup*	(293) — 116 Lv*	(294) — 117 Uus*	(294) — 118 Uuo* — 0,(2,4,6)

Lanthanoide ($f^1 \ldots f^{14}$) — Periode 6 [Xe]

140,1 — 58 Ce — $4f^26s^2$ — 3,4	140,9 — 59 Pr — $4f^36s^2$ — 3,4	144,2 — 60 Nd — $4f^46s^2$ — 3	(146,9) — 61 Pm* — $4f^56s^2$ — 3	150,4 — 62 Sm — $4f^66s^2$ — 2,3	152,0 — 63 Eu — $4f^76s^2$ — 2,3	157,3 — 64 Gd — $4f^75d^16s^2$ — 3	158,9 — 65 Tb — $4f^96s^2$ — 3,4	162,5 — 66 Dy — $4f^{10}6s^2$ — 3	164,9 — 67 Ho — $4f^{11}6s^2$ — 3	167,3 — 68 Er — $4f^{12}6s^2$ — 3	168,9 — 69 Tm — $4f^{13}6s^2$ — 3	173,1 — 70 Yb — $4f^{14}6s^2$ — 2,3	175,0 — 71 Lu — $4f^{14}5d^16s^2$ — 3

Actinoide ($f^1 \ldots f^{14}$) — Periode 7 [Rn]

232,0 — 90 Th* — $6d^27s^2$ — 4	231,0 — 91 Pa* — $5f^26d^17s^2$ — 4,5	238,0 — 92 U* — $5f^36d^17s^2$ — 3,4,5,6	(237,0) — 93 Np* — $5f^46d^17s^2$ — 3,4,5,6	(244,0) — 94 Pu* — $5f^67s^2$ — 3,4,5,6	(243,0) — 95 Am* — $5f^77s^2$ — 3,4,5,6	(247,0) — 96 Cm* — $5f^76d^17s^2$ — 3,4	(247,1) — 97 Bk* — $5f^97s^2$ — 3,4	(251,1) — 98 Cf* — $5f^{10}7s^2$ — 3	(252,1) — 99 Es* — $5f^{11}7s^2$ — 3	(257,2) — 100 Fm* — $5f^{12}7s^2$ — 3	(258,1) — 101 Md* — $5f^{13}7s^2$ — 2,3	(259,1) — 102 No* — $5f^{14}7s^2$ — 2,3	(262,1) — 103 Lr* — $5f^{14}6d^17s^2$ — 3

Gruppennummer
(Fortsetzung)

Gruppennummer = höchstmögliche Oxidationsstufe (in Oxiden und Säuren)
　　　　　　　　= Zahl der Valenzelektronen
　　　　　　　　= Zahl der *d*-Elektronen minus 2 (Übergangsmetall)
Innerhalb einer Gruppe steigt die Zahl der Elektronenschalen von Element zu Element um eins an. Damit wächst gleichfalls der Atomdurchmesser. Die Periodennummer entspricht der BOHR'schen Schalennummer der äußersten Elektronen im Atom.

Periode

Periodennummer = äußerste Elektronenschale = Hauptquantenzahl (1 bis 7)
Elektronen haben Teilchen- und Welleneigenschaften (Dualismus von Welle und Teilchen). Sie sind mit etwa 90%iger Wahrscheinlichkeit innerhalb eines Aufenthaltsraumes, dem Orbital, zu finden.

Orbitale
(Elektronenwolken)

Jedes Elektron im Atom hat eine andere Energie und kann durch vier **Quantenzahlen** eindeutig beschrieben werden.

Quanten-zahl	Formel-zeichen	Wert	Spektro-skopisches Symbol	Bedeutung
Haupt-	n	1, 2, 3,..., 7	K, L, M, N, O, P, Q	Schalennummer
Neben-	l	0, 1, 2,...,n–1	s, p, d, f	Orbitalform　　　Elektronen s: Kugel　　　　2 p: Hantel　　　$3 \times 2 = 6$ d: Rosette　　　$5 \times 2 = 10$ f: kompliziert　$7 \times 2 = 14$
Magnet-	m	0, ±1, ±2,...,±l		räumliche Lage des Orbitals im äußeren Magnetfeld, z. B. p_x, p_y, p_z
Spin-	s	± ½		Eigendrehsinn des Elektrons: ↑ oder ↓

Elektronenkonfiguration

Jedes hinzu kommende Elektron besetzt ein möglichst niedriges Energieniveau, damit das Atom eine geringe Gesamtenergie erreicht. Nach dem Gesetz der größten Multiplizität (**HUND-Regel**) werden *p*-, *d*- und *f*-Orbitale zuerst einfach besetzt. Ein Orbital kann maximal zwei Elektronen aufnehmen, die sich durch den Spin unterscheiden müssen (**PAULI-Prinzip**). Die Elektronenkonfiguration wird durch Abzählen Element für Element aus dem Periodensystem abgelesen. Man beginnt beim Edelgas, das vor dem interessierenden Element steht.

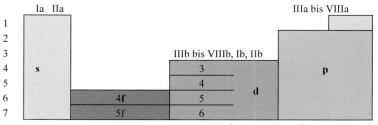

Beispiel: Iridium hat gemäß Abzählen [Xe] $6s^2$ $(5d^1)$ $4f^{14}$ $5d^8$. Man sortiert abschließend nach aufsteigender Hauptquantenzahl: [Xe] $4f^{14}$ $5d^8$ $6s^2$.

	4f							5d					6s
[Xe]	↑↓	↑↓	↑↓	↑↓	↑↓	↑↓	↑↓	↑↓	↑↓	↑↓	↑	↑	↑↓

Spezielle Elektronenkonfiguration	Halb und vollbesetzte *d*-Schalen sind energetisch bevorzugt. An Stelle $d^4 s^2$ tritt $d^5 s^1$ (bei Cr, Mo). An Stelle $d^9 s^2$ tritt $d^{10} s^1$ (bei Cu, Ag, Au).

Metallcharakter: Säure- und Basenbildner

Metalle stehen im PSE *links*, geben die der Gruppennummer entsprechende Zahl von Valenzelektronen ab und bilden Kationen: $M \rightarrow M^{z+} + z\,e^-$. Metalle bilden mit Wasser **Basen** (Hydroxide); bei den Übergangsmetallen gibt es Ausnahmen. Caesium ist das reaktivste Metall. **Halbmetalle** zeigen eine geringe elektrische Leitfähigkeit (B, Si, Ge, As, Sb, Se, Te).

Nichtmetalle stehen im PSE *rechts*, nehmen Valenzelektronen auf und bilden Anionen: $X + z\,e^- \rightarrow X^{z-}$. Fluor ist das reaktivste Nichtmetall. Die Edelgase sind extrem reaktionsträge. Nichtmetalle bilden mit Wasser **Säuren**. Elemente heißen **amphoter**, wenn sie mit Wasser weder eindeutig Säuren noch Hydroxide bilden.

Wertigkeit (Oxidationsstufe)

Metallionen	in Salzen: positive Oxidationszahl (Gruppennummer). Übergangsmetalle bevorzugen +II statt großer Zahlen.
Nichtmetalle	in Säuren und Oxiden: positiv (Gruppennummer)
Sauerstoff	in Oxid: –II, in Peroxid –I; Hydroxid zählt –I
Wasserstoff	in Metallhydrid –I, in Molekülen +I
Kohlenstoff:	in Metallcarbiden und Methan –IV. Alkylreste zählen null.

+1	+2	← Wertigkeit gegenüber Sauerstoff →										+3	+4	+5	+6	+7	0
Na₂O, NaOH	CaO, Ca(OH)₂	Übergangsmetalle										Al(OH)₃, H₃BO₃	H₂CO₃	HNO₃	H₂SO₄	HClO₄	
		+3	+4	+5	+6	+7	+2			+2	+2	–4	–3	–2	–1		
		Sc	Ti	V	Cr	Mn	Fe	Co	Ni	Cu	Zn	SiC	Li₃N	H₂S	HCl		
					+3	+2	+3			+1							

Magnetismus

Elemente mit ungerader Valenzelektronenzahl sind **paramagnetisch**, d. h. im äußeren Feld magnetisierbar (Alkalimetalle, Seltenerdmetalle, Übergangsmetalle). Eisen, Cobalt und Nickel sind **ferromagnetisch**, d. h. für Dauermagnete geeignet. Vollbesetzte *d*-Orbitale führen zum **Diamagnetismus**, z. B. bei Kupfer, Silber, Zink.

Ionisierungsenergie

Der Energieaufwand, um Elektronen aus dem Atom zu entfernen. Die inneren Schalen schirmen die Kernladung ab; Valenzelektronen sind lose gebunden, kernnahe Elektronen fest.

Elektronegativität (EN)

Die Neigung der Elemente, Elektronen an sich zu ziehen, steigt vom Cäsium (Metall) zum Fluor (Nichtmetall) hin.

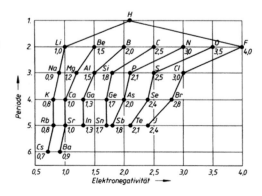

3.3 Metalle

Element	Sym-bol	Z	Gitter	Gitter-konstante (pm)	Atom- und Ionenradius (pm)	Dichte bei 20 °C (g cm^{-3})	Schmelz-punkt (°C)	Leitfähigkeit elektr. (MS m^{-1})	thermisch (WK^{-1}m^{-1})	Wärme-aus-dehnung 10^{-6}	E-Modul (GPa)
Leichtmetalle (nach Dichte geordnet)											
Magnesium	Mg	12	hdP	320/1,62	160/78 (2)	1,74	650	22,4	156	25,8	44
Beryllium	Be	4	hdP	229/1,57	113/34 (2)	1,85	1280	23,8	204	11	293
Aluminium	Al	13	kfz	404	143/57 (3)	2,7	(660,32)	37,7	236	23,9	72
Titan	Siehe unter „höchstschmelzende Metalle"					4,51					
Niedrigschmelzende Schwermetalle											
Gallium	Ga	31	rhomb. 452		122/62 (3)	5,90	30	7,3	—	—	—
Indium	In	49	tetr	325/1,52	163/92 (3)	7,30	156	12,2	82	33	—
Zinn	Sn	50	diam tetr	<13°C	141/74 (4)	7,28	(231,98)	9,9	66	26,7	55
Wismut	Bi	83	hex	455/2,61	155/96 (3)	9,80	271	0,93	8	13,4	34
Cadmium	Cd	48	hdP	298/1,88	149/114 (2)	8,64	321	14	95	29,7	63
Blei	Pb	82	kfz	495	175/132 (2)	11,35	327	5,2	35	29,2	16
Zink	Zn	30	hdP	266/1,86	133/83 (2)	7,13	(429,53)	18	112	21,1	9
Antimon	Sb	51	hex	431/2,61	145/89 (3)	6,69	630	3	24	10,9	56
Hochschmelzende Metalle											
Germanium	Ge	32	kfz	566	123/53 (4)	5,32	936	0,0221	63	—	—
Kupfer	Cu	29	kfz	361	128/72 (2)	8,93	(1084,6)	64	398	16,5	125
Mangan	Mn	25	kub	376	112/91 (2)	7,44	1245	–	7,8	22,8	201
Nickel	Ni	28	kfz	352	124/78 (2)	8,91	1450	16,3	85	13,0	215
Cobalt >417°C	Co	27	hdP kfz	250/1,62 355	153/82 (2)	8,89	1490	13,8	101	18,1	213
Eisen >912°C	Fe	26	krz kfz	287 365	124/67 (3) 127	7,85	1535	12	75	11,9	215
Höchstschmelzende Metalle											
Titan >882°C	Ti	22	hdP krz	295/1,59 332	148/61 (4)	4,51	1668	2,3	22	9,0	105
Zirconium >852°C	Zr	40	tetr. krz	323/1,59 361	162/87 (4)	6,53	1855	2,5	22,7	6,3	90
Vanadium	V	23	krz	302	131/59 (5)	5,96	1900	5	30,7	n.b.	150
Chrom	Cr	24	krz	288	150/64 (3)	7,19	1860	6,6	94	8,4	190
Niob	Nb	41	krz	329	142/69 (5)	8,58	2470	—	54	7,4	160
Molybdän	Mo	42	krz	315	136/62 (6)	10,22	2620	20	135	5,2	330
Tantal	Ta	73	krz	330	143/64 (5)	16,68	3000	8	56	6,5	188
Wolfram	W	74	krz	317	137/62 (6)	19,26	3400	20	173	4,5	400
Edelmetalle											
Quecksilber	Hg	80	—		160/112 (2)	13,55	(–38,83)	1	—	9,5	—
Silber	Ag	47	kfz	409	145/113 (1)	10,5	(961,78)	66	428	19,7	81
Gold	Au	79	kfz	408	144/137 (1)	19,32	(1064,18)	49	318	14,2	79
Palladium	Pd	46	kfz	n.b.	138/86 (2)	12,02	1550	10,2	72	11,8	—
Platin	Pt	78	kfz	392	139/85 (2)	21,45	1770	10	72	9,1	173
Rhodium	Rh	45	kfz	379	134/75 (3)	12,41	1970	23	150	8	280
Hafnium	Hf	72	hdP	n.b.	156/84 (4)	13,31	2230	3,8	—	—	—
Ruthenium	Ru	44	hdP	n.b.	134/77 (3)	12,40	2310	15	117	10	—
Iridium	Ir	77	kfz	384	136/66 (4)	22,65	2450	21	147	6,5	530
Osmium	Os	76	hdP	273/1,58	135/67 (4)	22,61	3040	11	88	7	570
Rhenium	Re	75	kfz	380	137/72 (4)	21,03	3180	—	—	—	—

1) Gitterkonstante: Bei hexagonalen (hex) und tetragonalen (tetr) Metallen ist das Verhältnis der senkrechten Längen c/a angegeben.
2) Elektrische Leitfähigkeit: bei 0 °C = 273 K   3) Wärmeausdehnung: 0…100 °C
4) Schmelzpunkt: IST-90 (Internationale Temperatur Skala) in Klammern

3.4 Chemische Bindung

Ionenbindung	Atombindung		Metallbindung
heteropolare Bindung, elektrovalente Bindung	Elektronenpaarbindung, kovalente Bindung, homöopolare Bindung		
Metall (elektropositiv) + *Nichtmetall* (elektronegativ)	*Nichtmetall + Nichtmetall* (elektroneutral)		*Metallatome* (elektropositiv)
Bildung von **Ionen**. Durch Elektronenabgabe erreicht das Metall, durch Elektronenaufnahme das Nichtmetall die stabile Edelgasschale (*Oktettregel*). $Na\cdot\ +\ \cdot\overline{\underline{Cl}}\| \rightarrow Na^+ + \|\overline{\underline{Cl}}\|^-$ $\phantom{Na\cdot\ +\ \cdot\overline{Cl}}$ Kation Anion Elektrostatische COULOMB-Kräfte zwischen Anionen und Kationen	Gemeinsame **Elektronenpaare** (= bindende Molekülorbitale), die bei der polaren Atombindung zum elektronegativeren Atom hin verschoben sind. Unpolar: $H\cdot\ +\ \cdot H \rightarrow H\text{–}H$ Polar: $H\cdot\ +\ \cdot\overline{\underline{Cl}}\| \rightarrow H\triangleleft\overline{\underline{Cl}}\|$ Gerichtete quantenmechanische Austauschkräfte (Valenzkräfte)		**Elektronengas** (freie Valenzelektronen) und positiv geladene **Atomrümpfe** (ionisierte Metallatome) $M\ \rightarrow M^{z+} + z\,e^-$ ungerichtete COULOMB-Kräfte zwischen Elektronengas und Atomrümpfen
Unterschied der Elektronegativität: $\Delta EN > 1{,}7$	$\Delta EN < 0{,}4$: symmetrische Atombindung $\Delta EN \leq 1{,}7$: polare Atombindung		
Ionenkristalle (Salze)	Moleküle	Atomgitter (Valenzkristalle)	Metallgitter
▪ salzartig	▪ flüchtig oder ▪ makromolekular	▪ diamantartig oder ▪ glasartig	▪ metallisch
Plastische Verformbarkeit: schlecht, spröde	schlecht, Thermoplaste gut	schlecht, spröde	sehr gut, duktil
Schmelz- und Siedepunkte: hoch	niedrig	sehr hoch	hoch
Elektrische Leitfähigkeit: *Elektrolyte* = Ionenleiter in Schmelze und Lösung	*Isolatoren* = Nichtleiter (Grafit ist ein Elektronenleiter)		sehr gute *Elektronenleiter*
Optische Eigenschaften:	durchsichtig	durchsichtig	undurchsichtig,
Beispiele mit Gitterenergie in kJ/mol			
NaCl (780), LiF (1039), CaO, NaOH, Oxid- und Silicatkeramik	CO_2, H_2, Br_2, CH_4, Benzol, Stärke, Kunststoffe	Diamant (718), SiC (1185), BN, Si, Ge, Quarz, Hartstoffe	Na (109), Fe (402), W (879), Halbmetalle, Legierungen

Oktettregel: Jedes Atom strebt die stabile Edelgasschale an, indem es Elektronen aufnimmt (elektronegatives Element: Nichtmetall) oder abgibt (elektropositives Element: Metall).

Metallatome sind elektropositiv; sie geben Elektronen ab und bilden Kationen (positive Ionen). **Nichtmetallatome** sind elektronegativ, nehmen Elektronen auf und bilden Anionen (negative Ionen).

Mischtypen: Kunststoffe, Gläser, Legierungen und Keramiken bilden Mischtypen der chemischen Bindung, etwa Atombindungen mit einem ionischen Anteil. Ursächlich sind die unterschiedlichen Atom- und Ionenradien, Wertigkeiten und Elektronegativitäten der Elemente.

Chemie **3**

Nebenvalenzbindungen (zwischenmolekulare Kräfte):

1. **Wasserstoffbrückenbindungen** zwischen polaren Molekülen mit H-Atomen: HOH$\cdots$OH$_2$
2. VAN-DER-WAALS-**Kräfte** zwischen Kohlenwasserstoffresten und Edelgasatomen: R$\cdots$ R, Ar$\cdots$ Ar

Benennung anorganischer Verbindungen

1.	Nichtmetall	+ Nichtmetall	$\rightarrow$ Molekül	+ Endung **-id**
2.	Metall- oder Komplexkation	+ Nichtmetallanion	$\rightarrow$ Salz	+ Endung **-id**
3.	Metall- oder Komplexkation	+ Komplexanion (Säurerest)	$\rightarrow$ Salz	+ Endung **-at**
4.	Metall- oder Komplexkation	+ Säurerest der igen-Säure	$\rightarrow$ Salz	+ Endung **-it**

Die Vorsilbe *hydrogen* steht, wenn die Säure nicht alle H-Atome abgibt.

Die Vorsilbe *per* zeigt ein zusätzliches Sauerstoffatom in einer O–O-Bindung an.

Die Vorsilbe *di* bedeutet das Doppelte eines Säurerestes minus ein Sauerstoffatom.

Wertigkeit	-id	-hypo...it	-it	-at	-di...it	-di...at	-per...at
	Elementverbindung: Salz oder Molekül	Salz aus Basenkation und Säurerestanion			Salz einer Di...säure		Salz der Persäure
		-it minus O	-at minus O	Hauptsäure-Rest	Säurerest mal 2 minus O-Atom		-at plus O
–I	hydrid H^- fluorid F^- chlorid Cl^- bromid Br^- iodid I^- cyanid CN^- cyanat CN^- thiocyanat SCN^-	hypo-chlorit ClO^-	chlorit ClO_2^-	chlorat ClO_3^- bromat BrO_3^- iodat IO_3^-			perchlorat ClO_4^-
–II	oxid O^{2-} hydroxid OH^- sulfid S^{2-} hydrogen-sulfid HS^- disulfid S_2^{2-} selenid Se^{2-}		sulfit SO_3^{2-}	sulfat SO_4^{2-} hydrogen-sulfat HSO_4^- thiosulfat $S_2O_3^{2-}$	disulfit $S_2O_5^{2-}$	disulfat $S_2O_7^{2-}$	peroxid O_2^{2-} peroxo-disulfat $S_2O_8^{2-}$
–III	nitrid N^{3-} phosphid P^{3-} borid B^{3-}		nitrit NO_2^- phosphit PO_3^{3-} phos-phonat HPO_3^{2-}	nitrat NO_3^- phosphat PO_4^{3-} meta-borat BO_2^-		diphos-phat $P_4O_7^{4-}$	
–IV	carbid C^{4-} acetylid C_2^{2-} silicid Si^{4+}			carbonat CO_3^{2-} hydrogen-carbonat HCO_3^-			

Beim Aufstellen von Summenformeln vertauscht man einfach die Wertigkeiten der Bindungspartner.

Beispiele:

1.	Natriumsulfid:	Na$^+$ einwertig (Metall in Gruppe Ia) und Schwefel zweiwertig (Nichtmetall) ergibt:	Na$_2$S
2.	Kaliumsulfat:	K$^+$ einwertig und zweiwertiger Säurerest von H$_2$SO$_4$ ergibt:	K$_2$SO$_4$
3.	Ammoniumchlorat:	einwertiges Kation NH$_4^+$ und einwertiger Säurerest von HClO$_4$ ergibt:	NH$_4$ClO$_4$
4.	Calciumdiphosphat:	zweiwertiges Kation Ca^{2+} und vierwertiger Säurerest von H$_4$P$_2$O$_7$ ergibt:	Ca$_2$P$_4$O$_7$

Strukturformeln nach LEWIS

Die **Bindigkeit** bedeutet die Zahl der von einem Atom ausgehenden Atombindungen in einem Molekül. Die Bindigkeit bestimmt die Bindungsordnung, d. h. ob Einfach- oder Mehrfachbindungen vorliegen.
Man zähle bei jedem Atom vier Striche ab (einschließlich der freien Elektronenpaare). Stoffklassen siehe: Organische Chemie

	$-\overset{\mid}{\underset{\mid}{C}}-$	$-\overset{-}{\underset{\mid}{N}}-$	$-\overline{\underline{O}}-$	$-\overline{\underline{Cl}}|$
Bindigkeit	4	3	2	1
freie Elektronenpaare	0	1	2	3
Beispiele für Moleküle – Einfachbindung – Doppelbindung – Dreifachbindung	CH_4 $H_2C=CH_2$ $H-C\equiv C-H$	$\underline{N}H_3$, $CH_3\underline{N}H_2$ $H_2C=\underline{N}-OH$ $|N\equiv N|$, $H-C\equiv N|$	H_2O, CH_3-O-CH_3	$H-Cl$, $Cl-Cl$
Molekülkationen	Carbokation $CH_3CH_2{}^+$	Ammonium $NH_4{}^+$	Hydronium H_3O^+	
Molekülanionen	Carbanion $CH_3\underline{C}H_2{}^-$	Amid $NH_2{}^-$	Hydroxid OH^-	

Koordinationsverbindungen

Koordinations- oder Komplexverbindungen bestehen aus:
1. *Zentralatom*: Metall, Halbmetall, selten Nichtmetall; mit Elektronendefizit (sog. LEWIS-Säure).
2. *Liganden*: durch Atombindung mit dem Zentralatom verknüpfte Atome oder Atomgruppierungen mit freien Elektronenpaaren (LEWIS -Basen). Die *Koordinationszahl* gibt die Anzahl der Liganden um das Zentralatom an und bestimmt die Struktur des Komplexions (4 = Tetraeder, 6 = Oktaeder).
Komplexanionen und -kationen werden in eckige Klammern gesetzt. Sie bilden mit unterschiedlichen Gegenionen stabile Salze.

	Komplexkation				Komplexanion			
Benennung	Zahlwort-Liganden-Zentralatom- Oxidationsstufe Deutscher Name des Zentralatoms.				Zahlwort-Liganden-Zentralatom-**at**- Oxidationsstufe Lateinischer Name des Zentralatoms.			
Zahlworte	Ligand	1	2	3	4	5	6	7	8
	einfach	mono	di	tri	tetra	penta	hexa	hepta	octa
	kompliziert	–	bis	tris	tetrakis	pentakis	hexakis	heptakis	octakis
Beispiele	$[Cu(NH_3)_4]^{2+}$ Tetraamminkupfer(II)-ion $[Cr(H_2O)_6]Cl_3$ Hexaaquachrom(III)-trichlorid				$K_3[AlF_6]$ Kaliumhexafluoridoaluminat(III) $Na_2[PtCl_6]$ Natriumhexachloridoplatinat(IV)			
	Anionische Liganden				Neutrale Liganden			
Beispiele	H^- hydrido Cl^- chlorido F^- fluorido	OH^- hydroxido O^{2-} oxido $NO_2{}^-$ nitrito CN^- cyanido			H_2O aqua NH_3 ammin **en** ethylendiammin $NH_2CH_2CH_2NH_2$		CO carbonyl NO nitrosyl	

Die Summe der **Oxidationszahleen** (Wertigkeiten) aller Atome ergibt die Ladung des Teilchens.
Beispiel: $[PtCl_6]^{2-}$: Aus Pt + 6 Cl = –2 oder Pt + 6· (–1) = –2 folgt Pt = +4.

Chelate sind Komplexe mit mehrzähnigen Liganden, d. h. Liganden mit mehreren Bindungsstellen.

3.5 Gewerbliche Bezeichnung von Chemikalien

Trivialname (veralteter Name)	systematischer Name	chemische Formel
„Äther"	Diethylether	$(C_2H_5)_2O$
„Ätzkali"	Kaliumhydroxid	KOH
„Ätznatron"	Natriumhydroxid	NaOH
Alaun	Kaliumaluminium-sulfat	$KAl(SO_4)_2 \cdot 12H_2O$
Alkohol	Ethanol	C_2H_5OH
„Antichlor"	Natriumthiosulfat	$Na_2S_2O_3 \cdot 5H_2O$
Aceton	Propanon	$CH_3{-}CO{-}CH_3$
Acetylen	Ethin	$HC{\equiv}CH$ oder C_2H_2
Blausäure	Cyanwasserstoff	HCN
„Bleiglätte"	Bleioxid	PbO
„Bleiweiß"	bas. Bleicarbonat	$2\,PbCO_3 \cdot Pb(OH)_2$
„Bleizucker"	Bleiacetat	$Pb(C_2H_2O_3)_2 \cdot 3\,H_2O$
Blutlaugensalz,	Kaliumhexacyano-	
, – gelbes	ferrat(II)	$K_4[Fe(CN)_6] \cdot 3\,H_2O$
, – rotes	ferrat(III)	$K_3[Fe(CN)_6]$
Borax	Natriumtetraborat	$Na_2B_4O_7 \cdot 10\,H_2O$
Braunstein	Mangandioxid	MnO_2
„Chilesalpeter"	Natriumnitrat	$NaNO_3$
Chlorkalk	Calciumchlorid-hypochlorit	$CaCl(OCl)$
„Chromsäure"	Chrom(VI)-oxid	CrO_3
„Chromkali", gelb	Kaliumchromat	K_2CrO_4
„Chromkali", rot	Kaliumdichromat	$K_2Cr_2O_7$
destilliertes Wasser	destilliertes Wasser	H_2O
„salzsaures Eisenoxid"	Eisen(III)-chlorid	$FeCl_3 \cdot 6\,H_2O$
Eisenrost	Eisen(III)-oxid-Hydrat	$Fe_2O_3 \cdot x\,H_2O$
„Eisenvitriol"	Eisen(II)-sulfat	$FeSO_4 \cdot 7\,H_2O$
Essigsäure	Ethansäure	CH_3COOH
Fixiersalz	Natriumthiosulfat	$Na_2S_2O_3 \cdot 5\,H_2O$
Flusssäure	Fluorwasserstoff	HF
Gips	Calciumsulfat	$CaSO_4 \cdot 2\,H_2O$
„Glaubersalz"	Natriumsulfat	$Na_2SO_4 \cdot 10\,H_2O$
Glycerin	Propan-1,2,3-triol	$C_3H_5(OH)_3$
Graphit	Graphit	C
Grünspan	bas. Kupferacetat	$Cu(C_2H_3O_2)_2 \cdot Cu(OH)_2 \cdot 5\,H_2O$
„Höllenstein"	Silbernitrat	$AgNO_3$
Kalilauge, „kaustisches Kali"	Kaliumhydroxid	KOH
„Kalisalpeter"	Kaliumnitrat	KNO_3
Kalk, gebrannt	Calciumoxid	CaO
Kalk, gelöscht	Calciumhydroxid	$Ca(OH)_2$
Kalkstein		$CaCO_3$
„Karbid"	Calciumcarbid	CaC_2
„kaustische Pott-aschenlauge"	Kaliumhydroxid	KOH
„kaustische Soda"	Natriumhydroxid	NaOH

Trivialname (veralteter Name)	systematischer Name	chemische Formel
Kieselsäure, Quarz	Siliciumdioxid	$SiO_2 \cdot x\,H_2O$
Kochsalz, Steinsalz	Natriumchlorid	NaCl
„Kohlensäure"	Kohlendioxid	CO_2
Korund	Aluminiumoxid	Al_2O_3
Kreide	Calciumcarbonat	$CaCO_3$
Kupferoxid, salzsaures	Kupfer(II)-chlorid	$CuCl_2 \cdot 2\,H_2O$
„Kupfervitriol"	Kupfersulfat	$CuSO_4 \cdot 5\,H_2O$
Lötwasser	Zinkchlorid-Lösung	$ZnCl_2$
„Manganoxydul, salzsauer"	Mangan(II)-chlorid	$MnCl_2 \cdot 4\,H_2O$
Marmor	Calciumcarbonat	$CaCO_3$
Mennige	Blei(II,IV)-oxid	Pb_3O_4
Methylalkohol	Methanol	CH_3OH
Natron	Natriumhydrogen-carbonat	$NaHCO_3$
Natronlauge	Natriumhydroxid-Lösung	NaOH
Natronsalpeter		$NaNO_3$
„Polierrot"	Natriumnitrat	Fe_2O_3
Pottasche	Eisen(III)-oxid Kaliumcarbonat	K_2CO_3
„Salmiak"	Ammoniumchlorid	NH_4Cl
„Salmiakgeist"	Ammoniak-Lösung	NH_3
Salzsäure	Chlorwasserstoff-säure	HCl
„Scheidewasser"	Salpetersäure	HNO_2
Schwefelsäure	Schwefelsäure	H_2SO_4
Siliziumkarbid	Siliciumcarbid	SiC
Soda	Natriumcarbonat	$Na_2CO_3 \cdot 10\,H_2O$
Tetrachlorkohlen-stoff, „Tetra",	Tetrachlormethan	CCl_4
Tetralin	Tetrahydro-naphthalin	$C_{10}H_{12}$
Trichlorethylen, „Tri"	Trichlorethen	$Cl{-}CH{=}CCl_2$
„übermangansaures Kali"	Kaliumpermanganat	$KMnO_4$
„Vitriol, blauer"	Kupfersulfat	$CuSO_4 \cdot 5\,H_2O$
„Vitriol, grüner"	Eisen(II)-sulfat	$FeSO_4 \cdot 7\,H_2O$
Wasserglas, Natron-	Natriumsilicat	Na_2SiO_2
Kali-	Kaliumsilicat	K_2SiO_3
„Wasserstoff-superoxyd"	Wasserstoff-peroxid	H_2O_2
„Zink, salzsaures"	Zinkchlorid	$ZnCl_2$
Zinkchlorid	Zinkchlorid	$ZnCl_2 \cdot 3\,H_2O$
„Zinkweiß"	Zinkoxid	ZnO
Zinnchlorid	Zinn(IV)-chlorid	$SnCl_4$
„Zinnsalz, Chlorzinn"	Zinn(II)-chlorid	$SnCl_2$
„Zyankali"	Kaliumcyanid	KCN

3.6 Konzentrationsangaben für Lösungen und Gemische

	Gelöster Stoff i in Lösung (L)	Ideales Gas	Einheiten
1. Stoffmenge, molare Masse, molares Volumen	$n_i = \dfrac{m_i}{M_i}$	(i Komponente)	mol
	$M_i = \dfrac{m_i}{n_i}$	$\overline{M} = \sum x_i\, M_i$	$\dfrac{\text{g}}{\text{mol}} = \dfrac{\text{kg}}{\text{kmol}}$
		$V_{\text{m},i} = \dfrac{V_i}{n_i} = \dfrac{M_i}{\varrho_i}$	$\dfrac{\text{L}}{\text{mol}} = \dfrac{\text{m}^3}{\text{kmol}}$
2. molare Konzentration	$c_i = \dfrac{n_i}{V_{\text{L}}} = \dfrac{\beta_i}{M_i} = \dfrac{\overline{\varrho}\, b_i}{1 + M_i b} = \dfrac{x_i\, \overline{\varrho}}{\sum x_i M_i}$		$\dfrac{\text{mol}}{\text{L}} = \dfrac{\text{kmol}}{\text{m}^3}$
Molalität (Lm = Lösemittel)	$b_i = \dfrac{n_i}{m_{\text{Lm}}} = \dfrac{c_i}{\overline{\varrho} - M_i c_i}$		$\dfrac{\text{mol}}{\text{kg}}$
Massenkonzentration	$\beta_i = \dfrac{m_i}{V_{\text{L}}} = c_i M_i = \overline{\varrho}\, w_i$	$\beta_i = x_i\, \varrho_i$	$\dfrac{\text{g}}{\text{L}} = \dfrac{\text{kg}}{\text{m}^3} = \dfrac{\text{mg}}{\text{cm}^3}$
3. Dichte der Mischphase	$\overline{\varrho} = \dfrac{m}{V}$	$\overline{\varrho} = \dfrac{\overline{M}}{V_{\text{m}}}$	$\dfrac{\text{g}}{\text{L}} = \dfrac{\text{kg}}{\text{m}^3} = \dfrac{\text{mg}}{\text{cm}^3}$
Volumenkonzentration	$\sigma_i = \dfrac{V_i}{V_{\text{L}}} = \dfrac{\beta_i}{\varrho_i}$ Ideal: $\sigma_i = \varphi_i$	$\overline{\varrho} = \sum \beta_i$	$\dfrac{\text{L}}{\text{L}} = \dfrac{\text{m}^3}{\text{m}^3}$
Teilchenzahlkonzentration	$C_i = \dfrac{N_i}{V_{\text{L}}}$		m^{-3}
4. Stoffmengenanteil (Molenbruch)	$x_i = \dfrac{n_i}{\sum n_i} = \dfrac{c_i}{c_{\text{L}}} = \dfrac{w_i / M_i}{\sum \dfrac{w_i}{M_i}}$	$x_i \approx \varphi_i$	$\dfrac{\text{mol}}{\text{mol}} = 1 = 100\,\%$
Massenanteil	$w_i = \dfrac{m_i}{m_{\text{ges}}} = \dfrac{\beta_i}{\overline{\varrho}} = \dfrac{x_i M_i}{\sum x_i M_i}$	$w_i = \dfrac{\varphi_i\, \varrho_i}{\overline{\varrho}} = \dfrac{c_i M_i}{\overline{\varrho}}$	$\dfrac{\text{kg}}{\text{kg}} = 1 = 100\,\%$
Volumenanteil	$\varphi_i = \dfrac{V_i}{V_{\text{L,0}}}$		$\dfrac{\text{m}^3}{\text{m}^3} = 1 = 100\,\%$
Teilchenzahlanteil	$X_i = \dfrac{N_i}{N_{\text{ges}}} = \dfrac{x_i}{\text{mol}}$		$1 = 100\%$
5. Stoffmengenverhältnis (k Lösemittel)	$r_{ik} = \dfrac{n_i}{n_k} = \dfrac{x_i}{1 - x_i}$		$\dfrac{\text{mol}}{\text{mol}} = 1 = 100\,\%$
Massenverhältnis (Massenbeladung)	$\xi_{ik} = \dfrac{m_i}{m_k} = \dfrac{w_i}{1 - w_i}$		$\dfrac{\text{kg}}{\text{kg}} = 1 = 100\,\%$
Volumenverhältnis	$\psi_{ik} = \dfrac{V_i}{V_k}$		$\dfrac{\text{m}^3}{\text{m}^3} = 1 = 100\,\%$
Teilchenzahlverhältnis	$R_{ik} = \dfrac{N_i}{N_k}$		$1 = 100\,\%$

Die Zahlenwerte von x und X sind gleich, ebenso r_{ij} und R_{ik}. Die Konzentration σ berücksichtigt eine Volumenänderung beim Mischen, der Volumenanteil φ nicht! $\overline{\varrho}$ ist die Dichte der Mischung, ϱ die Dichte des gelösten Stoffes.

Chemie 3

3.7 Säuren und Basen

Definitionen

Säure	Base
Protonendonator: gibt H$^+$ ab, bildet in wässriger Lösung Hydroniumionen H$_3$O$^+$	*Protonenakzeptor:* nimmt H$^+$ auf, bildet in wässriger Lösung Hydroxid-ionen OH$^-$
Elektronenakzeptor: Teilchen mit einem Elektronenmangel (LEWIS-Säure)	*Elektronendonator:* Teilchen mit einem freien Elektronenpaar (LEWIS-Base)
Beispiele: HCl, H$_2$SO$_4$, CH$_3$COOH	*Beispiele:* NaOH, Ca(OH)$_2$; NH$_3$

Säure-Base-Reaktionen

1. Säure   + Base (Metalloxid)   →   Salz   + Wasser
   HCl   + NaOH   →   NaCl   + H$_2$O
   H$_2$SO$_4$ + Ca(OH)$_2$ →   CaSO$_4$ + 2 H$_2$O
   H$_2$SO$_4$ + CuO   →   CuSO$_4$ + H$_2$O

2. Die stärkere Säure (Base) drängt die schwächere aus den Salzen:
   HCl   + CaCO$_3$ →   H$_2$CO$_3$ (CO$_2$ + H$_2$O) + CaCl$_2$
   NH$_4$Cl + NaOH   →   „NH$_4$OH" (NH$_3$ + H$_2$O) + NaCl

3. Aus Säureanhydrid (Nichtmetalloxid) und Wasser entsteht Säure.
   SO$_3$ + H$_2$O   →   H$_2$SO$_4$

4. Unedle Metalle setzen Wasserstoffgas frei.
   2 HCl   + Zn   →   ZnCl$_2$ + H$_2$
   NaOH   + Al + 3 H$_2$O   →   Na[Al(OH)$_4$] + $^3/_2$ H$_2$

Benennung anorganischer Säuren

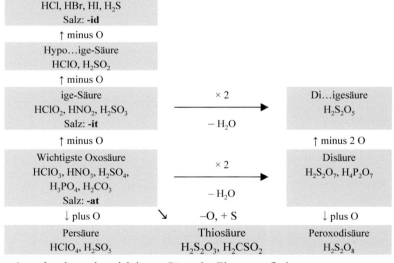

Ausgehend von der wichtigsten Säure des Elementes findet man:
a) die **ige-Säure** durch Streichung eines Sauerstoffatoms aus der Formel; die **Hypo...ige Säure** durch Streichen von zwei O-Atomen.
b) die **Persäure** durch Hinzufügen eines O.-Atoms.
c) die **Disäure** durch Verdoppeln der Formel minus Wasser.
d) die **Thiosäure** durch Ersatz eines O-Atoms durch Schwefel.
Einprotonige („einwertige") Säuren dissoziieren ein Proton, mehrprotonige („mehrwertige") Säuren mehrere Protonen ab. Die Säurerestanionen der Zwischenstufen tragen die Vorsilbe **Hydrogen-**.

Halogenwasserstoffsäuren

HCl	Chlorwasserstoffsäure, Salzsäure
HClO	Hypochlorige Säure, Chlor(I)-säure
HClO$_2$	Chlorige Säure, Chlor(III)-säure
HClO$_3$	Chlorsäure, Chlor(V)-säure
HClO$_4$	Perchlorsäure, Chlor(VII)-säure
HBrO...HBrO$_4$	Hypobromige Säure … Perbromsäure
HBr	Bromwasserstoffsäure
HIO...HIO$_4$	Hypoiodige Säure … Periodsäure
H$_5$IO$_6$	Orthoperiodsäure, IO(OH)$_5$
HI	Iodwasserstoffsäure
HF	Fluorwasserstoffsäure, Flusssäure

Stickstoffsäuren

HN$_3$	Stickstoffwasserstoffsäure
H$_3$NO	Hydroxylamin, NH$_2$OH
HNO	Hyposalpetrige Säure, Stickstoff(I)-säure
(HNO)$_2$	Hypodisalpetrige Säure
H$_2$N$_2$O$_3$	Oxyhyposalpetrige S., Stickstoff(II)-säure
HNO$_2$	Salpetrige Säure, Stickstoff(III)-säure
HNO$_3$	Salpetersäure, Stickstoff(V)-säure
HNO$_4$	Peroxosalpetersäure, Peroxostickstoff(V)-s.

Siliciumwasserstoffsäuren

H$_2$[SiF$_6$]	Hexafluorokieselsäure
H$_4$SiO$_4$	Orthokieselsäure
H$_6$Si$_2$O$_7$	Orthodikieselsäure
H$_2$SiO$_3$	Metakieselsäure
H$_{2n+2}$Si$_n$O$_{3n+1}$	Polykieselsäure

Schwefelsäuren

H$_2$S	Schwefelwasserstoff
H$_2$SO$_2$	Sulfoxylsäure, Schwefel(II)-, *Hyposchweflige S.*
H$_2$S$_2$O$_3$	Thioschwefelsäure, Dischwefel(II)-säure
H$_2$S$_2$O$_4$	Dithionige Säure, Dischwefel(III)-säure
H$_2$SO$_3$	Schweflige Säure, Schwefel(IV)-säure
H$_2$S$_2$O$_5$	Dischweflige Säure, Dischwefel(IV)-säure
H$_2$S$_2$O$_6$	Dithionsäure, Dischwefel(V)-säure
H$_2$SO$_4$	Schwefelsäure, Schwefel(VI)-säure
H$_2$S$_2$O$_7$	Dischwefelsäure, Dischwefel(VI)-säure
H$_2$S$_2$O$_8$	Peroxodischwefelsäure
H$_2$SO$_5$	Peroxoschwefelsäure

Phosphorsäuren

H$_3$PO$_2$	Phosphinsäure, Phosphor(I)-, *Hypophosphorige S.*
H$_3$PO$_3$	Phosphonsäure, Phosphor(III)-, *Phosphorige S.*
H$_3$PO$_4$	Phosphorsäure, Phosphor(V)-säure
H$_3$PO$_5$	Peroxophosphor-(V)-säure
H$_4$P$_2$O$_4$	Hypodiphosphonsäure, Diphosphor(II)-säure
H$_4$P$_2$O$_5$	Diphosphonsäure, Diphosphor(III)-, *Diphosphorige S.*
H$_4$P$_2$O$_6$	Hypodiphosphorsäure, Diphosphor(IV)-säure
H$_4$P$_2$O$_7$	Diphosphorsäure, Diphosphor(V)-säure
H$_4$P$_2$O$_8$	Peroxodiphosphorsäure, ~(V)-säure

H$_{n+2}$P$_n$O$_{3n+1}$	Polyphosphorsäuren
H$_3$PO$_{4-n}$S$_n$	Thiophosphorsäuren

Chemie 3

Technische Säure	Formel	Handelsübliche Konzentration und Verwendung
Salzsäure	HCl	Konzentriert: 36%ig, 18 mol/L, 1,18 g/cm^3; Beizmittel zum Entzundern
Flusssäure	HF	wässrige Lösung von Fluorwasserstoff; 38 %, 1,14 g/cm^3, 22 mol/L; ätzt Glas.
Schwefelsäure	H$_2$SO$_4$	Konzentriert: 96%ig, 18 mol/L, 1,84 g/cm; wasserentziehend, Bleibatterie
Salpetersäure	HNO$_3$	Konzentriert: 65%ig, 14 mol/L, 1,40 g/cm^3; Oxidationsmittel, Explosivstoffe
Phosphorsäure	H$_3$PO$_4$	Konzentriert: 85%ig, 16 mol/L, 1,75 g/cm^3; Phosphatieren von Stahloberflächen.

Technische Base	Formel	
Ammoniakwasser	NH$_3$	wässrige Lösung von Ammoniak, NH$_3$ + H$_2$O → NH$_4^+$ + OH$^-$
Natronlauge	NaOH	Technische Herstellung durch Elektrolyse von Kochsalzlösung. Beim Kontakt von Natriummetall mit Wasser: Na + H$_2$O → NaOH + ½ H$_2$ Bauxit-Aufschluss, Zellstoff- und Seifenherstellung, Beizen von Aluminium.
Kalilauge	KOH	Elektrolyt für die alkalische Elektrolyse und in alkalischen Akkumulatoren.
Calciumhydroxid (Löschkalk)	Ca(OH)$_2$	Kalkwasser als preiswerte Lauge; Aushärten von Mörtel CaO + H$_2$O → Ca(OH)$_2$ Ca(OH)$_2$ + CO$_2$ → CaCO$_3$ + H$_2$O
Calciumoxid (Branntkalk)	CaO	Base zur Neutralisation und trockenen Rauchgasentschwefelung CaO + SO$_2$ + ½ O$_2$ → CaSO$_4$
Calciumcarbonat (Kalk)	CaCO$_3$	Hochofenzuschlag zur Schlackenbildung und Rauchgasentschwefelung. CaCO$_3$ → CaO + CO$_2$ (Kalkbrennen) SiO$_2$ + CaO → CaSiO$_3$ CaCO$_3$ + SO$_2$ + O$_2$ → CaSO$_4$ + CO$_2$ (Gaswäsche)
Magnesiumcarbonat (Magnesit)	MgCO$_3$	Für feuerfeste Ofenauskleidungen in Stahlwerk und Gießerei. Vorkommen als Dolomit: MgCO$_3$·CaCO$_3$
Natriumcarbonat (Soda)	Na$_2$CO$_3$	Herstellung nach dem SOLVAY-Verfahren. Für Roheisenentschwefelung, Glasherstellung, Entfettungsmittel.
Kaliumcarbonat (Pottasche)	K$_2$CO$_3$	Glasherstellung; Soda-Pottasche-Aufschluss schwerlöslicher Verbindungen.

**Dissoziationsgrad
(Protolysegrad)**

Das prozentuale Ausmaß des Zerfalls von Säuren und Basen in Ionen in polaren Lösemitteln nimmt mit steigender Verdünnung und Temperatur zu. Nach dem **OSTWALD-Verdünnungsgesetz** gilt

$$\alpha = \frac{\text{Zahl dissoziierter Teilchen } N}{\text{Gesamtzahl der Teilchen } N_{\text{ges}}} \quad \text{und} \quad \alpha \approx \sqrt{\frac{K}{c}}$$

K Gleichgewichtskonstante, c molare Konzentration (mol/L)
Ein Liter Reinstwasser enthält 10^{-7} mol/L Hydroniumionen (pH 7) und 55,5 mol Wassermoleküle. Der Dissoziationsgrad beträgt: $\alpha = 10^{-7}/55,5 = 1,8 \cdot 10^{-7}$ %
1. Je kleiner der pK-Wert, umso stärker ist die Säure bzw. Base.
2. Je stärker die Säure, umso schwächer die korrespondierende Base und umgekehrt:

**Dissoziationskonstante
und pK-Wert**

Säure	Base	Wasser
$HA + H_2O \rightleftharpoons H_3O^+ + A^-$	$B + H_2O \rightleftharpoons BH^+ + OH^-$	$2\,H_2O \rightleftharpoons H_3O^+ + OH^-$

$$K = \frac{c(H_3O^+) \cdot c(OH^-)}{c(H_2O)}$$

$$c(H_2O) \approx 55,5 \text{ mol/L}$$

$$\boxed{K_a = \frac{c(H_3O^+) \cdot c(A^-)}{c(HA)}} \quad \boxed{K_b = \frac{c(BH^+) \cdot c(OH^-)}{c(B)}} \quad \boxed{K_W = K_a \cdot K_b} = 10^{-14}$$

$$\boxed{pK_a = -\log K_a} \quad \boxed{pK_b = -\log K_b} \quad \boxed{pK_W = pK_a + pK_b} = 14$$

Ionenprodukt

Säure- und Basenkonstante multiplizieren sich zum Ionenprodukt des Wassers.

Temperatur T (°C)	Leitfähigkeit κ (µS/cm)	Ionenprodukt des Wassers	
		$K_w (\cdot 10^{-14})$	pK_w
0	0,012	0,115	14,938
10	0,023	0,296	14,528
20	0,042	0,731	14,163
22	–	1,000	14,000
25	0,055	1,012	13,995
30	0,071	1,459	13,836
40	0,113	2,871	13,542
50	0,171	5,309	13,275
100	0,550	54,33	12,265

Säurestärke

Stärke	Säure	pK_a	Stärke	Säure	pK_a
sehr schwach	HPO_4^{2-}	12,36		HF	3,17
schwach	HCO_3^-	10,33		H_3PO_4	2,13
	Phenol	9,98	mittelstark	HSO_4^-	1,99
	NH_4^+	9,24		$HClO_2$	1,94
	HCN	9,22		H_2SO_3	1,90
	$H_2PO_4^-$	7,20		$(COOH)_2$	1,25
	H_2S	7,02	stark	HNO_3	−1,37
	H_2CO_3	6,35		$HClO_3$	−2,7
	CH_3COOH	4,76	sehr stark	H_2SO_4	−3
	C_6H_5COOH	4,21	extrem stark	HCl	−7
	HCOOH	3,74		$HClO_4$	−10

pH-Wert

Maß für die Acidität bzw. Basizität einer Lösung. Für die unbekannte Aktivität wird in verdünnter Lösung die Konzentration c eingesetzt.

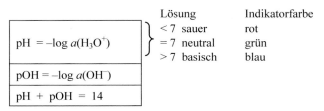

	Lösung		Indikatorfarbe
	< 7	sauer	rot
	$= 7$	neutral	grün
	> 7	basisch	blau

$$pH = -\log a(H_3O^+)$$

$$pOH = -\log a(OH^-)$$

$$pH + pOH = 14$$

pH-Rechnung in wässriger Lösung
a Säure,
b Base
z Zahl der OH-Gruppen

Starke Säure

$$HA + H_2O \rightarrow \mathbf{H_3O^+} + A^-$$
$$c_a \qquad\qquad c_a$$

$$pH = -\log c(H_3O^+)$$
$$= -\log c_a$$

Salz-, Schwefel-, Salpetersäure
pH(0,01 mol/L) = 2

Starke Base

$$B + H_2O \rightarrow BH^+ + \mathbf{OH^-}$$
$$c_b \qquad\qquad c_b$$

$$pH = 14 + \log c(OH^-)$$
$$= 14 + \log (z \cdot c_b)$$

Natronlauge, Kalilauge
pH(0.01 mol/L) = 12

Schwache Säure

$$\mathbf{HA} + H_2O \rightleftharpoons \mathbf{H_3O^+} + A^-$$
$$c_a - x \qquad\quad x \qquad x$$

$$K_a = \frac{c(H_3O^+) \cdot c(A^-)}{c_a - c(H_3O^+)} \approx \frac{c(H_3O^+)^2}{c_a}$$

$$pH = \frac{pK_a - \log c_a}{2}$$

Essigsäure
pH(0,1 mol/L, pK_a 4,75) = 2,87

Schwache Base

$$B + H_2O \rightleftharpoons BH^+ + \mathbf{OH^-}$$
$$c_b - x \qquad\quad x \qquad x$$

$$K_b = \frac{c(BH^+) \cdot c(OH^-)}{c_b - c(OH^-)} \approx \frac{c(OH^-)^2}{c_b}$$

$$pH = 14 - \frac{pK_b - \log c_b}{2}$$

Ammoniakwasser
pH(0,1 mol/L, pK_b 4,76) = 11,12

pH von Salzlösungen

Saures Salz
(starke Säure, schwache Base)
Das Säureanion hat keine Tendenz zur Rückbildung der Säure.

$$\mathbf{BH^+} + H_2O \rightleftharpoons B + \mathbf{H_3O^+}$$
$$A^- + H_3O^+ \leftarrow HA + H_2O$$

$$K_a = \frac{K_W}{K_b} = \frac{c(H_3O^+) \cdot c(B)}{c(BH^+)} \approx \frac{c(H_3O^+)^2}{c_S}$$

$$pH = \frac{14 - pK_b - \log c_S}{2}$$

Ammoniumchlorid
pH(0,5 mol/L, pK_b 4,76) = 4,77

Basisches Salz
(starke Base, schwache Säure)
Das Basenkation hat keine Tendenz zur Rückbildung der Base.

$$A^- + H_2O \rightleftharpoons HA + \mathbf{OH^-}$$
$$BH^+ + H_2O \leftarrow B + H_3O^+$$

$$K_b = \frac{K_W}{K_a} = \frac{c(HA) \cdot c(OH^-)}{c(A^-)} \approx \frac{c(OH^-)^2}{c_S}$$

$$pH = \frac{14 + pK_a + \log c_S}{2}$$

Natriumacetat
pH(0,5 mol/L, pK_a 4,75) = 9,2

Chemie 3

Puffer

Äquimolare Lösungen aus Säure und korrespondierender Base wirken als pH-Puffer; sie dämpfen pH-Änderungen bei Säure- oder Laugenzusatz. Erst beim Überschreiten der Pufferkapazität ändert sich der pH sprunghaft. Es gilt die HENDERSON-HASSELBALCH-Gleichung:

Saurer Puffer

$$HA + H_2O \rightleftharpoons H_3O^+ + A^-$$
$$c_a - x \qquad\qquad x \quad c_S + x$$

$$K_a = \frac{c(H_3O^+) \cdot c(A^-)}{c_a - c(H_3O^+)}$$

$$c_a \gg c(H_3O^+) \text{ und } c_S \approx c(A^-)$$

$$pH = pK_a + \log \frac{c_S \pm x}{c_a \mp x}$$

Basischer Puffer

$$B + H_2O \rightleftharpoons BH^+ + OH^-$$
$$c_b - x \qquad c_S + x \qquad x$$

$$K_b = \frac{c(BH^+) \cdot c(OH^-)}{c_b - c(OH^-)}$$

$$c_b \gg c(OH^-) \text{ und } c_S \approx c(BH^+)$$

$$pOH = pK_b + \log \frac{c_S \pm x}{c_a \mp x}$$

$$pH = 14 - pOH$$

Acetatpuffer je 0,1 mol/L Essigsäure und Natriumacetat: pH = 4,75

Ammoniakpuffer: je 0,1 mol/L Ammoniak und Ammoniumchlorid: pOH = 4,76

Zugabe von 100 mL 0,1-molarer Lauge ($x = +0,01$):   pH = 4,83

Zugabe von 100 mL 0,1-molarer Lauge ($x = +0,01$):   pOH = 4,85

Zugabe von 100 mL 0,1-molarer Säure ($x = -0,01$):   pH = 4,65

Zugabe von 100 mL 0,1-molarer Säure ($x = -0,01$):   pOH = 4,67

Neutralisation

Die Wirkung von Säuren und Basen hebt sich gegenseitig auf.

	Neutralisation	
Säure + Base	⇌	Salz + Wasser
	Hydrolyse	

Am **Halbtitrationspunkt** ist die Hälfte der vorgelegten Säure durch Zusatz der Base neutralisiert, also $c(HA) = c(A^-)$ und $pH = pK_a$.

Am **Äquivalenzpunkt** ist die vorgelegte Säure (oder Base) 100%ig in das Salz des Titrationsmittels umgewandelt.. Der Äquivalenzpunkt ist nicht immer bei pH 7, sondern hängt davon ab, in welchem Ausmaß das Salz die zugrundeliegenden Säure und Base rückbildet. Die Zerlegung von Salzen beim Lösungen in Wasser heißt Hydrolyse.

Säure	Base	pH am Äquivalenzpunkt
stark	stark	neutral (keine Hydrolyse)
stark	schwach	sauer
schwach	stark	basisch

Titrationsformel:
Berechnung der
Neutralisation

Gleiche Volumina äquivalenter Säuren und Basen neutralisieren einander.

$$\underbrace{V_1 \cdot z_1 \cdot c_1}_{\text{Säure}} = \underbrace{V_2 \cdot z_2 \cdot c_2}_{\text{Base}} \quad \text{und} \quad c = \frac{m}{V \cdot M} = \frac{\beta}{M} = \frac{\varrho \cdot w}{M}$$

c molare Konzentration (mol/L), V Volumen (L)

z Zahl der H-Atome der Säure, Zahl der OH-Gruppen der Base

M   molare Masse (g/mol), β Massenkonzentration (g/L), w Massenanteil (kg/kg)

ϱ Dichte der Lösung (g/L)

| Verdünnen von Säuren Basen und Lösungen | Um den pH einer starken Säure oder Base um eine Stufe in den Neutralbereich zu verschieben, muss mit der zehnfachen Menge Wasser verdünnt werden. Die **Verdünnungsformel** gibt die Konzentration c_1 nach Zugabe des Wasservolumens V_1 zu einer Lösung der Konzentration c_0 (Ausgangsvolumen V_0) an. Für das **Aufkonzentrieren** durch Verdampfen von Wasser setzt man im Nenner $-V_1$ ein. |

$$c_1 = c_0 \cdot \frac{V_0}{V_0 + V_1}$$

3.8 Stöchiometrie

| Gesetz von der Erhaltung der Masse | Bei einer chemischen Reaktion ist die Summe der Massen aller Reaktionsprodukte und aller Ausgangsstoffe gleich. Die Gesamtmasse ist konstant. Volumen und Teilchenzahl können sich ändern. |

	$\mathbf{CH_4}$ +	$\mathbf{2\,O_2}$	$\rightarrow$ $\mathbf{CO_2}$ +	$\mathbf{2\,H_2O}$
Stoffmenge:	1 mol	2 mol	1 mol	2 mol
Teilchenzahl:	$6 \cdot 10^{23}$	$2 \cdot 6 \cdot 10^{23}$	$6 \cdot 10^{23}$	$2 \cdot 6 \cdot 10^{23}$
Volumen:	22,4 L	$2 \cdot 22,4$ L	22,4 L	$2 \cdot 22,4$ L
molare Masse:	16 g mol^{-1}	$2 \cdot 32$ g mol^{-1}	44 g mol^{-1}	$2 \cdot 18$ g mol^{-1}
absolute Masse:	16 u	$2 \cdot 32$ u	44 u	$2 \cdot 18$ u
Masse:	16 kg	$2 \cdot 32$ kg	44 kg	$2 \cdot 18$ kg

80 kg   80 kg

| AVOGADRO-Konstante | Ein Mol ist die Stoffmenge eines Systems ebenso vielen Teilchen wie Atome in 1 mol = 12 g des Kohlenstoffisotops ^{12}C enthalten sind. 1 mol eines beliebigen Stoffes enthält die Teilchenzahl: |

$$N_A = 6{,}022142 \cdot 10^{23} \text{ mol}^{-1}$$

| Molares Normvolumen (Molvolumen) und Gasdichte | Bei chemischen Reaktionen stehen die Gasvolumina in ganzzahligen Verhältnissen zueinander (chemisches Volumengesetz). Gleiche Volumina aller Gase enthalten bei gleicher Temperatur und gleichem Druck die gleiche Anzahl Moleküle. 1 mol eines idealen Gases nimmt bei **Normbedingungen** ($T_0 = 0$ °C, $p_0 = 101325$ Pa) das molare Normvolumen ein. Damit berechnet sich die Normdichte eines Gases. |

$$V_{mn} = \frac{RT}{p_0} = 22{,}414 \text{ L mol}^{-1}; \quad \varrho_0 = \frac{M}{V_{mn}}$$

Für Luft wird gemessen: $V_{mn} = 22{,}468$ L mol^{-1} und $\rho_0 = 1{,}293$ g L^{-1}.

| Ideales Gasgesetz (Zustandsgleichung des idealen Gases) | In einem *idealen Gas* (wie He, H_2, N_2, Ar, O_2) sind die Wechselwirkungen zwischen den Gasmolekülen vernachlässigbar. Leicht kondensierbare Gase (wie CO_2, NH_3, Cl_2) haben ein etwas geringeres Molvolumen, nähern sich dem idealen Gas aber oberhalb 500 °C und bei kleinen Drücken an. |

$$\frac{p_1 V_1}{T_1} = \frac{p_0 V_0}{T_0} \quad \text{oder} \quad \cdot pV = nRT = mR_B T \quad \text{und} \quad \cdot R_B = \frac{R}{M}$$

Molare Gaskonstante: $R = 8{,}3144$ J mol^{-1}K^{-1}
R_B ist die spezifische Gaskonstante für ein bestimmtes Gas.

3

Chemie

Molares Volumen
idealer Gase

		Feuchtes ideales Gas				Trockenes ideales Gas				
T (°C)	0	10	20	25	30	0	10	20	25	30
p (mbar)	$p(H_2O)$ 6,10	12,29	23,38	36,67	42,45	0	0	0	0	0
893	25,60	26,72	28,02	28,77	29,62	25,424	26,355	27,286	27,751	28,217
906	25,22	26,32	27,60	28,33	29,17	25,051	25,968	26,884	27,343	27,802
920	24,85	25,94	27,19	27,91	28,72	24,687	25,591	26,495	26,947	27,399
933	24,495	25,56	26,79	27,50	28,29	24,335	25,226	26,117	26,562	27,007
946	24,15	25,20	26,40	27,09	27,88	23,992	24,870	25,749	26,188	26,627
960	23,81	24,84	26,025	26,705	27,47	23,659	24,525	25,391	25,824	26,257
973	23,48	24,50	25,66	26,33	27,08	23,335	24,199	25,043	25,470	25,898
986	23,16	24,16	25,30	25,96	26,70	23,019	23,862	24,705	25,126	25,548
1000	22,85	23,84	24,96	25,60	26,32	22,712	23,544	24,375	24,791	25,207
1013	22,55	23,52	24,62	25,25	25,96	**22,4136**	23,234	24,055	24,465	24,875
1026	22,255	23,21	24,30	24,92	25,61	22,123	23,932	23,742	24,147	24,552
1039	21,97	22,91	23,98	24,59	25,27	21,839	22,638	23,438	23,838	24,237

Stöchiometrische
Berechnungen

1. Reaktionsgleichung aufstellen: a A … $\rightarrow$ b B
2. Gegebene und gesuchte Massen über die Stoffe schreiben.
3 Molare Massen M unter die Stoffe schreiben.
4. Verhältnis bilden. Mit vier signifikanten Ziffern rechnen.

unbekannte Komponente	$\dfrac{m_A}{m_B} = \dfrac{n_A M_A}{n_B M_B} = \dfrac{a \text{ mol} \cdot M_A}{b \text{ mol} \cdot M_B}$
bekannte Komponente	

Beispiel:
1. Wie viel Kohlendioxid entsteht bei der Verbrennung von sieben Kilogramm Methan?
2. Wie groß ist das benötigte Sauerstoffvolumen bei Normbedingungen?

m: 7,000 kg $V_0(O_2)$ $m(CO_2)$
         CH_4 +   2 O_2 $\rightarrow$ CO_2 +   2 H_2O
$n \cdot M$: 1 mol · 16,00 g/mol   2 mol · 22,41 L/mol   1 mol · 44,00 g/mol

1. $\dfrac{m(CH_4)}{M(CH_4)} = \dfrac{m(CO_2)}{M(CO_2)} \Rightarrow m(CO_2) = 7,000 \text{ kg} \cdot \dfrac{1 \text{ mol} \cdot 44,00 \text{ g/mol}}{1 \text{ mol} \cdot 16,00 \text{ g/mol}} = 19,25 \text{ kg}$

2. $\dfrac{m(CH_4)}{M(CH_4)} = \dfrac{m(O_2)}{2M(O_2)} \Rightarrow m(O_2) = 7,000 \text{ kg} \cdot \dfrac{2 \text{ mol} \cdot 32,00 \text{ g/mol}}{1 \text{ mol} \cdot 16,00 \text{ g/mol}} = 28,00 \text{ kg}$

$n(O_2) = \dfrac{m(O_2)}{M(O_2)} = \dfrac{28,00 \text{ kg}}{32,00 \cdot 10^{-3} \text{ kg/mol}} = 875 \text{ mol}$

$V_0(O_2) = n(O_2) \cdot V_{mn} = 875 \text{ mol} \cdot 22,414 \text{ L mol}^{-1} \approx 19,61 \text{ m}^3$

Elementaranalyse

Eine Verbindung besteht aus 18,25 % Kohlenstoff, 0,7700 % Wasserstoff und 80,98 % Chlor. Wie lauten die Summenformel?

	C	H	Cl
Massenanteil w	18,25 %	0,7700 %	80,98 %
Molare Masse M	12,00 g mol^{-1}	1,008 g mol^{-1}	35,45 g mol^{-1}
Verhältnis: w/M	1,521	0,7639	2,284
Summenformel	Durch die kleinste Zahl teilen und auf ganze Zahl runden. $(C_{1,521}H_{0,7639}Cl_{2,284})_n = (C_2HCl_3)_n$		
Atommultiplikator	Mit der massenspektrometrisch bestimmten Masse des Stoffes ist: $n = 131,4 / (2 \cdot 12,00 + 1,008 + 3 \cdot 35,45) = 1$		

3.9 Thermochemie

Reaktionsenthalpie

Bei einer **exothermen Reaktion** ($\Delta_r H < 0$) wird Wärme frei.

Bei einer **endothermen Reaktion** ($\Delta_r H > 0$) wird Wärme zugeführt.

Die Reaktionsenthalpie (r = reaction) ist die Differenz zwischen der aufsummierten **Bildungsenthalpie** (f = formation) der Produkte minus aller Ausgangsstoffe. Die Bildungsenthalpie der chemischen Elemente ist definitionsgemäß null.

$$\Delta_r H = \sum \Delta_f H_{(Produkte)} - \sum \Delta_f H_{(Edukte)}$$

Beispiel: Die Verbrennungsenthalpie von Acetylen ist die aus Tabellenwerten berechnete Reaktionsenthalpie der Oxidation:

$2\,CH{\equiv}CH + 5\,O_2 \rightarrow 4\,CO_2 + 2\,H_2O$:

$\Delta_r H = [4\,\Delta_f H(CO_2) + 2\,\Delta_f H(H_2O)] - [2\,\Delta_f H(C_2H_2) + 5\,\Delta_f H(O_2)]$

$\quad = [4{\cdot}(-393) + 2{\cdot}(-285)] - [2{\cdot}227 + 5 \cdot 0]\ kJ = -2596\ kJ\,/\,(2\ mol\ Acetylen)$

$\quad = -1298\ kJ/mol$

Verbrennungskalorimeter messen die Änderung der inneren Energie $\Delta_r U$ (für konstantes Volumen). Feste und flüssige Stoffe leisten keine Volumenarbeit (daher $\Delta_r H \approx \Delta_r U$), Gase schon: $\Delta_r H - \Delta_r U = \Delta n\,R\,T$

Verbrennungswärme (Brennwert)

$H_o = -\Delta_r H$ ist die (negative) Reaktionsenthalpie bei vollständiger Umsetzung eines Brennstoffes mit Sauerstoff (bei konstantem Atmosphärendruck). Brennstofffeuchte und Produktwasser sind auf den abgekühlten Aggregatzustand bei 25 °C bezogen.

Heizwert

H_u ist die nutzbare Verbrennungswärme eines Brennstoffes für gasförmige Endprodukte und Wasserdampf. Die Feuchte des Brennmaterials wird korrigiert

$$\boxed{\text{Heizwert} = \text{Brennwert} - \text{Verdampfungswärme des Wassers} \atop (44{,}016\ kJ/mol = 2442\ kJ/kg)}$$

Stoff		Brennwert H_o			Heizwert H_u		
		kJ/mol	kJ/kg	kJ/m³	kJ/mol	kJ/kg	kJ/m³
Kohlenmonoxid	CO	283,6	10 132	12 644	283,6	10 132	12 644
Wasserstoff	H_2	286,2	141 974	12 769	241,1	119 616	10 760
Ammoniak	NH_3	381	22 358	17 250	313	18 422	14 193
Methan	CH_4	891	55 600	39 838	800	49 948	35 979
Acetylen	C_2H_2	1310	50 367	58 992	1265	48 651	56 940
Propan	C_3H_8	2222	50 409	101 823	2041	46 348	93 574
Butan	C_4H_{10}	2880	49 572	134 019	2655	45 720	123 522
Braunkohle						9 600	
Holz						14 600	
Methanol	CH_3OH					19 510	
Steinkohle						31 500	
Dieselöl			44 800			41 640	
Benzin			46 700			42 500	

1 kJ/kg = 1 J/g = 1 MJ/t = $^1/_{3600}$ kWh/kg

HESS-Satz (Gesetz der konstanten Wärmesummen)

Die Reaktionsenthalpie hängt nur vom Anfangs- und Endzustand ab, nicht aber vom Reaktionsweg. Besteht eine Reaktion aus zwei Teilreaktionen, darf man die Reaktionsenthalpien addieren.

Beispiel: Verbrennung von Kohle in zwei Teilreaktionen

(1) $C\ +O_2 \rightarrow CO$ $\Delta_r H = -110{,}6\ kJ/mol$

(2) $CO +O_2 \rightarrow CO_2$ $\Delta_r H = -283{,}2\ kJ/mol$

(1+2) $C\ +O_2 \rightarrow CO_2$ $\Delta_r H = -393{,}8\ kJ/mol$

3

Chemie

| Sicherheitstechnische Kennzahlen | **Mindestzündenergie:** die Aktivierungsenergie zur Verbrennung des zündwilligsten Gemisches mit Luft oder Sauerstoff (20 °C, 1,013 bar). |

Mindestzündenergie: die Aktivierungsenergie zur Verbrennung des zündwilligsten Gemisches mit Luft oder Sauerstoff (20 °C, 1,013 bar).

Flammpunkt: die niedrigste Temperatur, bei der brennbare Dämpfe mit der umgebenden Luft durch Zündung entflammt werden können.

Zündtemperatur: die niedrigste Temperatur, bei der sich das zündwilligste Brennstoff-Luft-Gemisch sich selbst entzündet und abbrennt (allein durch Hitze, ohne äußeres Anzünden).

Explosionsgrenzen (Zündbereich): die obere und untere Konzentration von explosiven Gemischen in Luft.

3.10 Chemisches Gleichgewicht

GIBBS'sche Freie Enthalpie

Die Gesamtheit der Energieäußerungen (Wärme, Licht, Strom etc.) und die Entropieänderung (Unordnung) des Systems bei einer chemischen Reaktion. Die Nutzarbeit eines Systems bei konstantem Druck.

$\Delta G < 0$: die Reaktion läuft spontan (exergonisch) ab.

$\Delta G = 0$: chemisches Gleichgewicht

$$\Delta G = \Delta H - T \cdot \Delta S$$
$$\Delta G^0 = -RT \ln K$$

G Gibbs'sche Freie Enthalpie, G^0 freie Enthalpie bei 25 °C und 101325 Pa (J mol^{-1}), H Enthalpie (J mol^{-1}), S Entropie (J mol^{-1}K^{-1}), K Gleichgewichtskonstante, R molare Gaskonstante: 8,3144 J mol^{-1}K^{-1}, T thermodynamische Temperatur (K)

Im **chemischen Gleichgewicht** ist die Reaktionsgeschwindigkeit null; es liegen Gleichgewichtkonzentrationen vor.

Reaktionsgeschwindigkeit

Die pro Zeiteinheit im Reaktionsvolumen umgesetzte Stoffmenge.

Reaktion 1. Ordnung (unimolekulare Reaktion) A → Produkte	$r = -\dfrac{1}{V_R}\dfrac{dn_A}{dt} = -\dfrac{dc_A}{dt} = k \cdot c_A$
A ⇌ Produkte	$r = k_1 \cdot c_A - k_{-1} \cdot c_B$
Reaktion 2. Ordnung (bimolekulare Reaktion) A + B → Produkte	$r = -\dfrac{dc_A}{dt} = -\dfrac{dc_B}{dt} = k \cdot c_A \cdot c_B$

k Geschwindigkeitskonstante: k_1 Hinreaktion, k_{-1} Rückreaktion, c molare Konzentration (mol/L), n Stoffmenge (mol), t Zeit (s), V_R Reaktionsvolumen,

Im **chemischen Gleichgewicht** ist die Reaktionsgeschwindigkeit null; es liegen Gleichgewichtkonzentrationen vor.

ARRHENIUS-Gleichung

Die **Aktivierungsenergie** E_A ist die die Energie zur Überwindung einer Reaktionshemmung. Eine Temperaturerhöhung um $\Delta T = 10$ K verdoppelt bis verdreifacht die Reaktionsgeschwindigkeit. E_A einer Reaktion 1. Ordnung wird aus der Geradensteigung der gegen den Kehrwert der absoluten Temperatur ($1/T$) aufgetragenen logarithmierten Geschwindigkeitskonstanten ($\ln k$) bestimmt.

$$k = A \cdot e^{-E_A/RT} \quad \text{oder} \quad \ln k = -\frac{E_A}{R}\cdot\frac{1}{T} + \ln A$$

Massenwirkungsgesetz

Das Verhältnis der Gleichgewichtskonzentrationen c (nicht der Ausgangskonzentrationen) aller Produkte und Edukte ist konstant. Die Gleichgewichtskonstante K_c ist das Verhältnis der Geschwindigkeitskonstanten der Hin- und Rückreaktion. Die Koeffizienten der Reaktionsgleichung stehen im Exponenten.

Massenwirkungsgesetz (Fortsetzung)	$\underbrace{a\,A + b\,B}_{\text{Edukte}} \ \rightleftharpoons\ \underbrace{c\,C + d\,D}_{\text{Produkte}}$

Gleichgewichtskonstante

$$K_c = \frac{k_1}{k_{-1}} = \frac{c_C^c \cdot c_D^d}{c_A^a \cdot c_B^b} \quad \begin{array}{l}\leftarrow \text{Produkte}\\ \leftarrow \text{Edukte}\end{array}$$

$$\boxed{\text{Gase:} \quad c_i = \frac{p_i}{101325\ \text{Pa}} \qquad \text{Feststoffe: } c_i \equiv 1}$$

$K > 1$ (groß): Gleichgewicht liegt rechts (produktseitig).
$K < 1$ (klein): Gleichgewicht liegt links (eduktseitig).

Erst wenn das Gleichgewicht erreicht ist, wird der Konzentrationsquotient gleich der Gleichgewichtskonstanten.

Umrechnung der Gleichgewichtskonstante

Gleichgewichtskonstanten sind für Aktivitäten a, molare Konzentrationen c, Partialdrücke p und Stoffmengenanteile x definiert.

$$K_c = K_p \cdot (RT)^{-\Delta n} = K_x \cdot c^{\Delta n} = \frac{K_a}{K_\gamma}$$

Molzahländerung: Differenz der aufsummierten Stöchiometriekoeffizienten, Produkte minus Edukte: $\Delta n = (c + d + ...) - (a + b + ...)$.

Umsatz

Beispiel: In einer bimolekularen Gleichgewichtsreaktion ($K_c = 3{,}4$) werden 1 mol/L A und 5 mol/L B vorgelegt, Produkte sind anfangs noch nicht vorhanden.

absoluter Umsatz
x in mol

A	+	B	$\rightarrow$	C	+	D
$1-x$		$5-x$		$0+x$		$0+x$

Glieichgewichtskonstante:
$$K_c = \frac{c(C)\cdot c(D)}{c(A)\cdot c(B)} = \frac{x^2}{(1-x)(5-x)} = 3{,}4$$

Lösen der quadratischen Gleichung
$$x^2 - 8{,}5x + 7{,}1 = 0 \ \Rightarrow\ x_{1,2} = \frac{8{,}5 \pm \sqrt{8{,}5^2 - 4\cdot 7{,}1}}{2} = 0{,}94$$

Gleichgewichtskonzentrationen:
$c(A) = 1 - x = 0{,}06$ mol/L
$c(B) = 5 - x = 4{,}06$ mol/L
$c(C) = c(D) = x = 0{,}94$ mol/ℓ

Umsatzgrad
$$U(A) = \frac{c(A)_0 - c(A)}{c(A)_0} = \frac{x}{c(A)_0} = \frac{0{,}94}{1} = 94\,\%$$

LE CHATELIER-Prinzip des kleinsten Zwangs

Das chemische Gleichgewicht weicht einem äußeren Zwang aus.
1. **Temperaturerhöhung** begünstigt die endotherme Reaktion, Temperatursenkung die exotherme Reaktion.
   Beispiel: $CaCO_3 + 41$ kJ $\rightarrow$ CaO $+ CO_2$ läuft in der Hitze besser.
2. **Druckerhöhung** (Kompression) verschiebt das Gleichgewicht auf die Seite mit dem kleineren Volumen. Druckerniedrigung (Expansion) begünstigt die Seite mit dem größeren Volumen. Kein Einfluss besteht bei einer Gasreaktion ohne Molzahländerung.
   Beispiel: $N_2 + 3\,H_2 \rightarrow NH_3$ läuft unter Druck besser.
3. **Konzentrationserhöhung** begünstigt die stoffverbrauchende Reaktion, Konzentrationssenkung die stoffbildende. Gleiches gilt, wenn ein Produkt aus dem Gemisch entfernt wird.
   Beispiel: Bei der Veresterung $CH_3COOH + ROH \rightarrow CH_3COOR + H_2O$ wird das Produkt abdestilliert.

3.11 Fällungsreaktionen

Löslichkeit

Die in einem Lösemittel L maximal lösliche Menge des Stoffes A.

Massenkonzentration	$\beta_L = \dfrac{m(A)}{V}$	$\dfrac{\text{g Stoff}}{\text{L Lösung}}$

molare Löslichkeit $\quad c_L = \dfrac{n(A)}{V} \qquad \dfrac{\text{mol Stoff}}{\text{L Lösung}}$

Massenanteil $\quad w_L = \dfrac{m(A)}{m(A)+m(L)} \quad \dfrac{\text{g Stoff}}{\text{g Lösung}} = 100\,\%$

Massenverhältnis $\quad \xi_L = \dfrac{m(A)}{m(L)} = \dfrac{w(A)}{1-w(A)} \quad \dfrac{\text{g Stoff}}{\text{g Lösemittel}}$

Molalität $\quad b_L = \dfrac{n(A)}{m(L)} \qquad \dfrac{\text{mol Stoff}}{\text{kg Lösemittel}}$

Löslichkeitsprodukt

Über dem Bodensatz einer gesättigten Lösung herrscht eine winzige Konzentration an hydratisierten Salzionen. Niederschlag und Lösung stehen im ionischen Gleichgewicht.

$$A_aB_b\downarrow \; \rightleftharpoons \; a\,A^{b+} + b\,B^{a-}$$

$$K_L = c(A^{b+})^a \cdot c(B^{a-})^b \quad \text{und} \quad pK_L = -\log K_L$$

K_L Löslichkeitsprodukt, c Gleichgewichtskonzentration in der Lösung über dem Bodensatz (mol/L). Die Konzentration des Bodensatzes ist definitionsgemäß $c \equiv 1$.

Fällungsreaktionen

Niederschlag fällt aus, bis das Löslichkeitsprodukt unterschritten wird.

$c(A^{b+})^a \cdot c(B^{a-})^b < K_L$ ungesättigte Lösung

$c(A^{b+})^a \cdot c(B^{a-})^b = K_L$ gesättigte Lösung

$c(A^{b+})^a \cdot c(B^{a-})^b > K_L$ Niederschlag fällt aus

molare Löslichkeit (ungefällte Restkonzentration in der Lösung)

$$c_L = \sqrt[a+b]{\dfrac{K_L}{a^a b^b}} \quad \text{und} \quad \beta_L = c_L \cdot M$$

Beispiel: Chlorid im Trinkwasser wird durch Zugabe von 0,1-molarer Silbernitratlösung vollständig gefällt: $Ag^+ + Cl^- \rightarrow AgCl$. Allein Nanomengen bleiben gelöst.

$$K_L = c(Ag^+)\,c(Cl^-) \;\Rightarrow\; c(Cl^-) = \frac{K_L}{c(Ag^+)} = \frac{2\cdot10^{-10}\,(\text{mol/L})^2}{0,1\,\text{mol/L}} = 2\cdot10^{-9}\,\frac{\text{mol}}{\text{L}}$$

$$\beta(Cl^-) = c(Cl^-)\cdot M(Cl^-) = 2\cdot10^{-9}\,\text{mol/L} \cdot 35,5\,\text{g/mol} = 7\cdot10^{-8}\,\text{g/L}$$

	K_L (mol/L)^n			K_L (mol/L)^n	
Bi_2S_3	$1\cdot10^{-97}$		CaF_2	$3\cdot10^{-11}$	
Ag_2S	$6\cdot10^{-50}$		$Mg(OH)_2$	$1\cdot10^{-11}$	
$Fe(OH)_3$	$4\cdot10^{-40}$	↑ unlöslich	$AgCl$	$2\cdot10^{-10}$	
$TiO(OH)_2$	$1\cdot10^{-29}$	↑	$BaSO_4$	$1\cdot10^{-10}$	
CdS	$2\cdot10^{-28}$		$CaCO_3$	$5\cdot10^{-9}$	schwer löslich
ZnS (Zinkblende)	$2\cdot10^{-24}$		$BaCO_3$	$5\cdot10^{-9}$	
ZnS (Wurtzit)	$3\cdot10^{-22}$		Ca-oxalat	$2\cdot10^{-9}$	↑
Hg_2Cl_2	$1\cdot10^{-18}$		$PbSO_4$	$2\cdot10^{-8}$	↓
FeS	$5\cdot10^{-18}$		$CuCl$	$2\cdot10^{-7}$	
AgI	$8\cdot10^{-17}$		$CaSO_4$	$2\cdot10^{-5}$	mäßig lösl.
$AgBr$	$5\cdot10^{-13}$				

3.12 Elektrochemie

Korrespondierendes Redoxpaar

Ein korrespondierendes Redoxpaar ist ein chemisches Gleichgewicht aus zwei Stoffen, die Elektronen austauschen, indem dasselbe Element in unterschiedlichen Oxidationsstufen vorliegt.

$$Ox + z\,e^- \underset{Oxidation}{\overset{Reduktion}{\rightleftharpoons}} Red$$

Oxidationszahl (Oxidationsstufe)

Die scheinbare Ladung der Atome, wenn man sich Verbindungen aus Ionen zusammengesetzt denkt. Die Summe der Oxidationszahlen aller Atome ergibt Null bei Molekülen und die Ladung bei Ionen.

Elemente	Ionen	Fluor	Sauerstoff	Wasserstoff
0	Ionenladung	–I	–II, in Peroxid –I	+I, in Hydriden -I

Aufstellen von Redoxgleichungen

1. Ermitteln der Oxidationszahlen von Edukt und Produkt
2. Ausgleich der Differenz der Oxidationszahlen mit Elektronen
3. Ausgleich der Differenz der Ladungen mit
   a) H^+ (oder H_3O^+) im saurer Lösung,
   b) OH^- in basischer Lösung,
   c) O_2^- in Schmelze
4. Ausgleich der H^+, OH^- bzw. O_2^- mit Wasser (H_2O)

Beispiel: Das starke Oxidationsmittel Dichromat bildet Chrom(III).

$$\overset{+VI}{[Cr_2O_7]^{2-}} + 6\,e^- + \mathbf{14\ H^+} \rightleftharpoons 2\,\overset{+III}{Cr^{3+}} + \mathbf{7\ H_2O}$$

1. Zwei 6-wertige Chromatome ergeben zwei dreiwertige Chromatome; es werden gemäß $2\cdot6 + x\cdot(-1) = 2$ genau $x = 6$ Elektronen (negativ geladen!) aufgenommen.
2. Zwischen dem Dichromation und den Elektronen und den zwei Chromionen fehlen: $(-2) + 6\cdot(-1) + x = 2\cdot3$ genau $x = 14\ H^+$.
3. 14 H^+ ergeben $14/2 = 7\ H_2O$

Elektrochemische Spannungsreihe

Anordnung der Metalle nach ihrer Oxidierbarkeit (Korrosionsbeständigkeit). Nullpunkt der Skala ist Wasserstoff.

K Ca Na Mg Al Mn Zn Cr Fe Co Ni Sn Pb | H | Cu Ag Pt Au
unedel ◄──────────────────────────────► edel

Unedle Metalle lösen sich in wässriger Lösung in Ionen auf; bilden Wasserstoff mit Säuren und fällen edle Metalle aus Salzlösungen.

Beispiel:
$Zn \rightarrow Zn^{2+} + 2e^-$; $Zn + HCl \rightarrow ZnCl_2 + H_2$; $Zn + CuSO_4 \rightarrow Cu + ZnSO_4$

Normalpotential (Standard-Elektroden-potential)

Die gegen die **Normalwasserstoffelektrode** (NHE) gemessene Ruheklemmenspannung einer Elektroden-Elektrolyt-Halbzelle. Die NHE ist ein mit Wasserstoffgas umspültes Platinblech in 1-aktiver Salzsäure bei 25 °C und 101325 Pa Luftdruck.

$$E^0 = \varphi(\text{Halbzelle}) - \varphi(\text{NHE}) \quad\begin{vmatrix} < 0: \text{unedel, Reduktionsmittel:} & M \rightarrow M^{z+} + ze^- \\ > 0: \text{edel, Oxidationsmittel:} & M^{z+} + ze^- \rightarrow M \end{vmatrix}$$

Der Elektrodenvorgang $H_2 \rightarrow 2\ H^+ + 2\ e^-$ hat definitionsgemäß das Potential Null für alle Temperaturen.

3

Chemie

Normalpotential

E^0 (V)	Oxidierte Spezies + Elektronen		$\rightleftharpoons$ Reduzierte Spezies
−2,71	Na^+	$+ e^-$	← Na
−1.662	Al^{3+}	$+ 3e^-$	← Al
−0,828	$2\ H_2O$ (pH 14)	$+ 2e^-$	← $H_2 + 2\ OH^-$
−0,7628	Zn^{2+}	$+ 2e^-$	← Zn
−0,74	Cr^{3+}	$+ 3e^-$	← Cr
−0,409	Fe^{2+}	$+ 2e^-$	← Fe
−0,23	Ni^{2+}	$+ 2e^-$	← Ni
−0,14	Sn^{4+}	$+ 2e^-$	← Sn
−0,1364	Sn^{2+}	$+ 2e^-$	← Sn
−0,1263	Pb^{2+}	$+ 2e^-$	← Pb
0	$2\ H^+$	$+ 2e^-$	$\rightleftharpoons$ H_2
+0,3402	Cu^{2+}	$+ 2e^-$	→ Cu
+0,36	$Fe(CN)_6^{3-}$	$+ e^-$	→ $Fe(CN)_6^{4-}$
+0,401	$O_2 + 2\ H_2O$	$+ 4e^-$	→ $4\ OH^-$ (pH 14)
+0,62	I_2(aq)	$+ 2e^-$	→ $2\ I^-$
+0,682	$O_2 + 2\ H^+$	$+ 2e^-$	→ H_2O_2
+0,6992	p–Chinon $+ 2\ H^+$	$+ 2e^-$	→ Hydrochinon
+0,771	Fe^{3+}	$+ e^-$	→ Fe^{2+}
+0,7991	Ag^+	$+ e^-$	→ Ag
+0,959	NO_3^- $+ 4\ H^+$	$+ 3e^-$	→ $NO + 2\ H_2O$
+1,19	ClO_4^- $+ 2\ H^+$	$+ 2e^-$	→ $ClO_3^- + H_2O$
+1,2	Pt^{2+}	$+ 2e^-$	→ Pt
+1,22	MnO_2 $+ 4\ H^+$	$+ 2e^-$	→ $Mn^{2+} + 2\ H_2O$
+1,229	O_2 $+ 4\ H^+$	$+ 4e^-$	→ $2\ H_2O$
+1,33	$Cr_2O_7^{2-}$ $+14H^+$	$+ 6e^-$	→ $2\ Cr^{3+} +7\ H_2O$
+1,40	Cl_2(aq)	$+ 2e^-$	→ $2\ Cl^-$
+1,51	MnO_4^- $+ 8\ H^+$	$+ 5e^-$	→ $Mn^{2+} + 4\ H_2O$
+1,63	$2\ HOCl$ $+ 2\ H^+$	$+ 2\ e^-$	→ Cl_2(g) $+2\ H_2O$
+1,685	$PbO_2 +SO_4^{2-}$ $+ 4\ H^+$	$+ 2e^-$	→ $PbSO_4 +2\ H_2O$
+1,776	H_2O_2 $+ 2\ H^+$	$+ 2e^-$	→ $2\ H_2O$
+2,01	$S_2O_8^{2-}$	$+ 2e^-$	→ $2\ SO_4^{2-}$
+2,075	O_3 $+ 2\ H^+$	$+ 2e^-$	→ $O_2 + H_2O$
+3,053	F_2 $+ 2\ H^+$	$+ 2e^-$	→ $2\ HF$

(Reduktionsmittel ↑ / milde Oxidationsmittel / Starke Oxidationsmittel ↓)

Batterien (galvanische Zellen)

Elektrochemische Zellen bestehen aus zwei **Elektroden** (Elektronenleitern) in einem **Elektrolyten** (Ionenleiter: wässrige Lösung oder Salzschmelze). Batterien (galvanische Zellen) liefern Strom, Elektrolysezellen verbrauchen Strom. Zwei beliebige Metallbleche, die in eine Salzlösung tauchen (Halbzellen), bilden eine Batterie; zwischen den Blechen kann man eine Spannung messen. Das unedle Metall löst sich im Elektrolyten auf.

Vorgang	Definition	Oxidations-zahl	Elektrode	Polarität	
				Batterie	Elektrolyse
Oxidation	Elektronenabgabe (Metallauflösung)	wächst	**Anode**	$\ominus$ unedel	$\oplus$
Reduktion	Elektronenaufnahme (Metallabscheidung)	sinkt	**Kathode**	$\oplus$ edel	$\ominus$

Reversible Zellspannung (Leerlaufspannung)

Veraltet: „elektromotorische Kraft" (EMK); die größtmögliche Spannung, die eine unbelastete galvanische Zelle liefert.

$$\Delta E = E_{\text{Kathode}} - E_{\text{Anode}} \quad \begin{array}{l} > 0: \text{ spontane Reaktion, galvanische Zelle} \\ < 0: \text{ unfreiwillige Reaktion, Elektrolysezelle} \end{array}$$

1. Bleiakkumulator

Beispiel: Blei und Bleidioxid lösen sich beim Entladen auf und werden beim Laden wieder rückgebildet. Statt HSO_4^- wird stark vereinfacht oftmals H^+ geschrieben.

$$(-) \quad \overset{0}{\mathbf{Pb}} + HSO_4^- \quad\rightleftharpoons\quad \overset{+II}{PbSO_4} + 2\,e^- + H^+ \qquad E^0 = -0,356\ V$$

$$(+) \quad \overset{+IV}{\mathbf{PbO_2}} + HSO_4^- + 3\,H^+ + 2\,e^- \rightleftharpoons \overset{+II}{PbSO_4} + 2\,H_2O \qquad E^0 = +1,685\ V$$

$$Pb + PbO_2 + 2\,H_2SO_4 \xrightleftharpoons[\text{Laden}]{\text{Entladen}} 2\,PbSO_4 + 2\,H_2O \qquad \Delta E^0 = 2,04\ V$$

2. Brennstoffzelle

Wasserstoff-Sauerstoff-Zellen sind „Knallgasbatterien", die sich zum Antrieb umweltfreundlicher Elektrofahrzeuge eignen, sie emittieren keine Luftschadstoffe wie Verbrennungsmotoren.

$$(-) \quad 2\,H_2 \qquad\qquad \rightarrow 4\,H^+ + 4\,e^- \quad \text{Wasserstoffoxidation} \qquad E^0 = 0,00\ V$$

$$(+) \quad O_2 + 4\,e^- + 4\,H^+ \rightarrow 2\,H_2O \qquad\qquad \text{Sauerstoffreduktion} \qquad E^0 = 1,23\ V$$

$$2\,H_2 + O_2 \qquad\quad \rightarrow 2\,H_2O \qquad\qquad\qquad\qquad\qquad \Delta E^0 = 1,23\ V$$

3. Korrosion (Lokalelement)

Das „Rosten" von Eisen durch **Sauerstoffkorrosion** erfolgt an einem Wassertropfen (Elektrolyt), der die Oberfläche in eine Eisenelektrode unter dem Tropfen und eine Luftelektrode am Tropfenrand teilt.

$$(-)\ \text{Anode} \quad Fe \qquad\qquad\qquad \rightarrow Fe^{2+} + 2e^- \qquad E^0 = -0,41\ V$$

$$(+)\ \text{Kathode} \quad O_2 + 4e^- + 2\,H_2O \rightarrow 4\,OH^- \qquad E^0 = +0,40\ V$$

$$2\,Fe + O_2 + 2\,H_2O \rightarrow 2\,Fe^{2+} + 4\,OH^- \qquad \Delta E^0 = 0,81\ V$$

GIBBS'sche Freie Enthalpie

Die theoretische Ruheklemmenspannung ΔE^0 (bei 25 °C, 10325 Pa) kann man aus thermodynamischen Daten der Zellreaktion berechnen. Sie hängt von der Gleichgewichtskonstante K ab.

$$\Delta G^0 = -zF\,\Delta E^0 = -RT \ln K \quad \begin{vmatrix} < 0: \text{spontane Reaktion} \\ > 0: \text{unfreiwillige Reaktion} \end{vmatrix}$$

NERNST-Gleichung

Das Elektrodenpotential bzw. die reversible Zellspannung bei anderen Bedingungen als 25 °C, 101325 Pa und 1-molaren Lösungen berechnet sich mit den Konzentrationen der Reaktionsteilnehmer.

Für 25 °C

1. Für eine Elektrode

$$E(T,c) = E^0 - \frac{RT}{zF} \ln \frac{c(\text{Red})}{c(\text{Ox})} \qquad\qquad E = E^0 - \frac{0,0592}{z} \log \frac{c(\text{Red})}{c(\text{Ox})}$$

2. Für eine Zellreaktion

$$\Delta E(T,c) = \Delta E^0 - \frac{RT}{zF} \ln \frac{c(\text{Produkte})}{c(\text{Edukte})} \qquad \Delta E = \Delta E^0 - \frac{0,0592}{z} \log \frac{c(\text{Produkte})}{c(\text{Edukte})}$$

Spezialfälle

Wasserstoffelektrode $2\,H^+ + 2\,e^- \rightleftharpoons H_2$	$E = -0,059 \cdot \left[\text{pH} + \frac{1}{2} \log \frac{p(H_2)}{p^0} \right]$
Sauerstoffelektrode $O_2 + 2\,H_2O + 4\,e^- \rightleftharpoons 4\,OH^-$	$E = 1,229 - 0,059 \cdot \left[\text{pH} - \frac{1}{4} \log \frac{p(O_2)}{p^0} \right]$
Metallionen-Elektrode $M^{z+} + z\,e^- \rightleftharpoons M$	$E = E^0 - \frac{0,059}{z} \log \frac{1}{c(M^{z+})}$

Chemie **3**

Beispiel: **pH-Abhängigkeit des Redoxpotentials.** Die Oxidationen mit Permanganat wird in saurer Lösung durchgeführt. Durch Säurezusatz $c(H^+) \to \infty$ sinkt das Produkt der Gleichgewichtskonzentrationen $(1/c(H^+)^8 \to 0)$. Der Logarithmus einer winzigen Zahl ist negativ groß. Das bedeutet, die Zellspannung steigt ($E \to \infty$).

Elektrolyse

Bei der Elektrolyse wässriger Lösungen (Säuren, Basen, Salzlösungen) wird Wasser zersetzt. An der Kathode (Minuspol, Reduktion) werden Wasserstoff und edle Metalle abgeschieden. An der Anode (Pluspol, Oxidation) scheiden sich Sauerstoff bzw. aus chloridhaltigen Lösungen Chlor ab.

	In saurer Lösung (pH 0)	In alkalischer Lösung (pH 14)
(–) Kathode	$4\,H^+ + 4\,e^- \rightleftharpoons 2\,\mathbf{H_2}\uparrow$	$4\,H_2O + 4\,e^- \rightleftharpoons 2\,\mathbf{H_2}\uparrow + 4\,OH^-$
(+) Anode	$2\,\overset{-II}{H_2}O \rightleftharpoons \overset{0}{\mathbf{O_2}}\uparrow + 4\,e^- + 4\,H^+$	$4\,\overset{-II}{O}H^- \rightleftharpoons \overset{0}{\mathbf{O_2}}\uparrow + 2\,H_2O + 4\,e^-$
	$2\,H_2O \rightleftharpoons 2\,H_2 + O_2$	$2\,H_2O \rightleftharpoons 2\,H_2 + O_2$
	$\Delta E^0 = (0 - 1{,}229)\,V = -1{,}229\,V$	$\Delta E^0 = (-0{,}828 - 0{,}401)\,V = -1{,}229\,V$

Die Vorgänge laufen nicht freiwillig ab (negatives Vorzeichen).

Die praktische **Zersetzungsspannung** ist die Mindestspannung der Elektrolyse, um die Überspannungen η an den Elektroden und den Elektrolytwiderstand R_e zu überwinden. Weil die geschwindigkeitsbestimmende Sauerstoffabscheidung kinetisch gehemmt ist, muss eine um die **Überspannung** η höhere Zellspannung angelegt werden, die vom fließenden Strom I abhängt.

$$U_Z = |\Delta E^0| + \eta_{\text{Anode}} + |\eta_{\text{Kathode}}| + I\,R_e$$

$\eta_i(I) = E(I) - E^0$	für eine Elektrode
$\eta(I) = \Delta E(I) - \Delta E^0$	für die Zellreaktion

Die aus einem Elektrolyten bei der Gleichstromelektrolyse abgeschiedene Stoffmasse m ist der durchgeflossenen Ladungsmenge Q proportional.

$$Q = I \cdot t = zFn = \frac{m}{k} \quad \text{und} \quad k = \frac{M}{zF}$$

I Strom (A), Q Ladungsmenge (C = As), t Zeit (s), m Masse (kg), n Stoffmenge (mol), M molare Masse (g/mol), z Ionenwertigkeit, k elektrochemisches Äquivalent.

Die Abscheidung von einem 1 mol eines einwertigen Stoffes erfordert die Ladungsmenge 96485 C.

$$\text{FARADAY-Konstante:} \quad F = N_A e = 96485\ C\,mol^{-1}$$

Wasserelektrolyse

Abscheidung von Wasserstoff: 0,1162 mL/C = 0,4185 L/Ah (0 °C)

Abscheidung von Sauerstoff: 0,05802 mL/C = 0,2089 L/Ah (0 °C)

3.13 Organische Chemie

Die Chemie der Kohlenstoffverbindungen. Kohlenstoff bildet ketten- und ringförmige Moleküle mit Wasserstoff, Sauerstoff, Stickstoff, Schwefel, Phosphor und Halogenen. Von jedem C-Atom gehen vier Atombindungen aus, die in die Ecken eines Tetraeders weisen.

Kohlenwasserstoffe

Allein Kohlenstoff- und Wasserstoffatome liegen vor mit C–H- und C–C-Einfach-, C=C-Doppel- oder C≡C-Dreifachbindungen.

kettenförmig (aliphatisch)			ringförmig (carbozyklisch)		
gesättigt	ungesättigt		gesättigt	ungesättigt	aromatisch
Alkane	Alkene	Alkine	Cycloalkane	Cycloalkene	Aromaten
C_nH_{2n+2}	C_nH_{2n}	C_nH_{2n-2}	C_nH_{2n}	C_nH_{2n-2}	(Arene)
Ethan	Ethen	Ethin (Acetylen)	Cyclohexan	Cyclopenten	Benzol C_6H_6
Hexan C_6H_{14}	Butadien				

In der **homologen Reihe** der kettenförmigen Alkane C_nH_{2n+2} und der ringförmigen Cycloalkane C_nH_{2n} unterscheiden sich die Verbindungen in der Anzahl der CH_2-Gruppen.

Isomere besitzen dieselbe Summenformel, aber unterschiedliche Struktur (Atomanordnung). Man unterscheidet *n*-Alkane (kettenförmig) und *i*-Alkane (verzweigt)

Nomenklatur (systematische Benennung)

1. Die längste Kohlenstoffkette bzw. das größte Ringsystem suchen und durchnummerieren, auch ums Eck. Die Zahl der C-Atome bestimmt den Stammnamen **–alkan** und bei Ringen **–cycloalkan.**

2. Die Seitenketten nach dem Kohlenwasserstoffrest **Alkyl-** und der Nummer des C-Atoms an der Abzweigung der Hauptkette benennen. Vor gleichartigen Resten stehen Zahlworte: Di-, Tri-,Tetra-.

3. Die **funktionellen Gruppen** benennen. Die sauerstoffreichste Gruppe bestimmt die **Stoffklasse** am Ende des Namens.

Alkane	Isomere	Summen-formel	Strukturformel	Schmelz-/Siede-temperatur (°C)		Dichte (g/cm³)
Methan	1	CH_4		−182,5	−161,5	
Ethan	1	C_2H_6	$H_3C–CH_3$	−183,3	−88,6	
Propan	1	C_3H_8	$H_3C–CH_2–CH_3$	−187,7	−42,1	0,943(fl)
Butan	2	C_4H_{10}	$H_3C–CH_2–CH_2–CH_3$	−138,4	−0,5	0,573(fl)
Pentan	3	C_5H_{12}	$H_3C–(CH_2)_3–CH_3$	−129,7	36,1	0,621
Hexan	5	C_6H_{14}	$H_3C–(CH_2)_4–CH_3$	−95,3	68,7	0,655
Heptan	9	C_7H_{16}	$H_3C–(CH_2)_5–CH_3$	−90,6	98,4	0,680
Octan	18	C_8H_{18}	$H_3C–(CH_2)_6–CH_3$	−56,8	125,7	0,698
Nonan	35	C_9H_{20}	$H_3C–(CH_2)_7–CH_3$	−53,5	150,8	0,714
Decan	75	$C_{10}H_{22}$	$H_3C–(CH_2)_8–CH_3$	−29,7	174,1	0,726

Chemie 3

Funktionelle Gruppen und Stoffklassen

Stoffklasse	allgemeine Struktur	Endung	funktionelle Gruppe		Beispiele für Verbindungen (mit *Trivialnamen*)	
Alkohol	R–OH	-ol	Hydroxy-	–OH	CH_3OH CH_3CH_2OH $CH_3CH(OH)CH_3$ CH_2—CH—CH_2 mit OH OH OH	Methanol , *Methylalkohol* Ethanol, *Ethylalkohol* Propan-2-ol, *Isopropanol* Propan-1,2,3-triol, *Glycerin*
Ether	R–O–R'		Alkoxy-	–OR'	CH_3CH_2–O–CH_2CH_3	Ethoxyethan, *Diethylether*
Aldehyd	R–C(=O)H	-al	Formyl-	–CHO	HCHO CH_3CHO ⬡—CHO	Methanal, *Formaldehyd* Ethanal, *Acetaldehyd* Benzaldehyd
Keton	R–C(=O)–R'	-on	Oxo-	)C=O	CH_3COCH_3 ⬡—OCH_3	Propanon, *Aceton* Methoxybenzol, *Anisol*
Carbonsäure	R–C(=O)OH	-säure	Carboxy-	–COOH	HCOOH CH_3COOH $H_2C=CH$-COOH ⬡—COOH	Methansäure, *Ameisensäure* Ethansäure, *Essigsäure* Propensäure, *Acrylsäure* Benzolcarbonsäure, *Benzoesäure*
Ester	R–C(=O)O—R'	-ester -carboxylat			CH_3–CO–OCH_2CH_3	Ehansäureethylester, *Ethylacetat*
Carbonsäure-anhydrid	R–C(=O)–O–C(=O)–R	-anhydrid			CH_3–CO–O–CO–CH_3	Ethansäureanhydrid, *Essigsäureanhydrid, Acetanhydrid*
Amine	R—N(H)(H)	-amin	Amino-	–NH_2	CH_3NH_2 ⬡—NH_2	Aminomethan, Methylamin Aminobenzol, *Anilin*
Säureamid	R–C(=O)NH_2	-amid	Carbox-amido-	–CONH_2	CH_3CONH_2	Ethansäureamid, *Acetamid*
Nitril	R–C≡N	-nitril	Cyan-	–CN	CH_3CN $CH_2=CH$–C≡N	Ethannitril, *Acetonitril* Propennitril, *Acrylnitril*
Nitro-verbindung	R—N⁺(=O)O⁻		Nitro-	–NO_2	CH_3NO_2	Nitromethan
Thiol	R–OH	-thiol	Mercapto-	–SH		
Sulfon	R—S(=O)—R'	-sulfon	)SO_2		CH_3–SO_2–CH_3	Dimethylsulfon
Sulfonsäure	R—S(=O)(=O)—OH	-sulfon-säure	Sulfo-	–SO_2OH	⬡—SO_3H	Benzolsulfonsäure
Sulfonamid	R—S(=O)(=O)—NH_2	-sulfon-amid	Sulfamoyl-		H_3C—⬡—S(=O)(=O)–NH_2	*p*-Toluolsulfonamid
Halogen-verbindung	R–X		Chlor-	–Cl	CH_3Cl	Chlormethan

3.14 Gefahrstoffe: GHS-System

GHS-Piktogramm	GHS-Gefahrenklasse und Kategorie, **Signalwort**, Gefahrenhinweis
 Explosiv	**Instabil** [oder] **explosiv**, Uns*table* Explo*sive*; H200. Einschließlich selbstzersetzliche Stoffe (Self reactive, H240) und organische Peroxide (H241). Expl. 1.1, H201: **Gefahr** der Massenexplosion Expl. 1.2, H202: **Gefahr** durch Splitter, Spreng- und Wurfstücke Expl. 1.3, H203: **Gefahr** durch Feuer, Luftdruck oder Splitter, Spreng- und Wurfstücke Expl. 1.4, H204: **Achtung**: Feuer oder Splitter, Spreng-, Wurfstücke Expl. 1.5, H205: **Gefahr** der Massenexplosion bei Feuer (ohne Piktogramm)

Gas unter Druck
	Unter Druck stehende Gase, einschließlich „ungefährlicher" Stoffe.
	– Verdichtetes Gas, Compre*ssed* Gas, z. B. Helium.
	  H280 **Achtung**: Enthält Gas unter Druck; kann bei Erhitzen explodieren.
	– Verflüssigtes Gas, Liquefi*ed* Gas:
	  H220 **Achtung**: Enthält Gas unter Druck; kann bei Erhitzen explodieren.
	– Tiefkalt verflüssigtes Gas, Refr*igerated* Liquefi*ed* Gas:
	  H281 **Achtung**: Enthält tiefgekühltes Gas; kann Kälteverbrennungen oder -verletzungen verursachen. Beispiel: flüssiger Stickstoff (–196 °C).
	– Gelöstes Gas, Dis*solved* Gas, z. B. Acetylen:
	  H280 **Achtung**: Enthält Gas unter Druck; kann beim Erhitzen explodieren.

 Entzündbar	**Entzündbare Flüssigkeiten**, In*flam*mable Liq*uids* Entzündbare Gase (Flam. Gas, H220), Aerosole (Flam. Aerosol, H222) und Feststoffe (Flam. Sol*id.*, H228), pyrophore Flüssigkeiten (Py*rophoric* Liq*uid*, H250), selbsterhitzungsfähige Stoffe (Self-heat*ing*, H251), mit Wasser reagierende Stoffe (Water-react*ive*, H260), organische Peroxide (H242)
 Oxidationsmittel	**Oxidationsmittel**: Entzündend wirkende Flüssigkeiten (Oxi*dising* Liq*uid*), Feststoffe (Oxi*dising* Sol*id*), Gase (H270), ohne organische Peroxide Kann Brand oder Explosion verursachen; starkes Oxidationsmittel. Ox. Liq. 2, H272: **Gefahr**: Kann Brand verstärken Ox. Liq. 3, H272. **Achtung**: Kann Brand verstärken
 Ätzend	**Ätzung der Haut**, Skin Corr*osion* 1 H314 **Gefahr**: Verursacht schwere Hautätzungen und Augenschäden. Hautzerstörung bei mindestens einem von drei Versuchstieren innerhalb von ≤1 h bei Einwirkung von ≤3 min (Kat. 1A), innerhalb ≤14 Tagen nach Einwirkung von ≤1 h (Kat. 1B) bzw. ≤4 h (Kat 1.C). **Augenschädigung**, Eye Dam*age* 1 H318 **Gefahr**: Verursacht schwere Augenschäden Stoffe mit pH≤2 oder pH≥11,5 mit anhaltender Reaktion bei mindestens. einem Versuchstier

Tabelle zur Gefahrenklasse "Entzündbar":

	Flammtemperatur	Siedepunkt	
Flam. Liq. 1; H224: **Gefahr**	**< 23 °C**	**≤ 35 °C**	extrem entzündbar
Flam. Liq. 2; H225: **Gefahr**	< 23 °C	> 35 °C	Flüssigkeit und
Flam. Liq. 3; H226: **Achtung**	23 °C … 60 °C	–	Dampf entzündbar

Chemie 3

GHS-Piktogramm	GHS-Gefahrenklasse und Kategorie, **Signalwort**, Gefahrenhinweis				

Akute Toxizität, Acute Tox*icity*, anhand von Erfahrungen beim Menschen In Gemischen müssen Stoffe ab dem allgemeinen **Kategoriegrenzwert** von 0,1 % berücksichtigt werden.

Akut giftig

Kat.	LD_{50} oral	LD_{50} dermal	LC_{50} inhalativ		
			Gase	Dämpfe	Staub, Nebel
	mg/kg	mg/kg	ml/m^3	mg/l (4 h)	mg/l (4 h)

Gefahr: Tödlich, bei Verschlucken (H300), Hautkontakt (H310), Einatmen (H330)

1	≤ 5	≤ 50	≤ 100	≤ 0,5	≤ 0,05
2	>5…50	>50…200	>100…500	>0,5 … 2	>0,05…0,5

Gefahr: Giftig, bei Verschlucken (H301), Hautkontakt (H311), Einatmen (H331)

3	>50…300	>200…1000	>500…2500	>2…10	>0,5…1

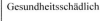

Gesundheitsschädlich

Achtung: Gesundheitsschädlich, Verschlucken (H301), Hautkontakt (H311), Einatmen (H331)

4	>300…2000	>1000…2000	>2500…20000	>10…20	>1…5

Akute Toxizität, Acute Tox*icity* 4. – Kategoriegrenzwert 1%

Spezifische Zielorgan-Toxizität, STOT 3, H335 **Achtung**: Kann die Atemwege reizen. – H336 Kann Schläfrigkeit und Benommenheit verursachen.

Reizung der Haut, Skin Irrit*ation* 2. H315 **Achtung**: Verursacht Hautreizungen. – Rötung, Schorf, Ödem oder Entzündung bei mindestens zwei von drei Tieren binnen 14 Tagen.

Reizung der Augen, Eye Irrit*ation* 2, H319 **Achtung**: Verursacht schwere Augenreizung. Hornhauttrübung, Regenbogenhautentzündung, Bindehautrötung/schwellung

Sensibilisierung der Haut, Skin Sens*itivity* 1, H317 **Achtung**: Kann allergische Hautreaktionen verursachen. –**Hautallergen** (Mensch, Tier).

Chronisch giftig

Spezifische Zielorgan-Toxizität bei einmaliger und wiederholter Exposition

STOT	Single	1	H370 **Gefahr**:	Schädigt die Organe (…)
		2	H371 **Achtung**:	Kann die Organe schädigen.
	Repeated	1	H372 **Gefahr**:	Schädigt Organe bei längerer/wiederholter Exposition
		2	H373 **Achtung**:	Kann die Organe schädigen bei längerer oder wiederholter Exposition.

Aspirationsgefahr, Aspir*ation* Tox*icity* 1, H304 **Gefahr**: Kann bei Verschlucken und Eindringen in die Atemwege tödlich sein.

Sensibilisierung der Atemwege, Resp*iratory* Sens*itivity* 1 H334 **Gefahr**: Kann beim Einatmen Allergie, asthmaartige Symptome oder Atembeschwerden verursachen. – **Inhalationsallergen** (Mensch, Tier).

CMR-Eigenschaften

Kategorie	Karzino-genität *C*arcinogen	Keimzell-Mutagenität *M*utagen	Reproduktionstoxizität *Repro*duction Toxicity
1A **Gefahr**: ge-sichert beim Menschen 1B wahrscheinlich (Tierversuch)	H350 Kann Krebs erzeu-gen, i = Inha-lation	H340 Kann geneti-sche Defekte verur-sachen	H360 Kann die Fruchtbarkeit (F) beeinträchtigen oder das Kind im Mutterleib schädigen (D).
2 **Achtung**: möglich	H351	H341	H361 …vermutlich … (f) … (d). H362 Kann Säuglinge über die Muttermilch schädigen.

GHS-Piktogramm	GHS-Gefahrenklasse und Kategorie, **Signalwort**, Gefahrenhinweis					
  Umweltgefährlich	**Wassergefährdend**. Giftig für Wasserorganismen, letale Konzentration LC_{50}, Langzeitwirkung					
	Aquatic Acute	1	**Achtung**	H400 Sehr giftig	≤ 1 mg/l	keine
	Aquatic Chronic	1	**Achtung**	H410 Sehr giftig	≤ 1 mg/l	ja
		2	–	H411 Giftig	≤ 10 mg/l	ja
	ohne Piktogramm	3	–	H412 Giftig	≤ 100 mg/	ja
		4	–	H413 Kann schädlich sein	Anlass zur Besorgnis	

Chemie | 3

4 Werkstofftechnik

Normen (Auswahl) und Richtlinien

DIN 1742:1971	Zinndruckgusslegierungen; Druckgussstücke
DIN EN 515:1993	Aluminium und Aluminiumlegierungen; Bezeichnung der Werkstoffzustände
DIN EN 573-1:2005	Aluminium und Aluminiumlegierungen; Bezeichnungssystem
DIN EN 573-3:2003	Aluminium u. -legierungen; Chemische Zusammensetzung ...
DIN EN 1173:2008	Kupfer und Kupferlegierungen; Zustandsbezeichnungen
DIN EN 1412:1995	Kupfer und Kupferlegierungen; Europäisches Werknummernsystem
DIN EN 1560:2011	Gießereiwesen – Bezeichnungssystem für Gusseisen
DIN EN 1561:2012	Gießereiwesen – Gusseisen mit Lamellengraphit
DIN EN 1562:2012	Gießereiwesen – Temperguss
DIN EN 1563:2012	Gießereiwesen – Gusseisen mit Kugelgraphit
DIN EN 1564:2012	Gießereiwesen – Ausferritisches Gusseisen
DIN EN 1706:2013	Aluminium u. -legierungen – Gussstücke – Chemische Zusammensetzung...
DIN EN 1753:1997	Magnesium und -legierungen – Blockmetalle...
DIN EN 1774:1997	Zink u. -legierungen – Gusslegierungen
DIN EN 1982:2008	Kupfer u. -legierungen – Blockmetalle...
DIN EN 10002:2009	Metallische Werkstoffe – Zugversuch – Teil 1: Prüfverfahren bei Raumtemperatur
DIN EN 10020:2000	Begriffsbestimmung für die Einteilung der Stähle
DIN EN 10025-2:2011	Warmgewalzte Erzeugnisse aus Baustählen – Teil 2: Unlegierte Baustähle
DIN EN 10025-3:2011 DIN EN 10025-4:2011	Warmgewalzte Erzeugnisse aus Baustählen – Teil 3 und 4: Schweißgeeignete Feinkornbaustähle
DIN EN 10025-6:2009	Warmgewalzte Erzeugnisse aus Baustählen – Teil 6: Flacherzeugnisse aus Baustählen mit höherer Streckgrenze im vergüteten Zustand
DIN EN 10027:2005/2015	Bezeichnungssysteme für Stähle
DIN EN 10083:2006	Vergütungsstähle
DIN EN 10084:2008	Einsatzstähle
DIN EN 10085:2001	Nitrierstähle
DIN EN 10087:1999	Automatenstähle
DIN EN 10149:2013	Warmgewalzte Flacherzeugnisse aus Stählen mit hoher Streckgrenze zum Kaltumformen
DIN EN 10213:2008	Stahlguss für Druckbehälter
DIN EN 10293:2015	Stahlguss – Stahlguss für allgemeine Anwendungen
DIN ISO 4381:2015	Gleitlager – Zinn-Gusslegierungen für Verbundgleitlager
DIN ISO 4382-1:1992	Gleitlager; Kupferlegierungen; Kupfer-Gusslegierungen ...
DIN ISO 4382-2:1992	Gleitlager; Kupferlegierungen; Kupfer-Knetlegierungen ...
DIN ISO 4383:2001/2015	Gleitlager – Verbundwerkstoffe für dünnwandige Gleitlager
DIN EN ISO 6506:2015	Metallische Werkstoffe – Härteprüfung nach Brinell
DIN EN ISO 6507:2006/2015	Metallische Werkstoffe – Härteprüfung nach Vickers
DIN EN ISO 6508:2015	Metallische Werkstoffe – Härteprüfung nach Rockwell
VDG-Merkblatt W50:2002	Gusseisen mit Vermiculargraphit

4.1 Werkstoffprüfung

Härteprüfung nach Brinell

DIN EN ISO 6506

Kurzzeichen HBW
(W = Hartmetallkugel)

$$\mathrm{HBW} = \frac{0,204F}{\pi D\left(D - \sqrt{D^2 - d^2}\right)}$$

HB	F	D, d
1	N	mm

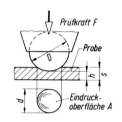

Prüfkraft F

Probe

Eindruck-oberfläche A

350 HBW 10/3000: Brinellhärtewert von 350 mit Kugel von 10 mm $\varnothing$, einer Prüfkraft $F = 29{,}420$ kN bei **genormter Einwirkdauer** von 10...15 s gemessen (deshalb keine Angabe).

Prüfkraft F errechnet sich aus dem sog. kgf-Wert (hier 3000). Er gibt die Masse m an, deren Gewichtskraft als Prüfkraft wirkt

Eindringkörper aus gehärtetem Stahl sind nicht mehr zulässig. (Bezeichnung HBS)

F = Beanspruchungsgrad x $D^2/0{,}102$ in N

120 HBW 5/250/30: Brinellhärte von 120 mit Kugel von 5 mm $\varnothing$, einer Prüfkraft $F = 2452$ N bei einer **längeren Einwirkdauer** von 30 s gemessen.

Prüfkräfte und Prüfbedingungen

Kurzzeichen	Kugel-$\varnothing$ D	B.-G. [1]	Prüfkraft F in N	Kurzzeichen	Kugel-$\varnothing$ D	B.-G. [1]	Prüfkraft F in N
HBW 10/3 000		30	29420	HBW 2,5/187,5		30	1839
HBW 10/1 500		15	14710	HBW 2,5/62,5		10	612,9
HBW 10/1 000	10 mm	10	9807	HBW 2,5/31,25	2,5 mm	5	306,5
HBW 10/500		5	4903	HBW 2,5/15,625		2,5	153,2
HBW 10/250		2,5	2452	HBW 2,5/6,25		1	61,29
HBW 10/100		1	980,7	[1] Beanspruchungsgrad in MPa			
HBW 5/750		30	7355	HBW 1/30		30	294,2
HBW 5/250		10	2452	HBW 1/10		10	98,07
HBW 5/125	5 mm	5	1226	HBW 1/5	1 mm	5	49,03
HBW 5/62,5		2,5	612,9	HBW ½,5		2,5	24,52
HBW 5/25		1	245,2	HBW 1/1		1	9,807

Mindestdicke $s_{\min}$ der Proben in Abhängigkeit vom mittleren Eindruck-$\varnothing$ d (mm): $s_{\min} = 8\,h$
mit Eindrucktiefe h $h = 0{,}5\left(D - \sqrt{D^2 - d^2}\right)$

Beanspruchungsgrad (werkstoff- und härteabhängig) = $0{,}102 \times F/D^2$ ($\rightarrow$ Übersicht).

Übersicht: Werkstoffe und Beanspruchungsgrad

Eindruck $\varnothing$ d	Mindestdicke s der Proben für Kugel-$\varnothing$ D in mm:				
	$D = 1$	2	2,5	5	10
0,2	0,08				
1		1,07	0,83		
1,5			2,0	0,92	
2				1,67	
2,4				2,4	1,17
3				4,0	1,84
3,6					2,68
4					3,34
5					5,36
6					8,00

Werkstoffe	Brinell-Bereich HBW	Beanspruchungsgrad MPa
Stahl, Ni, Ti		30
Gusseisen [1]	< 140	10
	> 140	30
Cu und Legierungen	35...200	10
	< 200	30
	< 35	2,5
Leichtmetalle	< 35	2,5
	35 ... 80	5/ 10/ 15
	> 80	10/15
Pb, Sn		1

Sintermetalle ISO 4498
[1] Nur mit Kugel 2,5; 5 oder 10 mm $\varnothing$.

Der Kugel-$\varnothing$ D soll so groß wie möglich gewählt werden. Danach muss nach der Härteprüfung mit Hilfe der linken Tafel festgestellt werden, ob für den ermittelten Eindruck-$\varnothing$ d die Mindestdicke kleiner ist als die Probendicke. Andernfalls ist die nächst kleinere Kugel zu verwenden.

Härteprüfung nach Vickers
DIN EN ISO 6507

Kurzzeichen HBV
(W = Hartmetallkugel)

$$HV = \frac{0,189F}{d^2} \qquad d = \frac{d_1 + d_2}{2}$$

HV	F	d
1	N	mm

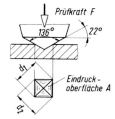

640 HV 30: Vickershärte von 640 mit
$F = 294$ N bei 10…15 s Einwirkdauer gemessen.
180 HV 50/30: Vickershärte von 180 mit
$F = 490$ N bei 30 s Einwirkdauer gemessen.

Diagramm:
Mindestdicke in Abhängigkeit von Härte und Prüfkraft

Kleinkraftbereich:
Für kleine Proben oder dünne Schichten mit kleineren Kräften zwischen 1,96 und 49 N.

Mikrohärteprüfung:
Für einzelnen Kristalle mit Kräften von 0,1 bis 1,96 N auf besonderen Geräten.

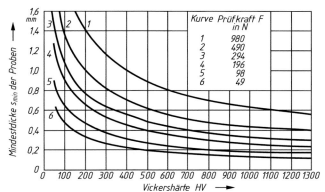

Ablesebeispiel: Probe mit einer zu erwartenden Härte von 300 HV und 1 mm Dicke.
Der Schnittpunkt beider Koordinaten im Diagramm liegt oberhalb der Kurve 2, also ist eine Prüfkraft von $F = 490$ N geeignet, sie würde in einem weicheren Werkstoff mit der Probendicke $s = 1$ mm bis herunter zu einer Vickershärte von 200 HV noch zulässig sein.

Härteprüfung nach Rockwell
DIN EN ISO 6508

$$\frac{HRC}{HRA} = 100 - 500 t_b$$

HRC	t_b
1	mm

$$HRN = 100 - 1000 t_b$$

HRN	t_b
1	mm

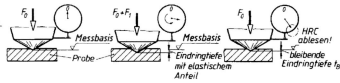

Prüfverfahren mit Diamantkegel

Kurzzeichen	HRC	HRA	HR 15 N	HR 30 N	HR 45 N
Prüfvorkraft F_0	98	98	29,4	29,4	29,4
Prüfkraft F_1	1373	490	117,6	265,0	412,0
Prüfgesamtkraft F	1471	588	147,0	294,0	441,0
Messbereich	20…70 HRC	60…88 HRA	68…92 HR 15 N	39…84 HR 45 N	17…75 HR 45 N
Härteskale	0,2 mm	0,2 mm	0,1 mm		
Werkstoffe	Stahl gehärtet, angelassen	Wolframcarbid, Bleche ≥ 0,4 mm	Dünne Proben ≥ 0,15 mm, kleine Prüfflächen, dünne Oberflächenschichten		

Die Probendicke soll mindestens das 10-fache der bleibenden Eindringtiefe t_b betragen.

4 Werkstofftechnik

| Zugversuch DIN EN 10 002 | Mit Zugproben (DIN 50 125) $$L_0 = 5\,d_0$$ $$L_0 = 5{,}65\sqrt{S_0}$$ | 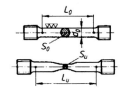 |

| Hooke'sches Gesetz | $$\sigma = \varepsilon\,E = \frac{\Delta L}{L_0}E = \frac{F}{S_0}$$ |

σ, E	ε	$\Delta L, L_0$	F	S_0
$\dfrac{\mathrm{N}}{\mathrm{mm}^2}$	1	mm	N	mm^2

| Zugfestigkeit R_m | $$R_m = \frac{F_{\max}}{S_0}$$ |

$R_m, R_e, R_{p0,2}$	A_5, A_{10}, Z	F	L	S_0	ε
$\dfrac{\mathrm{N}}{\mathrm{mm}^2}$	%	N	mm^2	mm^2	1

| Streckgrenze R_e | $$R_e = \frac{F_{0,2}}{S_0}$$ |

| 0,2-Dehngrenze $R_{p\,0,2}$ | $$R_{p0,2} = \frac{F_{0,2}}{S_0}$$ |

| Bruchdehnung A | $$A = \frac{L_u - L_o}{L_o}\cdot 100\,\%$$ |

| Brucheinschnürung Z | $$Z = \frac{S_o - S_u}{S_o}\cdot 100\,\%$$ |

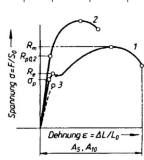

Spannung-Dehnung-Diagramme
1 weicher Stahl, 2 legierter Stahl
3 Gusseisen

| Elastizitätsmodul E | $$E = \frac{\sigma}{\varepsilon_{el}}$$ |

| Kerbschlagbiegeversuch (Charpy) | Kerbschlagarbeit $$KV\,(KU) = F\,(h - h_1)$$ |

KV, KU	F	H, h_1
J	N	m

DIN EN ISO 148-1

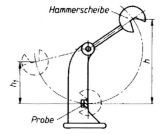

Kurzzeichen

KV = 100 J: Verbrauchte Schlagarbeit 100 J an V-Kerb-Normalprobe und einem Pendelhammer mit 300 J Arbeitsvermögen (Normwert) ermittelt,
KU 100 = 65 J: Verbrauchte Schlagarbeit 65 J an U-Kerb-Normalprobe mit Pendelhammer von 100 J Arbeitsvermögen ermittelt

4.2 Eisen-Kohlenstoff-Diagramm

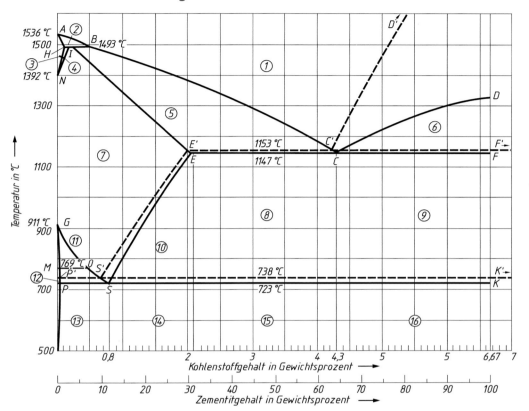

Phasenanteile der Legierungen in den Zustandsfeldern 1...16

Metastabiles System Fe-Fe₃C (ausgezog. Linien)				Stabiles System, Fe-C (gestrichelte Linien)			
1	Schmelze (S)	9	Primär-Zem.+ Eu.	1	Schmelze (S)	9	G. + G.-Eutektikum
2	S.+ δ-Mk.	10	γ-Mk. + Sek.-Zem.	2	S. + δ-Mk.	10	γ-Mk. + sek. Graphit.
3	δ-Mischkristalle	11	γ-Mk. + α-Mk.	3	δ-Mischkristalle	11	γ-Mk. + α-Mk.
4	δ-Mk. + γ-Mk.	12	α-Mk. (Ferrit)	4	δ-Mk. + γ-Mk.	12	α-Mk. (Ferrit)
5	S.+ γ-Mk.	13	Ferrit + Perlit	5	Schmelze + γ-Mk	13	
6	S.+ Primärzementit	14	Sek-Zem.+ Perlit	6	Schmelze + Graphit	14	
7	γ-Mk (Austenit)	15	Perlit + Eu.	7	γ-Mischkristalle	15	α-Mk. + Graphit
8	γ-Mk + Eutektikum (Ledeburit).	16	Prim. Zementit + Eutektikum.	8	γ-Mk.+ Graphiteutektikum	16	

Haltepunkte, Kurzzeichen und Bedeutung

Ar_3	Haltepunkt A_3 bei Abkühlung, Beginn der Ferritausscheidung (Linie GSK)	Ac_3	Haltepunkt A_3 bei Erwärmung, Ende der Austenitbildung (α-χ-Umwandlung)
Ar_1	Austenitzerfall und Perlitbildung beim Abkühlen	Ac_1	Umwandlung des Perlit zu Austenit beim Erwärmen
Ar_{cm}	Beginn der Zementit-*Ausscheidung beim Abkühlen* (Linie ES*)*	Ac_{cm}	Ende der Zementit-*Einformung* beim Erwärmen

4.3 Bezeichnung der Stähle nach DIN EN 10027

Teil 1: Bezeichnungssystem für Stähle. Die Bezeichnung eines Stahles mit Kurznamen wird durch Symbole auf 4 Positionen gebildet.

Pos. 1	Pos. 2	Pos. 3	Pos. 4
Werkstoffsorte	Haupteigenschaft	Besondere Werkstoffeigenschaften, Herstellungsart	Erzeugnisart

Hauptsymbole	Zusatzsymbole

1 Verwendungsbereich (G = Stahlguss) [1]	**2** Mech. Eigenschaften	**3a** Herstellungsart, zusätzliche mechanische Eigenschaften		**3b** Eignung für bestimmte Einsatzbereiche bzw. Verfahren		**4**

G S	**Stahlbau**	**Kerbschlagarbeit** *KV*		C	Bes. Kaltformbarkeit	
	Mindeststreckgrenze	A_v (J) 27 40 60		D	F.Schmelztauchüberzg	
z. B. Stähle nach DIN EN 10025- 2 -3 -4 -5 -6	$R_{e,\,min}$ f. d. kleinsten Erzeugnisbereich	Symbol **J** **K** **L**		E	Für Emaillierung	
		Schlagtemperatur in °C		F	Zum Schmieden	Tab. A B C
		Temp. RT 0 −20 −30 −40 −50		H	Für Hohlprofile	
		Symb. **R** **0** **2** **3** **4** **5**		L	F. tiefe Temperaturen	
		A	Ausscheidungshärtend	M	Thermomech. gew.	
		M	Thermomechanisch,	N	Normalis. gewalzt	
		N	normalisierend gewalzt	P	Für Spundwände	
		Q	Vergütet	Q	Zum Vergüten	
		G	Andere Merkmale (evtl. 1 oder 2 Folgeziffern)	S	Schiffbau	
				T	Für Rohre	
				W	Wetterfest	
G P	**Druckbehälter**	B	Gasflaschen	H	Hochtemperatur	
	$R_{e,\,min}$ f. d. kleinsten Erzeugnisbereich	M	Thermomechanisch,	L	Tieftemperatur	Tab. A B C
z. B. Stähle DIN EN 10028 Stahlguss 10213		N	normalisierend gewalzt.	R	Raumtemperatur	
		Q	Vergütet	X	Hoch- u. Tieftemp.	
		S	Einfache Druckbehälter			
		T	Rohre			
		G	Andere Merkmale (evtl. mit 1 oder 2 Folgeziffern)			
E	**Maschinenbau**	G	Andere Merkmale, evtl. mit 1 oder 2 Folgeziffern	C	Eignung zum Kaltziehen	Tab. B
z. B. Stähle DIN EN 10025-2	wie oben					

[1] G wahlweise vorgestellt

1 Verwendungs-bereich (G = Stahlguss)[1]	2 Mech. Eigen-schaften	3a Herstellungsart, zusätzliche mechanische Eigenschaften				3b Eignung für bestimmte Einsatzbereiche bzw. Verfahren				4
R **Stähle für Schienen** oder in Form von Schienen	nnn = Mindest-härte HBW	**Cr** **Mn** **an**	Cr-legiert Mn- Gehalt hoch Chem. Symbole für andere Elemente + 10-facher Gehalt			**HT** **LHT** **Q**	Wärmebehandelt Niedrig legiert, wärmebehandelt: Vergütet			----
H **Flacher-zeugnisse,** aus höherfesten Stählen zum Kalt-umformen, z. B. Bleche + Bänder DIN EN 10268	$R_{e, min}$ oder mit Zeichen T $R_{m, min}$	**B** **C** **I** **LA** **M**	Bake hardening Koplexphase Isotroper Stahl Niedrig legiert Thermomech. gewalzt			**P** **T** **X** **Y**	P-legiert TRIP-Stahl Dualphasen-stahl IF (interstitiell free)	**D**	Für Schmelz-tauch-überzüge	Tab. C

Pos. 1		2			3			
D **Flacher-zeugnisse** zum Kaltumfor-men, z. B. Bleche + Bänder DIN EN 10130, 10209, 10346	Cnn Dnn Xnn nn	Kaltgewalzt Warmgewalzt, für unmittelbare Kaltumformung Walzart (kalt/warm) nicht vorgeschrieben Kennzahl nach Norm			**D** **EK** **ED** **H** **T** **G**	Für Schmelztauchüberzüge Für konv. Emaillierung Für Direktemaillierung Für Hohlprofile Für Rohre Andere Merkmale		Tab. B C

Pos. 1		2			3			
G C **Unlegierte Stähle** Mn-Gehalt ≤ 1 %, z. B. Stähle DIN EN 10083-1	nn	Kennzahl = 100-facher C-Gehalt	**C** **D** **E** **R**	Zum Kaltumformen Zum Drahtziehen Vorgeschriebener *max.* S-Gehalt, Vorgeschriebener S – *Bereich* (%)	**S** **U** **W** **G**	Für Federn Für Werkzeuge Für Schweißdraht Andere Merkmale		Tab. B

Pos.1		2		2a	3	4
G – **Niedriglegierte Stähle** Σ LE < 5%, z. B. Einsatzstähle DIN EN 10084, Unlegierte Stähle mit ≥1 % Mn, z. B. Automatenstähle DIN EN 10087	nn	Kennzahl = 100-facher C-Gehalt	LE-Symbole nach fallenden Gehalten geordnet, danach *Kennzahlen* mit Bindestrich getrennt in gleicher Folge		—	Tab. A, B
		Kennzahlen sind Vielfache der LE-%. Die Faktoren sind:				
		1000 100	Bor Ce, N, P, S	10 Al, Be, Cu, Mo, Nb, Pb, Ta, Ti, V, Zr. 4 Cr, Co, Mn, Ni, Si, W		
G X **Hochlegierte Stähle** mit Σ LE > 5%	nn	Kennzahl = 100-facher C-Gehalt	LE-Symbole nach fallenden Gehalten geordnet, danach die %-Gehalte der Haupt - LE- mit Bindestrich in gleicher Folge		—	Tab. A, B
HS **Schnellarbeits-stähle**	nn	Prozentualer Gehalt der LE in der Folge W-Mo-V-Co (mit Bindestrich)			—	Tab. B

[1] G wahlweise vorgestellt

Zusatzsymbole für Stahlerzeugnisse (Pos. 4)

Tabelle A: für besondere Anforderungen an das Erzeugnis

+C	Grobkornstahl	+H	Mit besonderer Härtbarkeit
+F	Feinkornstahl	+Z15/25/35	Mindestbrucheinschnürung. *Z* (senkr. z. Oberfläche) in %

4

Werkstofftechnik

Tabelle B: für den Behandlungszustand

+A	Weichgeglüht	**+I**	Isothermisch behandelt	**+QT**	Vergütet
+AC	Auf kugelige Carbide geglüht			**+QW**	Wassergehärtet
+AR	Wie gewalzt (ohne besondere Bedingungen)	**+LC**	Leicht kalt nachgezogen bzw. gewalzt	**+S**	Behandelt auf Kaltscherbarkeit
+AT	Lösungsgeglüht	**+M**	Thermomech. behandelt	**+SR**	Spannungsarmgeglüht
+C	Kaltverfestigt	**+N**	Normalgeglüht	**+S**	Rekristallisations- geglüht
+Cnnn	Kaltverfestigt auf mindestens R_m = nnn MPa	**+NT**	Ausscheidungsgehärtet	**+T**	Angelassen
+CPnnn	Kaltverfestigt auf mindestens $R_{p0,2}$ = nnn MPa	**+NT**	Normalgeglüht + angelassen	**+TH**	Behandelt auf Härte- spanne
+CR	Kaltgewalzt	**+Q**	Abgeschreckt	**+U**	Unbehandelt
+DC	Lieferzustd. d. Hersteller überlassen	**+QA**	Luftgehärtet	**+WW**	Warmverfestigt
+HC	Warm-kalt-geformt	**+QO**	Ölgehärtet		

Tabelle C: für die Art des Überzuges

+A	Feueraluminiert	**+IC**	Anorganische Beschichtung	**+Z**	Feuerverzinkt
+AR	Al-walzplattiert	**+OC**	Organische Beschichtung	**+ZA**	ZnAl-Legierung (> 50 % Zn)
+AS	Al-Si-Legierung	**+S**	Feuerverzinnt	**+ZE**	Elektrolytisch verzinkt
+AZ	AlZn-Legierung (> 50 % Al)	**+SE**	Elektrolytische verzinnt	**+ZF**	Diffusionsgeglühte Zn-Über- züge (galvanealed)
+CE	Elektrolytisch spezial- verchromt	**+T**	Schmelztauchveredelt mit PbSn	**+ZN**	ZnNi-Überzug (elektrolytisch)
+CU	Cu-Überzug	**+TE**	Elektrolytisch mit PbSn überzogen		

4.4 Baustähle DIN EN 10025-2

Stahlsorte Kurz- zeichen	Werk- stoff Nr.	R_{eH} bzw. $R_{p0,2}$ Nenndicken (mm)			R_m MPa ≤ 100	A_{80} [1] Nenndicken (mm)		A %	Bemerkungen
		≤ 16	≤ 100	≤ 200		$\leq 1...<3$	$\leq 3...<40$		
Stahlsorten mit Angaben der Kerbschlagarbeit KV ($\rightarrow$ Tabelle zu 4.3 Stahlbau)									
S235JR **S235J0** **S235J2**	1.0038 1.0114 1.0117	235	215	175	360...510	l: 17...21 t: 15...19	l: 26 t: 24		Niet- und Schweißkonstruktio- nen im Stahlbau, Flansche, Armaturen **schmelzschweißgeeignet**
S275JR **S275J0** **S275J2G4**	1.0044 1.0143 1.0145	275	235	215	410...560	l: 14...18 t: 12...20	l: 22 t: 20		Für höhere Beanspruchung im Stahl- und Fahrzeugbau, Kräne und Maschinengestelle **schmelzschweißgeeignet**
S355JR **S355J0** **S355J2** **S355K2**	1.0045 1.0153 1.0577 1.0596	355	315	285	490...630	l: 14...18 t: 12...16	l: 22 t: 20		wie bei S275 **schmelzschweißgeeignet**
S450J0	1.0590	450	380	---	550...720				Nur für Langerzeugnisse
Stahlsorten ohne Werte für die Kerbschlagarbeit KV									
S185	1.0035	185	175	155	290...510	t: 10...14	l: 18 / t: 16		Bauschlosserei, Achsen, Wel- len, Zahnräder, Kurbeln, Buch- sen, Passfedern, Keile; Stifte. Die Sorten sind **pressschweißgeeignet**
E295	1.0050	295	255	235	470...610	l: 12...16	l: 20 / t: 18		
E335	1.0060	335	295	265	570...710	l: 8...12	l: 16 / t: 14		
E360	1.0070	360	325	295	670...830	l......3...7	l: 11 / t: 10		

[1] Bruchdehnungswerte an Längsproben (l) und Querproben (t) gemessen

4.5 Schweißgeeignete Feinkornbaustähle

DIN EN	Beschreibung		Sorten
10025-3 (10113-2 Z)	Warmgewalzte Erzeugnisse aus schweißgeeigneten Feinkornbaustählen	Normalgeglühte/ normalisierend gewalzte Sorten in 4 Stufen, kaltzähe Sorten (Symbol NL)	**S275N** / 355 / 420 / 460 SnnnNL mit $KV_{-50} = 27$ J
10025-4 (10113-3 Z)		Thermomechanisch gewalzte Sorten in 4 Stufen, kaltzähe Sorten (Symbol ML)	**S275M** / 355 / 420 / 460 SnnnML mit $KV_{-50} = 27$ J
10025-6 (10137 Z)	Flacherzeugnisse aus Baustählen mit höherer Streckgrenze im vergüteten Zustand	Vergütet, in 5 Stufen (z. B. für Stahlkonstruktionen im Kranbau und für Schwerlastfahrzeuge); zu jeder 2 kaltzähe Sorten (QL, QL1)	**S460Q** / 500 / 550 / 620 / 690 SnnnQL : $KV_{-40} = 30$ J SnnnQL1: $KV_{-60} = 30$ J

4.6 Warmgewalzte Flacherzeugnisse aus Stählen mit hoher Streckgrenze zum Kaltumformen, thermomechanisch gewalzte Stähle DIN EN 10149-2

Kurzname [1]	SEW 092	Werkstoff Nr.	R_m MPa	A % für $t \geq 3$ mm	Faltversuch,180° Dorn-∅ mm	Biegeradien für Dicke t 3...6	> 6 mm
S315MC	QStE 300 TM	1.0972	390...510	24	0 t	0,5 t	1,0 t
S355MC	QStE 360 TM	1.0976	430...550	23	0,5 t		
S420MC	QStE 420 TM	1.0980	480...620	19		1,0 t	1,5 t
S460MC	QStE 460 TM	1.0982	520...670	17	1 t		
S500MC	QStE 500 TM	1.0984	550...700	14			
S550MC	QStE 550 TM	1.0986	600...760	14	1,5 t	1,5 t	2,0 t
S600MC	QStE 600 TM	1.0988	650...820	13			
S650MC	QStE 650 TM	1.0989	700...880	12	2 t	2,0 t	2,5 t
S700MC	QStE 700 TM	1.0966	750...950	12			

[1] Kurzname enthält die obere Streckgrenze in MPa, Bruchdehnung A an Längs-, Faltversuch an Querproben.

4.7 Vergütungsstähle DIN EN 10083

Stahlsorte		Durchmesserbereich $d \leq 16$ mm				$16 \leq d \leq 40$ mm				
Kurzname	Stoff-Nr.	R_e MPa	R_m MPa	A %	Z %	R_e MPa	R_m MPa	A %	Z %	KV J
C22E [1]	1.1151	340	500...650	20	50	290	470...620	22	50	50
C35E [1]	1.1181	430	630...780	17	40	380	600...750	19	45	35
C40E [1]	1.1186	460	650...800	16	35	400	630..780	18	40	30
C45E [1]	1.1191	490	700...850	14	35	430	650...800	16	40	25
C50E [2]	1.1206	520	750...900	13	30	460	700...850	15	35	--
C55E [1]	1.1203	550	800...950	12	30	490	750...900	14	35	--
C60E [1]	1.1221	580	850...1000	11	25	520	800...950	13	30	--
28Mn6	1.1170	590	800...950	13	40	490	700...850	15	45	40
38Cr2	1.7003	550	800...950	14	35	450	700...850	15	40	35
46Cr2	1.7006	650	900...1100	12	35	550	800...950	14	40	35
34Cr4 [2]	1.7033	700	950...1150	12	35	590	800...950	14	40	35
37Cr4 [2]	1.7034	750	950...1200	11	35	630	850...1000	13	40	50
41Cr4 [2]	1.7035	800	1000...1200	11	30	660	900...1100	12	35	35
25CrMo4 [2]	1.7218	700	900...1100	12	50	600	800 950	14	55	50
34CrMo4 [2]	1.7220	800	1000...1200	11	45	650	900...1100	12	50	40
42CrMo4 [2]	1.7225	900	1100...1300	10	40	750	1000...1200	11	45	35
50CrMo4	1.7228	900	1100...1300	9	40	780	1000...1200	10	45	30
34CrNiMo6	1.6582	1000	1200...1400	9	40	900	1100...1300	10	45	45
30CrNiMo8	1.6580	1050	1250...1450	9	40	1050	1250...1450	9	40	30
35NiCr6	1.5815	740	880...1080	12	40	740	880...1080	14	40	35
36NiCrMo16	1.6773	1050	1250...1450	9	40	1050	1250...1450	9	40	30
39NiCrMo3	1.6510	785	980...1180	11	40	735	930..1130	11	40	35
30NiCrMo16-6	1.6747	880	1080...1230	10	45	880	1080...1230	10	45	35
51CrV4	1.8159	900	1100...1300	9	40	800	1000...1200	10	45	35

[1] Zu diesen Sorten gibt es je einen Qualitätsstahl (z. B.C35) und eine Variante mit verbesserter Spanbarkeit (z. B. C35R)
[2] Zu diesen Sorten gibt es eine Variante mit verbesserter Spanbarkeit (unlegiert C50R, legiert z. B. 34CrS4) erreicht durch leicht erhöhte S-Gehalte von 0,02...0,04 % Teil 2 enthält 6 Sorten mit Bor-Gehalten von 0.0008...0,005 %.

4.8 Einsatzstähle DIN EN 10084

Stahlsorte	Werk-stoff-Nr	HB geglüht	Stirnabschreckversuch, Härte HRC für einen Stirnabstand in mm				Anwendungsbeispiele
			1,5	5	11	25	
C10E+H	1.1121	131					Kleine Teile mit niedriger Kernfestig-
C15E+H	1.1141	143					keit: Bolzen Zapfen, Buchsen, Hebel
17Cr3+H	1.7016	174	39				w. o. mit höherer Kernfestigkeit
16MnCr5+H	1.7131	207	39	31	21		} Zahnräder und Wellen im
20MnCr5+H	1.7147	217	41	36	28	21	} Fahrzeug- und Getriebebau
20MoCr4+H	1.7321	207	41	31	22		Zum Direkthärten geeignet
22CrMoS3-5+H	1.7333	217	42	37	28	22	Für größere Querschnitte
20NiCrMo2-2+H	1.6523	212	41	31	20		Getriebeteile höchster Zähigkeit
17CrNi6-6+H	1.5919	229	39	36	30	22	} hochbeanspruchte Getriebe-
18CrNiMo7-6+H	1.6587	229	40	39	36	31	} teile, Wellen, Zahnräder

4.9 Nitrierstähle DIN EN 10085

Stahlsorte Kurzname	Werkstoff-Nr.	$\varnothing$-Bereich in mm	$R_{p0,2}$ MPa	A %	KV J	HV1	Eigenschaften, Anwendungsbeispiele
		Eigenschaften vergütet					
31CrMo12	1.8215	...40	850	10			Warmfest, für Teile von Kunststoff-
		41...100	800	11	35	800	maschinen.
31CrMoV9	1.8519	...80	800	11	35	800	Ionitrierte Zahnräder mit hoher Dauer-
		81...150	750	13	35		festigkeit.
15CrMoV6-9	1.8521	...100	750	10	30	800	Größere Nitrierhärtetiefe, warmfest.
		101...250	700	12	35		
34CrAlMo5	1.8507	...70	600	14	35	950	Druckgießformen für Al-Legierungen
35CrAlNi7	1.8550	70...250	600	15	30	950	Für große Querschnitte

4.10 Stahlguss DIN EN 10293

Stahlsorte Kurzname	Zustand	Stoff-Nr.	Dicke mm	$R_{m,min}$ MPa	$R_{p\,0,2}$ MPa	A %	KV in J bei RT	bei / °C	Anwendungsbeispiele
GE200	+N	1.0420	≤ 300	380...530	200	25	27	--	Kompressorengehäuse
GE240	+N	1.0446	≤ 300	450...600	230	22	27	--	Konvertertragring
GE300	+N	1.0558	≤ 100	520..670	300	18	31	--	Großzahnräder
G17Mn5	+QT	1.1131	≤ 50	450...600	240	24	70	27 / -40	Tunnelabdeckung (U-Bahn)
G20Mn5	+N	1.1120	≤ 30	480...620	300	20	60	27 / -40	Fachwerkknoten (2,3 t)
G30CrMoV6-4	+QT	1.7725	≤ 100	850...1000	700	14	45	27 / -40	Achsschenkel (400 kg)
G9Ni14	+QT	1.5638	≤ 35	500...650	360	20	---	27 / -90	Kaltzäh, Kälteanlagen

4.11 Bezeichnung der Gusseisensorten DIN EN 1560

Kurzzeichen werden aus max. 6 Positionen gebildet: Pos. 1. **EN** für Europäische Norm, Pos. 2. **GJ** für Gusseisen, **J** steht für I (iron), um Verwechslungen zu vermeiden.

EN	GJ	3.	4.	5.	6.

Pos. 3 Zeichen für Graphitform (wahlfrei)

L	lamellar
S	kugelig
V	vermicular
H	graphitfrei, (ledeburitisch)
M	Temperkohle

Pos.4 Zeichen für Mikro- oder Makrogefüge (wahlfrei)

A	Austenit	Q	Abschreckgefüge
F	Ferrit	T	Vergütungsgefüge
P	Perlit	B	nichtentkohlend geglüht
M	Martensit	W	entkohlend geglüht
L	Ledeburit	N	graphitfrei

Pos. 5 Angabe der mechanischen Eigenschaften (obligatorisch)

Sorte	Eigenschaft (Festigkeiten in MPa)
GJL-	Mindestzugfestigkeit oder Härte HB, HV .
GJMB- GJMW- GJS-	⎰ Mindestzugfestigkeit – Mindestbruchdehnung %) zusätzlich für die Temperatur bei Messung der Kerbschlagarbeit: –**RT** (bei Raum-,–**LT** (bei Tief-temperatur).

oder der chemischen Zusammensetzung.

Alle anderen Sorten	Bezeichnung wie bei den legierten Stählen mit C-Kennzahl, Symbole der LE, Multiplikatoren mit Bindestrich (4.3 Teil 1, Legierte Stähle.) Hochlegierte Sorten mit **X** (wahre Prozente)

Pos. 6 Zeichen für zusätzliche Anforderungen (wahlfrei)

D	Rohgussstück
H	Wärmebehandeltes Gussstück
W	Schweißeignung für Verbindungsschweißungen
Z	zusätzliche Anforderungen nach Bestellung

4.12 Gusseisen mit Lamellengraphit GJL DIN EN 1561

Mechanische Eigenschaften in getrennt gegossenen Proben von 30 mm Rohdurchmesser

Eigenschaft	Formel-zeichen	Einheit	Sorte EN GJL				
			-150	-200	-250	-300	-350
Zugfestigkeit	R_m	MPa	150...250	200...300	250...350	350...400	350...450
0,1 %-Dehngrenze	$R_{p0,2}$	MPa	98...165	130...195	165...228	195...260	228...285
Bruchdehnung	A	%	0,8...0,3	0,8....0,3	0,8...0,3	0,8...0,3	0,8...0,3
Druckfestigkeit	σ_{dB}	MPa	600	720	840	960	1080
Biegefestigkeit	σ_{bB}	MPa	250	290	340	390	490
Torsionsfestigkeit	τ_{tB}	MPa	170	230	290	345	400
Biegewechselfestigkeit	σ_{bW}	MPa	70	90	120	140	145

Weitere 6 Sorten werden nach der Brinellhärte benannt (gemessen im Wanddickenbereich 40...80 mm): EN GJL-HB155 / 175 / 195 / 215 / 235 / 255.

Schaubild zur Abschätzung von Zugfestigkeit und Brinellhärte in Gussstücken

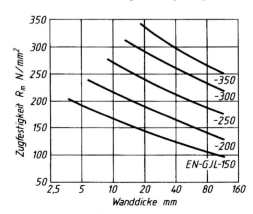

Werkstofftechnik **4**

4.13 Gusseisen mit Kugelgraphit GJS DIN 1563

Kurzname EN-GJS-	$R_{p0,2}$ MPa	$\tau_a = \tau_t$ MPa	K_{Ic} in [3] MPa√m	σ_d MPa	σ_{bB} [4] MPa	σ_{bB} [5] MPa	Gefüge	Anwendungsbeispiele
-350-22 [1]	220	315	31		180	114	Ferrit	
-400-18 [2]	250	360	30	700	195	122	Ferrit	Windenergieanlagen
-400-15	250	360	30	700	200	124	Ferrit	Pressholm für 6000 t-Presse, 47 t
-450-10	310	405	23	700	210	128	Ferrit	Pressenständer (165 t)
-500-7	320	450	25	800	224	134	Ferrit/Perlit	Zylinder für Diesel-Ramme, 1,7 t
-600-3	380	540	20	870	248	149	Ferrit/Perlit	Kolben (Großdieselmotor)
-700-2	440	630	15	1000	280	168	Perlit	Planetenträger, Kurbelwelle VR5,
-800-2	500	720	14	1150	304	182	Perlit/Bainit	
-900-2	600	810	14	----	317	190	Martensit, wärmebehandelt	

[1] Hierzu gibt es je eine Sorte mit gewährleisteter Kerbschlagarbeit bei RT (-RT angehängt) mit 17 J bei +23 °C oder tiefen Temperaturen (-LT) mit 12 J bei –40 °C;   [2] Hierzu gibt es je eine Sorte mit gewährleisteter Kerbschlagarbeit bei RT (-RT) mit 14 J bei +23 °C oder tiefen Temperaturen (-LT) mit 12 J bei –20 °C;   [3] Bruchzähigkeit;   [4] Umlaufbiegeversuch, ungekerbte Probe;   [5] Umlaufbiegeversuch, gekerbte Probe; Werte gelten für getrennt gegossene Probestücke.

4.14 Temperguss GJM DIN EN 1562

Kurznamen DIN EN 1562	DIN 1692(Z)	$R_{p0,2}$ MPa	HB 30 →	Anwendungsbeispiele (Härte HBW nur Anhaltswerte)

EN-GJMW-   Entkohlend geglühter (weißer) Temperguss

-350-4	GTW-35-04	--	max. 230	Für normalbeanspruchte Teile, Fittings, Förderkettenglieder, Schlossteile
-360-12	GTW-S38-12	190	max. 200	Schweißgeeignet für Verbunde mit Walzstahl, Teile für Pkw-Fahrwerk, Gerüststreben
-400-5	GTW-40-05	220	max. 220	Standardwerkstoff für dünnwandige Teile, Schraubzwingen, Kanalstreben, Gerüstbau, Rohrverbinder
-450-7	GTW-45-07	260	max. 220	Wärmebehandelt, höhere Zähigkeit, Pkw-Anhängerkupplung, Getriebeschalthebel
-550-4	----------	340	max. 250	Hochbeanspruchte Teile für den Gerüst und Schalungsbau

EN-GJMB-   Nicht entkohlend geglühter (schwarzer)Temperguss

-300-6	----------	---	max. 150	Anwendung, wenn Druckdichtheit wichtiger als Festigkeit und Duktilität
-350-10	GTS-35-10	200	max. 150	Seilrollen mit Gehäuse, Möbelbeschläge, Schlüssel aller Art, Rohrschellen, Seilklemmen
-450-6	GTS-45-06	270	150...200	Schaltgabeln, Bremsträger
-500-5	-----------	300	165...215	
-550-4	GTS-55-04	340	180...230	Kurbelwellen, Kipphebel für Flammhärtung, Federböcke, Lkw-Radnaben
-600-3	-----------	390	195...245	
-650-2	GTS-65-02	430	210...260	Druckbeanspruchte kleine Gehäuse, Federauflage für Lkw (oberflächen- gehärtet)
-700-2	GTS-70-02	530	240... 90	Verschleißbeanspruchte Teile (vergütet) Kardangabelstücke, Pleuel, Verzurrvorrichtung für Lkw
-800-1	----------	600	270...310	Verschleißbeanspruchte kleinere Teile (vergütet)

Mechanische Eigenschaftswerte der Gusssorten beziehen sich auf getrennt gegossene Probestücke (12 mm ∅) des gleichen Werkstoffes.

4.15 Bainitisches Gusseisen mit Kugelgraphit DIN EN 1564

Sorte EN-	Zugfestigkeit R_m MPa	Streckgrenze $R_{po,2}$ MPa	Bruchdehnung A %	Härte HBW 30
GJS- 800-8	> 800	> 500	8	260..320
GJS-1000-5	>1000	> 700	5	300...360
GJS-1200-2	>1200	> 850	2	340...440
GJS-1400-1	>1400	>1100	1	380...480

4.16 Gusseisen mit Vermiculargraphit GJV VDG-Merkblatt W50

Sorte	Zugfestigkeit R_m MPa	Streckgrenze $R_{po,2}$ MPa	Bruchdehnung A %	Härte HBW 30
GJV-300	300...375	220..295	1,5	140...210
GJV-350	350..425	260...335	1,5	160...220
GJV 400	400..475	300..375	1,0	180...240
GJV 450	450..525	340..415	1,0	200..250
GJV 500	500..575	380..455	0,5	220..260

4.17 Bezeichnung von Aluminium und Aluminiumlegierungen

Numerisches Bezeichnungssystem nach DIN EN 573-1:

Normbezeichnung **EN AW - 4** | **1.** | **2.** | **3.** | **4.** | Ziffern + Buchstabe für nationale Variante

für Aluminium **A**   **3. + 4.** sind Zählziffern
für Halbzeug **W**   **2.** Ziffer für Legierungsvariante
       1. Ziffer für Legierungsserie (Tafel)

Aluminium-Gusslegierungen wird für Werkstoffnummer und Kurzbezeichnung ein **EN AC-** vorgestellt.

Bezeichnung nach der chemischen Zusammensetzung DIN EN 573-2. Das Symbol EN AW- (bzw. AC-) wird dem Kurznamen vorgestellt, der meistens aus der früheren Bezeichnung nach DIN 1725 gebildet wird.

Aluminium-Legierungsserien nach DIN EN 573-3   (Ziffer 1)

Serie	Legierungselemente	Serie	Legierungselemente	Serie	Legierungselemente
1 x x x	Al unlegiert	4 x x x	Al Si + Mg, Bi, Fe, MgCuNi	7 x x x	Al Zn + Mg, Cu, Zr
2 x x x	Al Cu + weitere	5 x x x	Al Mg + Mn, Cr, Zr	8 x x x	Sonstige, Fe, FeSi, FeSiCu
3 x x x	Al Mn + Mg	6 x x x	Al MgSi + Mn, Cu, PbMn		

Bezeichnung der Werkstoffzustände durch Anhängesymbole nach DIN EN 515

Symbol	Zustand	Bedeutung der 1. Ziffer		Bedeutung der 2. Ziffer	
F	Herstellungs-zustand	keine Grenzwerte für mechanische Eigenschaften		———————	
O	Weichgeglüht	1	Hocherhitzt, langsam abgekühlt	———————	
		2	Thermomechanisch behandelt		
		3	Homogenisiert		
H	Kaltverfestigt	1	Kaltverfestigt	2	1/4-hart, Zustd. mittig zw. O u. Hx4
		2	Kaltverf. + rückgeglüht	4	1/2-hart, " " O u. Hx8
		3	Kaltverf. + stabilisiert	6	3/4-hart, " " Hx4 u. Hx8
		4	Kaltverf.+ einbrennlackiert	8	Vollhart, härtester Zustand.
				9	Extrahart (≥ 10 MPa über Hx8)

4

Werkstofftechnik

Symbol	Zustand	Bedeutung der 1. Ziffer		Bedeutung der 2. Ziffer
T	Wärmebehan-	1	Abgeschreckt aus Warmformtemperatur + kaltausgelagert	
	delt auf andere	2	Abgeschreckt aus Warmformtemperatur, kaltumgeformt + kaltausgelagert	
	Zustände als	3	Lösungsgeglüht, kaltumgeformt + kaltausgelagert	
	F, O oder H	4	Lösungsgeglüht + kaltausgelagert	
		5	Abgeschreckt aus Warmformtemperatur + warmausgelagert	
		6	Lösungsgeglüht + warmausgelagert	
		7	Lösungsgeglüht + überhärtet (warmausgelagert)	} stabile
		8	Lösungsgeglüht, kaltumgeformt + warmausgelagert	} Zustände
		9	Lösungsgeglüht, warmausgehärtet + kaltumgeformt	

4.18 Aluminiumknetlegierungen, Auswahl

Stoff-Nr.	Sorte EN AW- Chemische Symbole mit Zustandsbezeichnung (alt)		R_m MPa	A %	Beispiele

Reihe 3000 Mechanische Werte für Blech 0,5 ... 1,5 mm (A_{50})

3103	Al Mn1-F	(W9)	90	19	Dächer, Fassadenbekleidung, Profile, Niete, Kühler,
	Al Mn1-H28	(F21)	185	2	Klimaanlagen, Rohre, Fließpressteile
3004	Al Mn1Mg1-O	(W16)	155	14	Getränkedosen, Bänder für Verpackung
	Al Mn1Mg1-H28	(F26)	260	2	

Reihe 5000 Mechanische Werte für Blech 3 ... 6 mm (A_{50})

5005	Al Mg1-O	(W10)	100 ... 145	22	Fließpressteile, Metallwaren
5049	Al Mg2Mn0,8-O	(W16)	190 ... 240	8	Bleche für Fahrzeug-. u. Schiffbau
	-H16	(F26)	265 ... 305	3	
5083	Al Mg4,5Mn0,7-O	(W28)	275 ... 350	15	Formen (hartanodisiert), Schmiedeteile,
	-H26	(G35)	360 ... 420	2	Maschinen-Gestelle, Tank- u. Silofahrzeuge

Reihe 2000 aushärtbar   Mechanische Werte jeweils für das Beispiel

2117	Al Cu2,5Mg-T4	(F31 ka)	310	12	(Drähte < 14 mm), Niete, Schrauben
2017A	Al Cu4MgSi-T42		390	12	{ Platten, und } Vorrichtungen, Werkzeuge,
2024	Al Cu4Mg1-T42		420	8	{ Blech < 25 mm } Flugzeuge, Sicherheitsteile
2014	Al Cu4SiMg-T6		420	8	(Schmiedestücke), Bahnachslagergehäuse
2007	Al CuMgPb-T4	(F34 ka)	340	7	Automatenlegierung, Drehteile

Reihe 6000 aushärtbar   Mechanische Werte jeweils für das Beispiel

6060	Al MgSi-T4		130	15	Strangpressprofile aller Art, Fließpressteile
6063	Al Mg0,7Si-T6		280	--	Pkw-Räder u. Pkw-Fahrwerkteile
6082	AlMgSi1MgMn-T6		310	6	Schmiedeteile, Sicherheitsteile am Kfz
6012	Al MgSiPb-T6	(F28)	2750	8	Automatenlegierung, Hydr.-Steuerkolben

Reihe 7000 aushärtbar   Mechanische Werte für Blech unter 12 mm

7020	Al Zn4,5Mg1 -O		220	12	Cu-frei, nach Schweißen selbstaushärtende
	-T6		350	10	Legierung
7022	AL Zn5Mg3Cu-T6	(F45wa)	450	8	Maschinen-Gestelle, } überaltert (T7) gut
7075	Al Zn5,5MgCu-T6	(F53wa)	545	8	Schmiedeteile } beständig gegen SpRK

4.19 Aluminiumgusslegierungen, Auswahl aus DIN EN 1706

Kurzname Stoff- Nr. EN AC-...	Gieß-art	Gießart, Zustd.[1]	R_m MPa	$R_{p0,2}$ MPa	A_{50mm} %	HB	Gießen/ Schweißen/Polieren/ Beständigk. [2]				Bemerkungen
-Al Cu4MgTi	S,	S	T4	300	200	5	90					Einfache Gussstücke hoch-
-21000	K,	K	T4	320	220	8	90	C/D	D	B	D	fest und -zäh, Waggon-
	L	L	T4	300	220	5	90					rahmen und -fahrgestelle
-Al Si7Mg0,3	S	S	T6	230	190	2	75					Sicherheitsbauteile: Hinter-
-42100-	K	K	T6	290	210	4	90	B	B	C	B	achslenker, Vorderradnabe,
	L		T64	290	210	8	80					Bremssättel, Radträger
-Al Si10Mg(a)	S	S	F	150	80	2	50					Motorblöcke, Wandler-
-43000	K	K	F	180	90	2,5	55	A	A	D	B	und Getriebegehäuse,
	L	K	T6	260	220	1	90					Saugrohr für Kfz
-Al Si12(a)	S	S,	F	150	70	5	50	A	A	D	B	Dünnwandige, stoßfeste
-44200	K	K	F	170	80	6	60					Teile aller Art
-Al Si8Cu3	S	S	F	150	90	1	60					Warmfest bis 200° C, für
-46200	K	K	F	170	100	1	100	B	B	C	D	dünnwandige Teile
	D											
-Al Si12CuNiMg	K	K	T5	200	185	<1	90	A	A	C	C	Erhöhte Warmfestigkeit bis
-48000			T6	280	240	<1	100					zu 200 °C; Zylinderköpfe
-Al Mg3(b)	S	S	F	140	70	3	50	C/D	C	A	A	Beschlagteile für Bau- und
-51000	K	K	F	150	70	5	50					Kfz-Technik, Schiffbau

[1] **Gießart:** S: Sandguss; K: Kokillenguss, D: Druckguss, L: Feinguss, das Zeichen wird nachgestellt !
   Beispiel: EN 1706 AC-Al Cu4MgTi KT4; oder EN 1706 AC-21000 KT4: Kokillenguss (K), kaltausgehärtet (T4)
[2] **Wertung:** A ausgezeichnet, B gut, C annehmbar, D unzureichend.

4.20 Bezeichnung von Kupfer und Kupferlegierungen nach DIN 1412

Europäisches Nummernsystem. Die Normangabe besteht aus 6 Zeichen.

C	2.	3.	4.	5.	6.

1. C Zeichen für Kupfer; **3. bis 5.** Ziffern sind **Zählziffern,** 0...799 für genormte, 800...999 für nichtgenormte Sorten.

2. Buchstabe für die Erzeugnisform	
B	Blockform zum Umschmelzen
G	Gusserzeugnis
F	Schweißzusatz, Hartlote
M	Vorlegierung
R	Raffiniertes Cu in Rohform
S	Werkstoff in Form von Schrott
W	Knetwerkstoffe
X	nicht genormte

6. Buchstabe(n) für Legierungssystem			
A, B	Cu	H	CuNi
C, D	Cu, niedriglegiert, Σ LE < 5 %	J	CuNiZn
		K	CuSn
E, F	Legierungen, Σ LE > 5 %	L, M	CuZn Zweistofflegierg.
		N, P	CuZnPb
G	CuAl	R,S	CuZn Mehrstofflegierg.

4.21 Zustandsbezeichnungen nach DIN EN 1173

Anhängesymbole, bestehend aus einem Buchstaben und 3 Ziffern für bestimmte Eigenschaftswerte.

Sym-bol	Bedeutung	Beispiel		Sym-bol	Bedeutung
A	Bruchdehnung	A005:	$A = 5$ %	D [1]	gezogen, ohne vorgegebene mech. Eigenschaften
B	Federbiegegrenze	B370:	370 MPa	G	Korngröße
H	Härte HB oder HV	H030 HBW10	30HBW10	M [1]	wie gefertigt, ohne vorgegebene mech. Eigenschaften
R	Zugfestigkeit	R700:	700 MPa	[1] Die Buchstaben D und M werden ohne weitere Bezeichnungen verwendet	
Y	0,2%-Dehngrenze	Y350:	350 MPa		

4

Werkstofftechnik

4.22 Kupferknetlegierungen, Auswahl

Kurzzeichen DIN EN-CW	Zustd. [1]	Stoff-Nr. CW..	Werkstoffeigenschaften				Eigenschaften	Verwendung
			$R_{p0,2}$	R_m	A	HB		
CuSn6	R420	452K	--	420	20	--	Chemisch beständig, stark kaltverfestigend	Federn, Membranen, Drahtgewebe, -schläuche
	Y360		360	--	20			
CuAl8Fe3	R480	303G	210	480	30	(140)	Noch kaltformbar, warmfest bis 300 °C	Blechkonstruktionen für den chem. Apparatebau
CuZn37	R300	508L	180	300	48	(70)	Gut kaltumform-, löt- und schweißbar	Hauptlegierung für spanlose Verarbeitung
CuZn40	R340	509L	240	340	43	(80)	Warm- und kaltumformbar	Uhrenteile
CuZn39Pb2	R360	612N	270	360	40	(85)	Gut stanz- u. spanbar, nur gering kaltformbar	Formdrehteile
CuZn40Pb2	R430	617N	(200)	430	(15)	--	Gut warm-, kaum kalt-umformbar	Strangpressprofile, Schmiedestücke
CuNi10Fe1Mn	R290	352H	290	90	30	--	seewasserbeständig	Rohre, Schmiedestücke, Fittings für Offshore-Technik
	R480		400	480	8	--		
CuNi12Zn30Pb1	R420	406J		420	20	--	Gut kaltformbar und spanbar	Sicherheitsschlüssel, Drehteile für optische Industrie
CuNi18Zn20	R380	409J	250	380	37	140)	Sehr gut kaltformbar, anlaufbeständig	Kontaktfedern, Membranen, Brillengestelle
	R520		430	520	6	(160)		

[1] Zustandszeichen angehängt z. B.: R420 Mindestzugfestigkeit $R_{m,min}$ = 420 MPa; Y360 Mindeststreckgrenze $R_{p0,2}$ in MPa

4.23 Kupfergusslegierungen, Auswahl nach DIN EN 1982

Kurzzeichen DIN-EN- (ältere Normen)	Stoff-Nr. CC...	Gieß-Art [1]	Werkstoffeigenschaften				Eigenschaften	Verwendung
			$R_{p0,2}$	R_m	A	HB		
CuAl10Ni3Fe2-C (G-CuAl9Ni)	332G	GS	180	500	18	100	Sehr gut schweißgeeignet, chemisch beständig	Gussteile f. Nahrungsmittelmaschinen und chemische Apparate
		GM	250	600	20	130		
CuAl10Fe5Ni5-C (G-CuAl10Ni)	333G	GS	250	600	13	140	Dauerschwingfest, meerwasserbeständig	Verbunde aus Guss- und Knetlegierungen
		GZ	280	650	13	150		
CuSn3Zn8Pb5-C (CuSn2ZnPb)	490K	GS	85	180	15	60	Brauchwasserbeständig	Dünnwandige (<12 mm) Armaturen bis 225 °C
		GC	100	220	12	70		
CuSn5Zn5Pb5-C (CuSn5Zn, Rg 5)	491K	GS	90	200	13	60	Lötbar, meerwasser-beständig	Armaturen für Wasser und Dampf bis 225 °C
		GC	110	250	13	65		
CuZn33Pb2-C- (G-CuZn33Pb)	750S	GS	70	180	12	45	Hohe elektr. Leitfähigkeit, beständg. gegen Brauchwasser	Gehäuse für Gas- und Wasserarmaturen
		GZ				50		
CuZn16Si4-C (G-CuZn15Si4)	761S	GS	230	400	10	100	Dünnwandig vergießbar, meerwasserbeständig	Beschlagteile, Armaturengehäuse
		GM	300	500	8	130		

[1] Gießart: (GS-) Sandguss –GS; (GK-) Kokillenguss –GM; (GZ-) Schleuderguss –GZ; (GC-) Strangguss –GC; (GD-) Druckguss –GP   (in Klammern veraltete, vorgestellte Bezeichnungen, die neuen werden angehängt).

4.24 Anorganisch nichtmetallische Werkstoffe

Werkstoffkennwerte nichtmetallisch anorganischer Stoffe im Vergleich mit Stahl

Sorte Kurzzeichen	Dichte g/cm³	E-Modul kN/mm²	Biege-festigkeit MPa	Wärme-[1] leitung λ W/mK	Wärme-[2] dehnung α 10^{-6}/K	Maximale Temperatur °C	K_{Ic} [3] MPa $\sqrt{m}$
Stahl, unleg.	7,85	210	500...700	62	12	200	> 100
Al-Oxid	3...3,9	200...380	200...300	10...16	5...7	1400...1700	4...5
PSZ, ZrO₂	5...6	140...210	500...1000	1,2...3	9...13	900...1500	8
Ati, Al₂TiO₅	3...3,7	10...30	25...50	1,5...3	5	900...1600	1
SSN	3...3,3	250...330	300...700	15..45	2,5...3,5	1750	5...8,5
RBSN	1,9...2,5	80...180	80...330	4...15	2,1...3	1100	1,8...4
HPSN	2...3,4	290...320	300...600	15...40	3,0...3,4	1400	6...8,5
HIPSN	3,2...3,3	290...325	300...600	25...40	2,5...3,2	1400	6...8,5
GPSN	3,2	300...310	900...1200	20...24	2,7...2,9	1200	8...9
SSiC	3,1	370...450	300...600	40...120	4,0...4,8	1400...1750	3...4,8
SiSiC	3,1	270...350	180...450	110...160	4,3...4,8	1380	3...5
HPSiC	3,2	440...450	500...800	80...145	3,9...4,8	1700	5,3
HiPSiC	3,2	440...450	640	80...145	3,5	1700	5,3
RsiC	2,6...2,8	230...280	200	20	4,8	1600	3
Borcarbid, B₄C	2,5	390...440	400	35	5	700...1000	3,4

[1] Wärmeleitung λ bei 20 °C

[2] Längenausdehnung α für Keramik 30..1000 °C

[3] K_{Ic}: Spannungs-Intensitätsfaktor (Maß für die Bruchzähigkeit, aus der Bruchmechanik hergeleitet)

4.25 Bezeichnung von Siliciumcarbid (SiC) und Siliciumnitrid (Si₃N₄) nach der Herstellungsart

Sorte SC (Si-Carbid)	Herstellungsart	Sorte SN (Si-Nitrid)	Herstellungsart	
RSiC	rekristallisiert, porös bis 15 %	RBSN	reaktionsgebunden, porös	
SSiC	gesintert , „ „ 5 %	SSN	drucklos gesintert, porös	Dichte
SiSiC	Si-infiltriert	HPSN	heißgepresst	⇓
HPSiC	heißgepresst	HIPSN	heißisostatisch gepresst (HIP)	steigt
HiPSiC	heißisostatisch gepresst (HIP)	GPSN	gasdruckgsintert	

4

Werkstofftechnik

4.26 Druckgusswerkstoffe

Kurzzeichen	ϱ g/cm³	$R_{p\,0,2}$ MPa	R_m MPa	A in %	Härte HBW10	T_m in °C	1)	2)	n 3) x10³	s_{min} 4) mm	m_{max} kg	Anwendungen

Zink-Legierungen DIN EN 1774 (Auswahl aus 8 Sorten)   Cu-frei dekorativ galvanisierbar

Kurzzeichen	ϱ	$R_{p\,0,2}$	R_m	A	Härte	T_m	1)	2)	n	s_{min}	m_{max}	Anwendungen
ZnAl4 ZL0400 (Z400) **ZnAl4Cu** ZL0410 (Z410)	6,7	160... 170 180... 240	250... 300	1,5... 3 2... 3	70... 90 80... 100	380... 386	1	1	500	0,6 bis 2	20	Plattenteller, Vergasergehäuse, Pkw-Scheinwerferrahmen, Pkw-Türschlösser, Türgriffe

Aluminium-Legierungen DIN EN 1706 AC- (Auswahl aus 9 Sorten)

Kurzzeichen	ϱ	$R_{p\,0,2}$	R_m	A	Härte	T_m	1)	2)	n	s_{min}	m_{max}	Anwendungen
Al Si12(Fe) (230)	2,55	140... 180	230... 280	1... 3	60... 100	575	2	2... 3				Hydraulische Getriebeteile, druckdichte Gehäuse. Trittstufen f. Rolltreppen, E-Motorengehäuse. Kolben, Zylinderköpfe.
Al Si9Cu3(Fe) (226)	2,75	160... 240	240... 320	0,5 ...3	80... 110	510... 620	2	2		1 bis 3	25	
Al Si12CuNi (239)	2,65	190... 230	260... 320	1... 3	90... 120	570... 585	2	2... 3	80			
Al Mg9 (349)	2,6	140... 220	200... 300	1... 5	70... 100	520... 620	3... 4	1				Gehäuse f. Haushalts-, Büro- und optische Geräte

Magnesium-Legierungen DIN EN 1753 (Auswahl aus 8 Sorten)   Sehr leicht, Oberflächenschutz erforderlich

Kurzzeichen	ϱ	$R_{p\,0,2}$	R_m	A	Härte	T_m	1)	2)	n	s_{min}	m_{max}	Anwendungen
MCMgAl9Zn1 AZ 91		140... 170	200... 260	1... 6	65... 85	470... 600	1... 2			1 bis 3		Gehäuse f. tragbare Werkzeuge u. Motoren. Gehäuse f. Kfz-Getriebe Radfelgen
MCMgAl6Mn AM 60	1,8	120... 150	190... 250	4... 14	55.. 70	470... 620	1... 2				15	
MCMgAl4Si AS 41		120... 150	200... 250	3... 12	55... 60	580... 620	2	1	100			

Kupfer-Legierungen DIN EN 1982 Höhere Festigkeit und Zähigkeit, hoher Formverschleiß durch hohe Gießtemperatur

Kurzzeichen	ϱ	$R_{p\,0,2}$	R_m	A	Härte	T_m	1)	2)	n	s_{min}	m_{max}	Anwendungen
CuZn39Pb1Al-C	8,5	(250)	(350) (530)	(4)	(110)	880... 900	3	3	10	2 bis 4	5	Armaturen für Warm- und Kaltwasser Dünnwandig vergießbar
CuZn16Si4-C	8,6	(370)		(5)	(150)	850	2	3				

Zinn Legierungen DIN 1742   Höchste Maßbeständigkeit, kaltformbar, korrosionsbeständig

Kurzzeichen	ϱ	$R_{p\,0,2}$	R_m	A	Härte	T_m	1)	2)	n	s_{min}	m_{max}	Anwendungen
GD-Sn80Sb	7,1		115	2.5	30	250	1	2				Teile von Messgeräten

1) Gießeignung;   2) Spanbarkeit;   3) Standmenge;   4) Wanddicke; Wertungen: 1 sehr gut, 2 gut, 3 ausreichend

4.27 Lagermetalle und Gleitwerkstoffe, Übersicht über die Legierungssysteme

Legierungs-system	Beispiele	Beschreibung
DIN ISO 4381	**Blei- und Blei-Zinn-Verbundlager, Gusslegierungen**	
Mit kleinen Anteilen von Cu, As, Cd	**PbSb15SnAs** PbSb15Sn10 PbSb10Sn6 PbSb14Sn9CuAs **SnSb12Cu6Pb** **SnSb8Cu4** SnSb8Cu4Cd	Dreifachsystem aus zwei eutektischen Systemen (PbSn und PbSb) kombiniert mit einem peritektischen (SbSn) mit kompliziertem Erstarrungsverlauf. Primäre Ausscheidung der harten Sb-reichen intermetallischen β-Phase, als würfelförmige Tragkristalle in der Grundmasse aus (Pb+ β) liegend. As und Cd wirken weiter verfestigend. Bei Cu-haltigen Sorten scheidet sich primär eine harte, intermetallische CuSn-Phase dendritisch aus. Sie hält die später kristallisierten würfelförmigen SbSn-Kristalle in der bleireichen Schmelze in Schwebe. **Fettdruck**: Sorten auch in DIN ISO 4383 enthalten.
DIN ISO 4382-1	**Cu-Gusslegierungen** für dickwandige Verbund- und Massivgleitlager	
Cu-Pb- Sn Massiv-gleitlager	CuPb8Pb2 CuSn10Pb CuSn12Pb2 CuPb5Sn5Zn5 CuSn7Pb7Zn3	Blei ist in Cu unlöslich, es bleibt zwischen den CuSn-Mischkristallen und härteren CuSn-Phasen flüssig und erstarrt zuletzt. Zn ersetzt teilweise das teure Sn (Rotguss). Pb wirkt bei Überhitzung als Notschmierstoff. Mit steigendem Pb-Gehalt sinkt die Härte. Mit dem Sn-Gehalt steigen Härte und Streckgrenze, für gehärtete Gegenkörper und Stoßbeanspruchung geeignet.
Massiv- und Verbundlager	CuPb9Sn5 CuPb10n10 CuPb15Sn8 CuPb20Sn5 CuAl10Fe5Ni5	Pb ergibt weiche, anpassungsfähige (Fluchtungsfehler) Legierungen für mittlere bis hohe Gleitgeschwindigkeiten, bei hohen Pb-Gehalten auch für Wasserschmierung geeignet. Al erhöht Korrosionsbeständigkeit und Gleiteigenschaften, Fe verhindert das Entstehen spröder Phasen. Harte Werkstoffe mit hoher Zähigkeit und Dauerfestigkeit.
DIN ISO 4382-2	**Cu-Knetlegierungen** für Massivgleitlager	
Cu-Sn, **Cu-Zn** **Cu-Al**	CuSn8P CuZn31Si1 CuZn37Mn2Al2Si CuAl9Fe4Ni4	Homogene Gefüge aus kfz-MK bis etwa 8 % Sn, darüber heterogene mit der härteren intermetallischen δ-Phase. (Sondermessing), kfz-Mischkristallgefüge, zähhart, geringe Notlaufeignung. Cu-Al sehr hart, seewasserbeständig, Konstruktionsteile mit Gleitbeanspruchung.
DIN ISO 4383	**Verbundwerkstoffe** für dünnwandige Gleitlager	
Cu-Pb	CuPb10Sn10 CuPb17Sn5 CuPb24Sn4 CuPb30	Mit Pb-Gehalt steigt der Verschleißwiderstand im Bereich der Mischreibung und Korrosionsbeständigkeit gegen Schwefelverbindungen, deshalb Einsatz in Kfz-Verbrennungsmotoren mit Stillständen und Kaltstarts für Haupt- und Pleuellager.
Al	AlSn20Cu AlSn6Cu AlSi11Cu AlZn5Si1,5Cu1Pb1 Mg	Al ist leicht und gut wärmeleitend, gleiche Wärmausdehnung wie bei Al-Gehäusen, die Al-Oxidschicht verhindert Adhäsion und Korrosion. Mit der Härte steigt die Dauerfestigkeit. Gerollte Buchsen oder dünnwandig auf Stahlblech gewalzt und mit galvanischer Gleitschicht versehen.
Gleitschichten Overlays	PbSn10Cu2 PbSn10, PbIn7	weich	Dünne, galvanisch aufgebrachte Schichten zum Einlaufen und für Grenzreibung.
Sintereisen, Sinterbronze	Fe mit 0,3 % C + Cu Cu mit 9...11 %Sn	Porenräume sind mit Schmierstoff gefüllt (< 30 %), das bei Erwärmung austritt. Mit Kunststoff-Gleitschicht imprägniert (PTFE, POM, PVDF)

4

Werkstofftechnik

4.28 Lagermetalle auf Cu-Basis (DKI)

Kurzname DIN EN 1982 W.-Nummer	Gieß-Art [2]	Festigkeiten [1]				Bemerkungen	Anwendungsbeispiele
		R_m	$R_{p0,2}$	A	HB		
		MPa		%	min		
CuSn8P CW459K	R390 R620	390 620	260 550	45 --	-- --	P-legiert, korrosionsbeständig, verschleiß- und dauerschwingfest, sehr gute Gleiteigenschaften, bis 70 MPa zulässig	Gerollte und gedrehte Buchsen für Lager aller Art, Pleuel- und Kolbenbolzenlager (Carobronze®)
CuSn12-C CC483K	-GS -GM -GZ -GC	260 270 280 280	140 150 150 140	12 5 5 8	80 80 95 90	Sorten mit 2 % Pb für Lager mit verbesserten Notlaufeigenschaften, dafür sind gehärtete Wellen zweckmäßig, in GZ- oder GC- Ausführung sind Lastspitzen bis max. 120 MPa zulässig	Schneckenräder und -kränze, Gelenksteine, unter Last bewegte Spindeln, Lager mit hohen Lastspitzen
CuSn12Ni2-C CC484K	-GS -GZ -GC	280 300 300	160 180 170	14 8 10	90 100 90	Wie oben mit erhöhter Zähigkeit und Verschleißfestigkeit	Schneckenradkränze mit Stoßbeanspruchungen
CuSn7Zn4Pb7-C CC493K	-GS -GM -GZ -GC	240 230 270 270	120 120 130 130	15 12 13 16	65 60 75 70	Preisgünstig, für normale Gleitbeanspruchung, gute Notlaufeigenschaften durch 5...8 % Pb. In GZ- oder GC-Ausführung sind bis zu 40 MPa zulässig (früher Rg7)	Lager im Werkzeugmaschinenbau, in Baumaschinen, Schiffswellenbezüge
CuZn25Al5Mn4 Fe3-C CC762S	-GS -GM -GZ -GC	750 750 750 750	450 480 480 480	8 8 5 3	180 180 190 190	Preisgünstig, für besonders hohe statische Belastungen geeignet, weniger für dynamische und hohe Gleitgeschwindigkeiten. Schlechte Notlaufeigenschaften, gute Schmierung erforderlich	Gelenksteine, Spindelmuttern, die nicht unter Last verstellt werden, langsam laufende Schneckenradkränze
CuAl11Fe5Ni6-C CC344G	-GS -GM -GZ	680 680 750	320 400 400	5	170 200 185	Für höchste Stoß- und Wechselbelastung bis zu 25 MPa Flächenpressung, mäßige Notlaufeigenschaften, hohe Dauerschwingfestigkeit in Meerwasser	Stoßbeanspruchte Gleitlager in Schmiedemaschinen und Kniehebelpressen, Gelenkbacken, Druckmuttern

[1] Mittelwerte

[2] Gießart siehe 4.23 unten: Alle Kupfer-Guss-Legierungen sind in DIN EN 1982 zusammengefasst.

4.29 Kurzzeichen für Kunststoffe und Verfahren, Auswahl

Symbol	Polymer	Symbol	Polymer
AAS	Methacrylat-Acrylat-Styrol	PP	Polypropylen
ABS	Acrylnitril-Butadien-Styrol	PPO	Polyphenyloxid
APP	ataktisches Polypropylen	PPS	Polyphenylensulfid
BS	Butadien-Styrol	PS	Polystyrol
CA	Celluloseacetat	PSU	Polysulfon
CAB	Celluloseacetobutyrat	PTFE	Polytetrafluorethylen
CAP	Celluloseacetopropionat	PTP	Polyterephthalat
CP	Cellulosepropionat	PUR	Polyurethan
EC	Ethylcellulose	PVC	Polyvinylchlorid
EP	Epoxid	PVDC	Polyvinylidenchlorid
ETFE	Ethylen-Tetrafluorethylen	PVDF	Polyvinylidenfluorid
FF	Furanharze	PVF	Polyvinylfluorid
Hgw	Hartgewebe	SAN	Styrol-Acrylnitril
Hm	Harzmatte	SB	Styrol-Butadien
Hp	Hartpapier	SI	Silicon
LCP	Liquid Crystals Polymers	TPU	Thermoplastische Polyurethane
MF	Melaminformaldehyd	UF	Harnstoff-Formaldehyd
MP	Melamin- Phenolformaldehyd	UP	Ungesättigte Polyester
PA	Polyamide		
PAI	Polyamidimid	MFI	Schmelzindex
PAN	Polyacrylnitril	RIM	Reaction Injection Moulding (RIM)
PAR	Polyarylat	RSG	Reaktionsharz-Spritzguss (RSG)
PB	Polybuten	BMC	Bulk Moulding Compound (Formmasse)
PBT(P)	Polybutylenterephthalat	GMT	Glasmattenverstärkte Thermoplaste
PC	Polycarbonat	SMC	Sheet Moulding Compound (Duroplast)
PCTFE	Polychlortrifluorethylen	**Verstärkte Kunststoffe**	
PDAP	Polydiallylphthalat	AFK	Asbestfaserverstärkter Kunststoff
PE	Polyethylen	BFK	Borfaserverstärkter Kunststoff
PEEK	Polyaryletherketon	CFK	Kohlenstofffaserverstärkter Kunststoff
PEI	Polyetherimid	GFK	Glasfaserverstärkter Kunststoff
PES	Polyethersulfon	MFK	Metallfaserverstärkter Kunststoff
PET(P)	Polyethylenterephthalat	SFK	Synthesefaserverstärkter Kunststoff
PFPFEP	Polytetrafluorethylen- Perfluorpropylen		
Pi	Polyimid	**Beispiel:**	
PMMA	Polymethylmethacrylat	**PP-GF20**	Polypropylen, glasfaserverstärkt (20 %)
POM	Polyoxymethylen, (Polyacetal, Polyformaldehyd)		

Kurzzeichen für Polymergemische (blends) werden aus den Komponenten mit Pluszeichen gebildet, das Ganze in Klammern. Beispiel: (ABS+PC).

Zusatzzeichen für besondere Eigenschaften der Polymere (mit Bindestrich angehängt)

Symbol	Bedeutung	Symbol	Bedeutung	Symbol	Bedeutung	Symbol	Bedeutung
C	chloriert	D	Dichte	E	verschäumt, verschäumbar	F	Flexibel
H	hoch	I	schlagzäh	M	mittel, molekular	L	linear
N	normal, Novolack	P	very, sehr	U	ultra, weichmacherfrei	V	weichmacherhaltig
W	Gewicht	R	erhöht, Resol	X	vernetzt, vernetzbar		

4

Werkstofftechnik

4.30 Thermoplastische Kunststoffe, Plastomere, Auswahl

Chemische Bezeichnung, Kurzzeichen	Dichte g/cm³	HDT/A [4] 1,8 Mpa in °C	Einsatzbereich °C [5]	σ_B	σ_Y	ε_B	ε_Y	H358/10 [1]	E-Modul MPa	$\sigma_{1/1000}$ MPa [2]	α [3]	Eigenschaften, Verwendungsbeispiele
Polyvinylchlorid		Vestolit, Vinnolit, Trovidur, Trocal										Unbeständig gegen Kohlenwasserstoffe (Quellung)
PVC-U hart	1,36	65...75	-30/60	—	50...60	—	4...6	80...130	2700...3000	20	8	Hart, zäh, korrosionsbeständig, selbstlöschend. Rohre, Fittings für Frisch- und Abwasser, Fensterprofile
-C nachchloriert	1,55	100	/80	—	70...80	—	3...5		3400...3600	—	6	
Polytetrafluorethylen		Fluon, Coroflon, Hostaflon, Teflon										Hohe Beständigkeit gegen fast alle agressiven Stoffe
PTFE	2,2	50...60	-200/280	—	20...40	—	>50	30	400...750	1,8	14	Korrosionsbeständig, klebwidrig, geringste Reibung, Konstanz elektrischer Eigenschaften zwischen -150...300 °C
PCFTE	2,1	65...75	-30/180	30...40	—	>50	—		1300...1500	—	7	
Polyethylen		Duraflex, Hostalen, Lupolen, Neopolen, Vestolen										Unbeständig gegen Tetrachlorkohlenstoff, Trichlorethen
PE-LD	0,92	—	-80...70	—	8...10	—	20	16	200...400	0,8...	23	Biegsam bis hart, teilkristallin, korrosionsbeständig,
PE-HD	0,96	38...50	-80...90	—	18...30	—	8...12	64	600...1400		12...15	kaltzäh. Wasserleitungsrohre, Galvanikbehälter, Batteriekästen, Silo-Auskleidungen, Folien für Verpackung
PE-GF 30		55...65						—	5200...6000	4		
Polypropylen		Coroplat, Hostalen, Novolen, Vestolen										Unbeständig gegen Halogene, starke Säuren, Trichlorethen
PP	0,9	55...65	0/100	—	25...40	—	8...18	75		6	10...15	Wie PE, temperaturstandfester, weniger kaltzäh,
PP-GF 30	1,14	90...115		—	80	—	3,5	—	6500...6700		7	kochfest, hochkristallin, Benzintanks, Rohre für Fußbodenheizung
Polystyrole		Coroplat, Polystyrol, Styrodur, Vestyron										Unbeständig gegen Tetrachlorkohlenstoff, Trichlorethen. Benzin wirkt spannungsrissauslösend
PS	1,05	65...85	-10/70	30...55	—	1,5...3	—	155	3100...3300	20	7	Glasklar, hart, spröde, geringste elektrische Verluste, geschäumt als Wärmeisolator. Gehäuse für Feingeräte
Schlagfeste Polystyrol-Copolymere		Luran, Lustran, Novodur, Terluran, Vestyron										
SB: Styrol-Butadien	1,05	70...85	-50/70	—	25...45	—	1...2,5	100	2200...2800	20	10	Opak, kaltzäh, weniger UV-beständig und alterungsempfindlicher als PS. Tiefziehplatten, Transport- und Lagerbehälter
SAN: Styrol-Acrylnitril	1,08	95...100	0/85	65...85	—	2,5...5	—	170	3500...3900	13	7	Glasklar, hoher E-Modul, beständiger als reines PS, weniger zäh als SB. Batteriekästen, Gehäuse für Geräte der Feinwerktechnik
SAN-GF 35	1,36	105	0/90	110	—	2	—	—	12000	—	2,5	
ABS: Acrylnitrit-Butadien-Styrol	1,08	95...105	-30/80	—	30...45	2,5...3,5	—	95	2400	12	9	Steif, kaltzäh, kratzfest, schalldämpfend, geringeres Kriechen und Dehnen bei Erwärmung
ABS-GF 20	1,36	100...110	-30/80	65...80	—	...2	—	250	2400	12	9	Karosserie-Innenausbau, Schutzhelme, galvanisierbare Beschlagteile, Armaturenbretter, Frontspoiler

Polymethylmetacrylit — *Acrylnitril-Copolymerisat, Plexiglas, Resarit, Degulan*
Polycarbonat — *Makrofol, Makrolon, Pokalon, Sustonat*
Polyoxymethylen — *Delrin, Hostaform, Kematal, Ultraform*
Polyamide — *Durethan, Rilsan, Sustamid, Trogamid, Ultramid, Vestamid*
Polyester, linear — *Armite, Celanex, Dynalit, Impet, Pocan, Ultradur, Vestodur*
Polyphenylensulfid — *Crastin, Fortron, Ryton, Tedur*

Kurzzeichen	ρ	HDT[4] (°C)	ϑ (°C)	σ (N/mm²)	ε_B (%)	ε_Y (%)	Kennwert[1][2]	α[3] (10⁻⁵ K⁻¹)	E-Modul (N/mm²)	Unbeständigkeit / Anwendung
PMMA	1,17	75...105	-40/90	60...75	—	2...6	15	8	3100...3300	*Unbeständig gegen organische Lösungsmittel.* Verglasungen aller Art mit hoher Verformbarkeit. Splittersicherung, Lehrmodelle, Zeichengeräte
AMMA, Halbzeug		75	—/70	90...100	—	10	—	6	4500...4800	
PC, amorph	1,2	125...135	—	55...60	—	6...7	18	6...7	2300...2400	*Unbeständig gegen Alkalien, organische Lösungsmittel, Wasserdampf.* Glasklar, kaltzäh-warmhart, maßbeständig. Trägerteile und Gehäuse für Beleuchtungskörper und Messgeräte
PC-GF 30	1,44	135...140	100/125	70	3,5	—	40	2,5	5500...5800	
POM	1,41	105...115	-50/80	60...70	—	8...25	15	12	3000...3200	*Unbeständig gegen starke Säuren.* Kristallin, geringe Wasseraufnahme und Kaltfluss, in Anwendung ähnlich PA, Schnappverbindungen
POM-GF 30	1,5	155...160	-50/100	125...130	—	3	—	3	9000...10000	
PA6 trocken	1,12	55...80	-40/90	70...90	—	4...6	160	7...10	2600...3200	*Unbeständig gegen starke Säuren und Laugen.* Teilkristallin, zähhart, abriebfest, wasseraufnehmend, von PA6 über PA66 und PA12 abnehmend. Dadurch Maßänderungen und Abfall der Festigkeit.
PA6 konditioniert	1,14	30...60	—	30...60	—	0...30	65	} 4..6	750...1500	
PA66 trocken	1,13	70...80	40/100	75...100	—	4,5...5	160	7...10	2700...3300	Zahnräder, Laufrollen, Nockenscheiben, Pumpenteile, Gleitelemente, Lüfterräder, Gehäuse für Handleuchte, Möbelscharniere. Hohlkörper durch Rotationsformen (Heizöltanks)
PA66 konditioniert	1,15	—	—	50...70	—	15...25	100	—	1300...2000	
PA12 trocken	1,01	40...50	-70/110	45...60	—	4...5	95	10...15	1300...1600	
PA12 konditioniert	1,03	—	—	35...40	—	10...15	80	—	900...1200	
PA6-GF 30 tr.	1,32	190...215	-40/120	170...200	3...3,5	—	220	2,5	9000...10800	Erhöhte Maßhaltigkeit und Steifigkeit. Gehäuse für Heimwerker-Maschinen
PA6-GF 30 konditioniert	1,4	—	—	100...135	4,5...6	—	150	—	5600...8200	
PBT	1,3	50...60	-50/120	50...60	—	3,5...7	130	13	2500...2800	*Unbeständig gegen heißes Wasser, Halogen-Kohlenwasserstoffe.* Steif, zäh, geringste Wasseraufnahmen, hohe Maß- und Wärmebeständigkeit. Kfz-Türgriffe, Scheinwerfer- und Spiegelgehäuse, Zahnräder, Kupplungen, Getränkeflaschen
PET, teilkristallin		65...75	-50/100	50...80	—	5...7	200	7	2800...3100	
PET-GF 30	1,5	220...230	-50/140	160...175	2...3	—	50	3	9000...11000	
PPS	1,35	—	-60/140	—	0,9...1,8	—	20	5	4000	*Unbeständig gegen HNO₃.* Thermisch und chemisch hoch beständig, meist glasfaserstärkt für Teile im Motorraum im Austausch gegen Metalle
PPS-GF 40	1,64	260	-60/220	165...200	—	—	30	3	13000...19000	

Erläuterungen: Bruchspannung σ_B und Bruchdehnung ε_B werden für harte und spröde Polymere ermittelt, sie entsprechen der Zugfestigkeit bzw. Bruchdehnung. Streckspannung σ_Y und Streckdehnung ε_Y werden für zäh-elastische Polymere ermittelt, sie entsprechen der oberen Streckgrenze. Dehnungswerte unter Last gemessen (→ Abschnitt 5, Bild 4)
[1] Kugeldruckhärte; [2] Zeitdehnspannung $\sigma_{1/1000/23\,°C}$; [3] Linearer Längenausdehnungskoeffizient, längs, $\times 10^{-5}/°C$; [4] Wärmeformbeständigkeitstemperatur HDT nach DIN EN ISO 75. Dabei wird eine mittig biegebeanspruchte Probe auf zwei Stützpunkten langsam durchgebogen. Bestimmten Biegespannungen (z. B. A = 1,85 MPa) sind bestimmte Durchbiegungen zugeordnet (A = 0,33 mm); [5] Wärmealterung: Bei einigen Sorten (Polystyrole) fällt die Zugfestigkeit nach 20 000 h Halten bei der oberen Temperatur um 50 % ab.

Werkstofftechnik 4

5 Elektrotechnik

5.1 Grundbegriffe der Elektrotechnik

5.1.1 Elektrischer Widerstand

Elektrischer Widerstand
eines Leiters

$$R = \frac{\varrho l}{q} = \frac{l}{\gamma q}$$

$$G = \frac{1}{R}$$

R	G	ϱ	$\gamma(\varkappa)$	l	q	J
Ω	$\frac{1}{\Omega} = S$	$\frac{\Omega\,\mathrm{mm}^2}{\mathrm{m}}$	$\frac{\mathrm{m}}{\Omega\,\mathrm{mm}^2} = \frac{\mathrm{Sm}}{\mathrm{mm}^2}$	m	mm^2	$\frac{\mathrm{A}}{\mathrm{mm}^2}$

$$\varkappa = \frac{1}{\varrho}$$

$$J = \frac{I}{q}$$

R elektrischer Widerstand, Wirkwiderstand, Resistanz
G elektrischer Leitwert, Wirkleitwert, Konduktanz
ϱ spezifischer elektrischer Widerstand, Resistivität
$\gamma(\varkappa)$ elektrische Leitfähigkeit, Konduktivität
l Länge des Leiters
q Querschnitt (Querschnittsfläche) des Leiters
J elektrische Stromdichte
I elektrische Stromstärke

$1\ \Omega\ \mathrm{mm}^2/\mathrm{m} = 10^{-4}\ \Omega\ \mathrm{cm}$ $1\ \mathrm{Sm/mm}^2 = 10^4\ \mathrm{S/cm}$
$1\ \Omega\ \mathrm{cm/m} = 10^4\ \Omega\ \mathrm{mm}^2/\mathrm{m}$ $1\ \mathrm{S/cm} = 10^{-4}\ \mathrm{Sm/mm}^2$

Spannungsfall und
Verlustleistung

q	ϱ	I	l	$\Delta U,\ U$	P	p
mm^2	$\frac{\Omega\,\mathrm{mm}}{\mathrm{m}}$	A	m	V	W	%

q Leiterquerschnitt (eine Ader!)
ϱ spezifischer elektrischer Widerstand
I Leiterstrom
l einfache Leiterlänge
U Netzspannung
ΔU Spannungsfall (Spannungsverlust) auf der Leitung
$\cos \varphi$ Wirkleistungsfaktor des Verbrauchers
P Verbraucherleistung
p prozentualer Leistungsverlust auf der Leitung

Leiterquerschnitt bei Netz	Berechnung auf Spannungsfall	Berechnung auf Leistungsverlust
Gleichstrom	$q = \dfrac{2\varrho}{\Delta U} I l$	$q = \dfrac{200\varrho\,Pl}{pU^2}$
Wechselstrom	$q = \dfrac{2\varrho}{\Delta U} I l \cos\varphi$	$q = \dfrac{200\varrho\,Pl}{pU^2 \cos^2\varphi}$
Drehstrom	$q = \dfrac{\sqrt{3}\,\varrho}{\Delta U} I l \cos\varphi$	$q = \dfrac{100\varrho\,Pl}{pU^2 \cos^2\varphi}$

Temperaturabhängigkeit des Widerstands

Benennungen

R_ϑ Widerstandswert bei Temperatur ϑ

R_{20} Widerstandswert bei Bezugstemperatur 20 °C

α_{20} Temperaturbeiwert bei 20 °C

ΔR Widerstandsänderung

$\Delta\vartheta$ Temperaturdifferenz bezogen auf 20 °C

ϑ Celsius-Temperatur

ϱ_ϑ spezifischer elektrischer Widerstand bei der Temperatur ϑ

ϱ_{20} spezifischer elektrischer Widerstand bei 20 °C

R_w Widerstandswert bei ϑ_w (warm)

R_k Widerstandswert bei ϑ_k (kalt)

ϑ_w wärmere Temperatur

ϑ_k kältere Temperatur

τ Temperaturziffer

Betriebstemperatur
ca. – 50 °C bis ca. 200 °C

Bezugstemperatur 20 °C

$\Delta R = R_{20}\, \alpha_{20}\, \Delta\vartheta$

$R_\vartheta = R_{20}(1 + \alpha_{20}\, \Delta\vartheta)$

$\Delta\vartheta = \vartheta - 20\ °\mathrm{C}$

$\varrho_\vartheta = \varrho_{20}(1 + \alpha_{20}\, \Delta\vartheta)$

Beliebige Bezugstemperatur

$$\frac{R_\mathrm{w}}{R_\mathrm{k}} = \frac{\tau + \vartheta_\mathrm{w}}{\tau + \vartheta_\mathrm{k}} \qquad \Delta\vartheta = \frac{R_\mathrm{w} - R_\mathrm{k}}{R_\mathrm{k}}(\tau + \vartheta_\mathrm{k})$$

5.1.2 Elektrische Leistung und Wirkungsgrad

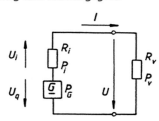

P	U	I	R	η
W	V	A	Ω	1

$$1\ \mathrm{W} = 1\,\frac{\mathrm{J}}{\mathrm{s}} = 1\,\frac{\mathrm{Nm}}{\mathrm{s}}$$

Generatorleistung P_G

$$P_\mathrm{G} = P_\mathrm{i} + P_\mathrm{v} = U_\mathrm{q}\, I = \frac{U_\mathrm{q}^2}{R_\mathrm{i} + R_\mathrm{v}} = I^2(R_\mathrm{i} + R_\mathrm{v})$$

Verbraucherleistung P_v

$$P_\mathrm{v} = P_\mathrm{G} - P_\mathrm{i} = U\, I = \frac{U^2}{R_\mathrm{v}} = I^2\, R_\mathrm{v}$$

Verlustleistung P_i
des Generators

$$P_\mathrm{i} = P_\mathrm{G} - P_\mathrm{v} = U_\mathrm{i}\, I = \frac{U_\mathrm{i}^2}{R_\mathrm{i}} = I^2\, R_\mathrm{i}$$

Maximalleistung P_k
des Generators
(Kurzschlussleistung)

$$P_\mathrm{k} = U_\mathrm{q}\, I_\mathrm{k} = \frac{U_\mathrm{q}^2}{R_\mathrm{i}} = I_\mathrm{k}^2\, R_\mathrm{i}$$

Dabei sind:

Verbraucherwiderstand $R_\mathrm{v} = 0\ \Omega$

Verbraucherspannung $U = 0\ \mathrm{V}$

Verbraucherleistung $P_\mathrm{v} = 0\ \mathrm{W}$

Kurzschlussstrom $I_\mathrm{k} = \dfrac{U_\mathrm{q}}{R_\mathrm{i}}$

Maximalleistung P_A des Verbrauchers (Leistungsanpassung)

Anpassungsbedingung $\boxed{R_v = R_i}$ $\qquad \dfrac{R_v}{R_i} = 1$

Verbraucherstrom I_A bei Leistungsanpassung

$$I_A = \frac{U_q}{2R_i} = \frac{U_q}{2R_v} = \frac{I_k}{2}$$

Verbraucherspannung U_A bei Leistungsanpassung

$$U_A = \frac{U_q}{2}$$

Verbraucherleistung P_A bei Leistungsanpassung

$$P_A = P_i = \frac{P_G}{2} = \frac{P_k}{4} = \frac{U_q^2}{4R_v} = \frac{U_q^2}{4R_i} = U_A I_A$$

Wirkungsgrad η

$$\text{Wirkungsgrad} = \frac{\text{abgegebene Leistung}}{\text{zugeführte Leistung}} \leq 1$$

$$\eta = \frac{P_{ab}}{P_{zu}} = \frac{P_{ab}}{P_{ab} + P_{verl}} = \frac{P_{zu} - P_{verl}}{P_{zu}} = 1 - \frac{P_{verl}}{P_{zu}}$$

P_{ab} abgegebene Leistung (Nutzleistung)
P_{zu} zugeführte Leistung
P_{verl} Verlustleistung

5.1.3 Elektrische Energie

Einheiten

W	L	C	Q	U	I	R	P	t	K	k
Ws	$\dfrac{Vs}{A}$	$\dfrac{As}{V}$	As	V	A	Ω	W	s	€	$\dfrac{€}{kWh}$

$1\ \text{Ws} = 1\ \text{J} = 1\ \text{Nm}$

Energie des magnetischen Feldes einer Spule

$$W = \frac{1}{2} L I^2$$

Energie des elektrischen Feldes

$$W = \frac{1}{2} C U^2 = \frac{1}{2} Q U = \frac{1}{2} \cdot \frac{Q^2}{C}$$

elektrische Arbeit des Gleichstroms

$$W = P t = U I t = I^2 R t = \frac{U^2}{R} t = U Q$$

Energiekosten K

$$K = k W$$

k Tarif in €/kWh
W elektrische Arbeit in kWh

Wirkungsgrad η

$$\text{Wirkungsgrad} = \frac{\text{abgegebene Energie}}{\text{zugeführte Energie}} \leq 1$$

$$\eta = \frac{W_{ab}}{W_{zu}} = \frac{W_{ab}}{W_{ab} + W_{verl}} = \frac{W_{zu} - W_{verl}}{W_{zu}} = 1 - \frac{W_{verl}}{W_{zu}}$$

W_{ab} abgegebene Energie (Nutzleistung)
W_{zu} zugeführte Energie
W_{verl} Verlustenergie

5

Elektrotechnik

5.1.4 Elektrowärme

Wärmekapazität $C = \dfrac{Q}{\Delta T}$ C Wärmekapazität

                                             ΔT Temperaturdifferenz

Wärmemenge $Q = m\, c\, \Delta T$ Q Wärmemenge (Wärme)

                                             c spezifische Wärmekapazität

                                             m Masse

Spezifische
Wärmekapazität

Material	c in kJ/kg K	C	Q	ΔT	m
Aluminium	0,92	$\dfrac{\mathrm{Ws}}{\mathrm{K}} = \dfrac{\mathrm{J}}{\mathrm{K}}$	$\mathrm{J} = \mathrm{Ws}$	K	kg
Kupfer	0,39				
Wasser	4,186				

Wärmewirkungsgrad $W_{\mathrm{zu}} = P\, t$ W_{zu} zugeführte elektrische Arbeit

                            $W_{\mathrm{ab}} = Q = m\, c\, \Delta T$ W_{ab}, Q abgegebene Wärmemenge

$$\eta_{\mathrm{th}} = \frac{W_{\mathrm{ab}}}{W_{\mathrm{zu}}} = \frac{m\, c\, \Delta T}{P\, t} \qquad \eta_{\mathrm{th}} \quad \text{Wärmewirkungsgrad}$$

5.2 Gleichstromtechnik

5.2.1 Ohm'sches Gesetz, nicht verzweigter Stromkreis

Schaltplan I Stromstärke

                    U_{q} Quellenspannung

                    U_{i} innerer Spannungsfall der Quelle

                    U Klemmenspannung der Quelle =

                           Verbraucherspannung

                           (bei $R_{\mathrm{Leitung}} = 0\ \Omega$)

                    R_{i} Innenwiderstand der Quelle

                    R Verbraucherwiderstand

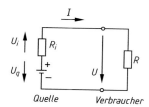

Quelle   Verbraucher

Stromstärke I „Technische Stromrichtung":

Der Strom fließt außerhalb der Quelle vom *Plus*pol zum *Minus*pol.

$$I = \frac{U}{R} = \frac{U_{\mathrm{q}}}{R_{\mathrm{i}} + R}$$

I	$U, U_{\mathrm{i}}, U_{\mathrm{q}}$	R, R_{i}
A	V	Ω

Klemmenspannung U
der Quelle $U = U_{\mathrm{q}} - U_{\mathrm{i}} = U_{\mathrm{q}} - I R_{\mathrm{i}}$

Kurzschlussstrom
($U = 0$) $I_{\mathrm{k}} = \dfrac{U_{\mathrm{q}}}{R_{\mathrm{i}}}$

Leerlaufspannung
($I = 0$) $U = U_{\mathrm{q}}$

Verbraucherwiderstand $R = \dfrac{U}{I}$

Innenwiderstand
der Quelle $R_{\mathrm{i}} = \dfrac{U_{\mathrm{i}}}{I} = \dfrac{U_{\mathrm{q}}}{I_{\mathrm{k}}}$

Verbraucherleistung $P = U I$

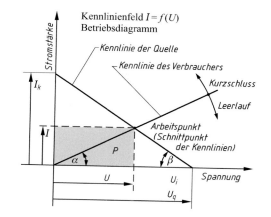

Kennlinienfeld $I = f(U)$
Betriebsdiagramm

Kennlinie der Quelle

Kennlinie des Verbrauchers

Kurzschluss

Leerlauf

Arbeitspunkt
(Schnittpunkt
der Kennlinien)

5.2.2 Kirchhoff'sche Sätze

Erster Kirchhoff'scher Satz (Knotenpunkt-Satz)

In jedem Verzweigungspunkt ist die Summe der zufließenden und abfließenden Ströme gleich null.

Zufließende Ströme positiv zählen, abfließende Ströme negativ zählen.

$+ I_1 + I_2 + I_4 - I_3 - I_5 = 0$

$\Sigma I_{zu} - \Sigma I_{ab} = 0$

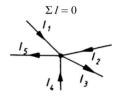

Zweiter Kirchhoff'scher Satz (Maschen-Satz)

In jedem geschlossenen Stromkreis und jeder Netzmasche ist die Summe aller Spannungen gleich null.

Der Umlaufsinn (US) kann willkürlich festgelegt werden. Positiv zählen, wenn US und Zählpfeil gleiche Richtung haben. Negativ zählen, wenn US und Zählpfeil entgegengesetzte Richtung haben.

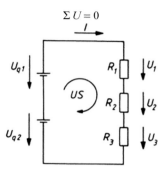

Umlaufsinn

$+ U_1 + U_2 + U_3 - U_{q2} - U_{q1} = 0$
$\Sigma U - \Sigma U_q = 0$

Umlaufsinn

$+ U_{q1} + U_{q2} - U_3 - U_2 - U_1 = 0$
$\Sigma U_q - \Sigma U = 0$

5.2.3 Ersatzschaltungen des Generators

Schaltplan

Ersatz-Spannungsquelle

Ersatz-Stromquelle

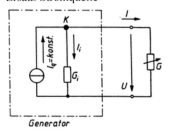

Die konstante Quellenspannung U_q ist die Ursache des Stromes I in den Widerständen $R_i + R$.

Der konstante Quellenstrom I_q ist die Ursache der Verbraucherspannung U an den Leitwerten $G_i + G$.

Kirchhoff'scher Satz

Maschen-Satz

$U_q - U_i - U = 0$
$U_q - I R_i - I R = 0$
$U_q - I (R_i + R) = 0$

Knotenpunkt-Satz (Schaltungspunkt K)

$I_q - I_i - I = 0$
$I_q - U G_i - U G = 0$
$I_q - U (G_i + G) = 0$

5

Elektrotechnik

Spannung und Stromstärke bei Belastung der Quelle	Belastung $0 < R < \infty$	Belastung $0 < G < \infty$

Spannung und
Stromstärke bei
Belastung der Quelle

$$I = \frac{U_q}{R_i + R} = \frac{U_q}{\dfrac{U_q}{I_k} + R}$$

$$U = \frac{I_q}{G_i + G} = \frac{I_q}{\dfrac{I_q}{U_0} + G}$$

$$U = I\,R = U_q\,\frac{R}{R_i + R} = U_q\,\frac{R}{\dfrac{U_q}{I_k} + R}$$

$$I = U\,G = I_q\,\frac{G}{G_i + G} = I_q\,\frac{G}{\dfrac{I_q}{U_0} + G}$$

$$U_i = I\,R_i$$

$$I_i = U\,G_i$$

Spannung und
Stromstärke bei
Leerlauf und
Kurzschluss der Quelle

Leerlauf
$$R = \infty$$
$$I = 0$$
$$U = U_q$$
$$U_i = 0$$

Kurzschluss
$$G = \infty$$
$$U = 0$$
$$I = I_q$$
$$I_i = 0$$

Kurzschluss
$$R = 0$$
$$U = 0$$
$$I = \frac{U_q}{R_i} = I_k$$
$$U_i = U_q$$

Leerlauf
$$G = 0$$
$$I = 0$$
$$U = \frac{I_q}{G_i} = U_0$$
$$I_i = I_q$$

5.2.4 Schaltungen von Widerständen und Quellen

Parallelschaltung von Widerständen

Schaltplan

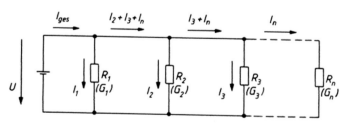

Spannungen

Die Spannung ist an allen Verbraucherwiderständen gleich groß.

$$U = I_{ges}\,R_{ges} = I_1\,R_1 = I_2\,R_2 = I_3\,R_3 = I_n\,R_n$$

$$U = I_{ges}/G_{ges} = I_1/G_1 = I_2/G_2 = I_3/G_3 = I_n/G_n$$

Ströme

Der Gesamtstrom ist gleich der Summe aller Teilströme.

$$I_{ges} = I_1 + I_2 + I_3 + \ldots + I_n$$

Die Teilströme verhalten sich wie ihre zugehörigen Leitwerte bzw.
umgekehrt wie die zugehörigen Widerstände.

$$I_{ges} : I_1 : I_2 : I_3 : I_n = G_{ges} : G_1 : G_2 : G_3 : G_n$$

$$= 1/R_{ges} : 1/R_1 : 1/R_2 : 1/R_3 : 1/R_n$$

Leitwerte und
Widerstände

Der Gesamtleitwert ist gleich der Summe der Einzelleitwerte.

$$G_{\text{ges}} = G_1 + G_2 + G_3 \ldots + G_n = 1/R_1 + 1/R_2 + 1/R_3 + \ldots + 1/R_n$$

$$R_{\text{ges}} = \frac{1}{G_{\text{ges}}}$$

Gesamtwiderstand R_{ges} bei gleichgroßen Einzelwiderständen R_{einzel}

$$R_{\text{ges}} = \frac{R_{\text{einzel}}}{n}$$

n Anzahl der parallelgeschalteten Widerstände

Für *zwei* parallelgeschaltete Widerstände gilt:

$$R_{\text{ges}} = \frac{R_1 R_2}{R_1 + R_2}$$

$$\frac{I_1}{I_2} = \frac{R_2}{R_1}$$

$$\frac{I_{\text{ges}}}{I_1} = \frac{R_1}{R_{\text{ges}}}$$

$$\frac{I_{\text{ges}}}{I_2} = \frac{R_2}{R_{\text{ges}}}$$

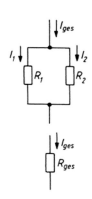

5

Elektrotechnik

Parallelschaltung von Quellen

Quellen mit gleicher
Quellenspannung
und gleichem
Innenwiderstand
$R_{i1} = R_{i2} = R_{i3} = \ldots R_{in}$

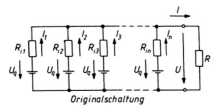

Originalschaltung ≙ *Ersatzschaltung*

$$I = I_1 + I_2 + I_3 + \ldots + I_n$$

$$I_1 = I_2 = I_3 = I_n = \frac{I}{n}$$

n Anzahl der Quellen
Alle Quellen liefern die gleiche
Stromstärke!

$$R_i = \frac{R_{i1}}{n} = \frac{R_{i2}}{n} = \frac{R_{i3}}{n} = \ldots = \frac{R_{in}}{n}$$

$$I = \frac{U_q}{R_i + R}$$

$$U = I R = U_q - I R_i$$

Quellen mit gleicher
Quellenspannung
und ungleichen
Innenwiderständen
$R_{i1} \neq R_{i2}$

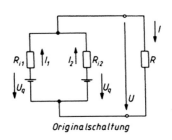 ≙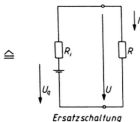

Originalschaltung *Ersatzschaltung*

$$I = I_1 + I_2$$

$$I_1 = \frac{U_q - U}{R_{i1}}$$

$$I_2 = \frac{U_q - U}{R_{i2}}$$

$$R_i = \frac{R_{i1} R_{i2}}{R_{i1} + R_{i2}}$$

$$I = \frac{U_q}{R_i + R}$$

$$U = I R = U_q - I R_i$$

Die Quelle mit dem kleineren
Innenwiderstand liefert die größere
Stromstärke

Reihenschaltung von Widerständen

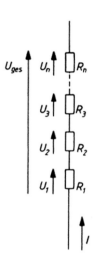

Spannungen

Die Gesamtspannung ist gleich der Summe aller
Teilspannungen.

$$U_{ges} = U_1 + U_2 + U_3 + \ldots + U_n$$

Die Teilspannungen verhalten sich wie ihre
zugehörigen Widerstände.

$$U_{ges} : U_1 : U_2 : U_3 : U_n = R_{ges} : R_1 : R_2 : R_3 : R_n$$

Strom

Die Stromstärke ist in allen Verbraucherwiderständen
gleich groß.

$$I = U_1 / R_1 = U_2 / R_2 = U_3 / R_3 = U_n / R_n = U_{ges} / R_{ges}$$

Widerstand

Der Gesamtwiderstand ist gleich der Summe der
Einzelwiderstände.

$$R_{ges} = R_1 + R_2 + R_3 + \ldots + R_n$$

Gesamtwiderstand R_{ges} bei gleichgroßen Einzelwiderständen R_{einzel}

$$R_{ges} = n R_{einzel}$$

n Anzahl der in Reihe geschalteten Widerstände

Reihenschaltung von Quellen

Summen-
Reihenschaltung

$$U_{q\,ges} = U_{q1} + U_{q2}$$

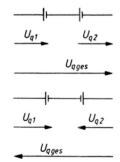

Gegen-Reihenschaltung

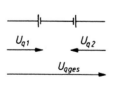

Für $U_{q1} > U_{q2}$ gilt:

$$U_{q\,ges} = U_{q1} - U_{q2}$$

Für $U_{q1} < U_{q2}$ gilt:

$$U_{q\,ges} = U_{q2} - U_{q1}$$

5.2.5 Messschaltungen

Indirekte Widerstandsbestimmung

Spannungsfehler-
schaltung

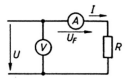

$$R = \frac{U - U_\mathrm{F}}{I} = \frac{U - I\,R_\mathrm{i}}{I}$$

R Messwiderstand
R_i Innenwiderstand des Strom-
    messers
U gemessene Spannung
I gemessener Strom
U_F zum Fehler führende Spannung

Geeignet zur Bestimmung großer
Widerstände
$(R \gg R_\mathrm{i})$

Stromfehlerschaltung

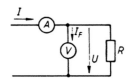

$$R = \frac{U}{I - I_\mathrm{F}} = \frac{U}{I - \dfrac{U}{R_\mathrm{i}}}$$

R Messwiderstand
R_i Innenwiderstand des
    Spannungsmessers
U gemessene Spannung
I gemessener Strom
I_F zum Fehler führender Strom

Geeignet zur Bestimmung kleiner
Widerstände
$(R \ll R_\mathrm{i})$

Messbereichserweiterung bei Spannungs- und Strommessern

Vorwiderstand bei
Spannungsmessern

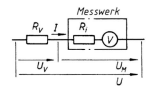

$$R_\mathrm{V} = \frac{U_\mathrm{V}}{I} = \frac{U - U_\mathrm{M}}{I}$$

$$R_\mathrm{V} = (n-1)R_\mathrm{i} \quad n = \frac{U}{U_\mathrm{M}}$$

R_V Vorwiderstand
R_i Innenwiderstand des Messgeräts
I Strom
U zu messende Spannung
U_V Spannung am Vorwiderstand
U_M Spannung am Messwerk des
    Messgeräts
n Faktor der
    Messbereichserweiterung

Parallelwiderstand
bei Strommessern

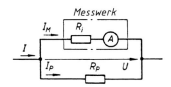

$$R_\mathrm{P} = \frac{U}{I_\mathrm{P}} = \frac{I_\mathrm{M}\,R_\mathrm{i}}{I - I_\mathrm{M}}$$

$$R_\mathrm{P} = \frac{R_\mathrm{i}}{n-1} \qquad n = \frac{I}{I_\mathrm{M}}$$

R_P Parallelwiderstand
R_i Innenwiderstand des Messgeräts
U Spannung
I zu messender Strom
I_P Strom durch den
    Parallelwiderstand
I_M Strom durch das Messwerk des
    Messgeräts
n Faktor der
    Messbereichserweiterung

5

Elektrotechnik

5.2.6 Spannungsteiler

Unbelasteter
Spannungsteiler

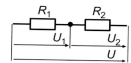

$$\frac{U_1}{R_1} = \frac{U_2}{R_2} \qquad U_2 = U\frac{R_2}{R_1 + R_2}$$

Belasteter
Spannungsteiler

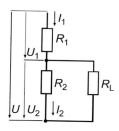

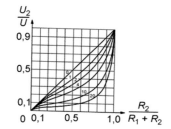

$$U_2 = U\frac{R_2 R_L}{R_1(R_2 + R_L) + R_2 R_L}$$

Parameter 0 bedeutet:
$R_L = \infty$ (Leerlauf)

Parameter: $\dfrac{R_1 + R_2}{R_L}$

Beispiel Parameter 1:
$R_L = R_1 + R_2$

5.2.7 Brückenschaltung

Abgeglichene Brücke
$U_5 = 0$
$I_5 = 0$

Spannung
$U_1 = U_3$
$U_2 = U_4$
$U_q = U_1 + U_2 = U_3 + U_4$

Speisestrom

$$I = \frac{U_q}{\dfrac{(R_1 + R_2)(R_3 + R_4)}{R_1 + R_2 + R_3 + R_4}}$$

Widerstand

$$\frac{R_1}{R_2} = \frac{R_3}{R_4} \quad \text{(Abgleichbedingung)}$$

$$R_{AB} = \frac{(R_1 + R_2)(R_3 + R_4)}{R_1 + R_2 + R_3 + R_4}$$

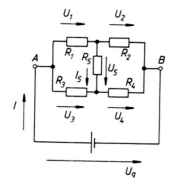

Nichtabgeglichene
(verstimmte) Brücke
$U_5 \neq 0$
$I_5 \neq 0$

Brückenspannung U_5
$U_5 = I_5 \cdot R_5$

Brückenstrom I_5

$$I_5 = I\frac{R_2 R_3 - R_1 R_4}{R_5(R_1 + R_2 + R_3 + R_4) + (R_1 + R_3)(R_2 + R_4)}$$

$$I_5 = U_q\frac{R_2 R_3 - R_1 R_4}{R_5(R_1 + R_2)(R_3 + R_4) + R_1 R_2(R_3 + R_4) + R_3 R_4(R_1 + R_2)}$$

Widerstand R_{AB}

$$R_{AB} = \frac{R_1 R_2(R_3 + R_4) + R_3 R_4(R_1 + R_2) + R_5(R_1 + R_2)(R_3 + R_4)}{R_5(R_1 + R_2 + R_3 + R_4) + (R_1 + R_3)(R_2 + R_4)}$$

5.3 Elektrisches Feld und Kapazität

5.3.1 Größen des homogenen elektrostatischen Feldes

Einheiten

Ψ, Q	I	t	U	E	F	C	A	l	D	$\varepsilon_0, \varepsilon$	ε_{r}	W_{E}	w_{E}	V
$\mathrm{As = C}$	A	s	V	$\dfrac{\mathrm{V}}{\mathrm{m}}$	N	$\dfrac{\mathrm{As}}{\mathrm{V}} = \mathrm{F}$	m^2	m	$\dfrac{\mathrm{As}}{\mathrm{m}^2}$	$\dfrac{\mathrm{As}}{\mathrm{Vm}} = \dfrac{\mathrm{F}}{\mathrm{m}}$	1	$\mathrm{Ws = Nm}$	$\dfrac{\mathrm{Ws}}{\mathrm{m}^3}$	m^3

$$1 \text{ Farad (F)} = \frac{1\,\text{Coulomb}}{1\,\text{Volt}} = 1\frac{\mathrm{As}}{\mathrm{V}} \qquad 1 \text{ Coulomb (C)} = 1 \text{ Amperesekunde (As)}$$

Elektrischer Fluss, elektrische Feldstärke, Kapazität

$$\Psi = Q = I\,t$$

$$E = \frac{U}{l} = \frac{F_{\mathrm{q}}}{Q_{\mathrm{p}}}$$

$$C = \frac{A}{l}\varepsilon = \frac{Q}{U}$$

$$D = \frac{\Psi}{A} = \frac{Q}{A} = \varepsilon\,E$$

$$\varepsilon = \varepsilon_{\mathrm{r}} \cdot \varepsilon_0$$

$$\varepsilon_0 = \frac{1}{\mu_0\,c_0{}^2} = 8{,}85419 \cdot 10^{-12}\,\frac{\mathrm{As}}{\mathrm{Vm}}$$

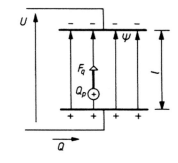

Ψ elektrischer Fluss

U elektrische Spannung

E elektrische Feldstärke

Q verschobene elektrische Ladung, gespeicherte Elektrizitätsmenge des Kondensators

Q_{p} elektrische Ladung einer Probeladung

F_{q} Kraftwirkung auf eine Probeladung

D elektrische Flussdichte, elektrische Verschiebung, elektrische Verschiebungsdichte

ε_{r} Dielektrizitätszahl, Permittivitätszahl (bei linearen Dielektrika)

ε Dielektrizitätskonstante, Permittivität (bei linearen Dielektrika)

ε_0 elektrische Feldkonstante

c_0 Wellengeschwindigkeit im Vakuum

l Feldlinienlänge, Plattenabstand

A Feldraumquerschnitt ($\Psi \perp A$)

C Kapazität des Kondensators

Bei Ferroelektrika (nichtlineare Dielektrika) ist der Zusammenhang zwischen der elektrischen Flussdichte D und der elektrischen Feldstärke E nicht linear.

Energie, Energiedichte

$$W_{\mathrm{E}} = \frac{1}{2}C\,U^2 = \frac{1}{2}Q\,U = \frac{1}{2}\frac{Q^2}{C}$$

$$w_{\mathrm{E}} = \frac{1}{2}E\,D = \frac{1}{2}\varepsilon\,E^2 = \frac{1}{2}\frac{D^2}{\varepsilon}$$

$$W_{\mathrm{E}} = w_{\mathrm{E}}\,V$$

W_{E} elektrische Feldenergie, Energieinhalt

w_{E} elektrische Energiedichte

V Feldvolumen

Kraftwirkung

zwischen zwei parallelen Kondensatorplatten

$$F = \frac{1}{2\varepsilon} A D^2 = \frac{\varepsilon}{2} A E^2 = \frac{Q^2}{2\varepsilon A}$$

$$F = w_{\mathrm{E}}\, A$$

zwischen zwei punktförmigen Kugelladungen

$$F = \frac{1}{4\pi\varepsilon} \frac{Q_1 Q_2}{l^2} \quad \text{(Coulomb'sches Gesetz)}$$

l Abstand der Kugelladungen

Ungleichnamige Ladungen ziehen sich an, gleichnamige Ladungen stoßen sich ab.

5.3.2 Kapazität von Leitern und Kondensatoren

Dielektrizitätskonstante

$$\varepsilon = \varepsilon_{\mathrm{r}}\, \varepsilon_0$$

$$\varepsilon_0 = 8{,}85419 \cdot 10^{-12}\, \frac{\mathrm{As}}{\mathrm{Vm}}$$

ε Dielektrizitätskonstante
ε_0 elektrische Feldkonstante
ε_{r} Dielektrizitätszahl

Langer zylindrischer
Einzelleiter gegen Erde

$$C = \frac{2\pi\varepsilon l}{\ln\left[\dfrac{h}{r} + \sqrt{\left(\dfrac{h}{r}\right)^2 - 1}\right]}$$

l Leiterlänge

$$C \approx \frac{2\pi\varepsilon l}{\ln\dfrac{2h}{r}} \quad \text{Näherung für } h \gg r$$

Lange parallele
zylindrische Leiter

$$C = \frac{\pi\varepsilon l}{\ln\left[\dfrac{a}{2r} + \sqrt{\left(\dfrac{a}{2r}\right)^2 - 1}\right]}$$

l

Leiterlänge

$$C \approx \frac{\pi\varepsilon l}{\ln\dfrac{a}{r}} \quad \text{Näherung für } a \gg r$$

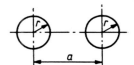

Langer koaxialer Leiter

$$C \approx \frac{2\pi\varepsilon l}{\ln\dfrac{r_1}{r}}$$

l Leiterlänge

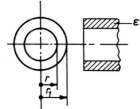

Langer koaxialer Leiter
mit geschichtetem
Dielektrikum

$$C = \frac{2\pi l}{\ln\left[\left(\dfrac{r_1}{r}\right)^{1/\varepsilon_1} \left(\dfrac{r_2}{r_1}\right)^{1/\varepsilon_2} \left(\dfrac{r_3}{r_2}\right)^{1/\varepsilon_3}\right]}$$

$$\varepsilon_1 = \varepsilon_{\mathrm{r}1}\, \varepsilon_0 \qquad\qquad \varepsilon_2 = \varepsilon_{\mathrm{r}2}\, \varepsilon_0$$

l Leiterlänge

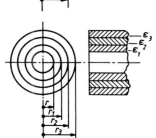

Plattenkondensator

$$C = \frac{\varepsilon\, A}{l} = \frac{Q}{U}$$

A Feldraumquerschnitt, Plattenfläche
l Plattenabstand
Q Ladung
U Spannung

C	Q	U
F	As	V

4 wirksame Feldraum-querschnitte vorhanden!

Plattenkondensator mit geschichtetem Dielektrikum

$$C = \frac{A\varepsilon_0}{\dfrac{l_1}{\varepsilon_{r1}} + \dfrac{l_2}{\varepsilon_{r2}} + \ldots}$$

Bei mehr als 2 Dielektrika ist im Nenner zu addieren l_3/ε_{r3} usw.

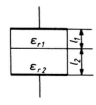

A Feldraumquerschnitt

5

Elektrotechnik

Kugelanordnungen

Kugelelektrode

$C = 4\,\pi\,\varepsilon r$

Kugelkondensator

$$C = \frac{4\,\pi\, r\, r_1}{r_1 - r}$$

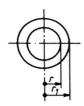

5.3.3 Schaltungen von Kondensatoren

Parallelschaltung

$Q_{\text{ges}} = Q_1 + Q_2 + \ldots + Q_n = C_{\text{ges}} U$

$C_{\text{ges}} = C_1 + C_2 + \ldots + C_n$

C_{ges} Gesamtkapazität, Ersatzkapazität

Für n Kondensatoren mit gleicher Kapazität C gilt $C_{\text{ges}} = n\, C$

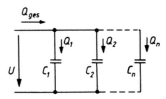

Reihenschaltung

$Q = Q_1 = Q_2 = Q_n = C_{\text{ges}}\, U$

$$U = U_1 + U_2 + \ldots + U_n = \frac{Q}{C_{\text{ges}}} = \frac{Q}{C_1} + \frac{Q}{C_2} + \ldots + \frac{Q}{C_n}$$

$$U : U_1 : U_2 : U_n = \frac{1}{C_{\text{ges}}} : \frac{1}{C_1} : \frac{1}{C_2} : \frac{1}{C_n}$$

$$\frac{1}{C_{\text{ges}}} = \frac{1}{C_1} + \frac{1}{C_2} + \ldots + \frac{1}{C_n}$$

Für n Kondensatoren mit gleicher

Kapazität C gilt $C_{\text{ges}} = \dfrac{C}{n}$

Für zwei in Reihe geschaltete Kondensatoren gilt

$$C_{\text{ges}} = \frac{C_1\, C_2}{C_1 + C_2} \qquad C_1 = \frac{C_2\, C_{\text{ges}}}{C_2 - C_{\text{ges}}} \qquad C_2 = \frac{C_1\, C_{\text{ges}}}{C_1 - C_{\text{ges}}}$$

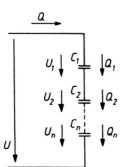

5.4 Magnetisches Feld und Induktivität

5.4.1 Größen des homogenen magnetischen Feldes

Einheiten

Φ, Ψ	V, Θ	R_m	H	l	N	I	B	A	μ_r	μ_0, μ	L, Λ	W_M	w_M
Vs=Wb	A	$\dfrac{A}{Vs}=\dfrac{1}{H}$	$\dfrac{A}{m}$	m	1	A	$\dfrac{Vs}{m^2}=T$	m^2	1	$\dfrac{Vs}{Am}=\dfrac{H}{m}$	$H=\dfrac{Vs}{A}$	Ws	$\dfrac{Ws}{m^3}$

„Ohm'sches Gesetz" des Magnetkreises

$$\Phi = \frac{\Theta}{R_m} = \frac{V}{R_m}$$

$\Theta = NI$ elektrische Durchflutung

$V = Hl$ magnetische Spannung

$H = \dfrac{V}{l}$ magnetische Feldstärke/Erregung

l Länge des zu magnetisierenden Raumes

Φ magnetischer Fluss

R_m magnetischer Widerstand, Reluktanz

N Windungszahl der Erregerwicklung

I Stromstärke in der Erregerwicklung

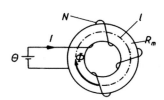

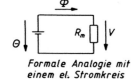

Formale Analogie mit einem el. Stromkreis

Magnetischer Widerstand, magnetischer Leitwert, Permeabilität

$$R_m = \frac{l}{\mu_r \mu_0 A} = \frac{l}{\mu A}$$

$$R_{m\,ges} = R_{m1} + R_{m2} + \ldots$$

(bei Reihenschaltung von magnetischen Widerständen)

$$\frac{1}{R_m} = \Lambda = \frac{A}{l} \mu_r \mu_0$$

$$\mu = \mu_r \mu_0 = \frac{B}{H}$$

$$\mu_0 = 4\pi 10^{-7} \frac{Vs}{Am} \approx 1,25 \cdot 10^{-6} \frac{Vs}{Am}$$

Stoff	μ_r
ferromagnetisch	$\gg 1$ $\neq$ konst.
paramagnetisch	> 1 $=$ konst.
diamagnetisch	< 1 $=$ konst.

R_m magnetischer Widerstand, Reluktanz

l Länge des zu magnetisierenden Raumes

A Feldraumquerschnitt

Λ magnetischer Leitwert, Permeanz

B Flussdichte, Induktion

H magnetische Feldstärke, magnetische Erregung

μ_r Permeabilitätszahl, relative Permeabilität

μ_0 magnetische Feldkonstante, Induktionskonstante, Permeabilität des Vakuums

μ Permeabilität

Die relative Permeabilität μ_r ist für Luft und alle para- und diamagnetischen Stoffe annähernd 1. Bei ferromagnetischen Stoffen (Eisen, Nickel, Chrom, Ferrite) ist $\mu_r \gg 1$, aber von der Flussdichte B abhängig, die den Kern durchsetzt.

Magnetische Flussdichte (Induktion)	$B = \dfrac{\Phi}{A}$ $(\Phi \perp A)$ $B = \mu_r\,\mu_0\,H$	B magnetische Flussdichte, Induktion, Feldliniendichte Φ magnetischer Fluss A magnetischer Feldraumquerschnitt

Induktivität

$$L = N^2 \Lambda = \frac{N\,\Phi}{I} = \frac{\Psi}{I}$$

$$\Psi = N\,\Phi$$

$$L = N^2 A_L$$

Der A_L-Wert ist die auf die Windungszahl $N = 1$ bezogene Induktivität L und wird in der Einheit nH $= 10^{-9}$ H angegeben.

L Induktivität einer Spule, Selbstinduktionskoeffizient
Ψ Induktionsfluss, Flussverkettung
Λ magnetischer Leitwert
N Windungszahl der Spule
Φ Spulenfluss
I Spulenstrom
A_L Induktivitätsfaktor, Kernfaktor, A_L-Wert

Energieinhalt

$$W_M = \frac{1}{2}\,L\,I^2$$

W_M magnetische Feldenergie (Energieinhalt) einer erregten Spule
L Induktivität der Spule
I Spulenstrom

Energiedichte

$$w_M = \frac{1}{2}\,H\,B = \frac{1}{2\mu}\,B^2 = \frac{\mu}{2}\,H^2$$

$$\mu = \mu_r\,\mu_0$$

$$W_M = w_M\,V$$

w_M magnetische Energiedichte in Stoffen konstanter Permeabilität, z. B. Luft
H magnetische Feldstärke
B Flussdichte
μ Permeabilität
W_M magnetische Feldenergie (Energieinhalt) eines Volumens mit konstanter Permeabilität, z. B. Luft
V Feldvolumen in m^3

Durchflutungsgesetz für homogene Felder

$\Sigma N I = \Sigma H l$

In der Praxis wird häufig der Einfluss der magnetischen Streuung durch einen Zuschlag von 10 % zur elektrischen Durchflutung berücksichtigt
$\Sigma N I = 1{,}1\ \Sigma H l$

Für das nebenstehende Magnetgestell mit gleicher Magnetisierungsrichtung der Erregerspulen gilt:
$N_1 I_1 + N_2 I_2 = H_E\,l_E + H_0\,l_0$

$\Theta_1 + \Theta_2 = V_E + V_0$

(Bei mehreren Erregerspulen ist die Magnetisierungsrichtung jeder Spule zu berücksichtigen)

H_E magnetische Feldstärke im Eisen (aus Magnetisierungskurve entnehmen)
H_0 magnetische Feldstärke im Luftspalt (aus $H_0 = B_0/\mu_0$ berechnen)
l_E mittlere Eisenweglänge
l_0 mittlere Luftspaltlänge

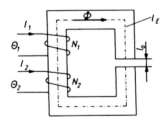

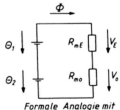

Formale Analogie mit einem el. Stromkreis

Berechnung magnetischer Feldlinien an einer Grenzfläche zweier Medien

$$H_{t1} = H_{t2} \qquad\qquad B_{n1} = B_{n2}$$

$$\frac{B_{t1}}{B_{t2}} = \frac{\mu_{r1}}{\mu_{r2}} = \frac{\tan \alpha_1}{\tan \alpha_2} \qquad \frac{H_{n1}}{H_{n2}} = \frac{\mu_{r2}}{\mu_{r1}}$$

$$\frac{B_2}{B_1} = \sqrt{1 - \frac{\mu_{r1}^2 - \mu_{r2}^2}{\mu_{r1}^2} \sin^2 \alpha_1}$$

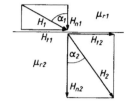

B_1 Flussdichte (Feldlinie) im Medium 1
B_2 Flussdichte (gebrochene Feldlinie) im Medium 2
H_1 Feldstärke im Medium 1
H_2 Feldstärke im Medium 2
B_n, H_n Normalkomponenten
B_t, H_t Tangentialkomponenten
μ_r Permeabilitätszahl, relative Permeabilität

5.4.2 Spannungserzeugung

Einheiten

u, U	i, I	E	Φ	B	L	l	t, T	v	n	f, ω	$N, z, p, ü$	R	A
V	A	$\dfrac{V}{m}$	Vs	$\dfrac{Vs}{m^2}$	$H = \dfrac{Vs}{A}$	m	s	$\dfrac{m}{s}$	$\min^{-1}$	$\dfrac{1}{s}$	1	Ω	m^2

Induktionsgesetz

$$U_0 = \oint \vec{E}\, \vec{d}l = \frac{d\Phi}{dt} \qquad\qquad u_q = N\frac{d\Phi}{dt} = \frac{d\Psi}{dt} \qquad U_q = N\frac{\Delta\Phi}{\Delta t}$$

Physikalische Wirkungskette   Ersatz-Spannungsquelle für den Induktionsvorgang

Flusszunahme

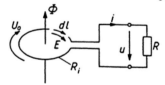

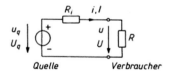

Flusszunahme

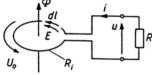

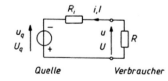

U_0 induzierte elektrische Umlaufspannung mit Richtungszuordnung nach Lenz'scher Regel und Rechtsschraubenregel
E elektrische Feldstärke
l Leiterlänge
u_q induzierte Quellenspannung
U_q mit Richtungszuordnung nach Verbraucher-Zählpfeil-System (VZS)

N Windungszahl
Φ zeitlich sich ändernder magnetischer Fluss in der Leiterschleife
$\dfrac{d\Phi}{dt}; \dfrac{\Delta\Phi}{\Delta t}$ Flussänderungsgeschwindigkeit in der Leiterschleife

$\Delta\Phi = \Phi_{Ende} - \Phi_{Anfang}$
u, U Klemmenspannung der Quelle
i, I induzierter Strom
R_i Innenwiderstand der Quelle

Selbstinduktions-
spannung in einer
Spule

$$u_L = L\,\frac{\mathrm{d}i}{\mathrm{d}t} \quad L = \text{konstant}$$

$$u_L = L\,\frac{\Delta I}{\Delta t}$$

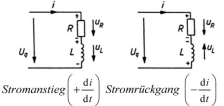

u_L Selbstinduktionsspannung
L Induktivität der Spule

$Stromanstieg\left(+\dfrac{\mathrm{d}i}{\mathrm{d}t}\right)$ $Stromr\ddot{u}ckgang\left(-\dfrac{\mathrm{d}i}{\mathrm{d}t}\right)$

$\dfrac{\mathrm{d}i}{\mathrm{d}t};\dfrac{\Delta I}{\Delta t}$ Stromänderungsgeschwindigkeit

Geradlinige Bewegung
eines Leiters im
magnetischen Feld

$$u_q = B\,l\,v\,z \qquad (v \perp B)$$

u_q indizierte Quellenspannung
B Flussdichte
l wirksame Länge eines Leiterstabs
v Relativgeschwindigkeit zwischen
  Leiter und magnetischem Feld,
  wirksame Geschwindigkeitskom-
  ponente bei nicht rechtwinkliger
  „Schnittgeschwindigkeit"
z Anzahl der Leiterstäbe (hier: $z = 1$)

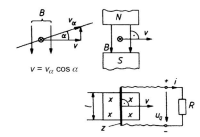

$v = v_\alpha \cos \alpha$

Drehbewegung eines
Leiters im magnetischen
Feld

$$\Phi_t = \hat{\Phi}\sin(\omega t)$$

$$u_q = \hat{u}_q\cos(\omega t) = B\,l\,v_y\,z$$

$$\hat{u}_q = N\,\omega\,\hat{\Phi}$$

$$f = \frac{1}{T}$$

$$v_y = v_u\cos(\omega t)$$

$$z = 2\,N$$

$$\omega = 2\,\pi\,f$$

$$n = \frac{f}{p}$$

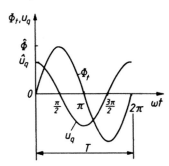

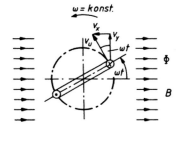

Φ_t zeitlich sich ändernder Spulenfluss
$\hat{\Phi}$ Scheitelwert des Spulenflusses
u_q induzierte Quellenspannung
$\hat{u}_q$ Scheitelwert der induzierten
  Quellenspannung
B homogene Flussdichte
l wirksame Leiterlänge
z Anzahl der Leiterstäbe
N Windungszahl

ω Kreisfrequenz
f Frequenz
T Periodendauer
p Polpaarzahl
n Drehzahl
v_u Umfangsgeschwindigkeit
v_y „Schnittgeschwindigkeit" der
  Leiterstäbe

5

Elektrotechnik

5.4.3 Kraftwirkung

Einheiten

F	$w_M,\ \sigma$	H_0	B_0	A	μ_0	$l,\ r$	I
N	$\dfrac{\text{Ws}}{\text{m}^3}=\dfrac{\text{Ws}}{\text{m}}\times\dfrac{1}{\text{m}^2}=\dfrac{\text{N}}{\text{m}^2}$	$\dfrac{\text{A}}{\text{m}}$	$\dfrac{\text{Vs}}{\text{m}^2}$	m^2	$1{,}25\cdot10\text{-}6\ \dfrac{\text{Vs}}{\text{Am}}$	m	A

Kraftwirkung
zwischen
Magnetpolen

$$F = \frac{1}{2\mu_0}AB_0^{\,2} = \frac{H_0 B_0}{2}A = w_\text{M}A$$

$$\sigma = \frac{F}{A} = \frac{B_0^{\,2}}{2\mu_0} \stackrel{\wedge}{=} w_\text{M}$$

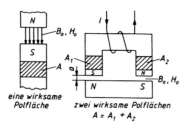

eine wirksame
Polfläche

zwei wirksame Polflächen
$A = A_1 + A_2$

F Kraftwirkung zwischen ebenen
   parallelen Magnetpolen

μ_0 magnetische Feldkonstante,
   Induktionskonstante

A Querschnitt des Magnetpoles

B_0 Flussdichte im Luftspalt, Luftspaltinduktion

H_0 magnetische Feldstärke im Luftspalt

σ auf die Polfläche bezogene Zugkraft

w_M magnetische Energiedichte im
   Luftspalt

a Luftspaltlänge

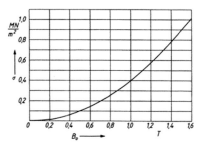

$$1\,\frac{\text{MN}}{\text{m}^2} = 0{,}1\,\frac{\text{kN}}{\text{cm}^2} = 1\,\frac{\text{N}}{\text{mm}^2}$$

Kraftwirkung auf
stromdurchflossenen
Leiter im homogenen
Magnetfeld

$$F = B_0\,l\,I\,z \qquad (B_0 \perp l)$$

F Kraftwirkung auf stromdurchflossene
   Leiter im homogenen Magnetfeld

B_0 Flussdichte im Luftspalt,
   Luftspaltinduktion

l *wirksame* Länge eines Leiterstabes

I Stromstärke in *einem* Leiterstab

z Anzahl der parallelgeschalteten
   Leiterstäbe

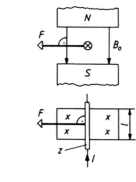

Kraftwirkung zwischen
stromdurchflossenen
Leitern

$$F = \frac{\mu_0\,l}{2\pi r}I_1 I_2$$

F Kraftwirkung auf parallele
   stromdurchflossene Leiter

μ_0 Feldkonstante

l Länge der parallel liegenden Leiter

r senkrechter Abstand der parallelen
   Leiter

$I_1,\ I_2$ Leiterstrom

5.4.4 Richtungsregeln

Rechtsschraubenregel

Stromrichtung und Magnetfeldrichtung bilden eine Rechtsschraube

⊗   Strom fließt in den
    Leiterquerschnitt hinein

 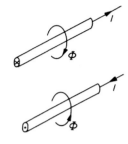

⊙   Strom kommt aus dem
    Leiterquerschnitt heraus

 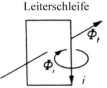

Lenz'sche Regel

Alle induzierten Größen versuchen, ihre Ursache zu behindern

Leiterschleife	Leiterschleife

Φ_t eingeprägter zeit-
      lich sich ändernder
      magnetischer Fluss

Φ_i durch den Strom i
      induzierter magne-
      tischer Fluss

i induzierter Strom

$Flusszunahme\left(+\dfrac{\mathrm{d}\Phi_t}{\mathrm{d}t}\right)$

Φ_t und Φ_i haben in
der Leiterschleife
entgegengesetzte
Richtung

Φ_i Gegenfluss

$Flussabnahme\left(-\dfrac{\mathrm{d}\Phi_t}{\mathrm{d}t}\right)$

Φ_t und Φ_i haben in der
Leiterschleife die
gleiche Richtung

Φ_i Mitfluss

Der in der Leiterschleife induzierte Strom ist immer so gerichtet, dass sein
Magnetfeld der stromerzeugenden Ursache entgegenwirkt.

Rechtehandregel
(Generatorregel)

Ermittlung der Stromrichtung
Rechte Hand so in das magnetische Feld legen, dass die magnetischen
Feldlinien in die Innenfläche der Hand eintreten und der abgespreizte
Daumen in die Bewegungsrichtung des Leiters zeigt. Die Fingerspitzen geben
dann die Stromrichtung im Leiter an.

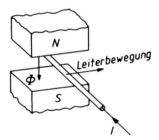 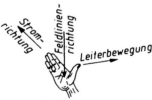

5

Elektrotechnik

Linkehandregel
(Motorregel)

Ermittlung der Bewegungsrichtung

Linke Hand so in das magnetische Feld legen, dass die magnetischen Feldlinien in die Innenfläche der Hand eintreten und die Fingerspitzen in Stromrichtung zeigen. Der abgespreizte Daumen zeigt dann die Bewegungsrichtung
des Leiters an.

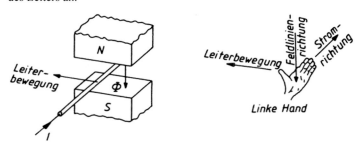

Ballungsregel

Ermittlung der Stromrichtung

Jeder quer zur Feldlinienrichtung bewegte Leiter erzeugt in Bewegungsrichtung vor sich eine Feldlinienballung. Die Stromrichtung im Leiter und seine
Magnetfeldrichtung sind durch die Rechtsschraubenregel miteinander
verbunden.

Beispiel

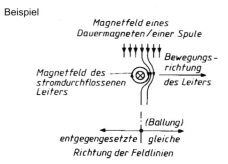

Ermittlung der Bewegungsrichtung

Jeder stromdurchflossene Leiter im Magnetfeld versucht, der Feldlinienballung auszuweichen.

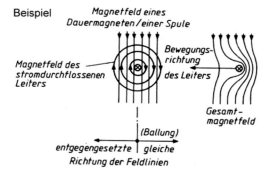

Magnetfeldrichtung

Das Magnetfeld zeigt außerhalb eines Magneten von seinem Nordpol zu seinem Südpol.

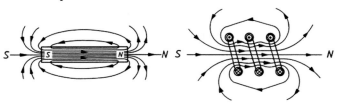

Magnetfeld eines
Stabmagneten

Magnetfeld einer Spule
mit 3 Windungen

Kraftwirkung zwischen
Magnetpolen

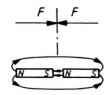

Ungleichnamige Pole
ziehen sich an

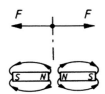

Gleichnamige Pole
stoßen sich ab

Kraftwirkung zwischen
parallelen
stromdurchflossenen
Leitern

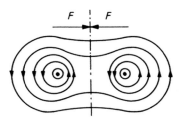

Gleichsinnig vom Strom
durchflossene Leiter ziehen sich an

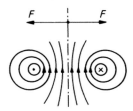

Ungleichsinnig vom Strom
durchflossene Leiter stoßen sich ab

5.4.5 Induktivität von parallelen Leitern und Luftspulen

Lange parallele
zylindrische Leiter

	Leiter 1	Leiter 2
Innere Induktivität	$L_{i1} = \dfrac{\mu l}{8\pi}$	$L_{i2} = \dfrac{\mu l}{8\pi}$
Äußere Induktivität	$L_{a1} = \dfrac{\mu l}{2\pi}\ln\dfrac{d}{r_1}$	$L_{a2} = \dfrac{\mu l}{2\pi}\ln\dfrac{d}{r_2}$
Gesamt- induktivität	$L = L_{i1} + L_{i2} + L_{a1} + L_{a2}$ $L = \dfrac{\mu l}{\pi}\left(\dfrac{1}{4} + \ln\dfrac{d}{\sqrt{r_1 + r_2}}\right)$	

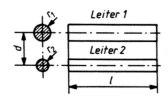

Leiter 1

Leiter 2

l

5

Elektrotechnik

Einlagige Zylinderspule ohne Eisenkern	$L = \dfrac{\mu_0\,\pi D^2\,N^2}{4l}\,k$ D mittlerer Windungsdurchmesser

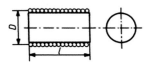

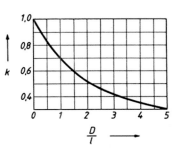

Mehrlagige Zylinderspule ohne Eisenkern	$L = \dfrac{\mu_0\,\pi N^2 (D_2{}^4 - 4D_2 D_1{}^3 + 3D_1{}^4)}{24l(D_2 - D_1)^2}$ für $l \gg D$ D mittlerer Windungsdurchmesser N Windungszahl

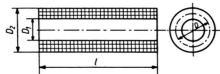

5.4.6 Induktivität von Spulen mit Eisenkern

Induktivität

$$L = \frac{\Psi}{I} = \frac{N\Phi}{I} = N^2 \Lambda \qquad L = \frac{N\hat{\Phi}}{\hat{i}} = N_2\,\Lambda \qquad L = N^2\,A_\mathrm{L}$$

(Gleichstrom)   (Wechselstrom)

$$\Lambda = \frac{1}{R_\mathrm{m}} = \frac{A}{l}\,\mu$$

Φ magnetischer Fluss A magnetisch durch-
Λ magnetischer Leit-   gesetzte Fläche
    wert l mittlere Feldlinien-
R_m magnetischer   länge
     Widerstand μ Permeabilität
Ψ Induktionsfluss,
    Flussverkettung

A_L Induktivitätsfaktor, Kernfaktor, A_L-Wert. Er ist die auf die Windungszahl $N = 1$ bezogene Induktivität und wird in der Einheit nH $= 10^{-9}$ H angegeben.

Permeabilität bei Gleichstrom-magnetisierung	(totale) Permeabilität $\mu = \dfrac{B_1}{H_1}$ Permeabilitäts-zahl, relative (totale) Permeabilität $\mu_\mathrm{r} = \dfrac{B_1}{\mu_0 H_1}$	B magnetische Flussdichte H magnetische Feldstärke

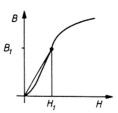

Permeabilität bei Wechselstrom-magnetisierung um den Ursprung	Wechsel-permeabilität $\mu = \dfrac{\hat{B}}{\hat{H}}$	(für $H > 0$)
	Wechselpermea-bilitätszahl, relative Wechsel-permeabilität $\mu_\sim = \dfrac{\hat{B}}{\mu_0 \hat{H}}$	(für $H > 0$)
	Anfangs-permeabilität $\mu_\mathrm{i} = \dfrac{\Delta B}{\Delta H}$	(für $\Delta H \to 0$)

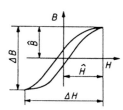

5.4.7 Drosselspule

Vollständige
Ersatzschaltung

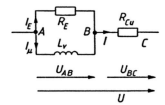

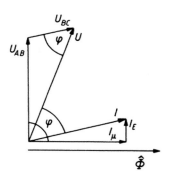

Spannungen

$$U_{AB} = 4,44\,f\,N\,\hat{B}\,A_E = 4,44\,f\,N\,\hat{\Phi}$$

$$U_{AB} = \sqrt{U^2 + U_{BC}^2 - 2\,U\,U_{BC}\cos\varphi} \qquad \text{Näherung: } U_{AB} \sim U$$

Ströme

$$I_E = \frac{P_E}{U_{AB}}$$

$$I_\mu = \frac{\hat{H}_E\,l_E + \hat{H}_0\,l_0}{N\sqrt{2}}$$

$$I = \sqrt{I_E^2 + I_\mu^2}$$

I_E Eisenverluststrom
I_μ Magnetisierungsstrom
I Drosselstrom
$\hat{H}_E$ Scheitelwert der magnetischen
       Feldstärke in Eisen
$\hat{H}_0$ Scheitelwert der magnetischen
       Feldstärke im Luftspalt
l_E mittlere Eisenweglänge
l_0 mittlere Luftspaltlänge

Leistungen

$$P_E = v_E\,m_E$$
$$P_{Cu} = I^2 R_{Cu}$$
$$P = P_E + P_{Cu}$$
$$\cos\varphi = \frac{P}{S} = \frac{P}{U\,I}$$

R_E Eisenverlustwiderstand
R_{Cu} Kupferverlustwiderstand
P_E Eisenverlustleistung
P_{Cu} Kupferverlustleistung
P Drosselverlustleistung
v_E Ummagnetisierungsverluste in W/kg
m_E Masse des Eisenkerns

Induktivität

$$L_v = \frac{N\,\hat{\Phi}}{\hat{i}_\mu} = \frac{U_{AB}}{\omega I_\mu}$$

Komplexer Widerstand

$$\underline{Z} = R_{Cu} + \frac{R_E(\omega L_v)^2}{R_E^2 + (\omega L_v)^2} + j\,\frac{R_E^2(\omega L_v)}{R_E^2 + (\omega L_v)^2}$$

Reihen-Ersatzschaltung

Umrechnungsbeziehungen für die Umwandlung der
vollständigen Ersatzschaltung in eine Reihen-
Ersatzschaltung:

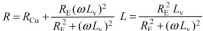

$$R = R_{Cu} + \frac{R_E(\omega L_v)^2}{R_E^2 + (\omega L_v)^2} \qquad L = \frac{R_E^2 L_v}{R_E^2 + (\omega L_v)^2}$$

R Gesamtverlustwiderstand der Drosselspule in der Reihen-Ersatzschaltung
L Induktivität der Drosselspule in der Reihen-Ersatzschaltung

5

Elektrotechnik

5.4.8 Schaltungen von Induktivitäten

Parallelschaltung von Induktivitäten

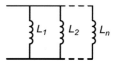

$$\frac{1}{L_{\text{ges}}} = \frac{1}{L_1} + \frac{1}{L_2} + \ldots + \frac{1}{L_n}$$

L_{ges} Gesamtinduktivität

Für zwei parallel geschaltete Spulen gilt:　$L_{\text{ges}} = \dfrac{L_1 \cdot L_2}{L_1 + L_2}$

Für n Spulen mit gleicher Induktivität gilt:　$L_{\text{ges}} = \dfrac{L}{n}$

Reihenschaltung von Induktivitäten

Für n Spulen mit gleicher Induktivität gilt:　$L_{\text{ges}} = L_1 + L_2 + \ldots + L_n$

$$L_{\text{ges}} = n\,L$$

5.4.9 Einphasiger Transformator

(Transformator, verlust- und streuungsfrei)

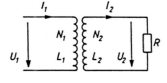

$$\ddot{u} = \frac{N_1}{N_2} = \frac{U_1}{U_2} = \frac{I_2}{I_1} = \sqrt{\frac{L_1}{L_2}} \qquad R' = \ddot{u}^2 R$$

$$U_0 = \frac{2\pi}{\sqrt{2}}\, f\, N\, \hat{B}\, A \approx 4{,}44\, f\, N\, \hat{B}\, A$$

(Transformatorhauptgleichung; U_0 sinusförmig)

U_0 Induktionsspannung
U_1 Primärspannung
U_2 Sekundärspannung
I_1 Primärstrom
L_1 Selbstinduktivität der Primärwicklung
$\ddot{u}$ Übersetzungsverhältnis
R' auf die Primärseite übersetzter Lastwiderstand R
f Frequenz

$\hat{B}$ Scheitelwert der Flussdichte im Kern
A Kernquerschnitt
L_2 Selbstinduktivität der Sekundärwicklung
R Lastwiderstand
I_2 Sekundärstrom
N_1 Primärwindungszahl
N_2 Sekundärwindungszahl

Kurzschlussspannung

$$u_{\text{K}} = \frac{U_{\text{K}} \cdot 100\%}{U_1}$$

u_{K} Kurzschlussspannung in Prozent der Nennspannung
U_{K} Kurzschlussspannung (gemessen in Volt)
U_1 Primärspannung

Bei kurzgeschlossener Sekundärwicklung ist die Kurzschlussspannung die Primärspannung, bei der ein Transformator seinen Nennstrom aufnimmt.

u_{K} niedrig　$\rightarrow$　Transformator spannungssteif = kleiner Innenwiderstand
　　　　　　　　　　　　(z. B. Spannungswandler, Netzanschlusstransformatoren)

u_{K} hoch　$\rightarrow$　Transformator spannungsweich = großer Innenwiderstand
　　　　　　　　　　　(z. B. Klingeltransformatoren, Zündtransformatoren)

Dauerkurzschlussstrom

$$I_{\text{Kd}} = \frac{I_{\text{N}} \cdot 100\%}{u_{\text{K}}}$$

I_{Kd} Dauerkurzschlussstrom
I_{N} Nennstrom
u_{K} Kurzschlussspannung in Prozent der Nennspannung

5.5 Wechselstromtechnik

5.5.1 Kennwerte von Wechselgrößen

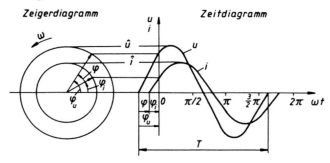

Zeigerdiagramm   *Zeitdiagramm*

ω Kreisfrequenz
f Frequenz
T Periodendauer
i Zeitwert des Stroms
u Zeitwert der Spannung
$\hat{i}$ Scheitelwert des Stroms
$\hat{u}$ Scheitelwert der Spannung

φ_i Nullphasenwinkel des Stroms
φ_u Nullphasenwinkel der Spannung
φ Phasenverschiebungswinkel der Spannung gegen den Strom; hier: u eilt i um $\measuredangle \varphi$ voraus i eilt u um $\measuredangle \varphi$ nach

$\omega = 2\,\pi\,f$

$f = \dfrac{1}{T}$

$i = \hat{i}\sin(\omega t + \varphi_i)$

$u = \hat{u}\sin(\omega t + \varphi_u)$

$\varphi = \varphi_u - \varphi_i$

Bei Darstellung des Effektivwerts im Zeigerdiagramm:
Zeigerlänge = Scheitelwert / $\sqrt{2}$

ω	f	T, t	$i, \hat{i}$	$u, \hat{u}$
$\dfrac{1}{s}$	$Hz = \dfrac{1}{s}$	s	A	V

Mittelwerte bei Sinusform

$I = \dfrac{\hat{i}}{\sqrt{2}} = 0{,}707\,\hat{i}$

$U = \dfrac{\hat{u}}{\sqrt{2}} = 0{,}707\,\hat{u}$

$i, \hat{i}, I, |\overline{i}|$	$u, \hat{u}, U, |\overline{u}|$	F	S
A	V	1	1

Gleichrichtwert und Scheitelwert

$|\overline{i}| = \dfrac{2}{\pi}\hat{i} = 0{,}637\,\hat{i}$

$|\overline{u}| = \dfrac{2}{\pi}\hat{u} = 0{,}637\,\hat{u}$

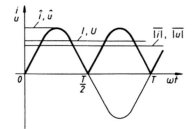

Effektivwert und Gleichrichtwert

$I = 1{,}111\,|\overline{i}|$ $|\overline{i}| = 0{,}9\,I$

$U = 1{,}111\,|\overline{u}|$ $|\overline{u}| = 0{,}9\,U$

$\text{Formfaktor} = \dfrac{\text{Effektivwert}}{\text{Gleichrichtwert}}$

$F = 1{,}111$

$\text{Scheitelfaktor} = \dfrac{\text{Scheitelwert}}{\text{Effektivwert}}$

$S = \sqrt{2} = 1{,}414$

i, u Zeitwert
$\hat{i}, \hat{u}$ Scheitelwert
I, U Effektivwert
$|\overline{i}|, |\overline{u}|$ Gleichrichtwert
F Formfaktor
S Scheitelfaktor

5

Elektrotechnik

Mittelwerte bei
beliebiger Kurvenform

Effektivwert	Linearer Mittelwert	Gleichrichtwert	Formfaktor

$$I = \sqrt{\frac{1}{T}\int_0^T i^2\,dt} \qquad \bar{i} = \frac{1}{T}\int_0^T i\,dt \qquad |\overline{i}| = \frac{1}{T}\int_0^T |i|\,dt \qquad F = \frac{I}{|\overline{i}|} = \frac{U}{|\overline{u}|} \geq 1$$

$$U = \sqrt{\frac{1}{T}\int_0^T u^2\,dt} \qquad \bar{u} = \frac{1}{T}\int_0^T u\,dt \qquad |\overline{u}| = \frac{1}{T}\int_0^T |u|\,dt$$

Scheitelfaktor
$$S = \frac{\hat{i}}{I} = \frac{\hat{u}}{U}$$

Mischgrößen

Effektivwert

$$I = \sqrt{\bar{i}^{\,2} + I_1^2 + I_2^2 + \ldots}$$ 　Wechselgröße:　Gleichanteil ist null

$$U = \sqrt{\bar{u}^{\,2} + U_1^2 + U_2^2 + \ldots}$$ 　Mischgröße:　　Gleichanteil ist von null verschieden

Effektivwert des Wechselanteils

$$I_\sim = \sqrt{I_1^2 + I_2^2 + I_3^2 + \ldots} = \sqrt{I^2 - \bar{i}^{\,2}}$$

$$U_\sim = \sqrt{U_1^2 + U_2^2 + U_3^2 + \ldots} = \sqrt{U^2 - \bar{u}^{\,2}}$$

Schwingungsgehalt 　　　　　　　Welligkeit

$$s = \frac{I_\sim}{I} = \frac{U_\sim}{U} \qquad\qquad w = \frac{I_\sim}{\overline{i}} = \frac{U_\sim}{\overline{u}}$$

Geschaltete Sinuswelle
(Phasenanschnitt bei
Ohm'scher Last)

	Einweg-Gleichrichtung	Zweiweg-Gleichrichtung
Gleichrichtwert	$\overline{|i|} = \dfrac{\hat{i}}{2\pi}(1+\cos\alpha)$	$\overline{|i|} = \dfrac{\hat{i}}{\pi}(1+\cos\alpha)$
Effektivwert	$I = \dfrac{\hat{i}}{2}\sqrt{1 - \dfrac{\alpha}{180°} + \dfrac{\sin 2\alpha}{2\pi}}$	$I = \dfrac{\hat{i}}{\sqrt{2}}\sqrt{1 - \dfrac{\alpha}{180°} + \dfrac{\sin 2\alpha}{2\pi}}$

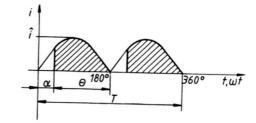

α Zündwinkel
Θ Stromflusswinkel

Zündwinkel		0°	30°	60°	90°	120°	150°
Einweg-Gleichrichtung	$\overline{|i|}$	$0{,}3183\,\hat{i}$	$0{,}2970\,\hat{i}$	$0{,}2387\,\hat{i}$	$0{,}1592\,\hat{i}$	$0{,}0796\,\hat{i}$	$0{,}0213\,\hat{i}$
	I	$0{,}5\,\hat{i}$	$0{,}4927\,\hat{i}$	$0{,}4485\,\hat{i}$	$0{,}3536\,\hat{i}$	$0{,}2211\,\hat{i}$	$0{,}0849\,\hat{i}$
Zweiweg-Gleichrichtung	$\overline{|i|}$	$0{,}6366\,\hat{i}$	$0{,}5940\,\hat{i}$	$0{,}4775\,\hat{i}$	$0{,}3183\,\hat{i}$	$0{,}1592\,\hat{i}$	$0{,}0427\,\hat{i}$
	I	$0{,}7071\,\hat{i}$	$0{,}6968\,\hat{i}$	$0{,}6342\,\hat{i}$	$0{,}5\,\hat{i}$	$0{,}3127\,\hat{i}$	$0{,}1201\,\hat{i}$

5.5.2 Passive Wechselstrom-Zweipole an sinusförmiger Wechselspannung

Größen, Einheiten, Kennwerte

Leistungen

P Wirkleistung
Q Blindleistung
Q_L induktive Blindleistung
Q_C kapazitive Blindleistung
S Scheinleistung

Spannungen

U_R Wirkspannung
U_L induktive Blindspannung
U_C kapazitive Blindspannung
U Gesamtspannung

Leitwerte

G Wirkleitwert = Konduktanz
B Blindleitwert = Suszeptanz
Y Scheinleitwert = Admittanz

Ströme

I_R Wirkstrom
I_L induktiver Blindstrom
I_C kapazitiver Blindstrom
I Gesamtstrom

Widerstände

R Wirkwiderstand = Resistanz
X Blindwiderstand = Reaktanz
X_L induktiver Blindwiderstand = Induktanz
X_C kapazitiver Blindwiderstand = Kondensanz (Kapazitanz)
Z Scheinwiderstand = Impedanz

Kennwerte

$$\lambda = \cos \varphi$$

$$\text{Leistungsfaktor} = \frac{\text{Wirkgröße}}{\text{Scheingröße}}$$

$$d = \tan \delta$$

$$\text{Verlustfaktor} = \frac{\text{Wirkgröße}}{\text{Blindgröße}}$$

$$\beta = \sin \varphi$$

$$\text{Blindfaktor} = \frac{\text{Blindgröße}}{\text{Scheingröße}}$$

$$Q = \frac{1}{d}$$

$$\text{Gütefaktor} = \frac{1}{\text{Verlustfaktor}}$$

R, X, Z	G, B, Y	U	I	P	Q	S	$\cos \varphi, \sin \varphi, d, Q$
$\Omega = \dfrac{V}{A}$	$S = \dfrac{A}{V} = \dfrac{1}{\Omega}$	V	A	W	var	VA	1

Frequenzabhängigkeit

$$R = \frac{l}{\gamma q}$$

$$X_L = \omega L$$

$$X_C = \frac{1}{\omega C}$$

$$G = \frac{\gamma q}{l}$$

$$B_L = \frac{1}{\omega L}$$

$$B_C = \omega C$$

f_r Resonanzfrequenz
$X_L = X_C$ Reihenresonanzbedingung
$B_L = B_C$ Parallelresonanzbedingung

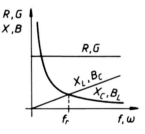

Wirkwiderstand R

Strom I und Spannung U sind phasengleich

$$U = I R = \frac{I}{G} \qquad G = \frac{1}{R} \qquad \cos \varphi = 1$$

$$P = U I = I^2 R = \frac{U^2}{R} \qquad \sin \varphi = 0$$

Induktiver Blindwiderstand X_L	Spannung U eilt dem Strom I um 90° voraus

$$U = I\,X_L = \frac{I}{B_L} \qquad B_L = \frac{1}{X_L}$$

$$X_L = \omega L$$

$$Q_L = U\,I = I^2 X_L = \frac{U^2}{X_L}$$

$$\cos \varphi = 0$$

$$\sin \varphi = 1$$

Kapazitiver Blindwiderstand X_C	Spannung U eilt dem Strom I um 90° nach

$$U = I\,X_C = \frac{1}{B_C}$$

$$B_C = \frac{1}{X_C} = \omega C$$

$$X_C = \frac{1}{\omega C}$$

$$Q_C = U\,I = I^2 X_C = \frac{U^2}{X_C}$$

$$\cos \varphi = 0$$

$$\sin \varphi = 1$$

Reihenschaltung von Blindwiderständen

Reihenschaltung von induktiven Blindwiderständen X_L

$$U = U_{L1} + U_{L2} + \dots$$

$$I = \frac{U}{X_L} = \frac{U_{L1}}{X_{L1}} = \frac{U_{L2}}{X_{L2}} = \dots$$

$$X_L = X_{L1} + X_{L2} + \dots$$

$$L = L_1 + L_2 + \dots$$

$$\cos \varphi = 0$$

$$\sin \varphi = 1$$

(Ersatzschaltung)

Reihenschaltung von kapazitiven Blindwiderständen X_C

$$U = U_{C1} + U_{C2} + \dots$$

$$I = \frac{U}{X_C} = \frac{U_{C1}}{X_{C1}} = \frac{U_{C2}}{X_{C2}} = \dots$$

$$X_C = X_{C1} + X_{C2} + \dots$$

$$\frac{1}{C} = \frac{1}{C_1} + \frac{1}{C_2} + \dots$$

$$\cos \varphi = 0$$

$$\sin \varphi = 1$$

(Ersatzschaltung)

Für zwei in Reihe geschaltete Kondensatoren gilt:

$$C = \frac{C_1 C_2}{C_1 + C_2}$$

Reihenschaltung von R und X_L

$U = \sqrt{U_R^2 + U_L^2}$

$I = \dfrac{U}{Z} = \dfrac{U_R}{R} = \dfrac{U_L}{X_L}$

$Z = \sqrt{R^2 + X_L^2}$

$\cos\varphi = \dfrac{U_R}{U} = \dfrac{R}{Z} = \dfrac{P}{S}$

$\sin\varphi = \dfrac{U_L}{U} = \dfrac{X_L}{Z} = \dfrac{Q_L}{S}$

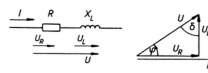

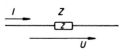

(Ersatzschaltung)

$d_L = \tan\delta = \dfrac{R}{X_L} = \dfrac{U_R}{U_L} = \dfrac{P}{Q_L}$ $S = U\,I = I^2 Z = \dfrac{U^2}{Z} = \sqrt{P^2 + Q_L^2}$

Reihenschaltung von R und X_C

$U = \sqrt{U_R^2 + U_C^2}$

$I = \dfrac{U}{Z} = \dfrac{U_R}{R} = \dfrac{U_C}{X_C}$

$Z = \sqrt{R^2 + X_C^2}$

$\cos\varphi = \dfrac{U_R}{U} = \dfrac{R}{Z} = \dfrac{P}{S}$

$\sin\varphi = \dfrac{U_C}{U} = \dfrac{X_C}{Z} = \dfrac{Q_C}{S}$

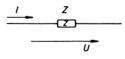

(Ersatzschaltung)

$d_C = \tan\delta = \dfrac{R}{X_C} = \dfrac{U_R}{U_C} = \dfrac{P}{Q_C}$ $S = U\,I = I^2 Z = \dfrac{U^2}{Z} = \sqrt{P^2 + Q_C^2}$

Reihenschaltung von R, X_L und X_C
$(X_L > X_C)$
$(U_L > U_C)$

$U = \sqrt{U_R^2 + (U_L - U_C)^2}$

$I = \dfrac{U}{Z} = \dfrac{U_R}{R} = \dfrac{U_L}{X_L} = \dfrac{U_C}{X_C}$

$Z = \sqrt{R^2 + (X_L - X_C)^2}$

$\cos\varphi = \dfrac{U_R}{U} = \dfrac{R}{Z} = \dfrac{P}{S}$

$\sin\varphi = \dfrac{U_L - U_C}{U} = \dfrac{X_L - X_C}{Z}$

$\sin\varphi = \dfrac{Q_L - Q_C}{S}$

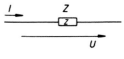

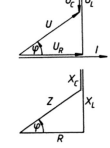

(Ersatzschaltung)

$d = d_L + d_C$ $S = U\,I = I^2 Z = \dfrac{U^2}{Z} = \sqrt{P^2 + (Q_L - Q_C)^2}$

5

Elektrotechnik

Parallelschaltung von Blindwiderständen

Parallelschaltung von induktiven Blindwiderständen X_L

$U = I\,X_L = I_1 X_{L1} = I_2 X_{L2} = \ldots$ $I = I_1 + I_2 + \ldots$

$\cos\varphi = 0$ $\sin\varphi = 1$

$B_L = B_{L1} + B_{L2} + \ldots$

$\dfrac{1}{X_L} = \dfrac{1}{X_{L1}} + \dfrac{1}{X_{L2}} + \ldots$ $\dfrac{1}{L} = \dfrac{1}{L_1} + \dfrac{1}{L_2} + \ldots$

Für zwei parallelgeschaltete induktive Blindwiderstände/ Induktivitäten gilt:

$X_L = \dfrac{X_{L1} X_{L2}}{X_{L1} + X_{L2}}$

$L = \dfrac{L_1 L_2}{L_1 + L_2}$

(Ersatzschaltung)

Parallelschaltung von kapazitiven Blindwiderständen X_C

$U = I\,X_C = I_1 X_{C1} = I_2 X_{C2} = \ldots$ $I = I_1 + I_2 + \ldots$

$\cos\varphi = 0$ $\sin\varphi = 1$

$B_C = B_{C1} + B_{C2} + \ldots$ $C = C_1 + C_2 + \ldots$

$\dfrac{1}{X_C} = \dfrac{1}{X_{C1}} + \dfrac{1}{X_{C2}} + \ldots$

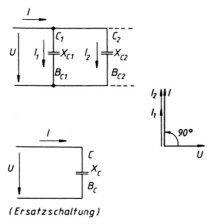

(Ersatzschaltung)

Parallelschaltung von R und X_L

$$U = I\,Z = I_R\,R = I_L\,X_L \qquad\qquad I = \sqrt{I_R^2 + I_L^2}$$

$$\cos\varphi = \frac{I_R}{I} = \frac{G}{Y} = \frac{\dfrac{1}{R}}{\dfrac{1}{Z}} = \frac{Z}{R} = \frac{P}{S} \qquad\qquad \sin\varphi = \frac{I_L}{I} = \frac{B_L}{Y} = \frac{\dfrac{1}{X_L}}{\dfrac{1}{Z}} = \frac{Z}{X_L} = \frac{Q_L}{S}$$

$$Y = \frac{1}{Z} = \sqrt{G^2 + B_L^2} \qquad\qquad d_L = \tan\delta = \frac{G}{B_L} = \frac{X_L}{R} = \frac{I_R}{I_L} = \frac{P}{Q_L}$$

$$S = U\,I = I^2 Z = \frac{U^2}{Z} = \sqrt{P^2 + Q_L^2}$$

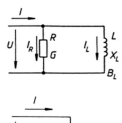

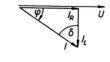

(Ersatzschaltung)

Parallelschaltung von R und X_C

$$U = I\,Z = I_R\,R = I_C\,X_C \qquad\qquad I = \sqrt{I_R^2 + I_C^2}$$

$$\cos\varphi = \frac{I_R}{I} = \frac{G}{Y} = \frac{\dfrac{1}{R}}{\dfrac{1}{Z}} = \frac{Z}{R} = \frac{P}{S} \qquad\qquad \sin\varphi = \frac{I_C}{I} = \frac{B_C}{Y} = \frac{\dfrac{1}{X_C}}{\dfrac{1}{Z}} = \frac{Z}{X_C} = \frac{Q_C}{S}$$

$$Y = \frac{1}{Z} = \sqrt{G^2 + B_C^2} \qquad\qquad d_C = \tan\delta = \frac{G}{B_C} = \frac{X_C}{R} = \frac{I_R}{I_C} = \frac{P}{Q_C}$$

$$S = U\,I = I^2 Z = \frac{U^2}{Z} = \sqrt{P^2 + Q_C^2}$$

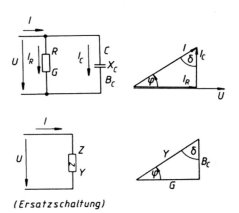

(Ersatzschaltung)

5

Elektrotechnik

Parallelschaltung
von R, X_L und X_C
($X_L < X_C$)
($B_L > B_C$)
($I_L > I_C$)

$$U = I\,Z = I_R\,R = I_L\,X_L = I_C\,X_C \qquad\qquad I = \sqrt{I_R^2 + (I_L - I_C)^2}$$

$$\cos\varphi = \frac{I_R}{I} = \frac{G}{Y} = \frac{\dfrac{1}{R}}{\dfrac{1}{Z}} = \frac{Z}{R} = \frac{P}{S} \qquad\qquad \sin\varphi = \frac{I_L - I_C}{I} = \frac{B_L - B_C}{Y} = \frac{Q_L - Q_C}{S}$$

$$Y = \frac{1}{Z} = \sqrt{G^2 + (B_L - B_C)^2} \qquad\qquad d = d_L + d_C$$

$$S = U\,I = I^2 Z = \frac{U^2}{Z} = \sqrt{P^2 + (Q_L - Q_C)^2}$$

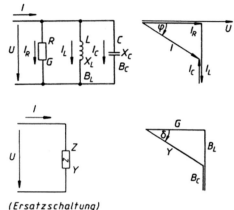

(Ersatzschaltung)

5.5.3 Umwandlung passiver Wechselstrom-Zweipole in gleichwertige Schaltungen

Bei konstanter Frequenz hat die gleichwertige Schaltung auf den
Generator die gleiche Wirkung wie die Originalschaltung.

	Gegebene Originalschaltung	Gesuchte gleichwertige Schaltung	Umrechnungsbeziehungen	
Umwandlung einer Reihenschaltung in eine gleichwertige Parallelschaltung	R X_L Z	G B_L	$G = \dfrac{R}{Z^2}$ $B_L = \dfrac{X_L}{Z^2}$	$Z^2 = R^2 + X^2$
	R X_C Z	G B_C	$G = \dfrac{R}{Z^2}$ $B_C = \dfrac{X_C}{Z^2}$	
Umwandlung einer Parallelschaltung in eine gleichwertige Reihenschaltung	Y $\{$ G B_L	R X_L	$R = \dfrac{G}{Y^2}$ $X_L = \dfrac{B_L}{Y^2}$	$Y^2 = G^2 + B^2$
	Y $\{$ G B_C	R X_C	$R = \dfrac{G}{Y^2}$ $X_C = \dfrac{B_C}{Y^2}$	

5.5.4 Blindleistungskompensation

Betriebswerte vor der
Kompensation

$$I_1 = \frac{S_1}{U} = \frac{P_{zu}}{U \cos \varphi_1} = \sqrt{I_R^2 + I_L^2}$$

$$P_{L1} = I_1^2 R_L$$

$$I_B = I_L = \frac{U}{X_L} = \frac{Q_L}{U} = \frac{S \sin \varphi_1}{U} = \frac{P_{zu} \tan \varphi_1}{U}$$

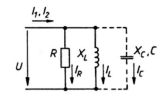

Betriebswerte nach der
Kompensation

$$I_2 = \frac{S_2}{U} = \frac{P_{zu}}{U \cos \varphi_2} = \sqrt{I_R^2 + (I_L - I_C)^2}$$

$$P_{L2} = I_2^2 R_L$$

$$I_B = I_L - I_C$$

$$I_C = \frac{U}{X_C} = \frac{Q_C}{U} = \frac{P_{zu}(\tan \varphi_1 - \tan \varphi_2)}{U}$$

$$P_{zu} = \frac{P_{ab}}{\eta}$$

P_{zu} zugeführte Wirkleistung

P_{ab} abgegebene Wirkleistung
     (Nennleistung)

P_L Leistungsverlust auf der Zuleitung

R_L Leitungswiderstand

I_B Blindstrom auf der Zuleitung

Q_C kompensierte Blindleistung
     ($Q_L = Q_C$ bei Vollkompensation)

Erforderliche
Kompensationskapazität

$$Q_C = P_{zu}(\tan \varphi_1 - \tan \varphi_2)$$

$$C = \frac{Q_C}{U^2 \omega} \qquad\qquad C = \frac{\dfrac{Q_C}{3}}{U_{Str}^2 \, \omega}$$

(Einphasennetz)   (Dreiphasennetz)

C Einzelkapazität

$U_{Str} = U$ bei Dreieckschaltung der Kondensatorbatterie

$U_{Str} = \dfrac{U}{\sqrt{3}}$ bei Sternschaltung der Kondensatorbatterie

Leistungsverluste in
Abhängigkeit vom
Leistungsfaktor

$$P_{LS} = \frac{P_L}{\cos^2 \varphi} = P_L(1 + \tan^2 \varphi)$$

P_L Leistungsverlust auf der Leitung bei $\cos \varphi = 1$ des Verbrauchers

P_{LS} Leistungsverlust auf der Leitung bei beliebigem $\cos \varphi$ des Verbrauchers

$\cos \varphi$, Leisungsfaktor/Verlustfaktor des Verbrauchers
$\tan \varphi$

Elektrotechnik 5

5.6 Drehstromtechnik

5.6.1 Drehstromnetz

Benennungen

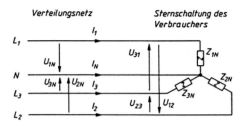 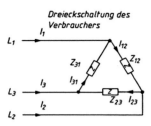

L_1, L_2, L_3	Außenleiter
N	Neutralleiter (Sternpunktleiter)
U_{1N}, U_{2N}, U_{3N}	Sternspannung (auch U_1, U_2, U_3 zulässig, wenn Verwechslung ausgeschlossen)
$U_{12}, U_{23}, U_{31}, U$	Dreieckspannung (Außenleiterspannung)
I_1, I_2, I_3, I	Außenleiterstrom (= Sternstrom bei Sternschaltung des Verbrauchers)
I_{12}, I_{23}, I_{31}	Dreieckstrom
I_N	Sternpunktleiterstrom
U_{Str}	Strangspannung, Spannung zwischen beiden Enden eines Strangs *unabhängig von der Schaltungsart*
I_{Str}	Strangstrom, Strom in einem Strang *unabhängig von der Schaltungsart*
P	Gesamtleistung des Verbrauchers
P_{Str}	Strangleistung des Verbrauchers

5.6.2 Stern- und Dreieckschaltung

Zeigerdiagramm der Spannungen

Dreieckspannungen

$$\underline{U}_{12} = U \,\underline{/\!-60°}$$

$$\underline{U}_{23} = U \,\underline{/180°}$$

$$\underline{U}_{31} = U \,\underline{/60°}$$

Sternspannungen

$$\underline{U}_{1N} = \frac{U}{\sqrt{3}} \,\underline{/\!-90°}$$

$$\underline{U}_{2N} = \frac{U}{\sqrt{3}} \,\underline{/150°}$$

$$\underline{U}_{3N} = \frac{U}{\sqrt{3}} \,\underline{/30°}$$

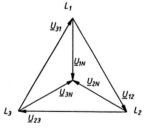

Sternschaltung des Verbrauchers

Stranggrößen

$$U_{Str} = \frac{U}{\sqrt{3}} \qquad\qquad I_{Str} = I$$

$$\underline{I}_1 = \frac{\underline{U}_{1N}}{\underline{Z}_{1N}} \qquad \underline{I}_2 = \frac{\underline{U}_{2N}}{\underline{Z}_{2N}} \qquad \underline{I}_3 = \frac{\underline{U}_{3N}}{\underline{Z}_{3N}}$$

Dreieckschaltung des Verbrauchers

Stranggrößen

$$U_{Str} = U \qquad \underline{I}_{12} = \frac{\underline{U}_{12}}{\underline{Z}_{12}} \qquad \underline{I}_{23} = \frac{\underline{U}_{23}}{\underline{Z}_{23}} \qquad \underline{I}_{31} = \frac{\underline{U}_{31}}{\underline{Z}_{31}}$$

Außenleiterströme

$$\underline{I}_1 = \underline{I}_{12} - \underline{I}_{31} \qquad \underline{I}_2 = \underline{I}_{23} - \underline{I}_{12} \qquad \underline{I}_3 = \underline{I}_{31} - \underline{I}_{23}$$

Sternschaltung des Verbrauchers	**Symmetrische Last**	**Unsymmetrische Last**
	$\underline{Z}_{1N} = \underline{Z}_{2N} = \underline{Z}_{3N}$	$\underline{Z}_{1N} \neq \underline{Z}_{2N} \neq \underline{Z}_{3N}$
	$I_1 = I_2 = I_3$	$I_1 \neq I_2 \neq I_3$
	$\underline{I}_1 + \underline{I}_2 + \underline{I}_3 = 0$	$\underline{I}_1 + \underline{I}_2 + \underline{I}_3 + \underline{I}_N = 0$
	$\underline{I}_N = 0$	$\underline{I}_N \neq 0$
	$P = U I \sqrt{3} \cos\varphi = 3 P_{Str}$	$P = P_{Str\,1} + P_{Str\,2} + P_{Str\,3}$
	$P_{Str} = U_{Str} I_{Str} \cos\varphi$	$P_{Str\,1} = U_{1N} I_1 \cos\varphi_1$
		$P_{Str\,2} = U_{2N} I_2 \cos\varphi_2$
		$P_{Str\,3} = U_{3N} I_3 \cos\varphi_3$
		Bei fehlendem Sternpunktleiter ergeben sich ungleiche Sternspannungen bei ungleichen gegenseitigen Phasenverschiebungswinkeln ($\neq 120°$).

Dreieckschaltung des Verbrauchers

	Symmetrische Last	**Unsymmetrische Last**
	$\underline{Z}_{12} = \underline{Z}_{23} = \underline{Z}_{31}$	$\underline{Z}_{12} \neq \underline{Z}_{23} \neq \underline{Z}_{31}$
	$I_1 = I_2 = I_3$	$I_1 \neq I_2 \neq I_3$
	$I_{12} = I_{23} = I_{31}$	$I_{12} \neq I_{23} \neq I_{31}$
	$\underline{I}_1 + \underline{I}_2 + \underline{I}_3 = 0$	$\underline{I}_1 + \underline{I}_2 + \underline{I}_3 = 0$
	$P = U I \sqrt{3} \cos\varphi = 3 P_{Str}$	$P = P_{Str\,1} + P_{Str\,2} + P_{Str\,3}$
	$P_{Str} = U_{Str} I_{Str} \cos\varphi$	$P_{Str\,1} = U_{12} I_{12} \cos\varphi_1$
	$I_{Str} = \dfrac{I}{\sqrt{3}}$	$P_{Str\,2} = U_{23} I_{23} \cos\varphi_2$
		$P_{Str\,3} = U_{31} I_{31} \cos\varphi_3$

Leistung bei Stern-Dreieck-Umschaltung

Bedingungen: gleiche Außenleiterspannungen für beide Schaltungsarten und $R_{Str\,Y} = R_{Str\,\Delta}$

$$\frac{P_Y}{P_\Delta} = \frac{1}{3}$$

P_Y Leistung des Verbrauchers in Sternschaltung

P_Δ Leistung des Verbrauchers in Dreieckschaltung

Leistung bei gestörten Drehstromschaltungen

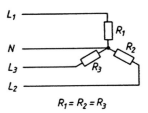

$R_1 = R_2 = R_3$

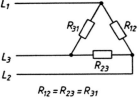

$R_{12} = R_{23} = R_{31}$

Unterbrechung von	$P_{Stör}$
R_2	$\dfrac{2}{3} P$
R_2, N	$\dfrac{1}{2} P$
R_2, R_3	$\dfrac{1}{3} P$
R_2, R_3, N	0

$P_{Stör}$ Leistung der gestörten Schaltung
P Leistung der ungestörten Schaltung

Unterbrechung von	$P_{Stör}$
R_{23}	$\dfrac{2}{3} P$
L_2	$\dfrac{1}{2} P$
R_{23}, R_{31}	$\dfrac{1}{3} P$
R_{23}, L_2	$\dfrac{1}{3} P$
R_{31}, L_2	$\dfrac{1}{6} P$

5

Elektrotechnik

5.6.3 Stern-Dreieck-Umwandlung

Umwandlung einer
Sternschaltung in eine
gleichwertige
Dreieckschaltung

Gegebene Originalschaltung	Gesuchte gleichwertige Schaltung	Umrechnungsbeziehungen
A B C	A B C	$R_1 = R_x + R_z + \dfrac{R_x R_z}{R_y}$
R_x R_z R_y	R_1 R_2 R_3	$R_2 = R_x + R_y + \dfrac{R_x R_y}{R_z}$
		$R_3 = R_y + R_z + \dfrac{R_y R_z}{R_x}$

Merkschema

$\textcircled{R_1}$ gesuchter Widerstand der Dreieckschaltung
R_x, R_z benachbarte Widerstände der Sternschaltung
R_y gegenüberliegender Widerstand der Sternschaltung

$$\textcircled{R_\triangle} = \sum R_{y\ \text{benachbart}} + \frac{\text{Produkt } R_{y\ \text{benachbart}}}{R_{y\ \text{gegenüber}}}$$

Umwandlung einer
Dreieckschaltung in
eine gleichwertige
Sternschaltung

Gegebene Originalschaltung	Gesuchte gleichwertige Schaltung	Umrechnungsbeziehungen
A B C	A B C	$R_x = \dfrac{R_1 R_2}{R_1 + R_2 + R_3}$
R_1 R_2 R_3	R_x R_z R_y	$R_y = \dfrac{R_2 R_3}{R_1 + R_2 + R_3}$
		$R_z = \dfrac{R_1 R_3}{R_1 + R_2 + R_3}$

Merkschema

$\textcircled{R_x}$ gesuchter Widerstand der Sternschaltung
R_1, R_2 benachbarte Widerstände der Dreieckschaltung
R_y gegenüberliegender Widerstand der Dreieck-
        schaltung

$$\textcircled{R_Y} = \frac{\text{Produkt } R_{\triangle\ \text{benachbart}}}{\Sigma R_\triangle}$$

Anmerkung

Die Umrechnungsbeziehungen gelten analog auch für Scheinwiderstände Z.

Beispiel für $\underline{Z}_1$:
Umwandlung Stern in Dreieck $\underline{Z}_1 = \underline{Z}_x + \underline{Z}_z + \dfrac{\underline{Z}_x \underline{Z}_z}{\underline{Z}_y}$

5.7 Elementare Bauteile der Elektronik

5.7.1 Halbleiterdioden

Dioden zum Gleichrichten und Schalten

Typisches Kennlinienfeld
einer Silizium-Diode

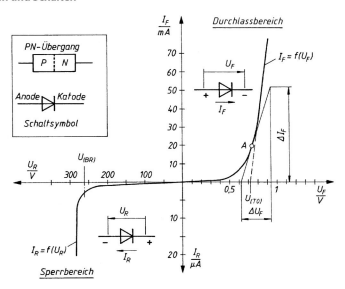

Durchbruchspannung $U_{(\mathrm{BR})}$ bis ≈ 3000 V
Schleusenspannung $U_{(\mathrm{TO})} \approx 0{,}7$ V
(Schwellspannung)

Widerstandsverhalten	$R_{\mathrm{F}} = \dfrac{U_{\mathrm{F}}}{I_{\mathrm{F}}}$	R_{F} Gleichstromwiderstand in Durchlassrichtung U_{F} Spannung in Durchlassrichtung I_{F} Strom in Durchlassrichtung
	$R_{\mathrm{R}} = \dfrac{U_{\mathrm{R}}}{I_{\mathrm{R}}}$	R_{R} Gleichstromwiderstand in Sperrrichtung U_{R} Spannung in Sperrrichtung I_{R} Strom in Sperrrichtung
	$r_{\mathrm{F}} = \dfrac{\Delta U_{\mathrm{F}}}{\Delta I_{\mathrm{F}}}$	r_{F} Differentieller Widerstand im Arbeitspunkt A ΔU_{F} Differenz der Durchlassspannung ΔI_{F} Differenz des Durchlassstroms
Verlustleistung	$P_{\mathrm{V}} = U_{\mathrm{F}}\,I_{\mathrm{F}}$	1. Bedingung: $P_{\mathrm{V}} \le P_{\mathrm{tot}}$ = totale Verlustleistung 2. Bedingung: Oberwellenfreie Gleichspannung
	$P_{\mathrm{V}} = \dfrac{T_{\mathrm{j}} - T_{\mathrm{U}}}{R_{\mathrm{thJU}}}$	T_{j} Sperrschichttemperatur T_{U} Umgebungstemperatur R_{thJU} Gesamtwärmewiderstand zwischen Sperrschicht und Umgebung

Elektrotechnik 5

Ströme und
Stromgrenzwerte von
Dioden in
Vorwärtsrichtung

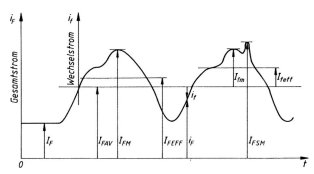

I_F Gleichstromwert ohne Signal

I_FAV Mittelwert des Gesamtstroms

I_FM Scheitelwert des Gesamtstroms

I_FEFF Effektivwert des Gesamtstroms

I_FSM Stoßwert des Gesamtstroms

i_F Augenblickswert des Gesamtstroms

I_f Augenblickswert des Wechselstroms

I_fm Scheitelwert des Wechselstroms

I_feff Effektivwert des Wechselstroms

Beziehungen der Ströme $I_\mathrm{FM} = I_\mathrm{FAV} + I_\mathrm{fm}$ $I_\mathrm{FEFF} = \sqrt{I_\mathrm{FAV}^2 + I_\mathrm{feff}^2}$ $i_\mathrm{F} = I_\mathrm{FAV} + i_\mathrm{f}$

Dioden im Schaltbetrieb

Diode leitet

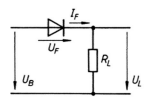

U_B Betriebsspannung
U_F Durchlassspannung
I_F Durchlassstrom
R_L Lastwiderstand
U_L Spannung am Lastwiderstand

$$U_\mathrm{B} = U_\mathrm{F} + I_\mathrm{F} R_\mathrm{L}$$

Diode sperrt

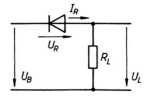

I_R Strom in Sperrrichtung
U_R Spannung in Sperrrichtung

$$U_\mathrm{B} = U_\mathrm{R} + I_\mathrm{R} R_\mathrm{L}$$

Maximale mögliche
Schaltleistung der Diode

$$P_\mathrm{Smax} = U_\mathrm{L} I_\mathrm{Fmax}$$

$$P_\mathrm{Smax} = U_\mathrm{L} \frac{P_\mathrm{tot}}{U_\mathrm{F}}$$

P_Smax max. mögliche Diodenschaltleistung
U_L Spannung am Lastwiderstand
I_Fmax maximaler Durchlassstrom
P_tot totale Verlustleistung

$$P_\mathrm{Smax} = (U_\mathrm{B} - U_\mathrm{F}) \frac{P_\mathrm{tot}}{U_\mathrm{F}} = \left(\frac{U_\mathrm{B}}{U_\mathrm{F}} - 1 \right) P_\mathrm{tot}$$

Nichtlinearer Widerstand, Arbeitspunkt

Benennungen

1 linearer Widerstand
2 nichtlinearer Widerstand mit positivem differentiellem Widerstand
3 nichtlinearer Widerstand mit negativem differentiellem Widerstand (gelegentlich als „negativer Widerstand" bezeichnet). Strom nimmt ab bei steigender Spannung

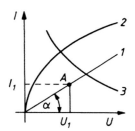

Linearer Widerstand

Der Widerstandswert ist *unabhängig* vom Arbeitspunkt A

$$R = \frac{U_1}{I_1} = \text{konstant}$$

Nichtlinearer Widerstand

Der Widerstandswert ist *abhängig* vom Arbeitspunkt A

$$R = \frac{U_1}{I_1}$$

$$r = \frac{dU}{dI} \approx \frac{\Delta U}{\Delta I}$$

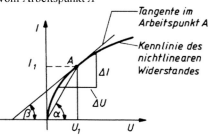

R Gleichstromwiderstand, statischer Widerstand
r differentieller Widerstand, dynamischer Widerstand, Wechselstromwiderstand

Änderung des Arbeitspunktes

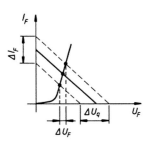

Einfluss der Quellenspannung U_q auf die Lage des Arbeitspunkts (R = konst.)

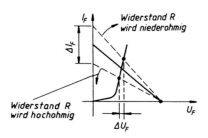

Einfluss des Widerstands R auf die Lage des Arbeitspunkts (U_q = konst.)

5

Elektrotechnik

Z-Dioden

Kennlinie einer Z-Diode

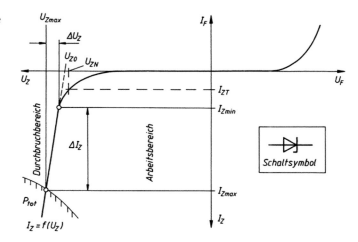

Benennungen

U_Z Z-Arbeitsspannung (Durchbruchspannung)

I_Z Z-Arbeitsstrom

U_{ZN} Nennspannung der Z-Diode

U_{Z0} Durchbruchspannung, extrapoliert für $I_Z = 0$

I_{ZT} Messstrom (z. B. 5 mA)

r_Z Statischer differentieller Widerstand im Durchbruchbereich

r_{Zj} Dynamischer differentieller Widerstand im Durchbruchbereich (aus Datenblättern entnehmen)

$r_{Z\,th}$ Thermischer differentieller Widerstand im Durchbruchbereich

α_{UZ} Temperaturkoeffizient der Arbeitsspannung

ΔT_j Änderung der Sperrschichttemperatur

$R_{th\,JU}$ Gesamtwärmewiderstand

Schaltung und Ersatzschaltung

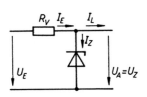

Schaltung mit Z-Diode

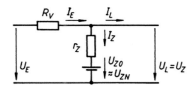

$U_Z = U_{Z0} + I_Z r_Z \approx U_{ZN} + I_Z r_Z$

Z-Diode als Spannungsquelle mit dem Innenwiderstand r_Z

Statischer differentieller Widerstand

$$r_Z = \frac{\Delta U_Z}{\Delta I_Z} \quad r_Z = r_{Zj} + r_{Z\,th} \quad \text{Im Arbeitsbereich ist } r_Z \approx \text{konstant}$$

Thermischer differentieller Widerstand

$$r_{Zth} = U_Z^2\, \alpha_{UZ}\, R_{th\,JU}$$

$$\Delta T_j = U_Z\, R_{thJU}\, \Delta I_L$$

$$\alpha_{UZ} = \frac{\Delta U_Z}{U_{ZN}\, \Delta T_j}$$

5.7.2 Transistoren

Bipolare Transistoren

Zählrichtungen für
Spannungen und
Ströme

NPN-Transistor

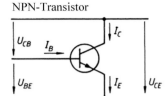

PNP-Transistor

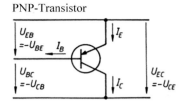

Ein NPN-Transistor zeigt in einer Schaltung die gleiche Wirkung wie ein PNP-Transitor. Dazu ist lediglich die Betriebsspannung umzupolen.

$$I_E = I_C + I_B$$

I_E	Emitterstrom
I_C	Kollektorstrom
I_B	Basisstrom

$$U_{CE} = U_{CB} + U_{BE}$$

U_{CE}	Kollektor-Emitter-Spannung
U_{CB}	Kollektor-Basis-Spannung
U_{BE}	Basis-Emitter-Spannung

Bei Si-Transistoren $\approx (0,5 \ldots 0,7)$ V

Kennlinien und Kenngrößen bipolarer Transistoren

Vierquadranten-
Kennliniendarstellung
eines Transistors

Stromsteuerkennlinie   Ausgangskennlinienfeld

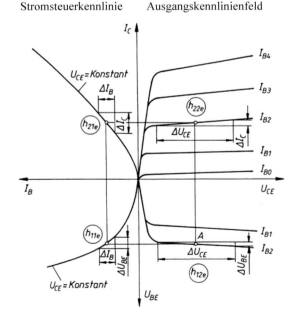

Eingangskennlinie   Spannungs-Rückwirkungs-
kennlinienfeld

5

Elektrotechnik

Statische Kennwerte des Transistors

Gleichstromverstärkung	$B = \dfrac{I_C}{I_B}$	B	Gleichstromverstärkung
		I_C	Kollektorstrom
		I_B	Basisstrom

| Gleichstrom-Eingangswiderstand | $R_{BE} = \dfrac{U_{BE}}{I_B}$ | R_{BE} | Widerstand zwischen Basis und Emitter |
| | | U_{BE} | Basis-Emitter-Spannung |

| Gleichstrom-Ausgangswiderstand | $R_{CE} = \dfrac{U_{CE}}{I_C}$ | R_{CE} | Widerstand zwischen Kollektor und Emitter |
| | | U_{CE} | Kollektor-Emitter-Spannung |

Restströme, Sättigungsspannung	$I_{CEO} \approx B\,I_{CBO}$	I_{CEO}	Kollektor-Emitter-Reststrom ($I_B = 0$)
		I_{CES}	Kollektor-Emitter-Reststrom ($U_{BE} = 0$)
		I_{CBO}	Kollektor-Basis-Reststrom ($I_E = 0$)
		U_{CEsat}	Sättigungsspannung, Restspannung zwischen Kollektor und Emitter

Dynamische Kennwerte des Transistors mit Vierpolparametern

Wechselstromverstärkung (U_{CE} = konst.)	$\beta = \dfrac{\Delta I_C}{\Delta I_B} = h_{21e}$	β	Wechselstrom-Verstärkungsfaktor ($\approx B$)
		ΔI_C	Differenz des Kollektorstromes
		ΔI_B	Differenz des Basisstromes

Dynamischer Eingangs-widerstand (U_{CE} = konst.)	$r_{BE} = \dfrac{\Delta U_{BE}}{\Delta I_B} = h_{11e}$	r_{BE}	Differentieller Eingangswiderstand
		ΔU_{BE}	Differenz der Basis-Emitter-Spannung
		ΔI_B	Differenz des Basisstromes

Dynamischer Ausgangswiderstand (I_B = konst.)	$r_{CE} = \dfrac{\Delta U_{CE}}{\Delta I_C} = \dfrac{1}{h_{22e}}$	r_{CE}	Differentieller Ausgangswiderstand
		ΔU_{CE}	Differenz der Kollektor-Emitter-Spannung
		ΔI_C	Differenz des Kollektorstromes

Leerlaufspannungs-rückwirkung (I_B = konst.)	$D_U = \dfrac{\Delta U_{BE}}{\Delta U_{CE}} = h_{12e}$	D_U	Leerlaufspannungsrückwirkung
		ΔU_{BE}	Differenz der Basis-Emitter-Spannung
		ΔU_{CE}	Differenz der Kollektor-Emitter-Spannung

Steilheit (U_{CE} = konst.)	$S = \dfrac{\Delta I_C}{\Delta U_{BE}}$	S	Steilheit
		ΔI_C	Differenz des Kollektorstromes
		ΔU_{BE}	Differenz der Basis-Emitter-Spannung

Grenzwerte des Transistors

Grenzwerte und Kennlinien

P_{tot}	totale Verlustleistung
$I_{C\,max}$	maximaler Kollektorstrom
$U_{CE0},$	Kollektor-Emitter-Sperrspannung
U_{CEmax}	bei offener Basis ($I\beta = 0$)
$T_{Umax},$	Temperaturgrenzwerte für die
T_{jmax}	maximale Umgebungs- bzw. Sperrschichttemperatur
T_{imax}	für Silizium $\approx (150 \ldots 200)\ ^\circ$C

Verlustleistung

$$P_V = U_{CE} I_C + U_{BE} I_B \leq P_{tot}$$
$$P_V \approx U_{CE} I_C \leq P_{tot}$$
$$I_{Cmax} \leq \frac{P_{tot}}{U_{CE}}$$

P_{tot} gilt für eine vom Hersteller definierte Umgebungstemperatur T_U (meist 25 °C).

5.7.3 Thyristoren

Grundschaltung und Kenndaten

Grundschaltung

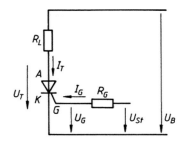

A Anode
K Katode
G Gate (Steueranschluss)
R_L Lastwiderstand
R_G Gatewiderstand
U_B Betriebsspannung
U_G Steuerspannung
U_St Steuerkreisspannung
U_T Durchlassspannung
I_T Durchlassstrom
I_G Steuerstrom

Ströme

$$I_\mathrm{T} = \frac{U_\mathrm{B} - U_\mathrm{T}}{R_\mathrm{L}} \approx \frac{U_\mathrm{B}}{R_\mathrm{L}} \qquad \text{Lastkreis}$$

$$I_\mathrm{G} = \frac{U_\mathrm{St} - U_\mathrm{G}}{R_\mathrm{G}} \qquad \text{Steuerkreis}$$

Verlustleistung

$$P_\mathrm{V} = U_\mathrm{T} I_\mathrm{T} + U_\mathrm{G} I_\mathrm{G} \approx 1{,}1\; U_\mathrm{T} I_\mathrm{T}$$

Kenndaten

Vorwärtsrichtung

U_T, U_F Durchlassspannung
U_D Vorwärts-Sperrspannung
U_DRM Periodische Vorwärts-Spitzensperrspannung
$U_\mathrm{(BO)}$ Kippspannung
$U_\mathrm{(BO)0}$ Nullkippspannung
U_H Haltespannung
I_T, I_F Durchlassstrom
I_TAV Mittelwert des Durchlassstroms (Dauergrenzstrom)
I_TEFF Effektivwert des Durchlassstroms
I_D Vorwärts-Sperrstrom
I_H Haltestrom
$I_\mathrm{(BO)}$ Kippstrom

Rückwärtsrichtung

U_R Rückwärts-Sperrspannung
U_RRM Periodische Rückwärts-Spitzensperrspannung
U_RSM Rückwärts-Stoßspitzensperrspannung
$U_\mathrm{(BR)}$ Durchbruchspannung
I_R Rückwärts-Sperrstrom
I_RRM Periodische Rückstromspitze

5

Elektrotechnik

Ausgewählte Thyristorbauelemente

Vierschichtdiode
(Einrichtungs-
Thyristordiode)

Charakteristische Kennlinie   Schaltung und Schaltverhalten

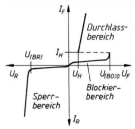   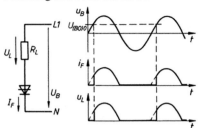

Auswahl typischer Werte: Nullkippspannung $U_{(BO)0}$ ≈ 50 V
                           Haltestrom I_H ≈ 10 mA bis 50 mA
                           Haltespannung U_H ≈ 1 V
                           Durchlassstrom I_F ≈ bis 200 mA
Anwendungsbeispiele: Kippschaltungen, Impulsverstärker, Zählstufen.
                           Zum Ansteuern von Thyristortrioden (Thyristoren)

Diac (Zweirichtungs-
Diode im Dreischich-
taufbau)

Charakteristische Kennlinie   Schaltung und Schaltverhalten

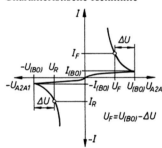   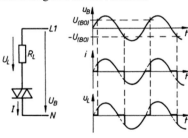

Auswahl typischer Werte: Kippspannung $U_{(BO)}$ ≈ 30 V
                           Rücklaufspannung ΔU ≈ 6 V für einen definierten
                           Strom I_F bzw. I_R (z. B. 10 mA)
                           Max. Durchlassstrom I_{max} ≈ bis 3 A
Anwendungsbeispiele: Hauptsächlich zur Ansteuerung von Triacs und als
                           kontaktloser Schalter.

Diac (Zweirichtungs-
Thyristordiode)

Der *DIAC* wird auch *als Zweirichtungs-Thyristordiode* ausgeführt. Das
entspricht der Antiparallelschaltung von zwei Thyristordioden.

Antiparallelschaltung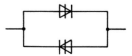

Thyristor
(Einrichtungs-
Thyristortriode)

P-Gate-Thyristor   N-Gate-Thyristor

Charakteristische Kennlinie   Schaltung und Schaltverhalten

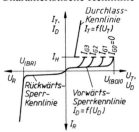 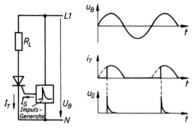

Auswahl typischer Werte: Spitzensperrspannung U_{RRM} ≈ 50 V bis 5000 V

Dauergrenzstrom I_{TAV} ≈ 0,5 A bis > 1000 A

Zündspannung U_G ≈ 1 V bis 5 V

Zündstrom I_G ≈ 10 mA bis 500 mA

Anwendungsbeispiele: Als Leistungsschalter in Gleich-, Wechsel- und Drehstromkreisen. Als steuerbarer Stromrichter im Wechselstromkreis.

Triac (Zweirichtungs-
Thyristortriode)

Charakteristische Kennlinie   Schaltung und Schaltverhalten

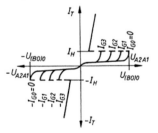 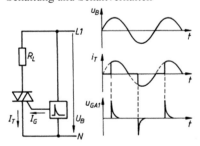

Auswahl typischer Werte: Spitzensperrspannung U_{DRM} ≈ bis 1500 V

Durchlassstrom I_{TEFF} ≈ bis 50 A

Anwendungsbeispiele: Steuerung kleiner bis mittlerer Wechselstrom-leistungen. Phasenanschnittsteuerung.

GTO-Thyristor
(Abschaltthyristortriode)

GTO (Gate-Turn-Off)-Thyristoren sind Thyristoren, die durch geeignete Steuerimpulse nicht nur vom Sperrzustand in den Durchlasszustand, sondern auch umgekehrt umgeschaltet werden können.

– Der Steuerstrom zum *Abschalten* eines GTO-Thyristors beträgt etwa 1/4 des Laststroms.

– GTO-Thyristoren werden u. a. in *Wechselrichter-Schaltungen* eingesetzt zur Umwandlung von Gleichspannung in Wechselspannung.

5

Elektrotechnik

Phasenanschnittsteuerung

Phasenanschnitt-
schaltung mit
Diac und Triac

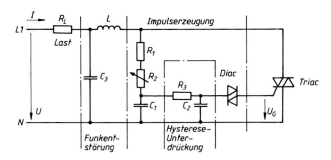

Phasenanschnitt-
steuerung mit
Diac und Triac

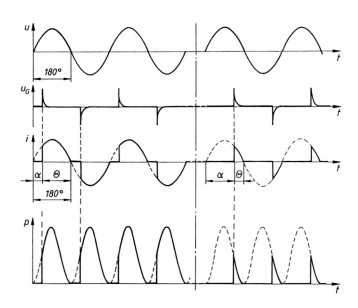

u	Netzspannung	α	Zündverzögerungswinkel
u_G	Steuerimpulse	Θ	Stromflusswinkel
i	Laststrom		$\alpha + \Theta = 180°$
p	im Lastwiderstand umgesetzte Leistung		

Beschreibung der
Steuerung

– Die Steuerschaltung liefert netzsynchrone Zündimpulse
– Steuerbar zwischen den Zündverzögerungswinkeln 0° bis 180°
– Stufenlose Leistungssteuerung zwischen P_0 und P_{max}

6 Thermodynamik

6.1 Grundbegriffe

absoluter Druck p_{abs}

$p_{abs} = p_{amb} + p_e$ (bei Überdruck)

$p_{abs} = p_{amb} - p_e$ (bei Unterdruck)

p_e atmosphärische Druckdifferenz, Überdruck

p_{amb} umgebender Atmosphärendruck

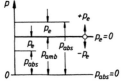

Normvolumen V_n

V_n ist das Volumen einer beliebigen Gasmenge im Normzustand. Einheit m³.
Physikalischer Normzustand:
$T = 273,15\ K;\ \vartheta = 0°\ C,\ p = 101\,325\ N/m^2 \approx 1,013$ bar

Das molare Normvolumen des idealen Gases beträgt $V_{mn} = 22,415$ m³/kmol

spezifisches Volumen v
(6.9)

$$v = \frac{V}{m} = \frac{1}{\varrho}$$

Hinweis: v ist der Quotient aus Volumen V und Masse m.
ϱ ist der Quotient aus Masse m und Volumen V.

v in m³/kg (6.9) m Masse in kg

V Volumen in m³ ϱ Dichte in kg/m³ (6.9)

spezifisches Normvolumen v_n (6.9)

$$v_n = \frac{V_n}{m}$$ ist das spezifische Volumen im Normzustand (siehe oben)

Wärme Q

$Q = m\,c\,\Delta T = m\,c\,(t_2 - t_1)$

1 Joule (J) = 1 Nm = 1 Ws

m Masse

Q	m	c	ΔT	t_2, t_1
J	kg	$\dfrac{J}{kg\,K}$	K	K oder °C

c spezifische Wärmekapazität (6.10 und 6.11)

Das J ist die gesetzliche Einheit der Energie, der Wärme und der Arbeit. Das Kelvin (K) ist die gesetzliche Einheit der Temperatur (1 K = 1°C). K und °C siehe 6.7.

spezifische Wärme q

$$q = \frac{Q}{m}$$

q	Q	m
$\dfrac{J}{kg}$	J	kg

spezifische Wärmekapazität c (6.10 und 6.11)

Die spezifische Wärmekapazität c gibt die Wärme (Wärmemenge) in J an, die erforderlich ist, um 1 kg oder 1 g eines Stoffes um 1 Kelvin (1 K) zu erwärmen, c ist temperatur- und druckabhängig.

mittlere spezifische Wärmekapazität c_{m12} zwischen t_1 und t_2 (6.10 und 6.11)

$$c_{m12} = \frac{c_{m02}\,t_2 - c_{m01}\,t_1}{t_2 - t_1}$$

c_{m02} ist mittlere spezifische Wärmekapazität zwischen 0°C und t_2

c_{m01} entsprechend zwischen 0°C und t_1

Mischungstemperatur t_g (Gemischtemperatur)

$$t_g = \frac{m_1 c_1 t_1 + m_2 c_2 t_2}{m_1 c_1 + m_2 c_2}$$

K und °C siehe 6.7

t	m	c
K oder °C	kg	$\dfrac{J}{kg\,K}$

| Schmelzenthalpie q_s (6.12) | Die Schmelzenthalpie q_s gibt die Wärme in J an, die nötig ist, um die Stoffmenge 1 kg des Stoffes bei der jeweiligen Schmelztemperatur zu schmelzen. |

| Verdampfungsenthalpie q_v (6.13 und 6.15) | Die Verdampfungsenthalpie q_v gibt die Wärme in J an, die nötig ist, um die Stoffmenge 1 kg des Stoffes bei der jeweiligen Siedetemperatur in den gasförmigen Zustand zu überführen. |

Energieprinzip *(H. v. Helmholtz)*

Der Energieinhalt eines abgeschlossenen Systems kann bei irgend-welchen Veränderungen innerhalb des Systems weder zu- noch abnehmen:

$$\Delta U = \Delta Q + \Delta W$$

ΔU	ΔQ	ΔW
J	J	Nm = J

$1\,\text{J} = 1\,\text{Nm} = 1\,\text{Ws}$

ΔU Zuwachs an innerer Energie
ΔW Arbeit
ΔQ Wärme

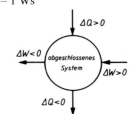

thermischer Wirkungsgrad η_{th}

$$\eta_{th} = \frac{\Delta W}{\Delta Q_1} = \frac{\Delta Q_1 - |\Delta Q_2|}{\Delta Q_1} = 1 - \frac{|\Delta Q_2|}{\Delta Q_1}$$

6.2 Wärmeausdehnung

Wärmeausdehnung fester Körper (6.16)

| Längenzunahme Δl nach Erwärmung | $\Delta l = l_1\, \alpha_l\, (t_2 - t_1)$ |

l	V	α_l, α_V	t
m	m³	$\dfrac{1}{K}$	K oder °C

| Länge l_2 nach Erwärmung | $l_2 = l_1\, [1 + \alpha_l\, (t_2 - t_1)]$ |

| Volumenzunahme ΔV nach Erwärmung | $\Delta V \approx V_1\, \alpha_V\, (t_2 - t_1)$ |

α_l Längenausdehnungskoeffizient (6.16)
α_V Volumenausdehnungskoeffizient (6.16):
    $\alpha_V \approx 3\,\alpha_l$ für feste Körper

| Volumen V_2 nach Erwärmung | $V_2 \approx V_1\, [1 + \alpha_V\, (t_2 - t_1)]$ |

V_1 Volumen vor Erwärmung
    K und °C siehe 6.7

Wärmeausdehnung flüssiger Körper (6.17)

| Volumenzunahme ΔV nach Erwärmung | $\Delta V = V_1 \dfrac{\alpha_V\, (t_2 - t_1)}{1 + \alpha_V\, t_1}$ |

V	α_V	t
m³	$\dfrac{1}{K}$	K oder °C

| Volumen V_2 nach Erwärmung | $V_2 = V_1 \dfrac{1 + \alpha_V\, t_2}{1 + \alpha_V\, t_1}$ |

K und °C siehe 6.7

Wärmeausdehnung von Gasen

Vollkommene Gase dehnen sich bei Erwärmung um 1 K = 1 °C (bei gleichbleibendem Druck) um den 273,15ten Teil des Volumens aus, das sie bei 0 °C = 273,15 K und 101325 Pa (Normvolumen) einnehmen. 1 Pa = 1 N/m². Temperatur-Umrechnung siehe 6.7.

| Volumenausdehnungs-koeffizient α_V (konstant für alle vollkommenen Gase) | $\alpha_V = \dfrac{1}{273{,}15}\,\dfrac{m^3}{m^3\,K} = \dfrac{1}{273{,}15}\,\dfrac{1}{K}$ oder $\alpha_V = \dfrac{1}{273{,}15}\,\dfrac{m^3}{m^3\,{}^\circ C} = \dfrac{1}{273{,}15}\,\dfrac{1}{{}^\circ C} = 0{,}00366\,\dfrac{1}{{}^\circ C}$ |

Gesetz von Gay-Lussac

$$\frac{V_1}{V_2} = \frac{T_1}{T_2}$$

gilt bei p = konstant

$$\frac{p_1}{p_2} = \frac{T_1}{T_2}$$

gilt bei V = konstant

Gesetz von Boyle-Mariotte

$$\frac{V_1}{V_2} = \frac{p_2}{p_1}$$

gilt bei t = konstant

V	T	p
m^3	K	$\dfrac{N}{m^2} = Pa$

Volumenzunahme ΔV nach Erwärmung

$$\Delta V = \frac{V_0}{273{,}15}(T_2 - T_1) = \frac{V_1}{T_1}(T_2 - T_1)$$

Volumen V_2 nach Erwärmung

$$V_2 = V_1\,\frac{T_2}{T_1}$$

T Temperatur (thermodynamische Temperatur). Zwischen dieser und der Celsiustemperatur t eines Körpers gilt:
$T = t + 273{,}15$ K (siehe 6.7)

6.3 Wärmeübertragung

Wärmeleitung (6.18 bis 6.20)

Wärmeleitung

Wärmeleitung ist der Wärmetransport von Teilchen zu Teilchen innerhalb eines Stoffes.

Wärmeleitfähigkeit λ (6.18 bis 6.20)

Die Wärmeleitfähigkeit λ gibt die Wärme in J an, die in 1 s bei einem Durchtrittsquerschnitt von 1 m^2 und einem Temperaturunterschied von 1 K durch die Stoffdicke von 1 m hindurchströmt. λ ändert sich mit der Temperatur und bei Gasen auch mit dem Druck.

Wärmestrom Φ_{th} bei ebener Wand und bei dünnwandigem Rohr

$$\Phi_{th} = \lambda\,\frac{A}{s}(t_1 - t_2)$$

$$\Phi_{th} = \frac{\text{Wärme } Q}{\text{Zeit } t}$$

$A = \pi\,d\,L$ innere Mantelfläche
t_1, t_2 Oberflächentemperaturen
s Wanddicke
t Zeit

Φ_{th}	λ	A	s, l, D, d	t
W	$\dfrac{J}{m\,s\,k} = \dfrac{W}{K\,m}$	m^2	m	${}^\circ C$

Hinweis: Weil 1 Joule je Sekunde gleich 1 Watt ist (1 J/s = 1 W), wird für die Einheit der Wärmeleitfähigkeit λ das Watt je Kelvin und Meter (W/Km) benutzt.

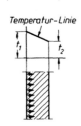
Temperatur-Linie

6

Thermodynamik

Wärmestrom Φ_{th} bei dickwandigem Rohr	$$\Phi_{th} = \frac{2\pi\lambda l}{\ln\frac{D}{d}}(t_1 - t_2)$$	l Rohrlänge in m D Außendurchmesser in m d Innendurchmesser in m	

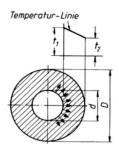

Temperatur-Linie

Wärmestrom Φ_{th} bei ebener mehr-schichtiger Wand

$$\Phi_{th} = \frac{A(t_1 - t_2)}{\sum\frac{s}{\lambda}}$$

s Wanddicke in m

Φ_{th} Wärmestrom in J/s = W

ln natürlicher Logarithmus

Wärmestrom Φ_{th} bei mehrschichtigem Hohlzylinder

$$\Phi_{th} = \frac{2\pi l(t_1 - t_2)}{\sum\frac{1}{\lambda}\ln\frac{D}{d}}$$

Hinweis: $1\dfrac{J}{s} = W$

Wärmestrom Φ_{th} bei mehrschichtiger Hohlkugel

$$\Phi_{th} = \frac{2\pi(t_1 - t_2)}{\sum\frac{1}{\lambda}\left(\frac{1}{d} - \frac{1}{D}\right)}$$

Wärmeübergang (Wärmeübergangszahlen 6.21)

Wärmeübergang

Der Wärmeübergang ist die Wärmeübertragung durch Konvektion von einem flüssigen oder gasförmigen Medium an eine feste Wand und umgekehrt.

Wärmeübergangszahl α (Wärmeübergangs-koeffizient)

Die Wärmeübergangszahl α gibt die Wärme in J an, die bei einer Berührungs-fläche von 1 m² und einer Temperaturdifferenz von 1 K in 1 s übergeht. Die große Zahl von Einflussgrößen macht die Bestimmung von α schwierig.

Wärmestrom Φ_{th}

$\Phi_{th} = \alpha A\,(t_{fl} - t_w)$

A   wärmeübertragende Fläche

t_{fl} mittlere Temperatur des strömenden Mediums

t_w Wandtemperatur

Φ_{th}	α	A	t
W	$\dfrac{J}{m^2\,sk} = \dfrac{W}{m^2\,K}$	m^2	K

Formeln für die Wärme-übergangszahl $\alpha_{Luft,20°C}$ in J/m² sK = W/m²K (nach *Jürges*)

für Luftgeschwindigkeit	$w < 5$ m/s	$w > 5$ m/s	
glatte, polierte Wand	$\alpha = 5{,}6 + 3{,}9\,w$	$\alpha = 7{,}1$	$w^{0{,}78}$
Wand mit Walzhaut	$\alpha = 5{,}8 + 3{,}9\,w$	$\alpha = 7{,}14$	$w^{0{,}78}$
raue Wand	$\alpha = 6{,}2 + 4{,}2\,w$	$\alpha = 7{,}52$	$w^{0{,}78}$

Wärmedurchgang

Der Wärmedurchgang ist die Wärme-übertragung von einem flüssigen oder gasförmigen Körper durch eine Trenn-wand auf einen kälteren flüssigen oder gasförmigen Körper.

Teil Vorgänge:
Wärmeübergang Flüssigkeit (t_1)
→ Wandoberfläche (t_{w1})

Wärmeleitung Wandoberfläche (t_{w1})
→ Wandoberfläche (t_{w2})

Wärmeübergang Wandoberfläche (t_{w2})
→ kältere Flüssigkeit (t_2)

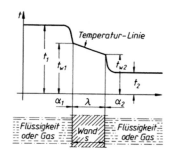

Wärmedurchgangszahl k (6.22) (Wärmedurchgangskoeffizient)	Die Wärmedurchgangszahl k gibt die Wärme in J an, die bei einer Wandfläche von 1 m^2 und einer Temperaturdifferenz von 1 K in 1 s hindurchgeht

Wärmestrom Φ_{th}

$$\Phi_{th} = k\,A\,(t_1 - t_2)$$

A Durchgangsfläche
t Temperatur

Φ_{th}	k	A	t
W	$\dfrac{J}{m^2\,sK} = \dfrac{W}{m^2\,K}$	m^2	K

Wärmedurchgangszahl k für ebene mehrschichtige Wand

$$k = \cfrac{1}{\dfrac{1}{\alpha_1} + \sum \dfrac{s}{\lambda} + \dfrac{1}{\alpha_1}}$$

k, α	λ	s, d, D	$\ln(D/d)$
$\dfrac{W}{K\,m^2}$	$\dfrac{W}{K\,m}$	m	1

für mehrschichtigen Hohlzylinder

$$k = \cfrac{1}{\dfrac{1}{\alpha_1} + \dfrac{d_i}{2} \sum \dfrac{1}{\lambda} \ln \dfrac{D}{d} + \dfrac{d_i}{\alpha_a D_a}}$$

d_i Innendurchmesser der innersten Schicht

D_a Außendurchmesser der äußersten Schicht

für mehrschichtige Hohlkugel

$$k = \cfrac{1}{\dfrac{1}{\alpha_i} + \dfrac{d_i}{2} \sum \dfrac{1}{\lambda}\left(\dfrac{1}{d} - \dfrac{1}{D}\right) + \dfrac{d_i^2}{\alpha_a D_a^2}}$$

$D/d > 1$ Durchmesserverhältnis einer Schicht

$\ln$ natürlicher Logarithmus

Wärmestrahlung (Emissionsverhältnis und Strahlungszahl 6.23)

Stefan-Boltzmann'sches Gesetz

$$\Phi_s = C_s\,A\,T^4$$

Φ_s Strahlungsfluss

Φ	C	A	T	ε
W	$\dfrac{J}{m^2\,sK^4} = \dfrac{W}{m^2\,K^4}$	m^2	K	1

allgemeine Strahlungskonstante

$$C_s \quad 5{,}67 \cdot 10^{-8}\,\frac{J}{m^2\,sK^4} = 5{,}67 \cdot 10^{-8}\,\frac{W}{m^2\,K^4}$$

Strahlungsfluss Φ des wirklichen Körpers

$$\Phi = C A T^4 = \varepsilon\,C_s\,A T^4$$
$$\Phi = \varepsilon\,Q_s$$

$\varepsilon = C/C_s$ Emissionsverhältnis
C Strahlungszahl, beide nach 6.23
A parallel gegenüberstehende Flächen der Temperatur T_1, T_2
C_1, C_2 Strahlungszahlen der Körper
$\varepsilon_1, \varepsilon_2$ Emissionsverhältnis nach 6.23

Strahlungsfluss Φ

$$\Phi_{1,2} = C_{1,2}\,A\,(T_1^4 - T_2^4)$$

Strahlungsaustauschzahl $C_{1,2}$

$$C_{1,2} = \cfrac{1}{\dfrac{1}{C_1} + \dfrac{1}{C_2} - \dfrac{1}{C_s}} = \cfrac{C_s}{\dfrac{1}{\varepsilon_1} + \dfrac{1}{\varepsilon_2} - 1}$$

6

Thermodynamik

6.4 Gasmechanik

allgemeine Zustands-
gleichung idealer Gase

$$\frac{p_1 v_1}{T_1} = \frac{p_2 v_2}{T_2} \qquad \frac{p_1 V_1}{T_1} = \frac{p_2 V_2}{T_2}$$

$$\frac{pv}{T} = \frac{p_0 v_0}{273\,\text{K}} \qquad \frac{pV}{T} = \frac{p_0 V_0}{273\,\text{K}}$$

$$pv = R_i T; \quad pV = m R_i T; \quad p = \varrho\, R_i T$$

p	v	R_i	T	V	m	ϱ
$\dfrac{\text{N}}{\text{m}^2} = \text{Pa}$	$\dfrac{\text{m}^3}{\text{kg}}$	$\dfrac{\text{J}}{\text{kg K}}$	K	m^3	kg	$\dfrac{\text{kg}}{\text{m}^3}$

p Druck
v spezifisches Volumen
R_i spezifische Gaskonstante
     (individuelle Gaskonstante)
T Temperatur
V Volumen
m Masse
ϱ Dichte

spezifische
Gaskonstante R_i
(6.24)

Die spezifische Gaskonstante R_i ist eine Stoffkonstante, die durch Messung der zugehörigen Größen p, v, T bestimmt werden kann. Sie stellt die Raumschaffungsarbeit dar, die von 1 kg Gas verrichtet wird, wenn diese Gasmenge bei p = konstant um 1 K erwärmt wird: $R_i = c_p - c_v$
(c_p spezifische Wärmekapazität bei p = konstant, c_v bei V = konstant, Werte in 6.11)

$$R_i = \frac{R}{M} \qquad M \quad \text{molare Masse oder stoffmengenbezogene Masse (siehe 6.24)}$$

universelle
Gaskonstante R

$$R = 8315 \,\frac{\text{J}}{\text{kmol K}}$$

R ist von der chemischen Beschaffenheit eines Gases unabhängig

molares
Normvolumen V_{mn}

$$V_{mn} = 22{,}415 \,\frac{\text{m}^3}{\text{kmol}} \quad \text{(bei 0 °C und 101325 Pa; 1 Pa = 1 N/m}^2\text{)}$$

v_0 ist (unabhängig von der Gasart) das von 1 kmol eingenommene Volumen beim physikalischen Normzustand (6.1)

spezifische Wärme-
kapazitäten c_v und c_p
bei konstantem Volumen
und bei konstantem
Druck (6.11)

$$c_v = \frac{1}{\kappa - 1} R_i$$

$$c_p = \frac{\kappa}{\kappa - 1} R_i$$

$$R_i = c_p - c_v$$

c_v, c_p	κ	R_i
$\dfrac{\text{J}}{\text{kg K}}$	1	$\dfrac{\text{J}}{\text{kg K}}$

1 Nm = 1 J = 1 Ws
Verhältnis $\kappa = c_p / c_v$ (6.24)

innere Energie U

$$U = m\, c_v \Delta T$$

spezifische innere
Energie u

$$u = c_v \Delta T$$

$$u = \frac{U}{m}$$

m	U	u	c_v	$\Delta T, t_1, t_2$
kg	J	$\dfrac{\text{J}}{\text{kg}}$	$\dfrac{\text{J}}{\text{kg K}}$	K

Änderung der
spezifischen
inneren Energie Δu

$$\Delta u = u_2 - u_1 = c_v\,(t_2 - t_1)$$

äußere Arbeit W
(absolute) eines Gases
(Volumenänderungs-
arbeit)

$$W = \sum_{v_1}^{v_2} \Delta W = \sum_{v_1}^{v_2} p\,\Delta v$$

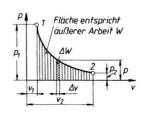

technische Arbeit W_t
(Druckänderungs-
arbeit)

$$W_t = \sum_{p_1}^{p_2} \Delta W_t = \sum_{p_1}^{p_2} v\,\Delta p$$

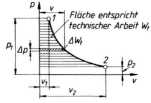

W, W_t	p	v
$\dfrac{\text{J}}{\text{kg}}$	$\dfrac{\text{N}}{\text{m}^2} = \text{Pa}$	$\dfrac{\text{m}^3}{\text{kg}}$

Enthalpie H

$$H = m\,c_p\,\Delta T$$

spezifische
Enthalpie h

$$h = c_p\,\Delta T$$

Änderung der
spezifischen
Enthalpie Δh

$$\Delta h = h_2 - h_1 = c_p\,(t_2 - t_1)$$

H	h	m	c_p	$\Delta T, t_1, t_2$
J	$\dfrac{\text{J}}{\text{kg}}$	kg	$\dfrac{\text{J}}{\text{kg K}}$	K

6.5 Gleichungen für Zustandsänderungen und Carnot'scher Kreisprozess

Isochore (isovolume) Zustandsänderung

Das Gasvolumen v bleibt während
der Zustandsänderung konstant
(v = konstant); damit ist auch
$p\,/\,T$ = konstant:

$$\frac{p_1}{T_1} = \frac{p_2}{T_2} = \text{konstant}$$

$$\frac{p_1}{p_2} = \frac{T_1}{T_2} = \frac{273^\circ + \vartheta_1}{273^\circ + \vartheta_2}$$

$q\,(u)$	c	T	h	κ
$\dfrac{\text{J}}{\text{kg}}$	$\dfrac{\text{J}}{\text{kg K}}$	K	$\dfrac{\text{J}}{\text{kg}}$	1

s	W	v	p
$\dfrac{\text{J}}{\text{kg K}}$	$\dfrac{\text{J}}{\text{kg}}$	$\dfrac{\text{m}^3}{\text{kg}}$	$\dfrac{\text{N}}{\text{m}^2} = \text{Pa}$

c_p, c_v nach 6.11
κ nach 6.24

6

Thermodynamik

zu- oder abgeführte
Wärme Δq

$$\Delta q = c_\mathrm{v}(T_2 - T_1) = \frac{R_\mathrm{i}}{\kappa - 1}(T_2 - T_1)$$

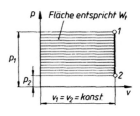

Änderung der inneren
Energie Δu

$$\Delta u = c_\mathrm{v}(T_2 - T_1) = \frac{R_\mathrm{i}}{\kappa - 1}(T_2 - T_1)$$

Änderung der
Enthalpie Δh

$$\Delta h = c_\mathrm{p}(T_2 - T_1)$$

Änderung der
Entropie Δs

$$\Delta s = c_\mathrm{v} \ln \frac{T_2}{T_1}$$

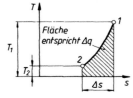

technische Arbeit W_t
(äußere Arbeit $W = 0$)

$$W_\mathrm{t} = v(p_1 - p_2) = (\kappa - 1)\Delta u$$

Isobare Zustandsänderung

Der Gasdruck p bleibt während
der Zustandsänderung konstant
(p = konstant); damit ist auch
v/T = konstant:

$$\frac{v_1}{T_1} = \frac{v_2}{T_2} = \text{konstant}$$

$$\frac{v_1}{v_2} = \frac{T_1}{T_2} = \frac{273\ \mathrm{K} + t_1}{273\ \mathrm{K} + t_2} = \frac{V_1}{V_2}$$

$q\,(u)$	c	T	h	κ
$\dfrac{\mathrm{J}}{\mathrm{kg}}$	$\dfrac{\mathrm{J}}{\mathrm{kg\ K}}$	K	$\dfrac{\mathrm{J}}{\mathrm{kg}}$	1

s	W	v	p
$\dfrac{\mathrm{J}}{\mathrm{kg\ K}}$	$\dfrac{\mathrm{J}}{\mathrm{kg}}$	$\dfrac{\mathrm{m}^3}{\mathrm{kg}}$	$\dfrac{\mathrm{N}}{\mathrm{m}^2} = \mathrm{Pa}$

c_p, c_v nach 6.11
κ nach 6.24

zu- oder abgeführte
Wärme Δq

$$\Delta q = c_\mathrm{p}(T_2 - T_1) = \frac{\kappa}{\kappa - 1} R_\mathrm{i}(T_2 - T_1)$$

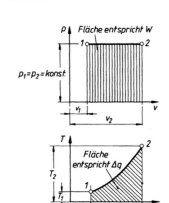

Änderung der inneren
Energie Δu

$$\Delta u = c_\mathrm{v}(T_2 - T_1)$$

Änderung der
Enthalpie Δh

$$\Delta h = c_\mathrm{p}(T_2 - T_1)$$

Änderung der
Entropie Δs

$$\Delta s = c_\mathrm{p} \ln \frac{T_2}{T_1}$$

äußere Arbeit W
(technische Arbeit
$W_\mathrm{t} = 0$)

$$W = p(v_2 - v_1) = \frac{\kappa - 1}{\kappa}\Delta q$$

Isotherme Zustandsänderung

Die Temperatur T bleibt während der Zustandsänderung konstant ($T =$ konstant); damit ist auch $pv =$ konstant:

$$p_1 v_1 = p_2 v_2 = \text{konstant}$$

$$\frac{p_1}{p_2} = \frac{v_2}{v_1}$$

Einheiten siehe 6.5 (isochore Zustandsänderung)

zu- oder abgeführte Wärme Δq

$$\Delta q = R_i T \ln \frac{v_2}{v_1} = R_i T \ln \frac{p_1}{p_2}$$

Änderung der inneren Energie $\Delta u = 0$
ebenso Änderung der Enthalpie $\Delta h = 0$

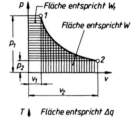

Änderung der Entropie Δs

$$\Delta s = R_i \ln \frac{v_2}{v_1} = R_i \ln \frac{p_1}{p_2}$$

äußere Arbeit W (technische Arbeit $W_t = \Delta q$)

$$W = W_t = \Delta q = R_i T \ln \frac{v_1}{v_2} = R_i T \ln \frac{p_2}{p_1}$$

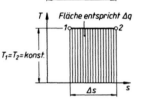

Adiabate (isentrope) Zustandsänderung

Während der Zustandsänderung wird Wärme weder zu- noch abgeführt ($\Delta q = 0$, also auch $\Delta s = 0$); damit wird $pv^\kappa =$ konstant:

$$p_1 v_1^{\kappa} = p_2 v_2^{\kappa} = \text{konstant}$$

$$\frac{p_1}{p_2} = \left(\frac{v_2}{v_1}\right)^{\kappa} = \left(\frac{T_1}{T_2}\right)^{\kappa/\kappa-1}$$

$$\frac{T_1}{T_2} = \left(\frac{v_2}{v_1}\right)^{\kappa-1} = \left(\frac{p_1}{p_2}\right)^{\kappa-1/\kappa}$$

Einheiten siehe 6.5 (isochore Zustandsänderung)

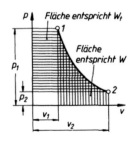

Änderung der inneren Energie Δu ($\cong | $ äußere Arbeit $W |$)

$$\Delta u = c_v (T_2 - T_1)$$

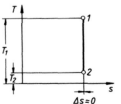

Thermodynamik 6

Änderung der Enthalpie Δh	$\Delta h = c_{\mathrm{p}}(T_2 - T_1) = \dfrac{\kappa}{\kappa-1} p_1 v_1 \dfrac{T_2}{T_1} - 1$

$$\Delta h = \frac{\kappa}{\kappa-1} p_1 v_1 \left[\left(\frac{p_2}{p_1} \right)^{\kappa-1/\kappa} - 1 \right] = \frac{\kappa}{\kappa-1} p_1 v_1 \left[\left(\frac{v_1}{v_2} \right)^{\kappa-1} - 1 \right]$$

Änderung der Entropie Δs

$$\Delta s = 0$$

äußere Arbeit W
$(\cong |\Delta u|)$

$$W = c_{\mathrm{v}}(T_1 - T_2) = \frac{1}{\kappa-1}(p_1 v_1 - p_2 v_2) = \frac{p_1 v_1}{\kappa-1}\left(1 - \frac{T_2}{T_1}\right)$$

$$W = \frac{p_1 v_1}{\kappa-1}\left[1 - \left(\frac{p_2}{p_1} \right)^{\kappa-1/\kappa} \right] = \frac{p_1 v_1}{\kappa-1}\left[1 - \left(\frac{v_1}{v_2} \right)^{\kappa-1} \right]$$

technische Arbeit W_{t}
$(\triangleq |\Delta h|)$

$$W_{\mathrm{t}} = c_{\mathrm{p}}(T_1 - T_2) = \frac{\kappa}{\kappa-1}(p_1 v_1 - p_2 v_2) = \frac{\kappa}{\kappa-1} p_1 v_1 \left(1 - \frac{T_2}{T_1}\right)$$

$$W_{\mathrm{t}} = \kappa A = \frac{\kappa}{\kappa-1} p_1 v_1 \left[1 - \left(\frac{p_2}{p_1} \right)^{\kappa-1/\kappa} \right] = \frac{\kappa}{\kappa-1} p_1 v_1 \left[1 - \left(\frac{v_1}{v_2} \right)^{\kappa-1} \right]$$

Polytrope Zustandsänderung

Allgemeinste Zustandsänderung nach dem Gesetz $p v^n$ = konstant.

Die anderen Zustandsänderungen sind Sonderfälle der polytropen Zustandsänderung. Exponent n kann von $-\infty$ bis $+\infty$ variieren.

> Einheiten siehe 6.5
> (isochore Zustandsänderung)

$$p_1 v_1^{\,n} = p_2 v_2^{\,n} = \text{konstant}$$

$$\frac{p_1}{p_2} = \left(\frac{v_2}{v_1} \right)^n = \left(\frac{T_1}{T_2} \right)^{\frac{n}{n-1}}$$

$$\frac{T_1}{T_2} = \left(\frac{v_2}{v_1} \right)^{n-1} = \left(\frac{p_1}{p_2} \right)^{\frac{n-1}{n}}$$

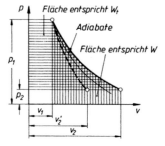

zu- oder abgeführte Wärme Δq

$$\Delta q = c_{\mathrm{v}} \frac{n-\kappa}{n-1}(T_2 - T_1)$$

Änderung der inneren Energie Δu

$$\Delta u = c_{\mathrm{v}}(T_2 - T_1)$$

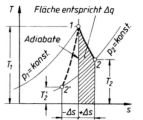

Änderung der Enthalpie Δh

wie bei adiabater Zustandsänderung, wenn für κ der Exponent n eingesetzt wird

| Änderung der Entropie Δs | $\Delta s = c_\mathrm{v}\,\dfrac{n-\kappa}{n-1}\ln\dfrac{T_2}{T_1}$ |

| äußere Arbeit W und technische Arbeit W_t | wie bei adiabater Zustandsänderung, wenn für κ der Exponent n eingesetzt wird |

| Carnot'scher Kreisprozess | 1 – 2 isotherme Kompression
2 – 3 adiabate Kompression
3 – 4 isotherme Expansion
4 – 1 adiabate Expansion |

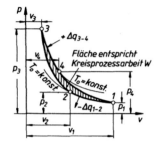

| Kreisprozessarbeit W | $W = R_\mathrm{i}(T_\mathrm{u}-T_\mathrm{o})\ln\dfrac{p_1}{p_2}$ |

| thermischer Wirkungsgrad η_th | $\eta_\mathrm{th} = 1-\dfrac{T_\mathrm{u}}{T_\mathrm{o}}$ |

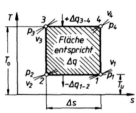

6 **Thermodynamik**

6.6 Gleichungen für Gasgemische

| Gesetz von Dalton | Nach *Dalton* nimmt jeder Gemischpartner das gesamte zur Verfügung stehende Gemischvolumen ein, als ob die anderen Partner nicht vorhanden wären.
Daher steht jedes Einzelgas unter einem Teildruck (Partialdruck). Die Summe aller Partialdrücke ergibt den Gesamtdruck. |

Gesamtdruck p_g	$p_\mathrm{g} = p_1 + p_2 + \ldots p_n$	$\dot m_\mathrm{n} = \dfrac{m_\mathrm{n}}{m_\mathrm{g}}$ Massenanteil $\sum \dot m = 1$
Gesamtmasse m_g	$m_\mathrm{g} = m_1 + m_2 + \ldots m_n$	
Gesamtvolumen V_g (bei n Einzelgasen) des Gemisches	$V_\mathrm{g} = V_1 + V_2 + \ldots V_n$	$r_\mathrm{n} = \dfrac{V_\mathrm{n}}{V_\mathrm{g}}$ Raumanteil $\sum r = 1$

Gaskonstante R_g des Gemisches (6.24)

$R_\mathrm{g} = \dot m_1 R_1 + \dot m_2 R_2 + \ldots \dot m_n R_n$

p	m	V	$\dot m_\mathrm{n}, r_\mathrm{n}$
$\mathrm{Pa} = \dfrac{\mathrm{N}}{\mathrm{m^2}}$	kg	$\mathrm{m^3}$	Einheit Eins (Verhältnisgrößen)

Partialdruck p_n des Gemisches	$p_n = \dot{m}_n \dfrac{R_n}{R_g} p_g = r_n\, p_g$	
spezifische Wärme-kapazität c_{pg} des Gemisches	$c_{pg} = \dot{m}_1 c_{p1} + \dot{m}_2 c_{p2} + ... \dot{m}_n c_{pn}$ $c_{vg} = \dot{m}_1 c_{v1} + \dot{m}_2 c_{v2} + ... \dot{m}_n c_{vn}$	$c_{p1}..., c_{v1}...$ sind die spezifischen Wärmekapazitäten der Einzelgase (6.11)
Dichte ϱ_g des Gemisches	$\varrho_g = r_1 \varrho_1 + r_2 \varrho_2 + ...\, r_n \varrho_n$	$\varrho_1...$ Dichten der Einzelgase (6.24)
Temperatur t_g des Gemisches	siehe 6.1	

6.7 Temperatur-Umrechnungen

t in Grad Celsius (°C) $t = \dfrac{5}{9}(t_F - 32) = T - 273{,}15 = \dfrac{5}{9}(T_R - 491{,}67)$

t_F in Grad Fahrenheit (°F) $t_F = 1{,}8\, t + 32 = 1{,}8\, T - 459{,}67 = T_R - 459{,}67$

T in Grad Kelvin (K) $T = t + 273{,}15 = \dfrac{5}{9} t_F + 255{,}37 = \dfrac{5}{9} T_R$

T_R in Grad Rankine (°R) $T_R = 1{,}8\, t + 491{,}67 = t_F + 459{,}67 = 1{,}8\, T$

6.8 Temperatur-Fixpunkte

Sauerstoff (Siedepunkt)	– 182,97 °C
Wasser (Tripelpunkt)	0,01 °C
Wasser (Siedepunkt)	100,00 °C
Schwefel (Siedepunkt)	444,60 °C
Silber (Schmelzpunkt)	960,80 °C
Gold (Schmelzpunkt)	1063,00 °C

6.9 Spezifisches Normvolumen und Dichte

Spezifisches Norm-volumen v_n und Dichte ϱ_n (0 °C und 101 325 N/m²)

Gasart	chemisches Kurzzeichen	v_n in $\dfrac{m^3}{kg}$	ϱ_n in $\dfrac{kg}{m^3}$
Kohlendioxid	CO_2	0,506	1,977
Kohlenoxid	CO	0,800	1,250
Luft	–	0,774	1,293
Methan	CH_4	1,396	0,717
Sauerstoff	O_2	0,700	1,429
Stickstoff	N_2	0,799	1,251
Wasserdampf	H_2O	1,243	0,804
Wasserstoff	H_2	11,111	0,090

6.10 Mittlere spezifische Wärmekapazität c_m fester und flüssiger Stoffe zwischen 0 °C und 100 °C in J/(kg K)

Aluminium	896	Kork	2010	Steinzeug	773
Beton	1005	Kupfer	390	Ziegelstein	920
Blei	130	Marmor	870	Alkohol	2430
Eichenholz	2390	Messing	386	Ammoniak	4187
Eis	2050	Nickel	444	Aceton	2300
Eisen (Stahl)	450	Platin	134	Benzol	1840
Fichtenholz	2720	Quarzglas	725	Glycerin	2430
Glas	796	Quecksilber	138	Maschinenöl	1675
Graphit	870	Sandstein	920	Petroleum	2093
Gusseisen	540	Schamotte	796	Schwefelsäure	1380
Kieselgur	870	Silber	234	Wasser	4187

6.11 Mittlere spezifische Wärmekapazität c_p, c_v in J/(kg K) nach *Justi* und *Lüder*

ϑ in °C		CO	CO_2	Luft	CH_4	O_2	N_2	H_2O	H_2
0	c_p	1038,13	707,43	1004,64	2155,79	912,55	1038,13	1854,40	14232,40
	c_v	740,92	519,06	715,81	1636,73	653,02	740,92	1393,94	10109,19
100	c_p	1042,31	870,69	1008,83	2260,44	920,92	1042,31	1866,96	14316,12
	c_v	745,11	682,32	719,99	1741,38	661,39	745,11	1406,50	10192,91
200	c_p	1046,50	916,73	1013,01	2453,00	933,48	1046,50	1887,89	14399,84
	c_v	749,29	728,36	724,18	1933,93	673,95	749,29	1427,43	10276,63
300	c_p	1054,87	958,59	1021,38	2637,18	950,22	1050,69	1908,82	14441,70
	c_v	757,67	770,22	732,55	2118,12	690,69	753,48	1448,36	1946,49
400	c_p	1063,24	987,90	1029,76	2808,81	966,97	1059,06	1938,12	14483,56
	c_v	766,04	799,53	740,92	2289,74	707,43	761,85	1477,66	10360,35
500	c_p	1075,80	1021,38	1042,31	2955,32	979,52	1074,43	1971,61	14483,56
	c_v	778,60	833,01	753,48	2436,25	719,99	770,22	1511,15	10360,35
600	c_p	1088,36	1050,69	1050,69	3147,87	992,08	1075,82	2000,91	14525,42
	c_v	791,15	862,31	761,85	2628,81	732,55	778,60	1540,45	10402,21
700	c_p	1096,73	1071,62	1059,06	3302,57	1004,64	1084,17	2030,21	14567,28
	c_v	799,53	883,25	770,22	7283,69	745,11	786,97	1569,75	10444,07
800	c_p	1109,30	1092,55	1071,62	3436,71	1017,20	1096,73	2067,88	14651,00
	c_v	812,08	904,18	782,78	2917,64	757,67	799,53	1607,42	10527,79
900	c_p	1121,85	1113,48	1084,17	3570,66	1025,57	1105,10	2101,37	14692,86
	c_v	824,64	925,11	795,34	3051,59	766,04	807,90	1640,91	10569,65
1000	c_p	1130,22	1130,22	1092,55	3658,56	1033,94	1117,66	2134,86	14734,72
	c_v	833,01	941,85	803,71	3139,50	744,41	820,46	1674,40	10611,51

6.12 Schmelzenthalpie q_s fester Stoffe in J / kg bei $p = 101\,325$ N/m²

Aluminium	$3,9 \cdot 10^5$	Grauguss	$0,96 \cdot 10^5$	Nickel	$2,3 \cdot 10^5$	Zink	$1,1 \cdot 10^5$
Blei	$0,23 \cdot 10^5$	Kupfer	$1,7 \cdot 10^5$	Platin	$1,0 \cdot 10^5$	Zinn	$0,6 \cdot 10^5$
Eis	$3,4 \cdot 10^5$	Magnesium	$2,0 \cdot 10^5$	Stahl	$2,5 \cdot 10^5$		

6 Thermodynamik

6.13 Verdampfungs- und Kondensationsenthalpie q_v in J/kg bei 101 325 N/m^2

Alkohol	$8{,}7 \cdot 10^5$	Quecksilber	$2{,}85 \cdot 10^5$	Stickstoff	$2{,}01 \cdot 10^5$
Benzol	$4{,}4 \cdot 10^5$	Sauerstoff	$2{,}14 \cdot 10^5$	Wasser	$22{,}5 \cdot 10^5$
				Wasserstoff	$5{,}0 \cdot 10^5$

6.14 Schmelzpunkt fester Stoffe in °C bei p = 101 325 N/m^2

Aluminium	658	Gold	1063	Messing	900
Blei	327	Graphit	3600	Platin	1770
Chrom	1765	Iridium	2455	Silber	960
Diamant	3500	Kupfer	1084	Wolfram	3350
Eisen (rein)	1528	Magnesium	655	Zink	419
Elektron	625	Mangan	1260	Zinn	232

6.15 Siede- und Kondensationspunkt einiger Stoffe in °C bei p = 101 325 N/m^2

Alkohol	78	Helium	-269	Sauerstoff	-183
Benzin	95	Kohlenoxid	-190	Silber	2000
Benzol	80	Kupfer	2310	Stickstoff	-196
Blei	1525	Magnesium	1100	Wasser	100
Eisen (rein)	2500	Mangan	1900	Wasserstoff	-253
Glycerin	290	Methan	-164	Zink	915
Gold	2650	Quecksilber	357	Zinn	2200

6.16 Längenausdehnungskoeffizient α_l fester Stoffe in 1/K zwischen
0 °C und 100 °C (Volumenausdehnungskoeffizient $\alpha_V \approx 3\,\alpha_l$)

Aluminium	$23{,}5 \cdot 10^{-6}$	Invarstahl	$1{,}6 \cdot 10^{-6}$	Porzellan	$3{,}0 \cdot 10^{-6}$
Baustahl	$12{,}0 \cdot 10^{-6}$	Jenaer Glas	$4{,}5 \cdot 10^{-6}$	PVC	$78{,}1 \cdot 10^{-6}$
Blei	$92{,}2 \cdot 10^{-6}$	Kunststoffe	$(10-50) \cdot 10^{-6}$	Quarzglas	$0{,}6 \cdot 10^{-6}$
Bronze	$17{,}5 \cdot 10^{-6}$	Kupfer	$16{,}5 \cdot 10^{-6}$	Widia	$5{,}3 \cdot 10^{-6}$
Chromstahl	$11{,}0 \cdot 10^{-6}$	Magnesium	$26{,}0 \cdot 10^{-6}$	Wolfram	$4{,}5 \cdot 10^{-6}$
Glas	$9{,}0 \cdot 10^{-6}$	Messing	$18{,}4 \cdot 10^{-6}$	Zinn	$23{,}0 \cdot 10^{-6}$
Gold	$14{,}2 \cdot 10^{-6}$	Nickel	$14{,}1 \cdot 10^{-6}$	Zinnbronze	$17{,}8 \cdot 10^{-6}$
Gusseisen	$9{,}0 \cdot 10^{-6}$	Platin	$8{,}9 \cdot 10^{-6}$	Zink	$30{,}1 \cdot 10^{-6}$

6.17 Volumenausdehnungskoeffizient α_V von Flüssigkeiten in 1/K bei 18 °C

Äthylalkohol	$11{,}0 \cdot 10^{-4}$	Glycerin	$5{,}0 \cdot 10^{-4}$	Schwefelsäure	$5{,}6 \cdot 10^{-4}$
Äthyläther	$16{,}3 \cdot 10^{-4}$	Olivenöl	$7{,}2 \cdot 10^{-4}$	Wasser	$1{,}8 \cdot 10^{-4}$
Benzol	$12{,}4 \cdot 10^{-4}$	Quecksilber	$1{,}8 \cdot 10^{-4}$		

6.18 Wärmeleitzahlen λ fester Stoffe
bei 20 °C in 10^3 J/mhK, Klammerwerte in W/mK

Aluminium	754	(209)	Kesselstein, amorph[1]	4	(1,1)	Quarzglas	5,0	(1,39)
Asbestwolle	0,3	(0,08)	–, gipsreich [1]	5,5	(1,53)	Ruß	0,17	
Asphalt	2,5	(0,69)	–, kalkreich [1]	1,8	(0,5)	Sandstein	6,7	
Bakelit	0,8	(0,22)	Kies	1,3	(0,36)	Schamottestein [1]	3	(0,8)
Beton	4,6	(1,28)	Kohle, amorph	0,63	(0,17)	–, (1000 °C)	3,6	(1,0)
Blei	126	(35)	–, graphitisch	4,2	(1,17)	Schaumgummi [1]	0,2	(0,06)
Duraluminium	628	(174)	Korkplatten	0,17	(0,05)	Schnee [1]	0,5	(0,14)
Eichenholz, radial	0,6	(0,17)	Kupfer	1360	(380)	Silber	1500	(420)
Eis bei 0 °C	8,1	(2,25)	Leder	0,6	(0,17)	Stahl (0,1 % C)	193	(54)
Eisenzunder (1000 °C)	5,9	(1,64)	Linoleum	0,67	(0,19)	– (0,6 %C)	150	(42)
Fensterglas	4,2	(1,17)	Magnesium	510	(142)	– (V 2 A)	54	(15)
Fichtenholz, axial	0,84	(0,23)	Marmor	10,5	(2,92)	Ziegelmauer,		
–, radial	0,42	(0,12)	Messing	376	(104)	–, außen	3,1	(0,86)
Gips, trocken [1]	1,5	(0,42)	Mörtel und Putz	3,4	(0,94)	–, innen	2,5	(0,7)
Gold	1120	(310)	Nickel	293	(81)	Zink	406	(113)
Graphit	500	(140)	Nickelstahl (30% Ni)	42	(11,7)	Zinn	239	(66)
Hartgummi	0,6	(0,17)	Porzellan [1]	4,5	(1,3)			

[1] Mittelwerte

6.19 Wärmeleitzahlen λ von Flüssigkeiten
bei 20 °C in J/mhK, Klammerwerte in W/mK

Ammoniak	1 800	(0,5)	Glycerin	1 000	(0,28)	Spindelöl	500	(0,14)
Äthylalkohol	700	(0,19)	– mit 50% Wasser	1 500	(0,42)	Transformatorenöl	460	(0,13)
Aceton	600	(0,17)	Paraffinöl	460	(0,13)	Wasser	2 200	(0,61)
Benzin	500	(0,14)	Quecksilber	33 000	(9,2)	Xylol	470	(0,13)

6.20 Wärmeleitzahlen λ von Gasen in Abhängigkeit von der Temperatur
(Ungefährwerte) in J/mhK, Klammerwerte in W/mK

	0 °C	200 °C	400 °C	600 °C	800 °C	1000 °C
Luft	84 (0,023)	47 (0,013)	188 (0,052)	222 (0,062)	251 (0,07)	281 (0,078)
Wasserdampf	63 (0,017)	117 (0,032)	197 (0,055)	293 (0,081)		
Argon	59 (0,016)	92 (0,026)	126 (0,035)	155 (0,043)	184 (0,05)	209 (0,058)

6.21 Wärmeübergangszahlen α für Dampferzeuger bei normalen
Betriebsbedingungen (Mittelwerte)

		in J/m²hK		in W/m²K
Verdampfer	α_1	$= (83 \ldots 209) \cdot 10^3$ zwischen Feuergas und Wand		23 ... 58
	α_2	$= (210 \ldots 420) \cdot 10^6$ zwischen Wand und Wasser		$(58 \ldots 117) \cdot 10^3$
Überhitzer	α_1	$= (125 \ldots 209) \cdot 10^3$ zwischen Rohrwand und Feuergas oder Dampf		35 ... 58
Lufterhitzer	α_1	$= (42 \ldots 83) \cdot 10^3$ zwischen Blechwand und Luft oder Feuergas		12 ... 23
Wasservorwärmer	α_1	$= (63 \ldots 126) \cdot 10^3$ zwischen Feuergas und Rohrwand		17 ... 35
	α_2	$= (210 \ldots 330) \cdot 10^6$ zwischen Rohrwand und Wasser		$(58 \ldots 92) \cdot 10^3$

6

Thermodynamik

6.22 Wärmedurchgangszahlen *k* bei normalem Kesselbetrieb (Mittelwerte)

in J/m²hK		in W/m²K
$(42 \dots 126) \cdot 10^3$	für Wasservorwärmer	11,7 ... 35
$(83 \dots 209) \cdot 10^3$	für Verdampferheizfläche	23 ... 58
$(83 \dots 251) \cdot 10^3$	für Berührungsüberhitzer	23 ... 70
$(33 \dots 63) \cdot 10^3$	für Plattenlufterhitzer	9,2 ... 17,5

6.23 Emissionsverhältnis ε und Strahlungszahl *C* bei 20 °C

	ε	C in J/m²hK⁴	C in W/m²K⁴
absolut schwarzer Körper	1	$20,8 \cdot 10^{-5}$	$5,78 \cdot 10^{-8}$
Aluminium, unbehandelt	0,07 ... 0,09	$(1,47 \dots 1,88) \cdot 10^{-5}$	$(0,41 \dots 0,52) \cdot 10^{-8}$
–, poliert	0,04	$0,796 \cdot 10^{-5}$	$0,22 \cdot 10^{-8}$
Glas	0,93	$19,3 \cdot 10^{-5}$	$5,36 \cdot 10^{-8}$
Gusseisen, ohne Gusshaut	0,42	$8,8 \cdot 10^{-5}$	$2,44 \cdot 10^{-8}$
Kupfer, poliert	0,045	$0,92 \cdot 10^{-5}$	$0,26 \cdot 10^{-8}$
Messing, poliert	0,05	$1,05 \cdot 10^{-5}$	$0,29 \cdot 10^{-8}$
Öle	0,82	$16,96 \cdot 10^{-5}$	$4,71 \cdot 10^{-8}$
Porzellan, glasiert	0,92	$19,17 \cdot 10^{-5}$	$5,32 \cdot 10^{-8}$
Stahl, poliert	0,28	$5,86 \cdot 10^{-5}$	$1,63 \cdot 10^{-8}$
Stahlblech, verzinkt	0,23	$4,69 \cdot 10^{-5}$	$1,30 \cdot 10^{-8}$
–, verzinnt	0,06 ... 0,08	$(1,3 \dots 1,7) \cdot 10^{-5}$	$(0,36 \dots 0,47) \cdot 10^{-8}$
Dachpappe	0,91	$18,92 \cdot 10^{-5}$	$5,26 \cdot 10^{-8}$

6.24 Spezifische Gaskonstante R_i, Dichte ϱ und Verhältnis $\kappa = \dfrac{c_p}{c_v}$ einiger Gase

Gasart	Atomzahl	R_i in $\dfrac{J}{kg\,K}$	ϱ in $\dfrac{kg}{m^3}$ [1]	κ	molare Masse M in $\dfrac{kg}{kmol}$ (gerundet)
Argon (Ar)	1	208	1,7821	1,66	40
Acetylen(C_2H_2)	4	320	1,1607	1,26	26
Ammoniak (NH_3)	4	488	0,7598	1,31	17
Helium (He)	1	2078	0,1786	1,66	4
Kohlendioxid (CO_2)	3	189	1,9634	1,30	44
Kohlenoxid (CO)	2	297	1,2495	1,40	28
Luft	–	287	1,2922	1,40	–
Methan (CH_4)	5	519	0,7152	1,32	16
Sauerstoff (O_2)	2	260	1,4276	1,31	32
Stickstoff (N_2)	2	297	1,2499	1,40	28
Wasserdampf (H_2O)	3	462	–	1,40	18
Wasserstoff (H_2)	2	4158	0,0899	1,41	2

[1] Die Werte gelten für die Temperatur von 0 °C und für einen Druck von 101325 N/m² = 1,01325 bar.

7 Mechanik fester Körper

7.1 Freimachen der Bauteile

Alle am freizumachenden Körper K angreifenden Bauteile B_1, B_2, B_3 ... gedanklich nacheinander wegnehmen und deren Aktionskräfte F_1, F_2, F_3 ... an K antragen. Gewichtskraft F_G des Körpers K wirkt immer lotrecht nach unten und greift im Schwerpunkt S an. Angreifende Bauteile in diesem Sinn sind auch Gase, Flüssigkeiten usw. F_R ist die Reibungskraft.

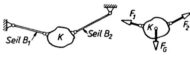

Seile, Ketten, Bänder, Riemen

Seile, Ketten, Bänder, Riemen übertragen nur Zugkräfte in Richtung ihrer Schwerachse.

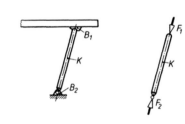

Zweigelenkstäbe

Zweigelenkstäbe (Pendelstützen) übertragen ohne Rücksicht darauf, ob die Stäbe gerade oder gekrümmt sind, nur *Zug*- oder *Druck*kräfte (Axialkräfte), deren Wirklinie durch beide Gelenkpunkte verläuft. Dies gilt jedoch nur dann exakt, wenn das Eigengewicht vernachlässigt wird.

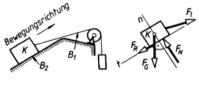

Stützflächen

Stützflächen, auch gekrümmte, übertragen je eine Normalkraft F_N und eine Tangentialkraft (Reibungskraft) F_R. F_N wirkt immer normal zur Auflagefläche. Bei gekrümmten Flächen geht die Wirklinie (WL) von F_N durch den Krümmungsmittelpunkt T. Bei ebenen Flächen liegt dieser im Unendlichen. F_R versucht den langsameren Körper zu beschleunigen, den schnelleren zu verlangsamen. F_N und F_R stehen immer rechtwinklig aufeinander.

Rollen, Kugeln

Rollen, Kugeln haben gekrümmte Stützflächen mit Krümmungsradius = Kreisradius. Normalkraft F_N geht durch Berührungspunkt und Kreismittelpunkt, WL der Reibungskraft ist Kreistangente.

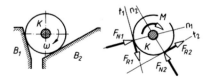

7.2 Zeichnerische Bestimmung der Resultierenden F_r (zeichnerische Ersatzaufgabe)

Beim zentralen ebenen Kräftesystem:	Kräfte in beliebiger Reihenfolge maßstabgerecht aneinanderreihen, so dass sich fortlaufender Kräftezug ergibt. F_r ist Verbindungslinie *vom* Anfangspunkt A der zuerst gezeichneten Kraft *zum* Endpunkt E der zuletzt gezeichneten Kraft.

 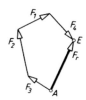

Beim zentralen räumlichen Kräftesystem:	Nach den Gesetzen der darstellenden Geometrie Kraftecke im Grund- und Aufriss zeichnen, daraus wahre Größe und wahre Winkel bestimmen.

Beim allgemeinen ebenen Kräftesystem:	Bei schrägen Kräften durch wiederholte Parallelogrammzeichnung : F_1 und F_2 auf WL verschieben und zum Schnitt bringen ergibt $F_{r1,2}$, diese mit F_3 zum Schnitt bringen ergibt WL von F_r.

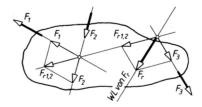

Bei *parallelen* oder annähernd parallelen Kräften durch **Seileckverfahren.** Kräfteplan der gegebenen Kräfte durch Parallelverschiebung der WL aus dem Lageplan in den Kräfteplan; F_r als Verbindungslinie *vom* Anfangspunkt A *zum* Endpunkt E des Kräftezugs; Polpunkt P beliebig wählen und Polstrahlen ziehen; durch Parallelverschiebung in den Lageplan Seilstrahlen zeichnen; Anfangs- und Endseilstrahl zum Schnitt S bringen, womit ein Punkt der WL von F_r gefunden ist.

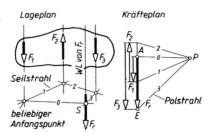

Beim allgemeinen räumlichen Kräftesystem:	Besser die rechnerische Lösung anwenden.

7.3 Rechnerische Bestimmung der Resultierenden F_r (rechnerische Ersatzaufgabe)

Beim zentralen ebenen Kräftesystem:	*Zwei Kräfte*, die den Winkel α einschließen, haben die Resultierende

$$F_r = \sqrt{F_1^2 + F_2^2 + 2\,F_1 F_2 \cos\alpha}$$

$$\sin\beta = \frac{F_1 \sin\alpha}{F_r}; \quad \beta = \arcsin\frac{F_1 \sin\alpha}{F_r}$$

Beim zentralen ebenen Kräftesystem (Fortsetzung)

Besonders bei mehreren Kräften bestimmt man die Resultierende F_r durch Zerlegen aller gegebenen Kräfte in Komponenten $F_{nx} = F_n \cdot \cos \alpha_n$; $F_{ny} = F_n \cdot \sin \alpha_n$ (Buchstabe „n" steht für Zahlen 1, 2, 3 ...) nach Lageskizze. Teilresultierende F_{rx} und F_{ry} berechnen aus:

$$F_{rx} = F_{1x} + F_{2x} + F_{3x} + \ldots F_{nx} = \sum F_{nx}$$

$$F_{ry} = F_{1y} + F_{2y} + F_{3y} + \ldots F_{ny} = \sum F_{ny}$$

Gesamtresultierende:

$$F_r = \sqrt{F_{rx}^2 + F_{ry}^2}$$

deren Winkel zur positiven x-Achse (Richtungswinkel):

$$\tan \alpha_r = \frac{F_{ry}}{F_{rx}} \qquad \alpha_r = \arctan \frac{F_{ry}}{F_{rx}}$$

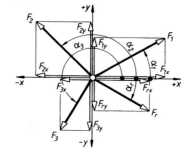

Beim zentralen räumlichen Kräftesystem:

Wie beim zentralen ebenen Kräftesystem, mit zusätzlich dritter (z-)Richtung:

$$F_{nx} = F_n \cos \alpha_n$$

$$F_{ny} = F_n \cos \beta_n \qquad F_{nz} = F_n \cos \gamma_n$$

$$F_{rx} = \sum F_n \cos \alpha_n$$

$$F_{ry} = \sum F_n \cos \beta_n \qquad F_{rz} = \sum F_n \cos \gamma_n$$

$$F_r = \sqrt{F_{rx}^2 + F_{ry}^2 + F_{rz}^2}$$

$$\alpha_r = \arccos \frac{F_{rx}}{F_r} \qquad \beta_r = \arccos \frac{F_{ry}}{F_r}$$

$$\gamma_r = \arccos \frac{F_{rz}}{F_r}$$

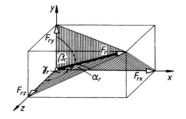

Beim allgemeinen ebenen Kräftesystem:

Betrag und Richtung der Resultierenden F_r wie beim zentralen ebenen Kräftesystem, zusätzlich *Lage* von F_r durch den

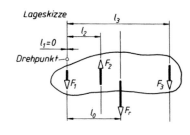

Momentensatz

Wirken mehrere Kräfte drehend auf einen Körper, so ist die algebraische Summe ihrer Momente gleich dem Moment der Resultierenden in Bezug auf den gleichen Drehpunkt.

$$F_r l_0 = F_1 l_1 + F_2 l_2 + \ldots + F_n l_n$$

$F_1, F_2 \ldots F_n$ gegebene Kräfte oder deren Komponenten F_x, F_y

$l_0, l_1, l_2, \ldots l_n$ deren Wirkabstände ($\perp$) vom gewählten (beliebigen) Drehpunkt

$F_1 l_1, F_2 l_2 \ldots F_n l_n$ die statischen Momente der gegebenen Kräfte in Bezug auf den gewählten Drehpunkt (Vorzeichen beachten)

7

Mechanik fester Körper

7.4 Zeichnerische Bestimmung unbekannter Kräfte (zeichnerische Gleichgewichtsaufgabe)

Beim zentrales ebenes Kräftesystem:

Das Krafteck muss sich schließen. Gegebene Kräfte in beliebiger Reihenfolge maßstäblich aneinanderreihen; gesuchte Gleichgewichtskraft F_g (oder zwei Kräfte F_{g1}, F_{g2}) bekannter Wirklinie schließen das Krafteck.

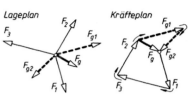

Beim zentrales räumliches Kräftesystem:

Räumliches Krafteck muss sich schließen. Nach den Gesetzen der darstellenden Geometrie Kraftecke im Grund- und Aufriss konstruieren.

Beim allgemeines ebenes Kräftesystem:

Kraft- und Seileck müssen sich schließen. Oder je nach Anzahl der beteiligten Kräfte:

Zwei-Kräfteverfahren

Zwei Kräfte stehen im Gleichgewicht, wenn sie gleichen Betrag und Wirklinie, jedoch entgegengesetzten Richtungssinn haben.

Drei-Kräfteverfahren

Drei nicht parallele Kräfte sind im Gleichgewicht, wenn das Krafteck geschlossen ist und die Wirklinien sich in einem Punkt schneiden. WL der gegebenen Kraft F_1 mit der bekannten WL der gesuchten Kraft schneiden lassen. Verbindungslinie vom Schnittpunkt S mit dem Angriffspunkt der gesuchten Kraft F_3 ist deren WL. Kräfteplan mit gegebener

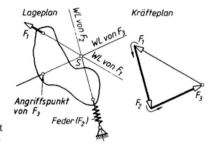

Kraft F_1 beginnen und mit F_2 und F_3 schließen. Zweiwertige Lager können eine beliebig gerichtete Lagerkraft aufnehmen (F_3), also zwei rechtwinklig aufeinander stehende Komponenten (F_{3x} und F_{3y}).

Vier-Kräfteverfahren

Vier nicht parallele Kräfte sind im Gleichgewicht, wenn die Resultierenden je zweier Kräfte ein geschlossenes Krafteck bilden und eine gemeinsame Wirklinie haben (die Culmann'sche Gerade).
WL je zweier Kräfte zum Schnitt I und II bringen; Kräfteplan mit der bekannten Kraft beginnen; dann mit Culmann'scher Geraden und den WL der anderen Kräfte schließen.
Voraussetzung: Alle WL sind bekannt.

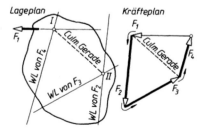

Schlusslinien-
Verfahren

Kraft- und Seileck müssen sich schließen. Geeignet für parallele oder nahezu parallele Kräfte, die sich nicht auf der Zeichenebene zum Schnitt bringen lassen. Krafteck und Seileck zeichnen, dabei ersten Seilstrahl (0) durch zweiwertigen Lagerpunkt legen und Endseilstrahl (3) mit der WL der einwertigen Stützkraft zum Schnitt

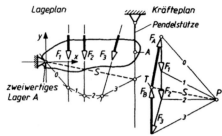

bringen, ergibt „Schlusslinie S" im Seileck, die im Krafteck (übertragen) Teilpunkt T festlegt. Stützkräfte nach zugehörigen Seilstrahlen ins Krafteck einzeichnen.

Culmann'sches
Schnittverfahren
(zeichnerische
Bestimmung
einzelner Stab-
kräfte)

Lageplan des Fachwerks zeichnen; Stützkräfte bestimmen; Fachwerk durch Schnitt in zwei Teile (A) und (B) zerlegen: Schnitt darf höchstens drei Stäbe treffen (4, 5, 6), die nicht zum selben Knoten gehören; für einen Schnittteil (B) die Resultierende (F) der äußeren Kräfte (einschließlich der Stützkräfte) bestimmen; Resultierende (F) mit einer der gesuchten Stabkräfte zum Schnitt (II) bringen;

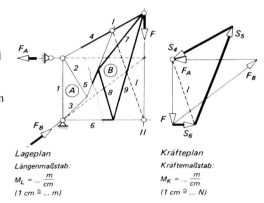

Lageplan
Längenmaßstab:
$$M_L = \ldots \frac{m}{cm}$$
$(1\ cm \mathrel{\widehat{=}} \ldots m)$

Kräfteplan
Kräftemaßstab:
$$M_K = \ldots \frac{m}{cm}$$
$(1\ cm \mathrel{\widehat{=}} \ldots N)$

Verbindungslinie zwischen diesem und dem Schnittpunkt (I) der beiden anderen gesuchten Stabkräfte ist die Culmann'sche Gerade l, nach „4-Kräfte-Verfahren" das Krafteck zeichnen.

Ritter'sches
Schnittverfahren
(rechnerische
Bestimmung
einzelner Stab--
kräfte)

Lageskizze des Fachwerks zeichnen; Stützkräfte bestimmen; Fachwerk wie bei „Culmann" zerlegen und die drei unbekannten Stabkräfte als Zugkräfte annehmen; Stäbe, für die die Rechnung *negative* Beträge ergibt, sind *Druck*stäbe. Wirkabstände, l_1, l_2 … berechnen oder aus dem Lageplan abgreifen: Momentengleichgewichtsbedingungen für ein Schnittteil (B) ansetzen (mit den gesuchten drei Stabkräften und den äußeren Kräften am Schnittteil), z.B. um Drehpunkt D für Fachwerkteil B:

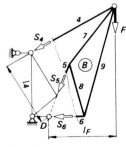

Lageskizze

$$\sum M_{(D)} = + F\, l_F - S_4\, l_4 \quad \text{und daraus} \quad S_4 = \frac{F\, l_F}{l_4}$$

7

Mechanik fester Körper

7.5 Rechnerische Bestimmung unbekannter Kräfte

Beim zentrales ebenes
Kräftesystem:

Zerlegen aller gegebenen und gesuchten Kräfte (diese mit angenommenem Richtungssinn) in ihre Komponenten in x- und y-Richtung mit

$$F_{nx} = F_n \cos \alpha_n \qquad F_{ny} = F_n \sin \alpha_n$$

berechnen.
Algebraische Summe aller Komponentenbeträge muss null sein. Damit stehen *zwei Gleichungen* zur Verfügung:

$$\sum F_x = 0 = F_{1x} + F_{2x} + \dots F_{nx} \qquad \sum F_y = 0 = F_{1y} + F_{2y} + \dots F_{ny}$$

Beim zentralen räum-
lichen Kräftesystem:

Wie beim zentralen ebenen Kräftesystem, zusätzlich einer dritten Richtung (z-Achse) und damit auch die dritte *Gleichung*:

$$\sum F_z = 0 = F_{1z} + F_{2z} + \dots F_{nz}$$

Beim allgemeinen
ebenen Kräftesystem:

Wie beim zentralen ebenen Kräftesystem; zusätzlich muss die Summe aller Momente der Komponenten um einen beliebigen Drehpunkt D null sein; damit stehen bei diesem hauptsächlichen Fall *drei Gleichungen* zur Verfügung:

$$\sum F_x = 0 \qquad \sum F_y = 0 \qquad \sum M_{(D)} = 0$$

Beim allgemeinen räum-
lichen Kräftesystem:

Es stehen drei Kräfte- und drei Momentgleichungen zur Verfügung.

7.6 Fachwerke

Jeder Knotenpunkt stellt ein zentrales Kräftesystem dar.
s Anzahl der Stäbe, k Anzahl der Knoten.
Bei $s = 2\,k - 3$ ist ein Fachwerk innerlich statisch bestimmt, bei $s > 2\,k - 3$ ist es innerlich statisch unbestimmt, bei $s < 2\,k - 3$ ist es kinematisch unbestimmt (beweglich).

Knotenschnittverfahren

In der Aufgabenskizze die Knoten kennzeichnen und die Stäbe nummerieren. Lageskizze des freigemachten Fachwerkträgers zeichnen. Stützkräfte mit $\Sigma F_x = 0$, $\Sigma F_y = 0$, $\Sigma M = 0$ berechnen. Stabwinkel aus der Lageskizze berechnen. Alle Kräfte in ein rechtwinkliges Koordinatensystem eintragen. Beginnen mit dem Knoten, der nur zwei unbekannte Stabkräfte hat. Pfeilrichtung immer vom Knoten weg. Mit $\Sigma F_x = 0$ und $\Sigma F_y = 0$ die Stabkräfte berechnen. Vorzeichen in Folgerechnungen mitnehmen.

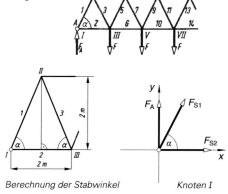

Lageskizze

Berechnung der Stabwinkel

Knoten I

7.7 Schwerpunkt

Dreiecksumfang

Dreieckseiten halbieren, Mittelpunkte A, B, C verbinden.
S ist Mittelpunkt des dem Dreieck A, B, C einbeschriebenen Kreises.

$$y_0 = \frac{h}{2} \cdot \frac{a+b}{a+b+c}$$

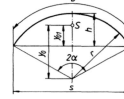

Parallelogrammumfang und -fläche

S ist Schnittpunkt der Diagonalen

Kreisbogen

S liegt auf der Winkelhalbierenden des Zentriwinkels 2α (Symmetrielinie).

$$y_0 = \frac{r\,s}{b} \qquad y_{01} \approx \frac{2}{3}\,h \text{ für flache Bögen}$$

$$y_0 = \frac{2r}{\pi} = 0,637\,r \text{ für } 2\,\alpha = 180°$$

$$y_0 = \frac{2r}{\pi}\sqrt{2} = 0,9\,r \text{ für } 2\,\alpha = 90° \qquad y_0 = \frac{3r}{\pi} = 0,955\,r \text{ für } 2\,\alpha = 60°$$

Dreieckfläche

S liegt im Schnittpunkt der Seitenhalbierenden.

$$y_0 = \frac{1}{3}h$$

Liegt eine Dreiecksfläche im ebenen Achsenkreuz und sind x_1, x_2, x_3 bzw. y_1, y_2, y_3 die Koordinaten der Eckpunkte des Dreiecks, so sind die Koordinaten des Schwerpunkts S:

$$x_0 = \frac{1}{3}(x_1 + x_2 + x_3) \qquad y_0 = \frac{1}{3}(y_1 + y_2 + y_3)$$

Trapezfläche

Grundseiten a und b wechselseitig antragen und Endpunkte dieser Strecken verbinden, ebenso Mitten der Seiten a und b verbinden. S liegt im Schnittpunkt beider Verbindungslinien.

$$y_0 = \frac{h}{3} \cdot \frac{a+2b}{a+b} \qquad y_{01} = \frac{h}{3} \cdot \frac{2a+b}{a+b}$$

Kreisausschnittfläche

S liegt auf der Winkelhalbierenden des Zentriwinkels $2\,\alpha$.

$$y_0 = \frac{2}{3} \cdot \frac{r\,s}{b}$$

$$y_0 = \frac{4r}{3\pi} = 0,424\,r \text{ für } 2\,\alpha = 180°$$

$$y_0 = \frac{4r}{3\pi}\sqrt{2} = 0,6\,r \text{ für } 2\,\alpha = 90° \qquad y_0 = \frac{2r}{\pi} = 0,637\,r \text{ für } 2\,\alpha = 60°$$

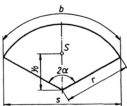

7

Mechanik fester Körper

Kreisringstückfläche	S liegt auf der Winkelhalbierenden des Zentriwinkels $2\,\alpha$. $$y_0 = 38,197\,\frac{(R^3 - r^3)\sin\alpha}{(R^2 - r^2)\,\alpha^\circ}$$	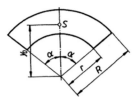

Kreisabschnittsfläche	S liegt auf der Winkelhalbierenden des Zentriwinkels $2\,\alpha$. $$y_0 = \frac{2}{3}\cdot\frac{r\sin^3\alpha}{\text{arc}\,\alpha - \sin\alpha\cos\alpha} = \frac{s^3}{12\,A}$$	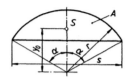

Parabelfläche	$x_{01} = \dfrac{3}{8}\,a \qquad y_{01} = \dfrac{3}{5}\,b$ $x_{02} = \dfrac{3}{4}\,a \qquad y_{02} = \dfrac{3}{10}\,b$	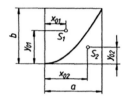

Mantel der Kugelzone und der Kugelhaube

Die Mittelpunkte beider Stirnflächen durch eine Gerade miteinander verbinden. Der Mantelschwerpunkt liegt auf der Mitte der Verbindungsstrecke. Bei der Kugelhaube tritt an die Stelle der kleinen Stirnfläche der Kugelpol.

Kegelmantel und Pyramidenmantel

Kegel- oder Pyramidenspitze mit dem Schwerpunkt des Umfangs der Grundfläche verbinden. Auf dieser Schwerlinie liegt der Mantelschwerpunkt. Sein Abstand beträgt ein Drittel der Kegel (Pyramiden-) höhe.

Mantel des abgestumpften Kreiskegels

Die Mitten beider Stirnflächen (Schwerlinie) verbinden. Der Schwerpunktsabstand von der Grundfläche beträgt:

$$y_0 = \frac{h}{3}\cdot\frac{R+2\,r}{R+r}$$

h Höhe des Kegelstumpfes, R Radius der unteren, r Radius der oberen Stirnfläche.

gerades und schiefes Prisma (und Zylinder) mit parallelen Stirnflächen	Körperschwerpunkt S liegt in der Mitte der Verbindungslinie der Flächenschwerpunkte S_0, also $$y_0 = \frac{h}{2}$$	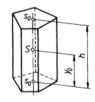

abgeschrägter gerader Kreiszylinder	Körperschwerpunkt S liegt auf der x, y-Ebene als Symmetrieebene mit den Abständen: $$x_0 = \frac{r^2\tan\alpha}{4\,h} \qquad y_0 = \frac{h}{2} + \frac{r^2\tan^2\alpha}{8\,h}$$	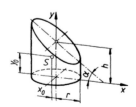

gerade und schiefe Pyramide und Kegel

Die Spitze mit dem Schwerpunkt der Grundfläche verbinden. Der Körperschwerpunkt liegt auf dieser Schwerlinie. Sein Abstand von der Grundfläche beträgt ein Viertel der Pyramiden-(Kegel-)höhe.

Pyramidenstumpf mit beliebiger Grundfläche

Der Körperschwerpunkt liegt auf der Verbindungslinie der Schwerpunkte beider Stirnflächen. Sind A_1, A_2 die Stirnflächen, h die Höhe des Stumpfes, so ist der Abstand des Schwerpunkts von der unteren Stirnfläche A_1:

$$y_0 = \frac{h}{4} \cdot \frac{A_1 + 2\sqrt{A_1 A_2} + 3 A_2}{A_1 + \sqrt{A_1 A_2} + A_2}$$

gerader und schiefer Kegelstumpf

Der Körperschwerpunkt liegt auf der Verbindungslinie der Schwerpunkte beider Stirnflächen. Ist h Höhe des Kegelstumpfes, R der Radius der unteren Stirnfläche, r der Radius der oberen Stirnfläche, so ist der Abstand des Schwerpunkts von der unteren Stirnfläche

$$y_0 = \frac{h}{4} \cdot \frac{R^2 + 2 R r + 3 r^2}{R^2 + R r + r^2}$$

Keil und Umdrehungsparaboloid

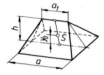

$$y_0 = \frac{h}{2} \cdot \frac{a + a_1}{2 a + a_1} \qquad\qquad y_0 = \frac{2}{3} b$$

Kugelabschnitt

Der Körperschwerpunkt liegt auf der Symmetrieachse. Ist R der Kugelradius, und h die Abschnittshöhe, so ist der Abstand des Schwerpunkts vom Kugelmittelpunkt

$$y_0 = \frac{3}{4} \cdot \frac{(2 R - h)^2}{3 R - h} \qquad y_0 = \frac{3}{8} R \qquad y_0 = \frac{3}{8} \cdot \frac{R^4 - r^4}{R^3 - r^3}$$

für Halbkugel $\qquad\qquad$ für halbe Hohlkugel

Kugelausschnitt

Der Körperschwerpunkt liegt auf der Symmetrieachse. Sein Abstand vom Kugelmittelpunkt ist

$$y_0 = \frac{3}{8} r (1 + \cos\alpha) \qquad y_0 = \frac{3}{8} (2 r - h)$$

7.8 Guldin'sche Regeln

Oberfläche

$A = 2 \pi x_0 l$

A Flächeninhalt der Umdrehungsfläche in cm^2
x_0 Schwerpunktsabstand von der Drehachse in cm
l Länge der Profillinie in cm

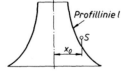

Volumen

$V = 2 \pi x_0 A$

V Volumen der Umdrehungsfläche in cm^3
x_0 Schwerpunktsabstand von der Drehachse in cm
A Flächeninhalt der Profilfläche in cm^2

7 Mechanik fester Körper

7.9 Reibung

Gleitreibung und
Haftreibung

F_R Gleitreibungskraft (F_{R0} Haftreibungskraft),
F_N Normalkraft, F_e Ersatzkraft (Resultierende aus
Normalkraft und Reibungskraft), μ Reibungszahl
(μ_0 Haftreibungszahl), ϱ Reibungswinkel
(ϱ_0 Haftreibungswinkel)

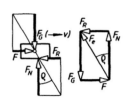

$$F_R = F_N\,\mu \qquad\qquad F_{R0\ max} = F_N\,\mu_0$$

$$\tan\varrho = \mu = F_R / F_N \qquad \tan\varrho_0 = \mu_0 = F_{R0\ max} / F_N$$

Reibung auf der
schiefen Ebene

F_G Gewichtskraft des Körpers, F Verschiebe- oder Haltekraft, F_R Reibungskraft,
F_{R0} Haftreibungskraft, F_N Normalkraft, F_e Ersatzkraft aus F_N und F_R (F_{R0}),
Neigungswinkel $\alpha >$ Reibungswinkel $\varrho\,(\varrho_0)$.

Lageplan	Körper freigemacht	Krafteckskizze und daraus ablesbare Gleichung
(Darstellung: schiefe Ebene, $v = konst.$, F, α, F_G)	*(Freikörperbild: F, y, x, F_R, F_N, $F_G\cdot\sin\alpha$, α, F_G, $F_G\cdot\cos\alpha$)*	$F = F_G \cdot \dfrac{\sin(\alpha \pm \varrho)}{\cos\varrho}$ $F = F_G \cdot (\sin\alpha \pm \mu \cdot \cos\alpha)$
(Darstellung: schiefe Ebene, $v = 0$, F, α, F_G)	*(Freikörperbild: F, y, x, F_R, F_N, $F_G\cdot\sin\alpha$, α, $F_G\cdot\cos\alpha$, F_G)*	$F = F_G \cdot \dfrac{\sin(\alpha - \varrho_0)}{\cos\varrho_0}$ $F = F_G \cdot (\sin\alpha - \mu_0 \cdot \cos\alpha)$
(Darstellung: schiefe Ebene, $v = konst.$, F, α, F_G)	*(Freikörperbild: y, x, F_R, F_N, F, $F_G\cdot\sin\alpha$, α, F_G, $F_G\cdot\cos\alpha$)*	$F = F_G \cdot \tan(\alpha \pm \varrho)$ $F = F_G \cdot \dfrac{\sin\alpha \pm \mu \cdot \cos\alpha}{\cos\alpha \mp \mu \cdot \sin\alpha}$
(Darstellung: schiefe Ebene, $v = 0$, F, α, F_G)	*(Freikörperbild: y, x, F_R, F_N, F, $F_G\cdot\sin\alpha$, α, F_G, $F_G\cdot\cos\alpha$)*	$F = F_G \cdot \tan(\alpha - \varrho_0)$ $F = F_G \cdot \dfrac{\sin\alpha - \mu_0 \cdot \cos\alpha}{\cos\alpha + \mu_0 \cdot \sin\alpha}$

Selbsthemmungs-
bedingung

Ein Körper bleibt auf schiefer Ebene solange in Ruhe, d. h. es liegt Selbsthemmung vor, solange der Neigungswinkel α einen Grenzwinkel ϱ_0 nicht
überschreitet (z. B. bei Befestigungsgewinde mit $\alpha \approx 3°$).

$$\tan\alpha \lessgtr \tan\varrho_0 \qquad \tan\alpha \lessgtr \mu_0 \quad \text{(Selbsthemmungsbedingung)}$$

7.10 Reibung in Maschinenelementen

Schraube

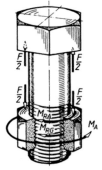

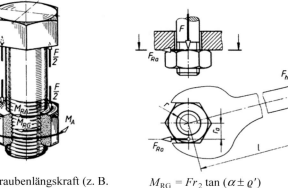

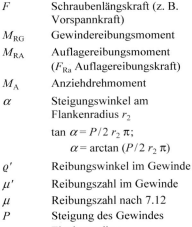

F	Schraubenlängskraft (z. B. Vorspannkraft)
M_{RG}	Gewindereibungsmoment
M_{RA}	Auflagereibungsmoment (F_{Ra} Auflagereibungskraft)
M_A	Anziehdrehmoment
α	Steigungswinkel am Flankenradius r_2

$\tan \alpha = P/2\,r_2\,\pi;$

$\qquad \alpha = \arctan (P/2\,r_2\,\pi)$

ϱ'	Reibungswinkel im Gewinde
μ'	Reibungszahl im Gewinde
μ	Reibungszahl nach 7.12
P	Steigung des Gewindes
r_2	Flankenradius
$r_a = 1{,}4\,r$	Wirkabstand der Auflagereibung
r	Nennradius (z. B. bei M 12: $r = 6$ mm)
μ_a	Reibungszahl der Mutterauflage, vom Werkstoff abhängig nach 7.12
η	Wirkungsgrad des Schraubgetriebes
β	Spitzenwinkel des Gewindes ($\beta = 30°$ für Trapezgewinde, $\beta = 60°$ für Spitzgewinde)

$$M_{RG} = F r_2 \tan (\alpha \pm \varrho')$$

$$M_{RA} = F_{Ra}\, r_a = F\,\mu_a\, r_a$$

$$M_A = M_{RG} + M_{RA} = F_h\, l$$

$$m_A = F\,[r_2 \tan (\alpha \pm \varrho') + \mu_a\, r_a]$$

$$\mu' = \tan \varrho' = \frac{\mu}{\cos(\beta/2)}$$

$$\eta = \frac{\tan \alpha}{\tan(\alpha + \varrho')}$$

$$\eta = \frac{\tan (\alpha - \varrho')}{\tan \alpha}$$

(+) für Anziehen (Heben)

(−) für Lösen (Senken der Last)

Selbsthemmung bei $\alpha \leqq \varrho'$

Zylinderführung

F resultierende Verschiebekraft aus Gewichtskraft und äußerer Belastung.

Führungsbuchse klemmt sich fest, solange die Wirklinie von F durch die Überdeckungsfläche der beiden Reibungskegel geht.

Führungslänge $l : l = 2\,\mu\,l_a$

Bei $l < 2\,\mu\,l_a$ klemmt die Buchse fest, bei $l > 2\,\mu\,l_a$ gleitet sie.

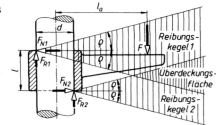

Mechanik fester Körper 7

Keilgetriebe	Verschiebekraft: $F = F_1$

$$\frac{\sin(\alpha + \varrho_2 + \varrho_3)\cos\varrho_1}{\cos(\alpha + \varrho_1 + \varrho_2)\cos\varrho_3}$$

Bei $\varrho_1 = \varrho_2 = \varrho_3 = \varrho$ ist

$$F = F_1 \frac{\sin(\alpha + 2\varrho)\cos\varrho}{\cos(\alpha + 2\varrho)\cos\varrho} = F_1 \tan(\varrho + 2\varrho)$$

Wirkungsgrad η bei Lastheben:

$$\eta = \frac{\tan\alpha}{\tan(\alpha + 2\varrho)}$$

Selbsthemmung bei $\alpha < 2\varrho_0$

Haltekraft, die Herausdrücken des Keiles verhindert:

$$F' = F_1 \tan(\alpha - 2\varrho_0)$$

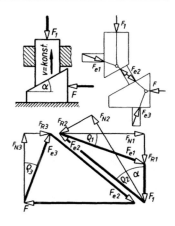

Querlager (Tragzapfen)

mittlere Flächenpressung:

$$p_m = \frac{F}{dl}$$

Mit Zapfenreibungszahl μ, Zapfenradius r wird das Reibungsmoment:

$$M_R = F\, r\, \mu$$

Mit Winkelgeschwindigkeit $\omega = 2\pi n$ oder mit Drehzahl n wird die Reibungsleistung:

$$P_R = M_R\, \omega = 2\, F\, r\, \mu\, \pi\, n$$

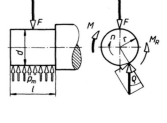

Längslager (Spurzapfen)

für Hohlzapfen ist das Reibungsmoment

$$M_R = \frac{2}{3}\mu F \frac{r_2^{\,3} - r_1^{\,3}}{r_2^{\,2} - r_1^{\,2}}$$

Reibungsleistung $P_R = M_R\, \omega$

Für Vollzapfen ist $M_R = \frac{2}{3}\mu F r_2$

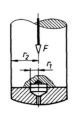

Rollreibung

Rollkraft: Rollbedingung:

$$F = F_1 \frac{f}{r} \qquad F_R < \mu_0 F_N \quad \text{oder} \quad \frac{f}{r} < \mu_0$$

f Hebelarm der Rollreibung:
Stahlräder auf Stahlschienen $f \approx 0,05$ cm

Fahrwiderstand

Wird ein Fahrzeug mit konstanter Geschwindigkeit v auf horizontaler Bahn bewegt, so ist, abgesehen vom Luftwiderstand, außer dem Rollwiderstand noch der durch Lagerreibung entstehende Widerstand zu überwinden. Beide werden zusammengefasst zum Fahrwiderstand F_f.

$$F_f = F_N\, \mu_f$$

F_N gesamte Normalkraft (Anpresskraft) des Fahrzeugs. Bei horizontaler Bahn ist $F_N =$ Gewichtskraft des Fahrzeugs;

μ_f Fahrwiderstandszahlen: Straßenbahn mit Gleitlagern 0,018
Schienenfahrzeuge 0,0025   Kraftfahrzeuge auf Asphalt 0,025
Straßenbahn mit Wälzlagern 0,005   Drahtseilbahn 0,01.

<table>
<tr><td>

Seilreibung
</td><td>

Durch Reibung F_R zwischen Zugmittel und Scheibe wird Spannkraft F_1 größer als Gegenkraft F_2. Bei Gleichgewicht ist

$$F_1 = F_2\, e^{\mu\alpha}$$

$e = 2{,}71828\ \ldots$ heißt Euler'sche Zahl

Reibungszahl zwischen Zugmittel und Scheibe: $\alpha = \dfrac{\alpha^\circ \cdot \pi\,\mathrm{rad}}{180^\circ}$

Umschlingungswinkel α im Bogenmaß (rad).
Seilreibung F_R ist die größte Umfangskraft, die eine Seil-, Band- oder Riemenscheibe übertragen kann:

$$F_R = F_1 - F_2 = F_2\,(e^{\mu\alpha}-1) = F_1\,\frac{(e^{\mu\alpha}-1)}{e^{\mu\alpha}}$$
</td></tr>
</table>

Rollen- und Flaschenzüge	F Zugkraft, F_1 Last, s_1 Kraftweg, s_2 Lastweg, η Wirkungsgrad der festen und der losen Rolle, η_r Wirkungsgrad des Rollenzugs, n Anzahl der tragenden Seilstränge.

Feste Rolle
(Leit- oder
Umlenkrolle)

$$F = \frac{F_1}{\eta}$$

η für Ketten und Seile $\approx 0{,}96$

Lose Rolle

$$F = \frac{F_1}{2\eta}$$

$$s_1 = 2\,s_2$$

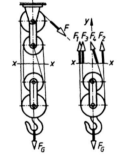

Flaschenzug
(Rollenzug)

$$F = \frac{F_1}{n\,\eta_r} = F_1\,\frac{1-\eta}{\eta\,(1-\eta^{\,n})}$$

$$\eta_r = \frac{\eta\,(1-\eta^{\,n})}{n\,(1-\eta)}$$

$$s_1 = n\,s_2$$

(η_r nach 7.13)

Rollenzug mit $n = 4$
tragenden Seilsträngen

7 Mechanik fester Körper

7.11 Bremsen

F Bremskraft in N, M Bremsmoment in Nm, P Wellenleistung in kW, μ Reibungszahl, sämtliche Längen l und r in m, Umschlingungswinkel in rad.

Backenbremse
mit überhöhtem
Drehpunkt D

$$F = F_N\,\frac{(l_1 \pm \mu l_2)}{l} \quad \begin{array}{l}(+)\ \text{bei Rechtslauf}\\ (-)\ \text{bei Linkslauf}\end{array}$$

Selbsthemmung bei Linkslauf, wenn $l_1 < \mu l_2$.

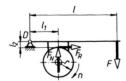

| Backenbremse mit unterzogenem Drehpunkt D | $F = F_\mathrm{N} \dfrac{(l_1 \mp \mu l_2)}{l}$ $\quad$ (−) bei Rechtslauf $\quad$ (+) bei Linkslauf
 Selbsthemmung bei Rechtslauf, wenn $l_1 < \mu\, l_2$. | 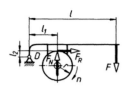 |

| Backenbremse mit tangentialem Drehpunkt D | $F = F_\mathrm{N} \dfrac{l_1}{l}$

 Selbsthemmung tritt nicht auf.
 Die Normalkraft F_N ergibt sich bei den drei Backenbremsarten aus dem Bremsmoment M:
 $M = F_\mathrm{R}\, r = F_\mathrm{N}\, \mu\, r$ | 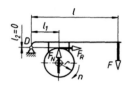 |

| Einfache Bandbremse | $M = F_\mathrm{R}\, r = F\, r \dfrac{l}{l_1}(e^{\mu\alpha} - 1)$ | |

| Summenbremse | $M = F_\mathrm{R}\, r = F\, r \dfrac{l}{l_1} \cdot \dfrac{e^{\mu\alpha} - 1}{e^{\mu\alpha} + 1}$ | |

| Differenzbremse | $M = F_\mathrm{R}\, r = F\, r\, l \dfrac{e^{\mu\alpha} - 1}{l_2 - l_1\, e^{\mu\alpha}}$ | 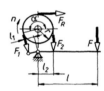 |

| Bremszaum | $P = \dfrac{F_\mathrm{G}\, l n}{9550}$

 Einheiten siehe Bandbremszaum | 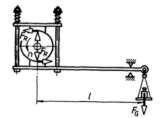 |

| Bandbremszaum | $P = \dfrac{(F_\mathrm{G} - F)\, r n}{9550}$ | P \| F_G \| F \| r, l \| n
 kW \| N \| N \| m \| min^{-1} |  |

7.12 Gleitreibungszahl μ und Haftreibungszahl μ_0
(Klammerwerte sind die Gradzahlen für den Reibungswinkel ϱ bzw. ϱ_0)

Werkstoff	Haftreibungszahl μ_0		Gleitreibungszahl μ	
	trocken	gefettet	trocken	gefettet
Stahl auf Stahl	0,2 (11,3)	0,1 (5,7)	0,15 (8,5)	0,05 (2,9)
Stahl auf Gusseisen (GJL)	0,2 (11,3)	0,15 (8,5)	0,18 (10,2)	0,1 (5,7)
Stahl auf CuSn-Legierung	0,2 (11,3)	0,1 (5,7)	0,1 (5,7)	0,05 (2,9)
Stahl auf PbSn-Legierung	0,15 (8,5)	0,1 (5,7)	0,1 (5,7)	0,04 (2,3)
Stahl auf Polyamid	0,3 (16,7)	0,15 (8,5)	0,3 (16,7)	0,08 (4,6)
Stahl auf Reibbelag	0,6 (31)	0,3 (16,7)	0,5 (26,6)	0,04 (2,3)
Stahl auf Holz	0,6 (31)	0,1 (5,7)	0,4 (21,8)	0,05 (2,9)
Holz auf Holz	0,5 (26,6)	0,2 (11,3)	0,3 (16,7)	0,1 (5,7)
Gummiriemen auf Gusseisen (GJL)	–	–	0,4 (21,8)	–
PU-Flachriemen mit Lederbelag auf Gusseisen (GJL)	–	–	0,3 (16,7)	–
Wälzkörper auf Stahl	–	–	–	0,002 (0,1)
Gusseisen auf CuSn-Legierung	0,3 (16,7)	0,15 (8,5)	0,18 (10,2)	0,1 (5,7)

7.13 Wirkungsgrad η_r des Rollenzugs in Abhängigkeit von der Anzahl n der tragenden Seilstränge ($\eta = 0,96$ angenommen)

n	1	2	3	4	5	6	7	8	9	10
η_r	0,960	0,941	0,922	0,904	0,886	0,869	0,852	0,836	0,820	0,804

7.14 Geradlinige gleichmäßig beschleunigte (verzögerte) Bewegung

Die Gleichungen gelten auch für den *freien Fall* und für den *senkrechten Wurf* mit Fall- oder Steighöhe h = Weg s und Fallbeschleunigung g = Beschleunigung oder Verzögerung a; $g = 9{,}81$ m/s².

Beschleunigung a — Die Beschleunigung a ist konstant. Die rechnerische Behandlung beginnt mit dem Aufzeichnen des v, t-Diagramms, weil immer die Fläche unter der Geschwindigkeitslinie dem zurückgelegten Weg s entspricht.

$$a = \frac{\text{Geschwindigkeitsänderung } \Delta v}{\text{Zeitabschnitt } t} \quad \text{in} \quad \frac{\text{m}}{\text{s}^2}$$

Umrechnung von $\frac{\text{km}}{\text{h}}$ in $\frac{\text{m}}{\text{s}}$

$$A\,\frac{\text{km}}{\text{h}} = \frac{A}{3{,}6}\,\frac{\text{m}}{\text{s}} \quad \text{bzw.} \quad B\,\frac{\text{m}}{\text{s}} = B \cdot 3{,}6\,\frac{\text{km}}{\text{h}} \qquad A, B \text{ Zahlenwerte}$$

Beispiel: $\quad 72\,\dfrac{\text{km}}{\text{h}} = \dfrac{72}{3{,}6}\,\dfrac{\text{m}}{\text{s}} = 20\,\dfrac{\text{m}}{\text{s}}$

$$20\,\frac{\text{m}}{\text{s}} = 20 \cdot 3{,}6\,\frac{\text{km}}{\text{h}} = 72\,\frac{\text{km}}{\text{h}}$$

7 Mechanik fester Körper

Endgeschwindigkeit
v_e (bei $v_a = 0$)

$$v_e = a\,t = \sqrt{2as}$$

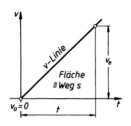

v, t-Diagramm $v_a = 0$

Endgeschwindigkeit
v_e (bei $v_a \neq 0$)

$$v_e = v_a + \Delta v = v_a + a\,t$$

$$v_e = \sqrt{v_a^2 + 2as}$$

Weg s
(bei $v_a = 0$)

$$s = \frac{v_e\,t}{2} = \frac{at^2}{2} = \frac{v_e^2}{2a}$$

Weg s
(bei $v_a \neq 0$)

$$s = \frac{v_a + v_e}{2}\,t = v_a\,t + \frac{at^2}{2} = \frac{v_e^2 - v_a^2}{2a}$$

Zeit t
(bei $v_a = 0$)

$$t = \frac{v_e}{a} = \sqrt{\frac{2s}{a}}$$

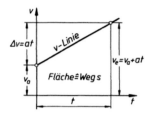

v, t-Diagramm $v_a \neq 0$

Zeit t
(bei $v_a \neq 0$)

$$t = \frac{v_e - v_a}{a} = -\frac{v_a}{a} \pm \sqrt{\left(\frac{v_a}{a}\right)^2 + \frac{2s}{a}}$$

Beschleunigung a
(bei $v_a = 0$)

$$a = \frac{v_e^2}{2s} = \frac{v_e}{t} = \frac{2s}{t^2}$$

Beschleunigung a
(bei $v_a \neq 0$)

$$a = \frac{v_e - v_a}{t} = \frac{v_e^2 - v_a^2}{2s}$$

Anfangsgeschwindigkeit
v_a (bei $v_e = 0$)

$$v_a = a\,t = \sqrt{2as}$$

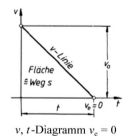

v, t-Diagramm $v_e = 0$

Anfangsgeschwindigkeit
v_a (bei $v_e \neq 0$)

$$v_a = v_e + \Delta v = v_e + a\,t$$

$$v_a = \sqrt{v_e^2 + 2as}$$

Weg s
(bei $v_e = 0$)

$$s = \frac{v_a\,t}{2} = \frac{at^2}{2} = \frac{v_a^2}{2a}$$

Weg s
(bei $v_e \neq 0$)

$$s = \frac{v_a + v_e}{2}\,t = v_a\,t - \frac{at^2}{2}$$

Zeit t
(bei $v_e = 0$)

$$t = \frac{v_a}{a} = \sqrt{\frac{2s}{a}}$$

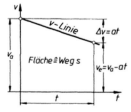

v, t-Diagramm $v_e \neq 0$

Zeit t
(bei $v_e \neq 0$)

$$t = \frac{v_a - v_e}{a} = \frac{v_a}{a} \pm \sqrt{\left(\frac{v_a}{a}\right)^2 - \frac{2s}{a}}$$

Verzögerung a
(bei $v_e = 0$)

$$a = \frac{v_a}{t} = \frac{v_a^2}{2s} = \frac{2s}{t^2}$$

Verzögerung a
(bei $v_e \neq 0$)

$$a = \frac{v_a - v_e}{t} = \frac{v_a^2 - v_e^2}{2s}$$

7.15 Wurfgleichungen

7.15.1 Horizontaler Wurf (ohne Luftwiderstand)

Geschwindigkeit v
in einem Bahnpunkt
$$v = \sqrt{v_x^2 + v_y^2} = \sqrt{v_a^2 + (gt)^2}$$

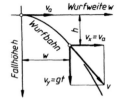

Geschwindigkeit v
nach Fallhöhe h
$$v = \sqrt{v_a^2 + 2gh}$$

Fallhöhe h
nach Wurfweite w
$$h = \frac{gw^2}{2v_a^2}$$ Gleichung der Wurfbahn

Wurfweite w
$$w = v_a \sqrt{\frac{2h}{g}}$$

7.15.2 Wurf schräg nach oben (ohne Luftwiderstand)

Wurfweite w
(Größtwert bei $\alpha = 45°$)
$$w = \frac{v_a^2 \sin 2\alpha}{g}$$

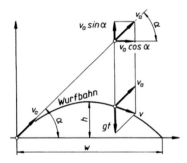

Wurfdauer t
$$t = \frac{w}{v_a \cos\alpha} = \frac{2v_a \sin\alpha}{g}$$

Wurfhöhe h
$$h = \frac{v_a^2 \sin^2\alpha}{2g}$$

Geschwindigkeit v_x
in x-Richtung
$$v_x = v_a \cos\alpha$$

Geschwindigkeit v_y
in y-Richtung
$$v_y = v_a \sin\alpha - gt$$

7.16 Gleichförmige Drehbewegung

Winkel-
geschwindigkeit ω
$$\omega = 2\pi n = \frac{\varphi}{t} = \frac{v_u}{r}$$

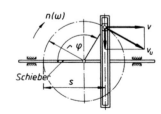

Schieberweg s
(Hub)
$$s = r(1 - \cos\varphi)$$

Umfangs-
geschwindigkeit v_u
$$v_u = \frac{\varphi}{t} r = \omega r = d\pi n = 2\pi r n$$

Schieber-
geschwindigkeit v
$$v = r\omega \sin\varphi$$
$$v_{max} = v_u$$

7

Mechanik fester Körper

Drehwinkel φ
(z Anzahl der
Umdrehungen)

$$\varphi = \omega\, t = 2\,\pi\, z$$

v_u, v	ω, n	t	r, s	φ	z
$\dfrac{m}{s}$	$\dfrac{rad}{s}$	s	m	rad	1

In der Technik sind als Zahlenwertgleichungen gebräuchlich:

Umfangs-
geschwindigkeit v_u

$$v_u = \frac{\pi\, d\, n}{1000}$$

v_u	d	n
$\dfrac{m}{min}$	mm	min^{-1}

$$v_u = \frac{\pi\, d\, n}{60000}$$

v_u	d	n
$\dfrac{m}{min}$	mm	min^{-1}

Winkel-
geschwindigkeit ω

$$\omega = \frac{\pi\, n}{30} \approx 0{,}1\, n$$

ω	n
$\dfrac{rad}{s}$	min^{-1}

7.17 Gleichmäßig beschleunigte (verzögerte) Kreisbewegung

Winkel-
beschleunigung α

Die Winkelbeschleunigung α ist konstant. Die rechnerische Behandlung beginnt mit dem Aufzeichnen des ω, t-Diagramms (ω Winkelgeschwindig-keit), weil immer die Fläche unter der Winkelgeschwindigkeitslinie dem überstrichener Drehwinkel φ entspricht.

$$\alpha = \frac{\text{Winkelgeschwindigkeitsänderung } \Delta\omega}{\text{Zeitabschnitt } t} \quad \text{in } \frac{rad}{s^2}$$

Endwinkel-
geschwindigkeit ω_e
(bei $\omega_a = 0$)

$$\omega_e = \alpha\, t = \sqrt{2\alpha\varphi}$$

Endwinkel-
geschwindigkeit ω_e
(bei $\omega_a \neq 0$)

$$\omega_e = \omega_a + \Delta\omega = \omega_a + \alpha\, t$$
$$\omega_e = \sqrt{\omega_a^2 + 2\alpha\varphi}$$

Drehwinkel φ
(bei $\omega_a = 0$)

$$\varphi = \frac{\omega_e\, t}{2} = \frac{\alpha\, t^2}{2} = \frac{\omega_e^2}{2\alpha}$$

Drehwinkel φ
(bei $\omega_a \neq 0$)

$$\varphi = \frac{\omega_a + \omega_e}{2}\, t = \omega_a\, t + \frac{\alpha\, t^2}{2} = \frac{\omega_e^2 - \omega_a^2}{2\alpha}$$

Zeit t
(bei $\omega_a = 0$)

$$t = \frac{\omega_e}{\alpha} = \sqrt{\frac{2\varphi}{\alpha}}$$

Zeit t
(bei $\omega_a \neq 0$)

$$t = \frac{\omega_e - \omega_a}{\alpha} = -\frac{\omega_a}{\alpha} \pm \sqrt{\left(\frac{\omega_a^2}{\alpha} + \frac{2\varphi}{\alpha}\right)}$$

Winkelbeschleunigung α
(bei $\omega_a = 0$)

$$\alpha = \frac{\omega_e}{t} = \frac{\omega_e^2}{2\varphi} = \frac{2\varphi}{t^2}$$

Winkelbeschleunigung α
(bei $\omega_a \neq 0$)

$$\alpha = \frac{\omega_e - \omega_a}{t} = \frac{\omega_e^2 - \omega_a^2}{2\varphi}$$

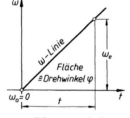

ω, t-Diagramm bei $\omega_a = 0$

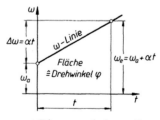

ω, t-Diagramm bei $\omega_a \neq 0$

Anfangswinkel-geschwindigkeit ω_a (bei $\omega_e = 0$)	$\omega_a = \alpha\,t = \sqrt{2\,\alpha\,\varphi}$	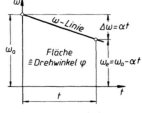

Anfangswinkel-geschwindigkeit ω_a (bei $\omega_e \neq 0$)

$$\omega_a = \omega_e + \Delta\omega = \omega_e + \alpha\,t$$

$$\omega_a = \sqrt{\omega_e^2 + 2\,\alpha\,\varphi}$$

ω, t-Diagramm bei $\omega_e = 0$

Drehwinkel φ (bei $\omega_e = 0$)

$$\varphi = \frac{\omega_a\,t}{2} = \frac{\alpha t^2}{2} = \frac{\omega_a^2}{2\,\alpha}$$

Drehwinkel φ (bei $\omega_e \neq 0$)

$$\varphi = \frac{\omega_a + \omega_e}{2}\,t = \omega_a\,t - \frac{\alpha t^2}{2}$$

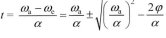

Zeit t (bei $\omega_e = 0$)

$$t = \frac{\omega_a}{\alpha} = \sqrt{\frac{2\varphi}{\alpha}}$$

Zeit t (bei $\omega_e \neq 0$)

$$t = \frac{\omega_a - \omega_e}{\alpha} = \frac{\omega_a}{\alpha} \pm \sqrt{\left(\frac{\omega_a}{\alpha}\right)^2 - \frac{2\varphi}{\alpha}}$$

ω, t-Diagramm bei $\omega_e \neq 0$

Winkelverzögerung α (bei $\omega_e = 0$)

$$\alpha = \frac{\omega_a}{t} = \frac{\omega_a^2}{2\varphi} = \frac{2\varphi}{t^2}$$

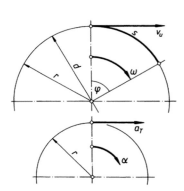

Winkelverzögerung α (bei $\omega_e \neq 0$)

$$\alpha = \frac{\omega_a - \omega_e}{t} = \frac{\omega_a^2 - \omega_e^2}{2\varphi}$$

Tangential-beschleunigung oder -verzögerung a_T

$$a_T = \frac{\Delta\omega r}{t} = \alpha\,r = \frac{\Delta v_u}{t}$$

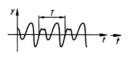

7.18 Mechanische Schwingungen und Wellen

7.18.1 Harmonische Schwingung

Periodische Schwingung

Eine periodische Schwingung liegt vor, wenn sich eine physikalische Größe (z. B. Auslenkung y eines Punktes) zeitlich so verändert, dass sich der Vorgang nach Periodendauer T (Schwingungsdauer) in genau gleicher Weise wiederholt.

Sinusschwingung (harmonische Schwingung)

Die Sinusschwingung ist ein Sonderfall einer periodischen Schwingung, z. B. eine lineare Schwingung, die sich als seitliche Projektion eines gleichförmig auf der Kreisbahn umlaufenden Punktes darstellen lässt.

Zusammenhang zwischen periodischer Schwingung und Sinusschwingung	Jede periodische Schwingung lässt sich durch eine Fourier-Entwicklung in Sinusschwingungen zerlegen: $$y(t) = \frac{A_0}{2} + \sum A_n \cos(n\omega t) + \sum B_n \sin(n\omega t)$$
Differenzialgleichung der freien ungedämpften Schwingung	$m\ddot{y} + R\,y = 0$ für geradlinige Schwingbewegung $J\ddot{\varphi} + R\,\varphi = 0$ für Drehbewegung m Masse des Schwingers, y Auslenkung, R Federrate, J Trägheitsmoment, φ Drehwinkel
Phase	Phase ist der Winkel φ im Bogenmaß (rad), den der umlaufende Punkt im Zeitabschnitt t durchläuft: $$\varphi = \omega t = 2\pi f\,t = 2\pi z$$
Auslenkung y	y ist die momentane Entfernung des schwingenden Punktes von der Nulllage (Mittellage, Gleichgewichtslage)
Amplitude A	A (Schwingungsweite) ist die maximale Auslenkung y_{max} aus der Nulllage. Bei ungedämpfte Schwingung ist $A = $ konstant.
Periodendauer T (Schwingungsdauer)	$T = \dfrac{t}{z} = \dfrac{\text{gemessener Zeitabschnitt}}{\text{Anzahl der Schwingungen}}$ T ist die Zeit für eine volle Schwingung
Frequenz f	f (Schwingungszahl) ist der Quotient aus der Anzahl z der Schwingungen und dem zugehörigen Zeitabschnitt t:

$$f = \frac{z}{t} = \frac{1}{T} = \frac{\omega}{2\pi}$$

f	T, t	z	ω	φ	n	A, y	v_y	a_y
$\dfrac{1}{s}$	s	1	$\dfrac{1}{s}$	rad	$\dfrac{1}{s}$	m	$\dfrac{m}{s}$	$\dfrac{m}{s^2}$

Kreisfrequenz ω	$$\omega = 2\pi n = 2\pi\frac{z}{t} = 2\pi f = \frac{2\pi}{T}$$
Auslenkung y, Geschwindigkeit v_y und Beschleunigung a_y eines harmonisch schwingenden Punktes	$y = A\sin(\omega t) = A\sin(2\pi f\,t) = A\sin\dfrac{2\pi t}{T}$ $v_y = A\omega\cos(\omega t) = A\omega\cos(2\pi f\,t) = A\omega\cos\dfrac{2\pi t}{T}$ $a_y = -A\omega^2\sin(\omega t) = -A\omega^2\sin(2\pi f\,t) = -A\omega^2\sin\dfrac{2\pi t}{T} = -y\,\omega^2$
Schwingungsbeginn bei Phasenwinkel $\Delta\varphi_0$	$y = A\sin(\varphi + \Delta\varphi_0) = A\sin(\omega t + \Delta\varphi_0)$

Auslenkung-Zeit-
Diagramm

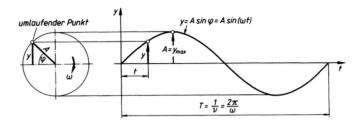

Geschwindigkeit-Zeit-
Diagramm

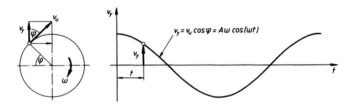

Beschleunigung-Zeit-
Diagramm

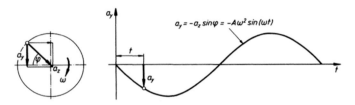

7.18.2 Harmonische Welle

Harmonische Welle

Sie entsteht, wenn einzelne
Schwinger (Oszillatoren)
harmonische Schwingungen
ausführen.
Die Welle legt während der
Schwingungsdauer den Weg λ
zurück.

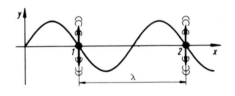

Ausbreitungs-
geschwindigkeit c
der Welle

$$c = \frac{\lambda}{T} = \lambda f$$

λ Wellenlänge

c	λ	T	f
$\dfrac{m}{s}$	m	s	$\dfrac{1}{s} = \mathrm{Hz}$

Gleichung der
harmonischen Welle

$$y = A \sin\left[2\pi\left(\frac{t}{T} - \frac{\Delta x}{\lambda}\right)\right]$$

y	A	t, T	Δx	λ
m	m	s	m	m

y Auslenkung
A Amplitude
Δx Wegabschnitt im Zeitabschnitt Δt
T Schwingungsdauer

Momentanbild der
Welle zur Zeit t_0

$$y = A \sin\left[2\pi\left(\frac{t_0}{T} - \frac{\Delta x}{\lambda}\right)\right]$$

Auslenkung eines Oszillators der Welle zur beliebigen Zeit t	$y = A \sin\left[2\pi\left(\dfrac{t}{T} - \dfrac{x_0}{\lambda}\right)\right]$

Bedingung für das Interferenzmaximum der Welle

$\Delta x = \pm 2n\dfrac{\lambda}{2}$

$\Delta x = 0, \pm\lambda, \pm 2\lambda, \pm 3\lambda, \ldots$

Δx Gangunterschied

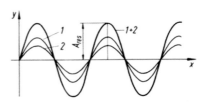

Bedingung für das Interferenzminimum der Welle

$\Delta x = \pm(2n-1)\dfrac{\lambda}{2}$

$\Delta x = \pm\dfrac{1}{2}\lambda, \pm\dfrac{3}{2}\lambda, \pm\dfrac{5}{2}\lambda, \ldots$

Δx Gangunterschied

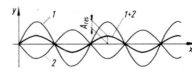

Bedingung für die Auslöschung zweier Wellen

$\Delta x = \pm(2n-1)\dfrac{\lambda}{2}$

$A_1 = A_2$

Die Amplituden beider Wellen müssen gleich groß sein!

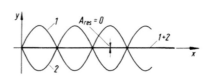

Brechungsgesetz

$\dfrac{\sin\alpha}{\sin\beta} = \dfrac{c_1}{c_2}$

α Einfallswinkel
β Brechungswinkel

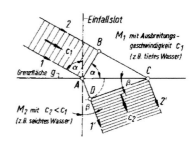

Doppler-Effekt:
Erreger steht still,
Beobachter (v_B) bewegt sich

$f_1 = f_0\left(1 \pm \dfrac{v_B}{c}\right)$ + Beobachter bewegt sich auf den Erreger zu
  − Beobachter entfernt sich vom Erreger

f_0 Frequenz der erregten Welle
λ_0 Wellenlänge der erregten Welle
v_B konstante Geschwindigkeit des Beobachters
v_E konstante Geschwindigkeit des Wellen-
   erregers
c Ausbreitungsgeschwindigkeit der Welle
Hinweis:
Abstandsverringerung ergibt eine Frequenz-
erhöhung ($f_1 > f_0$).
Abstandsvergrößerung ergibt eine Frequenz-
verringerung ($f_1 < f_0$).

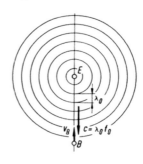

Doppler-Effekt:
Erreger (v_B) bewegt sich,
Beobachter steht still

$f_1 = f_0\left(\dfrac{1}{1 \mp \dfrac{v_E}{c}}\right)$ − Erreger bewegt sich auf den Beobachter zu ($f_1 > f_0$)
  + Erreger entfernt sich von dem Beobachter ($f_1 < f_0$)

| Grundfrequenz f_0 (stehende Welle auf einem Träger mit der Länge l | $f_0 = \dfrac{c}{2l}$
 Träger mit zwei festen Enden

 $f_0 = \dfrac{c}{4l}$
 Träger mit einem festen und einem losen Ende
 Eigenschwingung des Wellenträgers mit zwei Enden <br> a) Grundschwingung <br> b), c), d) erste, zweite, dritte Oberschwingung resultierende Auslenkung y_{res} | |

| Überlagerung stehender Wellen | $y_{res} = 2A \sin\left(2\pi\dfrac{t}{T}\right)\cos\left(2\pi\dfrac{x}{T}\right)$ $\quad f_1 = f_2 \mid A_1 = A_2$ |

Einheiten (Zusammenfassung)	c, v_B, v_E	$\lambda, A, y, \Delta x, x_0$	T, t, t_0	f, f_0, f_1
	$\dfrac{m}{s}$	m	s	$\dfrac{1}{s}$

7 Mechanik fester Körper

7.19 Pendelgleichungen

Pendelart	Schwerependel	Schraubenfederpendel	Torsionspendel
		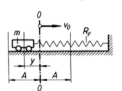	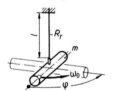
Rückstellkraft F_R Rückstellmoment M_R	$F_R = F_G \sin\alpha = m\,g\,\sin\alpha$ $F_R = \dfrac{m\,g}{l}s = D\,s$	$F_R = R_F\,y = m\,\dfrac{4\pi^2}{T^2}\,y$	$M_R = R_T\,\varphi$
Richtgröße D Federrate R_F, R_T	$D = \dfrac{m\,g}{l}$	$R_F = m\,\dfrac{4\pi^2}{T^2}$	$R_T = \dfrac{M_R}{\Delta\varphi} = \dfrac{I_p\,G}{l}$ G Schubmodul, I_p polares Flächenmoment 2.Grades
Periodendauer T	$T = 2\pi\sqrt{\dfrac{l}{g}}$	$T = 2\pi\sqrt{\dfrac{m}{R_F}}$	$T = 2\pi\sqrt{\dfrac{J}{R_T}}$ J Trägheitsmoment
maximale Geschwindigkeit v_0, maximale Winkelgeschwindigkeit ω_0	$v_0 = \sqrt{2\,g\,l(1-\cos\alpha_{max})}$ gilt bis $\alpha_{max} < 14°$	$v_0 = A\sqrt{\dfrac{R_F}{m}}$	$\omega_0 = \varphi\sqrt{\dfrac{R_T}{J}}$ J Trägheitsmoment

experimentelle Bestimmung des Trägheitsmoments J_2 eines Körpers	$J_2 = J_1 \dfrac{T_2{}^2 - T_1{}^2}{T_1{}^2}$

J_1 bekanntes Trägheitsmoment
J_2 unbekanntes Trägheitsmoment
T_1 gemessene Schwingungsdauer bei Körper 1 allein
T_2 bei Körper 1 und 2 zusammen

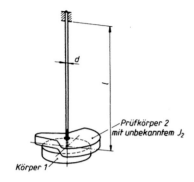

Einheiten der vorkommenden physikalischen Größen	F_R, F_G	M_R	m	g	l, s, y, A	R_F	R_T	φ	T	ω	J	v_0	ω_0
	N	$\dfrac{\text{Nm}}{\text{rad}}$	kg	$\dfrac{\text{m}}{\text{s}^2}$	m	$\dfrac{\text{N}}{\text{m}}$	$\dfrac{\text{Nm}}{\text{rad}}$	rad	s	$\dfrac{1}{\text{s}}$	kgm^2	$\dfrac{\text{m}}{\text{s}}$	$\dfrac{1}{\text{s}}$

7.20 Schubkurbelgetriebe
(für ω = konstant = $\pi n / 30$)

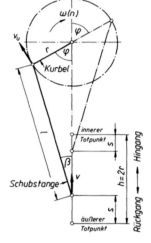

Umfangsgeschwindigkeit v_u	$v_u = \omega r = \dfrac{\pi h n}{60}$

Kolbenweg s (+) für Hingang (–) für Rückgang	$s = r(1 - \cos\varphi) \pm l(1 - \cos\beta)$ $s \approx r(1 - \cos\varphi \pm 0,5\,\lambda \sin^2\varphi)$

Schubstangenverhältnis λ	$\lambda = \dfrac{\text{Kurbelradius } r}{\text{Länge der Schubstange } l}$

Kolbengeschwindigkeit v (+) für Hingang (–) für Rückgang	$v = v_u(\sin\varphi \pm 0,5\,\lambda \sin 2\varphi)$ $v = \omega r(\sin\omega t \pm 0,5\,\lambda \sin 2\,\omega t)$ $v_{max} = v_u(1 + 0,5\,\lambda^2) = \omega r(1 + 0,5\,\lambda^2)$

mittlere Geschwindigkeit v_m	$v_m = \dfrac{h n}{30}$

v_u, v_m, v	ω	a	h, r, s, l	λ	n
$\dfrac{\text{m}}{\text{s}}$	$\dfrac{1}{\text{s}}$	$\dfrac{\text{m}}{\text{s}^2}$	m	1	min^{-1}

Kolbenbeschleunigung a (+) für Hingang (–) für Rückgang	$a = \dfrac{v_u{}^2}{r}(\cos\varphi \pm \lambda \cos 2\varphi)$ $a = \omega^2 r(\cos\omega t \pm \lambda \cos 2\,\omega t)$ $a_{max} = \omega^2 r(1 \pm \lambda)$ in den Totlagen

7.21 Gerader zentrischer Stoß

Zwei Körper der Masse m_1, m_2 bewegen sich vor dem Stoß in Richtung der Stoßlinie mit den Geschwindigkeiten $v_1 > v_2$. Gemeinsamer Berührungspunkt und die Schwerpunkte beider Körper liegen auf der Stoßlinie. Nach erstem Stoßabschnitt (Stoßkraft $F = F_{max}$) haben beide Körper die Geschwindigkeit c, nach zweitem Stoßabschnitt ($F = 0$) die Geschwindigkeiten c_1, c_2.

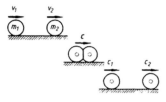

Stoßzahl k

$$k = \frac{c_2 - c_1}{v_1 - v_2}$$

$k = \dfrac{15}{16}$ für Glas, $\dfrac{8}{9}$ für Elfenbein, $\dfrac{5}{9}$ für Stahl und Kork, $\dfrac{1}{2}$ für Holz

$k = 0$ vollkommen unelastischer Stoß; $\Delta W = 0$ (ΔW Energieverlust)

$k = 1$ vollkommen elastischer Stoß

allgemeiner Fall: $0 < k < 1$

Stoßzahlbestimmung

$$k = \sqrt{\frac{h_1}{h}}$$

h freie Fallhöhe einer Kugel auf waagerechte Platte aus gleichem Material

h_1 Rücksprunghöhe der Kugel

gemeinsame Geschwindigkeit c

$$c = \frac{m_1 v_1 + m_2 v_2}{m_1 + m_2}$$

c, v	m	k	W
$\dfrac{m}{s}$	kg	1	J

Geschwindigkeiten c_1, c_2 nach dem Stoß

$$c_1 = \frac{m_1 v_1 + m_2 v_2 - m_2 (v_1 - v_2) k}{m_1 + m_2}$$

$$c_2 = \frac{m_1 v_1 + m_2 v_2 + m_1 (v_1 - v_2) k}{m_1 + m_2}$$

Energieverlust ΔW beim Stoß

$$\Delta W = \frac{m_1 m_2}{2 (m_1 + m_2)} (v_1 - v_2)^2 (1 - k^2)$$

Energieverlust ΔW beim vollkommen unelastischen Stoß

$k = 0$ $c_1 = c_2 = c$

$$\Delta W = \frac{m_1 m_2}{2 (m_1 + m_2)} (v_1 - v_2)^2$$

Für Schmieden und Nieten muss ΔW möglichst groß sein ($m_2 \gg m_1$)

Geschwindigkeiten c_1, c_2 nach dem vollkommen elastischen Stoß

$k = 1$ $\Delta W = 0$

$$c_1 = \frac{(m_1 - m_2) v_1 + 2 m_2 v_2}{m_1 + m_2}$$

$$c_2 = \frac{(m_2 - m_1) v_2 + 2 m_1 v_1}{m_1 + m_2}$$

Sonderfälle

bei $m_1 = m_2$ wird $c_1 = v_2$ und $c_2 = v_1$

bei $m_2 = \infty$ und $v_2 = 0$ wird $c_1 = -v_1$

bei $m_1 = \infty$ und $v_2 = 0$ wird $c_2 = 2 v_1$

7

Mechanik fester Körper

7.22 Mechanische Arbeit *W*

Die mechanische Teilarbeit ΔW einer den Körper bewegenden Kraft F ist das Produkt aus dem Wegabschnitt Δs und der Kraftkomponente F in Wegrichtung. Die Gesamtarbeit W ist die Summe aller Teilarbeiten ΔW:

$$W = \sum \Delta W = \sum F \Delta s$$

$$W = F_1 \Delta s_1 + F_2 \Delta s_2 + ... F_n \Delta s_n$$

Die von der Kraft F oder dem Drehmoment M verrichtete Arbeit W entspricht immer der Fläche unter der Kraft- oder Momentenlinie im Kraft-Weg-Diagramm oder im Moment-Drehwinkel-Diagramm.

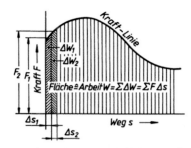

Arbeit W einer veränderlichen Kraft

kohärente Einheit (gesetzliche Einheit, zugleich SI-Einheit)

1 Joule (J) = 1 Wattsekunde (Ws)

$$1 \; J = 1 \frac{kgm}{s^2} m = \frac{kgm^2}{s^2}$$

$$1 \; J = 1 \; N = 1 \; Ws$$

Arbeit W
der konstanten Kraft F

$W = Fs \cos \alpha$

$W = Fs$ (für $\alpha = 0°$)

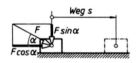

Arbeit W
der Gewichtskraft F_G
(Hubarbeit)

$W = F_G h = m g h$

F_G Gewichtskraft des Körpers

m Masse des Körpers

h Hubhöhe

W	F_G	m	g	h
J = Nm	N	kg	$\frac{m}{s^2}$	m

Reibungsarbeit W_R
auf schiefer Ebene
mit Winkel α, Kraft F
parallel zur Bahn

$W_R = F_R s \quad \mu$ Reibungszahl nach 7.12

$W_R = F_G \mu s \cos \alpha = m g \mu s \cos \alpha$

W_R	F_R, F_G	m	g	s
J =Nm	N	kg	$\frac{m}{s^2}$	m

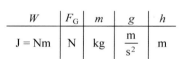

Kraft F
waagerecht

$W_R = F_R s$

$W_R = \mu s (F_G \cos \alpha + F \sin \alpha)$

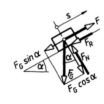

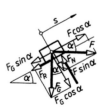

Formänderungsarbeit W_f
R Federrate
(Federsteifigkeit)

$$W_f = \frac{F_1 + F_2}{2}\Delta s; \quad R = \frac{F_2 - F_1}{\Delta s} = \frac{F_2}{s_2} = \frac{F_1}{s_1}$$

$$W_f = \frac{R}{2}(s_2^2 - s_1^2)$$

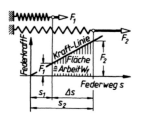

W_f	F_1, F_2	s_1, s_2	R
$J = Nm$	N	m	$\dfrac{N}{m}$

Arbeit W eines
konstanten
Drehmoments M
F_T Tangentialkraft
z Anzahl der
Umdrehungen

$$W = M\,\varphi$$
$$W = F_T\, 2\,\pi\, r\, z$$

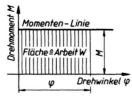

W	M	φ	F_T	r	z
$J = Nm$	$\dfrac{Nm}{rad}$	rad	N	m	1

Beschleunigungsarbeit
W_b eines konstanten
Kraftmoments M

$$W = \frac{J}{2}(\omega_2^2 - \omega_1^2)$$

W_b	J	ω
$J = Nm$	kgm^2	$\dfrac{1}{s}$

ω_1, ω_2 Winkelgeschwindigkeit vor oder nach
                       dem Beschleunigungs- oder Verzögerungsvorgang

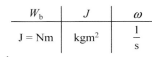

7.23 Leistung P, Übersetzung i und Wirkungsgrad η

P_{trans} bei geradliniger
Bewegung

$$P_{trans} = \frac{W}{t} = \frac{F\,s}{t} = F\,v$$

P_{trans}	F	v
$\dfrac{J}{s} = \dfrac{Nm}{s} = W$	N	$\dfrac{m}{s}$

P_{rot} bei Drehbewegung

$$P_{rot} = M\,\omega = 2\,\pi\,M\,n$$

P_{rot}	M	n, ω
$\dfrac{Nm}{s} = W$	Nm	$\dfrac{1}{s}$

Zahlenwertgleichungen
für Leistung P und
Drehmoment M

$$P = \frac{M\,n}{9550} \qquad M = 9550\frac{P}{n}$$

P	M	n
kW	Nm	min^{-1}

Wirkungsgrad η
M_1 Antriebsmoment
M_2 Abtriebsmoment
i Übersetzung

$$\eta = \frac{\text{Nutzarbeit } W_n}{\text{zugeführte Arbeit } W_z} = \frac{\text{Nutzleistung } P_n}{\text{zugeführte Leistung } P_z} < 1$$

$$\eta = \frac{M_2}{M_1}\cdot\frac{1}{i} \qquad M_2 = M_1\,\eta_{ges}\,i_{ges}$$

Gesamtwirkungsgrad η_{ges} $\quad \eta_{ges} = \eta_1\,\eta_2\,\eta_3 \ldots \eta_n < 1$

Übersetzung i

$$i = \frac{n_1}{n_2} = \frac{\omega_1}{\omega_2} = \frac{d_2}{d_1} = \frac{d_{02}}{d_{01}} = \frac{z_2}{z_1}$$

$$i = \frac{M_2}{M_1}\ (\text{ohne Reibung}) \qquad i = \frac{M_2}{M_1}\cdot\frac{1}{\eta_{res}}\ (\text{mit Reibung})$$

7 Mechanik fester Körper

7.24 Dynamik der Verschiebebewegung (Translation)

Dynamisches Grundgesetz, allgemein

$$F_{\text{res}} = ma$$

$F_{\text{res}}, F_{\text{G}}$	m	a, g
$N = \dfrac{\text{kgm}}{\text{s}^2}$	kg	$\dfrac{\text{m}}{\text{s}^2}$

F_{res} ist Resultierende der Kräftegruppe in Beschleunigungsrichtung

m Masse des Körpers

a Beschleunigung

g Fallbeschleunigung

g_{n} Normfallbeschleunigung = $9{,}80665\,\dfrac{\text{m}}{\text{s}^2}$

Dynamisches Grundgesetz für freien Fall

$$F_{\text{G}} = mg$$
$$F_{\text{Gn}} = mg_{\text{n}}$$

F_{Gn} Normgewichtskraft des Körpers

Dynamisches Grundgesetz für Tangenten- und Normalenrichtung

F_{N} Zentripetalkraft

ϱ Krümmungsradius (für Kreisbogen ist $\varrho = r$)

$$F_{\text{N}} = ma_{\text{N}} = m\frac{v^2}{\varrho} = m\varrho\,\omega^2$$

$$F_{\text{T}} = ma_{\text{T}}$$

$F_{\text{N}}, F_{\text{T}}$	m	$a_{\text{N}}, a_{\text{T}}$	v	ϱ	ω
$N = \dfrac{\text{kgm}}{\text{s}^2}$	kg	$\dfrac{\text{m}}{\text{s}^2}$	$\dfrac{\text{m}}{\text{s}}$	m	$\dfrac{1}{\text{s}}$

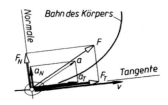

Energieerhaltungssatz

$$E_{\text{E}} \quad = \quad E_{\text{A}} \quad + \quad W_{\text{z}} \quad - \quad W_{\text{a}}$$

Energie am Ende des Vorganges $=$ Energie am Anfang des Vorganges $+$ zugeführte Arbeit $-$ abgeführte Arbeit

(meist Reibungsarbeit W_{R})

potenzielle Energie E_{p} (Energie der Lage)

$$E_{\text{p}} = F_{\text{G}}\,h = m\,g\,h$$

E	m	g	h	F_{G}	v_1, v_2
$J = \text{Nm} = \text{Ws}$	kg	$\dfrac{\text{m}}{\text{s}^2}$	m	N	$\dfrac{\text{m}}{\text{s}}$

kinetische Energie E_{k} (Bewegungsenergie)

$$E_{\text{k}} = \frac{m}{2}(v_2^{\,2} - v_1^{\,2})$$

E_{k} = Beschleunigungsarbeit W_{b}

Impulserhaltungssatz (Antriebssatz)

$$F_{\text{res}}\,(t_2 - t_1) = m\,(v_2 - v_1)$$

für den „kräftefreien" Körper ($F_{\text{res}} = 0$) gilt

$$m\,v_2 - m\,v_1 = 0$$

$$m\,v_1 = m\,v_2 = \text{konstant}$$

F_{res}	t	m	v
$N = \dfrac{\text{kgm}}{\text{s}^2}$	s	kg	$\dfrac{\text{m}}{\text{s}}$

d'Alembert'scher Satz

Körper freimachen, Beschleunigungsrichtung eintragen, Trägheitskraft

$$T = m\,a$$

entgegengesetzt zur Beschleunigungsrichtung eintragen, Gleichgewichtsbedingungen unter Einschluss der Trägheitskraft (oder -kräfte) ansetzen.

T	m	a
$N = \dfrac{\text{kgm}}{\text{s}^2}$	kg	$\dfrac{\text{m}}{\text{s}^2}$

7.25 Dynamik der Drehung (Rotation)

Dynamisches Grund-
gesetz, allgemein

$M_{res} = J\,\alpha$

M_{res} resultierendes Drehmoment
J Trägheitsmoment nach 7.26
α Winkelbeschleunigung

M_{res}	J	α
$\mathrm{Nm} = \dfrac{\mathrm{kgm^2}}{\mathrm{s^2}}$	$\mathrm{kgm^2}$	$\dfrac{1}{\mathrm{s^2}}$

Trägheitsmoment J
Definitionsgleichung

$J = \sum \Delta m\, r^2$ Berechnungsgleichungen in 7.26

$J = \int \mathrm{d}m \varrho^2$

Verschiebesatz
(Steiner)

$J_0 = J_s + m\, l^2$

J_0 Trägheitsmoment für gegebene parallele
    Drehachse $0 - 0$
J_s Trägheitsmoment für parallele Schwerachse $S - S$
$m\, l^2$ Masse m mal Abstandsquadrat der beiden Achsen

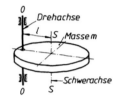

Trägheitsradius i

$i = \sqrt{\dfrac{J}{m}}$ $i = \dfrac{D_i}{2}$

i, D_i	J	m
m	$\mathrm{kgm^2}$	kg

Reduktion der Trägheits-
momente $J_1, J_2 \ldots$ bei
Getrieben

$J_{red} = J_1 + J_2 \left(\dfrac{n_2}{n_1}\right)^2 + J_3 \left(\dfrac{n_3}{n_1}\right)^2 + \ldots$ n Drehzahl

resultierendes
Beschleunigungsmoment
M_{res} der Antriebsachse 1

$M_{res} = J_{red}\, \alpha_1$ α_1 Winkelbeschleunigung

Drehenergie E
(Drehwucht)

$E = \dfrac{J}{2}(\omega_2^2 - \omega_1^2) =$ Beschleunigungsarbeit W_b

Energieerhaltungssatz
der Drehung

$$\dfrac{J}{2}\omega_2^2 \quad = \quad \dfrac{J}{2}\omega_1^2 \quad \pm \quad M_{res}\,\varphi$$

Drehwucht am Ende _ Drehwucht am Anfang _ zu- oder abgeführter Arbeit des
des Vorganges = des Vorganges ± resultierenden Moments aller Kräfte

Impulserhaltungssatz
(Antriebssatz)

$M_{res}\,(t_2 - t_1) = J\,(\omega_2 - \omega_1)$
$J\,\omega_2 - J\,\omega_1 = 0$
$J\,\omega_1 - J\,\omega_2 =$ konstant

M_{res}	t	J	ω
$\mathrm{J} = \mathrm{Nm} = \mathrm{Ws}$	s	$\mathrm{kgm^2}$	$\dfrac{1}{\mathrm{s}}$

Fliehkraft F_z

$F_z = m\, r_s\, \omega^2 = \mathrm{m}\,\dfrac{v^2}{r_s}$

r_s Abstand des Körperschwerpunkts
    S von Drehachse
ω Winkelgeschwindigkeit
v Umfangsgeschwindigkeit des
    Schwerpunkts um die Drehachse

F_z	m	r_s	ω	v
$\mathrm{N} = \dfrac{\mathrm{kgm}}{\mathrm{s^2}}$	kg	m	$\dfrac{1}{\mathrm{s}}$	$\dfrac{\mathrm{m}}{\mathrm{s}}$

7.26 Gleichungen für Trägheitsmomente J (Massenmomente 2. Grades)

Art des Körpers	Trägheitsmoment J (J_x um die x-Achse; J_z um die z-Achse); ϱ Dichte
Rechteck, Quader	$J_x = \dfrac{1}{12}m(b^2 + h^2) = \dfrac{1}{12}\varrho\,hbs(b^2 + h^2)$ bei geringer Plattendicke s ist $J_z = \dfrac{1}{12}mh^2 = \dfrac{1}{12}\varrho\,bh^3s \qquad J_0 = \dfrac{1}{3}mh^2 = \dfrac{1}{3}\varrho\,bh^3s$ Würfel mit Seitenlänge a: $J_x = J_z = m\dfrac{a^2}{6}$
Kreiszylinder	$J_x = \dfrac{1}{2}mr^2 = \dfrac{1}{8}md^2 = \dfrac{1}{32}\varrho\,\pi d^4 h = \dfrac{1}{2}\varrho\,\pi r^4 h$ $J_z = \dfrac{1}{16}m(d^2 + \dfrac{4}{3}h^2) = \dfrac{1}{64}\varrho\,\pi d^2 h(d^2 + \dfrac{4}{3}h^2)$
Hohlzylinder	$J_x = \dfrac{1}{2}m(R^2 + r^2) = \dfrac{1}{8}m(D^2 + d^2) = \dfrac{1}{32}\varrho\,\pi h(D^4 - d^4)$ $J_x = \dfrac{1}{2}\varrho\,\pi h(R^4 - r^4)$ $J_z = \dfrac{1}{4}m(R^2 + r^2 + \dfrac{1}{3}h^2) = \dfrac{1}{16}m(D^2 + d^2 + \dfrac{4}{3}h^2)$
Kreiskegel	$J_x = \dfrac{3}{10}m\,r^2 \qquad\qquad$ Kreiskegelstumpf: $J_x = \dfrac{3}{10}m\dfrac{R^5 - r^5}{R^3 - r^3}$
Zylindermantel	$J_x = \dfrac{1}{4}md_m^2 = \dfrac{1}{4}\varrho\,\pi d_m^3 hs \qquad J_z = \dfrac{1}{8}m(d_m^2 + \dfrac{2}{3}h^2) = \dfrac{1}{8}\varrho\,\pi d_m hs(d_m^2 + \dfrac{2}{3}h^2)$ Hohlzylinder mit Wanddicke $s = \dfrac{1}{2}(D - d)$ sehr klein im Verhältnis zum mittleren Durchmesser $d_m = \dfrac{1}{2}(D + h)$
Kugel	$J_x = \dfrac{2}{5}m\,r^2 = \dfrac{1}{10}m\,d^2 = \dfrac{1}{60}\varrho\,\pi d^5 = \dfrac{8}{15}\varrho\,\pi r^5$
Hohlkugel (Kugelschale)	$J_x = J_z = \dfrac{1}{6}m\,d_m^2 = \dfrac{1}{6}\varrho\,\pi d_m^4 s$ Wanddicke $s = \dfrac{1}{2}(D - d)$ sehr klein im Verhältnis zum mittleren Durchmesser $d_m = \dfrac{1}{2}(D + d)$
Ring	$J_z = m(R^2 + \dfrac{3}{4}r^2) = \dfrac{1}{4}m(D^2 + \dfrac{3}{4}d^2) \qquad m = 2\,\pi^2\,r^2\,R\mathrm{r}$ $J_z = \dfrac{1}{16}\varrho\,\pi^2 Dd^2(D^2 + \dfrac{3}{4}d^2) = \dfrac{1}{4}mD^2\left[1 + \dfrac{3}{4}\left(\dfrac{d}{D}\right)^2\right]$
	$J_x = \dfrac{1}{20}m(a^2 + b^2)$

7.27 Gegenüberstellung einander entsprechender Größen und Definitionsgleichungen für Schiebung und Drehung

Geradlinige (translatorische) Bewegung **Drehende (rotatorische) Bewegung**

Größe	Definitionsgleichung	Einheit	Größe	Definitionsgleichung	Einheit
Weg s	Basisgröße	m	Drehwinkel φ	$\dfrac{\text{Bogen } b}{\text{Radius } r}$	rad $= 1$
Zeit t	Basisgröße	s	Zeit t	Basisgröße	s
Masse m	Basisgröße	kg	Trägheits-moment J	$J = \int \mathrm{d}\, m\, \varrho^2$	kgm^2
Geschwindigkeit v	$v = \dfrac{\mathrm{d} s}{\mathrm{d} t}\left(= \dfrac{\Delta s}{\Delta t}\right)$	$\dfrac{\text{m}}{\text{s}}$	Winkelgeschwindigkeit ω	$\omega = \dfrac{\mathrm{d}\varphi}{\mathrm{d} t}\left(= \dfrac{\Delta\varphi}{\Delta t}\right)$	$\dfrac{\text{rad}}{\text{s}} = \dfrac{1}{\text{s}}$
Beschleunigung a	$a = \dfrac{\mathrm{d} v}{\mathrm{d} t}\left(= \dfrac{\Delta v}{\Delta t}\right)$	$\dfrac{\text{m}}{\text{s}^2}$	Winkelbeschleunigung α	$\alpha = \dfrac{\mathrm{d}\omega}{\mathrm{d} t}\left(= \dfrac{\Delta\omega}{\Delta t}\right)$	$\dfrac{\text{rad}}{\text{s}^2} = \dfrac{1}{\text{s}^2}$
Beschleunigungskraft F_{res}	$F_{\text{res}} = m\, a$	$\text{N} = \dfrac{\text{kgm}}{\text{s}^2}$	Beschleunigungsmoment M_{res}	$M_{\text{res}} = J\, \alpha$	$\text{Nm} = \dfrac{\text{kgm}^2}{\text{s}^2}$
Arbeit W_{trans}	$W_{\text{trans}} = F\, s$	$\text{J} = \text{Nm} = \text{Ws}$	Arbeit W_{rot}	$W_{\text{rot}} = M\, \varphi$	$\text{J} = \text{Nm} = \text{Ws}$
Leistung P_{trans}	$P_{\text{trans}} = \dfrac{W_{\text{trans}}}{t} = F\, v$	$\dfrac{\text{J}}{\text{s}} = \dfrac{\text{Nm}}{\text{s}} = \text{W}$	Leistung P_{rot}	$P_{\text{rot}} = \dfrac{W_{\text{rot}}}{t}\, M\, \omega$	$\dfrac{\text{J}}{\text{s}} = \dfrac{\text{Nm}}{\text{s}} = \text{W}$
Wucht W_{trans}	$W_{\text{trans}} = \dfrac{m}{2}\, v^2$	$\text{Nm} = \dfrac{\text{kgm}^2}{\text{s}^2}$	Drehwucht W_{rot}	$W_{\text{rot}} = \dfrac{J}{2}\, \omega^2$	$\text{Nm} = \dfrac{\text{kgm}^2}{\text{s}^2}$
Arbeitssatz (Wuchtsatz)	$W_{\text{trans}} = \dfrac{m}{2}(v_2^2 - v_1^2)$	$\text{Nm} = \dfrac{\text{kgm}^2}{\text{s}^2}$	Arbeitssatz (Wuchtsatz)	$W_{\text{rot}} = \dfrac{J}{2}(\omega_2^2 - \omega_1^2)$	$\text{Nm} = \dfrac{\text{kgm}^2}{\text{s}^2}$
Impulserhaltungssatz	$F_{\text{res}}(t_2 - t_1) = m(v_2 - v_1)$ Kraftstoß = Impulsänderung		Impulserhaltungssatz	$M_{\text{res}}(t_2 - t_1) = J(\omega_2 - \omega_1)$ Momentenstoß = Drehimpulsänderung	

7

Mechanik fester Körper

8 Fluidmechanik

8.1 Statik der Flüssigkeiten

Druck p auf ebene und gewölbte Flächen

$$p = \frac{F}{A}$$

p	F	A
$\dfrac{\text{N}}{\text{m}^2} = \text{Pa}$	N	m^2

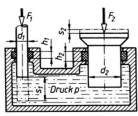

Der Druck, der von außen auf irgendeinen Teil der abgesperrten Flüssigkeit ausgeübt wird (z. B. durch Kolbenkraft), pflanzt sich auf alle Teile nach allen Richtungen unverändert fort. (1 Pascal (Pa) = 1 Newton durch Quadratmeter (N/m^2)

Triebkraft F_1
(Kolbenkraft)

$$F_1 = \frac{\pi d_1^2}{4} p$$

Last F_2
(Kolbenkraft)

$$F_2 = \frac{\pi d_2^2}{4} p$$

$$F_2 = F_1 \left(\frac{d_2}{d_1}\right)^2 \eta$$

Hydraulische Presse

Wirkungsgrad η
μ Reibzahl zwischen Kolben und Dichtung

$$\eta = \frac{1 - 4\mu \dfrac{h_2}{d_2}}{1 + 4\mu \dfrac{h_1}{d_1}}$$

F_1, F_2	p	d, h, s	η, μ
N	$\dfrac{\text{N}}{\text{m}^2} = \text{Pa}$	m	1

Kolbenwege s_1, s_2

$$s_2 = s_1 \left(\frac{d_1}{d_2}\right)^2$$

Druckübersetzung

$$\frac{p_2}{p_1} = \frac{d_1^2}{d_1^2 - d_2^2}$$

$$\frac{p_2}{p_1} = \frac{d_1^2}{d_2^2}$$

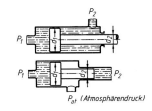

P_{at} (Atmosphärendruck)

Druckkraft
auf gewölbte Böden

$$F_1 = F_2 = p \frac{\pi}{4} d^2$$

F_1, F_2	p	d
N	$\text{Pa} = \dfrac{\text{N}}{\text{m}^2}$	m

$$F_1 = F_2 = 0{,}1 p \frac{\pi}{4} d^2$$

F_1, F_2	p	d
N	bar	mm

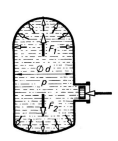

Beanspruchung einer Kessel- oder Rohrlängsnaht

$$F = p\,d\,l$$

$$F = 0{,}1\,p\,d\,l$$

F	p	d, l
N	$\mathrm{Pa} = \dfrac{\mathrm{N}}{\mathrm{m}^2}$	m

F	p	d, l
N	bar	mm

$$s = \frac{p\,d}{2\sigma_{\mathrm{zul}}}$$

s	p	d	σ_{zul}
m	$\mathrm{Pa} = \dfrac{\mathrm{N}}{\mathrm{m}^2}$	m	$\dfrac{\mathrm{N}}{\mathrm{m}^2}$

$$s = \frac{p\,d}{20\sigma_{\mathrm{zul}}}$$

s	p	d	σ_{zul}
mm	bar	mm	$\dfrac{\mathrm{N}}{\mathrm{mm}^2}$

s Wanddicke

hydrostatischer Druck p infolge der Schwerkraft (Schweredruck)

$$p = \varrho\,g\,h$$

$$p_{\mathrm{abs}} = \varrho\,g\,h + p_{\mathrm{amb}}$$

ϱ Dichte
g Fallbeschleunigung
p_{abs} absoluter Druck
p_{amb} umgebenderAtmosphärendruck

Bodenkraft F_{b}

$$F_{\mathrm{b}} = \varrho\,g\,h\,A$$

F_{b}	p	ϱ	g	h
N	$\dfrac{\mathrm{N}}{\mathrm{m}^2} = \mathrm{Pa}$	$\dfrac{\mathrm{kg}}{\mathrm{m}^3}$	$\dfrac{\mathrm{m}}{\mathrm{s}^2}$	m

Seitenkraft F_{s}

$$F_{\mathrm{s}} = \varrho\,g\,h_{\mathrm{s}}\,A = \varrho\,g\,y_{\mathrm{s}}\sin\alpha\,A$$

$$h_{\mathrm{s}} = y_{\mathrm{s}}\sin\alpha; \quad y_{\mathrm{s}} = \frac{h_{\mathrm{s}}}{\sin\alpha}$$

$$y_{\mathrm{D}} = y_{\mathrm{s}} + e = y_{\mathrm{s}} + \frac{I_{\mathrm{s}}}{A\,y_{\mathrm{s}}}; \quad e = \frac{I_{\mathrm{s}}}{A\,y_{\mathrm{s}}}$$

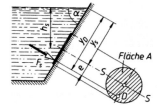

I_{s} Flächenmoment 2. Grades der ge-
    drückten Fläche A bezogen auf die
    Schwerachse S – S
D Druckmittelpunkt

Abstand e

$$e = \frac{h^2}{12\,y_{\mathrm{s}}} \quad \text{für Rechteckfläche}$$

$$e = \frac{d^2}{16\,y_{\mathrm{s}}} \quad \text{für Kreisfläche}$$

F_{s}	ϱ	g	A	I	V_{v}	h, y, e, d
N	$\dfrac{\mathrm{kg}}{\mathrm{m}^3}$	$\dfrac{\mathrm{m}}{\mathrm{s}^2}$	m^2	m^4	m^3	m

Auftriebskraft F_{a}

$$F_{\mathrm{a}} = V_{\mathrm{v}}\,\varrho\,g$$

V_{v} verdrängtes Flüssigkeitsvolumen

8.2 Strömungsgleichungen

Mach'sche Zahl Ma

$$Ma = \frac{w}{c}$$

w Strömungsgeschwindigkeit
c Schallgeschwindigkeit

Bis $Ma < 0{,}3$ können die Strömungen von Gasen als inkompressibel angesehen werden.

Reynolds'sche Zahl Re

$$Re = \frac{w\,d\,\varrho}{\eta} = \frac{w\,d}{v}$$

w mittlere Durchflussgeschwindigkeit
d Durchmesser bei Kreisröhren
ϱ Dichte
v kinematische Zähigkeit
η dynamische Zähigkeit

kritische Strömungs-geschwindigkeit w_{kr}

$$w_{kr} = \frac{Re\,\eta}{d\,\varrho}$$

Re	w	d	ϱ	η	v
1	$\dfrac{m}{s}$	m	$\dfrac{kg}{m^3}$	$\dfrac{Ns}{m^2}$	$\dfrac{m^2}{s}$

Fluidmechanik 8

kinematische Zähigkeit v

$$v = \frac{\eta}{\varrho}$$

Umrechnungen der Zähigkeit

für die dynamische Zähigkeit η das Poise (P):
1 Ns/m² = 10 P (Poise) = 1000 cP (Zentipoise)
1 P = 0,1 Ns/m² = 100 cP (Zentipoise)

für die kinematische Zähigkeit v das Stokes (St):
1 m²/s = 10^4 St (Stokes)
1 St = 10^{-4} m²/s = 100 cSt (Zentistokes)

Umrechnung aus Englergraden in $\frac{m^2}{s}$:

$$v = \left(7{,}32\,E - \frac{6{,}31}{°E}\right) 10^{-6} \quad \text{in } \frac{m^2}{s}$$

°E	cSt	°E	cSt
1	1	4,5	33,4
1,5	6,25	5	37,4
2	11,8	5,5	41,4
2,5	16,7	6	45,2
3	21,2	6,5	49,0
3,5	25,4	8	60,5
4	29,6	10	76,0

Umrechnungen °E in cSt

Strömungsgeschwindig-keit w_x im Abstand x von der Rohrachse

$$w_x = 2w\left[1 - \left(\frac{2x}{d}\right)^2\right]$$

$$w = \frac{\dot{V}}{A}$$

$\dot{V}$ Volumenstrom in $\frac{m^3}{s}$

A Querschnitt in m²

turbulente und laminare Strömung wird durch die kritische Reynoldszahl bestimmt; für ein Kreisrohr ist $Re_{kr} = 2300$

bei $Re < 2300$: laminare Strömung stellt sich auch nach Störung wieder ein.

bei $Re > 2300$: bleibt einmal gestörte Strömung turbulent

Bei $Re > 3000$: immer turbulente Strömung

Kontinuitätsgleichung

$$\dot{V} = A_1\,w_1 = A_2\,w_2 = \text{konstant}$$
$$\dot{m} = A_1\,w_1\,\varrho_1 = A_2\,w_2\,\varrho_2$$

$\dot{V}$ Volumenstrom
$\dot{m}$ Massenstrom

$\dot{V}$	A	w	$\dot{m}$	ϱ
$\dfrac{m^3}{s}$	m^2	$\dfrac{m}{s}$	$\dfrac{kg}{s}$	$\dfrac{kg}{m^3}$

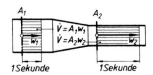

Bernoulli'sche Druckgleichung

$$p_1 + \varrho g h_1 + \frac{\varrho}{2} w_1^2 = p_2 + \varrho g h_2 + \frac{\varrho}{2} w_2^2 = \text{konstant}$$

$\dfrac{\varrho}{2} w^2$ Geschwindigkeitsdruck

$\varrho g h$ Schweredruck (8.1)

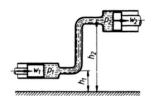

p	ϱ	g	h	w
$\dfrac{\text{N}}{\text{m}^2} = \text{Pa}$	$\dfrac{\text{kg}}{\text{m}^3}$	$\dfrac{\text{m}}{\text{s}^2}$	m	$\dfrac{\text{m}}{\text{s}}$

für Leitungen ohne Höhenunterschied

$$p_1 + \frac{\varrho}{2} w_1^2 = p_2 + \frac{\varrho}{2} w_2^2$$

Der Gesamtdruck (statischer Druck p + Geschwindigkeitsdruck $\varrho w^2/2$ = Staudruck q) der Flüssigkeit ist an jeder Stelle einer Horizontalleitung gleich groß.

Messung des statischen Drucks p_s

$p_s = p_1 = p_2 + \varrho g h$ (siehe auch 8.1)

p_2 Luftdruck

Messung des Gesamtdrucks p_g

$$p_g = p_s + \frac{\varrho}{2} w^2 = p_s + q$$

q Staudruck

Messung des Staudrucks q (Prandtl'sches Staurohr)

$$q = p_g - p_s = \beta \frac{\varrho}{2} w^2$$

$\beta \approx 1°$ bis ca. $17°$ Anströmwinkel zwischen Rohrachse und Strömungsrichtung

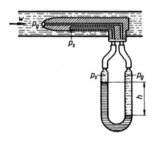

Volumenstrom $\dot{V}$ (theoretischer)

$$\dot{V} = \sqrt{\frac{2(p_1 - p_2)}{\varrho\left(\dfrac{1}{A_2^2} - \dfrac{1}{A_1^2}\right)}}$$

$p_1 - p_2 = \Delta p$ Δp Wirkdruck

$\dot{V}$	α, ε, m	D_t	Δp	ϱ_1
$\dfrac{\text{m}^3}{\text{h}}$	1	mm	$\dfrac{\text{N}}{\text{m}^2} = \text{Pa}$	$\dfrac{\text{kg}}{\text{m}^3}$

Massenstrom $\dot{m}$ (praktischer)

$$\dot{m} = \alpha \frac{A_2}{\sqrt{1 - m^2}} \sqrt{2\varrho(p_1 - p_2)}$$

Für Staurand (Blende) nach Prandtl:
$\alpha = 0{,}598 + 0{,}395\ m^2$

α Durchflusszahl (DIN 1952)
m Querschnittsverhältnis $= A_2/A_1$

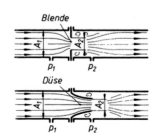

praktischer Volumen-
strom $\dot{V}$ und
Massenstrom $\dot{m}$ bei
Gasen und Flüssigkeiten

$$\dot{V} = 0{,}04\ \alpha\,\varepsilon\ m D_t^{\,2}\sqrt{\frac{\Delta p}{\varrho_1}}$$

$\dot{V}$	α, ε, m	D_t	Δp	ϱ_1
$\dfrac{\text{m}^3}{\text{h}}$	1	mm	$\dfrac{\text{N}}{\text{m}^2} = \text{Pa}$	$\dfrac{\text{kg}}{\text{m}^3}$

$$\dot{m} = 0{,}04\ \alpha\,\varepsilon\ m D_t^{\,2}\sqrt{\Delta p\,\varrho_1}$$

$\dot{m}$	α, ε, m	D_t	Δp	ϱ_1
$\dfrac{\text{kg}}{\text{h}}$	1	mm	$\dfrac{\text{N}}{\text{m}^2} = \text{Pa}$	$\dfrac{\text{kg}}{\text{m}^3}$

Durchflusszahl α (DIN EN ISO 5167-1/2) ist oberhalb bestimmter Re-Zahlen konstant. Expansionszahl ε berücksichtigt die Dichteänderung des Mediums infolge des Druckabfalls ($\varepsilon = 1$ für inkompressible Medien). Dichte ϱ_1 ist auf den statischen Druck ϱ_1 vor die Drosselstelle bezogen. D_t lichte Weite der Rohrleitung bei Betriebstemperatur.

$\Delta p = p_1 - p_2$ Wirkdruck

8.3 Ausflussgleichungen

Geschwindigkeitszahl φ — abhängig von der Zähigkeit der Flüssigkeit
$\varphi_{\text{Wasser}} = 0{,}97 \dots 0{,}99$

Kontraktionszahl α — berücksichtigt die Einschnürung des Flüssigkeitsstrahls und dadurch die Verringerung der Ausflussmenge
$\alpha \approx 0{,}6$ bei scharfer Kante
$\alpha \approx 0{,}75$ bei gebrochener Kante
$\alpha \approx 0{,}9$ bei kleinem Abrundungsradius

Ausflusszahl μ — $\mu = \alpha\,\varphi$

μ ist abhängig von der Form der Öffnung

$\mu = 0{,}62 \dots 0{,}64$ $\mu = 0{,}82$ bei $l \approx 2{,}5d$ $\mu = 0{,}97 \dots 0{,}99$

offenes Gefäß,
konstante Druckhöhe h

$$w = \varphi\sqrt{2\,g\,h}$$
$$\dot{V} = \mu A\sqrt{2\,g\,h}$$

$\dot{V}$ Volumenstrom

geschlossenes Gefäß,
konstante Druckhöhe h

$$w = \varphi\sqrt{2\left(g\,h+\frac{p_{\ddot{u}}}{\varrho}\right)}$$

$$\dot{V} = \mu A\sqrt{2\left(g\,h+\frac{p_{\ddot{u}}}{\varrho}\right)}$$

$$\dot{m} = \dot{V}\varrho$$

$g\,h + p_{\ddot{u}}/\varrho = \Delta p_{\ddot{u}} = $ Überdruck, mit Manometer in Austrittshöhe gemessen

$\dot{V}$ Volumenstrom
$\dot{m}$ Massenstrom
$p_{\ddot{u}}$ Überdruck über dem Flüssigkeitsspiegel

w	g	h	$\dot{V}$	$\dot{m}$	A	p	ϱ	V	t	μ, φ
$\dfrac{\text{m}}{\text{s}}$	$\dfrac{\text{m}}{\text{s}^2}$	m	$\dfrac{\text{m}^3}{\text{s}}$	$\dfrac{\text{kg}}{\text{s}}$	m^2	$\dfrac{\text{N}}{\text{m}^2} = \text{Pa}$	$\dfrac{\text{kg}}{\text{m}^3}$	m^3	s	1

| Dichtebestimmung von Gasen | Fließen unter gleichen Bedingungen zwei Flüssigkeiten oder Gase mit den Dichten ϱ_1, ϱ_2 aus gleichen Gefäßen, so gilt |

$$\frac{t_1}{t_2} = \frac{w_2}{w_1} = \sqrt{\frac{\varrho_1}{\varrho_2}}$$

offenes Gefäß mit sinkendem Flüssigkeits-spiegel

$$V = \mu A w_\mathrm{m} t$$

$$V = \mu A t \frac{\sqrt{2 g h_1} + \sqrt{2 g h_2}}{2}$$

bei völliger Entleerung

$$V = \frac{1}{2} \mu A t \sqrt{2 g h_1}$$

Ausflusszeit t

$$t = \frac{2V}{\mu A \sqrt{2 g h_1}}$$

mittlere Geschwindigkeit w_m

$$w_\mathrm{m} = \frac{(w_1 + w_2)}{2}$$

Ausfluss unter Gegendruck

$$w = \varphi \sqrt{2 g (h_1 - h_2)}$$

$$\dot{V} = \mu A \sqrt{2 g (h_1 - h_2)} \qquad \dot{V} = \text{Volumenstrom}$$

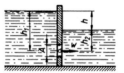

8.4 Widerstände in Rohrleitungen

Druckabfall Δp in kreisförmigen Rohren

$$\Delta p = \lambda \frac{l \varrho}{2 d} w^2$$

$\lambda = 0,015 \dots 0,02$ für überschlägige Berechnungen für Luft, Wasser, Dampf

d Rohrdurchmesser
l Rohrlänge
λ Rohrreibungszahl

Rohrreibungszahl λ für glattes Kreisrohr und laminare Strömung ($Re \le 2300$)

$$\lambda = \frac{64}{Re} = \frac{\Delta p \, 2 \, d}{w^2 \varrho \, l}$$

p	l, d	ϱ	w	λ	η
$\dfrac{\mathrm{N}}{\mathrm{m}^2} = \mathrm{Pa}$	m	$\dfrac{\mathrm{kg}}{\mathrm{m}^3}$	$\dfrac{\mathrm{m}}{\mathrm{s}}$	1	$\dfrac{\mathrm{Ns}}{\mathrm{m}^2}$

Druckabfall Δp

$$\Delta p = 32 \, \eta \, w \frac{l}{d^2}$$

η dynamische Zähigkeit (8.2)

für turbulente Strömung

$\lambda = 0,3164 \, Re^{-0,25}$ bis $Re = 100\,000$

$\lambda = 0,0054 + 0,396 \, Re^{-0,3}$ bis $Re = 2\,000\,000$

$\lambda = 0,0032 + 0,221 \, Re^{-0,237}$ für $Re = 10^5 \dots 3,23 \cdot 10^6$

| Rohrreibungszahl λ für raues Kreisrohr für körnige Rauigkeiten | $\lambda = \dfrac{1}{[2\lg(d/k)+1{,}14]^2}$ | $\dfrac{d}{k}$ relative Wandrauigkeit
d Rohrdurchmesser in mm
k absolute Wandrauigkeit nach 8.7 |

Rohrreibungszahl λ für Stahlrohrleitungen

$$\lambda = \lambda_{\text{glatt}} + \frac{0{,}86 \cdot 10^{-3}}{d^{0{,}28}}\left(\lg \frac{Re}{(10^5\,d)^{1{,}1}}\right)^{\frac{7}{4}} \quad \lambda_{\text{glatt}} \text{ wie für turbulente Strömung}$$

unrunde Querschnitte

Es gelten die Gleichungen für Kreisrohre mit $d = 4a$,

mit $a = \dfrac{\text{Querschnittsfläche } A}{\text{benetzter Umfang } U}$

Umstellung auch bei Re-Zahl:

$$Re = \frac{4\,w\,A}{U\,v} \qquad\qquad v \text{ kinematische Zähigkeit (8.2)}$$

Druckabfall Δp für Krümmer und Ventile

$$\Delta p = \zeta\,\frac{\varrho}{2}\,w^2$$

ζ Widerstandszahl nach 8.7 bis 8.9

Δp	ζ	ϱ	w
$\dfrac{\text{N}}{\text{m}^2} = \text{Pa}$	1	$\dfrac{\text{kg}}{\text{m}^3}$	$\dfrac{\text{m}}{\text{s}}$

Druckabfall Δp in einer Abzweigung

$$\Delta p = \zeta_{\text{a}}\,\frac{\varrho}{2}\,w^2 \qquad \zeta_{\text{a}},\ \zeta_{\text{g}} \text{ Widerstandszahlen nach 8.10}$$

Druckabfall Δp im Gesamtstrom nach der Abzweigung

$$\Delta p = \zeta_{\text{g}}\,\frac{\varrho}{2}\,w^2$$

Fluidmechanik 8

8.5 Dynamische Zähigkeit η, kinematische Zähigkeit v und Dichte ϱ von Wasser

Temperatur in °C	0	10	20	30	40	50	60	70	80	90	100
$10^{-6}\,\eta$ in Ns/m²	1780	1300	1000	805	658	560	470	403	353	314	285
$10^{-6}\,v$ in m²/s	1,78	1,31	1,01	0,81	0,66	0,56	0,48	0,42	0,37	0,33	0,3
ϱ in kg/m³	1000	1000	998		992		983		972		958

8.6 Staudruck q in N/m² und Geschwindigkeit w in m/s für Luft und Wasser

Luft 15 °C. 1,013 bar = $1{,}013 \cdot 10^5$ N/m²

q	9,8	39	49	88	98	157	196	245	294	390	490
w	4	8	8,95	12	12,65	16	17,9	20	21,9	25,3	28,3

Wasser

q	9,8	20	29	69	98	128	177	245	490	980
w	0,14	0,2	0,28	0,4	0,447	0,5	0,6	0,7	1	1,4

Wasser

q	1960	2940	3920	4900	7840	9800	19600	29400	39200
w	2	2,45	2,83	3,16	4	4,47	6,33	7,73	8,95

8.7 Absolute Wandrauigkeit *k*

Wandwerkstoff	absolute Rauigkeit *k* mm
Gezogene Rohre aus Buntmetallen, Glas, Kunststoffen, Leichtmetallen	0 ... 0,0015
Gezogene Stahlrohre	0,01 ... 0,05
feingeschlichtete, geschliffene Oberfläche	bis 0,010
geschlichtete Oberfläche	0,01 ... 0,040
geschruppte Oberfläche	0,05 ... 0,1
Geschweißte Stahlrohre handelsüblicher Güte	
neu	0,05 ... 0,10
nach längerem Gebrauch, gereinigt	0,15 ... 0,20
mäßig verrostet, leicht verkrustet	bis 0,40
schwer verkrustet	bis 3
Gusseiserne Rohre	
inwendig bitumiert	0,12
neu, nicht ausgekleidet	0,25 ... 1
angerostet	1 ... 1,5
verkrustet	1,5 ... 3
Betonrohre	
Glattstrich	0,3 ... 0,8
roh	1 ... 3
Asbestzementrohre	0,1

8.8 Widerstandszahlen ζ für plötzliche Rohrverengung

Querschnittsverhältnis $\dfrac{A_2}{A_1} = 0,1$	0,2	0,3	0,4	0,6	0,8	1,0
$\zeta = 0,46$	0,42	0,37	0,33	0,23	0,13	0

8.9 Widerstandszahlen ζ für Ventile

Ventilart	DIN-Ventil	Reform-Ventil	Rhei-Ventil	Koswa-Ventil	Freifluss-Ventil	Schieber
$\zeta =$	4,1	3,2	2,7	2,5	0,6	0,05

8.10 Widerstandszahlen ζ von Leitungsteilen

			$\dfrac{d}{r}$	1	2	4	6	10
Krümmer			$\delta = 15°$	0,03	0,03	0,03	0,03	0,03
			$\delta = 22,5°$	0,045	0,045	0,045	0,045	0,045
		glatt	$\delta = 45°$	0,14	0,09	0,08	0,075	0,07
			$\delta = 60°$	0,19	0,12	0,10	0,09	0,07
			$\delta = 90°$	0,21	0,14	0,11	0,09	0,11
		rau	$\delta = 90°$	0,51	0,30	0,23	0,18	0,20

Gusskrümmer 90°	NW	50	100	200	300	400	500
	$\zeta =$	1,3	1,5	1,8	2,1	2,2	2,2

scharfkantiges Knie

		$\delta =$	22,5°	30°	45°	60°	90°
glatt	$\zeta =$		0,07	0,11	0,24	0,47	1,13
rau	$\zeta =$		0,11	0,17	0,32	0,68	1,27

Kniestück

	$\dfrac{l}{d} =$	0,71	0,943	1,174	1,42	1,86	2,56	6,28
glatt	$\zeta =$	0,51	0,35	0,33	0,28	0,29	0,36	0,40
rau	$\zeta =$	0,51	0,41	0,38	0,38	0,39	0,43	0,45

Kniestück

	$\dfrac{l}{d} =$	1,23	1,67	2,37	3,77
glatt	$\zeta =$	0,16	0,16	0,14	0,16
rau	$\zeta =$	0,30	0,28	0,26	0,24

Stromabzweigung (Trennung)

		$\dfrac{\dot{V}_a}{\dot{V}} =$	0	0,2	0,4	0,6	0,8	1
$\delta = 90°$	$\zeta_a =$		0,95	0,88	0,89	0,95	1,10	1,28
	$\zeta_g =$		0,04	$-0,08$	$-0,05$	0,07	0,21	0,35
$\delta = 45°$	$\zeta_a =$		0,9	0,66	0,47	0,33	0,29	0,35
	$\zeta_g =$		0,04	$-0,06$	$-0,04$	0,07	0,20	0,33

Zusammenfluss (Vereinigung)

		$\dfrac{\dot{V}_a}{\dot{V}} =$	0	0,2	0,4	0,6	0,8	1
$\delta = 90°$	$\zeta_a =$		$-1,1$	$-0,4$	0,1	0,47	0,72	0,9
	$\zeta_g =$		0,04	0,17	0,3	0,4	0,5	0,6
$\delta = 45°$	$\zeta_a =$		0,9	$-0,37$	0	0,22	0,37	0,38
	$\zeta_g =$		0,05	0,17	0,18	0,05	$-0,2$	$-0,57$

für Warmwasserheizungen	Durchmesser	$d = 14$ mm	20	25	34	39	49
Bogenstück 90°	$\zeta =$	1,2	1,1	0,86	0,53	0,42	0,51
Knie 90°	$\zeta =$	1,2	1,7	1,3	1,1	1,0	0,83

Fluidmechanik | 8

9 Festigkeitslehre

9.1 Grundlagen

Normalspannung σ
$$\sigma = \frac{\Delta F_N}{\Delta A}$$
A Querschnittsfläche

Schubspannung τ
$$\tau = \frac{\Delta F_T}{\Delta A}$$

σ, τ	F	A
$\dfrac{\text{N}}{\text{mm}^2}$	N	mm^2

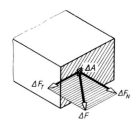

Formänderung
zur Normalspannung σ gehört eine Dehnung ε,
zur Schubspannung τ eine Gleitung γ

Einachsiger Spannungszustand

Schnitt rechtwinklig
zur Achse
$$\sigma = \frac{F}{A}$$

Schnitt schräg zur Achse
$$\sigma_\varphi = \frac{\sigma}{2}(1 + \cos 2\varphi)$$

$$\tau_\varphi = \frac{\sigma}{2}\sin 2\varphi$$

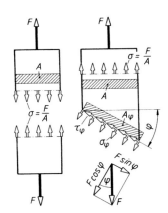

Ebener Spannungszustand

Bedingung
Scheibe konstanter Dicke, sämtliche Komponenten
der angreifenden Spannungen liegen in
Scheibenebene. Wegen Momentengleichgewichts
am Flächenteilchen muss $\tau_{xy} = \tau_{yx} = \tau$ sein

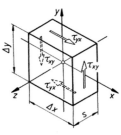

Normalspannung σ_φ
$$\sigma_\varphi = \frac{\sigma_y + \sigma_x}{2} + \frac{\sigma_y - \sigma_x}{2}\cos 2\varphi - \tau \sin 2\varphi$$

Schubspannung τ_φ
$$\tau_\varphi = \frac{\sigma_y - \sigma_x}{2}\sin 2\varphi + \tau \cos 2\varphi$$

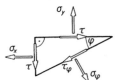

Hauptspannungen σ_1, σ_2 $\sigma_{1,2} = \dfrac{\sigma_y + \sigma_x}{2} \pm \sqrt{\left(\dfrac{\sigma_y - \sigma_x}{2}\right)^2 + \tau^2}$

Schnittwinkel φ_1, φ_2 $\tan 2\varphi_1 = -\dfrac{2\tau}{\sigma_y - \sigma_x}$ $\varphi_2 = \varphi_1 + \dfrac{\pi}{2}$

maximale Schub-
spannung τ_{max}
(in Schnittebene, die $\tau_{max} = \pm\sqrt{\left(\dfrac{\sigma_y - \sigma_x}{2}\right)^2 + \tau^2} = \pm\dfrac{\sigma_1 - \sigma_2}{2}$
gegen Hauptrichtungen
1,2 um 45° gedreht sind)

Spannungssumme $\sigma_\varphi + \sigma_{\varphi + (\pi/2)} = \sigma_x + \sigma_y = \sigma_1 + \sigma_2$

Mohr'scher
Spannungskreis   Kreis mit Radius $\tau_{max} = (\sigma_1 - \sigma_2)/2$ um Punkt
$[\sigma = (\sigma_x + \sigma_y)/2;\ \tau = 0]$ ergibt zeichnerisch die
Spannungen in den verschiedenen Schnitt-
ebenen. σ_1 und σ_y sind relative Größtwerte
(z. B. können σ_2 und σ_x negativ und absolut
größer sein als σ_1 und σ_y).

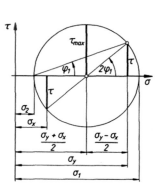

Formänderung

Verlängerung Δl $\Delta l = l - l_0$ l_0 Ursprungslänge

Dehnung ε $\varepsilon = \dfrac{\Delta l}{l_0} = \dfrac{l - l_0}{l_0}$ (bei Druck: Stauchung)

Hooke'sches Gesetz
für Normalspannung $\dfrac{\sigma}{\varepsilon} = E = \text{konstant}$ E Elastizitätsmodul (9.5)

Bruchdehnung δ_0
beim Zerreißversuch $\delta = \dfrac{\Delta l_B}{l_0} \cdot 100\ \text{in \%}$ Δl_B nach Zerreißen gebliebene
Verlängerung

Querdehnung ε_y
in y-Richtung $\varepsilon_y = \varepsilon_z = -\mu \varepsilon_x$ μ Querdehnzahl

Poisson-Zahl m $m = \dfrac{\text{Dehnung } \varepsilon}{\text{Querdehnung } \varepsilon_q} = \dfrac{\varepsilon}{\varepsilon_q}$ für Stahl $m \approx 3{,}3$

Querdehnzahl μ
(Querkontraktionszahl) $\mu = \dfrac{1}{m}$ (Werkstoffkonstante) $\mu_{\text{Stahl}} = 0{,}3$
$\mu_{\text{Grauguss}} = 0{,}26$
$\mu_{\text{Elastomere}} = 0{,}5$

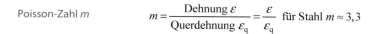

| Dehnung ε_x infolge sämtlicher Normalspannungen | $\varepsilon_x = \dfrac{1}{E}[\sigma_x - \mu(\sigma_y + \sigma_z)]$ | ε_y und ε_z durch zyklisches Vertauschen von x, y und z |

Volumendehnung e

$$e = \varepsilon_x + \varepsilon_y + \varepsilon_z = \frac{1-2\mu}{E}(\sigma_x + \sigma_y + \sigma_z)$$

Hooke'sches Gesetz für Schubspannungen

$$\frac{\tau}{\gamma} = G = \text{konstant}$$

γ Schiebung
G Schubmodul (9.5, 9.28, 9.29)

Modul-Verhältnis

$$\frac{G}{E} = \frac{1}{2(1+\mu)}$$

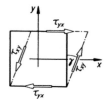

9.2 Zug- und Druckbeanspruchung

vorhandene Zug- oder Druckspannung $\sigma_{z,d}$

$$\sigma_{z,d\ \text{vorh}} = \frac{F_{\max}}{A} \le \sigma_{\text{zul}}$$

(Spannungsnachweis)

Bei *Zug*: Bohrungen und Nietlöcher vom tragenden Querschnitt abziehen.

Bei *Druck*: Schlanke Stäbe auf Knickung nachrechnen.

erforderlicher Querschnitt A_{erf}

$$A_{\text{erf}} = \frac{F_{\max}}{\sigma_{\text{zul}}}$$

(Querschnittsnachweis)

Bei Querschnittsänderungen gehört zum kleineren Querschnitt die größere Spannung und umgekehrt.

zulässige Belastung $F_{\max}$

$$F_{\max} = A\ \sigma_{\text{zul}}$$

(Belastungsnachweis)

$\sigma_{z,d}, E$	F	A	$\Delta l, l, l_0, f$	ε	W
$\dfrac{\text{N}}{\text{mm}^2}$	N	mm^2	mm	1	Nmm

Verlängerung Δl

$$\Delta l = l - l_0 = \varepsilon\, l_0 = \frac{\sigma\, l_0}{E} = \frac{F\, l_0}{EA}$$

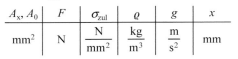

Formänderungsarbeit W

$$W = \frac{F\Delta l}{2} = \frac{\sigma^2 V}{2E} = \frac{R}{2}\Delta l^2 = \frac{R}{2}f^2$$

$$R = \frac{F}{\Delta l} = \frac{F}{f} \triangleq \tan\alpha$$

V Volumen in mm³
R Federrate in N/mm
f Federweg in mm

Stäbe gleicher Spannung (σ_{zul}) in jedem Querschnitt

$$A_{x\,\text{erf}} = A_0\, e^m = \frac{F}{\sigma_{\text{zul}}}\, e^m$$

$$m = \frac{10^{-9}\varrho\, g\, x}{\sigma_{\text{zul}}}$$

$e = 2,71828...$ Basis des natürlichen Logarithmus

$g = 9,81$ m/s² Fallbeschleunigung

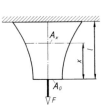

A_x, A_0	F	σ_{zul}	ϱ	g	x
mm^2	N	$\dfrac{\text{N}}{\text{mm}^2}$	$\dfrac{\text{kg}}{\text{m}^3}$	$\dfrac{\text{m}}{\text{s}^2}$	mm

größte Spannung σ_{dyn} bei dynamischer Belastung $F_{G\,dyn}$

$$\sigma_{dyn} = \sigma_0 + \sqrt{\sigma_0{}^2 + 2\sigma_0 E \frac{h}{l}}$$

größte Dehnung ε_{dyn} bei dynamischer Belastung $F_{G\,dyn}$

$$\varepsilon_{dyn} = \varepsilon_0 + \sqrt{\varepsilon_0{}^2 + 2\varepsilon_0 \frac{h}{l}}$$

bei plötzlich aufgebrachter Last ohne vorherigen freien Fall ($h = 0$) ist

$$\sigma_{dyn} = 2\,\sigma_0$$
$$\varepsilon_{dyn} = 2\,\varepsilon_0$$

größte Verlängerung Δl_{dyn}

$$\Delta l_{dyn} = \frac{\sigma_{dyn}}{E} l$$

Verlängerung Δl_t bei Temperaturänderung ΔT

$$\Delta l_t = l_0\,\alpha_l\,\Delta T$$

Länge l_t nach Temperaturänderung ΔT

$$l_t = l_0\,(1 + \alpha_l\,\Delta T)$$

Wärmespannung σ_t

$$\sigma_t = \alpha_l\,\Delta T\,E$$

$F_{G\,dyn}$ Gewichtskraft eines plötzlich frei am Seil fallenden Körpers
E Elastizitätsmodul
h Fallhöhe
l Seillänge
A Seilquerschnitt

$$\sigma_0 = \frac{F_{G\,dyn}}{A}$$

σ, E	$h, l, \Delta l$	ε	$F_{G\,dyn}$	A
$\dfrac{N}{mm^2}$	mm	1	N	mm^2

α_l Längenausdehnungskoeffizient (6.16)
ΔT Temperaturdifferenz
E E-Modul (9.5, 9.28, 9.29)

$\Delta l_t, l_0, l_t$	α_l	ΔT	σ_t, E
mm	$\dfrac{1}{K}$	K	$\dfrac{N}{mm^2}$

9.3 Biegebeanspruchung

vorhandene Biegespannung $\sigma_{b\,vorh}$

$$\sigma_{b\,vorh} = \frac{M_{b\,max}}{W} \le \sigma_{b\,zul}$$

(Spannungsnachweis)

erforderliches Widerstandsmoment W_{erf}

$$W_{erf} = \frac{M_{b\,max}}{\sigma_{b\,zul}}$$

(Querschnittsnachweis)

zulässige Belastung $M_{b\,max}$

$$M_{b\,max} = W\,\sigma_{b\,zul}$$
(Belastungsnachweis)

größte Zugspannung $\sigma_{z\,max}$

$$\sigma_{z\,max} = \sigma_{b2} = \frac{M_b\,e_2}{I} = \frac{M_b}{W_2} \le \sigma_{z\,zul}$$

größte Druckspannung $\sigma_{d\,max}$

$$\sigma_{d\,max} = \sigma_{b1} = \frac{M_b\,e_1}{I} = \frac{M_b}{W_1} \le \sigma_{d\,zul}$$

Diese Gleichung nur anwenden, wenn $e_1 = e_2 = e$ ist. Sonst die Gleichung für unsymmetrischen Querschnitt benutzen.
W axiales Widerstandsmoment nach 9.8
I axiales Flächenmoment 2. Grades nach 9.8

σ_b	M_b	W	I	e
$\dfrac{N}{mm^2}$	Nmm	mm^3	mm^4	mm

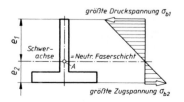

Bestimmung des maximalen Biegemoments $M_{b\,max}$

Stützkräfte bestimmen

rechnerisch ($\sum F_y = 0$, $\sum M = 0$) oder zeichnerisch (Seileckfläche $\triangleq$ Biegemomentenfläche), worin

$$\boxed{M_b = H\,y\,m_K\,m_L}$$

M_b	H, y	m_K	m_L
Nmm	mm	$\dfrac{N}{mm}$	$\dfrac{mm}{mm}$

H Polabstand in mm

$m_K = a$ N/mm Kräftemaßstab

$m_L = b$ mm/mm Längenmaßstab

Querkraftfläche zeichnen und Nulldurchgänge festlegen

$M_{b\,max}$ entweder aus Querkraftfläche links oder rechts vom Nulldurchgang ($M_b \triangleq A_q$) berechnen,

oder: In den Querschnitt x stellen und die Momente rechts oder links vom Querschnitt addieren, Summe ist $M_{b(x)}$.

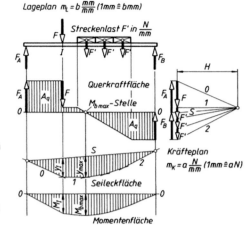

9.4 Flächenmomente 2. Grades *I*, Widerstandsmomente *W*, Trägheitsradien *i*
(siehe auch 9.8, 9.9, 9.10)

axiales Flächenmoment I_x

$$I_x = \sum y^2\, \Delta A$$
(bezogen auf die x-Achse)

axiales Flächenmoment I_y

$$I_y = \sum x^2\, \Delta A$$
(bezogen auf die y-Achse)

polares Flächenmoment I_p

$$I_p = \sum r^2\, \Delta A = I_x + I_y$$

Zentrifugalmoment I_{xy}

$$I_{xy} = \sum x\,y\, \Delta A$$

Trägheitsradius i

$$i = \sqrt{\dfrac{I}{A}}$$

für I kann I_x, I_y, I_p eingesetzt werden, das ergibt dann i_x, i_y, i_p

A Flächeninhalt

bezogen auf Achsen, parallel zu den Schwerachsen A–A oder B–B

$$I_A = I_x + A\,l_a^2$$
$$I_B = I_y + A\,l_b^2$$
$$I_{AB} = I_{xy} + A\,l_a\,l_b$$
(Verschiebesatz von Steiner)

axiales Flächenmoment bezogen auf A-A

axiales Flächenmoment bezogen auf B-B

Zentrifugalmoment

bei Drehung um Winkel α

$$I_u = \frac{I_x + I_y}{2} + \frac{I_x - I_y}{2}\cos 2\alpha - I_{xy}\sin 2\alpha$$

$$I_v = \frac{I_x + I_y}{2} + \frac{I_x - I_y}{2}\cos 2\alpha + I_{xy}\sin 2\alpha$$

$$I_{uv} = \frac{I_x - I_y}{2}\sin 2\alpha + I_{xy}\cos 2\alpha$$

Festigkeitslehre **9**

Hauptflächenmomente
I_I, I_II

$$I_\text{I} = I_\text{max} = \frac{I_\text{x} - I_\text{y}}{2} + \frac{1}{2}\sqrt{(I_\text{y} - I_\text{x})^2 + 4I_\text{xy}^2}$$

(zeichnerisch mit
Trägheitskreis)

$$I_\text{II} = I_\text{min} = \frac{I_\text{x} + I_\text{y}}{2} - \frac{1}{2}\sqrt{(I_\text{y} - I_\text{x})^2 + 4I_\text{xy}^2}$$

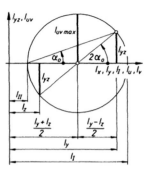

Lage der Hauptachsen
($I_\text{uv} = 0$)

$$\tan 2\alpha_0 = \frac{2I_\text{xy}}{I_\text{y} - I_\text{x}}$$

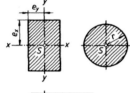

axiales Widerstands-
moment W_x, W_y

$$W_\text{x} = \frac{I_\text{x}}{e_\text{x}} \qquad W_\text{y} = \frac{I_\text{y}}{e_\text{y}}$$

polares Widerstands-
moment W_p

$$W_\text{p} = \frac{I_\text{p}}{r}$$

axiales Widerstands-
moment bei einfach
symmetrischem
Querschnitt

$$W_\text{x1} = \frac{I_\text{x}}{e_1} \qquad W_\text{x2} = \frac{I_\text{x}}{e_2}$$

Flächenmomente 2. Grades zusammengesetzter Flächen einfach symme-
trischer Querschnitte:

1. Querschnitt in Teilflächen bekannter Schwerpunktslage zerlegen,
2. Schwerpunkte der Teilflächen bestimmen (7.7),
3. Flächenmomente der Teilflächen, bezogen auf ihre eigene Schwerachse
   nach 9.8 berechnen,
4. Lage des Gesamtschwerpunkts bestimmen, wenn die Gesamtschwerachse
   Bezugsachse ist,
5. Flächenmoment nach Verschiebesatz von Steiner bestimmen.

Verschiebesatz
von Steiner

$$I = I_1 + A_1 l_1^2 + I_2 + A_2 l_2^2 + \ldots + I_\text{n} + A_\text{n} l_\text{n}^2$$

Hinweis: Fallen Teilschwerachsen und Bezugsachsen zusammen, dann sind
die Abstände l_1, l_2 … gleich null und es wird $I = I_1 + I_2 + \ldots + I_\text{n}$, d. h. die
Teilflächenmomente 2. Grades werden einfach addiert.

9.5 Elastizitätsmodul *E* und Schubmodul *G* verschiedener Werkstoffe in N/mm²

Werkstoff	E	G
Stahl und Stahlguss	200 000 … 210 000	80 000 … 83 000
Gusseisen	75 000 … 105 000	30 000 … 60 000
Temperguss	90 000 … 100 000	50 000 … 60 000
Messing	100 000 … 110 000	35 000 … 42 000
Zinnbronze	110 000 … 115 000	40 000
Al Cu Mg	72 000	–
Kunstharz	4 000 … 16 000	–
Fichte (∥/⊥) [1]	11 000/ 550	–
Buche (∥/⊥) [1]	16 000/1 500	–
Esche (∥/⊥) [1]	13 400/1 100	28 000

[1] parallel/rechtwinklig zur Faserrichtung

9.6 Träger gleicher Biegebeanspruchung

Längs- und Querschnitt des Trägers	Begrenzung des Längsschnitts	Gleichungen zur Berechnung der Querschnitts-Abmessungen
Die Last F greift am Ende des Trägers an:		
	obere Begrenzung: Gerade	$y = \sqrt{\dfrac{6F}{b\,\sigma_{\text{zul}}}}\,x\;;\;\; h = \sqrt{\dfrac{6Fl}{b\,\sigma_{\text{zul}}}}\;;\;\; y = h\sqrt{\dfrac{x}{l}}$
	untere Begrenzung: quadratische Parabel	Durchbiegung in A: $f = \dfrac{8F}{bE}\left(\dfrac{l}{h}\right)^3$
	Gerade	$y = \dfrac{6F}{h^2\,\sigma_{\text{zul}}}\,x\;;\;\; b = \dfrac{6Fl}{h^2\,\sigma_{\text{zul}}}\;;\;\; y = \dfrac{bx}{l}$
		Durchbiegung in A: $f = \dfrac{6F}{bE}\left(\dfrac{l}{h}\right)^3$
	Kubische Parabel	$y = \sqrt[3]{\dfrac{32F}{\pi\,\sigma_{\text{zul}}}}\,x\;;\;\; d = \sqrt[3]{\dfrac{32Fl}{\pi\,\sigma_{\text{zul}}}}\;;\;\; y = \sqrt[3]{\dfrac{x}{l}}$
		Durchbiegung in A $\;\;f = \dfrac{3}{5}\cdot\dfrac{Fl^3}{EI}\;;\;\; I = \dfrac{\pi d^4}{64}$
Die Last F ist gleichmäßig über den Träger verteilt:		
	Gerade	$y = x\sqrt{\dfrac{3F}{bl\,\sigma_{\text{zul}}}}\;;\;\; h = \sqrt{\dfrac{3Fl}{b\,\sigma_{\text{zul}}}}\;;\;\; y = \dfrac{hx}{l}$
		$F = F'l\;\;\;\;\; F'$ Streckenlast in $\dfrac{\text{N}}{\text{m}}$
	Quadratische Parabel	$y = \dfrac{3F}{l\,\sigma_{\text{zul}}}\left(\dfrac{x}{h}\right)^2\;;\;\; b = \dfrac{3Fl}{h^2\,\sigma_{\text{zul}}}\;;\;\; y = \dfrac{bx^2}{l^2}$
		Durchbiegung in A: $f = \dfrac{3F}{bE}\left(\dfrac{l}{h}\right)^3$

Festigkeitslehre 9

Längs- und Querschnitt des Trägers	Begrenzung des Längsschnitts	Gleichungen zur Berechnung der Querschnitts-Abmessungen
Die Last F wirkt in C: 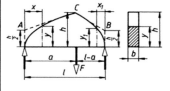	obere Begrenzung: zwei quadratische Parabeln	$y = \sqrt{\dfrac{6F(l-a)}{b\,l\,\sigma_{zul}}}\,x = h\sqrt{\dfrac{x}{a}}$ $y_1 = \sqrt{\dfrac{6F\,a}{b\,l\,\sigma_{zul}}}\,x_1 = h\sqrt{\dfrac{x_1}{l-a}}$ $h = \sqrt{\dfrac{6F(l-a)\,a}{b\,l\,\sigma_{zul}}}$
Die Last F ist gleichmäßig über den Träger verteilt: 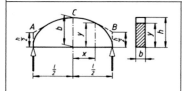	obere Begrenzung: Ellipse	$\dfrac{x^2}{\left(\dfrac{l}{2}\right)^2} + \dfrac{y^2}{h^2} = 1$; $h = \sqrt{\dfrac{3Fl}{4b\,\sigma_{zul}}}$ Durchbiegung in C: $f = \dfrac{1}{64}\cdot\dfrac{Fl^3}{E\,I} = \dfrac{3}{16}\cdot\dfrac{F}{b\,E}\left(\dfrac{l}{h}\right)^3$

9.7 Stützkräfte, Biegemomente und Durchbiegungen bei Biegeträgern mit gleichbleibendem Querschnitt

F Einzellast oder Resultierende der Streckenlast

F' die auf die Längeneinheit bezogene Streckenlast

F_A, F_B Stützkräfte in den Lagerpunkten A und B

M_{max} maximales Biegemoment in den Wendepunkten der Biegelinie ist $M = 0$

I axiales Flächenmoment 2. Grades des Querschnitts

E Elastizitätsmodul des Werkstoffs

f Durchbiegung.

Die strichpunktierte Linie gibt den Momentenverlauf über der Balkenlänge an. Positive Momentenlinien laufen nach oben, negative nach unten.

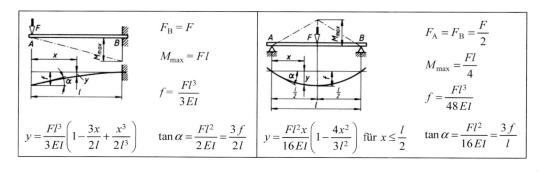

$$F_B = F$$

$$M_{max} = Fl$$

$$f = \frac{Fl^3}{3EI}$$

$$y = \frac{Fl^3}{3EI}\left(1 - \frac{3x}{2l} + \frac{x^3}{2l^3}\right) \qquad \tan\alpha = \frac{Fl^2}{2EI} = \frac{3f}{2l}$$

$$F_A = F_B = \frac{F}{2}$$

$$M_{max} = \frac{Fl}{4}$$

$$f = \frac{Fl^3}{48EI}$$

$$y = \frac{Fl^2 x}{16EI}\left(1 - \frac{4x^2}{3l^2}\right) \text{ für } x \le \frac{l}{2} \qquad \tan\alpha = \frac{Fl^2}{16EI} = \frac{3f}{l}$$

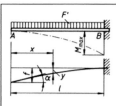

$$F_B = F = F' l$$

$$M_{max} = \frac{F l}{2}$$

$$f = \frac{F l^3}{8 E I} = \frac{F' l^4}{8 E I}$$

$$\tan \alpha = \frac{F l^2}{6 E I} = \frac{4 f}{3 l}$$

$$y = \frac{F' l^4}{24 E I} \left(\frac{x^4}{l^4} - 4 \frac{x}{l} + 3 \right)$$

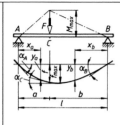

$$F_A = F \frac{b}{l} \qquad F_B = F \frac{a}{l}$$

$$M_{max} = F \frac{ab}{l}$$

$$f = \frac{F a^2 b^2}{E I 3 l}$$

$$f_{max} = f \frac{l+a}{3a} \sqrt{\frac{l+a}{3b}}$$

$$\tan \alpha_A = f \left(\frac{1}{a} + \frac{1}{2b} \right) \qquad \tan \alpha_B = f \left(\frac{1}{b} + \frac{1}{2a} \right)$$

$$y_a = \frac{F a b^2 x_a}{6 E I l} \left(1 + \frac{l}{b} - \frac{x_a^2}{ab} \right) \qquad y_b = \frac{F a^2 b x_b}{6 E I l} \left(1 + \frac{l}{a} - \frac{x_b^2}{ab} \right)$$

(für $x_a \le a$) \qquad (für $x_b \le b$)

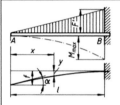

$$F_B = F = \frac{F' l}{2}$$

$$M_{max} = \frac{F l}{3}$$

$$f = \frac{F l^3}{15 E I}$$

$$\tan \alpha = \frac{F l^2}{12 E I} = \frac{5 f}{4 l}$$

$$y = \frac{F' l^4}{120 E I} \left(\frac{x^5}{l^5} - 5 \frac{x}{l} + 4 \right)$$

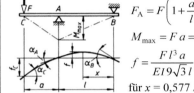

$$F_A = F \left(1 + \frac{a}{l} \right) \qquad F_B = F \frac{a}{l}$$

$$M_{max} = F a = M_A$$

$$f = \frac{F l^3 a}{E I 9 \sqrt{3} l}$$

für $x = 0{,}577\, l$

$$f_C = \frac{F l^3 a^2}{3 E I l^2} \left(1 + \frac{a}{l} \right)$$

$$\tan \alpha_A = \frac{F a l}{3 E I} \qquad \tan \alpha_B = \frac{F a l}{6 E I} \qquad \tan \alpha_C = \frac{F a (2 l + 3 a)}{6 E I}$$

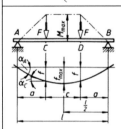

$$F_A = F_B = F$$

$$M_{max} = F a$$

$$f = \frac{F l^3 a^2}{2 E I l^2} \left(1 - \frac{4a}{3l} \right) \qquad \tan \alpha_A = \frac{F a (a + c)}{2 E I}$$

$$f_{max} = \frac{F l^3 a}{8 E I l} \left(1 - \frac{4 a^2}{3 l^2} \right) \qquad \tan \alpha_C = \tan \alpha_D = \frac{F a c}{2 E I}$$

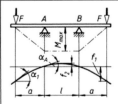

$$F_A = F_B = F$$

$$M_{max} = F a$$

$$f_1 = \frac{F a^2}{E I} \left(\frac{a}{3} + \frac{l}{2} \right)$$

$$f_2 = \frac{F a l^2}{8 E I}$$

$$\tan \alpha_1 = \frac{F a (l + c)}{2 E I} \qquad \tan \alpha_A = \frac{F a l}{2 E I}$$

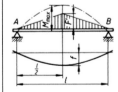

$$F_A = F_B = \frac{F' l}{4}$$

$$M_{max} = \frac{F l}{6} = \frac{F' l^2}{12}$$

$$f = \frac{F l^3}{60 E I} = \frac{F' l^4}{120 E I}$$

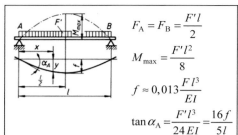

$$F_A = F_B = \frac{F'l}{2}$$

$$M_{max} = \frac{F'l^2}{8}$$

$$f \approx 0,013\,\frac{F\,l^3}{EI}$$

$$\tan\alpha_A = \frac{F'l^3}{24\,EI} = \frac{16\,f}{5\,l}$$

$$y = \frac{F'l^3 x}{24\,EI}\left(1-\frac{x}{l}\right)\left(1+\frac{x}{l}-\frac{x^2}{l^2}\right)$$

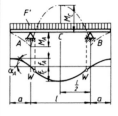

$$F_A = F_B = F'\left(\frac{l}{2}+a\right)$$

$$M_A = \frac{F'a^2}{2}$$

$$M_C = \frac{F'l^2}{2}\left[\frac{1}{4}-\left(\frac{a}{l}\right)^2\right]$$

$$f_A = \frac{F'l^4}{4\,EI}\left[\frac{a}{6l}-\left(\frac{a}{l}\right)^3-\frac{1}{2}\left(\frac{a}{l}\right)^4\right]$$

$$\tan\alpha_A = \frac{F'l^3}{4\,EI}\left[\frac{1}{6}-\left(\frac{a}{l}\right)^2\right]$$

$$f_C = \frac{F'l^4}{16\,EI}\left[\frac{5}{24}-\left(\frac{a}{l}\right)^2\right]$$

$$F_A = \frac{F'l}{6}\qquad F_B = \frac{F'l}{3}$$

$$M_{max} = 0,064\,F'l^2$$

$$\text{bei } x = 0,5774\,l$$

$$f = \frac{F'l^4}{153,4\,EI}$$

$$\text{bei } y = 0,5193\,l$$

$$\eta = \frac{F'l^3 a}{360\,EI}\left(1-\frac{a^2}{l^2}\right)\left(7-3\frac{a^2}{l^2}\right)$$

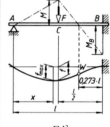

$$F \text{ in Stabmitte}$$

$$F_A = \frac{5}{16}F\qquad F_B = \frac{11}{16}F$$

$$M = \frac{5}{32}F\,l\qquad M_B = \frac{3}{16}F\,l$$

$$f = \frac{7\,F\,l^3}{768\,EI}$$

$$f_{max} = \frac{F\,l^3}{48\sqrt{5}\,EI}\qquad \text{bei } x = 0,447\,l$$

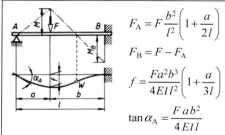

$$F_A = F\frac{b^2}{l^2}\left(1+\frac{a}{2l}\right)$$

$$F_B = F - F_A$$

$$f = \frac{Fa^2 b^3}{4EI\,l^2}\left(1+\frac{a}{3l}\right)$$

$$\tan\alpha_A = \frac{F\,ab^2}{4\,EI\,l}$$

$$M = Fa\left[1+\frac{1}{2}\left(\frac{a}{b}\right)^3-\frac{3a}{2l}\right]$$

$$M_B = \frac{F\,l}{2}\left[\frac{a}{l}-\left(\frac{a}{l}\right)^3\right]$$

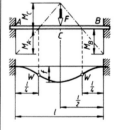

$$F_A = F_B = \frac{F}{2}$$

$$M_C = \frac{F\,l}{8} = M_A = M_B$$

$$f = \frac{F\,l^3}{192\,EI}$$

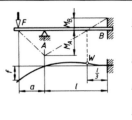

$$F_A = F\left(1 + \frac{3a}{2l}\right)$$

$$F_B = F\frac{3a}{2l}$$

$$M_A = Fa$$

$$M_B = \frac{Fa}{2}$$

$$f = \frac{Fl^3}{EI}\left[\frac{1}{3}\left(\frac{a}{l}\right)^3 + \frac{1}{4}\left(\frac{a}{l}\right)^2\right]$$

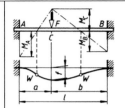

$$M_A = Fa\left(\frac{b}{l}\right)^2$$

$$M_B = Fb\left(\frac{a}{l}\right)^2$$

$$f = \frac{Fa^3b^3}{3EIl^3}$$

$$M_C = 2Fb\left(\frac{a}{l}\right)^2\left(1 - \frac{a}{l}\right)$$

$$F_A = F\left(\frac{b}{l}\right)^2\left(3 - 2\frac{b}{l}\right)$$

$$F_B = F\left(\frac{a}{l}\right)^2\left(3 - 2\frac{a}{l}\right)$$

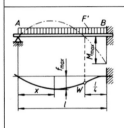

$$F_A = \frac{3}{8}F'l$$

$$F_B = \frac{5}{8}F'l$$

$$M_{max} = \frac{F'l^2}{8}$$

$$f_{max} = \frac{F'l^4}{185EI}$$

für $x = 0,4215\,l$

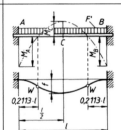

$$F_A = F_B = \frac{F'l}{2}$$

$$M_C = \frac{F'l^2}{24}$$

$$M_A = M_B = \frac{F'l^2}{12} = M_{max}$$

$$f = \frac{F'l^4}{384EI}$$

9.8 Axiale Flächenmomente 2. Grades, Widerstandsmomente *W*, Flächeninhalte *A* und Trägheitsradien *i* verschieden gestalteter Querschnitte für Biegung und Knickung
(die Gleichungen gelten für die eingezeichneten Achsen)

$I_x = \dfrac{bh^3}{12}$	$I_y = \dfrac{hb^3}{12}$	$A = bh$
$W_x = \dfrac{bh^2}{6}$	$W_y = \dfrac{hb^2}{6}$	
$i_x = 0,289\,h$	$i_y = 0,289\,b$	

$I_x = I_y = I_D = \dfrac{h^4}{12}$	$i = 0,289\,h$	$A = h^2$
$W_x = W_y = \dfrac{h^3}{6}$	$W_D = \sqrt{2}\,\dfrac{h^3}{12}$	

Festigkeitslehre **9**

$$I = \frac{ah^3}{36}$$

$$W = \frac{ah^2}{24}$$

$$e = \frac{2}{3}h$$

$$i = 0{,}236\,h$$

$$A = \frac{ah}{2}$$

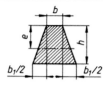

$$I = \frac{6b^2 + 6bb_1 + b_1^2}{36(2b + b_1)}h^3$$

$$W = \frac{6b^2 + 6bb_1 + b_1^2}{12(3b + 2b_1)}h^2$$

$$A = \frac{2b + b_1}{2}h$$

$$e = \frac{1}{3}\frac{3b + 2b_1}{2b + b_1}h$$

$$i = \sqrt{\frac{I}{A}}$$

$$I = \frac{\pi d^4}{64} \approx \frac{d^4}{20}$$

$$W = \frac{\pi d^3}{32} \approx \frac{d^3}{10}$$

$$A = \frac{\pi}{4}d^2$$

$$i = \frac{d}{4}$$

$$I = \frac{\pi}{64}(D^4 - d^4)$$

$$W = \frac{\pi}{32}\frac{D^4 - d^4}{D}$$

$$A = \frac{\pi}{4}(D^2 - d^2)$$

$$i = 0{,}25\sqrt{D^2 + d^2}$$

$$I_x = \frac{\pi a^3 b}{4}$$

$$W_x = \frac{\pi a^2 b}{4}$$

$$I_y = \frac{\pi b^3 a}{4}$$

$$W_y = \frac{\pi b^2 a}{4}$$

$$i_x = \frac{a}{2}$$

$$i_y = \frac{b}{2}$$

$$A = \pi a b$$

$$I_x = \frac{\pi}{4}(a^3 b - a_1^3 b_1) \approx \frac{\pi}{4}a^2 d(a + 3b)$$

$$W_x = \frac{I_x}{a} \approx \frac{\pi}{4}ad(a + 3b)$$

$$A = \pi(ah - a_1 b_1)$$

$$i_x = \sqrt{\frac{I_x}{A}}$$

$$I_x = 0{,}0068\,d^4$$

$$W_{x1} = 0{,}0238\,d^3$$

$$W_y = 0{,}049\,d^3$$

$$e_1 = \frac{4r}{3\pi} = 0{,}4244\,r$$

$$I_y = 0{,}0245\,d^4$$

$$W_{x2} = 0{,}0323\,d^3$$

$$i_x = 0{,}132\,d$$

$$I_x = 0{,}1098(R^4 - r^4) - 0{,}283\,R^2 r^2\frac{R - r}{R + r}$$

$$I_y = \pi\frac{R^4 - r^4}{8}$$

$$W_y = \frac{\pi(R^4 - r^4)}{8R}$$

$$W_{x1} = \frac{I_x}{e_1}$$

$$W_{x2} = \frac{I_x}{e_2}$$

$$e_1 = \frac{2(D^3 - d^3)}{3\pi(D^2 - d^2)}$$

$$I = \frac{5\sqrt{3}}{16} s^4 = 0{,}5413\,s^4 \qquad A = \frac{3}{2}\sqrt{3}\,s^2$$

$$W = \frac{5}{8} s^3 = 0{,}625\,s^3 \qquad i = 0{,}456\,s$$

$$I = \frac{5\sqrt{3}}{16} s^4 = 0{,}5413\,s^4 \qquad A = \frac{3}{2}\sqrt{3}\,s^2$$

$$W = 0{,}5413\,s^3 \qquad i = 0{,}456\,s$$

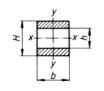

$$I_x = \frac{b}{12}(H^3 - h^3) \qquad I_y = \frac{b^3}{12}(H - h) \qquad A = b(H - h)$$

$$W_x = \frac{b}{6H}(H^3 - h^3) \qquad W_y = \frac{b^2}{6}(H - h)$$

$$i_x = \sqrt{\frac{H^3 - h^3}{12(H - h)}} \qquad I_y = 0{,}289\,b$$

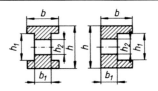

$$I = \frac{b(h^3 - h_1^3) + b_1(h_1^3 - h_2^3)}{12} \qquad A = b\,h - b_1\,h_2 - h_1(b - b_1)$$

$$W = \frac{b(h^3 - h_1^3) + b_1(h_1^3 - h_2^3)}{6h} \qquad i = \sqrt{\frac{I}{A}}$$

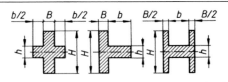

$$I = \frac{BH^3 + bh^3}{12} \qquad A = BH + bh$$

$$W = \frac{BH^3 + bh^3}{6H} \qquad i = \sqrt{\frac{I}{A}}$$

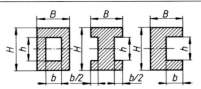

$$I = \frac{BH^3 - bh^3}{12} \qquad A = BH - bh$$

$$W = \frac{BH^3 - bh^3}{6H} \qquad i = \sqrt{\frac{I}{A}}$$

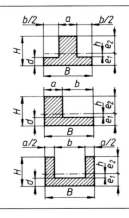

$$I = \frac{1}{3}(Be_1^3 - bh^3 + ae_2^3) \qquad A = Bd + a(H - d)$$

$$e_1 = \frac{1}{2} \cdot \frac{aH^2 + bd^2}{aH + bd}$$

$$e_2 = H - e_1 \qquad i = \sqrt{\frac{I}{A}}$$

Festigkeitslehre 9

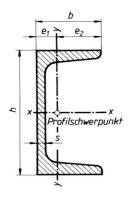

$$I = \frac{1}{3}(Be_1^3 - bh^3 + B_1 e_2^3 - b_1 h_1^3)$$

$$e_1 = \frac{1}{2}\cdot\frac{aH^2 + bd^2 + b_1 d_1(2H - d_1)}{aH + bd + b_1 d_1}$$

$$e_2 = H - e_1$$

$$A = Bd + b_1 d_1 + a(h + h_1)$$

$$i = \sqrt{\frac{I}{A}}$$

9.9 Warmgewalzter rundkantiger U-Stahl

Beispiel für die Bezeichnung eines U-Stahls und für das Ablesen von Flächenmomenten I und Widerstandsmomenten W:

U 100 DIN EN 10025-4

Höhe	h	$= 100$ mm
Breite	b	$= 50$ mm
Flächenmoment 2. Grades	I_x	$= 206 \cdot 10^4$ mm^4
Widerstandsmoment	W_x	$= 41{,}2 \cdot 10^3$ mm^3
Flächenmoment 2.Grades	I_y	$= 29{,}3 \cdot 10^4$ mm^4
Widerstandsmoment	W_{y1}	$= 18{,}9 \cdot 10^3$ mm^3
	W_{y2}	$= 8{,}49 \cdot 10^3$ mm^3
Oberfläche je Meter Länge	A_0'	$= 0{,}372$ m^2/m
Profilumfang	U	$= 0{,}372$ m
Trägheitsradius	$i_x = \sqrt{I_x / A}$	$= 39{,}1$ mm

Kurz-zeichen	Quer-schnitt										Ober-fläche je Meter Länge	Gewichts-kraft je Meter Länge
U	h mm	b mm	s mm	A mm^2	e_1/e_2 mm	I_x $\cdot10^4$ mm^4	W_x $\cdot10^3$ mm^3	I_y $\cdot10^4$ mm^4	W_{y1} $\cdot10^3$ mm^3	W_{y2} $\cdot10^3$ mm^3	A_0' m^2/m [1]	F_G' N/m
30 × 15	30	15	4	221	5,2/ 9,8	2,53	1,69	0,38	0,73	0,39	0,103	17,0
30	30	33	5	544	13,1/19,9	6,39	4,26	5,33	4,07	2,68	0,174	41,9
40 × 20	40	20	5	366	6,7/13,3	7,58	3,79	1,14	1,70	0,86	0,142	28,2
40	40	35	5	621	13,3/21,7	14,1	7,05	6,68	5,02	3,08	0,200	47,8
50 × 25	50	25	5	492	8,1/16,9	16,8	6,73	2,49	3,07	1,47	0,181	37,9
50	50	38	5	712	13,7/24,3	26,4	10,6	9,12	6,66	3,75	0,232	54,8
60	60	30	6	646	9,1/20,9	31,6	10,5	4,51	4,98	2,16	0,215	49,7
65	65	42	5,5	903	14,2/27,8	57,5	17,7	14,1	9,93	5,07	0,273	69,5
80	80	45	6	1100	14,5/30,5	106	26,5	19,4	13,4	6,36	0,312	84,7
100	100	50	6	1350	15,5/34,5	206	41,2	29,3	18,9	8,49	0,372	104,0
120	120	55	7	1700	16,0/39,0	364	60,7	43,2	27,0	11,1	0,434	130,9
140	140	60	7	2040	17,5/42,5	605	86,4	62,7	35,8	14,8	0,489	157,1
160	160	65	7,5	2400	18,4/46,6	925	116	85,3	46,4	18,3	0,546	184,8
180	180	70	8	2800	19,2/50,8	1350	150	114	59,4	22,4	0,611	215,6
200	200	75	8,5	3220	20,1/54,9	1910	191	148	73,6	27,0	0,661	248,0
220	220	80	9	3740	21,4/58,6	2690	245	197	92,1	33,6	0,718	288,0
240	240	85	9,5	4230	22,3/62,7	3600	300	248	111	39,6	0,775	325,7
260	260	90	10	4830	23,6/66,4	4820	371	317	134	47,7	0,834	372
280	280	95	10	5330	25,3/69,7	6280	448	399	158	57,3	0,890	410,5
300	300	100	10	5880	27,0/73,0	8030	535	495	183	67,8	0,950	452,8
320	320	100	14	7580	26,0/74,0	10870	679	597	230	80,7	0,982	583,7
350	350	100	14	7730	24,0/76,0	12840	734	570	238	75,0	1,05	595,3
380	380	102	13,5	8040	23,8/78,2	15760	829	615	258	78,6	1,11	619,1
400	400	110	14	9150	26,5/83,5	20350	1020	846	355	101	1,18	704,6

[1] Die Zahlenwerte geben zugleich den Profilumfang U in m an.

9.10 Warmgewalzter gleichschenkliger rundkantiger Winkelstahl

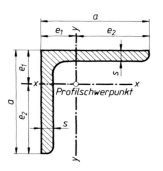

Beispiel für die Bezeichnung eines Winkelstahls und für das Ablesen von Flächenmomenten I und Widerstandsmomenten W:

L 40 × 6 DIN 1028

Schenkelbreite	a	$= 40$ mm
Schenkeldicke	s	$= 6$ mm
Flächenmoment 2. Grades	I_x	$= 6{,}33 \cdot 10^4$ mm^4
Widerstandsmoment	W_{x1}	$= 5{,}28 \cdot 10^3$ mm^3
	W_{x2}	$= 2{,}26 \cdot 10^3$ mm^3
Oberfläche je Meter Länge	A'_0	$= 0{,}16$ m^2/m
Profilumfang	U	$= 0{,}16$ m
Trägheitsradius	$i_x = \sqrt{I_x / A}$	$= 11{,}9$ mm

Kurzzeichen	$\dfrac{a}{s}$	Querschnitt A	$\dfrac{e_1}{e_2}$	$I_x = I_y$	$W_{x1} = W_{y1}$	$W_{x2} = W_{y2}$	Oberfläche je Meter Länge A'_0	Gewichtskraft je Meter Länge F'_G
L	mm	mm^2	mm	$\cdot 10^4$ mm^4	$\cdot 10^3$ mm^3	$\cdot 10^3$ mm^3	m^2/m [1]	N/m
20 × 4	20/ 4	145	6,4/ 13,6	0,48	0,75	0,35	0,08	11,2
25 × 5	25/ 5	226	8 / 17	1,18	1,48	0,69	0,10	17,4
30 × 5	30/ 5	278	9,2/ 20,8	2,16	2,35	1,04	0,12	21,4
35 × 5	35/ 5	328	10,4/ 24,6	3,56	3,42	1,45	0,14	25,3
40 × 6	40/ 6	448	12 / 28	6,33	5,28	2,26	0,16	34,5
45 × 6	45/ 6	509	13,2/ 31,8	9,16	6,94	2,88	0,17	39,2
50 × 6	50/ 6	569	14,5/ 35,5	12,8	8,83	3,61	0,19	43,8
50 × 8	50/ 8	741	15,2/ 34,8	16,3	10,7	4,68	0,19	57,1
55 × 8	55/ 8	823	16,4/ 38,6	22,1	13,5	5,73	0,21	63,4
60 × 6	60/ 6	691	16,9/ 43,1	22,8	13,5	5,29	0,23	53,2
60 × 10	60/10	1110	18,5/ 41,5	34,9	18,9	8,41	0,23	85,2
65 × 8	65/ 8	985	18,9/ 46,1	37,5	19,8	8,13	0,25	75,9
70 × 7	70/ 7	940	19,7/ 50,3	42,4	21,5	8,43	0,27	72,4
70 × 9	70/ 9	1190	20,5/ 49,5	52,6	25,7	10,6	0,27	91,6
70 × 11	70/11	1430	21,3/ 48,7	61,8	29,0	12,7	0,27	110,1
75 × 8	75/ 8	1150	21,3/ 53,7	58,9	27,7	11,0	0,29	88,6
80 × 8	80/ 8	1230	22,6/ 57,4	72,3	32,0	12,6	0,31	94,7
80 × 10	80/10	1510	23,4/ 56,6	87,5	37,4	15,5	0,31	116,7
80 × 12	80/12	1790	24,1/ 55,9	102	42,3	18,2	0,31	138,3
90 × 9	90/ 9	1550	25,4/ 64,6	116	45,7	18,0	0,35	119,4
90 × 11	90/11	1870	26,2/ 63,8	138	52,7	21,6	0,36	144,0
100 × 10	100/10	1920	28,2/ 71,8	177	62,8	24,7	0,39	147,9
100 × 14	100/14	2620	29,8/ 70,2	235	78,9	33,5	0,39	201,8
110 × 12	110/12	2510	31,5/ 78,5	280	88,9	35,7	0,43	193,3
120 × 13	120/13	2970	34,4/ 85,6	394	115	46,0	0,47	228,7
130 × 12	130/12	3000	36,4/ 93,6	472	130	50,4	0,51	231,0
130 × 16	130/16	3930	38,0/ 92	605	159	65,8	0,51	302,6
140 × 13	140/13	3500	39,2/100,8	638	163	63,3	0,55	269,5
140 × 15	140/15	4000	40,0/100,0	723	181	72,3	0,55	308,0
150 × 12	150/12	3480	41,2/108,8	737	179	67,7	0,59	268,0
150 × 16	150/16	4570	42,9/107,1	949	221	88,7	0,59	351,9
150 × 20	150/20	5630	44,4/105,6	1150	259	109	0,59	433,6
160 × 15	160/15	4610	44,9/115,1	1100	245	95,6	0,63	355,0
160 × 19	160/19	5750	46,5/113,5	1350	290	119	0,63	442,8
180 × 18	180/18	6190	51,0/129,0	1870	367	145	0,71	476,7
180 × 22	180/22	7470	52,6/127,4	2210	420	174	0,71	575,3
200 × 16	200/16	6180	55,2/144,8	2340	424	162	0,79	475,9
200 × 20	200/20	7640	56,8/143,2	2850	502	199	0,79	588,3
200 × 24	200/24	9060	58,4/141,6	3330	570	235	0,79	697,7
200 × 28	200/28	10500	59,9/140,1	3780	631	270	0,79	808,6

[1] Die Zahlenwerte geben zugleich den Profilumfang U in m an.

9 **Festigkeitslehre**

9.11 Warmgewalzter ungleichschenkliger rundkantiger Winkelstahl

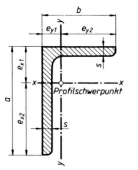

Beispiel für die Bezeichnung eines ungleichschenkligen Winkelstahls und für das Auswerten der Tabelle:

L EN 10056-1 – 30 × 20 × 4

Schenkel breite	a	$= 30$ mm, $b = 20$ mm
Schenkeldicke	s	$= 4$ mm
Flächenmoment 2. Grades	I_x	$= 1{,}59 \cdot 10^4$ mm^4
Widerstandsmomente	W_{x1}	$= 1{,}54 \cdot 10^3$ mm^3 $W_{x2} = 0{,}81 \cdot 10^3$ mm^3
Oberfläche je Meter Länge	A'_0	$= 0{,}097$ m^2/m
Profilumfang	U	$= 0{,}097$ m
Gewichtskraft je Meter Länge	F'_G	$= 14{,}2$ N/m

Trägheitsradius $i_x = \sqrt{I_x / A}$ $= 9{,}27$ mm

Kurzzeichen				Quer-schnitt								Ober-fläche je Meter Länge	Gewichts-kraft je Meter Länge
L	a	b	c	A	e_{x1}/e_{y1}	I_x	W_{x1}	W_{x2}	I_y	W_{y1}	W_{y2}	A'_0	F'_G
	mm	mm	mm	mm^2	mm	$\cdot 10^4$mm^4	$\cdot 10^3$mm^3	$\cdot 10^3$mm^3	$\cdot 10^4$mm^4	$\cdot 10^3$mm^3	$\cdot 10^3$mm^3	m^2/m [1]	N/m
30 × 20 × 4	30	20	4	185	10,3 /5,4	1,59	1,54	0,81	0,55	1,02	0,38	0,097	14,2
40 × 20 × 4	40	20	4	225	14,7/ 4,8	3,59	2,44	1,42	0,60	1,25	0,39	0,117	17,4
45 × 30 × 5	45	30	5	353	15,2/ 7,8	6,99	4,60	2,35	2,47	3,17	1,11	0,146	27,2
50 × 40 × 5	50	40	5	427	15,6/10,7	10,4	6,67	3,02	5,89	5,50	2,01	0,177	32,9
60 × 30 × 7	60	30	7	585	22,4/ 7,6	20,7	9,24	5,50	3,41	4,49	1,52	0,175	45,0
60 × 40 × 6	60	40	6	568	20,0/10,1	20,1	10,1	5,03	7,12	7,05	2,38	0,195	43,7
65 × 50 × 5	65	50	5	554	19,9/12,5	23,1	11,6	5,11	11,9	9,52	3,18	0,224	42,7
65 × 50 × 9	65	50	9	958	21,5/14,1	38,2	17,8	8,77	19,4	13,8	5,39	0,224	73,7
75 × 50 × 7	75	50	7	830	24,8/12,5	46,4	18,7	9,24	16,5	13,2	4,39	0,244	63,8
75 × 55 × 9	75	55	9	1090	24,7/14,8	59,4	24,0	11,8	26,8	18,1	6,66	0,254	84,2
80 × 40 × 6	80	40	6	689	28,5/ 8,8	44,9	15,8	8,73	7,59	8,63	2,44	0,234	53,1
80 × 40 × 8	80	40	8	901	29,4/ 9,5	57,6	19,6	11,4	9,68	10,2	3,18	0,234	69,3
80 × 65 × 8	80	65	8	1100	24,7/17,3	68,1	27,6	12,3	40,1	23,2	8,41	0,283	84,9
90 × 60 × 6	90	60	6	869	28,9/14,1	71,7	24,8	11,7	25,8	18,3	5,61	0,294	66,9
90 × 60 × 8	90	60	8	1140	29,7/14,9	92,5	31,1	15,4	33,0	22,0	7,31	0,294	87,9
100 × 50 × 6	100	50	6	873	34,9/10,4	87,7	25,1	13,8	15,3	14,7	3,86	0,292	67,2
100 × 50 × 8	100	50	8	1150	35,9/11,3	116	32,3	18,0	19,5	17,3	5,04	0,292	88,2
100 × 50 × 10	100	50	10	1410	36,7/12,0	141	38,4	22,2	23,4	19,5	6,17	0,292	108,9
100 × 65 × 9	100	65	9	1420	33,2/15,9	141	42,5	21,0	46,7	29,4	9,52	0,321	108,9
100 × 75 × 9	100	75	9	1510	31,5/19,1	148	47,0	21,5	71,0	37,0	12,7	0,341	115,7
120 × 80 × 8	120	80	8	1550	38,3/18,7	226	59,0	27,6	80,8	43,2	13,2	0,391	119,6
120 × 80 × 10	120	80	10	1910	39,2/19,5	276	70,4	34,1	98,1	50,3	16,2	0,391	147,1
120 × 80 × 12	120	80	12	2270	40,0/20,3	323	80,8	40,4	114	56,0	19,1	0,391	174,6
130 × 65 × 10	130	65	10	1860	46,5/14,5	321	69,0	38,4	54,2	37,4	10,7	0,381	143,2
130 × 75 × 10	130	75	10	1960	44,5/17,3	337	75,7	39,4	82,9	47,9	14,4	0,401	151,0
130 × 75 × 12	130	75	12	2330	45,3/18,1	395	87,2	46,6	96,5	53,3	17,0	0,401	179,5
130 × 90 × 10	130	90	10	2120	41,5/21,8	358	86,3	40,5	141	65,0	20,6	0,430	162,8
130 × 90 × 12	130	90	12	2510	42,4/22,6	420	99,1	48,0	165	73,0	24,4	0,430	193,2
150 × 75 × 9	150	75	9	1950	52,8/15,7	455	86,2	46,8	78,3	49,9	13,2	0,441	150,0
150 × 75 × 11	150	75	11	2360	53,7/16,5	545	101	56,6	93,0	56,0	15,9	0,441	182,4
150 × 90 × 10	150	90	10	2320	49,9/20,3	532	107	53,1	145	71,0	20,9	0,469	178,5
150 × 90 × 12	150	90	12	2750	50,8/21,1	626	123	63,1	170	81,0	24,7	0,469	211,8
150 × 100 × 10	150	100	10	2420	48,0/23,4	552	115	54,1	198	85,0	25,8	0,489	186,3
150 × 100 × 12	150	100	12	2870	48,9/24,2	650	133	64,2	232	96,0	30,6	0,489	221,6
150 × 100 × 14	150	100	14	3320	49,7/25,0	744	150	74,1	264	106	35,2	0,489	255,9
160 × 80 × 12	160	80	12	2750	57,2/17,7	720	126	70,0	122	69,0	19,6	0,469	211,8
200 × 100 × 10	200	100	10	2920	69,3/20,1	1220	176	93,2	210	104	26,3	0,587	225,6
200 × 100 × 14	200	100	14	4030	71,2/21,8	1650	232	128	282	129	36,1	0,587	309,9
250 × 90 × 10	250	90	10	3320	94,5/15,6	2170	230	140	161	103	21,7	0,667	255,9
250 × 90 × 14	250	90	14	4590	96,5/17,3	2960	307	192	216	125	29,7	0,667	353,0

[1] Die Zahlenwerte geben zugleich den Profilumfang U in m an.

9.12 Warmgewalzte schmale I-Träger (Auszug)

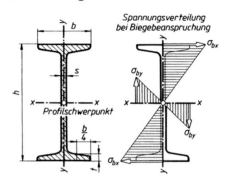

Spannungsverteilung
bei Biegebeanspruchung

Beispiel für die Bezeichnung eines schmalen I-Trägers mit geneigten inneren Flanschflächen und für das Auswerten der Tabelle:

I-Profil DIN 1025 – S235JR – I 80

Höhe	h	= 80 mm
Breite	b	= 42 mm
Flächenmoment 2. Grades	I_x	$= 77,8 \cdot 10^4 \ mm^4$
Widerstandsmoment	W_x	$= 19,5 \cdot 10^3 \ mm^3$
Oberfläche je Meter Länge	A'_0	$= 0,304 \ m^2/m$
Profilumfang	U	= 0,304 m
Trägheitsradius	$i_x = \sqrt{I_x / A}$	= 32 mm

Kurz-zeichen					Quer-schnitt					Oberfläche je Meter Länge	Gewichtskraft je Meter Länge
	h	b	s	t	A	I_x	W_x	I_y	W_y	A'_0	F'_G
I	mm	mm	mm	mm	mm^2	$\cdot 10^4 \ mm^4$	$\cdot 10^3 \ mm^3$	$\cdot 10^4 \ mm^4$	$\cdot 10^3 \ mm^3$	m^2/m [1]	N/m
80	80	42	3,9	5,9	758	77,8	19,5	6,29	3,00	0,304	58,4
100	100	50	4,5	6,8	1060	171	34,2	12,2	4,88	0,370	81,6
120	120	58	5,1	7,7	1420	328	54,7	21,5	7,41	0,439	110
140	140	66	5,7	8,6	1830	573	81,9	35,2	10,7	0,502	141
160	160	74	6,3	9,5	2280	935	117	54,7	14,8	0,575	176
180	180	82	6,9	10,4	2790	1450	161	81,3	19,8	0,640	215
200	200	90	7,5	11,3	3350	2140	214	117	26,0	0,709	258
220	220	98	8,1	12,2	3960	3060	278	162	33,1	0,775	305
240	240	106	8,7	13,1	4610	4250	354	221	41,7	0,844	355
260	260	113	9,4	14,1	5340	5740	442	288	51,0	0,906	411
280	280	119	10,1	15,2	6110	7590	542	364	61,2	0,966	471
300	300	125	10,8	16,2	6910	9800	653	451	72,2	1,03	532
320	320	131	11,5	17,3	7780	12510	782	555	84,7	1,09	599
340	340	137	12,2	18,3	8680	15700	923	674	98,4	1,15	668
360	360	143	13,0	19,5	9710	19610	1090	818	114	1,21	746
380	380	149	13,7	20,5	10700	24010	1260	975	131	1,27	824
400	400	155	14,4	21,6	11800	29210	1460	1160	149	1,33	908
425	425	163	15,3	23,0	13200	36970	1740	1440	176	1,41	1020
450	450	170	16,2	24,3	14700	45850	2040	1730	203	1,48	1128
475	475	178	17,1	25,6	16300	56480	2380	2090	235	1,55	1256
500	500	185	18,0	27,0	18000	68740	2750	2480	268	1,63	1383
550	550	200	19,0	30,0	21300	99180	3610	3490	349	1,80	1638
600	600	215	21,6	32,4	25400	139000	4630	4670	434	1,92	1952

[1] Die Zahlenwerte geben zugleich den Profilumfang U in m an.

9

Festigkeitslehre

9.13 Warmgewalzte I-Träger, IPE-Reihe

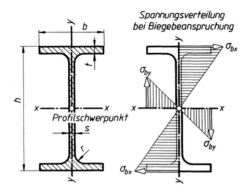

Spannungsverteilung
bei Biegebeanspruchung

Beispiel für die Bezeichnung eines mittelbreiten I-Trägers mit parallelen Flanschflächen und für das Ablesen von Flächenmomenten I und Widerstandsmomenten W:

IPE 80 DIN 1025 – S235JR

Höhe $\qquad$ h = 80 mm
Breite $\qquad$ b = 46 mm
Flächenmoment $\qquad$ I_x = 80,1 $\cdot$ 10^4 mm^4
Widerstandsmoment $\qquad$ W_x = 20,0 $\cdot$ 10^3 mm^3
Oberfläche je Meter Länge $\quad$ A'_0 = 0,328 m^2/m
Profilumfang $\qquad$ U = 0,328 m
Trägheitsradius $\qquad$ $I_x = \sqrt{I_x / A}$ = 32,4 mm

Kurz-zeichen IPE	b mm	t mm	h mm	s mm	r mm	Quer-schnitt A mm^2	I_x $\cdot 10^4$ mm^4	W_x $\cdot 10^3$ mm^3	I_y $\cdot 10^4$ mm^4	W_y $\cdot 10^3$ mm^3	Oberfläche je Meter Länge A'_0 m^2/m [1]	Gewichtskraft je Meter Länge F'_G N/m
80	46	5,2	80	3,8	5	764	80,1	20,0	8,49	3,69	0,328	59
100	55	5,7	100	4,1	7	1030	171	34,2	15,9	5,79	0,400	79
120	64	6,3	120	4,4	7	1320	318	53,0	27,7	8,65	0,475	102
140	73	6,9	140	4,7	7	1640	541	77,3	44,9	12,3	0,551	126
160	82	7,4	160	5,0	9	2010	869	109	68,3	16,7	0,623	155
180	91	8,0	180	5,3	9	2390	1320	146	101	22,2	0,698	184
200	100	8,5	200	5,6	12	2850	1940	194	142	28,5	0,768	220
220	110	9,2	220	5,9	12	3340	2770	252	205	37,3	0,848	257
240	120	9,8	240	6,2	15	3910	3890	324	284	473	0,922	301
270	135	10,2	270	6,6	15	4590	5790	429	420	62,2	1,041	353
300	150	10,7	300	7,1	15	5380	8360	557	604	80,5	1,155	414
330	160	11,5	330	7,5	18	6260	11770	713	788	98,5	1,254	482
360	170	12,7	360	8,0	18	7270	16270	904	1040	123	1,348	560
400	180	13,5	400	8,6	21	8450	23130	1160	1320	146	1,467	651
450	190	14,6	450	9,4	21	9880	33740	1500	1680	176	1,605	761
500	200	16,0	500	10,2	21	11600	48200	1930	2140	214	1,738	893
550	210	17,2	550	11,1	24	13400	67120	2440	2670	254	1,877	1032
600	220	19,0	600	12,0	24	15600	92080	3070	3390	308	2,014	1200

[1] Die Zahlenwerte geben zugleich den Profilumfang U in m an.

9.14 Warmgewalzte T-Träger (Auswahl)

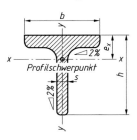

Profilschwerpunkt

Beispiel für die Bezeichnung eines T-Trägers und für das Auswerten der Tabelle:

T80 EN 10055 – S235JR

Höhe	h	$= b = 80$ mm
Breite	b	$= h$
Flächenmoment 2. Grades	I_x	$= 73{,}7 \cdot 10^4$ mm^4
Widerstandsmoment	W_x	$= 12{,}8 \cdot 10^3$ mm^3

Kurz-zeichen	$b = h$	s	Quer-schnitt A	I_x	W_x	I_y	W_y	Gewichtskraft je Meter Länge F_G'
T	mm	mm	mm^2	$\cdot 10^4$ mm^4	$\cdot 10^3$ mm^3	$\cdot 10^4$ mm^4	$\cdot 10^3$ mm^3	N/m
30	30	4,00	226	1,72	0,80	0,87	0,58	17,35
35	35	4,50	297	3,10	1,23	1,57	0,90	22,84
40	40	5,00	377	5,28	1,84	2,58	1,29	29,01
50	50	6,00	566	12,10	3,36	6,60	2,42	43,51
60	60	7,00	794	23,80	5,48	12,20	4,07	61,06
70	70	8,00	1060	44,50	8,79	22,10	6,32	81,54
80	80	9,00	1360	73,70	12,80	37,00	9,25	104,87
100	100	11,00	2090	179,00	24,60	88,30	17,70	160,73
120	120	13,00	2960	366,00	42,00	178,00	29,70	227,38
140	140	15,00	3990	660,00	64,70	330,00	47,20	306,76

9.15 Knickung

9.15.1 Knickung im Maschinenbau

1. Lösungsweg

Gegeben: Querschnittsabmessungen und damit axiales Flächenmoment I, Stablänge l, Belastungsfall

Gesucht: Zulässige Druckkraft F oder vorhandene Knicksicherheit v

Schlankheitsgrad λ $\quad \lambda = \dfrac{s}{i}$

I_{min} kleinstes Flächenmoment 2. Grades des Querschnittes in mm^4 (9.8)

s freie Knicklänge in mm

i Trägheitsradius in mm (9.8)

Trägheitsradius i_{min} $\quad i_{min} = \sqrt{\dfrac{I_{min}}{A}}$

$i = \dfrac{d}{4}$ für Kreisquerschnitt

A Querschnitt

Vergleich des Schlankheitsgrades λ mit Grenzschlankheitsgrad λ_0 nach 9.15

Hinweis:
Meistens kann $s = l$ gesetzt werden (Fall 2)

Fall 1	Fall 2: Grundfall	Fall 3	Fall 4
$F_K = \dfrac{E \cdot I \cdot \pi^2}{4 \cdot l^2}$	$F_K = \dfrac{E \cdot I \cdot \pi^2}{l^2}$	$F_K = \dfrac{E \cdot I \cdot \pi^2 \cdot 2}{l^2}$	$F_K = \dfrac{E \cdot I \cdot \pi^2 \cdot 4}{l^2}$

9 Festigkeitslehre

bei $\lambda > \lambda_0$ weiterrechnen nach Euler:

Knickkraft F_K nach Euler und Knickspannung σ_K	$F_K = \dfrac{E\,I_{min}\,\pi^2}{s^2}$ oder $\sigma_K = \dfrac{E\,\pi^2}{\lambda^2}$	$\begin{array}{c\|c\|c\|c\|c\|c} \sigma_K,\,\sigma_d,\,E & F_K,\,F & \lambda,\,v & s,\,i & I & A \\ \hline \dfrac{N}{mm^2} & N & 1 & mm & mm^4 & mm^2 \end{array}$
zulässige Druckkraft F oder Knicksicherheit v_{vorh}	$F = \dfrac{F_K}{v}$ oder $v_{vorh} = \dfrac{F_K}{F}$	

bei $\lambda < \lambda_0$ weiterrechnen nach Tetmajer (siehe folgende Tabelle):

Knickspannung σ_K	mit Tetmajer-Gleichung berechnen
vorhandene Druck-spannung σ_d oder Knicksicherheit v	$\sigma_d = \dfrac{F}{A}$ oder $\sigma_d = \dfrac{\sigma_K}{v}$ oder $v = \dfrac{\sigma_K}{\sigma_d}$

2. Lösungsweg

Gegeben:	Druckkraft F, Knicksicherheit v, Stablänge l, Belastungsfall
Gesucht:	Erforderlicher Durchmesser d
Knickkraft F_K	$F_K = F\,v$
erforderliches Flächen-moment I_{min}	$I_{min} = \dfrac{F_K\,s^2}{E\,\pi^2}$ $\qquad$ $I = \dfrac{d^4}{20}$ bei Kreisquerschnitt
erforderlicher Durch-messer d bei Kreisquer-schnitt und Trägheits-radius i	$d_{erf} = \sqrt[4]{20\,I_{min}}$ $\qquad$ $i = \sqrt{\dfrac{I_{min}}{A}} = \dfrac{d}{4}$
Schlankheitsgrad λ	$\lambda = \dfrac{s}{i}$
Vergleich des Schlank-heitsgrades λ mit Grenzschlankheit λ_0 nach 9.15	Ist $\lambda > \lambda_0$ war die Annahme richtig, d. h. gefundener Durchmesser d kann ausgeführt werden. Bei $\lambda < \lambda_0$ muss mit angenommenem Durchmesser d nach Tetmajer weiter-gerechnet werden; zweckmäßig wird d größer d_{erf} angenommen, dann der Schlankheitsgrad $\lambda = 4\,s/d$ (bei Kreisquerschnitt) *neu* berechnet, mit Tetmajer-Gleichung (9.15) die Knickspannung σ_K bestimmt, ebenso die vorhandene Druckspannung $\sigma_d = F/A$. Danach wird überprüft, ob die Knick-sicherheit gegeben ist.
Knicksicherheit v	$v_{vorh} = \dfrac{\sigma_K}{\sigma_d} \geq v_{erf}$ $\qquad$ Ist $v_{vorh} < v_{erf}$, muss mit größerem d die Rechnung wiederholt werden.

Grenzschlankheits-grad λ_0 für Euler'sche Knickung und Tetmajer-Gleichungen

Hinweis: Die Euler-gleichung gilt nur, solange der errechnete Schlank-heitsgrad λ gleich oder *größer* ist als der hier in der Tabelle angegebene Grenzschlankheitsgrad λ_0.

Werkstoff	Elastizitäts-modul E in N/mm^2	Grenz-schlankheitsgrad λ_0	Tetmajer-Gleichung für Knickspannung σ_K in N/mm^2
Nadelholz	10 000	100	$\sigma_K = 29{,}3 - 0{,}194 \cdot \lambda$
Gusseisen	100 000	80	$\sigma_K = 776 - 12 \cdot \lambda + 0{,}053 \cdot \lambda^2$
S235JR	210 000	105	$\sigma_K = 310 - 1{,}14 \cdot \lambda$
E295 und E355	210 000	89	$\sigma_K = 335 - 0{,}62 \cdot \lambda$
Vergütungsstahl z. B. 16NiCr4	210 000	86	$\sigma_K = 470 - 2{,}3 \cdot \lambda$

Die Tetmajer-Gleichungen sind Zahlenwertgleichungen mit σ_K in N/mm^2.

9.15.2 Knickung im Stahlbau

Stabilitätsnachweis für einteilige Druckstäbe nach DIN EN 1993-1-1

Stabilität besteht dann, wenn in der Ausweichrichtung des Stabs bei planmäßig mittigem Druck die Stabilitäts-Hauptgleichung erfüllt ist:

Stabilitäts-Hauptgleichung

$$\frac{F}{\kappa \cdot F_{pl}} \leq 1$$

F, F_{pl}	κ
N	1

Lösungsweg

Gegeben: Querschnittsabmessungen (Profil), Werkstoff, Belastung F des Druckstabs

Gesucht: Stabilitätsnachweis

Knicklänge s_K

$$s_K = \beta \cdot l$$

s_K	β	l
mm	1	mm

Knicklängenbeiwert β und Systemlänge l

Fall 1	Fall 2	Fall 3	Fall 4
$\beta = 2$	$\beta = 1$	$\beta = 0,707$	$\beta = 0,5$

nach Tabelle in 9.15.1

Trägheitsradius i

$$i = \sqrt{\frac{I}{A}}$$

i	I	A
mm	mm⁴	mm²

Schlankheitsgrad λ_K

$$\lambda_K = \frac{s_K}{i}$$

i Trägheitsradius

I Flächenmoment 2. Grades

A Querschnittsfläche (i, I und A in der Tabelle 9.8)

bezogener Schlankheitsgrad $\overline{\lambda}_K$

$$\overline{\lambda}_K = \frac{\lambda_K}{\lambda_a}$$

$\overline{\lambda}_K, \lambda_K, \lambda_a$	E, R_e
1	$\dfrac{N}{mm^2}$

Bezugsschlankheitsgrad λ_a

$$\lambda_a = \pi \sqrt{\frac{E}{R_e}}$$

λ_K Schlankheitsgrad

λ_a Bezugsschlankheitsgrad

E Elastizitätsmodul für Stahl $2,1 \cdot 10^5$ N/mm²

R_e Streckgrenze nach Tabelle 9.18

Für S235JR ist mit $R_e = 240$ N/mm² bei einer Erzeugnisdicke $t \leq 40$ mm
$\lambda_a = 92,9$

Für S335J2G3 ist mit $R_e = 360$ N/mm² bei einer Erzeugnisdicke $t \leq 40$ mm
$\lambda_a = 75,9$

Festigkeitslehre **9**

Festlegen einer Knicklinie in Abhängigkeit von der gewählten Stab-Querschnittsform[1]

Querschnittsformen			Ausknicken rechtwinklig zur Achse	Knick-linie
Gewalzte Doppel-T-Profile (siehe Tabellen 9.12, 9.13)	$h/b > 1,2$ und	$t \leq 40$ mm	x y	a b
	$h/b > 1,2$ und $40 < t \leq 80$ mm		x	b
	$h/b \leq 1,2$ und	$t \leq 80$ mm	y	c
		$t \leq 80$ mm	x und y	d
U-, L-, T-Querschnitte (siehe Tabellen 9.9, 9.10, 9.11, 9.14)			x und y	c

Bereich $\overline{\lambda}_K \leq 0,2$	Bereich $\overline{\lambda}_K > 0,2$	Bereich $\overline{\lambda}_K > 0,3$
$\kappa = 1$	$\kappa = \dfrac{1}{k + \sqrt{k^2 - \overline{\lambda}_K^2}}$ mit $k = 0,5\,[1 + \alpha\,(\overline{\lambda}_K - 0,2) + \overline{\lambda}_K^2\,]$	$\kappa = \dfrac{1}{\left[\,\overline{\lambda}_K \cdot (\overline{\lambda}_K + \alpha)\,\right]}$

[1] nach DIN EN 1993-1-1, Tabelle 6.2

Abminderungsfaktor κ

Der Abminderungsfaktor κ für die Knicklinien a, b, c und d errechnet sich aus obigen Formeln.

Parameter α

Der Parameter α ist abhängig von den Knicklinien.

Knicklinie	a	b	c	d
α	0,21	0,34	0,49	0,76

Normalkraft F_{pl}

$F_{pl} = R_e \cdot A$

F_{pl}	R_e	A
N	$\dfrac{N}{mm^2}$	mm^2

Die Normalkraft F_{pl} ist diejenige Druckkraft, bei der im Werkstoff des Druckstabs mit dem Querschnitt A vollplastischer Zustand erreicht wird. Als Festigkeitsgröße kann die Streckgrenze R_e oder die obere Streckgrenze R_{eH} eingesetzt werden.

Normalkraft $F_{pl} = R_e\,A$ in kN für verschiedene Walzprofile

Profil	A mm²	F_{pl}[1] kN	F_{pl}[2] kN	Profil	A mm²	F_{pl}[1] kN	F_{pl}[2] kN	Profil	A mm²	F_{pl}[1] kN	F_{pl}[2] kN
L40×6	448	96	105	IPE 80	764	164	180	U50	712	153	167
L50×6	569	122	134	IPE 100	1000	215	235	U80	1100	237	259
L60×6	691	149	162	IPE 120	1320	284	310	U100	1350	290	317
L70×7	940	202	221	IPE 140	1640	353	385	U140	2040	439	479
L80×8	1230	264	289	IPE 160	2010	432	472	U160	2400	516	564
L80×10	1510	325	355	IPE 180	2390	514	562	U180	2800	602	658
L90×9	1550	333	364	IPE 200	2850	613	670	U200	3220	692	757
L100×10	1920	413	451	IPE 220	3340	718	785	U220	3740	804	879
L120×13	2970	639	698	IPE 240	3910	841	919	U240	4230	909	994
L140×15	4000	860	940	IPE 270	4590	987	1079	U260	4830	1038	1135
L150×16	4570	983	1074	IPE 300	5380	1157	1264	U280	5330	1146	1253
L160×19	5750	1236	1351	IPE 360	7270	1563	1708	U300	5880	1264	1382
L180×18	6190	1331	1455	IPE 400	8450	1817	1986	U350	7730	1662	1817
L200×20	7640	1643	1795	IPE 500	11600	2494	2726	U400	9150	1967	2150

[1] mit $R_e = 215$ N/mm² gerechnet, [2] mit $R_e = 235$ N/mm² gerechnet

Stabilitätsnachweis   Zum Abschluss der Rechnung muss über die Stabilitäts- Hauptgleichung

$$\frac{F}{\kappa \cdot F_{pl}} \leq 1 \quad \text{die zulässige Querschnittswahl nachgewiesen werden}$$

9.16 Abscheren und Torsion

Praktisches Beispiel für Abscherbeanspruchung ist das Scherschneiden. Die äußeren Kräfte F bilden ein Kräftepaar mit dem kleinen Wirkabstand u, dem so genannten Schneidspalt. Das entsprechend kleine Kraftmoment $M = F\,u$ wird vernachlässigt. Die in der Schnittfläche auftretende Gleichgewichtskraft $F_q = F$ ist eine Tangentialkraft, die auftretende Tangentialspannung ist die Schubspannung τ. Zur Kennzeichnung der Beanspruchung nennt man sie Abscherspannung τ_a.

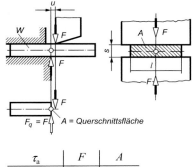

$F_q = F$ A = Querschnittsfläche

vorhanden
Abscherspannung τ_a
(Abscher-Haupt-
gleichung)

$$\tau_{a\,vorh} = \frac{F}{A} \leq \tau_{a\,zul}$$

(Spannungsnachweis)

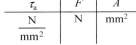

τ_a	F	A
$\dfrac{N}{mm^2}$	N	mm^2

erforderlicher
Querschnitt A

$$A_{erf} = \frac{F}{\tau_{a\,zul}}$$

(Querschnittsnachweis)

Diese Gleichungen gelten nur unter der Annahme einer gleichmäßigen Schubspannungsverteilung über der Querschnittsfläche A.

zulässige Belastung F_{max}

$$F_{max} = A\,\tau_{a\,zul}$$

(Belastungsnachweis)

Abscherfestigkeit τ_{aB}:
$$\tau_{aB} = 0{,}85 \cdot R_m \quad \text{(für Stahl)}$$
$$\tau_{aB} = 1{,}1 \cdot R_m \quad \text{(für Gusseisen)}$$

Untersuchungen am Rechteckquerschnitt ergeben eine parabolische Verteilung der Schubspannungen mit $\tau = 0$ in der Randfaser und $\tau = \tau_{max}$ in der mittleren Faserschicht. Wird mit dem Mittelwert $\tau_{mittel} = \tau_a = F/A$ gerechnet, ergeben sich für verschiedene Querschnittsformen die folgenden Maximalwerte für die auftretende Schubspannung:

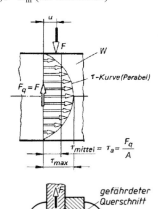

τ-Kurve (Parabel)

$$\tau_{mittel} = \tau_a = \frac{F_q}{A}$$

$\tau_{max} = (3/2) \cdot \tau_a$ für den Rechteckquerschnitt,

$\tau_{max} = (4/3) \cdot \tau_a$ für den Kreisquerschnitt,

$\tau_{max} = $ ca. $2 \cdot \tau_a$ für den Rohrquerschnitt.

Niete und Bolzen werden mit der Abscher-Hauptgleichung $\tau_{a\,vorh} = F/A$ berechnet, obwohl keine gleichmäßige Spannungsverteilung vorliegt und der gefährdete Querschnitt neben der Querkraft $F_q = F$ noch ein Biegemoment M_b zu übertragen hat. In warm eingezogenen Nieten tritt gar keine Schubspannung auf, sie werden durch das Schrumpfen in Längsrichtung auf Zug beansprucht.
Die zulässigen Abscherspannungen für Nietverbindungen im Stahlhoch- und Kranbau sowie im Kesselbau sind vorgeschrieben.

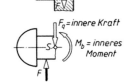

gefährdeter Querschnitt

F_q = innere Kraft
M_b = inneres Moment

Festigkeitslehre **9**

| vorhandene Torsionsspannung τ_t | $\tau_{t\,\text{vorh}} = \dfrac{M_T}{W_p} \leq \tau_{t\,\text{zul}}$ (Spannungsnachweis) | | | |

τ_t	M_T	W_p
$\dfrac{N}{mm^2}$	Nmm	mm^3

W_p polares Widerstandsmoment (9.17)

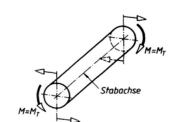

| erforderliches polares Widerstandsmoment W_p | $W_{\text{perf}} = \dfrac{M_T}{\tau_{t\,\text{zul}}}$ (Querschnittsnachweis) |

| zulässiges Torsionsmoment $M_{T\,\text{max}}$ | $M_{T\,\text{max}} = W_p\,\tau_{t\,\text{zul}}$ (Belastungsnachweis) |

| erforderliches Torsionsmoment" M_T | $M_T = 9{,}55 \cdot 10^6 \dfrac{P}{n}$ (Zahlenwertgleichung) |

M_T	P	n
Nm	kW	min^{-1}

| Verdrehwinkel φ in Grad (°) | $\varphi = \dfrac{180°}{\pi}\dfrac{\tau_t\,l}{r\,G}$ $\varphi = \dfrac{180°}{\pi}\dfrac{M_T\,l}{W_p\,r\,G}$ $\varphi = \dfrac{180°}{\pi}\dfrac{M_T\,l}{I_p\,G}$ |

G Schubmodul in N/mm² nach 9.5
l Verdrehlänge in mm
r Wellenradius in mm
M_T Torsionsmoment in Nmm
W_p polares Widerstandsmoment in mm³
I_p polares Flächenmoment in mm⁴ nach 9.17

| erforderlicher Durchmesser für Kreisquerschnitt | $d_{\text{erf}} = \sqrt[3]{\dfrac{16\,M_T}{\pi\,\tau_{t\,\text{zul}}}}$ |

d_{erf}	M_T	$\tau_{t\,\text{zul}}$
mm	Nmm	$\dfrac{N}{mm^2}$

| Formänderungsarbeit W | $W = M_T\dfrac{\varphi}{2} = \dfrac{\tau_t^2\,V}{4G} = \dfrac{R}{2}\varphi^2$ $R = \dfrac{M_T}{\varphi} \;\widehat{=}\; \tan\alpha$ |

V Volumen in mm³
R Federrate in N/mm
φ Drehwinkel in rad
G Schubmodul in N/mm²

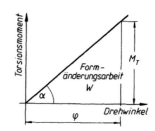

9.17 Widerstandsmoment W_p (W_t) und Flächenmoment I_p (Drillungswiderstand I_t)

Form des Querschnitts	Widerstandsmoment W_p (W_t)	Flächenmoment I_p Drillungswiderstand I_t	Bemerkungen
	$W_t = W_p = \dfrac{\pi}{16} d^3 \approx \dfrac{d^3}{5} \approx 0,2\, d^3$	$I_t = I_p = \dfrac{\pi}{32} d^4 \approx \dfrac{d^4}{10} \approx 0,1\, d^4$	τ_{max} am Umfang
	$W_t = W_p = \dfrac{\pi}{16} \cdot \dfrac{d_a^{\,4} - d_i^{\,4}}{d_a}$	$I_t = I_p = \dfrac{\pi}{32}(d_a^{\,4} - d_i^{\,4})$	τ_{max} am Umfang
	$W_t = \dfrac{\pi}{16} n b^3$ $\dfrac{h}{b} = n > 1$	$I_t = \dfrac{\pi}{16} \cdot \dfrac{n^3 b^4}{n^2 + 1}$	τ_{max} an den Endpunkten der kleinen Achse
	$\dfrac{h_a}{b_a} = \dfrac{h_i}{b_i} = n > 1 \qquad \dfrac{h_i}{h_a} = \dfrac{b_i}{b_a} = \alpha < 1$ $I_t = \dfrac{\pi}{16} \cdot \dfrac{n^3}{n^2 + 1} \cdot b_a^{\,4}(1 - \alpha^4)$ $W_t = \dfrac{\pi}{16} n b_a^{\,3}(1 - \alpha^4)$		τ_{max} an den Endpunkten der kleinen Achse
	$W_t = 0,208\, a^3$	$I_t = 0,141\, a^4$	τ_{max} in der Mitte der Seiten
	$\dfrac{h}{b} = n > 1$ $W_t = c_1 b^3$	$I_t = c_2 b^4$	τ_{max} in der Mitte der langen Seiten

n	1	1,5	2	3	4	6	8	10
c_1	0,208	0,346	0,493	0,801	1,150	1,789	2,456	3,123
c_2	0,1404	0,2936	0,4572	0,7899	1,1232	1,789	2,456	3,123

Festigkeitslehre 9

9.18 Festigkeitswerte für Walzstahl (Bau- und Feinkornbaustahl)

Werkstoff	Bezeichnung	Erzeugnisdicke t mm	Streckgrenze R_e N/mm^2	Zugfestigkeit R_m N/mm^2
Baustahl[1]	S235JR	$t \leq 40$	240	
	S235JRG1 S235JRG2 S235J0	$40 < t \leq 80$	215	360
Baustahl[1]	E295	$t \leq 40$	360	510
		$40 < t \leq 80$	325	
Feinkornbaustahl[1]	E355	$t \leq 40$	360	700
		$40 < t \leq 80$	325	

Hinweis: Weitere Festigkeitswerte in DIN EN 1993-1-1. Der Elastizitätsmodul E beträgt für alle Baustähle $E = 210\,000$ N/mm^2.

[1] Bezeichnungen der Baustähle siehe DIN EN 10025.

9.19 Festigkeitswerte in N/mm^2 für verschiedene Stahlsorten[1]

Werkstoff	Elastizitäts-modul E	R_m	R_e $R_{p\,0,2}$	$\sigma_{zd\,Sch}$	$\sigma_{zd\,W}$	$\sigma_{b\,Sch}$[5]	$\sigma_{b\,W}$	$\tau_{t\,Sch}$[6]	$\tau_{t\,W}$	Schub-modul G
S235JR	210 000	360	235	158	160	270	180	115	105	80 000
S275JO	210 000	430	275	185	195	320	215	140	125	80 000
E295	210 000	490	295	205	220	370	245	160	145	80 000
S355JO	210 000	510	355	215	230	380	255	165	150	80 000
E335	210 000	590	335	240	265	435	290	200	170	80 000
E360	210 000	690	360	270	310	500	340	220	200	80 000
50CrMo4[2]	210 000	1100	900	385	495	785	525	350	315	80 000
20MnCr5[3]	210 000	1200	850	365	480	765	510	335	305	80 000
34CrAlNi7[4]	210 000	900	680	335	405	650	435	300	260	80 000

[1] Richtwerte für $d_B < 16$ mm
[2] Vergütungsstahl
[3] Einsatzstahl
[4] Nitrierstahl
[5] berechnet mit $1,5 \cdot \sigma_{bW}$
[6] berechnet mit $1,1 \cdot \tau_{tW}$

9.20 Festigkeitswerte in N/mm^2 für verschiedene Gusseisen-Sorten[1]

Werkstoff	Elastizitäts-modul E	R_m	R_e $R_{p\,0,2}$	σ_{dB}	σ_{bB}	$\sigma_{zd\,W}$	$\sigma_{b\,W}$	$\tau_{t\,W}$	Schub-modul G
GJL-150	82 000	150	90	600	250	40	70	60	35 000
GJL-200	100 000	200	130	720	290	50	90	75	40 000
GJL-250	110 000	250	165	840	340	60	120	100	43 000
GJL-300	120 000	300	195	960	390	75	140	120	49 000
GJL-350	130 000	350	228	1 080	490	85	145	125	52 000
GJMW-400-5	175 000	400	220	1 000	800	120	140	115	67 000
GJMB-350-10	175 000	350	200	1 200	700	1 000	120	100	67 000

[1] Richtwerte für 15 bis 30 mm Wanddicke; für 8 mm bis 15 mm 10 % höher, für > 30 mm 10 % niedriger, Dauerfestigkeitswerte im bearbeiteten Zustand; für Gusshaut 20 % Abzug.

9.21 Zusammengesetzte Beanspruchung bei gleichartigen Spannungen

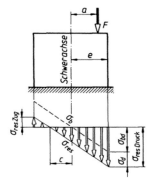

Zug und Biegung

resultierende Zug-
spannung $\sigma_{\text{res Zug}}$
und resultierende Druck-
spannung $\sigma_{\text{res Druck}}$

$$\sigma_{\text{res Zug}} = \sigma_z + \sigma_{bz} \qquad c = \frac{i^2}{a} = \frac{I}{Aa}$$

$$\sigma_{\text{res Zug}} = \frac{F}{A} + \frac{F\,ae}{I} \le \sigma_{z\,\text{zul}}$$

$$\sigma_{\text{res Druck}} = \sigma_{bz} - \sigma_z$$

$$\sigma_{\text{res Druck}} = \frac{F\,ae}{I} - \frac{F}{A} \le \sigma_{d\,\text{zul}}$$

Druck und Biegung

resultierende Druck-
spannung $\sigma_{\text{res Druck}}$ und
resultierende Zug-
spannung $\sigma_{\text{res Zug}}$

$$\sigma_{\text{res Druck}} = \sigma_d + \sigma_{bd} \qquad c = \frac{i^2}{a} = \frac{I}{Aa}$$

$$\sigma_{\text{res Druck}} = \frac{F}{A} + \frac{F\,ae}{I} \le \sigma_{d\,\text{zul}}$$

$$\sigma_{\text{res Zug}} = \sigma_{bd} - \sigma_d$$

$$\sigma_{\text{res Zug}} = \frac{F\,ae}{I} - \frac{F}{A} \le \sigma_{z\,\text{zul}}$$

Kernweite ϱ

Kernweite und Quer-
schnittskern (schraffierte
Fläche) für Kreis-,
Kreisring- und
Rechteckquerschnitt

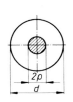
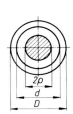
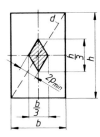

Kreis

$$\varrho = \frac{W}{A} = \frac{\pi d^2 4}{32\,\pi d^2} = \frac{d}{8}$$

Kreisring

$$\varrho = \frac{W}{A} = \frac{D}{8}\left[1 + \left(\frac{d}{D}\right)^2\right]$$

Rechteck

$$\varrho_1 = \frac{W_1}{A} = \frac{b h^2}{6 b h} = \frac{h}{6}$$

$$\varrho_2 = \frac{W_2}{A} = \frac{b^2 h}{6 b h} = \frac{b}{6}$$

kleinste Kernweite mit Diagonale d

$$\varrho_{\min} = \frac{b h}{6\sqrt{b^2 + h^2}} = \frac{b h}{6 d}$$

Festigkeitslehre 9

Torsion und Abscheren
maximale Schub-
Spannung τ_{max} in den
Umfangspunkten B

$$\tau_{max} = \tau_s + \tau_t = \frac{16F}{3\pi d^2} + \frac{8F}{\pi d^2}$$

$$\tau_{max} = 4{,}244 \frac{F}{d^2}$$

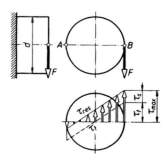

9.22 Zusammengesetzte Beanspruchung bei ungleichartigen Spannungen

Gleichzeitiges Auftreten von Normal- und Schubspannungen ergibt *mehrachsigen* Spannungszustand, so dass algebraische Addition (wie bei Zug/Druck und Biegung oder Torsion und Abscheren) nicht möglich ist. Es wird die *Vergleichsspannung* σ_v eingeführt, die unmittelbar mit dem Festigkeitskennwert des Werkstoffs bei einachsigem Spannungszustand verglichen wird und nach einer der aufgestellten *Festigkeitshypothesen* ermittelt werden kann.

Bei Biegung und Torsion z. B. besteht das innere Kräftesystem aus dem Biegemoment $M_b = Fx$, dem Torsionsmoment $M_T = Fr$ und der Querkraft $F_q = F$. Querkraft-Schubspannung kann bei langen Stäben vernachlässigt werden.

Maximalwerte σ und τ
zur Bestimmung der
Vergleichsspannung σ_v
in Wellen mit
Kreisquerschnitt

$$\sigma_{max} = \frac{M_b}{W} = \frac{32Fx}{\pi d^3} = \sigma \quad \text{und} \quad \tau_{max} = \frac{M_T}{W_p} = \frac{16Fr}{\pi d^3} = \tau$$

Dehnungshypothese
(C. Bach)

$$\sigma_v = 0{,}35\sigma + 0{,}65\sqrt{\sigma^2 + 4\tau^2}$$

Schubspannungs-
hypothese
(Mohr)

$$\sigma_v = \sqrt{\sigma^2 + 4\tau^2}$$

Hypothese der größten
Gestaltänderungs-
energie

$$\sigma_v = \sqrt{\sigma^2 + 3\tau^2}$$

Diese Gleichungen gelten nur, wenn σ und τ durch gleichen Belastungsfall entstehen (z. B. beide durch wechselnde Belastung), sonst ist mit dem „Anstrengungsverhältnis α_0" zu rechnen.

Anstrengungsverhältnis
α_0

$$\alpha_0 = \frac{\sigma_{zul}}{\varphi \tau_{zul}}$$

φ ist für jede Hypothese verschieden, siehe folgende α_0-Werte

Dehnungshypothese

$$\sigma_v = 0{,}35\sigma + 0{,}65\sqrt{\sigma^2 + 4(\alpha_0 \tau)^2}$$

$$\alpha_0 = \frac{\sigma_{zul}}{1{,}3\,\tau_{zul}}$$

Schubspannungs-
hypothese

$$\sigma_v = \sqrt{\sigma^2 + 4(\alpha_0 \tau)^2}$$

$$\alpha_0 = \frac{\sigma_{zul}}{2\,\tau_{zul}}$$

Hypothese der größten
Gestaltänderungsenergie

$$\sigma_v = \sqrt{\sigma^2 + 3(\alpha_0 \tau)^2}$$

$$\alpha_0 = \frac{\sigma_{zul}}{1{,}73\,\tau_{zul}}$$

Zug/Druck und Torsion

Normalspannung σ $\sigma = \pm\dfrac{F}{A}$ Beide Spannungen zur Vergleichs-spannung σ_v zusammensetzen

Schubspannung τ $\tau = \dfrac{M_T}{W_p}$

Zug/Druck und Schub

Normalspannung σ $\sigma = \pm\dfrac{F}{A}$ Beide Spannungen zur Vergleichs-spannung σ_v zusammensetzen

Schubspannung τ $\tau = \dfrac{F_q}{A}$

Biegung und Torsion

Normalspannung σ $\sigma = \dfrac{M_b}{W}$ Beide Spannungen zur Vergleichs-spannung σ_v zusammensetzen

Schubspannung τ $\tau = \dfrac{M_T}{W_p}$

Vergleichsmomente M_v und d_{erf} für Wellen mit Kreisquerschnitt

$$M_v = \sqrt{M_b^2 + 0{,}75(\alpha_0\,M_T)^2}$$

$$d_{erf} = \sqrt[3]{\dfrac{32\,M_v}{\pi\,\sigma_{bzul}}}$$

(Hypothese der größten Gestaltänderungsenergie)

$\alpha_0 \approx 1{,}0$ wenn σ_b und τ_t im gleichen Belastungsfall

$\alpha_0 \approx 0{,}7$ wenn σ_b wechselnd (III) und τ_t schwellend (II) oder ruhend (I)

9.23 Beanspruchung durch Fliehkraft

Umlaufender Ring Zugspannung in Umfangsrichtung σ_t (Tangentialspannung)

$\sigma_t = \varrho\,\omega^2\,r_m^2$

σ_t	ϱ	ω	r	E	μ
$\dfrac{N}{m^2}$	$\dfrac{kg}{m^3}$	$\dfrac{1}{s}$	m	$\dfrac{N}{m^2}$	1

Vergrößerung des Radius Δr_m

$$\Delta r_m = \dfrac{\varrho\,\omega^2\,r_m^3}{E}$$

$$r_m = \dfrac{r_a + r_i}{2}$$

ϱ Dichte des Werkstoffs
ω Winkelgeschwindigkeit
E E-Modul (9.5)
r_m mittlerer Radius
s Dicke $\ll r_m$
μ Querdehnzahl (9.1)

Festigkeitslehre **9**

Umlaufende zylindrische Scheibe gleicher Dicke, Einheiten siehe umlaufender Ring

Tangentialspannung σ_t

$$\sigma_t = \varrho\,\omega^2\,r_a^2\,\frac{3+\mu}{8}\left[1+\frac{r_i^2}{r_a^2}+\frac{r_i^2}{r_m^2}-\frac{(1+3\mu)r_m^2}{(3+\mu)r_a^2}\right]$$

μ Querdehnzahl (9.1)

Radialspannung σ_r

$$\sigma_r = \varrho\,\omega^2\,r_a^2\,\frac{3+\mu}{8}\left[1+\frac{r_i^2}{r_a^2}-\frac{r_i^2}{r_m^2}-\frac{r_m^2}{r_a^2}\right]$$

Umlaufender Hohlzylinder, Einheiten siehe umlaufender Ring

Tangentialspannung σ_t

$$\sigma_t = \varrho\,\omega^2\,r_m\,\frac{3-2\mu}{8(1-\mu)}\left[1+\frac{r_i^2}{r_a^2}+\frac{r_i^2}{r_m^2}-\frac{(1+2\mu)r_m^2}{(3-2\mu)r_a^2}\right]$$

μ Querdehnzahl (9.1)

Radialspannung σ_r

$$\sigma_r = \varrho\,\omega^2\,r_a^2\,\frac{3-2\mu}{8(1-\mu)}\left[1+\frac{r_i^2}{r_a^2}-\frac{r_i^2}{r_m^2}-\frac{r_m^2}{r_a^2}\right]$$

Axialspannung σ_x

$$\sigma_x = \varrho\,\omega^2\,r_a^2\,\frac{2\mu}{8(1-\mu)}\left[1+\frac{r_i^2}{r_a^2}-2\frac{r_m^2}{r_a^2}\right]$$

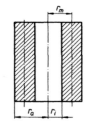

9.24 Flächenpressung, Lochleibungsdruck, Hertz'sche Pressung

Einheiten: Kraft F in N; Flächenpressung p in N/mm^2 (Längen und Durchmesser in mm)

Flächenpressung p ebener Flächen

$$p = \frac{\text{Normalkraft } F_N}{\text{Berührungsfläche } A}$$

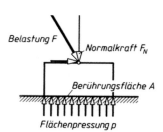

Flächenpressung p der Prismenführungen

$$p = \frac{F}{(B-b)l} = \frac{F}{2lT\tan\alpha}$$

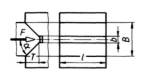

Flächenpressung p im Kegelzapfen

$$p = \frac{4F}{\pi(D^2-d^2)} = \frac{F}{\pi l\,d_m\tan\alpha}$$

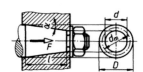

Flächenpressung p in Kegelkupplungen

$$p = \frac{F}{\pi d_m\,B\sin\alpha}$$

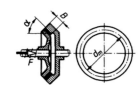

Flächenpressung p
in Gewinden

$$p = \frac{F\,P}{\pi\,d_2\,H_1\,m}$$

m Mutterhöhe
P Steigung eines Ganges

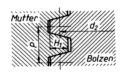

Flächenpressung p
in Gleitlagern

$$p = \frac{F}{d\,l}$$

F Radialkraft
d Lagerdurchmesser
l Lagerlänge

Lochleibungs-
druck $\sigma_l \triangleq$ Flächenpressung am Nietschaft

$$\sigma_l = \frac{F_1}{d_1\,s}$$

F_1 Kraft, die ein Niet zu
übertragen hat

d_1 Lochdurchmesser =
Durchmesser des
geschlagenen Nietes;

s kleinste Summe aller
Blechdicken in *einer*
Kraftrichtung

proj. Fläche einschnittige Verbindung proj. Fläche

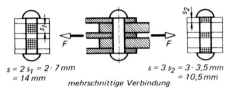

$s = 2\,s_1 = 2\cdot 7\,mm$
$= 14\,mm$

mehrschnittige Verbindung

$s = 3\,s_2 = 3\cdot 3,5\,mm$
$= 10,5\,mm$

Pressung p_{max}
Kugel gegen Ebene

$$P_{max} = \frac{1,5\,F}{\pi\,a^2} = \frac{1}{\pi}\sqrt[3]{\frac{1,5\,F\,E^2}{r^2\,(1-\mu^2)^2}}$$

$$a = \sqrt[3]{\frac{1,5\,(1-\mu^2)\,F\,r}{E}} = 1,11\sqrt[3]{\frac{F\,r}{E}}$$

$$\delta = \sqrt[3]{\frac{2,25\,(1-\mu^2)^2\,F^2}{r\,E^2}} = 1,23\sqrt[3]{\frac{F^2}{r\,E^2}}$$

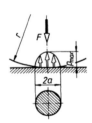

μ Querdehnzahl (9.1); $E = 2\,E_1\,E_2/(E_1 + E_2)$ bei unterschiedlichen Werkstoffen (9.5)

δ gesamte Annäherung beider Körper

Pressung p_{max}
Kugel gegen Kugel

Gleichungen wie Kugel gegen Ebene, mit $1/r = (1/r_1) + (1/r_2)$. Für Hohlkugel
ist $1/r_2$ negativ einzusetzen

Pressung p_{max}
Walze gegen Ebene

$$P_{max} = \frac{2\,F}{\pi\,b\,l} = \sqrt{\frac{F\,E}{2\,\pi\,l\,r\,(1-\mu^2)}}$$

$$b = \sqrt{\frac{8\,F\,r\,(1-\mu^2)}{\pi\,E\,l}} = 1,52\sqrt{\frac{F\,r}{E\,l}}$$

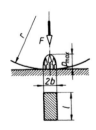

Pressung p_{max}
Walze gegen Walze
(parallele Achsen)

Gleichungen wie Walze gegen Ebene, mit $1/r = (1/r_1) + (1/r_2)$.
Für Hohlzylinder ist $1/r_2$ negativ einzusetzen.

Festigkeitslehre **9**

9.25 Hohlzylinder unter Druck

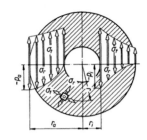

Radialspannung σ_r
im Abstand r

$$\sigma_r = \frac{r_i^2}{r_a^2 - r_i^2}\left[p_i\left(1 - \frac{r_a^2}{r^2}\right) + p_a\frac{r_a^2}{r_i^2}\left(-1 + \frac{r_i^2}{r^2}\right)\right]$$

Tangentialspannung σ_t
im Abstand r

$$\sigma_t = \frac{r_i^2}{r_a^2 - r_i^2}\left[p_i\left(1 + \frac{r_a^2}{r^2}\right) - p_a\frac{r_a^2}{r_i^2}\left(1 + \frac{r_i^2}{r^2}\right)\right]$$

p_i Innenpressung

p_a Außenpressung

Spannung am Innenrand $\sigma_r = -p_i$ $\sigma_t = \dfrac{p_i(r_a^2 + r_i^2) - 2\,p_a\,r_a^2}{r_a^2 - r_i^2}$

Spannung am Außenrand $\sigma_r = -p_a$ $\sigma_t = \dfrac{2\,p_i\,r_i^2 - p_a\,(r_a^2 + r_i^2)}{r_a^2 - r_i^2}$

Schrumpfmaß für
Pressverbindung

$$\frac{r_{a1} - r_{i2}}{r_i} = p\frac{1}{E}\left(\frac{r_i^2 + r_{a2}^2}{r_{a2}^2 - r_i^2} + \frac{r_i^2 + r_{i1}^2}{r_i^2 - r_{i1}^2}\right)$$

p erforderliche Pressung

10 Maschinenelemente

10.1 Toleranzen und Passungen

Normen (Auswahl) und Richtlinien[1]

DIN 323-1	Normzahlen und Normzahlreihen; Hauptwerte, Genauwerte, Rundwerte
DIN 323-2	Normzahlen und Normzahlreihen; Einführung
DIN 406-10	Technische Zeichnungen, Maßeintragung, Begriffe, allgemeine Grundlagen
DIN 406-12	Technische Zeichnungen, Maßeintragung, Eintragung von Toleranzen für Längen- und Winkelmaße
DIN 4760	Gestaltabweichungen; Begriffe, Ordnungssystem
DIN 4764	Oberflächen an Teilen für Maschinenbau und Feinwerktechnik
DIN 7150-1	ISO-Toleranzen und ISO-Passungen
DIN 58700	ISO-Passungen; Toleranzfeldauswahl für die Feinwerktechnik
DIN EN ISO 1101	Geometrische Produktspezifikation; Geometrische Tolerierung; Tolerierung von Form, Richtung, Ort und Lauf
DIN EN ISO 1302	Geometrische Produktspezifikation; Angabe der Oberflächenbeschaffenheit in der technischen Produktdokumentation
DIN EN ISO 286-1	Geometrische Produktspezifikation; ISO-Toleranzsystem für Längenmaße; Grundlagen für Toleranzen, Abmaße und Passungen
DIN EN ISO 286-2	Geometrische Produktspezifikation; ISO-Toleranzsystem für Längenmaße; Tabellen der Grundtoleranzengrade und Grenzabmaße für Bohrungen und Wellen
DIN ISO 965	Metrisches ISO-Gewinde allgemeiner Anwendung - Toleranzen
DIN ISO 2768-1	Allgemeintoleranzen; Toleranzen für Längen- und Winkelmaße ohne einzelne Toleranzeintragung
DIN ISO 2768-2	Allgemeintoleranzen; Toleranzen für Form und Lage ohne einzelne Toleranzeintragung

[1] Ausführlich im Internet unter www.beuth.de

10.1.1 Normzahlen

Stufung der vier Grundreihen

Reihe	Stufensprung	Rechenwert	Genauwert	Mantisse
R 5	$q_5 = \sqrt[5]{10}$	1,58	1,5849 ...	200
R 10	$q_{10} = \sqrt[10]{10}$	1,26	1,2589 ...	100
R 20	$q_{20} = \sqrt[20]{10}$	1,12	1,1220 ...	050
R 40	$q_{40} = \sqrt[40]{10}$	1,06	1,0593 ...	025

Die Normzahlen in DIN 323 sind nach dezimal- geometrischen Reihen gestuft.
Werte der „niederen Reihe" sind denen der „höheren" vorzuziehen.

Normzahlen

Reihe R 5	1,00	1,60	2,50	4,00	6,30	10,00						
Reihe R 10	1,00	1,25	1,60	2,00	2,50	3,15	4,00	5,00	6,30	8,00	10,00	
Reihe R 20	1,00	1,12	1,25	1,40	1,60	1,80	2,00	2,24	2,50	2,80	3,15	3,55
	4,00	4,50	5,00	5,50	6,30	7,10	8,00	9,00	10,00			
Reihe R40	1,00	1,06	1,12	1,18	1,25	1,32	1,40	1,50	1,60	1,70	1,80	1,90
	2,00	2,12	2,24	2,36	2,50	2,65	2,80	3,00	3,15	3,35	3,55	3,75
	4,00	4,25	4,50	4,75	5,00	5,30	5,60	6,00	6,30	6,70	7,10	7,50
	8,00	8,50	9,00	9,50	10,00							

Die Wurzelexponenten 5, 10, 20, 40 geben die Anzahl der Glieder im Dezimal-Bereich an (R5 hat fünf
Glieder: 1, 1,6 2,5 4 6,3. Für Dezimalbereiche unter 1 und über 10 wird das Komma jeweils um eine
oder mehrere Stellen nach links oder rechts verschoben. Die Zahlen sind gerundete Werte.

10.1.2 Grundbegriffe zu Toleranzen und Passungen

Toleranzeinheit i

$$i = 0,45\sqrt[3]{D} + 0,001\,D$$
$$D = \sqrt{D_1 D_2}$$

i	D
µm	mm

D geometrisches Mittel des Nennmaßbereichs nach Tabelle „Grundtoleranzen"

Passungssystem
Einheitsbohrung (EB)

Kennzeichen: Die
Bohrung hat das untere
Abmaß null ($EI = 0$)

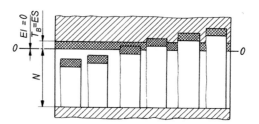

Alle Bohrungsmaße haben das Grundabmaß H. Erforderliche Passungen
ergeben sich durch verschiedene Toleranzfeldlagen der Wellen und der oberen
Abmaße (ES) der Bohrungen.

Passungssystem
Einheitswelle (EW)

Kennzeichen: Die Welle
hat das obere Abmaß null
($EI = 0$)

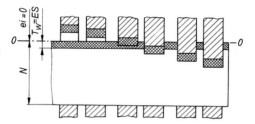

Alle Wellenmaße haben das Grundabmaß h. Erforderliche Passungen ergeben
sich durch verschiedene Toleranzfeldlagen der Bohrungen und der unteren
Abmaße (ei) der Wellen.

Passungsauswahl
(Toleranzfeldauswahl)
im System EB für
Nennmaß 50 mm

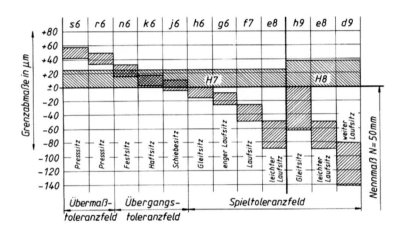

Bezeichnungen

N Nennmaß, G_o Höchstmaß, G_u Mindestmaß, I Istmaß, ES, es oberes Grenzabmaß, EI, ei unteres Grenzabmaß, T Maßtoleranz, P_S Spiel, $P_ü$ Übermaß.

E, e, ES, EI, ei sind die französischen Bezeichnungen mit der Bedeutung:
E (Abstand, écart), ES (oberer Abstand, écart supérieur), EI (unterer Abstand,
écart inférieur). Große Buchstaben für Bohrungen (Innenmaße), kleine für
Wellen (Außenmaße).

Darstellung der
wichtigsten Passungs-
grundbegriffe an Welle
und Bohrung

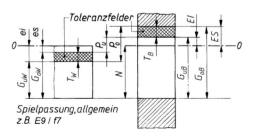

Abmaße, Grenzmaße,
Toleranzen

	Bohrung	Welle
Nennmaß	N	N
oberes Grenzabmaß	$ES \quad = G_{oB} - N$	$es \quad = G_{oW} - N$
unteres Grenzabmaß	$EI \quad = G_{uB} - N$	$ei \quad = G_{uW} - N$
Höchstmaß G_o	$G_{oB} \quad = N + ES$	$G_{oW} = N + es$
Mindestmaß G_u	$G_{uB} \quad = N + EI$	$G_{uW} = N + ei$
Toleranz T	$T_B \quad = ES - EI$ $T_B \quad = G_{oB} - G_{uB}$	$T_W \quad = es - ei$ $T_W \quad = G_{oW} - G_{uW}$

Passungsarten

Spielpassung

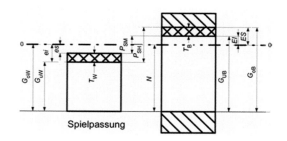

Spielpassung

Spielpassung
$P_{SM} = G_{uB} - G_{oW}$
$P_{SH} = G_{oB} - G_{uW}$

Übergangspassung

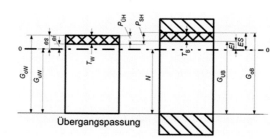

Übergangspassung

Übergangspassung
$P_{SH} = G_{oB} - G_{uW}$
$P_{ÜH} = G_{uB} - G_{oW}$

Übermaßpassung

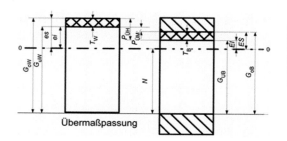

Übermaßpassung

Übermaßpassung
$P_{ÜH} = G_{uB} - G_{oW}$
$P_{ÜM} = G_{oB} - G_{uW}$

10.1.3 Eintragung von Toleranzen in Zeichnungen nach DIN 406-10

Eintragung von Grenzabmaßen

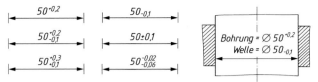

Eintragung von Toleranzklassen

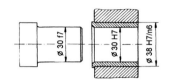
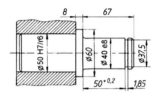
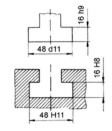

10.1.4 Grundtoleranzen der Nennmaßbereiche in µm nach DIN 286-1

Quali-tät	ISO Toleranz	Nennmaßbereich in mm												Toleran-zen in *i*
		1 bis 3	über 3 bis 6	über 6 bis 10	über 10 bis 18	über 19 bis 30	über 30 bis 50	über 50 bis 80	über 80 bis 120	über 120 bis 180	über 180 bis 250	über 250 bis 315	über 315 bis 400	über 400 bis 500	
01	IT 01	0,3	0,4	0,4	0,5	0,6	0,6	0,8	1	1,2	2	2,5	3	4	
0	IT 0	0,5	0,6	0,6	0,8	1	1	1,2	1,5	2	3	4	5	6	
1	IT 1	0,8	1	1	1,2	1,5	1,5	2	2,5	3,5	4,5	6	7	8	
2	IT 2	1,2	1,5	1,5	2	2,5	2,5	3	4	5	7	8	9	10	–
3	IT 3	2	0,5	2,5	3	4	4	5	6	8	10	12	13	15	–
4	IT 4	3	4	4	5	6	7	8	10	12	14	16	18	20	–
5	IT 5	4	5	6	8	9	11	13	15	18	20	23	25	27	≈ 7
6	IT 6	6	8	9	11	13	16	19	22	25	29	32	36	40	10
7	IT 7	10	12	15	18	21	25	30	35	40	46	52	57	63	16
8	IT 8	14	18	22	27	33	39	46	54	63	72	81	89	97	25
9	IT 9	25	30	36	43	52	62	74	87	100	115	130	140	155	40
10	IT 10	40	48	58	70	84	100	120	140	160	185	210	230	250	64
11	IT 11	60	75	90	110	130	160	190	220	250	290	320	360	400	100
12	IT 12	90	120	150	180	210	250	300	350	400	460	520	570	630	160
13	IT 13	140	180	220	270	330	390	460	540	630	720	810	890	970	250
14	IT 14	250	300	360	430	520	620	740	870	1 000	1 150	1 300	1 400	1 550	400
15	IT 15	400	480	580	700	840	1 000	1 200	1 400	1 600	1 850	2 100	2 300	2 500	640
16	IT 16	600	750	900	1 100	1 300	1 600	1 900	2 200	2 500	2 900	3 200	3 600	4 000	1 000
17	IT 17	–	–	1 500	1 800	2 100	2 500	3 000	3 500	4 000	4 600	5 200	5 700	6 300	1 600
18	IT 18	–	–	–	2 700	3 300	3 900	4 600	5 400	6 300	7 200	8 100	8 900	9 700	2 500

10.1.5 Allgemeintoleranzen für Längenmaße nach DIN ISO 2768-1

Toleranzklassen	Grenzabmaße in mm für Nennmaßbereiche							
	0,5 bis 3	über 3 bis 6	über 6 bis 30	über 30 bis 120	über 120 bis 400	über 400 bis 1000	über 1000 bis 2000	über 2000 bis 4000
f fein	± 0,05	± 0,05	± 0,1	± 0,15	± 0,2	± 0,3	± 0,5	–
m mittel	± 0,1	± 0,1	± 0,2	± 0,3	± 0,5	± 0,8	± 1,2	± 2
c grob	± 0,2	± 0,3	± 0,5	± 0,8	± 1,2	± 2	± 3	± 4
v sehr grob	–	± 0,5	± 1	± 1,5	± 2,5	± 4	± 6	± 8

10.1.6 Allgemeintoleranzen für Winkelmaße nach DIN ISO 2768-1

Toleranzklassen	Grenzabmaße in Grad und Minuten für Nennmaßbereiche in mm (kürzere Schenkel)				
	bis 10	über 10 bis 50	über 50 bis 120	über 120 bis 400	über 400
f fein	± 1°	± 0° 30′	± 0° 20′	± 0° 10′	± 0° 5′
m mittel	± 1°	± 0° 30′	± 0° 20′	± 0° 10′	± 0° 5′
c grob	± 1° 30′	± 1°	± 0° 30′	± 0° 15′	± 0° 10′
v sehr grob	± 3°	± 2°	± 1°	± 0° 30′	± 0° 20′

10.1.7 Allgemeintoleranzen für Fasen und Rundungshalbmesser nach DIN ISO 2768-1

Toleranzklassen		Grenzabmaße in mm für Nennmaßbereiche		
		0,5 bis 3	über 3 bis 6	über 6
f	fein	± 0,2	± 0,5	± 1
m	mittel			
c	grob	± 0,4	± 1	± 2
v	sehr grob			

10.1.8 Allgemeintoleranzen für Form und Lage nach DIN ISO 2768-2

Toleranzklassen	Toleranzen in mm für												
	Geradheit / Ebenheit					Rechtwinkligkeit				Symmetrie			
	bis 10	über 10 bis 30	über 30 bis 100	über 100 bis 300	über 300 bis 1000	bis 100	über 100 bis 300	über 300 bis 1000	über 1000 bis 3000	bis 100	über 100 bis 300	über 300 bis 1000	über 300 bis 1000
H	0,02	0,05	0,1	0,2	0,3	0,2	0,3	0,4	0,5	0,5			
K	0,05	0,1	0,2	0,4	0,6	0,4	0,6	0,8	1	0,6		0,8	1
L	0,1	0,2	0,4	0,8	1,2	0,6	1	1,5	2	0,6	1	1,5	2

10.1.9 Symbole für Form- und Lagetoleranzen nach DIN ISO 1101

Formtoleranzen					
Eigenschaft	Symbol	Toleranz	Abweichung	Definition	Beispiel
Geradheit	—	t_G	f_G	Die tolerierte Achse eines zylindrischen Bauteils muss innerhalb eines Zylinders vom Durchmesser $t_G = 0{,}02$ mm liegen.	— ⌀ 0,02
Ebenheit	▱	t_E	f_E	Die tolerierte Fläche muss zwischen zwei parallelen Ebenen vom Abstand $t_E = 0{,}09$ mm liegen.	▱ 0,09
Rundheit	○	t_K	f_K	Die Umfangslinie jedes Querschnittes muss in einem Kreisring mit der Breite $f_K = 0{,}05$ mm liegen	○ 0,05
Zylindrizität	⌀	t_Z	f_Z	Die tolerierte Fläche muss zwischen zwei koaxialen Zylindern mit dem radialen Abstand $t_Z = 0{,}5$ mm liegen.	⌀ 0,5
Linienprofil	⌒	t_{LP}	f_{LP}	Die tolerierte Fläche muss zwischen zwei Hülllinien mit dem Abstand $f_{LP} = 0{,}1$ mm liegen	⌒ ⌀ 0,1
Flächenprofil	⌓	t_{FP}	f_{FP}	Die tolerierte Fläche muss zwischen zwei kugelförmigen Hüllflächen mit dem Abstand $f_{FP} = 0{,}17$ mm liegen.	⌓ 0,17

Lagetoleranzen					
Eigenschaft	Symbol	Toleranz	Abweichung	Definition	Beispiel
Parallelität	//	t_P	f_P	Die tolerierte Fläche muss zwischen zwei zur Bezugsfläche parallelen Ebenen vom Abstand $t_P = 0{,}05$ mm liegen.	// 0,05
Rechtwinkligkeit	⊥	t_R	f_R	Die tolerierte Fläche muss zwischen zwei parallelen und zur Bezugsfläche A rechtwinkligen Ebenen vom Abstand $t_R = 0{,}2$ mm liegen.	⊥ 0,2 A
Neigung	∠	t_N	f_N	Die tolerierte Fläche muss zwischen zwei parallelen und zur Bezugsfläche A im geometrisch idealen Winkelgeneigten Ebenen vom Abstand $f_N = 0{,}4$ mm liegen.	∠ 0,4 A
Position	⊕	t_{PS}	f_{PS}	Die tolerierte Achse einer Bohrung muss innerhalb eines Zylinders vom Durchmesser $t_{PS} = 0{,}05$ mm liegen, dessen Achsen sich am geometrisch idealen Ort befinden.	⊕ ⌀ 0,05
Koaxialität, Achsabweichung	◎	t_{KO}	f_{KO}	Die Achse des großen Durchmessers muss in einem zur Bezugsachse A koaxialem Zylinder vom Durchmesser $f_{KO} = 0{,}02$ mm liegen.	◎ ⌀ 0,02
Symmetrie	≡	t_S	f_S	Die Mittelachse z. B. einer Nut muss zwischen zwei parallelen Ebenen vom Abstand $f_S = 0{,}5$ mm liegen, die symmetrisch zur Mittelebene der Bezugsfläche A angeordnet sind.	≡ ⌀ 0,5
Rundlauf, Planlauf	↗	t_L	f_L	Bei Drehung um die Bezugsachse darf die Rundlaufabweichung in jeder rechtwinkligen Messebene $f_L = 0{,}08$ mm nicht überschreiten. Diese Toleranz ist die Summe aus Rundheits- und Koaxialitätstoleranz.	↗ ⌀ 0,08
Gesamtlauf	↗↗	t_{LG}	f_{LG}	Bei mehrmaliger Drehung um die Bezugsachse und axialer Verschiebung zwischen Werkstück und Messgerät müssen alle Messpunkte innerhalb der Gesamtrundlauftoleranz von $f_{LG} = 0{,}25$ mm liegen.	↗↗ ⌀ 0,25

10

Maschinenelemente

10.1.10 Kennzeichnung der Oberflächenbeschaffenheit nach DIN EN ISO 1302

Symbol	Definition	Symbol	Definition								
$\checkmark$	Grundsymbol; Angabe der Oberflächenbeschaffenheit.	$e\checkmark$	Bearbeitungszugabe								
∇	spanend bearbeitete Oberfläche	$\overset{a}{\nabla}$	höchstzulässiger Rauheitswert Ra in μm								
$\varnothing$	spanende Bearbeitung nicht zugelassen oder Zustand des vorangegangenen Arbeitsganges belassen	$\nabla\!\perp$	Rillenrichtung rechtwinklig zur Projektionsebene								
$\overset{a_1}{\underset{a_2}{\nabla}}$	Größtwert Rauheit a_1 Kleinstwert Rauheit a_2	$e\overset{a}{\underset{d}{\nabla}}\!\!\overset{b}{\underset{c}{}}$	a	Rauheitswert Ra oder Rauheitsklassen N							
			b	Oberflächenbehandlung oder Fertigungsverfahren							
			c	Bezugsstrecke							
$\overset{\text{vernickelt}}{\nabla}$	Verfahren der Herstellung oder Oberflächenbehandlung		d	Rillenrichtung							
			e	Bearbeitungszugabe							
Rauheitsklasse N	N 1	N 2	N 3	N 4	N 5	N 6	N 7	N 8	N 9	N 10	N 11	N 12
Rauheitswert Ra in μm	0,025	0,05	0,1	0,2	0,4	0,8	1,6	3,2	6,3	12,5	25	50

10.1.11 Mittenrauheitswerte Ra in μm nach DIN 4766-1, zurückgezogen ohne Nachfolge

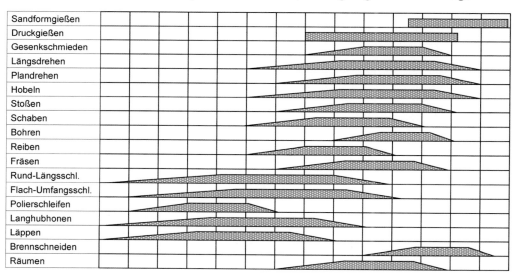

Mittenrauheitswert Ra in μm

10.1.12 Verwendungsbeispiele für Passungen

Passungs-bezeichnung	Kennzeichnung, Verwendungsbeispiele, sonstige Hinweise
	Übermaß- und Übergangstoleranzfelder
H 8 / x 8 H 7 / s 6 H 7 / r 6	Teile unter großem Druck mit Presse oder durch Erwärmen/Kühlen fügbar (Presssitz); Bronzekränze auf Zahnradkörpern, Lagerbuchsen in Gehäusen, Radnaben, Hebelnaben, Kupplungen auf Wellenenden; zusätzliche Sicherung gegen Verdrehen nicht erforderlich.
H 7 / n 6	Teile unter Druck mit Presse fügbar (Festsitz); Radkränze auf Radkörpern, Lagerbuchsen in Gehäusen und Radnaben, Laufräder auf Achsen, Anker auf Motorwellen, Kupplungen und Wellenenden; gegen Verdrehen sichern.
H 7 / k 6	Teile leicht mit Handhammer fügbar (Haftsitz); Zahnräder, Riemenscheiben, Kupplungen, Handräder, Bremsscheiben auf Wellen; gegen Verdrehen zusätzlich sichern.
H 7 / j 6	Teile mit Holzhammer oder von Hand fügbar (Schiebesitz); für leicht ein- und auszubauende Zahnräder, Riemenscheiben, Handräder, Buchsen; gegen Verdrehen zusätzlich sichern.
	Spieltoleranzfelder
H 7 / h 6 H 8 / h 9	Teile von Hand noch verschiebbar (Gleitsitz); für gleitende Teile und Führungen, Zentrierflansche, Wechselräder, Stellringe, Distanzhülsen.
H 7 / g 6 G 7 / h 6	Teile ohne merkliches Spiel verschiebbar (Enger Laufsitz); Wechselräder, verschiebbare Räder und Kupplungen.
H 7 / f 7	Teile mit merklichem Spiel beweglich (Laufsitz); Gleitlager allgemein, Hauptlager an Werkzeugmaschinen, Gleitbuchsen auf Wellen.
H 7 / e 8 H 8 / e 8 E 9 / h 9	Teile mit reichlichem Spiel (Leichter Laufsitz); mehrfach gelagerte Welle (Gleitlager), Gleitlager allgemein, Hauptlager für Kurbelwellen, Kolben in Zylindern, Pumpenlager, Hebellagerungen.
H 8 / d 9 F 8 / h 9 D 10 / h 9 D 10 / h 11	Laufsitz: Teile mit sehr reichlichem Spiel (Weiter Laufsitz); Transmissionslager, Lager für Landmaschinen, Stopfbuchsenteile, Leerlauf Scheiben.

10

Maschinenelemente

10.1.13 Ausgewählte Passtoleranzfelder und Grenzabmaße (in µm) für das System Einheitsbohrung (H)

+150µm
+100µm
+50µm
0
−50µm
−100µm

Passtoleranzfelder, dargestellt für den Nennmaßbereich über 24 mm bis 30 mm

Nennmaßbereich mm	H7	H8	H9	H11	za6	za8	z6	z8	x6	x8	u6 [1] / t6	u8	s6	r6
über 1 bis 3	+10 / 0	+14 / 0	+25 / 0	+60 / 0	+38 / +32	—	+32 / +26	+40 / +26	+26 / +20	+34 / +20	+24 / +18	—	+20 / +14	+16 / +10
über 3 bis 6	+12 / 0	+18 / 0	+30 / 0	+75 / 0	+50 / +42	—	+43 / +35	+53 / +35	+36 / +28	+46 / +28	+31 / +23	—	+27 / +19	+23 / +15
über 6 bis 10	+15 / 0	+22 / 0	+36 / 0	+90 / 0	+61 / +52	+74 / +52	+51 / +42	+64 / +42	+43 / +34	+56 / +34	+37 / +28	—	+32 / +23	+28 / +19
über 10 bis 14	+18 / 0	+27 / 0	+43 / 0	+110 / 0	+75 / +64	+91 / +64	+61 / +50	+77 / +50	+51 / +40	+67 / +40	+44 / +33	—	+39 / +28	+34 / +23
über 14 bis 18					+88 / +77	+104 / +77	+71 / +60	+87 / +60	+56 / +45	+72 / +45		—		
über 18 bis 24	+21 / 0	+33 / 0	+52 / 0	+130 / 0	—	+131 / +98	+86 / +73	+106 / +73	+67 / +54	+87 / +54	+54 / +41	—	+48 / +35	+41 / +28
über 24 bis 30					—	+151 / +118	+101 / +88	+121 / +88	+77 / +64	+97 / +64	+54 / +41	+81 / +48		
über 30 bis 40	+25 / 0	+39 / 0	+62 / 0	+160 / 0	—	+187 / +148	+128 / +112	+151 / +112	+96 / +80	+119 / +80	+64 / +48	+99 / +60	+59 / +43	+50 / +34
über 40 bis 50					—	+219 / +180	—	+175 / +136	+113 / +97	+136 / +97	+70 / +54	+109 / +70		
über 50 bis 65	+30 / 0	+46 / 0	+74 / 0	+190 / 0	—	+272 / +226	—	+218 / +172	+141 / +122	+168 / +122	+85 / +66	+133 / +87	+72 / +53	+60 / +41
über 65 bis 80					—	+320 / +274	—	+256 / +210	+165 / +146	+192 / +146	+94 / +75	+148 / +102	+78 / +59	+62 / +43
über 80 bis 100	+35 / 0	+54 / 0	+87 / 0	+220 / 0	—	+389 / +335	—	+312 / +258	+200 / +178	+232 / +178	+113 / +91	+178 / +124	+93 / +71	+73 / +51
über 100 bis 120					—	—	—	+364 / +310	+232 / +210	+264 / +210	+126 / +104	+198 / +144	+101 / +79	+76 / +54
über 120 bis 140	+40 / 0	+63 / 0	+100 / 0	+250 / 0	—	—	—	+428 / +365	+273 / +248	+311 / +248	+147 / +122	+233 / +170	+117 / +92	+88 / +63
über 140 bis 160					—	—	—	+478 / +415	+305 / +280	+343 / +280	+159 / +134	+253 / +190	+125 / +100	+90 / +65
über 160 bis 180					—	—	—	—	+335 / +310	+373 / +310	+171 / +146	+273 / +210	+133 / +108	+93 / +68
über 180 bis 200	+46 / 0	+72 / 0	+115 / 0	+290 / 0	—	—	—	—	+379 / +350	+422 / +350	+195 / +166	+308 / +236	+151 / +122	+106 / +77
über 200 bis 225					—	—	—	—	+414 / +385	+457 / +385	—	+330 / +258	+159 / +130	+109 / +80
über 225 bis 250					—	—	—	—	+454 / +425	+497 / +425	—	+356 / +284	+169 / +140	+113 / +84
über 250 bis 280	+52 / 0	+81 / 0	> 130 / 0	+320 / 0	—	—	—	—	+507 / +475	+556 / +475	—	+396 / +315	+190 / +158	+126 / +94
über 280 bis 315					—	—	—	—	+557 / +525	+606 / +525	—	+431 / +350	+202 / +170	+130 / +98
über 315 bis 355	+57 / 0	+89 / 0	+140 / 0	+360 / 0	—	—	—	—	+626 / +590	+679 / +590	—	+479 / +390	+226 / +190	+144 / +108
über 355 bis 400					—	—	—	—	+696 / +660	—	—	+524 / +435	+244 / +208	+150 / +114

[1] u 6 bei Nennmaß bis 24 mm, t 6 darüber

Diagramm-Skala: + 150µm · + 100µm · + 50µm · 0 · − 50µm · − 100µm

a11 und b11 nicht dargestellt

p 6	n 6	k 6	j 6	h 6	h 8	h 9	h 11	f 7	e 8	d 9	a 11	b 11	c 11	Nennmaß bereich mm
+12 / +6	+10 / +4	+6 / 0	+4 / −2	0 / −6	0 / −14	0 / −25	0 / −60	−6 / −16	−14 / −28	−20 / −45	−270 / −330	−140 / −200	−60 / −120	über 1 bis 3
+20 / +12	+16 / +8	+9 / +1	+6 / −2	0 / −8	0 / −18	0 / −30	0 / −75	−10 / −22	−20 / −38	−30 / −60	−270 / −345	−140 / −215	−70 / −145	über 3 bis 6
+24 / +15	+19 / +10	+10 / +1	+7 / −2	0 / −9	0 / −22	0 / −36	0 / −90	−13 / −28	−25 / −47	−40 / −76	−280 / −370	−150 / −240	−80 / −170	über 6 bis 10
+29 / +18	+23 / +12	+12 / +1	+8 / −3	0 / −11	0 / −27	0 / −43	0 / −110	−16 / −34	−32 / −59	−50 / −93	−290 / −400	−150 / −260	−95 / −205	über 10 bis 14 / über 14 bis 18
+35 / +22	+28 / +15	+15 / +2	+9 / −4	0 / −13	0 / −33	0 / −52	0 / −130	−20 / −41	−40 / −73	−65 / −117	−300 / −430	−160 / −290	−110 / −240	über 18 bis 24 / über 24 bis 30
+42 / +26	+33 / +17	+18 / +2	+11 / −5	0 / −16	0 / −39	0 / −62	0 / −160	−25 / −50	−50 / −89	−80 / −142	−310 / −470	−170 / −330	−120 / −280	über 30 bis 40
											−320 / −480	−180 / −340	−130 / −290	über 40 bis 50
+51 / +32	+39 / +20	+21 / +2	+12 / −7	0 / −19	0 / −46	0 / −74	0 / −190	−30 / −60	−60 / −106	−100 / −174	−340 / −530	−190 / −380	−140 / −330	über 50 bis 65
											−360 / −550	−200 / −390	−150 / −340	über 65 bis 80
+59 / +37	+45 / +23	+25 / +3	+13 / −9	0 / −22	0 / −54	0 / −87	0 / −220	−36 / −71	−72 / −126	−120 / −207	−380 / −600	−220 / −440	−170 / −390	über 80 bis 100
											−410 / −630	−240 / −460	−180 / −400	über 100 bis 120
+68 / +43	+52 / +27	+28 / +3	+14 / −11	0 / −25	0 / −63	0 / −100	0 / −250	−43 / −83	−85 / −148	−145 / −245	−460 / −710	−260 / −510	−200 / −450	über 120 bis 140
											−520 / −770	−280 / −530	−210 / −460	über 140 bis 160
											−580 / −830	−310 / −560	−230 / −480	über 160 bis 180
+79 / +50	+60 / +31	+33 / +4	+16 / −13	0 / −29	0 / −72	0 / −115	0 / −290	−50 / −96	−100 / −172	−170 / −285	−660 / −950	−340 / −630	−240 / −530	über 180 bis 200
											−740 / −1030	−380 / −670	−260 / −550	über 200 bis 225
											−820 / −1110	−420 / −710	−280 / −570	über 225 bis 250
+88 / +56	+66 / +34	+36 / +4	+16 / −16	0 / −32	0 / −81	0 / −130	0 / −320	−56 / −108	−110 / −191	−190 / −320	−920 / −1240	−480 / −800	−300 / −620	über 250 bis 280
											−1050 / −1370	−540 / −860	−330 / −650	über 280 bis 315
+98 / +62	+73 / +37	+40 / +4	+18 / −18	0 / −36	0 / −89	0 / −140	0 / −360	−62 / −119	−125 / −214	−210 / −350	−1200 / −1560	−600 / −900	−360 / −720	über 315 bis 355
											−1350 / −1710	−680 / −1040	−400 / −760	über 355 bis 400

10 Maschinenelemente

10.1.14 Passungsauswahl, empfohlene Passtoleranzen, Spiel-, Übergangs- und Übermaßtoleranzfelder in µm nach DIN ISO 286

Passung / Nennmaßbereich mm	H8/x8 u8[1]	H7 s6	H7 r6	H7 n6	H7 k6	H7 j6	H7 h6	H8 h9	H11 h9	H11 h11	G7 H7 h6 g6
über 1 bis 3	− 6 / − 34	− 4 / − 20	− 0 / − 16	+ 6 / − 10	−	+ 12 / − 4	+ 16 / 0	+ 39 / 0	+ 85 / 0	+ 120 / 0	+ 18 / + 2
über 3 bis 6	− 10 / − 46	− 7 / − 27	− 3 / − 23	+ 4 / − 16	−	+ 13 / − 7	+ 20 / 0	+ 48 / 0	+ 105 / 0	+ 150 / 0	+ 24 / + 4
über 6 bis 10	− 12 / − 56	− 8 / − 32	− 4 / − 28	+ 5 / − 19	+ 14 / − 10	+ 17 / − 7	+ 24 / 0	+ 58 / 0	+ 126 / 0	+ 180 / 0	+ 29 / + 5
über 10 bis 14	− 13 / − 67	− 10 / − 39	− 5 / − 34	+ 6 / − 23	+ 17 / − 12	+ 21 / − 8	+ 29 / 0	+ 70 / 0	+ 153 / 0	+ 220 / 0	+ 35 / + 6
über 14 bis 18	− 18 / − 72										
über 18 bis 24	− 21 / − 87	− 14 / − 48	− 7 / − 41	+ 6 / − 28	+ 19 / − 15	+ 25 / − 9	+ 34 / 0	+ 85 / 0	+ 182 / 0	+ 260 / 0	+ 41 / + 7
über 24 bis 30	− 15 / − 81										
über 30 bis 40	− 21 / − 99	− 18 / − 59	− 9 / − 50	+ 8 / − 33	+ 23 / − 18	+ 30 / − 11	+ 41 / 0	+ 101 / 0	+ 222 / 0	+ 320 / 0	+ 50 / + 9
über 40 bis 50	− 31 / − 109										
über 50 bis 65	− 41 / − 133	− 23 / − 72	− 11 / − 60	+ 10 / − 39	+ 28 / − 21	+ 37 / − 12	+ 49 / 0	+ 120 / 0	+ 264 / 0	+ 380 / 0	+ 59 / + 10
über 65 bis 80	− 56 / − 148	− 29 / − 78	− 13 / − 62								
über 80 bis 100	− 70 / − 178	− 36 / − 93	− 16 / − 73	+ 12 / − 45	+ 32 / − 25	+ 44 / − 13	+ 57 / 0	+ 141 / 0	+ 307 / 0	+ 440 / 0	+ 69 / + 12
über 100 bis 120	− 90 / − 198	− 44 / − 101	− 19 / − 76								
über 120 bis 140	− 107 / − 233	− 52 / − 117	− 23 / − 88	+ 13 / − 52	+ 37 / − 28	+ 51 / − 14	+ 65 / 0	+ 163 / 0	+ 350 / 0	+ 500 / 0	+ 79 / + 14
über 140 bis 160	− 127 / − 253	− 60 / − 125	− 25 / − 90								
über 160 bis 180	− 147 / − 273	− 68 / − 133	− 28 / − 93								
über 180 bis 200	− 164 / − 308	− 76 / − 151	− 31 / − 106	+ 15 / − 60	+ 42 / − 33	+ 59 / − 16	+ 75 / 0	+ 187 / 0	+ 405 / 0	+ 580 / 0	+ 90 / + 15
über 200 bis 225	− 186 / − 330	− 84 / − 159	− 34 / − 109								
über 225 bis 250	− 212 / − 356	− 94 / − 169	− 38 / − 113								
über 250 bis 280	− 234 / − 396	− 106 / − 190	− 42 / − 126	+ 18 / − 66	+ 48 / − 36	+ 68 / − 16	+ 84 / 0	+ 211 / 0	+ 450 / 0	+ 640 / 0	+ 101 / + 17
über 280 bis 315	− 269 / − 431	− 118 / − 202	− 46 / − 130								
über 315 bis 355	− 301 / − 479	− 133 / − 226	− 51 / − 144	+ 20 / − 73	+ 53 / − 40	+ 75 / − 18	+ 93 / 0	+ 229 / 0	+ 500 / 0	+ 720 / 0	+ 111 / + 18
über 355 bis 400	− 346 / − 524	− 151 / − 244	− 57 / − 150								

[1] bis Nennmaß 24 mm: x 8; über 24 mm Nennmaß: u 8

H 7 f 7	F 8 h 6	H 8 f 7	F 8 h 9	H 8 e 8	E 9 h 9	H 8 d 9	D 10 h 9	H 11 d 9	D 10 h 11	C 11 h 9	C 11 H 11 h 11 c 11	A 11 H 11 h 11 a 11
+ 26	+ 28	+ 30	+ 47	+ 42	+ 64	+ 59	+ 85	+ 105	+ 120	+ 145	+ 180	+ 390
+ 6	+ 6	+ 6	+ 6	+ 14	+ 14	+ 20	+ 20	+ 20	+ 20	+ 60	+ 60	+ 270
+ 34	+ 36	+ 40	+ 58	+ 56	+ 80	+ 78	+ 108	+ 135	+ 153	+ 175	+ 220	+ 420
+ 10	+ 10	+ 10	+ 10	+ 20	+ 20	+ 30	+ 30	+ 30	+ 30	+ 70	+ 70	+ 270
+ 43	+ 44	+ 50	+ 71	+ 69	+ 97	+ 98	+ 134	+ 166	+ 188	+ 206	+ 260	+ 460
+ 13	+ 13	+ 13	+ 13	+ 25	+ 25	+ 40	+ 40	+ 40	+ 40	+ 80	+ 80	+ 280
+ 52	+ 54	+ 61	+ 86	+ 86	+ 118	+ 120	+ 163	+ 203	+ 230	+ 248	+ 315	+ 510
+ 16	+ 16	+ 16	+ 16	+ 32	+ 32	+ 50	+ 50	+ 50	+ 50	+ 95	+ 95	+ 290
+ 62	+ 66	+ 74	+ 105	+ 106	+ 144	+ 150	+ 201	+ 247	+ 279	+ 292	+ 370	+ 560
+ 20	+ 20	+ 20	+ 20	+ 40	+ 40	+ 65	+ 65	+ 65	+ 65	+ 110	+ 110	+ 300
+ 75	+ 80	+ 89	+ 126	+ 128	+ 174	+ 181	+ 242	+ 302	+ 340	+ 342	+ 440	+ 630
+ 25	+ 25	+ 25	+ 25	+ 50	+ +50	+ 80	+ 80	+ 80	+ 80	+ 120	+ 120	+ 310
										+ 352	+ 450	+ 640
										+ 130	+ 130	+ 320
+ 90	+ 95	+ 106	+ 150	+ 152	+ 208	+ 220	+ 294	+ 364	+ 410	+ 404	+ 520	+ 720
+ 30	+ 30	+ 30	+ 30	+ 60	+ 60	+ 100	+ 100	+ 100	+ 100	+ 140	+ 140	+ 340
										+ 414	+ 530	+ 740
										+ 150	+ 150	+ 360
+ 106	+ 112	+ 125	+ 177	+ 180	+ 246	+ 261	+ 347	+ 427	+ 480	+ 477	+ 610	+ 820
+ 36	+ 36	+ 36	+ 36	+ 72	+ 72	+ 120	+ 120	+ 120	+ 120	+ 170	+ 170	+ 380
										+ 487	+ 620	+ 850
										+ 180	+ 180	+ 410
										+ 550	+ 700	+ 960
										+ 200	+ 200	+ 460
+ 123	+ 131	+ 146	+ 206	+ 211	+ 285	+ 308	+ 405	+ 495	+ 555	+ 560	+ 710	+ 1020
+ 43	+ 43	+ 43	+ 43	+ 85	+ 85	+ 145	+ 145	+ 145	+ 145	+ 210	+ 210	+ 520
										+ 580	+ 730	+ 1080
										+ 230	+ 230	+ 580
										+ 645	+ 820	+ 1240
										+ 240	+ 240	+ 660
+ 142	+ 151	+ 168	+ 237	+ 244	+ 330	+ 357	+ 470	+ 575	+ 645	+ 665	+ 840	+ 1320
+ 50	+ 50	+ 50	+ 50	+ 100	+ 100	+ 170	+ 170	+ 170	+ 170	+ 260	+ 260	+ 740
										+ 685	+ 860	+ 1400
										+ 280	+ 280	+ 820
										+ 750	+ 940	+ 1560
+ 160	+ 169	+ 189	+ 267	+ 272	+ 370	+ 401	+ 530	+ 640	+ 720	+ 300	+ 300	+ 920
+ 56	+ 56	+ 56	+ 56	+ 110	+ 110	+ 190	+ 190	+ 190	+ 190	+ 780	+ 970	+ 1690
										+ 330	+ 330	+ 1050
										+ 860	+ 1080	+ 1920
+ 176	+ 187	+ 208	+ 291	+ 303	+ 405	+ 439	+ 580	+ 710	+ 800	+ 360	+ 360	+ 1200
+ 62	+ 62	+ 62	+ 62	+ 123	+ 125	+ 210	+ 210	+ 210	+ 210	+ 900	+ 1120	+ 2070
										+ 400	+ 400	+ 1350

10

Maschinenelemente

10.2 Schraubenverbindungen

Normen (Auswahl) und Bezugsliteratur

DIN 13-1	Metrisches ISO-Gewinde allgemeiner Anwendung – Teil 1: Nennmaße für das Regelgewinde; Gewinde-Nenndurchmesser von 1 … 68 mm
DIN 13-28	Metrisches ISO-Gewinde; Regel- und Feingewinde von 1 … 250 mm Gewindedurchmesser, Kernquerschnitte, Spannungsquerschnitte, Steigungswinkel
DIN 74-1	Senkungen für Senkschrauben
DIN 76-1	Gewindeausläufe und Gewindefreistiche – Teil 1: Für Metrisches ISO-Gewinde nach DIN 13-1
DIN 78	Schraubenüberstände
DIN 103-1	Metrisches ISO-Trapezgewinde; Gewindeprofile
DIN 103-4	Metrisches ISO-Trapezgewinde; Nennmaße
DIN 202	Gewinde – Übersicht
DIN 267-2, -6, -13, -24, -26-28	Mechanische Verbindungselemente – Technische Lieferbedingungen
DIN 475-1	Schlüsselweiten für Schrauben, Armaturen, Fittings
DIN 513-2	Metrisches Sägengewinde; Gewindereihen
DIN 935-1	Sechskant-Kronenmuttern – Teil 1: Metrisches Regel- und Feingewinde
DIN 938	Stiftschrauben – Einschraubende $\approx 1d$
DIN 979	Niedrige Sechskant-Kronenmuttern – Metrisches Regel- und Feingewinde, Produktklasse A und B
DIN 1804	Nutmuttern; Metrisches ISO-Feingewinde
DIN 1816	Kreuzlochmuttern; Metrisches ISO-Feingewinde
DIN 6912	Zylinderschrauben mit Innensechskant – Niedriger Kopf, mit Schlüsselführung
DIN 7990	Sechskantschrauben mit Sechskantmutter für Stahlkonstruktionen
DIN EN 898-2	Mechanische Eigenschaften von Verbindungselementen aus Kohlenstoffstahl und legiertem Stahl — Teil 2: Muttern mit festgelegten Festigkeitsklassen
DIN EN ISO 4014	Sechskantschrauben mit Schaft – Produktklassen A, B
DIN EN ISO 4016	Sechskantschrauben mit Schaft – Produktklasse C
DIN EN ISO 4017	Mechanische Verbindungselemente – Sechskantschrauben mit Gewinde bis Kopf – Produktklassen A, B
DIN EN ISO 4032	Sechskantmuttern, Typ 1 – Produktklassen A, B
DIN EN ISO 4035	Niedrige Sechskantmuttern mit Fase (Typ 0) – Produktklassen A, B
DIN EN ISO 7040	Sechskantmuttern mit Klemmteil mit nichtmetallischem Einsatz – Festigkeitsklassen 5, 8, 10
DIN EN ISO 7042	Hohe Sechskantmuttern mit Klemmteil (Ganzmetallmuttern) – Festigkeitsklassen 5, 8, 10, 12
VDI 2230 [1]	Systematische Berechnung hoch beanspruchter Schraubenverbindungen – Zylindrische Einschraubenverbindungen; VDI, 2015

[1] Diese Richtlinie enthält eine ausführliche Liste wichtiger Bezugsliteratur

10.2.1 Berechnung axial belasteter Schrauben ohne Vorspannung

Erforderlicher Spannungsquerschnitt $A_{S\,\text{erf}}$ und Wahl des Gewindes nach 10.2.13 (Schraubendurchmesser d) und der Festigkeitsklasse nach 10.2.9

$$A_{S\,\text{erf}} \geq \frac{\alpha_A F}{0,8 \cdot R_{p0,2}}$$

$A_{S\,\text{erf}}$ erforderlicher Spannungsquerschnitt
F gegebene Betriebskraft
$R_{p\,0,2}$ 0,2-Dehngrenze nach 10.2.9
α_A Anziehfaktor

$A_{S\,\text{erf}}$	F	$R_{p\,0,2}$	α_A
mm^2	N	$\dfrac{\text{N}}{\text{mm}^2}$	1

Zugspannung σ_z

$$\sigma_z = \frac{F}{A_S}$$

Flächenpressung im Gewinde p

$$p = \frac{F \cdot P}{\pi \cdot d_2 \cdot H_1 \cdot m} \leq p_{zul}$$

P Gewindesteigung nach 10.2.13

Erforderliche Mutterhöhe m_{erf}

$$m_{\text{erf}} = \frac{F \cdot P}{\pi \cdot d_2 \cdot H_1 \cdot p_{zul}}$$

p_{zul} nach 10.2.7

Ausschlagspannung σ_a bei schwingender Belastung

$$\sigma_a = \frac{F}{2 A_S} \leq \sigma_A$$

σ_A Ausschlagfestigkeit nach 10.2.4

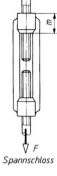

Spannschloss

10.2.2 Berechnung unter Last angezogener Schrauben

Erforderlicher Spannungs-Querschnitt und Wahl des Gewindes nach 10.2.13 (Schraubendurchmesser d) und der Festigkeitsklasse nach 10.2.9

$$A_{S\,\text{erf}} \geq \frac{F}{\nu \cdot R_{p0,2}}$$

$A_{S\,\text{erf}}$ erforderlicher Spannungsquerschnitt
F gegebene Spannkraft
ν Ausnutzungsgrad für die Streckgrenze R_e oder für die 0,2-Dehngrenze $R_{p\,0,2}$, zweckmäßig wird $\nu = 0,6 \dots 0,8$ gesetzt (Erfahrungswert)
$R_{p\,0,2}$ 0,2-Dehngrenze (10.2.9)

$A_{S\,\text{erf}}$	F	$R_{p\,0,2}$
mm^2	N	$\dfrac{\text{N}}{\text{mm}^2}$

Zugspannung σ_z

$$\sigma_z = \frac{F}{A_S}$$

Torsionsspannung τ_t

$$\tau_t = \frac{F \cdot d_2}{2 \cdot W_{ps}} \cdot \tan(\alpha + \varrho')$$

d_2 Flankendurchmesser (10.2.13)
α Gewindesteigungswinkel (10.2.13)
W_p polares Widerstandsmoment (10.2.13)
ϱ' Reibungswinkel im Gewinde (10.2.4)

Vergleichsspannung σ_{red} (reduzierte Spannung)

$$\sigma_{red} = \sqrt{\sigma_z^2 + 3\tau_t} \leq 0,9 \cdot R_{p0,2}$$

Ausschlagspannung σ_a

$$\sigma_a = \frac{F}{2 \cdot A_S} \leq \sigma_A$$

σ_A Ausschlagfestigkeit nach 10.2.4

10

Maschinenelemente

10.2.3 Berechnung einer vorgespannten Schraubenverbindung bei axial wirkender Betriebskraft

Überschlägige Ermittlung des erforderlichen Gewindes

Überschlägige Ermittlung des erforderlichen Spannungsquerschnitts und Wahl des Gewindes

$$A_{\text{S erf}} \geq \frac{F_A}{v \cdot R_{p0,2}}$$

$A_{\text{S erf}}$	F	$R_{p0,2}$
mm^2	N	$\dfrac{\text{N}}{\text{mm}^2}$

Herleitung: Es wird reine Zugspannung im Spannungsquerschnitt A_S angenommen, hervorgerufen durch die Zugkraft F_A. Die zulässige Zugspannung wird gleich dem v-fachen der 0,2-Dehngrenze gesetzt ($\sigma_{z\,zul} = v \cdot R_{p0,2}$), sodass mit der Zughauptgleichung $\sigma_z = F_A/A_{\text{S erf}} < v \cdot R_{p0,2}$ wird.

$A_{\text{S erf}}$ erforderlicher Spannungsquerschnitt
F_A gegebene axiale Vorspannkraft
v Ausnutzungsgrad
$R_{p0,2}$ 0,2- Dehngrenze der Schraube (10.2.9)

Ausnutzungsgrad v

$v < 1$ gibt an, mit welchem Anteil von der Streckgrenze R_e oder der 0,2-Dehngrenze $R_{p0,2}$ die Schraube belastet werden soll, z. B. $v = 0,6 = 60\,\%$ von $R_{p0,2}$.

Erfahrungswerte:

$v = 0,25$ bei dynamisch und exzentrisch angreifender Axialkraft F_A.

$v = 0,4$ bei dynamisch und zentrisch oder statisch und exzentrisch angreifender Axialkraft F_A.

$v = 0,6$ bei statisch und zentrisch angreifender Axialkraft F_A.

Berechnungsbeispiel

Die skizzierte exzentrisch vorgespannte Verschraubung eines Hydraulik-Zylinderdeckels soll berechnet werden.

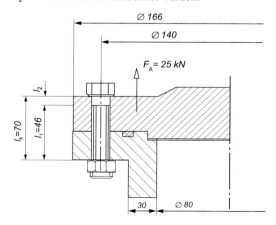

Beispiel: Zylinderdeckel-Verschraubung

Die zu übertragende größte Axialkraft je Schraube beträgt 20530 N. Beide Bauteile bestehen aus Gusseisen EN-GJS-450-10 nach DIN EN 1563 mit der Elastizitätsgrenze $R_{p0,2} = 310$ MPa $= 310$ N/mm². Die Schraube soll die Festigkeitsklasse 8.8 haben ($R_{p0,2} = 660$ MPa) und mit dem Drehmomentenschlüssel angezogen werden.

Für F_A die nächsthöhere Normzahl aus R5 wählen	Normzahlen der Reihe R5: 630/1000/1600/2500/4000/6300/10000/16000/25000/40000/630000 gewählt: $F_A = 25\,000$ N

Erforderlicher Spannungsquerschnitt

$$A_{S\,erf} = \frac{F_A}{v \cdot R_{p0,2}} = \frac{25000\ \text{N}}{0,4 \cdot 660\ \text{Mpa}} = 94,7\,\text{mm}^2$$

Der Ausnutzungsgrad wird für eine statisch wirkende und exzentrisch angreifende Axialkraft mit 0,4 eingesetzt (siehe oben)

Abmessungen der Schraube

Nach 10.2.13 wird das Gewinde M16 gewählt:

Gewindedurchmesser	d	$= 16$ mm
Flankendurchmesser	d_2	$= 14,701$ mm
Steigungswinkel	α	$= 2,48°$
Spannungsquerschnitt	A_S	$= 157\ \text{mm}^2 > 94,7\ \text{mm}^2$
Schaftquerschnitt	A	$= 50,201\ \text{mm}^2$
polares Widerstandsmoment	W_{pS}	$= 554,9\ \text{mm}^3$
Bezeichnung der Schraube:		M8 × 80 DIN 13 – 8.8
Durchmesser der Kopfauflage	d_w	$= 13$ mm
Schraubenlänge (gewählt)	l	$= 50$ mm
Gewindelänge	b	$= 22$ mm
Durchgangsbohrung	d_h	$= 9$ mm
Kopfauflagefläche	A_p	$= 69,1\ \text{mm}^2$
Außendurchmesser der verspannten Teile	D_A	$= 25$ mm

Die weiteren und umfangreicheren Rechnungen sollten mit den Unterlagen aus der VDI-Richtlinie 2230 durchgeführt werden.

10

Maschinenelemente

10.2.4 Kräfte und Verformungen in zentrisch vorgespannten Schraubenverbindungen

Verspannungsdiagramm einer vorgespannten Schraubenverbindung nach dem Aufbringen einer axialen Betriebskraft F_A, die zentrisch an Schraubenkopf- und Mutterauflage angreift. Dann ist der Krafteinleitungsfaktor $n = 1$. Er wird nach der VDI-Richtlinie 2230 berechnet und beschreibt den Einfluss des Einleitungsorts der Axialkraft F_A auf die Verschiebung des Schraubenkopfs.

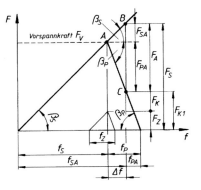

F_V	Vorspannkraft der Schraube
F_A	axiale Betriebskraft
F_K	Klemmkraft (Dichtkraft)
F_{K1}	theoretische Klemmkraft
F_Z	Vorspannkraftverlust durch Setzen während der Betriebszeit
F_S	Schraubenkraft
F_{SA}	Axialkraftanteil (Betriebskraftanteil der Schraube)
F_{PA}	Axialkraftanteil der verspannten Teile

f_S	Verlängerung der Schraube nach der Montage
f_P	Verkürzung der verspannten Teile nach der Montage
f_{SA}, f_{PA}	entsprechende Formänderungen nach Aufbringen der Betriebskraft F_A
f_Z	Setzbetrag (bleibende Verformung durch „Setzen")
Δf	Längenänderung nach dem Aufbringen von F_A
β_S, β_P	Neigungswinkel der Kennlinie

Elastische Nachgiebigkeit δ_S einer Sechskantschraube

$$\delta_S = \frac{\dfrac{l_1}{A} + \dfrac{l_2 + 0,8\,d}{A_S}}{E_S}$$

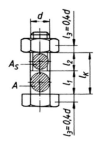

Nach Aufbringen der Vorspannkraft F_V

$$\delta_S = \frac{f_S}{F_V} = \frac{\Delta f}{F_{SA}}$$

Dehnquerschnitte und Dehnlängen an der Sechskantschraube

Ersatzhohlzylinder zur Berechnung der elastischen Nachgiebigkeit δ_P der Platten und Ersatzquerschnitt (Ersatzhohlzylinder) A_{ers} der Platten für $d_w + l_K < D_A$

$$\delta_P = \frac{l_K}{A_{ers} \cdot E_P} = \frac{f_P}{F_V} = \frac{\Delta f}{F_{PA}} = \frac{\Delta f}{F_A - F_{SA}}$$

$$A_{ers} = \frac{\pi}{4}\left(d_w^2 - d_h^2\right) + \frac{\pi}{8}\left[\left(\sqrt[3]{\frac{l_K \cdot d_w}{(l_K + d_w)^2} + 1}\right)^2 - 1\right]$$

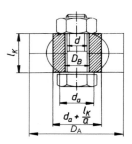

Ersatzhohlzylinder in den verspannten Platten

D_A Außendurchmesser der verspannten Platten

D_w Außendurchmesser der Kopfauflage, bei Sechskantschrauben Durchmesser des Telleransatzes, sonst Schlüsselweite, bei Zylinderschrauben Kopfdurchmesser

D_h Durchmesser der Durchgangsbohrung nach 10.2.10, l_K Klemmlänge

Axialkraftanteil F_{SA} in der Schraube

$$F_{SA} = F_A \frac{\delta_P}{\delta_P + \delta_S} \quad \text{und mit} \quad \frac{\delta_P}{\delta_P + \delta_S} = \Phi$$

$$F_{SA} = \Phi F_A$$

Gleichungsentwicklung:

$\Delta f = \delta_S F_{SA} = \delta_P(F_A - F_{SA})$

$\delta_S F_{SA} = \delta_P F_A - \delta_P F_{SA}$

$F_{SA}(\delta_S + \delta_P) = \delta_P F_A$

Kraftverhältnis Φ

Φ ist das Kraftverhältnis bei zentrischer Verspannung und zentrischer Krafteinleitung in Ebenen durch die Schraubenkopf- und Mutterauflage.

$$\Phi = \frac{\delta_P}{\delta_P + \delta_S} = \frac{F_{SA}}{F_A}$$

$$\Phi = \frac{l_K}{l_K + \dfrac{A_{ers} E_P}{E_S}\left(\dfrac{l_1}{A} + \dfrac{l_2 + 0,8\,d}{A_S}\right)}$$

l_K Klemmlänge

E_P Elastizitätsmodul der Platten

E_S Elastizitätsmodul der Schraube, für Stahl ist $E_S = 21 \cdot 10^4$ N/mm²

A_{ers} Ersatzquerschnitt

l_1, l_2 Teillängen der Schraube (10.2.10)

d Gewindenenndurchmesser

A Schaftquerschnitt der Schraube

A_S Spannungsquerschnitt der Schraube (10.2.13)

Φ-Kontrolle für Sechs-kantschrauben, berechnet mit der obigen Gleichung und den folgenden Überschlagswerten:

für Stahlflansche mit $E_P = 21 \cdot 10^4$ N/mm² und Flansche aus EN-GJL-300 (Klammerwerte) mit $E_P = 12 \cdot 10^4$ N/mm² in Abhängigkeit von l_K/d berechnet.

$l_K/d =$	1	2	3	4	5
$\Phi =$	0,21 (0,31)	0,23 (0,32)	0,22 (0,30)	0,20 (0,28)	0,19 (0,26)
$l_K/d =$	6	7	8	9	10
$\Phi =$	0,18 (0,24)	0,16 (0,22)	0,15 (0,20)	0,14 (0,19)	0,13 (0,17)
$l_K/d =$	11	12	13	14	15
$\Phi =$	0,12 (0,16)	0,11 (0,15)	0,10 (0,14)	0,097 (0,13)	0,091 (0,12)
$l_K/d =$	16	17	18	20	–
$\Phi =$	0,086 (0,11)	0,081 (0,105)	0,076 (0,099)	0,068 (0,088)	–

Berechnet mit den Vereinfachungen: $d_a = 1,6\,d$; $D_B = 1,1\,d$; $d_S = 0,85\,d$ (für A_S); $l_1 = 0,7\,l_K$; $l_2 = 0,3\,l_K$

Axialkraftanteil F_{PA} in den verspannten Platten (Plattenzusatzkraft)

$$F_{PA} = F_A\,(1 - \Phi)$$

Herleitung: Das Verspannungs-diagramm zeigt $F_{PA} = F_A - F_{SA}$. Außerdem ist $F_{SA} = F_A\,\Phi$.

Axialkraftanteile F_{SA} und F_{PA} mit $\Phi_n = n \cdot \Phi$ für den allgemeinen Krafteinleitungsfall

$$\Phi_n = n\,\frac{\delta_P}{\delta_P + \delta_S} = n\,\Phi = \frac{F_{SA}}{F_A}$$

n ist der nach VDI 2230 zu berechnende Krafteinleitungsfaktor, n ist abhängig vom Ort der Einleitung der Axialkraft F_A.

Krafteinleitungs-faktoren n und zugehörige Verbindungs-typen nach VDI 2230

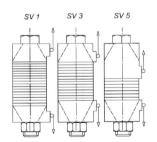

SV 1   SV 3   SV 5

Verbindungstypen SV zur Lage der Krafteinleitung

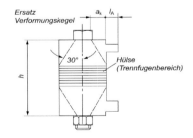

Ersatz Verformungskegel a_k l_A

30°   Hülse (Trennfugenbereich)

h

Parameter zur Ermittlung von n

h Höhe, a_k Abstand zwischen dem Rand der Verspannfläche, l_A Länge zwischen Grundkörper und Krafteinleitungspunkt K im Anschlusskörper

Krafteinleitungsfaktoren n:

A/h	0,00			0,10			0,20			≥0,30		
a_K/h	0,10	0,30	≥0,50	0,10	0,30	≥0,50	0,10	0,30	≥0,50	0,10	0,30	≥0,50
SV1	0,55	0,30	0,13	0,41	0,22	0,10	0,28	0,16	0,07	0,14	0,12	0,04
SV3	0,37	0,26	0,12	0,30	0,20	0,09	0,23	0,15	0,07	0,14	0,12	0,04
SV5	0,25	0,22	0,10	0,21	0,15	0,07	0,17	0,12	0,06	0,13	0,10	0,03

Klemmkraft F_K
(bei $n < 1$)

$$F_K = F_V - F_Z - F_A \left(1 - \Phi_n\right)$$

Das Verspannungsbild zeigt
$$F_K = F_V - F_Z - F_{PA}$$
$$F_{PA} = F_A \left(1 - \Phi_n\right)$$

Schraubenkraft F_S und
Vorspannkraft F_V

$$\overbrace{F_S \;=\; \underbrace{F_Z}_{\substack{\text{Setz-}\\\text{kraft}}} + \underbrace{F_K}_{\substack{\text{Klemm-}\\\text{kraft}}} + \underbrace{\left(1 - \Phi\right) F_A}_{\substack{\text{Axialkraft-}\\\text{anteil der}\\\text{verspannten}\\\text{Teile}}} + \underbrace{\Phi\, F_A}_{\substack{\text{Axialkraft-}\\\text{anteil der}\\\text{Schraube}}}}^{\text{Vorspannkraft } F_V}$$

$$\underbrace{}_{\text{axiale Betriebskraft } F_A}$$

Schraubenkraft F_S
(bei $n < 1$)

$$F_S = F_V + F_{SA}$$
$$F_S = F_V + \Phi_n\, F_A$$

Setzkraft F_Z

$$F_Z = \frac{f_Z}{\left(\delta_S + \delta_P\right)} = f_Z\, \frac{\Phi}{\delta_P}$$

Die Setzkraft F_Z ist der Vorspannungskraft-
verlust durch Setzen der Verbindung während
der Betriebszeit. f_Z ist die dadurch bleibende
Verformung.

Richtwerte für Setzbeträge f_Z in µm bei Schrauben, Muttern und kompakten
verspannten Teilen aus Stahl (VDI 2230)

Gemittelte Rautiefe R_Z	Beanspruchung	im Gewinde	je Kopf oder Mutterauflage	je innere Trennfuge
< 10 µm	Zug/Druck	3	2,5	1,5
	Schub	3	3	2
10 µm bis < 40 µm	Zug/Druck	3	3	2
	Schub	3	4,5	2,5
40 µm bis < 160 µm	Zug/Druck	3	4	3
	Schub	3	6,5	3,5

Montagevorspannkraft
F_{VM} Anziehfaktor α_A

$$F_{VM} = \alpha_A \left[F_{K\,erf} + F_Z + F_A \cdot \left(1 - \Phi_n\right) \right]$$

Richtwerte für den
Anziehfaktor α_A
(VDI 2230)

Anziehfaktor α_A	Streuung	Anzieh-verfahren	Einstell-verfahren	Bemerkungen
1,2 bis 1,4	+/− (9 bis 17)%	Drehwinkel-gesteuertes Anziehen	Versuchsmäßige Bestimmung von Vorziehmoment und Drehwinkel	Vorspannkraft-streuung wird wesentlich durch die Streckgrenzen-streuung bestimmt.
1,4 bis 1,6	+/− (17 bis 2)%	Drehmomenten-gesteuertes Anziehen mit Drehmomenten-schlüssel	Versuchsmäßige Bestimmung der Sollanzieh-momente am Originalver-schraubungsteil	Niedrigere Werte für kleine Dreh-winkel, höhere Werte große Dreh-winkel
2,5 bis 4	+/− (43 bis 60)%	Schlag- oder Impuls-schrauber	Einstellen des Schraubers über das Nachstell-moment und einem Zuschlag	Niedrigere Werte für große Zahl von Einstellversuchen

Längenänderungen f_S, f_P nach der Montage	$f_S = F_{VM}\, \delta_S$ $f_P = F_{VM}\, \delta_P$	F_{VM} Montagevorspannkraft

Erforderliches Anziehdrehmoment M_A

$$M_A = F_{VM}\left[\frac{d_2}{2}\cdot \tan(\alpha + \varrho') + \mu_A \cdot 0{,}7d\right]$$

M_A	F_{VM}	d_2, d	μ_A
Nmm	N	mm	1

F_{VM} Montagevorspannkraft
d_2 Flankendurchmesser am Gewinde (10.2.13)
d Gewindedurchmesser (10.2.13)
α Steigungswinkel am Gewinde (10.2.13)
ϱ' Reibungswinkel am Gewinde
μ_A Gleitreibungszahl der Kopf- oder Mutterauflagefläche
$\mu_A \approx 0{,}1$ für Stahl/Stahl, trocken ($\approx 0{,}05$ gefettet)
$\mu_A \approx 0{,}15$ für Stahl/Gusseisen, trocken ($\approx 0{,}05$ gefettet)

Richtwerte für Reibungszahlen μ' und Reibungswinkel ϱ' für metrisches ISO-Regelgewinde

Reibungs-verhältnisse / Behandlungsart	trocken		gefettet		MoS$_2$-Paste	
	μ'	ϱ'	μ'	ϱ'	μ'	ϱ'
ohne Nachbehandlung	0,16	9°	0,14	8°		
phosphatiert	0,18	10°	0,14	8°	0,1	6°
galvanisch verzinkt	0,14	8°	0,13	7,5°		
galvanisch verkadmet	0,1	6°	0,09	5°		

Montage-vorspannung σ_{VM}

$$\sigma_{VM} = \frac{F_{VM}}{A_S}$$

F_{VM} Montagevorspannkraft
A_S Spannungsquerschnitt

Torsionsspannung τ_t

$$\tau_t = \frac{F_{VM}\cdot d_2 \cdot \tan(\alpha + \varrho')}{2\cdot W_{pS}}$$

d_2 Flankendurchmesser[*)]
W_{pS} polares Widerstandsmoment der Schraube[*)]

$$W_{pS} = \frac{\pi}{16}d_s^3$$

d_S Durchmesser des Spannungsquerschnitts A_S[*)]
α Steigungswinkel des Gewindes[*)]
P Gewindesteigung[*)]
ϱ' Reibungswinkel (siehe oben)

[*)] siehe 10.2.13

Vergleichs-spannung σ_{red} (reduzierte Spannung)

$$\sigma_{red} = \sqrt{\sigma_{VM}^2 + 3\cdot \tau_t^2} \le 0{,}9\cdot R_{p\,0,2}$$

$R_{p\,0,2}$ 0,2-Dehngrenze (10.2.9)

Ist die Bedingung $\sigma_{red} \le 0{,}9\cdot R_{p\,0,2}$ nicht erfüllt, muss die Berechnung mit einem größeren Schraubendurch-messer oder mit einer höheren Festig-keitsklasse wiederholt werden.

10

Maschinenelemente

Ausschlagkraft F_a
bei dynamischer
Betriebskraft F_B

$$F_a = \frac{F_{SA\,max} - F_{SA\,min}}{2} =$$

$$F_a = \frac{F_{Amax} - F_{Amin}}{2}\, n \cdot \Phi$$

$$F_a = \frac{F_{SA}}{2} \quad \text{bei} \quad F_{SA\,min} = 0$$

$$F_m = F_{VM} + F_{SA\,min} + F_a$$

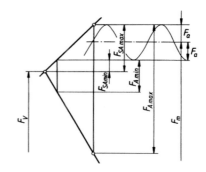

Ausschlagspannung σ_a

$$\sigma_a = \frac{F_a}{A_S} \leq 0{,}9 \cdot \sigma_A$$

σ_A Ausschlagfestigkeit der Schraube
A_S Spannungsquerschnitt (10.2.13)

Ausschlagfestigkeit
$\pm\,\sigma_A$ in N/mm²

Festigkeits-klasse	Gewinde			
	< M 8	M 8 ... M 12	M 14 ... M 20	> M 20
4.6 und 5.6	50	40	35	35
8.8 bis 12.9	60	50	40	35
10.9 und 12.9 schlussgerollt	100	90	70	60

Flächenpressung p

$$p = \frac{F_S}{A_p} \leq p_G$$

A_p gepresste Fläche (10.2.10)
p_G Grenzflächenpressung

Richtwerte für die
Grenzflächenpressung
p_G in N/mm²

Anziehart	Grenzflächenpressung p_G in N/mm² bei Werkstoff der Teile						
	S235JO	E 335	C 45 E	Stahl, vergütet	Stahl, einsatz-gehärtet	EN-GJL-250 EN-GJL-300	AlSiCu-Leg.
motorisch	200	350	600	–	–	500	120
von Hand	300	500	900	ca. 1 000	ca. 1 500	750	180
(drehmomentgesteuert)							

10.2.5 Berechnung vorgespannter Schraubenverbindungen bei Aufnahme einer Querkraft

Die Schraubenverbindung überträgt die
gesamte statisch oder dynamisch wirkende
Querkraft $F_{Q\,ges}$ allein durch Reibungsschluss:
Reibungskraft $F_R = F_{Q\,ges}$
Die erforderliche Vorspannkraft F_V
(Schraubenlängskraft) setzt sich zusammen
aus der erforderlichen Klemmkraft $F_{K\,erf}$ und
der Setzkraft F_Z. Eine axiale Betriebskraft F_A
tritt nicht auf ($F_A = 0$).

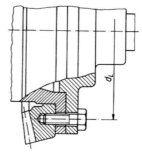

Beispiel einer Schrauben-
verbindung mit Querkraft-
aufnahme: Tellerrad am
Kraftfahrzeug

Erforderliche Klemmkraft $F_{K\,erf}$ je Schraube	$F_{K\,erf} \geq \dfrac{F_{Q\,ges}}{n \cdot \mu_A}$	n Anzahl der Schrauben, die $F_{Q\,ges}$ aufnehmen sollen

μ_A Gleitreibungszahl zwischen den Bauteilen

Erforderliche Klemmkraft $F_{K\,erf}$ je Schraube bei Drehmomentübertragung	$F_{K\,erf} \geq \dfrac{2 \cdot M}{n \cdot \mu_A \cdot d_L}$	Die Anzahl n der Schrauben ergibt sich aus dem zum Anziehen der Schraubenverbindung erforderlichen Mindestabstand auf dem Lochkreis.

M zu übertragendes Drehmoment

Erforderlicher Spannungsquerschnitt $A_{s\,erf}$ und Wahl des Gewindes nach Tabelle im Abschnitt 10.2.13	$A_{S\,erf} \geq \dfrac{\alpha_A \cdot F_{K\,erf}}{0,6 \cdot R_{p0,2}}$	α_A Anziehfaktor (10.2.4) $R_{p0,2}$ 0,2-Dehngrenze (10.2.9)

10

Maschinenelemente

10.2.6 Berechnung von Bewegungsschrauben

Für Bewegungsschrauben wird meist Trapezgewinde nach Tabelle im Abschnitt 10.2.14 verwendet. Man rechnet dann mit dem Kernquerschnitt A_3. Wird die Bewegungsschraube auf Druck beansprucht, muss die Knickung überprüft werden.

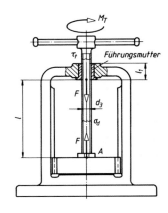

Beispiel einer Bewegungsschraube: Handspindelpresse

l Knickgefährdete Spindellänge

τ_t Spindelteil mit Torsionsspannung
$\tau_t = M_T/W_p$

l_1 tragende Gewindelänge der Führungsmutter

F Druckkraft in der Spindel

d_3 Kerndurchmesser des Trapezgewindes

σ_d Druckspannung im Gewinde

F Druckkraft

A Querschnittsfläche des Drucktellers

Erforderlicher Kernquerschnitt $A_{3\,erf}$ (überschlägig)	$A_{3\,erf} \geq \dfrac{F}{0,45 \cdot R_{p0,2}}$	F Zug- oder Druckkraft in der Schraube (Spindel) $R_{p0,2}$ siehe Tabelle in 10.2.9 u. 4.4 A_3 siehe Tabelle in 10.2.14

Vergleichsspannung σ_{red} (reduzierte Spannung)	$\sigma_{red} = \sqrt{\sigma_{z,d}{}^2 + 3 \cdot \tau_t{}^2}$	$\sigma_{z,d} = \dfrac{F}{A_3}$	$\tau_t = \dfrac{M_{RG}}{W_p}$	$W_p = \dfrac{\pi}{16} d_3{}^2$

Gewindereibungsmoment M_{RG}	$M_{RG} = F \dfrac{d_2}{2} \tan\left(\alpha + \varrho'\right)$

Erforderliche Mutterhöhe m_{erf}	$m_{erf} = \dfrac{F \cdot P}{\pi \cdot d_2 \cdot H_1 \cdot p_{zul}}$	Gewindegrößen nach 10.2.14 $p_{zul} = 2 \dots 3$ N/mm² für Gusseisenmuttern/Stahl $p_{zul} = 5 \dots 15$ N/mm² für Bronzemutter/Stahl $p_{zul} = 7$ N/mm² für Stahl/Stahl

Wirkungsgrad η

$$\eta = \frac{\tan \alpha}{\tan(\alpha + \beta)}$$

α Steigungswinkel (10.2.14)
ϱ' Reibungswinkel im Gewinde (10.2.8)

Festigkeitsnachweis

Für ruhende Belastung:

$$\sigma_{red} \leq 0{,}9 \cdot R_{p\,0,2}$$

$R_{p\,0,2}$ 0,2 Dehngrenze (10.2.9)

Für schwellende Belastung:

$$\sigma_a = \frac{F}{2 \cdot A_3} \leq \sigma_A$$

$$\sigma_A = \frac{\sigma_{Sch} \cdot b_1 \cdot b_2}{\beta_k}$$

σ_a Ausschlagspannung
σ_A Ausschlagfestigkeit
σ_{Sch} Schwellfestigkeit
b_1 Oberflächenbeiwert
b_2 Größenbeiwert
β_k Kerbwirkungszahl ≈ 2 für Trapez-gewinde

10.2.7 Richtwerte für die zulässige Flächenpressung bei Bewegungsschrauben

Werkstoff		p_{zul} in N/mm^2
Schraube (Spindel)	Mutter (Spindelführung)	
Stahl	Stahl	8
Stahl	Gusseisen	5
Stahl	CuZn und CuSn-Legierung	10
Stahl, gehärtet	CuZn und CuSn-Legierung	15

10.2.8 Reibungszahlen und Reibungswinkel für Trapezgewinde

Gewinde	trocken		gefettet	
	μ'	ϱ'	μ'	ϱ'
Spindel aus Stahl, Mutter aus Gusseisen	0,22	12°		
Spindel aus Stahl, Mutter aus CuZn- und CuSn-Legierungen	0,18	10°		
Aus vorstehenden Werkstoffen	–	–	0,1	6°

10.2.9 $R_{p\,0,2}$, 0,2-Dehngrenze der Schraube

Kennzeichen (Festigkeitsklasse)	4.6	4.8	5.6	5.8	6.6	6.8	6.9	8.8	10.9	12.9
Mindest-Zugfestigkeit R_m in N/mm^2	400		500		600			800	1 000	1 200
Mindest-Streckgrenze R_e oder $R_{p\,0,2}$-Dehngrenze in N/mm^2	240	320	300	400	360	480	540	640	900	1 080
Bruchdehnung A_5 in %	25	14	20	10	16	8	12	12	9	8

Festigkeitseigenschaften der Schraubenstähle nach DIN EN 20898

10.2.10 Geometrische Größen an Sechskantschrauben

Bezeichnung einer Sechskantschraube M10, Länge l = 90 mm, Festigkeitsklasse 8.8:

Sechskantschraube M10 × 90 DIN 931–8.8

Maße in mm, Kopfauflagefläche A_p in mm²

Gewinde	$d_a \triangleq s$	k	l-Bereich [1]	b		d_h		A_p	
				[2]	[3]	fein	mittel	[4]	[5]
M 5	8	3,5	22 ... 80	16	22	5,3	5,5	26,5	30
M 6	10	4	28 ... 90	18	24	6,4	6,6	44,3	41
M 8	13	5,5	35 ... 110	22	28	8,4	9	69,1	64
M 10	17	7	45 ... 160	26	32	10,5	11	132	100
M 12	19	8	45 ... 180	30	36	13	13,5	140	93
M 14	22	9	45 ... 200	34	40	15	15,5	191	134
M 16	24	10	50 ... 200	38	44	17	17,5	212	185
M 18	27	12	55 ... 210	42	48	19	20	258	244
M 20	30	13	60 ... 220	46	52	21	22	327	311
M 22	32	14	60 ... 220	50	56	23	24	352	383
M 24	36	15	70 ... 220	54	60	25	26	487	465
M 27	41	17	80 ... 240	60	66	28	30	613	525
M 30	46	19	80 ... 260	66	72	31	33	806	707

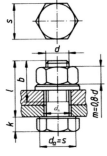

[1] gestuft: 18, 20, 25, 28, 30, 35, 40
[2] für $l \leq 125$ mm
[3] für $l > 125$ mm ... 200 mm
[4] für Sechskantschrauben
[5] für Innen-Sechskantschrauben

Anmerkung: Die Kopfauflagefläche A_p für Sechskantschrauben wurde als Kreisringfläche berechnet mit $A_p = \pi/4\,(d_a^2 - d_{h\,\text{mittel}}^2)$, für Innen-Sechskantschrauben aus den Maßen nach DIN. Aussenkungen der Durchgangsbohrungen (d_h) verringern die Auflagefläche A_p unter Umständen erheblich.

10.2.11 Maße an Senkschrauben mit Schlitz und an Senkungen für Durchgangsbohrungen

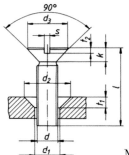

Bezeichnung einer Senkschraube M10 Länge l = 20 mm, Festigkeitsklasse 5.8:

Senkschraube M10 × 20 DIN 962 – 58

Bezeichnung der zugehörigen Senkung der Form A mit Bohrungsausführung mittel (m):

Senkung A m 10 DIN 74

Maße in mm

Gewinde-durch-messer $d = M$...	1	1,2	1,4	1,6	2	2,5	3	4	5	6	8	10	12	16	20
k_{max}	0,6	0,72	0,84	0,96	1,2	1,5	1,65	2,2	2,5	3	4	5	6	8	10
d_3	1,9	2,3	2,6	3	3,8	4,7	5,6	7,5	9,2	11	14,5	18	22	29	36
$t_{2\,max}$	0,3	0,35	0,4	0,45	0,6	0,7	0,85	1,1	1,3	1,6	2,1	2,6	3	4	5
s	0,25	0,3	0,3	0,4	0,5	0,6	0,8	1	1,2	1,6	2	2,5	3	4	5
d_1	1,2	1,4	1,6	1,8	2,4	2,9	3,4	4,5	5,5	6,6	9	11	14	18	22
d_2	2,4	2,8	3,3	3,7	4,6	5,7	6,5	8,6	10,4	12,4	16,4	20,4	24,4	32,4	40,4
t_1	0,6	0,7	0,8	0,9	1,1	1,4	1,6	2,1	2,5	2,9	3,7	4,7	5,2	7,2	9,2

10

Maschinenelemente

10.2.12 Einschraublänge l_a für Grundbohrungsgewinde

Festigkeitsklasse	8.8	8.8	10.9	10.9
Gewindefeinheit d/P	< 9	≥ 9	< 9	≥ 9
AlCuMg1 F40	$1,1\,d$	$1,4\,d$		
GJL220	$1,0\,d$	$1,2\,d$	$1,4\,d$	
E295	$0,9\,d$	$1,0\,d$	$1,2\,d$	
C45V	$0,8\,d$	$0,9\,d$	$1,0\,d$	

10.2.13 Metrisches ISO-Gewinde nach DIN 13

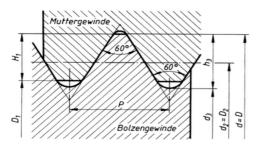

Bezeichnung des metrischen Regelgewindes z. B.
M 12 Gewinde-Nenndurchmesser
$d = D = 12$ mm

Maße in mm

Gewinde-Nenn-durchmesser		Steigung	Steigungs-winkel	Flanken-durchmesser	Kerndurchmesser		Gewindetiefe [1]		Spannungs-querschnitt	polares Wider-standsmoment
$d = D$		P	α	$d_2 = D_2$	d_3	D_1	h_3	H_1	A_S	W_{ps}
Reihe 1	Reihe 2		in Grad						mm^2	mm^3
3		0,5	3,40	2,675	2,387	2,459	0,307	0,271	5,03	3,18
	3,5	0,6	3,51	3,110	2,764	2,850	0,368	0,325	6,78	4,98
4		0,7	3,60	3,545	3,141	3,242	0,429	0,379	8,73	7,28
	4,5	0,75	3,40	4,013	3,580	3,688	0,460	0,406	11,3	10,72
5		0,8	3,25	4,480	4,019	4,134	0,491	0,433	14,2	15,09
6		1	3,40	5,350	4,773	4,917	0,613	0,541	20,1	25,42
8		1,25	3,17	7,188	6,466	6,647	0,767	0,677	36,6	62,46
10		1,5	3,03	9,026	8,160	8,376	0,920	0,812	58,0	124,6
12		1,75	2,94	10,863	9,853	10,106	1,074	0,947	84,3	218,3
	14	2	2,87	12,701	11,546	11,835	1,227	1,083	115	347,9
16		2	2,48	14,701	13,546	13,835	1,227	1,083	157	554,9
	18	2,5	2,78	16,376	14,933	15,294	1,534	1,353	192	750,5
20		2,5	2,48	18,376	16,933	17,294	1,534	1,353	245	1 082
	22	2,5	2,24	20,376	18,933	19,294	1,534	1,353	303	1 488
24		3	2,48	22,051	20,319	20,752	1,840	1,624	353	1 871
	27	3	2,18	25,051	23,319	23,752	1,840	1,624	459	2 774
30		3,5	2,30	27,727	25,706	26,211	2,147	1,894	561	3 748
	33	3,5	2,08	30,727	28,706	29,211	2,147	1,894	694	5 157
36		4	2,18	33,402	31,093	31,670	2,454	2,165	817	6 588
	39	4	2,00	36,402	34,093	34,670	2,454	2,165	976	8 601
42		4,5	2,10	39,077	36,479	37,129	2,760	2,436	1120	10 574
	45	4,5	1,95	42,077	39,479	40,129	2,760	2,436	1300	13 222
48		5	2,04	44,752	41,866	42,587	3,067	2,706	1470	15 899
	52	5	1,87	48,752	45,866	46,587	3,067	2,706	1760	20 829
56		5,5	1,91	52,428	49,252	50,046	3,374	2,977	2030	25 801
	60	5,5	1,78	56,428	53,252	54,046	3,374	2,977	2360	32 342
64		6	1,82	60,103	56,639	57,505	3,681	3,248	2680	39 138
	68	6	1,71	64,103	60,639	61,505	3,681	3,248	3060	47 750

[1] H_1 ist die Tragtiefe (siehe Handbuch Maschinenbau, D Festigkeitslehre: Flächenpressung im Gewinde)

10.2.14 Metrisches ISO-Trapezgewinde nach DIN 103

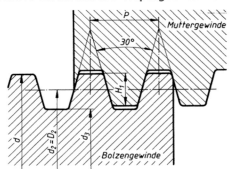

Bezeichnung für

a) eingängiges Gewinde z. B.

    Tr 75 × 10   Gewindedurchmesser d = 75 mm,
                        Steigung P = 10 mm = Teilung

b) zweigängiges Gewinde z. B.

    Tr 75 × 20 P 10   Gewindedurchmesser d = 75 mm,
                        Steigung P_h = 20 mm,
                        Teilung P = 10 mm

$$\text{Gangzahl } z = \frac{\text{Steigung } P_h}{\text{Teilung } P} = \frac{20 \text{ mm}}{10 \text{ mm}} = 2$$

Maße in mm

Gewinde-durchmesser	Steigung	Steigungs-winkel	Tragtiefe	Flanken-durchmesser	Kern-durchmesser	Kern-querschnitt	polares Wider-standsmoment
d	P	α in Grad	H_1 $H_1 = 0{,}5\,P$	$D_2 = d_2$ $D_2 = d - H_1$	d_3	$A_3 = \dfrac{\pi}{4} d_3^{\,2}$ mm^2	$W_p = \dfrac{\pi}{16} d_3^{\,3}$ mm^3
8	1,5	3,77	0,75	7,25	6,2	30,2	46,8
10	2	4,05	1	9	7,5	44,2	82,8
12	3	5,20	1,5	10,5	9	63,6	143
16	4	5,20	2	14	11,5	104	299
20	4	4,05	2	18	15,5	189	731
24	5	4,23	2,5	21,5	18,5	269	1 243
28	5	3,57	2,5	25,5	22,5	398	2 237
32	6	3,77	3	29	25	491	3 068
36	6	3,31	3	33	29	661	4 789
40	7	3,49	3,5	36,5	32	804	6 434
44	7	3,15	3,5	40,5	36	1 018	9 161
48	8	3,31	4	44	39	1 195	11 647
52	8	3,04	4	48	43	1 452	15 611
60	9	2,95	4,5	55,5	50	1 963	24 544
65	10	3,04	5	60	54	2 290	30 918
70	10	2,80	5	65	59	2 734	40 326
75	10	2,60	5	70	64	3 217	51 472
80	10	2,43	5	75	69	3 739	64 503
85	12	2,77	6	79	72	4 071	73 287
90	12	2,60	6	84	77	4 656	89 640
95	12	2,46	6	89	82	5 281	108 261
100	12	2,33	6	94	87	5 945	129 297
110	12	2,10	6	104	97	7 390	179 203
120	14	2,26	7	113	104	8 495	220 867

10

Maschinenelemente

10.3 Federn

Normen (Auswahl) und Richtlinien

DIN 2090	Zylindrische Schraubendruckfedern aus Flachstahl; Berechnung
DIN 2091	Drehstabfedern mit rundem Querschnitt; Berechnung und Konstruktion
DIN 2092	Tellerfedern; Berechnung
DIN 2093	Tellerfedern – Qualitätsanforderungen – Maße
DIN 2094	Blattfedern für Straßenfahrzeuge – Anforderungen, Prüfung
DIN 2097	Zylindrische Schraubenfedern aus runden Drähten; Gütevorschriften für kaltgeformte Zugfedern
DIN EN 13906-1-3	Zylindrische Schraubenfedern aus runden Drähten und Stäben – Berechnung und Konstruktion – Teile 1-3 – Druck-, Zug- und Drehfedern
DIN EN 15800	Zylindrische Schraubenfedern aus runden Drähten – Gütevorschriften für kaltgeformte Druckfedern

10.3.1 Federkennlinie, Federrate, Federarbeit, Eigenfrequenz

Federkennlinie für Zug-, Druck- und Biegefedern

Federrate c

$$c = \frac{F_2 - F_1}{f_2 - f_1} = \frac{\Delta F}{\Delta f} \quad \text{oder} \quad c = \frac{dF}{df}$$

$$c \triangleq \tan \alpha$$

Federarbeit W_f

$$W_f = \frac{F_1 + F_2}{2}\Delta f = \frac{c}{2}(f_2^2 - f_1^2)$$

F	f	c	W_f
N	mm	$\frac{N}{mm}$	Nmm

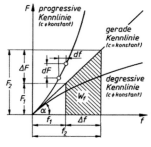

F Federkraft
f Federweg

Federkennlinie für Drehstabfedern

Federrate c

$$c = \frac{M_2 - M_1}{\varphi_2 - \varphi_1} = \frac{\Delta M}{\Delta \varphi} \quad \text{oder} \quad c = \frac{dM}{d\varphi}$$

$$c \triangleq \tan \alpha$$

Federarbeit W_f

$$W_f = \frac{M_1 + M_2}{2}\Delta\varphi = \frac{c}{2}(\varphi_2^2 - \varphi_1^2)$$

M	φ	c	W_f
Nmm	rad	$\frac{Nmm}{rad}$	Nmm

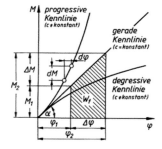

M Federmoment
φ Drehwinkel

Hinweis: In den Gleichungen für Drehstabfedern steht das Federmoment M für die Federkraft F sowie der Drehwinkel φ für den Federweg f (Analogie: $M \triangleq F$, $\varphi \triangleq f$).

Resultierende Federrate c_0 bei hintereinandergeschalteten Federn

Wegen $\quad F_0 = F_1 = F_2 = ...$

und $\quad f_0 = f_1 + f_2 + ...$

wird

$$\frac{1}{c_0} = \frac{1}{c_1} + \frac{1}{c_2} + ...$$

Bei zwei Federn gilt:

$$c_0 = \frac{c_1 c_2}{c_1 + c_2}$$

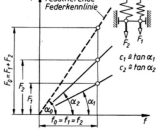

Resultierende Federrate c_0 bei parallelgeschalteten Federn

Wegen $\quad F_0 = F_1 + F_2 + ...$

und $\quad f_0 = f_1 = f_2 = ...$

wird

$$c_0 = c_1 + c_2 + ...$$

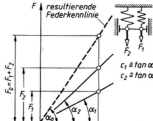

10

Maschinenelemente

Eigenfrequenz v_e (Federmasse vernachlässigt)

$$v_e = \frac{1}{2\pi} \sqrt{\frac{c}{m}}$$

für Zug-, Druck- und Biegefedern

c, c_D Federraten

m Masse des abgefederten Körpers

J Trägheitsmoment des Körpers, bezogen auf die Drehachse

Hz Hertz $(1 \text{ Hz} = \frac{1}{s})$

$$v_e = \frac{1}{2\pi} \sqrt{\frac{c_D}{J}}$$

für Drehstabfedern

v_e	c	c_D	m	J
$\dfrac{1}{s} = \text{Hz}$	$\dfrac{N}{m}$	$\dfrac{Nm}{rad}$	kg	kgm^2

In der Gleichung für Drehstabfedern steht das Trägheitsmoment J für die Masse m (Analogie: $J \triangleq m$).

10.3.2 Metallfedern

Größen und Einheiten

Spannung σ, τ in N/mm²

Elastizitätsmodul E und
Schubmodul G in N/mm²
(E_{Stahl} = 210 000 N/mm²,
G_{Stahl} = 83 000 N/mm²)

Federkraft (Federbelastung) F in N

Federmoment (Kraftmoment,
Drehmoment) M in Nmm

Federrate c in N/mm
(bei Drehstabfedern in Nmm/rad)

Federarbeit W_f in Nmm

Widerstandsmoment W in mm³

Flächenmoment 2. Grades I in mm⁴

Federvolumen V in mm³

Federweg f in mm

Drehwinkel φ in rad

sämtliche Längenmaße in mm.

Rechteck-Blattfeder

$$\sigma_b = \frac{F\,l}{W_x} = \frac{6\,F\,l}{b\,h^2} \le \sigma_{b\,zul} \qquad f = \frac{F\,l^3}{3\,E\,I_x} = \frac{4\,F\,l^3}{b\,h^3\,E} \qquad c = \frac{E\,b\,h^3}{4\,l^3}$$

$$f_{max} = \frac{2\,l^2}{3\,h\,E}\,\sigma_{b\,zul} \qquad W_f = \frac{V\,\sigma_b^2}{18\,E}$$

$$V = b\,h\,l$$

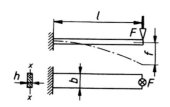

Zulässige Biegespannung $\sigma_{b\,zul}$:

Bei *ruhender* Belastung $\sigma_{b\,zul}$ = 0,7 R_m mit R_m = 1300 ... 1500 N/mm² für Federstahl.

Bei *schwingender* Belastung gilt das Dauerfestigkeits- oder Gestaltfestigkeitsdiagramm.
Damit ergeben sich:

$\sigma_{b\,zul} \approx \sigma_m + 0,7\,\sigma_A$ $\qquad$ σ_A Ausschlagfestigkeit

$\sigma_{a\,vorh} \le 0,75\,\sigma_A$ $\qquad$ σ_a Ausschlagspannung

Anhaltswert für σ_A = 50 N/mm² für Federstahl.

Dreieck-Blattfeder

$$\sigma_b = \frac{F\,l}{W_x} = \frac{6\,F\,l}{b\,h^2} \le \sigma_{b\,zul} \qquad f = \frac{F\,l^3}{2\,E\,I_x} = \frac{6\,F\,l^3}{b\,h^3\,E} \qquad c = \frac{b\,h^3\,E}{6\,l^3}$$

$\sigma_{b\,zul}$ wie oben $\qquad$ $f_{max} = \dfrac{l^2\sigma_{b\,zul}}{h\,E}$ $\qquad W_f = \dfrac{V\,\sigma_b^2}{6\,E}$

$$V = \frac{1}{2}\,b\,h\,l$$

Trapez-Blattfeder

$$\sigma_b = \frac{F\,l}{W_x} = \frac{6\,F\,l}{b\,h^2} \le \sigma_{b\,zul} \qquad f = K_{Tr}\frac{F\,l^3}{3\,E\,I_x} = K_{Tr}\frac{4\,F\,l^3}{b\,h^3\,E} \qquad c = \frac{b\,h^3\,E}{4\,K_{Tr}\,l^3}$$

$\sigma_{b\,zul}$ wie oben $\qquad$ $f_{max} = K_{Tr}\dfrac{2\,l^2\,\sigma_{b\,zul}}{3\,h\,E}$ $\qquad W_f = \dfrac{K_{Tr}\,V\,\sigma_b^2}{9\left(1+\dfrac{b'}{b}\right)E}$

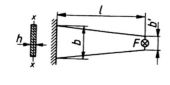

Formfaktor K_{Tr} aus nachstehendem Diagramm $\qquad V = \dfrac{1}{2}\,b\,h\,l\left(1+\dfrac{b'}{b}\right)$

Geschichtete Blattfeder

$$\sigma_b = \frac{Fl}{W_x} \leq \sigma_{b\,zul} \qquad f = K_{Tr}\frac{Fl^3}{3EI_x} = K_{Tr}\frac{4Fl^3}{zbh^3E} \qquad c = \frac{zbh^3E}{4K_{Tr}l^3}$$

$$\sigma_b = \frac{6Fl}{zbh^2} \leq \sigma_{b\,zul} \qquad f_{max} = K_{Tr}\frac{2l^2\sigma_{b\,zul}}{3hE} \qquad W_f = \frac{K_{Tr}\,V\,\sigma_b^2}{9\left(1+\dfrac{z'}{z}\right)E}$$

$\sigma_{b\,zul} = 600\ \text{N/mm}^2$ für Vorderfedern an Fahrzeugen

$\sigma_{b\,zul} = 750\ \text{N/mm}^2$ für Hinterfedern an Fahrzeugen

$$V = \frac{1}{2}bhl\left(1+\frac{z'}{z}\right)$$

z Anzahl der Blätter

z' Anzahl der Blätter von der Länge L

Formfaktor K_{Tr} aus nachstehendem Diagramm

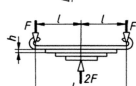

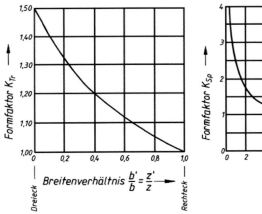

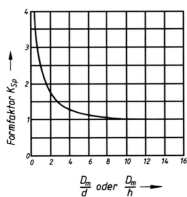

Spiralfeder

für Kreisquerschnitt
$$\sigma_b = 10K_{Sp}\frac{M}{d^3} \leq \sigma_{b\,zul} \qquad \varphi = \frac{Ml}{EI_x} \qquad \varphi_{max} = \frac{2l\sigma_{b\,zul}}{dE}$$

$$c = \frac{\pi d^4 E}{64l} \qquad\qquad W_f = \frac{V\sigma^2}{8E}$$

für Rechteckquerschnitt
$$\sigma_b = 6K_{Sp}\frac{M}{bh^2} \leq \sigma_{b\,zul} \qquad \varphi = \frac{Ml}{EI_x} \qquad \varphi_{max} = \frac{2l\sigma_{b\,zul}}{hE}$$

$$c = \frac{bh^3 E}{12l} \qquad l = \frac{\pi(r_a^2 - r_i^2)}{(d\ \text{oder}\ h)+w} \qquad W_f = \frac{V\sigma^2}{6E}$$

K_{Sp} aus vorstehendem Diagramm

Die zulässige Biegespannung $\sigma_{b\,zul}$ ist abhängig vom Drahtwerkstoff (patentiert-gezogener Federdraht) und vom Drahtdurchmesser.

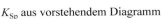

Anhaltswerte:	Drahtdurchmesser d in mm	2	3	4	5	6	8	10
	$\sigma_{b\,zul}$ in N/mm^2	1200	1170	1130	980	920	860	800

10

Maschinenelemente

Drehfeder (Schenkelfeder)

$$\sigma_b = 10 K_{Sp} \frac{F r}{d^3} \leq \sigma_{b\,zul} \qquad \varphi = \frac{F l r}{E I_x} \qquad \varphi_{max} = \frac{2 l \sigma_{b\,zul}}{(d \text{ oder } h) E}$$

$$l = i_f \sqrt{(D_m \pi)^2 + s^2}$$

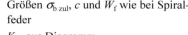

l gestreckte Länge der Windungen

i_f Anzahl der federnden Windungen

s Windungssteigung

Größen $\sigma_{b\,zul}$, c und W_f wie bei Spiral-feder

K_{Sp} aus Diagramm

Bei *schwingender* Belastung ist der Beiwert k zu berücksichtigen.
(Diagramm unter Entwurfsberechnung, unten)

Entwurfsberechnung des
Drahtdurchmessers d

$$d = k_1 \frac{\sqrt[3]{F r}}{1 - k_2}$$

d, r	F	k_1, k_2
mm	N	1

$$k_2 = 0{,}06 \frac{\sqrt[3]{F r}}{D_i}$$

$k_1 = 0{,}22$ für $d < 5$ mm

$k_1 = 0{,}24$ für $d \geq 5$ mm

Drehstabfeder (Drehmoment M = Torsionsmoment T)

$$\tau_{t\,max} = \frac{T}{W_p} = \frac{16 T}{\pi d^3} \leq \tau_{t\,zul} \qquad \varphi = \frac{T l}{G I_p} = \frac{32 T l}{\pi d^4 G} \qquad c = \frac{\pi d^4 G}{32 l}$$

$$d \geq \sqrt[3]{\frac{16 T}{\pi \tau_{t\,zul}}} \qquad \varphi_{max} = \frac{2 l \tau_{t\,zul}}{d G} \qquad W_f = \frac{V \tau_t^2}{16 G}$$

$$d \geq \frac{d l \tau_{t\,zul}}{\varphi G}$$

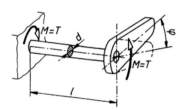

$\tau_{t\,zul}$ für 50 CrV4 $\approx$ 700 N/mm² für nicht gesetzte Stäbe, $\approx$ 1000 N/mm² für gesetzte Stäbe;

$\tau_{t\,zul}$ $= \pm 100 \dots 200$ N/mm² für Dauerbeanspruchung bei geschliffener Oberfläche.

Sonst   Gestaltfestigkeit $\tau_G \leq 700$ N/mm², Ausschlagfestigkeit $\tau_A \leq \pm 200$ N/mm², es gilt:

$\tau_m + \tau_A \leq \tau_G$ und $\tau_{a\,zul} \approx 0{,}75\,\tau_A$.

Ringfeder

$$\sigma = \frac{F}{\pi h_{am} b \tan(\beta + \varrho)} \leq \sigma_{zul} \qquad \sigma_{Außenring} = \frac{F}{\pi h_{am} b \tan(\beta + \varrho)} = \frac{h_m}{h_{am}} \sigma \leq 800 \frac{N}{mm^2}$$

$$f = \frac{L F}{b^2 E \pi \tan \beta \tan(\beta + \varrho)} \left(\frac{D_a}{h_{am}} + \frac{D_i}{h_{im}} \right) \qquad \sigma_{Innenring} = \frac{h_m}{h_{im}} \sigma \leq 1200 \frac{N}{mm^2}$$

$\varrho \approx 9°$ für schwere Ringe,

$\varrho \approx 7°$ für leichte Ringe,

$$\beta = 14°, b \approx \frac{D_a}{4}, \quad h_m = \frac{1}{4}(D_a - D_i)$$

Für Belasten: $F_{bel} = F_{el} \dfrac{\tan(\beta + \varrho)}{\tan \beta}$

F_{el} allein von der elastischen Verformung
herrührende Federkraft

Für Entlasten: $F_{entl} = F_{el} \dfrac{\tan(\beta - \varrho)}{\tan \beta}$

$$F_{entl} \approx \frac{1}{3} F_{bel}; \ (\varrho_{entl} \leq \varrho_{bel})$$

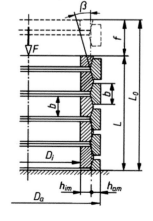

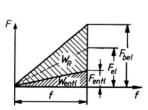

Zylindrische Schraubendruckfeder

$$\tau_i = \frac{8FD_m}{\pi d^3} = \frac{Gdf}{\pi i_f D_m^2} \le \tau_{i\,zul} \qquad F = \frac{d^4 f G}{8 i_f D_m^3}$$

$$d \ge \sqrt[3]{\frac{8FD_m}{\pi \tau_{i\,zul}}}$$

G Schubmodul
$G_{Stahl} = 83\,000$ N/mm²
τ_i ideelle Schubspannung
i_f Anzahl der federnden Windungen

$$f = \frac{8 D_m^3 i_f F}{d^4 G} \qquad c = \frac{d^4 G}{8 i_f D_m^3} \qquad i_f = \frac{1}{c} \cdot \frac{d^4 G}{8 D_m^3} \qquad W_f = \frac{V \tau^2}{4G}$$

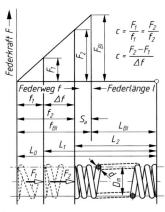

$$c = \frac{F_1}{f_1} = \frac{F_2}{f_2}$$
$$c = \frac{F_2 - F_1}{\Delta f}$$

$$L_{Bl} = (i_f + 1,8)\, d = i_g\, d \qquad i_g = i_f + 1,8$$
$$L_0 = L_{Bl} + S_a + f_2$$

i_g Gesamtzahl der Windungen
L_{Bl} Blocklänge
S_a Summe aller Windungsabstände

Anhaltswerte für die zulässige ideelle Schubspannung

Drahtdurchmesser in mm	2	4	6	8	10
$\tau_{i\,zul}$ in N/mm²	900	750	670	620	570

Ermittlung der Summe der Mindestabstände S_a bei kaltgeformten Druckfedern nach DIN 2095

d mm		Berechnungsformel für S_a in mm	x-Werte in 1/mm bei Wickelverhältnis $w = \dfrac{D_m}{d}$			
			4 ... 6	über 6 ... 8	über 8 ... 12	über 12
	0,07 ... 0,5	$0,5\,d + x\,d^2 i_f$	0,50	0,75	1,00	1,50
über	0,5 ... 1,0	$0,4\,d + x\,d^2 i_f$	0,20	0,40	0,60	1,00
über	1,0 ... 1,6	$0,3\,d + x\,d^2 i_f$	0,05	0,15	0,25	0,40
über	1,6 ... 2,5	$0,2\,d + x\,d^2 i_f$	0,035	0,10	0,20	0,30
über	2,5 ... 4,0	$1\,d + x\,d^2 i_f$	0,02	0,04	0,06	0,10
über	4,0 ... 6,3	$1\,d + x\,d^2 i_f$	0,015	0,03	0,045	0,06
über	6,3 ... 10	$1\,d + x\,d^2 i_f$	0,01	0,02	0,030	0,04
über	10 ... 17	$1\,d + x\,d^2 i_f$	0,005	0,01	0,018	0,022

Entwurfsberechnung des Drahtdurchmessers d bei gegebener größter Federkraft F_2 und geschätzten Durchmessern D_a und D_i:

$$d \approx k_1 \sqrt[3]{F_2 D_a}$$

$$d \approx k_1 \sqrt[3]{F_2 D_i} + \frac{2\,(k_1 \sqrt[3]{F_2 D_i})^2}{3 D_i}$$

d, D_a, D_i	F_2	k_1
mm	N	1

$k_1 = 0,15$ bei $d < 5$ mm   ⎫   für Federstahldraht C
$k_1 = 0,16$ bei $d = 5$ mm ... 14 mm ⎭   (siehe Dauerfestigkeitsdiagramm)

Die Gleichung $\tau_i = 8\,F\,D_m / \pi\,d^3$ berücksichtigt nicht die Spannungserhöhung durch die Drahtkrümmung. Bei *schwingender* Belastung der Feder wird diese Spannungserhöhung berücksichtigt. Es gilt dann:

$$\tau_{k1} = k\frac{8F_1D_m}{\pi d^3} = k\frac{Gdf_1}{\pi i_f D_m^2} < \tau_{kO}$$

$$\tau_{k2} = k\frac{8F_2D_m}{\pi d^3} = k\frac{Gdf_2}{\pi i_f D_m^2} < \tau_{kH} \qquad \Delta F = F_2 - F_1$$

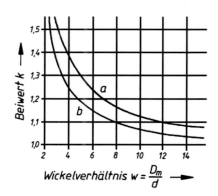

k Beiwert nach nebenstehendem Diagramm in Abhängigkeit vom Wickelverhältnis. Kurve a für Schraubendruckfeder, Kurve b für Drehfedern

τ_{kO} Oberspannungsfestigkeit aus dem Dauerfestigkeits- diagramm für kaltgeformte Druckfedern aus Feder- stahldraht C

Zusätzliche Bedingungen:

Die Hubspannung τ_{kh} (berechnet mit dem Federhub $h = f_2 - f_1 = \Delta f$) darf die Dauerhubfestigkeit τ_{kH} (siehe Diagramm) nicht überschreiten:

$$\tau_{kh} = k\frac{Gdh}{\pi i_f D_m^2} < \tau_{kH} \qquad (h\ \text{Federhub})\ \text{ oder}$$

$$\tau_{kh} = k\frac{8\Delta FD_m}{\pi d^3} < \tau_{kH} \qquad \Delta F = F_2 - F_1$$

Ebenso darf die größte Schubspannung τ_{k2} (berechnet mit dem Federweg f_2) die Oberspannungsfestigkeit τ_{kO} (siehe Diagramm) nicht überschreiten:

$$\tau_{k2} = k\frac{Gdf_2}{\pi i_f D_m^2} < \tau_{kO}$$

$$\tau_{k2} = k\frac{8F_2D_m}{\pi d^3} < \tau_{kO}$$

Zur Überprüfung der Dauerhaltbarkeit bestimmt man aus dem Federweg f_1 oder nach

$$\tau_{k1} = k\frac{8F_1D_m}{\pi d^3}$$

die Spannung τ_{k1}, setzt $\tau_{k1} = \tau_{kU}$ (Unterspannungsfestig- keit aus dem Diagramm und liest τ_{kO} und τ_{kH} ab. Sicherheit gegen Ausknicken ist ausreichend, wenn die geometrischen Größen im nebenstehenden Diagramm einen Schnittpunkt unterhalb der Kurven ergeben.

Kurve a: Federn mit geführten Einspannenden

Kurve b: Federn mit veränderlichen Auflagebedingungen

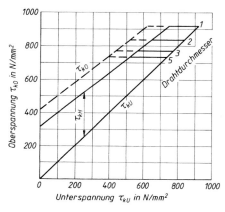

Dauerfestigkeitsdiagramm für kaltgeformte Druckfedern aus Federstahldraht C

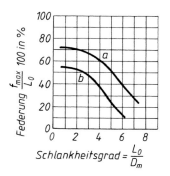

Zylindrische Schraubenzugfeder

Bei Zugfedern ohne innere Vorspannung gelten die Spannungs- und Formänderungsgleichungen wie bei Druckfedern, ebenso die Anhaltswerte für $\tau_{i\,zul}$.
Bei Zugfedern mit innerer Vorspannkraft F_0 ist statt F die Differenz $F - F_0$ einzusetzen. Die innere Vorspannkraft F_0 ergibt sich aus

$$F_0 = F - f\,c$$

$$F_0 = F - f\,\frac{G\,d^4}{8\,i_f\,D_m^3}$$

Damit wird nachgeprüft:

$$\tau_{i0} = \frac{8\,F_0\,D_m}{\pi\,d^3} \leq \tau_{i0\,zul}$$

Richtwerte für $\tau_{i\,0\,zul}$

Herstellungsverfahren		Wickelverhältnis $w = D_m/d$	
		$w = 4 \ldots 10$	$w > 10 \ldots 15$
kalt-geformt	auf Wickelmaschine	$0{,}25 \cdot \tau_{i\,zul}$	$0{,}14 \cdot \tau_{i\,zul}$
	auf Automat	$0{,}14 \cdot \tau_{i\,zul}$	$0{,}07 \cdot \tau_{i\,zul}$

Tellerfedern

Formelzeichen und Einheiten von Tellerfedern

D_a, D_i	mm	Außen-, Innendurchmesser des Federtellers
D_0	mm	Durchmesser des Stülpmittelpunktkreises
E	N/mm^2	Elastizitätsmodul (für Federstahl $E = 206\,000$ N/mm^2)
F	N	Federkraft des Einzeltellers
L_0	mm	Länge von Federsäule oder Federpaket, unbelastet
L_C	mm	berechnete Länge von Federsäule oder Federpaket, platt gedrückt
N		Anzahl der Lastspiele bis zum Bruch
R	N/mm	Federrate
W	Nmm	Federungsarbeit
$H_0 = l_0 - t$, h'_0	mm	lichte Tellerhöhe des unbelasteten Einzeltellers (Rechengröße = Federweg bis zur Plananlage) bei Tellerfedern ohne Auflagefläche, mit Auflagefläche
$S\,(s_1, s_2, s_3 \ldots)$	mm	Federweg des Einzeltellers (bei F_1, F_2, F_3 ...)
$s_{0,75}$	mm	Federweg des Einzeltellers beim Federweg $s = 0{,}75\,h_0$
t, t'	mm	Tellerdicke, reduzierte Dicke bei Tellern mit Auflagefläche (Gruppe 3)
m		Poisson-Zahl ($m = 0{,}3$ für Stahl)
$\sigma\,(\sigma_I, \sigma_{II}, \sigma_{III}, \sigma_{OM})$	N/mm^2	rechnerische Normalspannung (für die Querschnitte siehe nachfolgendes Bild)
σ_h	N/mm^2	Hubspannung bei Dauerschwingbeanspruchung der Feder
σ_0, σ_u	N/mm^2	rechnerische Oberspannung, Unterspannung bei Schwingbeanspruchung
σ_O, σ_U	N/mm^2	Ober-, Unterspannung der Dauerschwingfestigkeit
$\sigma_H = \sigma_O - \sigma_U$	N/mm^2	Dauerhubfestigkeit

10

Maschinenelemente

Maße, Begriffe und Bezeichnungen von Tellerfedern

Maße der Einzelteller

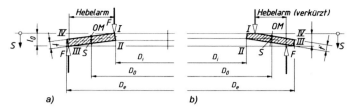

a)   b)

a) ohne Auflagefläche, b) mit Auflagefläche und Lage der Berechnungspunkte
(I, II, III, IV, OM), I und II sind Krafteinleitungskreise, S ist der Stülpmittel-
punkt.

Querschnitt
(schematisch) einer
Tellerfeder

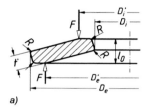 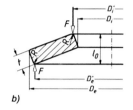

a) mit Auflagefläche   b) ohne Auflagefläche

Federkennlinien von
Einzeltellern mit verschiedenen Verhältnissen

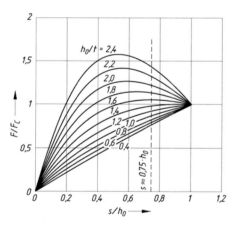

h_0/t = lichte Tellerhöhe , h_0/Tellerdicke t
(gestrichelte Ordinate gilt für Werte nach DIN 2093)

Kombinationen
geschichteter
Tellerfedern

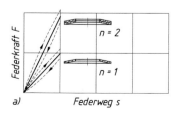 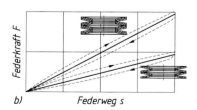

a) Federpaket   b) Federsäule

Berechnungen von Tellerfedern

F, s, l_0, t, h_0 siehe nachfolgende SCHNORR-Tabelle	Federpaket mit n Anzahl der gleichsinnig geschichteten Einzelteller:

Gesamtfederkraft $\quad F_{\text{ges}} = n \cdot F$

Gesamtfederweg $\quad s_{\text{ges}} = s$

Pakethöhe (unbelastet) $\quad L_0 = l_0 + (n-1) \cdot t$

Pakethöhe (belastet) $\quad L = L_0 - s_{\text{ges}}$

Federsäule mit Anzahl i der wechselsinnig aneinander gereihten Pakete und je n Einzelteller:

Gesamtfederkraft $\quad F_{\text{ges}} = F$

Gesamtfederweg $\quad s_{\text{ges}} = i \cdot s$

Säulenlänge $\quad L_0 = i \cdot [l_0 + (n-1) \cdot t]$

(unbelastet) $\quad L_0 = i \cdot (h_0 + n \cdot t)$

Säulenlänge $\quad L = L_0 - s_{\text{ges}}$

(belastet) $\quad L = i \cdot (h_0 + n \cdot t - s)$

Berechnungsgleichungen für die Einzeltellerfeder Kennwerte K

$$\delta = \frac{D_e}{D_i} \quad \text{Durchmesserverhältnis}$$

$$K_1 = \frac{1}{\pi} \cdot \frac{\left(\dfrac{\delta-1}{\delta}\right)^2}{\dfrac{\delta+1}{\delta-1} - \dfrac{2}{\ln\delta}}$$

$$K_2 = \frac{6}{\pi} \cdot \frac{\left(\dfrac{\delta-1}{\ln\delta} - 1\right)}{\ln\delta}$$

$$K_3 = \frac{3}{\pi} \cdot \frac{\delta-1}{\ln\delta}$$

$$K_4 = \sqrt{-\frac{C_1}{2} + \sqrt{\left(\frac{C_1}{2}\right)^2 + C_2}}$$

$K_4 = 1$ bei Federteller ohne Auflagefläche

$$C_1 = \frac{\left(\dfrac{t'}{t}\right)^2}{\left(\dfrac{1}{4} \cdot \dfrac{l_0}{t} - \dfrac{t'}{t} + \dfrac{3}{4}\right)\left(\dfrac{5}{8} \cdot \dfrac{l_0}{t} - \dfrac{t'}{t} + \dfrac{3}{8}\right)}$$

$$C_2 = \frac{C_1}{\left(\dfrac{t'}{t}\right)^3}\left[\frac{5}{32} \cdot \left(\frac{l_0}{t} - 1\right)^2 + 1\right]$$

Federkraft F bei beliebigem Federweg s des Einzeltellers (s_1, s_2, s_3 ...)

$$F = \frac{4E}{1-\mu^2} \cdot \frac{t^4}{K_1 D_e^2} \cdot K_4^2 \frac{s}{t}\left[K_4^2\left(\frac{h_0}{t} - \frac{s}{t}\right)\left(\frac{h_0}{t} - \frac{s}{2t}\right) + 1\right]$$

Hinweis: Für Tellerfedern der Gruppe 3 mit Auflagefläche und reduzierter Dicke t' ist in allen Gleichungen t durch t' und h_0 durch $h_0' = l_0 - t'$ zu ersetzen.

10

Maschinenelemente

Federkraft F_C bei platt gedrückter Tellerfeder $(s = h_0)$

$$F_C = F\, h_0 = \frac{4E}{1-\mu^2} \cdot \frac{t^3 h_0}{K_1 D_e^{\,2}} \cdot K_4^{\,2}$$

Für Federstahl kann mit dem Faktor

$$\frac{4E}{1-\mu^2} = 905\,495 \text{ N/mm}^2 \text{ gerechnet werden}$$

(Elastizitätsmodul $E = 206000$ N/mm^2 und Poisson-Zahl $m = 0{,}3$).

Rechnerische Spannungen (negative Beträge sind Druckspannungen)

$$\sigma_{0M} = -\frac{4E}{1-\mu^2} \cdot \frac{t^2}{K_1 D_e^{\,2}} \cdot K_4 \cdot \frac{s}{t} \cdot \frac{3}{\pi} \le \sigma_{zul}$$

$$\sigma_{I} = -\frac{4E}{1-\mu^2} \cdot \frac{t^2}{K_1 D_e^{\,2}} \cdot K_4 \cdot \frac{s}{t} \cdot \left[K_4 \cdot K_2 \left(\frac{h_0}{t} - \frac{s}{2t} \right) + K_3 \right] \le \sigma_{zul}$$

$$\sigma_{II} = -\frac{4E}{1-\mu^2} \cdot \frac{t^2}{K_1 D_e^{\,2}} \cdot K_4 \cdot \frac{s}{t} \cdot \left[K_4 \cdot K_2 \left(\frac{h_0}{t} - \frac{s}{2t} \right) - K_3 \right] \le \sigma_{zul}$$

$$\sigma_{III} = -\frac{4E}{1-\mu^2} \cdot \frac{t^2}{K_1 D_e^{\,2}} \cdot K_4 \cdot \frac{s}{t} \cdot \left[K_4 \cdot (K_2 - 2K_3) \cdot \left(\frac{h_0}{t} - \frac{s}{2t} \right) - K_3 \right] \le \sigma_{zul}$$

$$\sigma_{VI} = -\frac{4E}{1-\mu^2} \cdot \frac{t^2}{K_1 D_e^{\,2}} \cdot K_4 \cdot \frac{1}{\delta} \cdot \frac{s}{t} \cdot \left[K_4 \cdot (K_2 - 2K_3) \cdot \left(\frac{h_0}{t} - \frac{s}{2t} \right) + K_3 \right] \le \sigma_{zul}$$

Federrate R

$$R = \frac{4E}{1-\mu^2} \cdot \frac{t^3}{K_1 D_e^{\,2}} \cdot K_4^{\,2} \cdot \left[K_4^{\,2} \cdot \left\{ \left(\frac{h_0}{t} \right)^2 - 3 \cdot \frac{h_0}{t} \cdot \frac{s}{t} + \frac{3}{2} \left(\frac{s}{t} \right)^2 \right\} + 1 \right]$$

Federungsarbeit W

$$W = \frac{4E}{1-\mu^2} \cdot \frac{t^5}{K_1 D_e^{\,2}} \cdot K_4^{\,2} \cdot \left(\frac{s}{t} \right)^2 \cdot \left[K_4^{\,2} \left(\frac{h_0}{t} - \frac{s}{2t} \right) + 1 \right]$$

Festigkeitsnachweis bei statischer Belastung: Für diese und die so genannte quasistatische Belastung bei $N < 10^4$ Lastspielen wählt man die Tellerfeder aus der SCHNORR-Tabelle so aus, dass die vorhandene größte Federkraft F kleiner ist als die in der Tabelle angegebene zulässige Federkraft $F_{0,75}$ bei dem Federweg $s_{0,75} = 0,75 \cdot h_0$. Die im Querschnitt I auftretende Druckspannung σ_I soll 2 400 N/mm^2 bei dem Federweg $s = 0,75 \cdot h_0 = s_{0,75}$ nicht überschreiten.

Nachweis bei schwingender Belastung (Dauerfestigkeit): Grundlage für den Nachweis der Dauer- oder Zeitfestigkeit sind die in den dargestellten Dauerfestigkeitsdiagrammen (Goodman-Diagramme). Zur Auswertung werden die vorhandenen rechnerischen oberen und unteren Zugspannungen σ_{IIo} σ_{IIu} σ_{IIIo} σ_{IIIu} in den Querschnitten II und III mit den entsprechenden Gleichungen ermittelt. Diese Werte müssen kleiner sein als die Spannungshubgrenzen in den Dauerfestigkeitsdiagrammen.

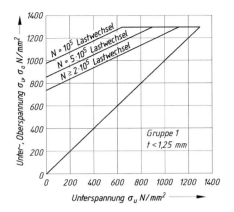

Dauer- und Zeitfestigkeitsdiagramm der Tellerfedergruppe 1 mit $t < 1,25$ mm

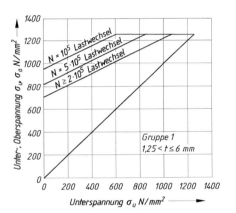

Dauer- und Zeitfestigkeitsdiagramm der Tellerfedergruppe 2 mit 1,25 mm $< t < 6$ mm

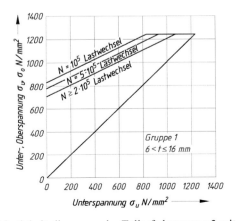

Dauer und Zeitfestigkeitsdiagramm der Tellerfedergruppe 3 mit 6 mm $< t < 14$ mm

10

Maschinenelemente

Original-SCHNORR [a] Tellerfedern (nach DIN 2093), erweitert

D_e Außendurchmesser

D_i Innendurchmesser

t Tellerdicke des Einzeltellers

l_0 Bauhöhe des unbelasteten Federtellers

$h_0 = l_0 - t$ Federweg bis zur Plananlage der Tellerfeder ohne Auflagefläche

$h_0 =$ lichte Höhe am unbelasteten Einzelteller

$F_{0,75}$ Federkraft am Einzelteller bei Federweg $s_{0,75} = 0,75 \cdot h_0$

$s_{0,75}$ Federweg am Einzelteller bei $s = 0,75 \cdot h_0$

σ_{OM}[2], σ_{II}[3], σ_{III} Rechnerische Spannung an der Stelle OM, II, III (siehe Bild: Maße der Einzelteller)

[1] t' ist die verringerte Tellerdicke der Gruppe 3 (Grenzabmaße nach DIN 2093, Abschnitt 6.2).

[2] rechnerische Druckspannung am oberen Mantelpunkt OM (siehe Bild: Maße der Einzelteller).

[3] größte rechnerische Zugspannung an der Tellerunterseite,

[*] Werte gelten für die Stelle II, sonst für Stelle III (siehe Bild: Maße der Einzelteller).

Reihe	D_e	D_i	$t\,(t')$[1]	l_0	h_0	h_0/t	$F_{0,75}$	$s_{0,75}$	σ_{OM}	σ_{II}[*], σ_{III}[*]	σ_{OM}
							bei $s = 0{,}75 \cdot h_0$				bei $s \approx 1{,}0 \cdot h_0$
	mm	mm	mm	mm	mm		N	mm	N/mm²	N/mm²	N/mm²
C	8	4,2	0,2	0,45	0,25	1,25	39	0,19	− 762	1040	− 1000
B	8	4,2	0,3	0,55	0,25	0,83	119	0,19	− 1140	1330	− 1510
A	8	4,2	0,4	0,6	0,2	0,50	210	0,15	− 1200	1220	− 1610
C	10	5,2	0,25	0,55	0,3	1,20	58	0,23	− 734	980	− 957
B	10	5,2	0,4	0,7	0,3	0,75	213	0,23	− 1170	1300	− 1530
A	10	5,2	0,5	0,75	0,25	0,50	329	0,19	− 1210	1240	− 1600
C	12,5	6,2	0,35	0,8	0,45	1,29	152	0,34	− 944	1280	− 1250
B	12,5	6,2	0,5	0,85	0,35	0,70	291	0,26	− 1000	1110	− 1390
A	12,5	6,2	0,7	1	0,3	0,43	673	0,23	− 1280	1420	− 1670
C	14	7,2	0,35	0,8	0,45	1,29	123	0,34	− 769	1060	− 1020
B	14	7,2	0,5	0,9	0,4	0,80	279	0,3	− 970	1100	− 1290
A	14	7,2	0,8	1,1	0,3	0,38	813	0,23	− 1190	1340	− 1550
C	16	8,2	0,4	0,9	0,5	1,25	155	0,38	− 751	1020	− 988
B	16	8,2	0,6	1,05	0,45	0,75	412	0,34	− 1010	1120	− 1330
A	16	8,2	0,9	1,25	0,35	0,39	1000	0,26	− 1160	1290	− 1560
C	18	9,2	0,45	1,05	0,6	1,33	214	0,45	− 789	1110	− 1050
B	18	9,2	0,7	1,2	0,5	0,71	572	0,38	− 1040	1130	− 1360
A	18	9,2	1	1,4	0,4	0,40	1250	0,3	− 1170	1300	− 1560
C	20	10,2	0,5	1,15	0,65	1,30	254	0,49	− 772	1070	− 1020
B	20	10,2	0,8	1,35	0,55	0,69	745	0,41	− 1030	1110	− 1390
A	20	10,2	1,1	1,55	0,45	0,41	1530	0,34	− 1180	1300	− 1560
C	22,5	11,2	0,6	1,4	0,8	1,33	425	0,6	− 883	1230	− 1180
B	22,5	11,2	0,8	1,45	0,65	0,81	710	0,49	− 962	1080	− 1280
A	22,5	11,2	1,25	1,75	0,5	0,40	1950	0,38	− 1170	1320	− 1530
C	25	12,2	0,7	1,6	0,9	1,29	601	0,68	− 936	1270	− 1240
B	25	12,2	0,9	1,6	0,7	0,78	868	0,53	− 938	1030	− 1240
A	25	12,2	1,5	2,05	0,55	0,37	2910	0,41	− 1210	1410	− 1620
C	28	14,2	0,8	1,8	1	1,25	801	0,75	− 961	1300	− 1280
B	28	14,2	1	1,8	0,8	0,80	1110	0,6	− 961	1090	− 1280
A	28	14,2	1,5	2,15	0,65	0,43	2850	0,49	− 1180	1280	− 1560
C	31,5	16,3	0,8	1,85	1,05	1,31	687	0,79	− 810	1130	− 1080
B	31,5	16,3	1,25	2,15	0,9	0,72	1920	0,68	− 1090	1190	− 1440
A	31,5	16,3	1,75	2,45	0,7	0,40	3900	0,53	− 1190	1310	− 1570
C	35,5	18,3	0,9	2,05	1,15	1,28	831	0,86	− 779	1080	− 1040
B	35,5	18,3	1,25	2,25	1	0,80	1700	0,75	− 944	1070	− 1260
A	35,5	18,3	2	2,8	0,8	0,40	5190	0,6	− 1210	1330	− 1610
C	40	20,4	1	2,3	1,3	1,30	1020	0,98	− 772	1070	− 1020
B	40	20,4	1,5	2,65	1,15	0,77	2620	0,86	− 1020	1130	− 1360

Reihe	D_e	D_i	$t\,(t')$[1]	l_0	h_0	h_0/t	bei $s = 0{,}75 \cdot h_0$				bei $s \approx 1{,}0 \cdot h_0$
							$F_{0,75}$	$s_{0,75}$	σ_{OM}	σ_{II}[*], σ_{III}[*]	σ_{OM}
	mm	mm	mm	mm	mm		N	mm	N/mm²	N/mm²	N/mm²
A	40	20,4	2,25	3,15	0,9	0,40	6540	0,68	− 1210	1340	− 1600
C	45	22,4	1,25	2,85	1,6	1,28	1890	1,2	− 920	1250	− 1230
B	45	22,4	1,75	3,05	1,3	0,74	3660	0,98	− 1050	1150	− 1400
A	45	22,4	2,5	3,5	1	0,40	7720	0,75	− 1150	1300	− 1530
C	50	25,4	1,25	2,85	1,6	1,28	1550	1,2	− 754	1040	− 1010
B	50	25,4	2	3,4	1,4	0,70	4760	1,05	− 1060	1140	− 1410
A	50	25,4	3	4,1	1,1	0,37	12000	0,83	− 1250	1430	− 1660
C	56	28,5	1,5	3,45	1,95	1,30	2620	1,46	− 879	1220	− 1170
B	56	28,5	2	3,6	1,6	0,80	4440	1,2	− 963	1090	− 1280
A	56	28,5	3	4,3	1,3	0,43	11400	0,98	− 1180	1280	− 1570
C	63	31	1,8	4,15	2,35	1,31	4240	1,76	− 985	1350	− 1320
B	63	31	2,5	4,25	1,75	0,70	7180	1,31	− 1020	1090	− 1360
A	63	31	3,5	4,9	1,4	0,40	15000	1,05	− 1140	1300	− 1520
C	71	36	2	4,6	2,6	1,30	5140	1,95	− 971	1340	− 1300
B	71	36	2,5	4,5	2	0,80	6730	1,5	− 934	1060	− 1250
A	71	36	4	5,6	1,6	0,40	20500	1,2	− 1200	1330	− 1590
C	80	41	2,25	5,2	2,95	1,31	6610	2,21	− 982	1370	− 1310
B	80	41	3	5,3	2,3	0,77	10500	1,73	− 1030	1140	− 1360
A	80	41	5	6,7	1,7	0,34	33700	1,28	− 1260	1460	− 1680
C	90	46	2,5	5,7	3,2	1,28	7680	2,4	− 935	1290	− 1250
B	90	46	3,5	6	2,5	0,71	14200	1,88	− 1030	1120	− 1360
A	90	46	5	7	2	0,40	31400	1,5	− 1170	1300	− 1560
C	100	51	2,7	6,2	3,5	1,30	8610	2,63	− 895	1240	− 1190
B	100	51	3,5	6,3	2,8	0,80	13100	2,1	− 926	1050	− 1240
A	100	51	6	8,2	2,2	0,37	48000	1,65	− 1250	1420	− 1660
C	112	57	3	6,9	3,9	1,30	10500	2,93	− 882	1220	− 1170
B	112	57	4	7,2	3,2	0,80	17800	2,4	− 963	1090	− 1280
A	112	57	6	8,5	2,5	0,42	43800	1,88	− 1130	1240	− 1510
C	125	64	3,5	8	4,5	1,29	15400	3,38	− 956	1320	− 1270
B	125	64	5	8,5	3,5	0,70	30000	2,63	− 1060	1150	− 1420
A	125	64	8	10,6	2,6	0,41	85900	1,95	− 1280	1330	− 1710
C	140	72	3,8	8,7	4,9	1,29	17200	3,68	− 904	1250	− 1200
B	140	72	5	9	4	0,80	27900	3	− 970	1110	− 1290
A	140	72	8	11,2	3,2	0,49	85300	2,4	− 1260	1280	− 1680
C	160	82	4,3	9,9	5,6	1,30	21800	4,2	− 892	1240	− 1190
B	160	82	6	10,5	4,5	0,75	41100	3,38	− 1000	1110	− 1330
A	160	82	10	13,5	3,5	0,44	139000	2,63	− 1320	1340	− 1750
C	180	92	4,8	11	6,2	1,29	26400	4,65	− 869	1200	− 1160
B	180	92	6	11,1	5,1	0,85	37500	3,83	− 895	1040	− 1190
A	180	92	10	14	4	0,49	125000	3	− 1180	1200	− 1580
C	200	102	5,5	12,5	7	1,27	36100	5,25	− 910	1250	− 1210
B	200	102	8	13,6	5,6	0,81	76400	4,2	− 1060	1250	− 1410
A	200	102	12	16,2	4,2	0,44	183000	3,15	− 1210	1230	− 1610
C	225	112	6,5	13,6	7,1	1,19	44600	5,33	− 840	1140	− 1120
B	225	112	8	14,5	6,5	0,93	70800	4,88	− 951	1180	− 1270
A	225	112	12	17	5	0,51	171000	3,75	− 1120	1140	− 1490
C	250	127	7	14,8	7,8	1,21	50500	5,85	− 814	1120	− 1090
B	250	127	10	17	7	0,81	119000	5,25	− 1050	1240	− 1410
A	250	127	14	19,6	5,6	0,50	249000	4,2	− 1200	1220	− 1600

[a] Adolf Schnorr GmbH + Co. KG, 71050 Sindelfingen

10.3.3 Gummifedern

Anmerkung zu
Gummifedern

Die prozentuale Dämpfung beträgt
$d = (W_{fzu} - W_{fab}) \cdot 100/W_{fab} = 6...30\,\%$.

Der E-Modul aus $E = 2\,G\,(1 + \mu) = 3\,G$
(mit $\mu = 0,5$) gilt nur für Federn, bei
denen keine Behinderungen an den Be-
festigungsstellen durch Reibung oder
chemische Bindung eintritt. Die Zerreiß-
festigkeit beträgt etwa 15 N/mm².

Die Dauerfestigkeit ist abhängig von
Beanspruchungsart, Gummiqualität,
Herstellungsverfahren und Form.

Allseitig eingeschlossener Gummi kann
nicht federn (Formfaktor $k = \infty$).

Zugbeanspruchung ist bei Gummi zu
vermeiden.

Richtwerte für die zulässige Spannung
τ_{zul} in N/mm²

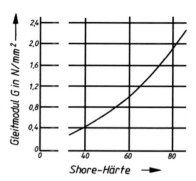

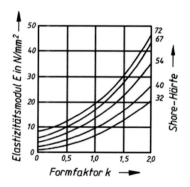

Beanspruchung	Belastung	
	statisch	dynamisch
Druck	3	± 1
Parallelschub	1,5	± 0,4
Drehschub	2	± 0,7
Verdrehschub	1,5	± 0,4

Beanspruchung: Druck

$$\sigma = \frac{F}{A} = \frac{f\,E}{h} \le \sigma_{zul} \qquad f = \frac{F\,h}{E\,A} \qquad F = \frac{f\,E\,A}{h}$$

$$c = \frac{A\,E}{h}$$

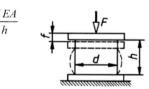

$\sigma_G \le 3$ N/mm²; $\sigma_A \le \pm 1$ N/mm²;
Gleichungen gelten für $f < 0,2\,h$

Beanspruchung der
Scheibenfeder:
Parallelschub

$$\tau = \gamma G = \frac{F}{A} = \frac{f\,G}{h} \le \tau_{zul} \qquad f = \frac{F\,h}{G\,A} \qquad F = \frac{f\,G\,A}{h}$$

$$c = \frac{A\,G}{h}$$

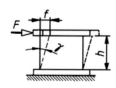

bei kleinem γ ist: $\gamma = \dfrac{f}{h}$ sonst:

aus $\tan \gamma = \dfrac{f}{h} = \tan \dfrac{F}{A\,G}$; $f = h \tan \dfrac{F}{A\,G}$

Beanspruchung der
Hülsenfeder:
Parallelschub

$$\tau = \gamma G = \frac{F}{A} = \frac{F}{2\pi r h} \le \tau_{\text{zul}} \qquad f = \frac{F}{2\pi h G} \ln\frac{r_2}{r_1}$$

$$c = \frac{F}{f} = \frac{2\pi h G}{\ln\dfrac{r_2}{r_1}} \qquad \gamma = \frac{F}{2\pi r h G}$$

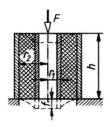

Beanspruchung der
Hülsenfeder:
Drehschub

$$\tau = \frac{M}{2\pi r^2 l} \le \tau_{\text{zul}} \qquad \varphi = \frac{M}{4\pi l G}\left(\frac{1}{r_1^{\,2}} - \frac{1}{r_2^{\,2}}\right)$$

$$c = \frac{M}{\varphi} = \frac{4\pi l G}{\left(\dfrac{1}{r_1^{\,2}}\right) - \left(\dfrac{1}{r_2^{\,2}}\right)}$$

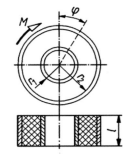

Beanspruchung der
Scheibenfeder:
Verdrehschub

$$\tau = \gamma G = \frac{\varphi r_2 G}{s} \le \tau_{\text{zul}}$$

$$\gamma s \approx \varphi r$$

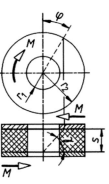

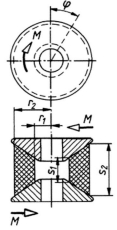

$$M = \frac{2\pi G \varphi}{4s}(4r_2^{\,4} - r_1^{\,4}) \qquad M = \frac{2}{3}\pi G \varphi (r_2^{\,3} - r_1^{\,3})\frac{r_2}{s_2}$$

10.4 Achsen, Wellen und Zapfen

Normen (Auswahl) und Richtlinien

DIN 13-1	Metrisches ISO-Gewinde allgemeiner Anwendung; Regelgewinde
DIN 76-1	Gewindeausläufe; Gewindefreistiche für Metrisches ISO-Gewinde
DIN 116	Antriebselemente; Scheibenkupplungen, Maße, Drehmomente, Drehzahlen

10

Maschinenelemente

DIN 250	Radien
DIN 471	Sicherungsringe für Wellen
DIN 509	Technische Zeichnungen – Freistiche – Formen, Maße
DIN 611	Wälzlager – Übersicht
DIN 6885	Mitnehmerverbindungen ohne Anzug; Passfedern, Nuten
DIN 743-1	Tragfähigkeitsberechnung von Wellen und Achsen – Grundlagen
DIN 743-2	Tragfähigkeitsberechnung von Wellen und Achsen – Kerbwirkungs- und Formzahlen
DIN 743-3	Tragfähigkeitsberechnung von Wellen und Achsen – Werkstoff-Festigkeitswerte
DIN 743-4	Tragfähigkeitsberechnung von Wellen und Achsen – Zeitfestigkeit, Dauerfestigkeit
DIN 748-1	Zylindrische Wellenenden – Abmessungen, Nenndrehmomente
DIN 931	Sechskantschrauben mit Schaft
DIN 1448	Keglige Wellenenden mit Außengewinde – Abmessungen
DIN 1449	Keglige Wellenenden mit Innengewinde – Abmessungen
DIN 3760	Radial-Wellendichtringe
DIN EN 10278	Maße und Grenzabmaße von Blankstahlerzeugnissen
DIN EN 20273	Mechanische Verbindungselemente; Durchgangslöcher für Schrauben
DIN EN ISO 4014	Mechanische Verbindungselemente – Sechskantschrauben mit Gewinde bis Kopf
DIN EN ISO 7089	Flache Scheiben – Normale Reihe, Produktklasse A
DIN EN ISO 7090	Flache Scheiben mit Fase – Normale Reihe, Produktklasse A
VDI 3840	Schwingungstechnische Berechnungen

10.4.1 Achsen

Grundlagen zur Berechnung von Achsen, Wellen und Zapfen siehe auch Abschnitt 9 Festigkeitslehre.

Vorhandene Biegespannung σ_b

$$\sigma_b = \frac{M_{bx}}{W_x}$$

σ_b	M_b	W
$\dfrac{\text{N}}{\text{mm}^2}$	Nmm	mm^3

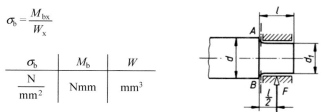

M_{bx} Biegemoment an beliebiger Schnittstelle x-x
W_x Axiales Widerstandsmoment an der gewählten Schnittstelle, siehe 9 Festigkeitslehre.
Die zusätzliche Schubbeanspruchung ist meist gering und wird vernachlässigt.

10.4.2 Wellen

Konstruktionsentwurf

Zusammenstellung wichtiger Normen für den Konstruktionsentwurf einer Getriebewelle

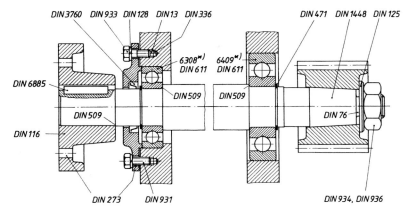

*) 6308 und 6409 sind die Bezeichnungen für Wälzlager

Überschlägige Ermittlung der Wellendurchmesser

Beanspruchung   Bei Wellen liegt gleichzeitige Torsions- und Biegebeanspruchung vor. Durch die Zahnrad-, Riemenzug- und sonstigen Kräfte treten noch kleine, meist vernachlässigbare Schubspannungen auf. Häufig ist das Biegemoment vorerst nicht bekannt. Der Wellendurchmesser d wird dann überschlägig berechnet.

d	c_1, c_2	M_T	P	n
mm	1	Nmm	kW	min^{-1}

Wellendurchmesser d

– nur Drehmoment M_T bzw. Leistung P und Drehzahl n bekannt –

– Biegemoment M_b und Torsionsmoment M_T bekannt –

$$d \approx c_1 \sqrt[3]{M_T} \approx c_2 \sqrt[3]{\frac{P}{n}}$$

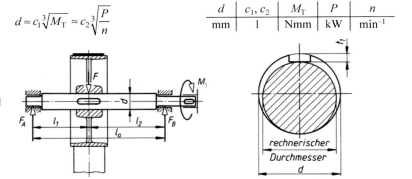

Wellenentwurf mit gleichzeitiger Torsions- und Biegebeanspruchung, Kräfte F und Längen l bekannt

Rechnerischer Wellendurchmesser

Vergleichsspannung σ_V

$$\sigma_V = \sqrt{\sigma_b^2 + 3(\alpha_0\,\tau_t)^2} \leq \sigma_{b\,\text{zul}}$$

σ_b vorhandene Biegespannung

τ_t vorhandene Torsionsspannung

Anstrengungsverhältnis
α_0

$$\alpha_0 = \frac{\sigma_{b\,zul}}{1,73\,\tau_{t\,zul}}$$

$\alpha_0 \approx 1,0$, wenn σ_b und τ_t im gleichen Belastungsfall (z. B. beide wechselnd) auftreten, $\alpha_0 \approx 0,7$, wenn σ_b wechselnd und τ_t schwellend oder ruhend auftritt (häufigster Fall). $\sigma_{b\,zul}$ zulässige Biegespannung je nach Belastungsfall, siehe Kapitel Festigkeitslehre.

Sind Torsionsmoment und Biegemoment bekannt, dann lässt sich der Wellendurchmesser mit dem *Vergleichsmoment* M_V berechnen:

Vergleichsmoment M_V

$$M_V = \sqrt{M_b^2 + 0,75(\alpha_0 M_T)^2}$$

M_V, M_b, M_T	α_0
Nmm	1

Wellendurchmesser d

$$d \geq \sqrt[3]{\frac{M_V}{0,1\,\sigma_{b\,zul}}}$$

d	M_V	$\sigma_{b\,zul}$
mm	Nmm	$\dfrac{N}{mm^2}$

10.4.3 Stützkräfte und Biegemomente an Getriebewellen
(siehe auch 10.6.1 Kräfte am Zahnrad)

Bezeichnungen

Umfangskraft $F_t = M/r$; Radialkraft F_r; Axialkraft F_a; F_V Vorspannkraft für Riemen nach 9.1; Biegemomente M_b in Nmm, alle Längenmaße l und r in mm

resultierende Radialkraft F_{Ar} in A

$$F_{Ar} = \frac{1}{l}\sqrt{(F_r l_2 + F_a r)^2 + (F_t l_2)^2}$$

resultierende Radialkraft F_{Br} in B

$$F_{Br} = \frac{1}{l}\sqrt{(F_r l_1 + F_a r)^2 + (F_t l_1)^2}$$

maximales Biegemoment $M_{b\,max}$ in B

$$M_{b\,max} = F_{Ar}\, l = \sqrt{(F_r l_2 + F_a r)^2 + (F_t l_2)^2}$$

$$r = \frac{z_1 m_n}{2\cos\beta}$$

Diese Gleichungen gelten für entgegengesetzten Richtungssinn der Axialkraft F_a in den obigen Gleichungen

$$F_{Ar} = \frac{1}{l}\sqrt{(F_r l_2 - F_a r)^2 + (F_t l_2)^2}$$

$$F_{Br} = \frac{1}{l}\sqrt{(F_r l_1 - F_a r)^2 + (F_t l_1)^2}$$

$$M_{b\,max} = F_{Ar}\, l = \sqrt{(F_r l_2 - F_a r)^2 + (F_t l_2)^2}$$

| resultierende Radialkraft F_{Ar} in A | $F_{Ar} = \dfrac{1}{l}\sqrt{(F_r\,l_2 + F_a r)^2 + (F_t\,l_2)^2}$ |

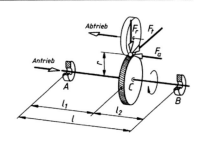

| resultierende Radialkraft F_{Br} in B | $F_{Br} = \dfrac{1}{l}\sqrt{(F_r\,l_1 - F_a r)^2 + (F_t\,l_1)^2}$ |

$$r = \frac{z_1\,m_n}{2\cos\beta}$$

maximales Biegemoment $M_{b\,max}$ in C

$M_{b\,max\,1} = F_{Ar}\,l_1$ oder $M_{b\,max\,2} = F_{Br}\,l_2$

(beide Beträge ausrechnen und mit dem größeren Betrag weiterrechnen)

10

Maschinenelemente

Diese Gleichungen gelten für entgegengesetzten Richtungssinn der Axialkraft F_a in den obigen Gleichungen

$$F_{Ar} = \frac{1}{l}\sqrt{(F_r\,l_2 - F_a r)^2 + (F_t\,l_2)^2}$$

$$F_{Br} = \frac{1}{l}\sqrt{(F_r\,l_1 + F_a r)^2 + (F_t\,l_1)^2}$$

$M_{b\,max\,1} = F_{Ar}\,l_1$ oder $M_{b\,max\,2} = F_{Br}\,l_2$

(beide Beträge ausrechnen und mit dem größeren Betrag weiterrechnen)

| resultierende Radialkraft F_{Ar} in A | $F_{Ar} = \dfrac{1}{l}\sqrt{[F_r(l_2 - l_3) - F_v\cos\alpha\,l_3 + F_a r]^2 + [F_t(l_2 - l_3) - F_v\,l_3\sin\alpha]^2}$ |

| resultierende Radialkraft F_{Br} in B | $F_{Br} = \dfrac{1}{l}\sqrt{[F_r\,l_1 + F_v\cos\alpha(l_1 + l_2) - F_a r]^2 + [F_t\,l_1 + F_v\sin\alpha(l_1 + l_2)]^2}$ |

Biegemomente M_b in B und C

$M_{b(B)} = F_v\,l_3$

$M_{b(C)} = F_{Ar}\,l_1$

$$r = \frac{z_1\,m_n}{2\cos\beta}$$

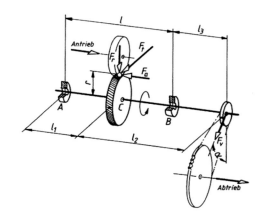

resultierende Radialkraft
F_{Ar} in A

$$F_{Ar} = \frac{1}{l}\sqrt{\begin{aligned}&[F_{r1}(l_2+l_3)-F_{r2}\,l_3\cos\alpha-F_{t2}\,l_3\sin\alpha-F_{a1}\,r_1-F_{a2}\,r_2\cos\alpha]^2\\&+[F_{t1}(l_2+l_3)+F_{t2}\,l_3\cos\alpha-F_{r2}\,l_3\sin\alpha-F_{a2}\,r_2\sin\alpha]^2\end{aligned}}$$

resultierende Radialkraft
F_{Br} in B

$$F_{Br} = \frac{1}{l}\sqrt{\begin{aligned}&[F_{r1}\,l_1-(l_1+l_2)(F_{t2}\sin\alpha+F_{r2}\cos\alpha)+F_{a1}\,r_1+F_{a2}\,r_2\cos\alpha]^2\\&+[F_{t1}\,l_1-(l_1+l_2)(F_{r2}\sin\alpha-F_{t2}\cos\alpha)+F_{a2}\,r_2\sin\alpha]^2\end{aligned}}$$

Biegemomente M_b in C
und D

$$M_{b(C)} = F_{Ar}\,l_1$$

$$M_{b(D)} = F_{Br}\,l_3$$

$$r = \frac{z_1\,m_n}{2\cos\beta}$$

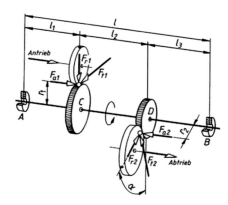

10.4.4 Berechnung der Tragfähigkeit nach DIN 743

Sicherheitsnachweis gegen Dauerbruch

Sicherheitsnachweis S
gegen Dauerfestigkeit

$$S = \cfrac{1}{\sqrt{\left(\dfrac{\sigma_{z,d}}{\sigma_{z,d\,ADK}}+\dfrac{\sigma_b}{\sigma_{b\,ADK}}\right)^2+\left(\dfrac{\tau_t}{\tau_{t\,ADK}}\right)^2}}$$

S	$\sigma_{z,d}$	σ_b	τ_t	$\sigma_{z,d\,ADK}$	$\sigma_{b\,ADK}$	$\tau_{t\,ADK}$
1	$\dfrac{N}{mm^2}$	$\dfrac{N}{mm^2}$	$\dfrac{N}{mm^2}$	$\dfrac{N}{mm^2}$	$\dfrac{N}{mm^2}$	$\dfrac{N}{mm^2}$

$\sigma_{z,d}$, σ_b, τ_t vorhandene Zug-, Druck-, Biege- und Torsionsspannungen.
$\sigma_{z,dADK}$, σ_{bADK}, τ_{tADK} Gestalt- oder Bauteil-Ausschlagfestigkeit.
Die Indizes σ und τ fassen jeweils die Beanspruchungen Zug, Druck, Biegung
(σ) bzw. Abscheren und Torsion (τ) zusammen.

Sicherheitsnachweis S
bei reiner Biege-
beanspruchung

$$S = \frac{\sigma_{bADK}}{\sigma_b}$$

S	σ_b	σ_{bADK}
1	$\dfrac{N}{mm^2}$	$\dfrac{N}{mm^2}$

Sicherheitsnachweis S
bei reiner Torsions-
beanspruchung

$$S = \frac{\tau_{t\,ADK}}{\tau_t}$$

S	τ_b	τ_{tADK}
1	$\dfrac{N}{mm^2}$	$\dfrac{N}{mm^2}$

Ermittlung der Gestaltfestigkeit

Technologischer
Größeneinflussfaktor K_1

$$K_1 = 1 - 0,23 \cdot \lg\left(\frac{d_{\text{eff}}}{100 \text{ mm}}\right)$$

K_1	d_{eff}
1	mm

Für Nitrierstähle und Baustähle (nicht vergütet)

Für die Streckgrenze
allgemeiner und höher-
fester Baustähle im nicht
vergüteten Zustand gilt:

$$K_1 = 1 - 0,26 \cdot \lg\left(\frac{d_{\text{eff}}}{2 \cdot d_{\text{B}}}\right)$$

K_1	$d_{\text{eff}}, d_{\text{B}}$
1	mm

Für Baustähle (nicht vergütet)

Für Vergütungsstähle
und Baustähle im ver-
güteten Zustand,
CrNiMo-Einsatzstähle im
gehärteten Zustand gilt:

$$K_1 = 1 - 0,26 \cdot \lg\left(\frac{d_{\text{eff}}}{d_{\text{B}}}\right)$$

K_1	$d_{\text{eff}}, d_{\text{B}}$
1	mm

Für Vergütungsstähle, vergütete Baustähle und NiCrMo-Einsatzstähle
(gehärtet)

Für Einsatzstähle im
gehärteten Zustand
außer CrNiMo-
Einsatzstähle gilt:

$$K_1 = 1 - 0,41 \cdot \lg\left(\frac{d_{\text{eff}}}{d_{\text{B}}}\right)$$

K_1	$d_{\text{eff}}, d_{\text{B}}$
1	mm

Für Einsatzstähle (gehärtet) außer CrNiMo-Einsatzstähle

Geometrischer
Einflussfaktor K_2

Dieser Faktor berücksichtigt, dass bei größer werdendem Durchmesser die
Biegewechselfestigkeit in die Zug/Druckwechselfestigkeit übergeht und die
Torsionswechselfestigkeit sinkt.
Für die Zug- und Druckbeanspruchung ist $K_2 = 1$.

Für Biegungs-
und Torsions-
beanspruchungen
berechnet sich K_2 aus:

$$K_2 = 1 - 0,2 \cdot \frac{\lg\left(\dfrac{d}{7,5 \text{ mm}}\right)}{\lg 20}$$

K_2	d
1	mm

Bei Kreisringquerschnitten ist d der Außendurchmesser.

Einflussfaktor der Ober-
flächenrauheit $K_{\text{F}\sigma}, K_{\text{F}\tau}$

Dieser Faktor berücksichtigt den Einfluss der Oberflächenrauheit auf die
Dauerfestigkeit von Wellen und Achsen.

Für die Zug-, Druck- oder Biegebeanspruchung gilt:

$$K_{\text{F}\sigma} = 1 - 0,22 \cdot \lg(Rz) \cdot \lg\left(\frac{R_{\text{m}}}{20} - 1\right)$$

$K_{\text{F}\sigma}, K_{\text{Ft}}$	R_{m}	Rz
$\dfrac{\text{N}}{\text{mm}^2}$	$\dfrac{\text{N}}{\text{mm}^2}$	μm

R_{m} Zugfestigkeit, $R_{\text{m}} \leq 2000 \, \dfrac{\text{N}}{\text{mm}^2}$, Rz gemittelte Rautiefe

Für die Torsionsbeanspruchung gilt: $K_{\text{F}\tau} = 0,575 \, K_{\text{F}\sigma} + 0,425$

10

Maschinenelemente

Einflussfaktor der Ober-
flächenverfestigung K_V

Dieser Faktor berücksichtigt in Abhängigkeit vom Wellen- bzw. Achsen-
durchmesser bei einem *gekerbten* Probestab. Veränderungen von Spannung
und Härte, z. B. durch Nitrieren oder Kugelstrahlen, an der Wellen- oder
Achsenoberfläche (siehe DIN 743-2, Seite 13).

Nitrieren:
Für $d = 8$ mm bis 25 mm: $K_V = 1,15 \dots 1,25$
Für $d = 25$ mm bis 40 mm: $K_V = 1,10 \dots 1,15$

Einsatzhärten:
Für $d = 8$ mm bis 25 mm: $K_V = 1,20 \dots 2,10$
Für $d = 25$ mm bis 40 mm: $K_V = 1,10 \dots 1,50$

Kugelstrahlen:
Für $d = 8$ mm bis 25 mm: $K_V = 1,10 \dots 1,30$
Für $d = 25$ mm bis 40 mm: $K_V = 1,10 \dots 1,20$

Einflussfaktor
Kerbwirkung $\beta_{\sigma,\tau}$

Richtwerte für Kerbwirkungszahlen siehe Kapitel Festigkeitslehre. Genauere
und umfangreichere Werte in DIN 743-2.
Kerbwirkungszahlen für Welle-Nabe-Verbindungen werden errechnet aus

$$\beta_\sigma \approx 3,0 \cdot \left(\frac{R_m}{1000 \frac{N}{mm^2}} \right)^{0,38}$$

$\beta_{\sigma,\tau}$	R_m
1	$\dfrac{N}{mm^2}$

$$\beta_\tau \approx 0,56 \cdot \beta_\sigma + 0,1$$

Aus den vier Einflussfak-
toren K_V, K_2, K_F und β wird
je nach Beanspruchungs-
art ein Gesamteinfluss-
faktor $K_{\sigma,\tau}$ gebildet.

Für Zug-, Druck- oder Biegebeanspruchung gilt:

$$K_\sigma = \left(\frac{\beta_\sigma}{K_2} + \frac{1}{K_{F\sigma}} - 1 \right) \cdot \frac{1}{K_V}$$

Für Torsionsbeanspruchung gilt:

$$K_\tau = \left(\frac{\beta_\tau}{K_2} + \frac{1}{K_{F\tau}} - 1 \right) \cdot \frac{1}{K_V}$$

Mit den Gleichungen für
die Bauteil-Wechsel-
festigkeiten $\sigma_{z,d,bWK}$ und
$\tau_{t\,WK}$ können die
Gleichungen für die
Gestaltfestigkeit
definiert werden.

für Zug- und Druckbeanspruchung $\sigma_{z,dWK}$:

$$\sigma_{z,dWK} = \frac{0,4 \cdot R_m \cdot K_1}{K_\sigma}$$

für Biegebeanspruchung σ_{bWK}:

$$\sigma_{bWK} = \frac{0,5 \cdot R_m \cdot K_1}{K_\sigma}$$

$\sigma_{z,dWK}$, σ_{bWK}	R_m	K_1, $K_{\sigma,\tau}$
$\dfrac{N}{mm^2}$	$\dfrac{N}{mm^2}$	1

für Torsionsbeanspruchung τ_{tWK}:

$$\tau_{tWK} = \frac{0,3 \cdot R_m \cdot K_1}{K_\tau}$$

Bei der Berechnung der Bauteil-Wechselfestigkeit ist der Größeneinflussfaktor
K_1 zu bestimmen (siehe oben).

Faktor der Mittelspannungsempfindlichkeit für Zug- und Druckbeanspruchung $\psi_{z,dK}$

für Zug- und Druckbeanspruchung $\psi_{z,dK}$:

$$\psi_{z,dK} = \frac{\sigma_{z,dWK}}{2 \cdot K_1 \cdot R_m - \sigma_{z,dWK}}$$

$\sigma_{z,dWK}, \sigma_{bWK}, \psi_{z,d,b,\tau K}$	R_m	$K_1, K_{\sigma,\tau}$
$\dfrac{N}{mm^2}$	$\dfrac{N}{mm^2}$	1

für Biegebeanspruchung ψ_{bK}:

$$\psi_{bK} = \frac{\sigma_{bWK}}{2 \cdot K_1 \cdot R_m - \sigma_{bWK}}$$

für Torsionsbeanspruchung $\psi_{\tau K}$:

$$\psi_{\tau K} = \frac{\tau_{tWK}}{2 \cdot K_1 \cdot R_m - \tau_{tWK}}$$

Vergleichsmittelspannung σ_{mv}

Die Vergleichsmittelspannung ergibt sich als Funktion aus der Bauteil-Fließgrenze und der Mittelspannungsempfindlichkeit.

$$\sigma_{mv} = \frac{(K_1 \cdot K_{2F} \cdot \gamma_F \cdot R_e) - \sigma_{z,d,bWK}}{1 - \psi_{z,d,bWK}}$$

Vergleichsmittelspannung τ_{mv}

$$\tau_{mv} = \frac{\dfrac{(K_1 \cdot K_{2F} \cdot \gamma_F \cdot R_e)}{\sqrt{3}} - \tau_{tWK}}{1 - \psi_{tWK}}$$

K_1 Technologischer Größeneinflussfaktor nach Gleichung siehe unter Ermittlung der Gestaltfestigkeit

K_{2F} Faktor für die statische Stützwirkung; bei einer Vollwelle für Biegung und Torsion ist $K_{2F} = 1,2$, bei einer Hohlwelle für Biegung und Torsion ist $K_{2F} = 1,05$

γ_F Erhöhungsfaktor der Fließgrenze R_e; für Biegebeanspruchung ist $\gamma_F = 1,1$, für Torsionsbeanspruchung ist $\gamma_F = 1,0$

Gestaltfestigkeit

für Zug- und Druckbeanspruchung $\sigma_{z,d,ADK}$:

$$\sigma_{z,d,ADK} = \sigma_{z,dWK} - \psi_{z,dK} \cdot \sigma_{mv}$$

für Biegebeanspruchung σ_{bADK}:

$$\sigma_{bADK} = \sigma_{bWK} - \psi_{bK} \cdot \sigma_{mv}$$

für Torsionsbeanspruchung τ_{tADK}:

$$\tau_{tADK} = \tau_{tWK} - \psi_{tK} \cdot \tau_{mv}$$

Sicherheitsnachweis gegen Fließgrenze

Sicherheit S bei gleichzeitigem Auftreten von Zug, Druck und Torsion

$$S = \frac{1}{\sqrt{\left(\dfrac{\sigma_{z,d\,max}}{\sigma_{z,dFK}} + \dfrac{\sigma_{b\,max}}{\sigma_{bFK}}\right)^2 + \left(\dfrac{\tau_{t\,max}}{\tau_{tFK}}\right)^2}}$$

$\sigma_{z,dmax}$, σ_{bmax}, τ_{tmax} vorhandene Maximalspannungen infolge der Betriebsbelastung. $\sigma_{z,dFK}$, σ_{bFK}, τ_{FK} Bauteil-Fließgrenze für die jeweilige Beanspruchung.

10

Maschinenelemente

Sicherheit S bei reiner Biege-beanspruchung	$S = \dfrac{\sigma_{b\,FK}}{\sigma_{b\,max}}$

S	$\sigma_{b\,max}$	$\sigma_{b\,FK}$
1	$\dfrac{N}{mm^2}$	$\dfrac{N}{mm^2}$

Sicherheit S bei reiner Torsions-beanspruchung	$S = \dfrac{\tau_{t\,FK}}{\tau_{t\,max}}$

S	$\tau_{t\,max}$	$\tau_{t\,FK}$
1	$\dfrac{N}{mm^2}$	$\dfrac{N}{mm^2}$

Ermittlung der Bauteil-Fließgrenze $\sigma_{z,b,dFK}$ und $\tau_{t\,FK}$

Bauteil-Fließgrenze $\sigma_{z,b,dFK}$ für Zug-, Druck- und Biege-beanspruchung	$\sigma_{z,b,dFK} = K_1 \cdot K_{2F} \cdot \gamma_F \cdot R_e$

$\sigma_{z,b,dFK}$	R_e	K_1, K_{2F}, γ_F
$\dfrac{N}{mm^2}$	$\dfrac{N}{mm^2}$	$\dfrac{N}{mm^2}$

Bauteil-Fließgrenze $\tau_{t\,FK}$ für Torsions-beanspruchung	$\tau_{t\,FK} = \dfrac{(K_1 \cdot K_{2F} \cdot \gamma_F \cdot R_e)}{\sqrt{3}}$

$\tau_{t\,FK}$	R_e	K_1, K_{2F}, γ_F
$\dfrac{N}{mm^2}$	$\dfrac{N}{mm^2}$	$\dfrac{N}{mm^2}$

K_1 Technologischer Größeneinflussfaktor K_1 nach Gleichung siehe unter Ermittlung der Gestaltfestigkeit

K_{2F} Faktor für die statische Stützwirkung; bei einer Vollwelle für Biegung und Torsion ist $K_{2F} = 1{,}2$ bei einer Hohlwelle für Biegung und Torsion ist $K_{2F} = 1{,}05$

γ_F Erhöhungsfaktor der Fließgrenze R_e, für Biegebeanspruchung ist $\gamma_F = 1{,}1$, für Torsionsbeanspruchung ist $\gamma_F = 1{,}0$

R_e Streckgrenze nach DIN 743-3. Bei gehärteter Randschicht gelten die Werte für den weicheren Kern.

Oberflächenbeiwert b_1 für Kreisquerschnitte

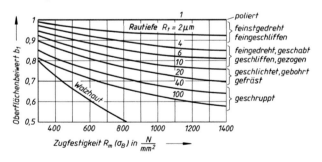

Größenbeiwert b_2 für Kreisquerschnitte

Für andere Querschnittsformen kann etwa gesetzt werden:

bei Biegung für Quadrat: Kantenlänge $\approx d$;

für Rechteck: in Biegeebene liegende Kantenlänge $\approx d$

bei Verdrehung für Quadrat und Rechteck: Flächendiagonale $\approx d$

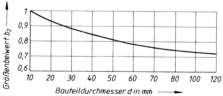

10.5 Nabenverbindungen

DIN 228	Morsekegel und Metrische Kegel
DIN 254	Geometrische Produktspezifikation (GPS) - Reihen von Kegeln und Kegelwinkeln
DIN 1448/1449	Keglige Wellenenden
DIN 5481	Passverzahnungen mit Kerbflanken
DIN 6881	Spannungsverbindungen mit Anzug; Hohlkeile
DIN 6883	Spannungsverbindungen mit Anzug; Flachkeile
DIN 6884	Spannungsverbindungen mit Anzug; Nasenflachkeile
DIN 6885	Mitnehmerverbindungen ohne Anzug; Passfedern, Nuten
DIN 6886	Spannungsverbindungen mit Anzug; Keile, Nuten
DIN 6887	Spannungsverbindungen mit Anzug; Nasenkeile, Nuten
DIN 6889	Spannungsverbindungen mit Anzug; Nasenhohlkeile
DIN 7178	Kegeltoleranz- und Kegelpasssystem
DIN 7190	Pressverbände – Berechnungsgrundlagen und Gestaltungsregeln
DIN 32711	Welle-Nabe-Verbindung; Polygonprofile
DIN ISO 14	Keilwellenverbindungen mit geraden Flanken und Innenzentrierung
DIN EN 22339	Kegelstifte, ungehärtet
DIN EN ISO 1302	Geometrische Produktspezifikation (GPS) – Angabe der Oberflächenbeschaffenheit in der technischen Produktdokumentation
DIN EN ISO 2338	Zylinderstifte, ungehärtet
DIN EN ISO 3040	Geometrische Produktspezifikation (GPS) – Maßeintragung und Toleranzfestlegung - Kegel
DIN EN ISO 4287	Geometrische Produktspezifikation (GPS) – Oberflächenbeschaffenheit: Tastschnittverfahren - Benennungen, Definitionen und Kenngrößen der Oberflächenbeschaffenheit
DIN EN ISO 4288	Geometrische Produktspezifikation (GPS) – Oberflächenbeschaffenheit: Tastschnittverfahren - Regeln und Verfahren für die Beurteilung der Oberflächenbeschaffenheit
DIN EN ISO 8734	Zylinderstifte, gehärtet
DIN EN ISO 8740	Zylinderkerbstifte mit Fase
DIN EN ISO 8752	Spannstifte – Geschlitzt, schwere Ausführung
DIN EN ISO 13337	Spannstifte – Geschlitzt, leichte Ausführung

10

Maschinenelemente

10.5.1 Kraftschlüssige (reibungsschlüssige) Nabenverbindungen (Beispiele)

Hauptvorteil: Spielfreie Übertragung wechselnder Drehmomente

Pressverbände (Presssitzverbindungen)	
zylindrischer Pressverband	Vorwiegend für nicht zu lösende Verbindung und zur Aufnahme großer, wechselnder und stoßartiger Drehmomente und Axialkräfte: *Verbindungsbeispiele*: Riemenscheiben, Zahnräder, Kupplungen, Schwungräder im Großmaschinenbau, aber auch in der Feinwerktechnik. Ausführung als Längs- und Querpressverband (Schrumpfverbindung). Besonders wirtschaftliche Verbindungsart.
kegliger Pressverband (Wellenkegel) kegliger Pressverband (Kegelbuchse)	Leicht lösbare und in Drehrichtung nachstellbare Verbindung auf dem Wellenende zur Aufnahme großer, wechselnder und stoßartiger Drehmomente. *Verbindungsbeispiele:* Wie beim zylindrischen Pressverband, außerdem bei Werkzeugen und in den Spindeln von Werkzeugmaschinen und bei Wälzlagern mit Spannhülse und Abziehhülse. Wegen der Herstellwerkzeuge und der Lehren möglichst genormte Kegel verwenden (siehe keglige Wellenenden mit Kegel 1 : 10 nach DIN 1448). Die Naben werden durch Schrauben oder Muttern aufgepresst, die Werkzeuge durch die Axialkraft beim Fertigen (zum Beispiel Bohrer). Kegelbuchsen sind meist geschlitzt.
Klemmsitzverbindung	
geteilte Nabe	Leicht lösbare und in Längs- und Drehrichtung nachstellbare Verbindung zur Aufnahme wechselnder kleinerer Drehmomente. Bei größerer Drehmomentenaufnahme werden zusätzlich Passfedern oder Tangentkeile angebracht. *Verbindungsbeispiele*: Riemen- und Gurtscheiben, Hebel auf glatten Wellen. Die Nabe ist geschlitzt oder geteilt.
Keilsitzverbindung	
Einlegekeil	Lösbare Verbindung zur Aufnahme wechselnder Drehmomente. Kleinere Drehmomentenaufnahme beim Flach- und Hohlkeil, große und stoßartige Drehmomentenaufnahme beim Tangentkeil. Die Keilneigung beträgt meistens 1 : 100. *Verbindungsbeispiele:* Schwere Scheiben, Räder und Kupplungen im Bagger- und Landmaschinenbau, insgesamt bei schwererem und rauem Betrieb. Die Verbindung mit dem Hohlkeil ist nachstellbar.
Ringfederspannverbindung	
Ringfederspannelement	Leicht lösbare und in Längs- und Drehrichtung nachstellbare Verbindung zur Aufnahme großer, wechselnder und stoßartiger Drehmomente. Das übertragbare Drehmoment ist abhängig von der Anzahl der Spannelemente. Hierzu sind die Angaben der Herstellerfirmen zu beachten, zum Beispiel Fa. Ringfeder GmbH, Krefeld-Uerdingen.

10.5.2 Formschlüssige Nabenverbindungen (Beispiele)

Hauptvorteil: Lagesicherung

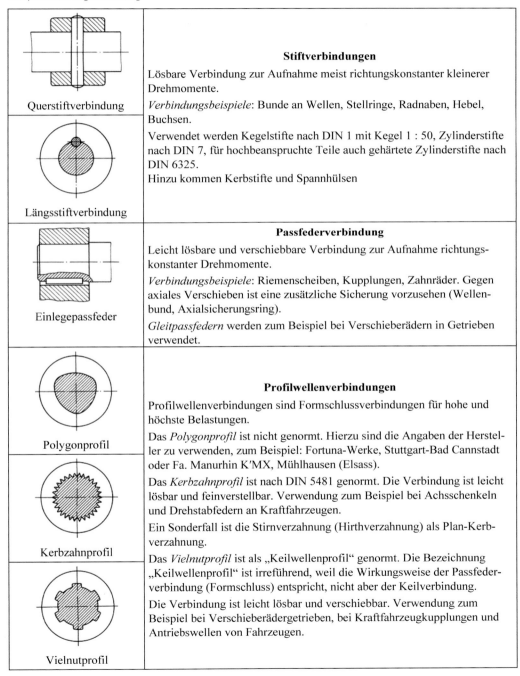

Querstiftverbindung **Längsstiftverbindung**	**Stiftverbindungen** Lösbare Verbindung zur Aufnahme meist richtungskonstanter kleinerer Drehmomente. *Verbindungsbeispiele*: Bunde an Wellen, Stellringe, Radnaben, Hebel, Buchsen. Verwendet werden Kegelstifte nach DIN 1 mit Kegel 1 : 50, Zylinderstifte nach DIN 7, für hochbeanspruchte Teile auch gehärtete Zylinderstifte nach DIN 6325. Hinzu kommen Kerbstifte und Spannhülsen
Einlegepassfeder	**Passfederverbindung** Leicht lösbare und verschiebbare Verbindung zur Aufnahme richtungskonstanter Drehmomente. *Verbindungsbeispiele*: Riemenscheiben, Kupplungen, Zahnräder. Gegen axiales Verschieben ist eine zusätzliche Sicherung vorzusehen (Wellenbund, Axialsicherungsring). *Gleitpassfedern* werden zum Beispiel bei Verschieberädern in Getrieben verwendet.
Polygonprofil **Kerbzahnprofil** **Vielnutprofil**	**Profilwellenverbindungen** Profilwellenverbindungen sind Formschlussverbindungen für hohe und höchste Belastungen. Das *Polygonprofil* ist nicht genormt. Hierzu sind die Angaben der Hersteller zu verwenden, zum Beispiel: Fortuna-Werke, Stuttgart-Bad Cannstadt oder Fa. Manurhin K′MX, Mühlhausen (Elsass). Das *Kerbzahnprofil* ist nach DIN 5481 genormt. Die Verbindung ist leicht lösbar und feinverstellbar. Verwendung zum Beispiel bei Achsschenkeln und Drehstabfedern an Kraftfahrzeugen. Ein Sonderfall ist die Stirnverzahnung (Hirthverzahnung) als Plan-Kerbverzahnung. Das *Vielnutprofil* ist als „Keilwellenprofil" genormt. Die Bezeichnung „Keilwellenprofil" ist irreführend, weil die Wirkungsweise der Passfederverbindung (Formschluss) entspricht, nicht aber der Keilverbindung. Die Verbindung ist leicht lösbar und verschiebbar. Verwendung zum Beispiel bei Verschieberädergetrieben, bei Kraftfahrzeugkupplungen und Antriebswellen von Fahrzeugen.

10

Maschinenelemente

10.5.3 Zylindrische Pressverbände

Begriffe bei Pressverbänden

Pressverband	Kraftschlüssige (reibungsschlüssige) Nabenverbindung ohne zusätzliche Bauteile wie Passfedern und Keile. Außenteil (Nabe) und Innenteil (Welle) erhalten eine Presspassung, sie haben also vor dem Fügen immer ein Übermaß U. Nach dem Fügen stehen sie unter einer Normalspannung σ mit dem Fugendruck p in der Fuge.
Presspassung	Passung, bei der immer ein Übermaß U vorhanden ist. Das Höchstmaß der Bohrung ist daher also kleiner als das Mindestmaß der Welle. Zur Presspassung zählt auch der Fall $U = 0$.
Herstellen von Pressverbänden (Fügeart)	– Einpressen (Längseinpressen des Innenteils): Längspressverband – Erwärmen des Außenteils (Schrumpfen des Außenteils) – Unterkühlen des Innenteils (Dehnen des Innenteils) – hydraulisches Fügen und Lösen (Dehnen des Außenteils)

Durchmesser Bezeichnungen und Fugenlänge l_F

D_F Fugendurchmesser (ungefähr gleich dem Nenndurchmesser der Passung)

D_{iI} Innendurchmesser des Innenteils I (Welle)

D_{aI} Außendurchmesser des Innenteils I, $D_{aI} \approx D_F$

D_{aA} Außendurchmesser des Außenteils A

D_{iA} Innendurchmesser des Außenteils A (Nabe), $D_{iA} \approx D_F$

l_F Fugenlänge ($l_F < 1{,}5\,D_F$)

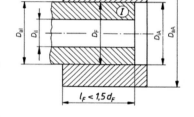

$$l_F < 1{,}5\,d_F$$

Durchmesserverhältnis Q	$Q_A = \dfrac{D_F}{D_{aA}} < 1 \qquad Q_I = \dfrac{D_{iI}}{D_F} < 1$
Übermaß U	Differenz des Außendurchmessers des Innenteils I und des Innendurchmessers des Außenteils A: $U = D_{aI} - D_{iA}$
Glättung G	Übermaßverlust ΔU, der beim Fügen durch Glätten der Fügeflächen auftritt: $G \approx 0{,}8\,(R_{ziA} + R_{zaI})$ R_z gemittelte Rautiefe nach DIN 4768 Teil 1
Wirksames Übermaß U_W (Haftmaß)	Das um $G = \Delta U$ verringerte Übermaß, also das Übermaß nach dem Fügen: $U_W = U - G$
Fugendruck p	Die nach dem Fügen in der Fuge auftretende Flächenpressung.

Fasenlänge l_e und
Fasenwinkel φ

$$l_e = \sqrt[3]{D_F}$$

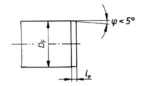

Berechnen von Pressverbänden

Erforderlicher
Fugendruck p
(Pressungsgleichung)
und zulässige
Flächenpressung p_{zul}

$$p \geq \frac{2M}{\pi D_F^2\, l_F\, v} \leq p_{zul}$$

$$M_H = F_H\, \frac{D_F}{2} = \frac{\pi}{2}\, p\, D_F^2\, l_F v \geq M$$

M	D_F, l_F	v	P	n	p
Nmm	mm	1	kW	min^{-1}	$\dfrac{N}{mm^2}$

Anhaltswerte für p_{zul}

Belastung	Stahl	Gusseisen
ruhend und schwellend	$p_{zul} = \dfrac{R_e}{1,5}$	$p_{zul} = \dfrac{R_e}{3}$
wechselnd und stoßartig	$p_{zul} = \dfrac{R_e}{2,5}$	$p_{zul} = \dfrac{R_e}{4}$

M Wellendrehmoment
     $M = 9,55 \cdot 10^6\, P/n$
D_F Fugendurchmesser
l_F Fugenlänge
v Haftbeiwert
p_{zul} zulässige Flächenpressung

R_e (oder $R_{p\,0.2}$) sowie R_m aus den Dauerfestigkeitsdiagrammen

Haftbeiwert v und
Rutschbeiwert v_e
(Mittelwerte)
Der Rutschbeiwert v_e
wird zur Berechnung
der Einpresskraft F_e
gebraucht.

Längspressverband

Werkstoffe Welle/Nabe	Haftbeiwert v trocken	Rutschbeiwert v_e geschmiert
Stahl/Stahl Stahl/Stahlguss	0,1 (0,1)	0,08 (0,06)
Stahl/Gusseisen	0,12 (0,1)	0,06
Stahl/Guss	0,07 (0,03)	0,05

Querpressverband

Werkstoffe, Fügeart, Schmierung		Haftbeiwert v
Stahl/Stahl	hydraulisches Fügen, Mineralöl	0,12
Stahl/Stahl	hydraulisches Fügen, entfettete Fügeflächen Glyzerin – aufgetragen	0,18
Stahl/Stahl	Schrumpfen des Außenteils	0,14
Stahl/Gusseisen	hydraulisches Fügen, Mineralöl	0,1
Stahl/Gusseisen	hydraulisches Fügen, entfettete Fügeflächen	0,16

10

Maschinenelemente

Herleitung der
Pressungsgleichung

Normalkraft $\quad F_N = p\, A_F = p\, \pi\, D_F\, l_F$

Fugenfläche $\quad A_F = \pi\, D_F\, l_F$

Haftkraft $\quad\quad F_H = F_N\, \nu = p\, \pi\, D_F\, l_F\, \nu$

Normalkraft $\quad F_N = p\, A_F = p\, \pi\, D_F\, l_F$

Haftmoment

$$M_H = F_H\, \frac{D_F}{2} = \frac{\pi}{2}\, p\, D_F^2\, l_F\, \nu \geq M$$

$$p = \frac{2M}{\pi\, D_F^2\, l_F\, \nu} \leq p_{zul}$$

p	M	D_F, l_F	ν
$\dfrac{N}{mm^2}$	Nmm	mm	1

M Drehmoment, M_H Haftmoment

F_N Normalkraft, F_H Haftkraft (Reibkraft)

Formänderungs-
Hauptgleichung für
Pressverbände

$$U_w = p\, D_F \left[\frac{1}{E_A}\left(\frac{1+Q_A^2}{1-Q_A^2} + \mu_A \right) + \frac{1}{E_I}\left(\frac{1+Q_I^2}{1-Q_I^2} - \mu_I \right) \right]$$

U_w wirksames Übermaß nach dem
     Fügen (auch Haftmaß genannt)
p Fugendruck (Flächenpressung in
     den Fügeflächen)

U_w	p, E_A, E_I	Q_A, Q_I, μ_A, μ_I
mm	$\dfrac{N}{mm^2}$	1

l_F Fugenlänge

E_A, E_I Elastizitätsmodul des Außenteils A (Nabe) und des Innenteils I (Welle)

μ_A, μ_I Querdehnzahl des Außenteils A (Nabe) und des Innenteils I (Welle)

Q_A, Q_I Durchmesserverhältnis: $Q_A = D_F/D_{aA} < 1$ $\quad Q_I = D_{iI}/D_F < 1$

Die Querdehnzahl μ ist das Verhältnis der Querdehnung ε_q eines
zugbeanspruchten Stabes zur Längsdehnung ε ($\mu = \varepsilon_q/\varepsilon$) und hat somit die
Einheit 1. Die Querdehnung ist immer kleiner als die Längsdehnung, ($\mu < 1$).
(Beispiel: $\mu_{Stahl} \approx 0,3$).

Elastizitätsmodul E
und Querdehnzahl μ
(Mittelwerte)

Werkstoff	Elastizitätsmodul E N/mm²	Querdehnzahl μ Einheit 1
Stahl	210 000	0,3
EN-GJL-200	105 000	0,25
EN-GJS-500-7	150 000	0,28
Bronze, Cu-Leg.	80 000	0,35
Al-Legierungen	70 000	0,33

Formänderungs-
gleichungen für
Pressverbände mit
Vollwelle
($Q_I = D_{iI}/D_F = 0$)

$$U_w = p\, D_F \left[\frac{1}{E_A}\left(\frac{1+Q_A^2}{1-Q_A^2} + \mu_A \right) + \frac{1}{E_I}\left(1-\mu_I \right) \right]$$

U_w, D_F	p, E_A, E_I	Q_A, Q_I, μ_A, μ_I
mm	$\dfrac{N}{mm^2}$	1

Formänderungs-gleichung für Vollwelle und gleichelastische Werkstoffe ($E_A = E_I = E$)	$U_w = \dfrac{2p\,D_F}{E(1 - Q_A^2)}$

U_w, D_F	p, E	Q_A
mm	$\dfrac{N}{mm^2}$	1

Übermaß U

$$U \quad = \quad U_w \quad + \quad G$$

gemessenes Übermaß vor dem Fügen	wirksames Übermaß (Haftmaß)	Glättung (Übermaßverlust ΔU beim Fügen der Teile)

Glättung G

$$G = 0,8\,(Rz_{Ai} + Rz_{Ia}) \qquad Rz \text{ gemittelte Rautiefe nach DIN EN ISO 4287}$$

Beispiele für G (Mittelwerte):
poliere Oberfläche $\qquad\qquad G = 0,002$ mm $= \;2\;\mu m$
feingeschliffene Oberfläche $\quad G = 0,005$ mm $= \;5\;\mu m$
feingedrehte Oberfläche $\qquad\; G = 0,010$ mm $= 10\;\mu m$

Einpresskraft F_e

$$F_e = p_g\,\pi\,D_F\,l_F\,\nu_e$$

p_g größter vorhandener Fugendruck
D_F Fugendurchmesser
l_F Fugenlänge
ν_e Rutschbeiwert

Herleitung der Gleichung:

$F_R = F_N\,\nu_e$
$F_N = p_g\,A_F$
$A_F = \pi\,D_F\,l_F$
$F_e = F_R = p_g\,\pi\,D_F\,l_F\,\nu_e$

F_e	p_g	D_F, l_F	ν_e
N	$\dfrac{N}{mm^2}$	mm	1

Spannungsverteilung im Pressverband (Spannungsbild)

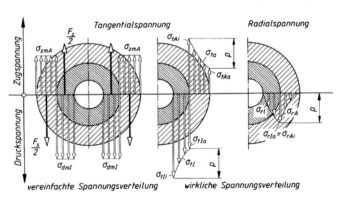

σ_{zmA} mittlere tangentiale Zugspannung im Außenteil
σ_{dmI} mittlere tangentiale Druckspannung im Innenteil
F_S Nabensprengkraft
σ_{tA} Tangentialspannung im Außenteil
σ_{rA} Radialspannung im Außenteil
σ_{tI} Tangentialspannung im Innenteil
σ_{rI} Radialspannung im Innenteil

Für Überschlagsrechnungen kann man sich die Tangentialspannungen σ_{rA} und σ_{tI} gleichmäßig verteilt vorstellen (σ_{zmA} und σ_{dmI})

Spannungsgleichungen
(siehe Spannungsbild)

Tangentialspannung σ_t		Radialspannung σ_r	
Außenteil	Innenteil	Außenteil	Innenteil
$\sigma_{t\,Ai} = p\,\dfrac{1+Q_A^2}{1-Q_A^2}$	$\sigma_{t\,Ii} = p\,\dfrac{2}{1-Q_I^2}$	$\sigma_{r\,Ai} = p$	$\sigma_{r\,Ii} = 0$
$\sigma_{t\,Aa} = p\,\dfrac{2Q_A^2}{1-Q_A^2}$	$\sigma_{t\,Ia} = p\,\dfrac{1+Q_A^2}{1-Q_A^2}$	$\sigma_{r\,Aa} = 0$	$\sigma_{r\,Ia} = p$

Nabensprengkraft F_S

$$F_S = p\,D_F\,l_F$$

Mittlere tangentiale
Zugspannung σ_{zmA}
(siehe Spannungsbild)

$$\sigma_{zmA} = \frac{F_S}{A_{Nabe}} = \frac{p\,D_F\,l_F}{(D_{aA} - D_{iA})\,l_F}$$

$$\sigma_{zmA} = \frac{p\,D_F}{D_{aA} - D_{iA}} \approx \frac{p\,D_F}{D_{aA} - D_F}$$

Mittlere tangentiale
Druckspannung σ_{dmI}
(siehe Spannungsbild)

$$\sigma_{dmI} = \frac{F_S}{A_{Welle}} = \frac{p\,D_F\,l_F}{(D_F - D_{Ii})\,l_F}$$

$$\sigma_{dmI} = \frac{p\,D_F}{D_F - D_{Ii}}$$

Für die Vollwelle gilt mit $D_{Ii} = 0$: $\sigma_{dmI} = \dfrac{p\,D_F}{D_F - 0} = p$

Fügetemperatur $\Delta\vartheta$
für Schrumpfen

$$\Delta\vartheta = \frac{U + U_{S\vartheta}}{\alpha\,D_F} \qquad\qquad U_{S\vartheta} \geq \frac{D_F}{1000}$$

U Übermaß in mm
$U_{S\vartheta}$ erforderliches Fügespiel in mm
α Längenausdehnungskoeffizient des Werkstoffs:
$\quad\alpha_{Stahl} = 11 \cdot 10^{-6}\ 1/°C$, $\alpha_{Gusseisen} = 9 \cdot 10^{-6}\ 1/°C$

Herleitung einer Gleichung:

Mit dem Längenausdehnungskoeffizienten α in m/(m °C) = 1/°C beträgt die
Verlängerung Δl eines Metallstabes der Ursprungslänge l_0 bei seiner
Erwärmung um die Temperaturdifferenz $\Delta\vartheta$:

$\Delta l = \alpha\,\Delta\vartheta\,l_0$.

Für den Außenteil (Nabe) eines Pressverbands ist $\Delta l = U + U_{S\vartheta}$ und $l_0 = D_F$.
Damit wird analog zu $\Delta l = \alpha\,\Delta\vartheta\,l_0$:

$U + U_{S\vartheta} = \alpha\,\Delta\vartheta\,D_F$

und daraus die obige Gleichung für $\Delta\vartheta$.

Festlegen einer Übermaßpassung (Presspassung)

Bei Einzelfertigung führt man die Nabenbohrung aus und fertigt nach deren Istmaß die Welle für das errechnete Übermaß U.

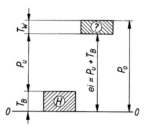

Bei Serienfertigung müssen größere Toleranzen zugelassen werden.

Man muss also eine Übermaßpassung festlegen. Eine Auswahl der ISO-Toleranzlagen und -Qualitäten zeigt Tabelle 10.1.13 für das im Maschinenbau übliche System der Einheitsbohrung.

Da sich kleinere Toleranzen bei Wellen leichter einhalten lassen als bei Bohrungen, wählt man zweckmäßig:

Bohrung H7 mit Wellen der Qualität 6

Bohrung H8 mit Wellen der Qualität 7 usw.

Liegt ein Toleranzfeld für die Bohrung vor, zum Beispiel H7, findet man das Toleranzfeld für eine Welle folgendermaßen:

Das errechnete Übermaß wird gleich dem Kleinstübermaß P_u gesetzt und die Toleranz der Bohrung T_B addiert. Damit hat man das vorläufige untere Abmaß einer Welle:

$$e\,i = P_u + T_B \qquad P_u = U$$

Mit diesem Wert geht man in der Tabelle 10.1.14 in die Zeile für den vorliegenden Nennmaßbereich und wählt dort für die vorher festgelegte Qualität ein Toleranzfeld für die Welle, bei dem das angegebene untere Abmaß dem errechneten am nächsten kommt (siehe Beispiel).

Beispiel:

Nennmaßbereich	35 mm
Toleranzfeld für die Bohrung	H7
Qualität für die Welle	6
Toleranz der Bohrung	$T_B = 25\ \mu m$
errechnetes Übermaß	$U = 60\ \mu m = P_u$
unteres Abmaß der Welle:	$e\,i = P_u + T_B = 60\ \mu m + 25\ \mu m = 85\ \mu m$
Toleranzfeld der Welle:	x 6 mit $e\,i = 80\ \mu m$ und $e\,s = 96\ \mu m$

Damit können die Höchstpassung P_o und die Mindestpassung P_u berechnet werden:

$$P_o = E\,i - e\,s = 25\ \mu m - 80\ \mu m = -55\ \mu m$$

$$P_u = E\,S - e\,i = 0 - 96\ \mu m = -96\ \mu m$$

10

Maschinenelemente

10.5.4 Keglige Pressverbände (Kegelsitzverbindungen)

Begriffe am Kegel

Kegelmaße

Kegel sind im technischen Sinn keglige Werkstücke mit Kreisquerschnitt (spitze Kegel und Kegelstümpfe).

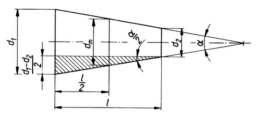

Bezeichnung eines Kegels mit dem Kegelwinkel
$\alpha = 30° -$ Kegel 30°

Bezeichnung eines Kegels mit dem Kegelverhältnis
$C = 1 : 10 -$ Kegel 1 : 10

d_1, d_2 Kegeldurchmesser

$d_m = \dfrac{d_1 + d_2}{2}$ mittlerer Kegeldurchmesser

l Kegellänge

α Kegelwinkel

$\dfrac{\alpha}{2}$ Einstellwinkel zum Fertigen und Prüfen des Kegels

Kegelverhältnis

$$C = \frac{d_1 - d_2}{l} \qquad C = 1 : x = \frac{1}{x} \qquad d_2 = d_1 - C\,l$$

Das Kegelverhältnis wird in der Form:
$C = 1 : x$ angegeben, zum Beispiel $C = 1 : 5$

Kegelwinkel α und Einstellwinkel $\alpha/2$

Aus dem schraffierten rechtwinkligen Dreieck lässt sich ablesen:

$$\tan \frac{\alpha}{2} = \frac{d_1 - d_2}{2l} \Rightarrow C = 2 \tan \frac{\alpha}{2}$$

$$\frac{\alpha}{2} = \text{arc tan} \frac{C}{2}$$

$$\alpha = 2 \text{ arc tan } \frac{C}{2}$$

$$d_2 = d_1 - 2\,l \tan \frac{\alpha}{2}$$

Vorzugswerte für Kegel

Kegelverhältnis $C = 1 : x$	Kegelwinkel α	Einstellwinkel $\alpha/2$
1 : 0,2886751	120°	60°
1 : 0,5	90°	45°
1 : 1,8660254	30°	15°
1 : 3	18° 55'29" ≈ 18,925°	9° 27'44"
1 : 5	11° 25'16" ≈ 11,421°	5° 42'38"
1 : 10	5° 43'29" ≈ 5,725°	2° 51'45"
1 : 20	2° 51'51" ≈ 2,864°	1° 25'56"
1 : 50	1° 8'45" ≈ 1,146°	34'23"
1 : 100	34'22" ≈ 0,573°	17'11"

Werkzeugkegel und Aufnahmekegel an Werkzeugmaschinenspindeln, die so genannten Morsekegel (DIN 228), haben ein Kegelverhältnis von ungefähr 1 : 20.

Berechnungsformeln für keglige Pressverbände

Erforderliche Einpresskraft F_e

$$F_e = \frac{2\,M_T}{d_m\,v_e} \cdot \sin\left(\frac{\alpha}{2} + \varrho_e\right)$$

$$M_T = 9{,}55 \cdot 10^6 \cdot \frac{P}{n}$$

F_e	M_T	d_m, l_F	v_e	P	n	p
N	Nmm	mm	1	kW	min^{-1}	$\dfrac{\text{N}}{\text{mm}^2}$

Vorhandene Fugenpressung p

$$p = \frac{2 M_T \cos\left(\dfrac{\alpha}{2}\right)}{v_e\, d_m^2\, l_F} \leq p_{zul}$$

Einpresskraft F_e für einen bestimmten Fugendruck p

$$F_e = \pi\, p\, d_m\, l_F \cdot \sin\left(\frac{\alpha}{2} + \varrho_e\right)$$

M_T Drehmoment
P Wellenleistung
n Drehzahl
$\dfrac{\alpha}{2}$ Einstellwinkel
ϱ_e Reibungswinkel aus $\tan \varrho_e = v_e$
     $\varrho_e = \arctan v_e$
v_e Rutschbeiwert nach Tabelle
     Längspressverband
d_m mittlerer Kegeldurchmesser
l_F Fugenlänge

10

Maschinenelemente

10.5.5 Maße für keglige Wellenenden mit Außengewinde

Bezeichnung eines langen kegligen Wellenendes mit Passfeder und Durchmesser $d_1 = 40$ mm:

Wellenende 40×82 DIN 1448

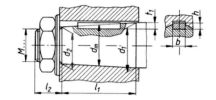

Maße in mm

Durchmesser d_1		6	7	8	9	10	11	12	14	16	19	20	22	24	25	28
Kegellänge l_1	lang	10		12		15		18		28		36			42	
	kurz	–		–		–		–		16		22			24	
Gewindelänge l_2		6		8		8		12				14			18	
Gewinde		M4			M6			M8 × 1		M10 × 1,25		M12 × 1,25			M16 × 1,5	
Passfeder Nuttiefe t_1	$b \times h$							2 × 2		3 × 3		4 × 4			5 × 5	
	lang			–			1,6	1,7	2,3	2,5	3,2	3,4		3,9		4,1
	kurz			–			–	–	–	2,2	2,9	3,1		3,6		3,6
Durchmesser d_1		30	32	35	38	40	42	45	48	50	55	60	65	70	75	80
Kegellänge l_1	lang		58					82				105				130
	kurz		36					54				70				90
Gewindelänge l_2			22					28				35				40
Gewinde		M20 × 1,5		M24 × 2		M30 × 2		M36 × 3			M42 × 3		M48 × 3		M56 × 4	
Passfeder Nuttiefe t_1	$b \times h$	5 × 5		6 × 6		10 × 8		12 × 8		14 × 9		16 × 10		18 × 11		20 × 12
	lang	4,5		5				7,1		7,6		8,6		9,6		10,8
	kurz	3,9		4,4				6,4		6,9		7,8		8,8		9,8

10.5.6 Richtwerte für Nabenabmessungen

Verbindungsart	Nabendurchmesser D_{aA} Naben aus		Nabenlänge l	
	Gusseisen	Stahl oder Stahlguss	Gusseisen	Stahl oder Stahlguss
zylindrische und keglige Pressverbände und Spannverbindungen	2,2 ... 2,6 d	2 ... 2,5 d	1,2 ... 1,5 d	0,8 ... 1 d
Klemmsitz- und Keilsitzverbindungen	2 ... 2,2 d	1,8 ... 2 d	1,6 ... 2 d	1,2 ... 1,5 d
Keilwelle, Kerbverzahnung	1,8 ... 2 d	1,6 ... 1,8 d_1	0,8 ... 1 d_1	0,6 ... 0,8 d_1
Passfederverbindungen	1,8 ... 2 d	1,6 ... 1,8 d	1,8 ... 2 d	1,6 ... 1,8 d
längs bewegliche Naben	1,8 ... 2 d	1,6 ... 1,8 d	2 ... 2,2 d	1,8 ... 2 d
lose sitzende (sich drehende) Naben	1,8 ... 2 d	1,6 ... 1,8 d	2 ... 2,2 d	

d Wellendurchmesser

Die Werte für Keilwelle und Kerbverzahnung sind Mindestwerte (d_1 „Kerndurchmesser"). Bei größeren Scheiben oder Rädern mit seitlichen Kippkräften ist die Nabenlänge noch zu vergrößern.
Allgemein gelten die größeren Werte bei Werkstoffen geringerer Festigkeit, die kleineren Werte bei Werkstoffen höherer Festigkeit.

10.5.7 Klemmsitzverbindungen

Klemmsitzverbindungen werden mit geteilter oder geschlitzter Nabe hergestellt.
Mit Schrauben, Schrumpfringen oder Kegelringen werden die beiden Nabenhälften so auf die Welle gepresst, dass ohne Rutschen ein gegebenes Drehmoment M übertragen werden kann. Die dazu erforderliche Verspannkraft wird hier *Sprengkraft* F_S genannt. Die in der Fugenfläche entstehende Flächenpressung heißt *Fugendruck p*. Der errechnete Betrag ist mit der zulässigen Flächenpressung für den Werkstoff mit der geringeren Festigkeit zu vergleichen.

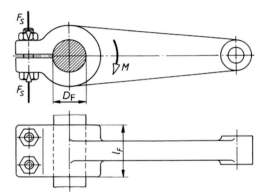

Die beiden folgenden Gleichungen gelten unter der Annahme, dass die Spannungsverteilung bei der Klemmsitzverbindung die gleiche ist wie beim zylindrischen Pressverband.
Insbesondere wird von einer gleichmäßigen Verteilung des Fugendrucks in der Fugenfläche ausgegangen. Vor allem bei der geschlitzten Nabe ist eine gleichmäßige Verteilung des Fugendrucks kaum zu erzielen. Die zulässige Flächenpressung p_{zul} sollte daher kleiner angesetzt werden als beim zylindrischen Pressverband.
Sicherheitshalber ist in der Gleichung für die Sprengkraft F_S der Rutschbeiwert ν_e zu verwenden, der kleiner ist als der Haftbeiwert ν, der in den Gleichungen für den zylindrischen Pressverband verwendet wird (siehe Tabelle in 10.5.3.2).

Sprengkraft F_S (gesamte Verspannkraft)	$F_S = \dfrac{2\,M}{\pi\,\nu_e\,D_F}$ $M = 9{,}55 \cdot 10^6\,\dfrac{P}{n}$

F_S	p, p_{zul}	M	D_F, l_F	ν_e	P	n
N	$\dfrac{\text{N}}{\text{mm}^2}$	Nmm	mm	1	kW	min^{-1}

Vorhandener Fugendruck p	$p = \dfrac{F_S}{D_F\,l_F} \leq p_{zul}$ $p = \dfrac{2\,M}{2\,\pi\,D_F^2\,l_F} \leq p_{zul}$

Zulässige
Flächenpressung p_{zul}

für Stahl-Nabe: $p_{zul} = \dfrac{R_e}{3}$ oder $\dfrac{R_{p,0,2}}{3}$

für Gusseisen-Nabe: $p_{zul} = \dfrac{R_m}{5}$

10

Maschinenelemente

10.5.8 Keilsitzverbindungen

Keilsitzverbindungen werden in der Praxis nicht berechnet, weil die Eintreibkraft, von der die Zuverlässigkeit des Reibungsschlusses abhängt, rechnerisch kaum erfasst werden kann.

Für bestimmte Wellen- und Nabenabmessungen sind die Abmessungen der Keile den Normen zu entnehmen, die in der folgenden Darstellung angegeben sind. Die Passfeder ist hier zur Vervollständigung noch einmal aufgenommen worden:

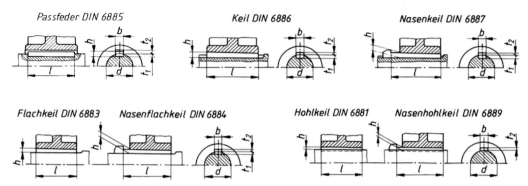

Ringfederspannverbindungen

Ringfederspannverbindungen werden in der Praxis nicht berechnet. Die Hersteller liefern Tabellen für die Abmessungen und die übertragbaren Drehmomente, die aus Versuchsergebnissen zusammengestellt wurden.

Man verwendet *Ringfederspannelemente* und *-spannsätze*. Die Kraftumsetzung von Axial- in Radialspannkräfte an den keglig aufeinandergeschobenen Ringen erfolgt wie bei Keilen. Die Neigungswinkel der kegligen Flächen sind so groß, dass keine Selbsthemmung auftritt. Wird die Verbindung gelöst, lässt sich die Spannverbindung leicht ausbauen.

Einbau und Einbaubeispiel für Ringfederspannverbindungen

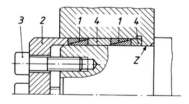

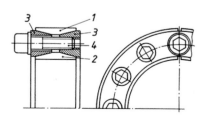

Ringfederspannelemente bestehen aus den Spannelementen 1, das sind keglige Stahlringe, dem Druckring 2, den Spannschrauben 3 und den Distanzhülsen 4. Welle und Nabe brauchen eine zusätzliche Zentrierung Z. Zum Aufeinanderschieben der kegligen Spannelemente (Ringpaare) ist ein ausreichender Spannweg s vorzusehen. Er wird in den Tabellen der Herstellerfirmen angegeben. Wegen der exponential abfallenden Wirkung können nur bis zu $n = 4$ Spannelemente hintereinandergeschaltet werden.

Spannsätze bestehen aus dem Außenring 1, dem Innenring 2, den beiden Druckringen 3 und den gleichmäßig am Umfang verteilten Spannschrauben 4, mit denen die Druckringe 3 axial verspannt werden. Dadurch wird der Innenring elastisch zusammengepresst (Wellensitz), der Außenring gedehnt (Nabensitz). Auch für Spannsätze ist eine zusätzliche Zentrierung von Welle und Nabe erforderlich.

10.5.9 Ringfederspannverbindungen, Maße, Kräfte und Drehmomente

(nach Ringfeder GmbH, Krefeld-Uerdingen)

Spannelement

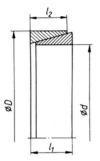

Maße			Kräfte			Drehmoment	Spannweg s			
$d \times D$	l_1	l_2	F_0	$F_{(100)}$	$F_{ax(100)}$	$M_{(100)}$	in mm bei n			
mm	mm	mm	kN	kN	kN	Nm	1	2	3	4
10 × 13	4,5	3,7	6,95	6,30	1,40	7,0	2	2	3	3
12 × 15	4,5	3,7	6,95	7,50	1,67	10,0	2	2	3	3
14 × 18	6,3	5,3	11,20	12,60	2,80	19,6	3	3	4	5
16 × 20	6,3	5,3	10,10	14,40	3,19	25,5	3	3	4	5
18 × 22	6,3	5,3	9,10	16,20	3,60	32,4	3	3	4	5
20 × 25	6,3	5,3	12,05	18,00	4,00	40	3	3	4	5
22 × 26	6,3	5,3	9,05	19,80	4,40	48	3	3	4	5
25 × 30	6,3	5,3	9,90	22,50	5,00	62	3	3	4	5
28 × 32	6,3	5,3	7,40	25,20	5,60	78	3	3	4	5
30 × 35	6,3	5,3	8,50	27,00	6,00	90	3	3	4	5
35 × 40	7	6	10,10	35,60	7,90	138	3	3	4	5
40 × 45	8	6,6	13,80	45,00	9,95	199	3	4	5	6
45 × 57	10	8,6	28,20	66,00	14,60	328	3	4	5	6
50 × 57	10	8,6	23,50	73,00	16,20	405	3	4	5	6
55 × 62	12	10,4	21,80	80,00	17,80	490	3	4	5	6
60 × 68	12	10,4	27,40	106,00	23,50	705	3	4	5	7
63 × 71	12	10,4	26,30	111,00	24,80	780	3	4	5	7
65 × 73	14	12,2	25,40	115,00	25,60	830	3	4	5	7
70 × 79	14	12,2	31,00	145,00	32,00	1120	3	5	6	7
75 × 84	17	15	34,60	155,00	34,40	1290	3	5	6	7
80 × 91	17	15	48,00	203,00	45,00	1810	4	5	6	8
85 × 96	17	15	45,60	216,00	48,00	2040	4	5	6	8
90 × 101	17	15	43,40	229,00	51,00	2290	4	5	6	8
95 × 106	17	15	41,20	242,00	54,00	2550	4	5	6	8
100 × 114	21	18,7	60,70	317,00	70,00	3520	4	6	7	9

$M_{(100)}$ ist das von einem Spannelement übertragbare Drehmoment bei

$$p = 100 \, \frac{N}{mm^2}$$

Flächenpressung. Entsprechendes gilt für $F_{(100)}$ und $F_{ax(100)}$.

Ermittlung der Anzahl hintereinander geschalteter Elemente in 11.6.2.

Spannsätze

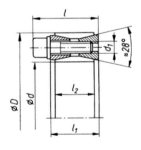

Maße				Kraft	Drehmoment	Flächenpressung		Schrauben DIN 912		
$d \times D$	l_1	l_2	l	F_{ax}	M	P_{Welle}	P_{Nabe}	An-zahl	Gewinde d_1	M_A
mm	mm	mm	mm	kN	Nm	N/mm²	N/mm²			Nm
30 × 55	20	17	27,5	33,4	500	175	95	10	M 6 × 18	14
35 × 60	20	17	27,5	40	700	180	105	12	M 6 × 18	14
40 × 65	20	17	27,5	46	920	180	110	14	M 6 × 18	14
45 × 75	24	20	33,5	72	1610	210	125	12	M 8 × 22	35
50 × 80	24	20	33,5	71	1770	190	115	12	M 8 × 22	35
55 × 85	24	20	33,5	83	2270	200	130	14	M 8 × 22	35
60 × 90	24	20	33,5	83	2470	180	120	14	M 8 × 22	35
65 × 95	24	20	33,5	93	3040	190	130	16	M 8 × 22	35
70 × 110	28	24	39,5	132	4600	210	130	14	M 10 × 25	70
75 × 115	28	24	39,5	131	4900	195	125	14	M 10 × 25	70
80 × 120	28	24	39,5	131	5200	180	120	14	M 10 × 25	70
85 × 125	28	24	39,5	148	6300	195	130	16	M 10 × 25	70
90 × 130	28	24	39,5	147	6600	180	125	16	M 10 × 25	70
95 × 135	28	24	39,5	167	7900	195	135	18	M 10 × 25	70
100 × 145	30	26	44	192	9600	195	135	14	M 12 × 30	125
110 × 155	30	26	44	191	10500	180	125	14	M 12 × 30	125
120 × 165	30	26	44	218	13100	185	135	16	M 12 × 30	125
130 × 180	38	34	52	272	17600	165	115	20	M 12 × 35	125

Bei zwei Spannsätzen verdoppeln sich die Beträge des übertragbaren Drehmoments M und der übertragbaren Axialkraft F_{ax}

10

Maschinenelemente

10.5.10 Ermittlung der Anzahl n der Spannelemente und der axialen Spannkraft F_a

Anzahl n für gegebenes Drehmoment M in Nm

$$n = f_p f_n \, \frac{M}{M_{(100)}}$$

$M_{(100)}$ übertragbares Drehmoment M in Nm nach Tabelle 10.5.9 für *ein* Spannelement und eine Flächenpressung von $p = 100$ N/mm^2

f_p Pressungsfaktor (nachfolgend)

f_n Anzahlfaktor, abhängig von der Anzahl der hintereinandergeschalteten Elemente:
für $n = 2$ ist $f_n = 1{,}55$,
für $n = 3$ ist $f_n = 1{,}85$ und
für $n = 4$ ist $f_n = 2{,}02$.

Pressungsfaktor f_p

$$f_p = \frac{p_w}{p_{(100)}} \qquad p_{(100)} = 100 \, \frac{\text{N}}{\text{mm}^2}$$

p_w Grenzwert der Flächenpressung für den Wellen- oder Nabenwerkstoff

p_w $= 0{,}9\,R_e$ (oder $R_{p\,0,2}$) für (Stahl und Stahlguss)

p_w $= 0{,}6\,R_m$ für Gusseisen

R_e Streckgrenze, $R_{p\,0,2}$ 0,2-Dehngrenze

R_m Zugfestigkeit alle Werte aus den Dauerfestigkeitsdiagrammen

Anzahl n für gegebene Axialkraft F_{ax} in kN

$$n = f_p f_n \, \frac{F}{F_{ax(100)}}$$

$F_{ax(100)}$ Axialkraft in kN nach Tabelle 10.5.9 für *ein* Spannelement und eine Flächenpressung von $p = 100$ N/mm^2

f_p Pressungsfaktor (nachfolgend)

f_n Anzahlfaktor, abhängig von der Anzahl der hintereinander geschalteten Elemente:
für $n = 2$ ist $f_n = 1{,}55$,
für $n = 3$ ist $f_n = 1{,}85$ und
für $n = 4$ ist $f_n = 2{,}02$.

Erforderliche axiale Gesamtspannkraft F_a in kN

$$F_a = F_0 + F_{(100)} f_p$$

F_0 axiale Spannkraft in kN nach Tabelle 10.5.9 zur Überbrückung des Passungsspiels bei H6/H7 und einer gemittelten Rautiefe $R_z \approx 6$ μm

$F_{(100)}$ axiale Spannkraft in kN nach Tabelle 10.5.9 bei einer Flächenpressung $p = 100$ N/mm^2

f_p Pressungsfaktor

10.5.11 Stiftverbindungen

Längsstiftverbindung $\dfrac{d_S}{d} = 0{,}13 \dots 0{,}16$

Bauverhältnisse (Anhaltswerte) $\dfrac{l}{d} = 1{,}0 \dots 1{,}5 \qquad l$ Nabenlänge

Nabendicke s' in mm (M in Nm einsetzen)

$s' = (3{,}2 \dots 3{,}9)\sqrt[3]{M} \qquad$ für Gusseisen-Nabe

$s' = (2{,}4 \dots 3{,}2)\sqrt[3]{M} \qquad$ für Stahl- und Stahlguss-Nabe

$M = 9550\,\dfrac{P}{n}$

M	P	n
Nm	kW	min^{-1}

10

Übertragbares Drehmoment M

$M \le \dfrac{d_S\, d\, l_S}{4}\, p_{\text{zul (Nabe)}}$

M	d_S, d, l_S	p_{zul}
Nmm	mm	$\dfrac{\text{N}}{\text{mm}^2}$

p_{zul} siehe unten
l_S Stiftlänge

Querstiftverbindung $\dfrac{d_S}{d} = 0{,}2 \dots 0{,}3$

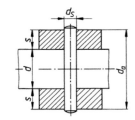

Bauverhältnisse (Anhaltswerte)

$\dfrac{d_a}{d} = 2{,}5$ für Gusseisen-Nabe

$\dfrac{d_a}{d} = 2{,}0$ für Stahl- und Stahlguss-Nabe

Übertragbares Drehmoment M

$M \le \dfrac{d\, d_S^2\, \pi}{4}\, \tau_{\text{a zul}}$

$M \le d_S\, s\, (d + s)\, p_{\text{zul (Nabe)}}$

$M = 9{,}55 \cdot 10^6\,\dfrac{P}{n}$

M	d, d_S, s	$\tau_{\text{a zul}}, p_{\text{zul}}$	P	n
Nmm	mm	$\dfrac{\text{N}}{\text{mm}^2}$	kW	min^{-1}

Übertragbare Längskraft F_l

$F_l \le \dfrac{\pi\, d_S^2}{2}\, \tau_{\text{a zul}}$

Zulässige Beanspruchungen

$p_{\text{zul (Nabe)}} = (120 \dots 180)\,\dfrac{\text{N}}{\text{mm}^2} \qquad$ für Stahl und Gusseisen

$p_{\text{zul (Nabe)}} = (90 \dots 120)\,\dfrac{\text{N}}{\text{mm}^2} \qquad$ für Gusseisen

$\tau_{\text{a zul}} = (90 \dots 130)\,\dfrac{\text{N}}{\text{mm}^2} \qquad$ für S235JR ... E295, 10S20K der Kegel- und Zylinderstifte

$\tau_{\text{a zul}} = (140 \dots 170)\,\dfrac{\text{N}}{\text{mm}^2} \qquad$ für E335 und E360 der Kerbstifte

bei Schwellbelastung 70 %, bei Wechselbelastung 50 % der zulässigen Beanspruchung ansetzen

10.5.12 Passfederverbindungen

Maße für zylindrische Wellenenden mit Passfedern und übertragbare Drehmomente

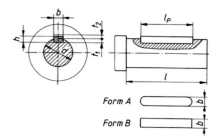

Bezeichnung der Passfeder Form A
für $d = 40$ mm, Breite $b = 12$ mm, Höhe $h = 8$ mm,
Passfederlänge $l_P = 70$ mm:

Passfeder A12 × 8 × 70 DIN 6885

Bezeichnung eines zylindrischen Wellenendes
von $d = 40$ mm und $l = 110$ mm:

Wellenende 40 × 110 DIN 748

Maße in mm

Wellen-durch-messer	l		Toleranz-feld	Passfedermaße [1]			Richtwerte für das übertrag-bare Drehmoment M in Nm	
				Breite mal Höhe	Wellennut-tiefe	Nabennut-tiefe	reine	Torsion und
d	kurz	lang		$b × h$	t_1	t_2	Torsion [2]	Biegung [3]
6	–	16		–	–	–	1,7	0,7
10	15	23		4 × 4	2,5	1,8	7,9	3,3
16	28	40		5 × 5	3	2,3	32	14
20	36	50		6 × 6	3,5	2,8	63	26
25	42	60	$\dfrac{k6}{H7}$	8 × 7	4	3,3	120	52
30	58	80					210	89
35	58	80		10 × 8	5	3,3	340	140
40	82	110		12 × 8	5	3,8	500	210
45	82	110		14 × 9	5,5	3,8	720	300
50	82	110					980	410
55	82	110		16 × 10	6	4,3	$1,3 \cdot 10^3$	550
60	105	140		18 × 11	7	4,4	$1,7 \cdot 10^3$	710
70	105	140		20 × 12	7,5	4,9	$2,7 \cdot 10^3$	$1,1 \cdot 10^3$
80	130	170		22 × 14	9	5,4	$4 \cdot 10^3$	$1,7 \cdot 10^3$
90	130	170		25 × 14	9	5,4	$5,7 \cdot 10^3$	$2,4 \cdot 10^3$
100	165	210		28 × 16	10	6,4	$7,85 \cdot 10^3$	$3,3 \cdot 10^3$
120	165	210	$\dfrac{k6}{H7}$	32 × 18	11	7,4	$13,6 \cdot 10^3$	$5,7 \cdot 10^3$
140	200	250		36 × 20	12	8,4	$21,5 \cdot 10^3$	$9,1 \cdot 10^3$
160	240	300		40 × 22	13	9,4	$32,2 \cdot 10^3$	$13,5 \cdot 10^3$
180	240	300		45 × 25	15	10,4	$45,8 \cdot 10^3$	$19,2 \cdot 10^3$
200	280	350		50 × 28	17	11,4	$62,8 \cdot 10^3$	$26,4 \cdot 10^3$
220	280	350		56 × 32	20	12,4	$83,6 \cdot 10^3$	$35,1 \cdot 10^3$
250	330	410					$123 \cdot 10^3$	$51,6 \cdot 10^3$

[1] Passfederlänge l_p in mm:
8/10/12/14/16/18/20/22/25/28/32/36/40/45/50/56/63/70/80/90/100/110/125/140/160/180/200/220/250/280/315/355/400

[2] berechnet mit $M = 7{,}85 \cdot 10^{-3} \cdot d^3$ aus $\tau_t = \dfrac{M_t}{W_p} = \dfrac{M_t}{(\pi/16)d^3} = \tau_{t\,zul} = 40$ N/mm²

[3] berechnet mit $M = 3{,}3 \cdot 10^{-3} \cdot d^3$ aus $\sigma_b = \dfrac{M}{W} = \dfrac{M}{(\pi/32)d^3} = \sigma_{b\,zul} = 70$ N/mm² sowie mit

$$M = M_V = \sqrt{M_b^2 + 0{,}75 \cdot (\alpha_0\, M_t)^2} \quad \text{für } \alpha_0 = 0{,}7 \text{ und } M_b = 2\, M_t \text{ (Biegemoment = 2 × Torsionsmoment)}$$

Passfederverbindungen (Nachrechnung)

Die beiden letzten Spalten der Tabelle im Abschnitt 10.5.12 enthalten Richtwerte für das übertragbare Drehmoment. Im Normalfall ist das zu übertragende Drehmoment M bekannt oder kann über die gegebene Leistung P und die Wellendrehzahl n errechnet werden. Mit dem Drehmoment M werden der Wellendurchmesser d und die zugehörige Passfeder ($b \times h$) festgelegt. Abgesehen von der Gleitfeder muss die Passfederlänge l_p etwas kleiner sein als die Nabenlänge l. Werden für die Nabenlänge l die in der Tabelle im Abschnitt 10.5.6 angegebenen Richtwerte verwendet, erübrigt es sich, die Flächenpressung p zu überprüfen ($p \le p_{zul}$). Nur bei kürzeren Naben ist die folgende Nachrechnung erforderlich.

Vorhandene Flächenpressung an der Welle

$$p_W = \frac{2M}{d\,l_t\,t_1} \le p_{zul}$$

$$M = 9{,}55 \cdot 10^6 \frac{P}{n}$$

p	M	d, l_t, t_1	P	n
$\dfrac{N}{mm^2}$	Nmm	mm	kW	min^{-1}

d Wellendurchmesser
t_1 Wellennuttiefe
l_t tragende Länge an der Passfeder
$l_t = l_p$ bei den Passfederformen A und B
        für die Wellennut
$l_t = l_p - b$ bei Passfederform A für die
        Nabennut

Vorhandene Flächenpressung an der Nabe

$$p_N = \frac{2M}{d\,l_t\,(h - t_1)} \le p_{zul}$$

Zulässige Flächenpressung

Mit Sicherheit ν_S gegenüber der Streckgrenze R_e oder $R_{p\,0,2}$ (0,2-Dehngrenze) und ν_B gegenüber der Bruchfestigkeit R_m des Wellen- oder Nabenwerkstoffs setzt man je nach Betriebsweise (Stoßanfall):

$$p_{zul} = \frac{R_e}{\nu_S} \quad \text{für Stahl und Stahlguss mit } \nu_S = 1{,}3 \dots 2{,}5$$

$$p_{zul} = \frac{R_m}{\nu_B} \quad \text{für Gusseisen mit } \nu_B = 3 \dots 4$$

Herleitung der Gleichungen für die Flächenpressung p_W, p_N

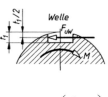

$$-M + F_{uW}\left(\frac{d}{2} - \frac{t_1}{2}\right) = 0 \qquad\qquad M - F_{uN}\left(\frac{d}{2} + \frac{h - t_1}{2}\right) = 0$$

$$F_{uW} = \frac{M}{\dfrac{d}{2} - \dfrac{t_1}{2}} \qquad\qquad\qquad F_{uN} = \frac{M}{\dfrac{d}{2} + \dfrac{h - t_1}{2}}$$

$$p_W = \frac{F_{uW}}{A_W} = \frac{F_{uW}}{l_t\,t_1} \qquad\qquad\qquad p_N = \frac{F_{uN}}{A_N} = \frac{F_{uN}}{l_t\,(h - t_1)}$$

$$p_W = \frac{2M}{(d - t_1)\,l_t\,t_1} \approx \frac{2M}{d\,l_t\,t_1} \qquad\qquad p_N = \frac{2M}{(d + h - t_1)\,l_t\,(h - t_1)}$$

$$p_N = \frac{2M}{d\,l_t\,(h - t_1)}$$

10

Maschinenelemente

10.5.13 Keilwellenverbindung

Nennmaße für Welle
und Nabe
(Auswahl aus ISO 14:
Keilwellenverbindung
mit geraden Flanken,
Übersicht)

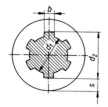

Innendurch-messer d_1 in mm	Außendurch-messer d_2 in mm	Anzahl der Keile z	Keilbreite b in mm
18	22	6	5
21	25	6	5
23	28	6	6
26	32	6	6
28	34	6	7
32	38	8	6
36	42	8	7
42	48	8	8
46	54	8	9
52	–	–	–
62	72	8	12
82	–	–	–
92	102	10	14
102	112	10	16
112	125	10	18

Nabendicke s in mm
(M in Nm einsetzen)

$s = (2{,}6 \dots 3{,}2)\ \sqrt[3]{M}$ für Gusseisen-Nabe

$s = (2{,}2 \dots 3)\ \sqrt[3]{M}$ für Stahl- und Stahlguss-Nabe

$M = 9550\ \dfrac{P}{n}$

M	P	n
Nm	kW	min^{-1}

Nabenlänge l in mm
(M in Nm einsetzen)

$l = (4{,}5 \dots 6{,}5)\ \sqrt[3]{M}$ für Gusseisen-Nabe

$l = (2{,}8 \dots 4{,}5)\ \sqrt[3]{M}$ für Stahl- und Stahlguss-Nabe

Flächenpressung p

$p = \dfrac{2\,M}{0{,}75\,z\,h_1\,l\,d_m} \le p_{zul}$

P	M	h_1, l, d_m	z
$\dfrac{N}{mm^2}$	Nmm	mm	1

$h_1 = 0{,}8\ \dfrac{d_2 - d_1}{2}$

Faktor 0,75 (nach Versuchen tragen
nur etwa 75 % der Mitnehmerflächen

$d_m = \dfrac{d_1 + d_2}{2}$

Zulässige
Flächenpressung p_{zul}

$p_{zul} = \dfrac{R_{e(Nabe)}}{S}$ für Stahl-Nabe

$p_{zul} = \dfrac{R_{m(Nabe)}}{S}$ für Gusseisen-Nabe

R_e ($R_{p\,0{,}2}$) und R_m aus den Dauerfestigkeitsdiagrammen.
Für stoßfrei wechselnde Betriebslast wird
bei Befestigungsnaben: $S = 2{,}5\ (1{,}7)$
für unbelastet verschobene Verschiebenaben: $S = 8\ (5)$
für unbelastet verschobene Verschiebenaben: $S = (15)$
für Stahl-Nabe und (3) für Gusseisen-Nabe
Klammerwerte bei gehärteten oder vergüteten Sitzflächen der Welle

10.6 Zahnradgetriebe

Normen (Auswahl)

DIN 780-1	Modulreihe für Zahnräder; Moduln für Stirnräder
DIN 867	Bezugsprofile für Evolventenverzahnungen an Stirnrädern
DIN 868	Allgemeine Begriffe und Bestimmungsgrößen für Zahnräder, Zahnradpaare und -getriebe
DIN 3960	Begriffe und Bestimmungsgrößen für Stirnräder (Zahnräder) mit Evolventenverzahnung
DIN 3961	Toleranzen für Stirnradverzahnungen; Grundlagen
DIN 3962	Toleranzen für Stirnradverzahnungen; für Abweichungen einzelner Bestimmungsgrößen
DIN 3963	Toleranzen für Stirnradverzahnungen; für Wälzabweichungen
DIN 3964	Achsabstandsabmaße und Achslagetoleranzen von Gehäusen für Stirnradgetriebe
DIN 3965-1	Toleranzen für Kegelradverzahnungen; Grundlagen
DIN 3966-1	Zeichnungsangaben für Stirnrad(Zahnrad-)-Evolventenverzahnungen
DIN 3966-2	Zeichnungsangaben für Geradzahn-Kegelradverzahnungen
DIN 3966-3	Zeichnungsangaben für Schnecken- und Schneckenradverzahnungen
DIN 3969	Oberflächenrauheit von Zahnflanken; Rauheitsgrößen; Oberflächenklassen
DIN 3971	Begriffe und Bestimmungsgrößen für Kegelräder und Kegelradpaare
DIN 3975	Begriffe und Bestimmgrößen für Zylinder-Schneckengetriebe
DIN 3990-1	Tragfähigkeitsberechnung von Stirnrädern; Einführung u. Einflussfaktoren
DIN 3990-5	Tragfähigkeitsberechnung von Stirnrädern; Dauerfestigkeitswerte und Werkstoffqualitäten
DIN 3991-1	Tragfähigkeitsberechnung von Kegelrädern ohne Achsversetzung; Einführung und allgemeine Einflussfaktoren
DIN 3996	Tragfähigkeitsberechnung von Zylinder-Schneckengetrieben; mit sich rechtwinklig kreuzenden Achsen
DIN 51509-1	Auswahl von Schmierstoffen für Zahnradgetriebe; Schmieröle
DIN 51509-2	Auswahl von Schmierstoffen für Zahnradgetriebe; Plastische Schmierstoffe
DIN ISO 2203	Technische Zeichnungen; Darstellung von Zahnrädern

10

Maschinenelemente

10.6.1 Kräfte am Zahnrad

Benennung

P Leistung

M_T Drehmoment

F_{bn} Zahnnormalkraft normal zur Berührungslinie

F_{bt} Zahnnormalkraft im Stirnschnitt

F_t Umfangskraft bei Stirnrädern im Teilkreis im Stirnschnitt

F_{tn} Umfangskraft im Normalschnitt

F_{tm} Umfangskraft bei Kegelrädern im Teilkreis in Mitte Zahnbreite

d Teilkreisdurchmesser

d_w Betriebswälzkreisdurchmesser

d_m mittlerer Teilkreisdurchmesser bei Kegelrädern (bezogen auf Mitte Zahnbreite)

α_0 Herstell-Eingriffswinkel (bei Normverzahnung ist $\alpha_0 = 20°$)

α_n Eingriffswinkel im Normalschnitt am Teilkreis

α_t Eingriffswinkel im Stirnschnitt am Teilkreis

α_{wt} Betriebseingriffswinkel im Stirnschnitt

β Schrägungswinkel am Teilkreis

β_m Schrägungswinkel am Teilkreis in Mitte Zahnbreite bei Kegelrädern

β_b Schrägungswinkel am Grundkreis

δ Teilkegelwinkel

Σ Achsenwinkel

γ_m mittlerer Steigungswinkel der Schnecke

ϱ' Reibwinkel

m_n Normalmodul

m_t Stirnmodul

Indizes	bezogen auf	Indizes	bezogen auf
kein Index	Teilkreis	t	Stirnschnitt
a	Kopfkreis	v	Ergänzungskegel bei Kegelrädern
b	Grundkreis	w	Betriebswälzkreis
f	Fußkreis	C	Wälzpunkt
m	Mitte Zahnbreite bei Kegelrädern	1	Ritzel
n	Normalschnitt oder Ersatz-Geradstirnrad	2	Rad

Einheiten

Zur Berechnung des Drehmoments M_{T1} in Nmm aus der Leistung P in kW und der Drehzahl n_1 in min⁻¹ (= 1/min = U/min) wird die bekannte Zahlenwertgleichung benutzt:

Drehmoment M_{T1}

$$M_{T1} = 9,55 \cdot 10^6 \frac{P}{n_1}$$

M_{T1}	P	n_1
Nm	kW	min⁻¹

Für alle folgenden Gleichungen zweckmäßig:
Drehmoment M_{T1} in Nmm, Kräfte F in N,
sämtliche Längen (Durchmesser, Modul) in mm.

Geradstirnrad

Umfangskraft F_t am Teilkreis

$$F_t = \frac{2 M_{T1}}{d_1} = \frac{2 M_{T1}}{z_1 m_n}$$

Normalkraft F_{bn} normal zur Berührungslinie

$$F_{bn} = \frac{F_t}{\cos \alpha_n}$$

Radialkraft F_r

$$F_r = F_t \tan \alpha_n = 0{,}364 \, F_t$$

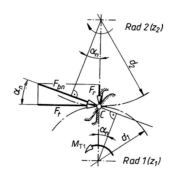

Schrägstirnrad

Umfangskraft F_t
am Teilkreis

$$F_t = \frac{2M_{T1}}{d_1} = \frac{2M_{T1}\cos\beta}{z_1 m_n}$$

Radialkraft F_r

$$F_r = \frac{F_t \tan\alpha_n}{\cos\beta}$$

Axialkraft F_a

$$F_a = F_t \tan\beta$$

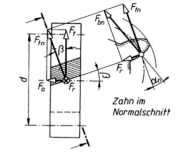

Zahn im
Normalschnitt

Geradzahn-Kegelrad

Umfangskraft F_{tm}
im Teilkreis in Mitte
Zahnbreite

$$F_{tm} = \frac{2M_{T1}}{d_{m1}}$$

Radialkraft F_r
(für Achsenwinkel
$\Sigma = 90°$ ist $F_{r1} = F_{a2}$ und
$F_{r2} = F_{a1}$)

$$F_{r1} = F_{tm} \tan\alpha_n \cos\delta_1$$
$$F_{r2} = F_{tm} \tan\alpha_n \cos\delta_2$$

Axialkraft F_a
(für Achsenwinkel
$\Sigma = 90°$ ist $F_{a1} = F_{r2}$ und
$F_{a2} = F_{r1}$)

$$F_{a1} = F_{tm} \tan\alpha_n \sin\delta_1$$
$$F_{a2} = F_{tm} \tan\alpha_n \sin\delta_2$$

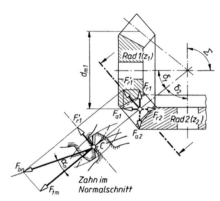

Zahn im
Normalschnitt

10

Maschinenelemente

Schrägzahn-Kegelrad

Umfangskraft F_{tm}
im Teilkreis in Mitte
Zahnbreite

$$F_{tm} = \frac{2M_{T1}}{d_{m1}}$$

Radialkraft F_r
(für Achsenwinkel
$\Sigma = 90°$ ist $F_{r1} = F_{a2}$ und
$F_{r2} = F_{a1}$)

$$F_{r1}{}^{1)} = F_{tm}\left(\tan\alpha_n \frac{\cos\delta_1}{\cos\beta_m} \mp \tan\beta\sin\delta_1\right)$$

$$F_{r2}{}^{2)} = F_{tm}\left(\tan\alpha_n \frac{\cos\delta_2}{\cos\beta_m} \pm \tan\beta\sin\delta_2\right)$$

Axialkraft F_a

$$F_{a1}{}^{3)} = F_{tm}\left(\tan\alpha_n \frac{\sin\delta_1}{\cos\beta_m} \pm \tan\beta\cos\delta_1\right)$$

$$F_{a2}{}^{4)} = F_{tm}\left(\tan\alpha_n \frac{\sin\delta_2}{\cos\beta_m} \mp \tan\beta\cos\delta_2\right)$$

[1] (−) bei gleicher, (+) bei entgegengesetzter Spiral- und Drehrichtung
[2] (+) bei gleicher, (−) bei entgegengesetzter Spiral- und Drehrichtung
[3] (+) bei gleicher, (−) bei entgegengesetzter Spiral- und Drehrichtung
[4] (−) bei gleicher, (+) bei entgegengesetzter Spiral- und Drehrichtung

Schnecke und Schneckenrad

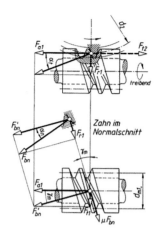

Umfangskraft F_t

$$F_{t1} = F_{a2} = \frac{2M_{T1}}{d_{m1}}$$

Radialkraft F_r

$$F_{r1} = F_{r2} = F_{t1}\,\frac{\tan\alpha_n \cos\varrho'}{\sin(\gamma_m + \varrho')}$$

Axialkraft F_a

$$F_{a1} = F_{t2}\,\frac{2M_{T2}}{d_2}$$

$$F_{a1} = F_{t2} = \frac{F_{t1}}{\tan(\gamma_m + \varrho')}$$

10.6.2 Einzelrad- und Paarungsgleichungen für Gerad- und Schrägstirnräder

Die Berechnungsgleichungen gelten für den allgemeinen Fall des Schrägstirnrad-V-Getriebes.

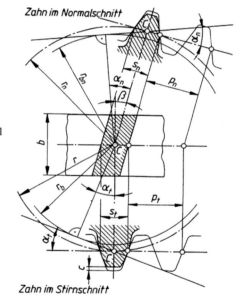

Für die Sonderfälle ist zu setzen:

Schrägstirnrad-Nullgetriebe:	$x_1 = x_2 = 0$
Schrägstirnrad-V-Nullgetriebe:	$x_2 = -x_1$
Geradstirnrad-Nullgetriebe:	$\beta = 0°, x_1 = x_2 = 0$
Geradstirnrad-V-Nullgetriebe:	$\beta = 0°, x_2 = -x_1$
Geradstirnrad-V-Getriebe:	$\beta = 0°$, also $\cos\beta = 1$

Für das DIN-Verzahnungssystem ist der Herstell-Eingriffswinkel $\alpha_n = 20°$, also

$\cos\alpha_n = 0{,}93969 \qquad \tan\alpha_n = 0{,}36397$

$\sin\alpha_n = 0{,}34202 \qquad \mathrm{ev}\,\alpha_n = 0{,}01490$

Die Berechnungsgleichungen gelten auch für *Innengetriebe*. Dafür sind

die Zähnezahl z_2 des Innenrads,

alle Durchmesser des Innenrads,

das Zähnezahlverhältnis $u = z_2/z_1$ und der Achsabstand a mit *negativem* Vorzeichen einzusetzen.

Außerdem ist festgelegt:
Die Profilverschiebung ist *positiv*, wenn durch sie die Zahndicke *vergrößert* wird.

b	Zahnbreite
c	Kopfspiel
p_t, p_n	Teilkreisteilung
r, r_n	Teilkreisradius
r_b, r_{bn}	Grundkreisradius
s_t, s_n	Zahndicke
α_t, α_n	Eingriffswinkel am Teilkreis
β	Schrägungswinkel am Teilkreis
	Index t für Stirnschnitt
	Index n für Normalschnitt

Übersetzung i	$i = \dfrac{n_1}{n_2} = \dfrac{\omega_1}{\omega_2} = \dfrac{z_2}{z_1} = \dfrac{d_2}{d_1} = \dfrac{d_{b2}}{d_{b1}}$

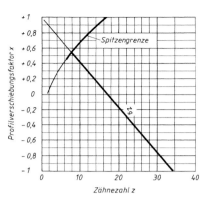

Ersatzzähnezahl z_n

$$z_n = \frac{z}{\cos^2 \beta_b \cos \beta} \approx \frac{z}{\cos^3 \beta}$$

β_b siehe Schrägungswinkel

Grenzzähnezahl z_g

$$z_g = 17 \cos^3 \beta$$

Profilverschiebungs-
faktor x für $z < z_g$

$$x \geq \frac{17 - \dfrac{z}{\cos^3 \beta}}{17}$$

Grenzzähnezahl z_g der
DIN-Geradverzahnung ($\beta = 0$)

Achsabstand a_d ohne
Profilverschiebung
(Rechengröße)

$$a_d = \frac{m_n}{2 \cos \beta}(z_1 + z_2)$$

Eingriffswinkel im Stirn-
schnitt am Teilkreis α_t

$$\tan \alpha_t = \frac{\tan \alpha_n}{\cos \beta}$$

bei Geradverzahnung ist $\beta = 0$
und damit $\alpha_t = \alpha_n = 20°$

Stirnmodul m_t

$$m_t = \frac{m_n}{\cos \beta}$$

Für Geradstirnrad ist: $m_t = m_n = m$
m_n Normalmodul

Teilkreisteilung
im Stirnschnitt p_t

$$p_t = \frac{\pi d}{z} = \pi m_t = \frac{\pi m_n}{\cos \beta}$$

Teilkreisteilung
im Normalschnitt p_n

$$p_n = \pi m_n = \pi m_t \cos \beta$$

Eingriffsteilung im
Stirnschnitt p_{et}

$$p_{et} = p_t \cos \alpha_t = \pi\, m_t \cos \alpha_t = \frac{p_{en}}{\cos \beta} = \frac{\pi d_b}{z}$$

Eingriffsteilung
im Normalschnitt p_{en}

$$p_{en} = p_n \cos \alpha_n = \pi\, m_n \cos \alpha_n$$

Schrägungswinkel
am Grundkreis β_b

$$\tan \beta_b = \tan \beta \cos \alpha_t$$
$$\sin \beta_b = \sin \beta \cos \alpha_n$$

Teilkreis-
durchmesser d

$$d_1 = \frac{z_1 m_n}{\cos \beta} = z_1 m_t \qquad d_2 = \frac{z_2 m_n}{\cos \beta} = z_2 m_t$$

Grundkreis-
durchmesser d_b

$$d_{b1} = d_1 \cos \alpha_t = z_1 \frac{m_n}{\cos \beta} \cos \alpha_t$$

$$d_{b2} = d_2 \cos \alpha_t = z_2 \frac{m_n}{\cos \beta} \cos \alpha_t$$

10

Maschinenelemente

Kopfkreis-
durchmesser d_a

$$d_{a1} = 2(a + m_n - x_2 m_n) - d_2 = 2[a + m_n(1 - x_2)] - \frac{z_2 m_n}{\cos\beta}$$

$$d_{a2} = 2(a + m_n - x_1 m_n) - d_1 = 2[a + m_n(1 - x_1)] - \frac{z_1 m_n}{\cos\beta}$$

erforderliche
Kopfkürzung $k\,m_n$

$$k\,m_n = \frac{m_n}{\cos\beta} \cdot \frac{z_1 + z_2}{2} + (x_1 + x_2)m_n - a$$

Fußkreisdurchmesser d_f

$$d_{f1} = d_1 - 2(h_{fP} - x_1 m_n)$$

$$d_{f2} = d_2 - 2(h_{fP} - x_2 m_n)$$

Evolventenfunktion
des Winkels α

$$\text{inv}\,\alpha = \tan\alpha - \text{arc}\,\alpha = \tan\alpha - \left(\pi\frac{\alpha°}{180°}\right)$$

Betriebseingriffswinkel
im Stirnschnitt α_{wt} und
im Normalschnitt α_{wn}

$$\text{inv}\,\alpha_{wt} = 2\frac{x_1 + x_2}{z_1 + z_2}\tan\alpha_n + \text{inv}\,\alpha_t$$

$$\cos\alpha_{wt} = \frac{d_{b1}}{d_{w1}} = \frac{d_{b2}}{d_{w2}} \qquad \left(\text{inv}\,\alpha_t = \tan\alpha_t - \frac{\pi\cdot\alpha_t}{180°}\right)$$

$$\sin\alpha_{wn} = \sin\alpha_{wt} \cdot \frac{\sin\alpha_n}{\sin\alpha_t}$$

Betriebseingriffswinkel
im Stirnschnitt α_{wt} bei
vorgeschriebenem
Achsabstand a

$$\cos\alpha_{wt} = \frac{m_n(z_1 + z_2)}{2a} \cdot \frac{\cos\alpha_t}{\cos\beta} = \frac{a_d}{a}\cos\alpha_t$$

Betriebswälzkreis-
durchmesser d_w

$$d_{w1} = \frac{d_{b1}}{\cos\alpha_{wt}} = z_1 m_t \cdot \frac{\cos\alpha_t}{\cos\alpha_{wt}}$$

$$d_{w2} = \frac{d_{b2}}{\cos\alpha_{wt}} = z_2 m_t \cdot \frac{\cos\alpha_t}{\cos\alpha_{wt}} \qquad m_t = \frac{m_n}{\cos\beta}$$

Achsabstand a

$$a = \frac{m_n}{\cos\beta} \cdot \frac{z_1 + z_2}{2} \cdot \frac{\cos\alpha_t}{\cos\alpha_{wt}}$$

Kopfspiel einer
Radpaarung c

$$c = a - \frac{d_{a1} + d_{f2}}{2} = a - \frac{d_{a2} + d_{f1}}{2}$$

Summe der Profil-
verschiebungsfaktoren
$x_1 + x_2$

$$x_1 + x_2 = \frac{(z_1 + z_2)(\text{inv}\,\alpha_{wt} - \text{inv}\,\alpha_t)}{2\tan\alpha_n} \qquad \left(\text{inv}\,\alpha = \tan\alpha - \frac{\pi\alpha}{180°}\right)$$

Zahnkopfhöhe des
Werkzeugs h_{fP} für
Bezugsprofil I, II, III, IV

I: $h_{fP} = 1{,}167\,m_n$ II: $h_{fP} = 1{,}25\,m_n$

III: $h_{fP} = 1{,}25\,m_n + 0{,}25\sqrt[3]{m_n}$ IV: $h_{fP} = 1{,}25\,m_n + 0{,}6\sqrt[3]{m_n}$

Schrägungswinkel am Betriebswälzkreis β_w	$\tan\beta_w = \dfrac{2a\tan\beta}{m_t(z_1+z_2)}$	$m_t = \dfrac{m_n}{\cos\beta}$

Profilüberdeckung ε_α

$$\varepsilon_\alpha = \frac{\frac{1}{2}\sqrt{d_{a1}^2 - d_{b1}^2} \pm \frac{1}{2}\sqrt{d_{a2}^2 - d_{b2}^2} - a\sin\alpha_{wt}}{\pi m_t \cos\alpha_t}$$

Minuszeichen gilt für Innengetriebe, dabei ist a mit negativem Vorzeichen einzusetzen.

Sprungüberdeckung ε_β

$$\varepsilon_\beta = \frac{b\tan\beta}{\pi m_t} = \frac{b\sin\beta}{\pi m_n}$$

Gesamtüberdeckung ε

$$\varepsilon = \varepsilon_\alpha + \varepsilon_\beta$$

Zahndickennennmaß, Stirnschnitt s_t

$$s_{t1} = m_t\left(\frac{\pi}{2} + 2x_1\tan\alpha_n\right) \qquad s_{t2} = m_t\left(\frac{\pi}{2} + 2x_2\tan\alpha_n\right)$$

Zahndickennennmaß im Normalschnitt s_n

$$s_{n1} = m_n\left(\frac{\pi}{2} + 2x_1\tan\alpha_n\right) \qquad s_{n2} = m_n\left(\frac{\pi}{2} + 2x_2\tan\alpha_n\right)$$

Zahndicke auf dem Kopfkreis s_a

$$s_a = d_a\left[\frac{1}{z}\left(\frac{\pi}{2} + 2x\tan\alpha_n\right) - (\operatorname{inv}\alpha_{ta} - \operatorname{inv}\alpha_t)\right]$$

$$\cos\alpha_{ta} = \frac{d}{d_a}\cos\alpha_t$$

10.6.3 Einzelrad- und Paarungsgleichungen für Kegelräder

Die Gleichungen gelten, wenn nicht anders angegeben, für Kegelräder mit schrägen Zähnen, die unter dem Achsenwinkel von 90° als V-Null-getriebe arbeiten:
Schrägungswinkel in Mitte Zahn-breite β_m, Achsenwinkel $\Sigma\delta = 90°$, Profilverschiebungsfaktor $x_2 = -x_1$, Profilverschiebung $v_2 = -v_1$.

Für Kegelräder mit geraden Zähnen ist in den Gleichungen $\beta_m = 0$ zu setzen, für Nullgetriebe $x = 0$.

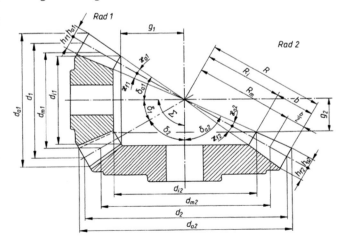

Übersetzung i	$i = \dfrac{n_1}{n_2} = \dfrac{z_2}{z_1} = \dfrac{d_2}{d_1} = \dfrac{\sin\delta_2}{\sin\delta_1}$
Zähnezahlverhältnis u	$u = \dfrac{z_{Rad}}{z_{Ritzel}} \geq 1$

Achsenwinkel $\Sigma\,\delta$ $\Sigma\,\delta = \delta_1 + \delta_2$

Teilkegelwinkel δ

$$\text{für } \Sigma\delta = 90° : \tan\delta_1 = \frac{1}{u} = \frac{z_1}{z_2}$$

$$\text{für } \Sigma\delta < 90° : \tan\delta_1 = \frac{\sin\Sigma\delta}{u + \cos\Sigma\delta}$$

$$\text{für } \Sigma\delta > 90° : \tan\delta_1 = \frac{\sin(180° - \Sigma\delta)}{u - \cos(180° - \Sigma\delta)}$$

$\Big\}\ \delta_2 = \Sigma\delta - \delta_1$

Teilkreisdurchmesser d $d_1 = z_1\,m_\mathrm{t}$ $d_2 = z_2\,m_\mathrm{t}$ m_t Stirnmodul

Bei Geradzahn-Kegelrädern ist der Stirnmodul zugleich der Normalmodul (Stirnschnitt = Normalschnitt), er wird als Normmodul festgelegt: $m_\mathrm{t} = m_\mathrm{n} = m$.

Teilkegellänge R (außen) und Zahnbreite b

$$R = \frac{d_1}{2\sin\delta_1} = \frac{d_2}{2\sin\delta_2} \qquad b \le \frac{R}{3}\ \text{ ausführen}$$

Teilkegellänge R_i (innen)

$$R_\mathrm{i} = R - b$$

mittlere Teilkegellänge R_m

$$R_\mathrm{m} = R - \frac{b}{2}$$

Teilkreisdurchmesser in Mitte Zahnbreite d_m

$$d_{\mathrm{m}1} = d_1 - b\,\sin\delta_1 \qquad\qquad d_{\mathrm{m}2} = d_2 - b\,\sin\delta_2$$

äußerer Normalmodul m_na

$$m_\mathrm{na} = m_\mathrm{t}\,\cos\beta_\mathrm{m}$$

Normalmodul in Mitte Zahnbreite m_nm

$$m_\mathrm{nm} = m_\mathrm{t}\,\cos\beta_\mathrm{m}\,\frac{R_\mathrm{m}}{R}$$

$$m_\mathrm{nm} = \frac{d_{\mathrm{m}1}}{z_1}\cos\beta_\mathrm{m} = \frac{d_{\mathrm{m}2}}{z_2}\cos\beta_\mathrm{m}$$

m_nm ist identisch mit dem Normalmodul der Ergänzungs- und der Ersatzverzahnung

Ergänzungszähnezahl z_v

$$z_{\mathrm{v}1} = \frac{z_1}{\cos\delta_1} \qquad\qquad z_{\mathrm{v}2} = \frac{z_2}{\cos\delta_2}$$

Ersatzzähnezahl z_n

$$z_{\mathrm{n}1} \approx \frac{z_{\mathrm{v}1}}{\cos^3\beta_\mathrm{m}} \qquad\qquad z_{\mathrm{n}2} \approx \frac{z_{\mathrm{v}2}}{\cos^3\beta_\mathrm{m}}$$

Bei Geradzahn-Kegelrädern ist mit $\beta_\mathrm{m} = 0°$ und $\cos\beta_\mathrm{m} = 1$
$z_{\mathrm{n}1} = z_{\mathrm{v}1}$ und $z_{\mathrm{n}2} = z_{\mathrm{v}2}$.

Zähnezahl des Planrads z_p

$$z_\mathrm{p} = \frac{z_2}{\sin\delta_2}$$

Zahnkopfhöhe h_a (außen)

$$h_{\mathrm{a}1} = (1+x)\,m_\mathrm{na} \qquad\qquad h_{\mathrm{a}2} = (1-x)\,m_\mathrm{na} = 2m_\mathrm{na} - h_{\mathrm{a}1}$$

Kopfspiel c

$$c = y\,m_\mathrm{na} \qquad\qquad y = 0,167\ \text{ oder }\ y = 0,2$$

10.6.4 Einzelrad- und Paarungsgleichungen für Schneckengetriebe

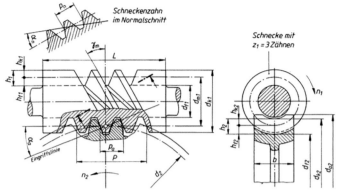

Index 1 gilt für die Schnecke, 2 für das Schneckenrad, Index n für die Größe im Normalschnitt, Index a im Achsschnitt

Übersetzung i
(m Achsmodul,
z_1 Gangzahl der
Schnecke)

$$i = \frac{n_1}{n_2} = \frac{z_2}{z_1} = \frac{d_2}{m\,z_1} = \frac{d_2}{d_{m1}\tan\gamma_m}$$

$$M_{T1} = \frac{M_{T2}}{i\,\eta_{ges}}$$

i möglichst keine ganze Zahl bei mehrgängiger Schnecke

η_{ges} Gesamtwirkungsgrad des Schneckengetriebes

Erfahrungswerte für i,
Gangzahl z_1 und η_{ges}

i	≥ 30	15 ... 29	10 ... 14	6 ... 9
z_1	1	2	3	4
η_{ges}	0,7	0,8	0,85	0,9

Zähnezahl z_2 des
Schneckenrads

$$z_2 = i\,z_1$$

z_2 möglichst ≥ 25 Zähne

Steigungshöhe
der Schnecke P

$$P = z_1\,p_a = z_1\,m\,\pi$$

$$P = d_{m1}\,\pi\,\tan\gamma_m$$

p_a Achsteilung, m Achsmodul

mittlerer
Steigungswinkel γ_m

$$\tan\gamma_m = \frac{m\,z_1}{d_{m1}} = \frac{z_1}{z_F} \qquad \cos\gamma_m = \frac{m_n}{m}$$

Formzahl z_F

$$z_F = \frac{d_{m1}}{m}$$

Zahnfußhöhe h_f

$$h_{f1} = 2\,m_{na} - h_{a1} + c \qquad h_{f2} = 2\,m_{na} - h_{a2} + c$$

c Kopfspiel
$c = 0,2\,m$

Kopfkreis-
durchmesser d_{k1}
der Schnecke

$$d_{k1} = d_{m1} + 2\,h_{k1}$$

Kopfwinkel κ_a	$\tan \kappa_{a1} = \dfrac{h_{a1}}{R}$	$\tan \kappa_{a2} = \dfrac{h_{a2}}{R}$

Fußwinkel κ_f $\qquad \tan \kappa_{f1} = \dfrac{h_{f1}}{R} \qquad\qquad \tan \kappa_{f2} = \dfrac{h_{f2}}{R}$

Kopfkegelwinkel δ_a $\qquad \delta_{a1} = \delta_1 + \kappa_{a1} \qquad\qquad \delta_{a2} = \delta_2 + \kappa_{a2}$

innerer Kopfkreis-
durchmesser d_i $\qquad d_{i1} = d_{a1} - 2\dfrac{b \sin \delta_{a1}}{\cos \kappa_{a1}} \qquad d_{i2} = d_{a2} - 2\dfrac{b \sin \delta_{a2}}{\cos \kappa_{a2}}$

Innenkegelhöhe g $\qquad g_1 = \dfrac{d_{i1}}{2 \tan \delta_{a1}} \qquad\qquad g_2 = \dfrac{d_{i2}}{2 \tan \delta_{a2}}$

Mittenkreis-
durchmesser d_{m2} $\qquad d_{m2} = d_2 \pm 2xm = 2a - d_{m1}$

Kopfkreisdurchmesser d_{k2} $\quad d_{k2} = d_2 \pm 2xm + 2h_{k2} \qquad d_{k2} = d_2 + 2h_{k2}$

Fußkreisdurchmesser d_{f2} $\quad d_{f2} = d_{k2} - (4m + c) \qquad c = 0,2m$
$\qquad\qquad\qquad\qquad\quad d_{f2} = d_2 - 2h_{f2} \qquad\quad c$ Kopfspiel

Außendurchmesser d_{a2} $\quad d_{a2} = d_{k2} + m$

Profilverschiebung
erforderlich bei $\qquad z_2 < z_g = \dfrac{2h_{kf}}{m \sin^2 \alpha_a} \qquad h_{kf}$ Kopfhöhe des Fräsers
$\qquad\qquad\qquad\qquad\qquad\qquad\qquad\qquad \alpha_a$ Eingriffswinkel im Achsschnitt

Mindest-Profilver-
schiebungsfaktor $\qquad x_{min} = \dfrac{z_g - z_2}{z_g} \qquad\qquad z_g = 17$ bei $\alpha_a = 20°$

Achsabstand a
(z_F Formzahl) $\qquad a = \dfrac{d_{m1} + d_2}{2} \pm xm = \dfrac{m}{2}(z_F + z_2 \pm 2x)$

Zahnbreite b $\qquad b = (0,4 \dots 0,5)(d_{k1} + 4m) \qquad$ für Bronzerad
$\qquad\qquad\qquad b = (0,4 \dots 0,5)(d_{k1} + 4m) + 1,8m \qquad$ für Leichtmetallrad

Wirkungsgrad η_z
der Verzahnung $\qquad \eta_z = \dfrac{\tan \gamma_m}{\tan(\gamma_m + \varrho')}$
($\mu' = \tan \varrho'$
Gleitreibungszahl) $\qquad$ bei treibender Schnecke

$\qquad\qquad\qquad\qquad \eta_z = \dfrac{\tan(\gamma_m - \varrho')}{\tan \gamma_m}$

$\qquad\qquad\qquad\qquad$ bei treibendem Schneckenrad

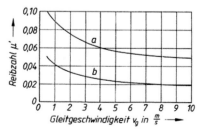

$\qquad a \quad$ Schnecke auf Drehmaschine
$\qquad\qquad$ geschlichtet, vergütet
$\qquad b \quad$ Schnecke gehärtet, geschliffen

Gesamtwirkungs-grad η_{ges}	$\eta_{ges} = \eta_z\,\eta_L$	$\eta_L = \eta_{L1}\,\eta_{L2}$ = Wirkungsgrad der Lagerung
		η_{L1} für Schneckenwelle
		η_{L2} für Schneckenrad
		$\eta_{L1} = \eta_{L2} \approx 0{,}97$ bei Wälzlagern
		$\eta_{L1} = \eta_{L2} \approx 0{,}94$ bei Gleitlagern

Normalteilung p_n
Normalmodul m_n

$$p_n = p_a \cos \gamma_m \qquad m_n = m \cos \gamma_m \qquad m = m_a = \text{Achsmodul}$$

Moduln für Schnecke und Schneckenrad (DIN 780) in mm: 1, 1,25, 1,6, 2, 2,5, 3,15, 4, 5, 6,3, 8, 10, 12,5, 16, 20

Für Schnecken wird der Modul im Achsschnitt (Achsmodul) $m_a = m$ als Normmodul gewählt; m_a ist zugleich Modul für das Schneckenrad im Stirnschnitt.

Mittenkreisdurchmesser d_{m1} der Schnecke

$$d_{m1} = \frac{z_1\,m}{\tan \gamma_m} = \frac{z_1\,m_n}{\sin \gamma_m} = z_F\,m \qquad d_{m1} \text{ ist eine Rechengröße}$$

Zahnhöhen h
Kopfhöhen h_k
Fußhöhen h_f
in Abhängigkeit von γ_m

		$\gamma_m \leq 15°$	$\gamma_m > 15°$
$h_1 = h_2 =$		$2{,}2\,m$	$2{,}2\,m_n$
$h_{k1} =$		m	m_n
$h_{k2} =$		$m \pm x\,m$	$m_n \pm x\,m_n$
$h_{f1} =$		\multicolumn{2}{c}{$h_1 - h_{k1}$}
$h_{f2} =$		\multicolumn{2}{c}{$h_2 - h_{k2}$}

Eingriffswinkel im Normal- und Achsschnitt

$$\tan \alpha_a = \frac{\tan \alpha_n}{\cos \gamma_m}$$

Richtwerte für α_n

γ_m	bis 15°	15 ... 25°	25 ... 35°	über 35°
α_{n0}	20°	22,5°	25°	30°

Kopfkreisdurchmesser d_{k1} der Schnecke

$$d_{k1} = d_{m1} + 2h_{k1}$$

Profilverschiebung hat keinen Einfluss auf die Schnecken-Abmessungen

Fußkreisdurchmesser d_{f1} der Schnecke

$$d_{f1} = d_{k1} - 2h_1$$

Schneckenlänge L in mm

$$L \approx 2m(1 + \sqrt{z_2}) \qquad L \approx 2m\sqrt{2z_2 - 4}$$
für normale Belastung $\qquad$ für hohe Belastung

Umfangsgeschwindigkeit v (Zahlenwertgleichung)

$$v_1 = \frac{\pi\,d_{m1}\,n_1}{60\,000} \qquad v_2 = \frac{\pi\,d_{m2}\,n_2}{60\,000}$$

v_1, v_2	d_{m1}, d_{m2}	n_1, n_2
$\dfrac{m}{s}$	mm	min^{-1}

10

Maschinenelemente

Gleitgeschwindigkeit v_g $v_g = \dfrac{v_1}{\cos \gamma_m}$

Teilkreisdurchmesser d_2 $d_2 = z_2\, m = \dfrac{z_2\, m_n}{\cos \gamma_m}$

10.6.5 Wirkungsgrad, Kühlöldurchsatz und Schmierarten der Getriebe

| Gesamtwirkungsgrad η_{ges} in einer Getriebestufe | η_{ges} = 0,96 ... 0,98 <br> bei Schneckengetrieben gesondert berechnen nach 10.6.4 | enthält Verzahnungsverluste, Lagerverluste, Plantschverluste bei Ölfüllung bis Zahnfuß, Verluste durch Wellenabdichtungen |

erforderlicher Kühlöldurchsatz $\dot V_k$ bei Ölumlaufkühlung

$$\dot V_k = P_1 \frac{1 - \eta_{ges}}{c\,\varrho\,(\vartheta_1 - \vartheta_2)}$$

$\dot V_k$	P_1	ϱ	ϑ	η_{ges}, c
$\dfrac{m^3}{s}$	W	$\dfrac{kg}{m^3}$	°C	1

P_1 Antriebsleistung

c spezifische Wärmekapazität des Öls für Maschinenöl ist:

$$c = 1675 \frac{J}{kgK} \quad (1\ K = 1\ °C)$$

ϱ Dichte des Öls $\approx 900\ \dfrac{kg}{m^3}$ (Maschinenöl)

$\vartheta_1,\ \vartheta_2$ Temperatur des zu- und abfließenden Öls

erforderliche Schmierarten

Teilkreisgeschwindigkeit in m/s	Art der Schmierung
0 ... 0,8	Fett auftragen
0,8 ... 4	Fett- oder Öltauchschmierung,
4 ... 12	Öltauchschmierung
12 ... 60	Spritzschmierung

11 Fertigungstechnik

Normen (Auswahl)

DIN 803	Werkzeugmaschinen; Vorschübe für Werkzeugmaschinen, Nennwerte, Grenzwerte, Übersetzungen
DIN 804	Werkzeugmaschinen; Lastdrehzahlen für Werkzeugmaschinen; Nennwerte, Grenzwerte, Übersetzungen
DIN 1412	Spiralbohrer aus Schnellarbeitsstahl – Anschliffformen
DIN 1836	Werkzeug-Anwendungsgruppen zum Zerspanen
DIN 4951	Gerade Drehmeißel mit Schneiden aus Schnellarbeitsstahl
DIN 4971	Gerade Drehmeißel mit Schneidplatte aus Hartmetall
DIN 6580	Begriffe der Zerspantechnik; Bewegungen und Geometrie des Zerspanvorgangs
DIN 6581	Begriffe der Zerspantechnik; Bezugssysteme und Winkel am Schneidteil des Werkzeugs
DIN 6582	Begriffe der Zerspantechnik; Ergänzende Begriffe am Werkzeug...
DIN 6583	Begriffe der Zerspantechnik; Standbegriffe
DIN 6584	Begriffe der Zerspantechnik; Kräfte, Energie, Arbeit, Leistungen
DIN 8588	Fertigungsverfahren Zerteilen – Einordnung, Unterteilung, Begriffe
DIN 8589	Fertigungsverfahren Spanen: Teil 0: Allgemeines; Einordnung, Unterteilung, Begriffe; Teil 1: Drehen; Teil 2: Bohren, Senken, Reiben; Teil 3: Fräsen; Teil 4: Hobeln, Stoßen; Teil 5: Räumen; Teil 6: Sägen; Teil 7: Feilen, Raspeln; Teil 8: Bürstspanen; Teil 9: Schaben, Meißeln; Teil 11: Schleifen mit rotierendem Werkzeug; Teil 12: Bandschleifen; Teil 13: Hubschleifen; Teil 14: Honen; Teil 15: Läppen; Teil 17: Gleitspanen
DIN ISO 603	Schleifkörper aus gebundenem Schleifmittel – Maße – Schleifscheiben
DIN ISO 5419	Spiralbohrer – Benennungen, Definitionen und Formen

11.1 Drehen und Grundbegriffe der Zerspantechnik

11.1.1 Bewegungen, Kräfte, Schnittgrößen und Spanungsgrößen

Bewegungen, Geschwindigkeiten und Kräfte beim Drehen (Außendrehen)

F Zerspankraft (Kräfte in Bezug auf das Werkzeug)
F_a Aktivkraft
F_c Schnittkraft
F_f Vorschubkraft
F_p Passivkraft
v_c Schnittgeschwindigkeit
v_f Vorschubgeschwindigkeit
v_e Wirkgeschwindigkeit
f Vorschub
a_p Schnitttiefe
κ_r Einstellwinkel
φ Vorschubrichtungswinkel (beim Drehen 90°)
η Wirkrichtungswinkel

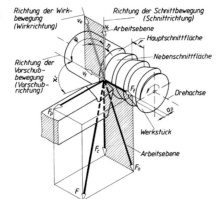

Schnittgrößen und
Spanungsgrößen

f Vorschub
a_p Schnitttiefe
b Spanungsbreite
h Spanungsdicke
A Spanungsquerschnitt
l_s Schnittbogenlänge
m Bogenspandicke

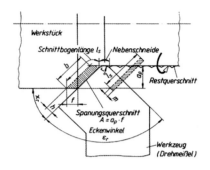

Schnitttiefe a_p

Tiefe des Eingriffs der Hauptschneide.

Berechnung der erforderlichen Schnitttiefe $a_{p\,erf}$ für eine ökonomische Nutzung der Motorleistung beim Runddrehen:

$$a_{perf} = \frac{6 \cdot 10^4 \, P_m \, \eta_g}{f \, k_c \, v_c}$$

$a_{p\,erf}$	P_m	f	k_c	v_c
mm	kW	mm	$\dfrac{N}{mm^2}$	$\dfrac{m}{min}$

P_m Motorleistung
η_g Getriebewirkungsgrad
f Längsvorschub der Maschine
k_c spezifische Schnittkraft
v_c Schnittgeschwindigkeit

Vorschub f

Weg, den das Werkzeug während einer Umdrehung des Werkstücks in Vorschubrichtung zurücklegt.

Für eine vorgegebene Rautiefe R_t gilt bei $r > 0,67 f$:

$$f_{erf} = \sqrt{8r\,R_t}$$

f_{erf}	r, R_t
mm	mm

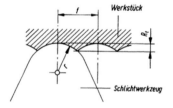

r Radius der gerundeten Schneidenecke des Zerspanwerkzeugs
R_t vorgegebene Rautiefe

Vorschübe f nach
DIN 803 (Auszug)

0,01	0,0315	0,1	0,315	1	3,15
0,0112	0,0355	0,112	0,355	1,12	3,55
0,0125	0,04	0,125	0,4	1,25	4
0,014	0,045	0,14	0,45	1,4	4,5
0,016	0,05	0,16	0,5	1,6	5
0,018	0,056	0,18	0,56	1,8	5,6
0,02	0,063	0,2	0,63	2	6,3
0,0224	0,071	0,224	0,71	2,24	7,1
0,025	0,08	0,25	0,8	2,5	8
0,028	0,09	0,28	0,9	2,8	9

Die angegebenen Vorschübe sind gerundete Nennwerte der Grundreihe R 20 (Normzahlen) in mm mit dem Stufensprung $\varphi = 1,12$.

Für gröbere Vorschubstufungen kann von 1 ausgehend wahlweise jeder 2., 3., 4. oder 6. Zahlenwert der Grundreihe zu Vorschubreihen mit den Stufensprüngen φ^2, φ^3, φ^4 und φ^6 zusammengestellt werden.

Spanungsdicke h

$$h = f \sin \kappa_r$$

Spanungsbreite b

$$b = \frac{a_p}{\sin \kappa_r}$$

Spanungsquerschnitt A

$$A = b\,h = a_p\,f$$

Spanungsverhältnis ε_s

$$\varepsilon_s = \frac{b}{h} = \frac{a_p}{f \sin^2 \kappa_r}$$

Schnittgeschwindigkeit v_c
(Richtwerte in 11.1.2)

Momentanbewegung des Werkzeugs in Schnittrichtung relativ zum Werkstück

$$v_c = \frac{d\,\pi\,n}{1000}$$

v_c	d	n
$\dfrac{\text{m}}{\text{min}}$	mm	min^{-1}

d Werkstückdurchmesser
n Drehzahl des Werkstücks

Umrechnung der Richtwerte v_c auf abweichende Standzeitvorgaben bei sonst unveränderten Spanungsbedingungen:

$$v_{c1} = v_c \left(\frac{T}{T_1} \right)^y$$

v_{c1}, v_c	T, T_1	y
$\dfrac{\text{m}}{\text{min}}$	min	1

u_{c1} Schnittgeschwindigkeit, auf T_1 umgerechnet
v_c empfohlene Schnittgeschwindigkeit nach 11.1.3
T Standzeit, die bei v_c erreicht wird
T_1 vorgegebene Standzeitforderung (z. B. T_z oder T_k)
y Standzeitexponent (nach 1.8)

erforderliche Drehzahl n_{erf} des Werkstücks

$$n_{erf} = \frac{1000\,v_c}{d\,\pi}$$

n_{erf}	v_c	d
min^{-1}	$\dfrac{\text{m}}{\text{min}}$	mm

v_c empfohlene Schnittgeschwindigkeit (nach 11.1.3)
d Werkstückdurchmesser

Maschinendrehzahl n

10	31,5	100	315	1000	3150
11,2	35,5	112	355	1120	3550
12,5	40	125	400	1250	4000
14	45	140	450	1400	4500
16	50	160	500	1600	5000
18	56	180	560	1800	5600
20	63	200	630	2000	6300
22,4	71	224	710	2240	7100
25	80	250	800	2500	8000
28	90	280	900	2800	9000

Die angegebenen Drehzahlen sind Lastdrehzahlen (Abtriebsdrehzahlen bei Nennbelastung des Motors) als gerundete Nennwerte der Grundreihe R 20 (Normzahlen) mit dem Stufensprung $\varphi = 1,12$.
Für gröbere Drehzahlstufungen kann wahlweise jeder 2., 3., 4. oder 6. Zahlenwert der Grundreihe zu Drehzahlreihen mit den Stufensprüngen φ^2, φ^3, φ^4 und φ^6 zusammengestellt werden.

Aus dem Drehzahlangebot der Maschine wird die Drehzahl gewählt, die der erforderlichen Drehzahl (n_{erf}) am nächsten liegt.

Ist eine Mindeststandzeit gefordert, so wird die nächstkleinere Maschinendrehzahl gewählt (Maschinendiagramm).

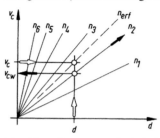 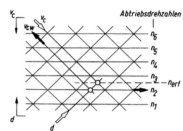

Maschinendiagramm mit einfach geteilten Koordinatenachsen   Maschinendiagramm mit logarithmisch geteilten Koordinatenachsen

wirkliche Schnittgeschwindigkeit v_{cw}

$$v_{cw} = \frac{d \pi n}{10^3}$$

d Werkstückdurchmesser
n gewählte Maschinendrehzahl

v_{cw}	d	n
$\dfrac{m}{min}$	mm	min^{-1}

wirkliche Standzeit T_w

$$T_w = T \left(\frac{v_c}{v_{cw}} \right)^{\frac{1}{y}}$$

T_w, T	v_c, v_{cw}	y
min	$\dfrac{m}{min}$	1

v_c, T vorgegebenes zusammengehörendes Wertepaar (nach 11.1.3)
v_{cw} wirkliche Schnittgeschwindigkeit
y Standzeitexponent (nach 11.1.7)

Vorschubgeschwindigkeit v_f

Momentangeschwindigkeit des Werkzeugs in Vorschubrichtung:

$$v_f = f n$$

f Vorschub in mm
n Drehzahl des Werkstücks

v_f	f	n
$\dfrac{mm}{min}$	mm	min^{-1}

Wirkgeschwindigkeit v_e

Momentangeschwindigkeit des betrachteten Schneidenpunkts (Bezugspunkt) in Wirkrichtung relativ zum Werkstück:

$$v_e = \sqrt{v_c^2 + v_f^2} \qquad \text{bei } \varphi = 90°$$

$$v_e = \frac{v_c}{\cos \eta} = \frac{v_f}{\sin \eta}$$

$$v_f \ll v_c \ \Rightarrow \ v_e \approx v_c$$

11.1.2 Richtwerte für die Schnittgeschwindigkeit v_c beim Drehen

Schnittgeschwindigkeit v_c in m/min bei Vorschub f in mm und Einstellwinkel κ_r [1,2]

Werkstoff	R_m in N/mm²		Schneidstoff [3]	0.063 45°	0.063 90°	0.1 45°	0.1 70°	0.1 90°	0.16 45°	0.16 70°	0.16 90°	0.25 45°	0.25 70°	0.25 90°	0.4 45°	0.4 70°	0.4 90°	0.63 45°	0.63 70°	0.63 90°	1 45°	1 70°	1 90°
E295	500 … 600	L	HM	224	200	200	190	180	180	170	160	160	150	140	140	132	125	125	118	112	112	106	100
			HSS						45	31,5	28	35,5	25	22,4	28	20		25	18	16	20	14	12,5
		W	HM																				
C35		W	HM			475		425	400	375	355	335	315	300	280	265	250	236	224	212	200	190	180
			Keramik							500			450			400			355				
E335	600 … 700	L	HM	212	190	190	180	170	170	160	150	150		150	132	125	118	118	112	106	106	100	95
			HSS						35,5	25	22,4	28	20	18	25	18	16	20	14	12,5	16	11,2	10
		W	HM																				
C45		W	HM		355	400	375	355	335	315	300	280	265	250	236	224	212	200	190	180	170	160	150
			Keramik							450			400			355			315				
E360	700 … 850	L	HM	180	160	160	150	140	140	132	125	125	118	112	106	100	95	95	90	85	85	80	75
			HSS						28	20	18	25	18	16	20	14	12,5	16	11,2	10	12,5	9	8
		W	HM																				
			Keramik																				
C60		W	HM			315	300	280	265	250	236	224	212	200	190	180	170	160	150	140	132	125	118
			Keramik				450			400			355			315			280				
Mn-, Cr-Ni-, Cr Mo- und legierte Stähle	700 … 850	L	HM	180	160	150		140	140	132	125	125	118	112	106	100	112	106	100	95	85	80	75
			HSS						25	18	16	20	14	12,5	16	14	12,5	14		9	8	8	7
		W	HM	315		300		280	250	212	200	212	212	200	180	180	200	150	150	140	125	125	118
			Keramik			450			400	355		355	355		315	315		280	280				
legierte Stähle	850 … 1000	L	HM	140	125	118		112	100	95	90	85	85	80	71	67	63	63	60	56	53	53	50
			HSS						20	14	12,5	16	11,2	10	12,5	9	8	10	7,1	5	8	5,6	5
		W	Keramik																				
		L	HSS			190	180	170	150	140	132	118		106	95	90			71	67	60	56	53
EN-GJL-150		W	HM	95		85		75	75	71	67	67	63	60	60	56	53	53	50	47,5	45	45	42,5
			Keramik	90		80			28	22,4	20	16	16	14	14	11,2	10	11	9	8	7,1	7,1	6,3
EN-GJL-250		W	HM	236	224	212	200	190	180	170	160	150	140	132	125	118	112	100	100	95	85	85	80
			Keramik				450			400			355			315		280	280				
EN-GJL-600-15		W	HM			170	160	150	140	132	125	118	112	106	100	95	90	85	80	75	71	67	63
			Keramik				560			500			450			400			355				
Leg. Gusseisen DIN EN 12513		W	Keramik	19	17	17	16	15	15	14	13,2	13,2	123	11,8	11,8	11,8	11,2	13,2	12,5	11,8	10,6	10	9,5
									26,5	25	23,6	21,2	20	19	17	16	15		10			8,5	8
Cu Sn - Leg. DIN EN 1982		W	HM	315	280	280	265	250	250	236	224	224	212	200	200	190	200	180	170	160	160	150	140
			Keramik	300		265			53	50	47,5	47,5	45	42,5	423	40	42,5	37,5	353	33,5	31,5	30	28
Cu Sn Zn - Leg DIN EN 1982		W	HM	425	375	400	375	355	355	335	315	335	315	300	280	280	265	265	250	236	250	236	224
			Keramik	400		375			75	71	67	63	60	56	50	47,5	45	40	37,5	35,5	31,5	30	28
Cu Sn - Leg. DIN EN 12163 [1]		L	HM	500	450	475	450	425	450	425	400	375	375	400	355	335	355	335	315	300	300	280	265
									112	106	100	85	85	100	50	63	60	50	47,5	45	37,5	35,5	33,5
Al-Gussleg. DIN EN 1706 [1]	300 … 420	L	HM	250	236	224	212	200	200	190	180	180	170	160	160	150	160	140	132	125	125	118	112
			HSS	125	118	100	95	85	75	71	67	56	53	50	42,5	40	50	31,5	30	28	25		22,4
Mg-Gussleg. DIN EN 1753 [2]		L	HM	1600	1500	1400	1320	1250	1250	1180	1120	1120	1060	1000	1000	950	900	900	850	800	800	750	710
			HSS	850	800	800	750	710	750	710	670	670	630	600	630	600	560	600	560	530	600	560	530

Fertigungstechnik **11**

1) Die eingetragenen Werte gelten für Schnittiefe a_p bis 2,24 mm. Über 2,24 bis 7,1 mm sind die Werte um 1 Stufe der Reihe R10 um angenähert 20 % und über 7,1 bis 22,4 mm um 1 Stufe der Reihe R5 angenähert 40 % zu kürzen.

2) Die Werte v_c müssen beim Abdrehen einer Kruste, Gusshaut oder bei Sandeinschlüssen um 30 … 50 % verringert werden.

3) Die Standzeit T beträgt für gelötete Drehmeißel (L) aus HM = 240 min; aus HSS = 60 min; für Wendeschneidplatten (W) aus HM und Keramik = 15 min.

11.1.3 Werkzeugwinkel

Werkzeug-Bezugssystem
und Werkzeugwinkel am
Drehwerkzeug (gerader,
rechter Drehmeißel)

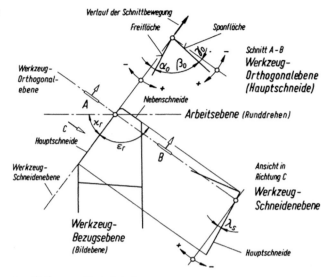

α_o Orthogonalfreiwinkel

β_o Orthogonalkeilwinkel

γ_o Orthogonalspanwinkel $\alpha_\mathrm{o} + \beta_\mathrm{o} + \gamma_\mathrm{o} = 90°$

κ_r Einstellwinkel

ε_r Eckenwinkel

λ_s Neigungswinkel

Werkzeug-Bezugs-ebene P_r	Ebene durch den betrachteten Schneiden-punkt, rechtwinklig zur Richtung der Schnittbewegung und parallel zur Auf-lagefläche des Drehwerkzeugs.

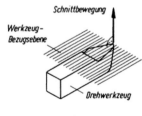

Werkzeug-Schneiden-ebene P_s	Ebene rechtwinklig zur Werkzeug-Bezugsebene. Sie enthält die (gerade) Hauptschneide.

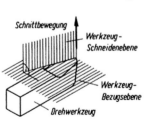

Werkzeug-Orthogonal-ebene P_o	Ebene durch den betrachteten Schneiden-punkt, rechtwinklig zur Werkzeug-Bezugs-ebene und rechtwinklig zur Werkzeug-Schneidenebene. In dieser Ebene werden die Winkel am Schneidkeil gemessen.

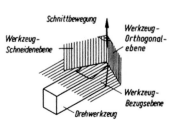

| Arbeitsebene P_f | Ebene durch den betrachteten Schneiden-punkt, rechtwinklig zur Werkzeug-Bezugs-ebene.
Sie enthält die Richtungen von Vorschub- und Schnittbewegung. |

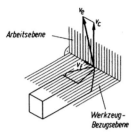

Orthogonalfreiwinkel α_o

Winkel zwischen Freifläche und Werkzeug-Schneidenebene, gemessen in der Werkzeug-Orthogonalebene.

Empfohlene Freiwinkel liegen im Bereich von 5° ... 12°.

Orthogonalkeilwinkel β_o

Winkel zwischen Freifläche und Spanfläche, gemessen in der Werkzeug-Orthogonalebene.

Er soll mit Rücksicht auf das Standverhalten des Werkzeugs möglichst groß sein.

$$\beta_o = 90° - \alpha_o - \gamma_o$$

Orthogonalspanwinkel γ_o

Winkel zwischen Spanfläche und Werkzeug-Bezugsebene, gemessen in der Werkzeug-Orthogonalebene.

Empfohlene Spanwinkel liegen im Bereich von 0° ... 20°.

Bei höherer Belastung und größerem Wärmeaufkommen – (*Beispiel*: Schrupp-zerspanung) werden auch negative Spanwinkel (bis etwa – 20°) angewendet. Der Schneidkeil ist dann mechanisch und thermisch höher belastbar und die Schneidkeilschwächung bei Kolkverschleiß geringer.

Einstellwinkel κ_r

Winkel zwischen Arbeitsebene und Werkzeug-Schneidenebene, gemessen in der Werkzeug-Bezugsebene.

Empfohlene Einstellwinkel liegen im Bereich von 45° ... 90°.

Eckenwinkel ε_r

Winkel zwischen den Werkzeug-Schneidenebenen zusammengehörender Haupt- und Nebenschneiden, gemessen in der Werkzeug-Bezugsebene.

Empfohlener Eckenwinkel für Vorschübe bis 1 mm: $\varepsilon_r = 90°$
(bei größeren Vorschüben ist ε_r größer).

Neigungswinkel λ_s

Winkel zwischen Hauptschneide und Werkzeug-Bezugsebene, gemessen in der Werkzeug-Schneidenebene.

Empfohlene Neigungswinkel von 5° ... 20° (positiv oder negativ).

11

Fertigungstechnik

11.1.4 Zerspankräfte

Schnittkraft F_c
(nach Kienzle)

$$F_c = a_p f k_c$$

a_p Schnitttiefe
f Vorschub
k_c spezifische Schnittkraft

F_c	a_p	f	k_c
N	mm	mm	$\dfrac{N}{mm^2}$

spezifische Schnittkraft k_c Richtwerte aus 11.1.5

spezifische Schnittkraft k_c
(rechnerisch)

$$k_c = \frac{k_{c1 \cdot 1}}{h^z} K_v \, K_\gamma \, K_{ws} \, K_{wv} \, K_{ks} \, K_f$$

h Spanungsdicke nach 11.1.1
z Spanungsdickenexponent
K Korrekturfaktoren

$k_c, k_{c1 \cdot 1}$	h	z	K
$\dfrac{N}{mm^2}$	mm	1	1

Hauptwert der spezifischen Schnittkraft $k_{c1 \cdot 1}$ und Spanungsdickenexponent z

$k_{c1 \cdot 1}$ ist die spezifische Schnittkraft für 1 mm² Spanungsquerschnitt
(1 mm Spanungsdicke mal 1 mm Spanungsbreite)

Richtwerte für $k_{c1 \cdot 1}$ in N/mm² und Spanungsdickenexponent z

Werkstoff	$k_{c1 \cdot 1}$	z
S 235 JR	1780	0,17
E295	1990	0,26
E335	2110	0,17
E360	2260	0,30
C15	1820	0,22
C35	1860	0,20
C45	2220	0,14
C60	2130	0,18
16 Mn Cr 5	2100	0,26
25 Cr Mo 4	2070	0,25
GE 240	1600	0,17
EN-GJL-200	1020	0,25
Messing	780	0,18
Gussbronze	1780	0,17

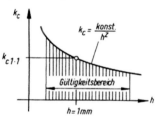

Tabellenwerte gelten für
$h = 0,05 \ldots 2,5$ mm
$\varepsilon_s \approx 4$

Schnittgeschwindigkeits-Korrekturfaktor K_v für

$v_c = 20 \ldots 600 \dfrac{m}{min}$

$$K_v = \frac{2,023}{v_c^{0,153}} \quad \text{für } v_c < 100 \frac{m}{min}$$

$$K_v = \frac{1,380}{v_c^{0,07}} \quad \text{für } v_c > 100 \frac{m}{min}$$

$$K_v = 1 \quad \text{für } v_c = 100 \frac{m}{min}$$

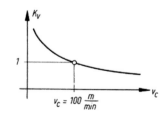

Spanwinkel-Korrekturfaktor K_γ

$$K_\gamma = 1,09 - 0,015 \, \gamma_0°$$

für langspanende Werkstoffe (z. B. Stahl)

$$K_\gamma = 1,03 - 0,015 \, \gamma_0°$$

für kurzspanende Werkstoffe
(z. B. Gusseisen)

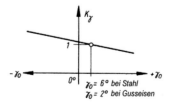

Schneidstoff-Korrekturfaktor K_{ws}	$K_{ws} = 1,05$	für Schnellarbeitsstahl
	$K_{ws} = 1$	für Hartmetall
	$K_{ws} = 0,9 \dots 0,95$	für Schneidkeramik

Werkzeugverschleiß-Korrekturfaktor K_{wv}

$K_{wv} = 1,3 \dots 1,5$ für Drehen, Hobeln und Räumen

$K_{wv} = 1,25 \dots 1,4$ für Bohren und Fräsen

$K_{wv} = 1$ bei scharfer Schneide

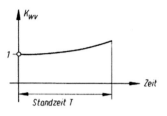

Kühlschmierungs-Korrekturfaktor K_{ks}	$K_{ks} = 1$	für trockene Zerspanung
	$K_{ks} = 0,85$	für nicht wassermischbare Kühlschmierstoffe
	$K_{ks} = 0,9$	für Kühlschmier-Emulsionen

Werkstückform-Korrekturfaktor K_f

$K_f = 1$ für konvexe Bearbeitungsflächen (*Beispiel*: Außendrehen)

$K_f = 1,1$ für ebene Bearbeitungsflächen (*Beispiel*: Hobeln, Räumen)

$K_f = 1,2$ für konkave Bearbeitungsflächen (*Beispiel*: Innendrehen, Bohren, Fräsen)

Vorschubkraft F_f Komponente der Zerspankraft F in Vorschubrichtung.

Aktivkraft F_a Resultierende aus Schnittkraft F_c und Vorschubkraft F_f:

$$F_a = \sqrt{F_c{}^2 + F_f{}^2}$$

Passivkraft F_p Komponente der Zerspankraft F rechtwinklig zur Arbeitsebene.

Sie verformt während der Zerspanung das Werkstück in seiner Einspannung und verursacht dadurch Formfehler.

Drangkraft F_d Resultierende aus Vorschubkraft F_f und Passivkraft F_p:

$$F_d = \sqrt{F_f{}^2 + F_p{}^2}$$

Zerspankraft F Resultierende aus Schnittkraft F_c, Vorschubkraft F_f und Passivkraft F_p:

$$F = \sqrt{F_c{}^2 + F_f{}^2 + F_p{}^2}$$

11

Fertigungstechnik

11.1.5 Richtwerte für den Hauptwert der spezifischen Schnittkraft k_c beim Drehen

spez. Schnittkraft k_c in N/mm² bei Vorschub f in mm und Einstellwinkel κ_r

Werkstoff	Zugfestig-keit R_m in N/mm²	0,063			0,1			0,16			0,25			0,4			0,63			1		
		45°	70°	90°	45°	70°	90°	45°	70°	90°	45°	70°	90°	45°	70°	90°	45°	70°	90°	45°	70°	90°
S275 JR	bis 500	3 010	2 860	2 820	2 760	2 635	2 600	2 550	2 435	2 400	2 360	2 265	2 240	2 200	2 085	2 060	2 030	1 945	1 920	1 890	1 810	1 800
E 295	520	4 470	4 180	4 100	3 980	3 690	3 610	3 500	3 260	3 190	3 100	2 880	2 830	2 740	2 550	2 500	2 430	2 280	2 240	2 180	2 040	1 990
E 335	620	3 620	3 430	3 380	3 300	3 130	3 080	3 010	2 870	2 830	2 780	2 650	2 620	2 580	2 470	2 440	2 400	2 300	2 270	2 220	2 130	2 110
E 360	720	5 680	5 260	5 150	4 980	4 610	4 500	4 350	4 010	3 920	3 800	3 500	3 410	3 300	3 060	2 990	2 900	2 670	2 600	2 520	2 310	2 260
C 45 E	670	3 450	3 300	3 260	3 200	3 080	3 040	2 990	2 870	2 840	2 800	2 690	2 660	2 620	2 530	2 500	2 460	2 370	2 340	2 310	2 240	2 220
C 60 E	770	3 690	3 500	3 450	3 380	3 200	3 150	3 100	2 960	2 920	2 860	2 730	2 700	2 650	2 530	2 490	2 450	2 330	2 300	2 260	2 160	2 130
16 Mn Cr 5	770	4 720	4 410	4 320	4 200	3 910	3 830	3 720	3 470	3 400	3 300	3 090	3 020	2 930	2 720	2 660	2 580	2 410	2 360	2 300	2 140	2 100
16 Cr Ni 6	630	5 680	5 260	5 150	4 980	4 610	4 510	4 350	4 015	3 920	3 800	3 505	3 410	3 300	3 070	3 000	2 900	2 665	2 590	2 520	2 315	2 260
34 Cr Mo 4	600	4 300	4 070	4 000	3 900	3 670	3 610	3 530	3 345	3 290	3 220	3 055	3 000	2 940	2 795	2 750	2 670	2 505	2 460	2 400	2 280	2 240
42 Cr Mo 4	730	5 450	5 100	5 000	4 880	4 580	4 500	4 370	4 080	4 000	3 890	3 620	3 550	3 450	3 220	3 150	3 060	2 860	2 800	2 720	2 550	2 500
50 Cr V 4	600	5 000	4 650	4 560	4 440	4 170	4 100	3 980	3 690	3 610	3 500	3 260	3 190	3 100	2 880	2 820	2 730	2 550	2 500	2 430	2 270	2 220
15 Cr Mo 5	590	3 880	3 715	3 660	3 590	3 430	3 390	3 320	3 175	3 130	3 070	2 935	2 900	2 850	2 720	2 680	2 630	2 505	2 470	2 420	2 325	2 290
Mn-, CrNi-,	850 ... 1000	4 530	4 270	4 200	4 100	3 870	3 800	3 710	3 440	3 450	3 380	3 200	3 150	3 080	2 900	2 850	2 780	2 640	2 600	2 550	2 420	2 380
CrMo- u.a.leg.St.	1000 ... 1400	4 780	4 520	4 450	4 350	4 120	4 050	3 960	3 760	3 700	3 610	3 410	3 350	3 280	3 120	3 100	3 030	2 890	2 850	2 800	2 660	2 620
Nichtrost. St.	600 ... 700	4 500	4 270	4 200	4 120	3 910	3 850	3 770	3 580	3 530	3 460	3 300	3 250	3 180	3 040	3 000	2 940	2 820	2 780	2 730	2 610	2 580
Mn-Hartstahl		6 600	6 210	6 100	5 950	5 600	5 500	5 370	5 060	4 980	4 860	4 580	4 500	4 400	4 150	4 080	3 980	3 770	3 700	3 620	3 410	3 360
Hartguss		3 720	3 550	3 500	3 420	3 240	3 190	3 130	2 990	2 940	2 880	2 730	2 680	2 620	2 480	2 450	2 400	2 280	2 240	2 200	2 090	2 060
GE 240	300 ... 500	2 720	2 590	2 560	2 510	2 390	2 360	2 320	2 210	2 180	2 140	2 030	2 000	1 960	1 890	1 860	1 820	1 740	1 720	1 690	1 620	1 600
GE 260	500 ... 700	3 010	2 860	2 820	2 760	2 630	2 600	2 550	2 430	2 400	2 360	2 270	2 240	2 200	2 090	2 060	2 030	1 950	1 920	1 890	1 820	1 800
EN-GJL-150		1 800	1 700	1 670	1 630	1 530	1 510	1 480	1 390	1 370	1 340	1 270	1 250	1 220	1 160	1 140	1 120	1 050	1 040	1 020	960	950
EN-GJL-250		2 570	2 410	2 360	2 300	2 150	2 110	2 060	1 910	1 870	1 820	1 690	1 660	1 610	1 500	1 470	1 430	1 320	1 300	1 280	1 190	1 160
Temperguss		2 440	2 280	2 240	2 180	2 040	2 000	1 950	1 830	1 800	1 750	1 630	1 600	1 560	1 490	1 460	1 420	1 340	1 320	1 290	1 220	1 200
GuSn-Gussleg.	300 ... 500	3 010	2 860	2 820	2 760	2 630	2 600	2 550	2 430	2 400	2 360	2 270	2 240	2 200	2 090	2 060	2 030	1 950	1 920	1 890	1 820	1 800
CuSn-Zn-Gussleg.		1 360	1 270	1 250	1 220	1 140	1 120	1 090	1 020	1 000	980	910	900	880	810	800	780	720	710	660	660	650
CuZn-Knetleg.		1 360	1 310	1 300	1 280	1 210	1 200	1 180	1 110	1 100	1 080	1 010	1 000	980	930	920	900	860	850	840	790	780
Al - Gussleg.	300 ... 420	1 360	1 270	1 250	1 220	1 140	1 120	1 090	1 020	1 000	980	910	900	880	810	800	780	710	710	700	660	650
Mg - Gussleg.		490	475	470	455	435	430	420	405	400	390	365	360	350	335	330	320	305	300	300	285	280

11.1.6 Leistungsbedarf

Leistungsflussbild einer Drehmaschine

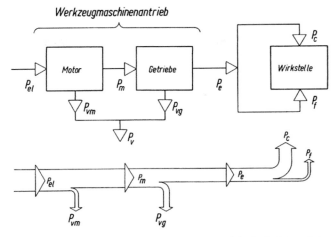

P_c	Schnittleistung	P_{el}	elektrische Motorleistung
P_f	Vorschubleistung	P_{vm}	Verlustleistung im Motor
P_e	Wirkleistung (Zerspanleistung)	P_{vg}	Verlustleistung im Getriebe
P_m	Motorleistung	P_v	Verlustleistung im Antrieb

Schnittleistung P_c

$$P_c = \frac{F_c\, v_c}{6 \cdot 10^4} = \frac{a_p\, f\, k_c\, v_c}{6 \cdot 10^4}$$

P_c	F_c	a_p	f	k_c	v_c
kW	N	mm	mm	$\dfrac{N}{mm^2}$	$\dfrac{m}{min}$

Vorschubleistung P_f

$$P_f = \frac{F_f\, v_f}{6 \cdot 10^4}$$

F_f	v_f	P_f
N	$\dfrac{mm}{min}$	W

F_c Schnittkraft (11.1.4)
v_c Schnittgeschwindigkeit (11.1.1)
F_f Vorschubkraft
v_f Vorschubgeschwindigkeit (11.1.1)

Bei der Berechnung des Leistungsbedarfs ist die Vorschubleistung P_f wegen der geringen Vorschubgeschwindigkeit v_f vernachlässigbar.

Motorleistung P_m

$$P_m = \frac{P_c}{\eta_g}$$

P_m, P_c	η_g
kW	1

P_c Schnittleistung
η_g Getriebewirkungsgrad $\eta_g = 0{,}7 \dots 0{,}85$

Zeitspanungsvolumen Q

Abzuspanendes Werkstoffvolumen (Spanungsvolumen V) je Zeiteinheit

$$Q = A \cdot v_c = a_p \cdot f \cdot v_c$$

$$Q = \frac{6 \cdot 10^4 \cdot P_c}{k_c}$$

Q	A	a_p	f	v_c	P_c	k_c
$\dfrac{cm^3}{min}$	mm^2	mm	mm	$\dfrac{m}{min}$	kW	$\dfrac{N}{mm^2}$

A Spanungsquerschnitt
a_p Schnitttiefe
f Vorschub

v_c Schnittgeschwindigkeit
P_c Schnittleistung
k_c spezifische Schnittkraft

11

Fertigungstechnik

11.1.7 Standverhalten

Für spanende Fertigung durch Außendrehen gilt bei bestimmtem Werkstoff und Schneidstoff:

Standgleichung

$$v_c \, T^y \, f^p \, a_p^q \, (\sin \kappa_r)^{p-q} \approx K$$

v_c	T	f	a_p	κ_r	K, y, p, q
$\dfrac{m}{min}$	min	mm	mm	°	1

v_c Schnittgeschwindigkeit K Konstante
T Standzeit y Standzeitexponent
f Vorschub p Spanungsdickenexponent
a_p Schnitttiefe q Spanungsbreitenexponent
κ_r Einstellwinkel

Richtwerte für Außendrehen

Richtwerte nach H. Hennermann, Werkstattblatt 576, Carl Hanser Verlag

Werkstoff	Schneid-stoff	f mm	K	y	p	q
S 235 JR S 275 JR	P 10	0,1 ... 0,6	615	0,25	0,25	0,1
C 15	M 20	0,1 ... 1,0	590	0,3	0,16	0,09
E 295	P 10	0,1 ... 0,6	480	0,3	0,3	0,1
C 35	M 30	0,1 ... 1,2	410	0,3	0,2	0,08
E 335	P 10	0,1 ... 0,6	380	0,22	0,25	0,1
C 45	M 30	0,1 ... 1,2	380	0,3	0,19	0,08
E 360	P 10	0,1 ... 0,6	330	0,25	0,25	0,1
C 60	M 30	0,1 ... 1,2	330	0,31	0,2	0,08
16 Mn Cr 5	P 10	0,1 ... 0,6	300	0,3	0,25	0,1
25 Cr Mo 4	P 30	0,3 ... 1,5	180	0,27	0,3	0,1
GS 20	M 30	0,1 ... 1,2	400	0,3	0,2	0,1
GE 240	P 10	0,1 ... 0,6	240	0,3	0,3	0,1
EN-GJL-200	M 20	0,3 ... 0,6	245	0,5	0,18	0,11
Messing	K 20	0,1 ... 0,6	5000	0,59	0,18	0,1
Gussbronze	K 20	0,1 ... 0,6	1800	0,41	0,25	0,1

Die Tabellenwerte beziehen sich auf eine zulässige Verschleißmarkenbreite $VB_{zul} = 0,8$ mm und gelten für folgende Werkzeugwinkel:

	α_0	γ_0	λ_s
Stahl, Stahlguss	5° ... 8°	12°	− 4°
Gusseisen	5° ... 8°	0° ... 6°	0°
Messing, Bronze	8°	8° ... 12°	0°

Wird eine von $VB = 0,8$ mm abweichende maximal zulässige Verschleißmarkenbreite VB' ($< 0,8$ mm) vorgegeben, so wird für T die Größe T' in die Rechnung eingesetzt:

$$T' = \frac{0,8}{VB'} T$$

T, T'	VB'
min	mm

Berechnung der
Standzeit T

$$T \approx \sqrt[y]{\frac{K}{v_c \, f^p \, a_p^q \left(\sin \kappa_r\right)^{p-q}}}$$

Berechnung der Stand-
geschwindigkeit v_{cT}

$$v_{cT} \approx \frac{K}{T^y \, f^p \, a_p^q \left(\sin \kappa_r\right)^{p-q}}$$

11.1.8 Hauptnutzungszeit

Hauptnutzungszeit t_h
beim Runddrehen

$$t_h = \frac{L}{v_f} = \frac{l_w + l_a + l_ü + l_s}{f \, n}$$

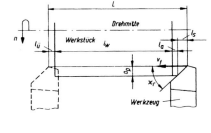

L Werkzeugweg in Vorschubrichtung

v_f Vorschubgeschwindigkeit
(Längsvorschub)

l_w Drehlänge am Werkstück

l_a Anlaufweg, Richtwert:
1... 2 mm

$l_ü$ Überlaufweg, Richtwert:
1 ... 2 mm

l_s Schneidenzugabe
(werkzeugabhängig)

$$l_s = \frac{a_p}{\tan \kappa_r} \qquad \begin{array}{l} a_p \text{ Schnitttiefe} \\ \kappa_r \text{ Einstellwinkel} \end{array}$$

Hauptnutzungszeit t_h
beim Plandrehen,
n konstant

$$t_h = \frac{L}{v_f} = \frac{l_w + l_a + l_s}{f \, n} \qquad\qquad t_h = \frac{L}{v_f} = \frac{l_w + l_a + l_ü + l_s}{f \, n}$$

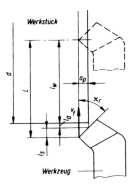

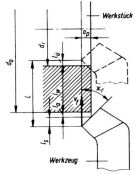

Stirnfläche des Werkstücks ist
ein Vollkreis

v_f Vorschubgeschwindigkeit
(Planvorschub)

l_w Drehlänge am Werkstück

$$l_w = \frac{d}{2} \text{ für Vollkreisfläche}$$

Stirnfläche des Werkstücks ist ein
Kreisring

d Werkstückdurchmesser

$$l_w = \frac{d_a - d_i}{2} \text{ für Kreisringfläche}$$

d_a Außendurchmesser

d_i Innendurchmesser

11

Fertigungstechnik

Hauptnutzungszeit t_h beim Plandrehen, n konstant (Fortsetzung)

l_a Anlaufweg, Richtwert: 1 ... 2 mm

$l_ü$ Überlaufweg, Richtwert: 1 ... 2 mm

l_s Schneidenzugabe (werkzeugabhängig)

$$l_s = \frac{a_p}{\tan \kappa_r}$$ a_p Schnitttiefe

κ_r Einstellwinkel

Die Werkstückdrehzahl wird bei Stufengetrieben nach Berechnung der erforderlichen Drehzahl n_{erf} aus der Drehzahlreihe der Maschine gewählt:

$$n_{a\,erf} = \frac{v_c}{d_a\,\pi}$$ bei kleinerem Drehdurchmesserbereich

$$n_{m\,erf} = \frac{v_c}{d_m\,\pi}$$ bei größerem Drehdurchmesserbereich

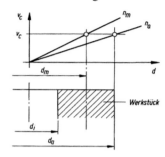

v_c Schnittgeschwindigkeit

d_a Außendurchmesser des Werkstücks

d_m mittlerer Werkstückdurchmesser

$$d_m = \frac{d_a + d_i}{2}$$ für Kreisringfläche

$$d_m = \frac{d}{2}$$ für Vollkreisfläche

Hauptnutzungszeit t_h beim Plandrehen, v_c = konstant

Da der stufenlose Antrieb immer nur einen durch endliche Drehzahlwerte begrenzten Abtriebsdrehzahlbereich (n_{min} ... n_{max}) erzeugen kann, ist der mit v_c = konstant überarbeitbare Durchmesserbereich ebenfalls begrenzt. Eine Plandrehbearbeitung mit v_c = konstant ist daher nur möglich, wenn die Durchmesser der Bearbeitungsfläche (Drehdurchmesser D_a und D_i) innerhalb des Grenzdurchmesserbereichs d_{min} ... d_{max} liegen.

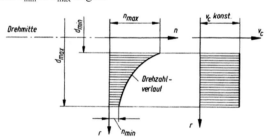

Grenzdurchmesser:

$$d_{min} = \frac{v_c}{\pi\,n_{max}} \qquad d_{max} = \frac{v_c}{\pi\,n_{min}}$$

d_{min} kleinstmöglicher Drehdurchmesser für v_c = konstant

d_{max} größtmöglicher Drehdurchmesser für v_c = konstant (größte Umlaufdurchmesser der Maschine beachten)

n_{max} größte Abtriebsdrehzahl des Antriebs

n_{min} kleinste Abtriebsdrehzahl des Antriebs

Plandrehen einer
Kreisringfläche
(bei $D_i \geq d_{min}$ und
$D_a \leq d_{max}$)
Zerspanung von D_a bis D_i
mit v_c = konstant

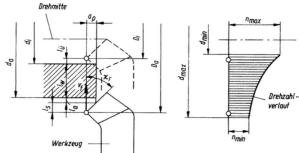

$$t_h = \frac{(D_a^2 - D_i^2)\pi}{4\,f\,v_c}$$

D_a größter Drehdurchmesser:
$\quad D_a = d_a + 2\,(l_a + l_s)$

d_a Außendurchmesser des
Werkstücks

l_a Anlaufweg
(Richtwert: 1 ... 2 mm)

$l_\ddot{u}$ Überlaufweg
(Richtwert: 1 ... 2 mm)

l_s Schneidenzugabe (werkzeugabhängig)

$$l_s = \frac{a_p}{\tan \kappa_r}$$

a_p Schnitttiefe
κ_r Einstellwinkel

D_i kleinster Drehdurchmesser:
$\quad D_i = d_i - 2\,l_\ddot{u}$

d_i Innendurchmesser des
Werkstücks

Plandrehen einer
Kreisringfläche
(bei $D_i < d_{min}$ und
$D_a \leq d_{max}$)
Zerspanung von D_a bis
d_{min} mit v_c = konstant
und von d_{min} bis D_i mit
n_{max} = konstant

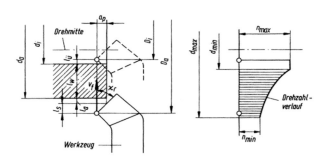

$$t_h = \frac{(D_a^2 + d_{min}^2 - 2\,d_{min}D_i)\pi}{4\,f\,v_c}$$

d_{min} Grenzdurchmesser, kleinstmöglicher Drehdurchmesser
für v_c = konstant

Plandrehen einer
Kreisringfläche
(bei $D_i < d_{min}$ und
$D_a \leq d_{max}$)
Zerspanung von D_a bis
d_{min} mit v_c = konstant
und von d_{min} bis D_i mit
n_{max} = konstant

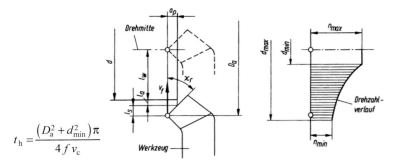

$$t_h = \frac{\left(D_a^2 + d_{min}^2\right)\pi}{4\,f\,v_c}$$

d_{min} Grenzdurchmesser, kleinstmöglicher Drehdurchmesser für v_c = konstant

11

Fertigungstechnik

Hauptnutzungszeit t_h
beim Abstechdrehen

Rohteilstange als Voll-
material

$$t_h = \frac{L}{v_f} = \frac{l_w + l_a + l_s}{f\,n}$$

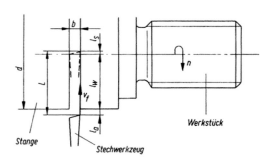

l_w Drehlänge am
     Werkstück
     $$l_w = \frac{d}{2}$$
     d Stangendurch-
        messer

l_a Anlaufweg
     (Richtwert: 1 mm)

l_s Schneidenzugabe:
     $l_s = 0,2 \cdot b$ für
     $\alpha = 11°$

b Einstechbreite:
    $b \approx 0,05 \cdot d + 1,7$
    (b und d in mm)

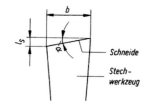

Abstimmung auf marktgängige Werkzeugbreiten

Hauptnutzungszeit t_h
beim Abstechdrehen

Rohteilstange als Rohr-
material

$$t_h = \frac{L}{v_f} = \frac{l_w + l_a + l_ü + l_s}{f\,n}$$

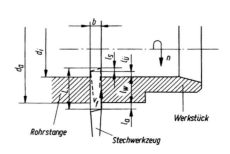

l_w Drehlänge am
     Werkstück
     $$l_w = \frac{d_a - d_i}{2}$$

d_a Außendurchmesser

d_i Innendurchmesser

l_a Anlaufweg (Richtwert: 1 mm)

$l_ü$ Überlaufweg (Richtwert: 1 mm)

l_s Schneidenzugabe

Berechnung von b: $d = d_a$ einsetzen

Richtwerte für Vorschub f des Stechwerkzeugs

Werkstoff			Schneidstoff	f in mm
Stahl unlegiert	bis	200 HB	P 40	0,05 ... 0,25
	bis	250 HB	P 40	0,05 ... 0,2
Stahl legiert	bis	325 HB	P 40	0,05 ... 0,2
	über	325 HB	P 40	0,05 ... 0,16
Gusseisen	bis	300 HB	K 10	0,1 ... 0,3
Messing	unbegrenzt		K 10	0,05 ... 0,4
Bronze	unbegrenzt		K 10	0,05 ... 0,25

Richtwerte für Schnittgeschwindigkeit v_c beim Abstechdrehen

Werkstoff			Schneidstoff	v_C in $\dfrac{m}{min}$
Stahl unlegiert	bis	200 HB	P 40	75 ... 110
	bis	250 HB	P 40	70 ... 90
Stahl legiert	bis	250 HB	P 40	70 ... 90
	bis	325 HB	P 40	55 ... 80
	über	325 HB	P 40	45 ... 60
Gusseisen	bis	200 HB	K 10	70 ... 95
	bis	300 HB	K 10	45 ... 65
Messing	unbegrenzt		K 10	bis 250
Bronze	unbegrenzt		K 10	bis 130

11.2 Fräsen

11.2.1 Schnittgrößen und Spanungsgrößen

Schnittgrößen und Spanungsgrößen beim Fräsen (Umfangsfräsen im Gegenlaufverfahren)

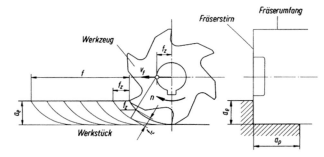

a_p Schnitttiefe oder Schnittbreite f Vorschub

a_e Arbeitseingriff f_z Vorschub pro Schneide

f_c Schnittvorschub

Schnitttiefe oder Schnittbreite a_p

Tiefe (Stirnfräsen) oder Breite (Umfangsfräsen) des Eingriffs der Hauptschneide am Fräserumfang, gemessen rechtwinklig zur Arbeitsebene

Arbeitseingriff a_e

Breite (Stirnfräsen) oder Tiefe (Umfangsfräsen) des Eingriffs der Hauptschneide an der Fräserstirn, gemessen in der Arbeitsebene und rechtwinklig zur Vorschubrichtung.

Vorschub f

Weg, den das Werkstück während einer Umdrehung in Vorschubrichtung zurücklegt:

$f = z\,f_z$

f	f_z	z
mm	mm	1

z Anzahl der Werkzeugschneiden am Fräswerkzeug

f_z Vorschub je Schneide

Richtwerte für z für Fräswerkzeuge aus Schnellarbeitsstahl

Werkzeug	Fräserdurchmesser in mm								
	50	60	75	90	110	130	150	200	300
Walzenfräser	6	6	6	8	8	10	10		
Walzenstirnfräser	8	8	10	12	12	14	16		
Scheibenfräser	8	8	10	12	12	14	16	18	
Messerkopf					8	10	10	12	16

11

Fertigungstechnik

Vorschub f_z je Schneide

Vorschub je Fräserzahn (Zahnvorschub)

$$f_z = \frac{f}{z}$$

f Vorschub des Werkzeugs in mm
z Anzahl der Werkzeugschneiden

Richtwerte für Zahnvorschub f_z

Werkzeug		Werkstoff		
		Stahl	Gusseisen	Al-Legierung ausgehärtet
Walzenfräser, Walzenstirnfräser (Schnellarbeitsstahl)	f_z	0,10 ... 0,25	0,10 ... 0,25	0,05 ... 0,08
	v_c	10 ... 25	10 ... 22	150 ... 350
Formfräser, hinterdreht (Schnellarbeitsstahl)	f_z	0,03 ... 0,04	0,02 ... 0,01	0,02
	v_c	15 ... 24	10 ... 20	150 ... 250
Messerkopf (Schnellarbeitsstahl)	f_z	0,3	0,10 ... 0,30	0,1
	v_c	15 ... 30	12 ... 25	200 ... 300
Messerkopf (Hartmetall)	f_z	0,2	0,30 ... 0,40	0,06
	v_c	100 ... 200	30 ... 100	300 ... 400

f_z Vorschub je Schneide (Zahnvorschub) in mm/Schneidzahn

v_c Schnittgeschwindigkeit in m/min für Gegenlaufverfahren

Für das Gleichlaufverfahren können die angegebenen Richtwerte um 75 % erhöht werden.

Größere Richtwerte für v_c gelten jeweils für Schlichtzerspanung.

Kleinere Richtwerte für v_c gelten jeweils für Schruppzerspanung.

Richtwerte gelten für Arbeitseingriffe a_e (Umfangsfräsen) oder Schnitttiefen a_p (Stirnfräsen):

　　　3 mm bei Walzenfräsern
　　　5 mm bei Walzenstirnfräsern
bis　8 mm bei Messerköpfen

Schnittvorschub f_c

Abstand zweier unmittelbar nacheinander entstehender Schnittflächen, gemessen in der Arbeitsebene rechtwinklig zur Schnittrichtung:

$$f_c \approx f_z \sin \varphi$$

f_z Vorschub je Schneide

φ Vorschubrichtungswinkel (veränderlich)

genauer:

$$f_c = f_z \sin \varphi + \frac{f_z^2 \cos \varphi}{d}$$

d Fräserdurchmesser

Zykloide

Spanungsbreite b

Umfangsfräsen:　　$b = a_p$

Stirnfräsen:　　$b = \dfrac{a_p}{\sin \kappa_r}$

Spanungsquerschnitt A

$A = b\,h = f_c\,a_p$

Spanungsdicke h Umfangsfräsen: $h = f_c$
(nicht gleich bleibend)   Stirnfräsen: $h = f_c \sin \kappa_r$

Mittenspanungsdicke siehe 11.2.4

Umfangsfräsen   Stirnfräsen
(Seitenansicht)   (Draufsicht)

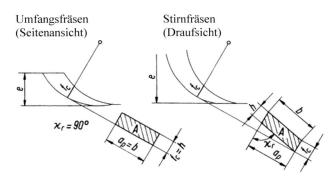

11 Fertigungstechnik

Spanungsverhältnis ε_s $\varepsilon_s = \dfrac{b}{h} = \dfrac{a_p}{f_c \sin^2 \kappa_r}$

11.2.2 Geschwindigkeiten

Umfangsfräsen
(Seitenansicht)

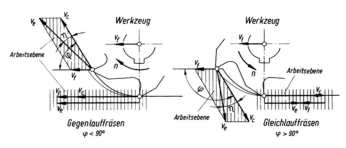

Gegenlauffräsen $\varphi < 90°$ Gleichlauffräsen $\varphi > 90°$

Stirnfräsen (Draufsicht)

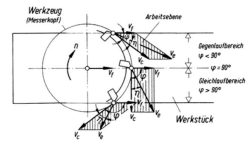

v_c Schnittgeschwindigkeit η Wirkrichtungswinkel
v_f Vorschubgeschwindigkeit φ Vorschubrichtungswinkel
v_e Wirkgeschwindigkeit

Schnittgeschwindigkeit
v_c (Richtwerte in 11.2.1) $v_c = \dfrac{d \pi n}{1000}$

v_c	d	n
$\dfrac{\text{m}}{\text{min}}$	mm	min^{-1}

erforderliche
Werkzeugdrehzahl n_{erf}

$$n_{\text{erf}} = \frac{1000 \, v_c}{d \, \pi}$$

n_{erf}	v_c	d
$\min^{-1}$	$\dfrac{\text{m}}{\text{min}}$	mm

v_c empfohlene Schnittgeschwindigkeit
d Werkzeugdurchmesser (Fräserdurchmesser)

Vorschub-
geschwindigkeit v_f

Momentangeschwindigkeit des Werkstücks in Vorschubrichtung:

$$v_f = f \, n = f_z \, z \, n$$

f Vorschub in mm
f_z Vorschub je Schneide
   (Zahnvorschub)
z Anzahl der Werkzeugschneiden

v_f	f	n	f_z	z
$\dfrac{\text{mm}}{\text{min}}$	mm	$\min^{-1}$	mm	1

n Werkzeugdrehzahl (Fräserdrehzahl)

Wirkgeschwindigkeit v_e

Momentangeschwindigkeit des betrachteten Schneidenpunkts in Wirkrichtung.
Die Wirkgeschwindigkeit ist die Resultierende aus Schnittgeschwindigkeit v_c
und Vorschubgeschwindigkeit v_f:

$$v_e = \frac{v_c \sin \varphi}{\sin(\varphi - \eta)} = \frac{v_f + v_c \cos \varphi}{\cos(\varphi - \eta)} \qquad\qquad v_f \leq v_c \Rightarrow v_e \approx v_c$$

11.2.3 Werkzeugwinkel

Werkzeugwinkel am
Messerkop

α_o Orthogonal-
    freiwinkel
β_o Orthogonal-
    keilwinkel
γ_o Orthogonal-
    spanwinkel
κ_r Einstellwinkel
ε_r Eckenwinkel
λ_s Neigungswinkel

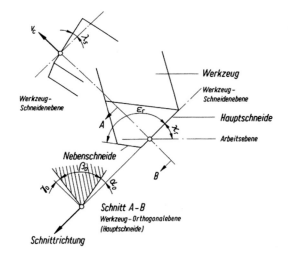

Werkzeugwinkel am
drallverzahnten
zylindrischen
Walzenfräser

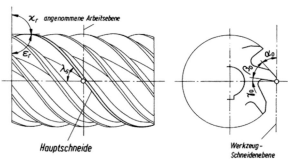

Orthogonalfreiwinkel α_o (siehe auch 11.1.3)	Richtwerte: Walzenfräser $\alpha_o = 5° \dots 8°$ (Schnellarbeitsstahl) Messerkopf $\alpha_o = 3° \dots 8°$ (Hartmetall) Richtwerte gelten für Gegenlaufverfahren (für Gleichlaufverfahren gelten etwa doppelt so große Richtwerte).
Orthogonalkeilwinkel β_o	(siehe 11.1.3)
Orthogonalspanwinkel γ_o (siehe auch 11.1.3)	Richtwerte: Walzenfräser $\gamma_o = 10° \dots 15°$ (Schnellarbeitsstahl) Formfräser, hinterdreht $\gamma_o = 0° \dots 5°$ (Schnellarbeitsstahl) Messerkopf $\gamma_o = 6° \dots 15°$ (Hartmetall) Richtwerte gelten für Gegenlaufverfahren (für Gleichlaufverfahren gelten etwa doppelt so große Richtwerte).
Einstellwinkel κ_r (siehe auch 11.1.3)	Bei zylindrischen Walzenfräsern ist $\kappa_r = 90°$ Richtwert für normale Messerköpfe $\kappa_r = 60°$ Weitwinkelfräsen bei günstigstem Standverhalten des Messerkopfs nach M. Kronenberg mit $\kappa_r \leq 20°$
Eckenwinkel ε_r (siehe auch 11.1.3)	Bei zylindrischen Walzenfräsern ist $\varepsilon_r = 90°$
Neigungswinkel λ_s (siehe auch 11.1.3)	Richtwerte für Werkzeuge aus Schnellarbeitsstahl: drallverzahnte Walzenfräser $\lambda_s = 35° \dots 40°$ geradverzahnte Walzenfräser $\lambda_s = 0°$ Scheibenfräser $\lambda_s = 45°$ Messerkopf $\lambda_s = 7° \dots 9°$ Der Neigungswinkel ist bei drallverzahnten Fräsern der Drallwinkel. λ_s negativ: Fräser hat Linksdrall λ_s positiv: Fräser hat Rechtsdrall

11

Fertigungstechnik

11.2.4 Zerspankräfte

Zerspankräfte beim Umfangsfräsen mit drall-
verzahntem Walzenfräser im Gegenlaufverfahren
(Kräfte bezogen auf das Werkzeug)

Zerspankräfte beim Stirnfräsen mit Messerkopf
(Kräfte bezogen auf das Werkzeug)

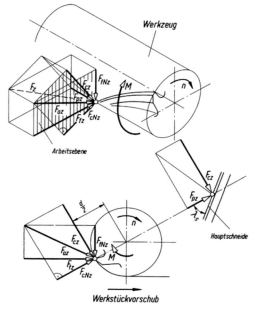

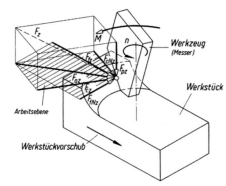

F_{cz} Schnittkraft an der Einzelschneide
         (leistungsführend)
F_{fz} Vorschubkraft an der Einzelschneide
         (leistungsführend)
F_{az} Aktivkraft an der Einzelschneide
F_{cNz} Schnitt-Normalkraft an der Einzelschneide
F_{fNz} Vorschub-Normalkraft an der Einzelschneide
F_{pz} Passivkraft an der Einzelschneide
F_z Zerspankraft an der Einzelschneide
M Drehmoment der Schnittkräfte an allen gleich-
         zeitig im Schnitt stehenden Werkzeugschneiden

Schnittkraft F_{czm}
beim Umfangsfräsen
(Mittelwert)

$$F_{czm} = a_p\, h_m\, k_c$$

a_p Schnittbreite
h_m Mittenspanungsdicke:

$$h_m = \frac{360^0}{\pi\Delta\varphi^0}\cdot\frac{a_e}{d}f_z$$

$\Delta\varphi$ Eingriffswinkel:

$$\cos\Delta\varphi = 1 - \frac{2a_e}{d}$$

a_e Arbeitseingriff
d Fräserdurchmesser
f_z Vorschub je Schneide (Zahnvorschub)
k_c spezifische Schnittkraft

F_{czm}	a_p, h_m	k_c
N	mm	$\dfrac{N}{mm^2}$

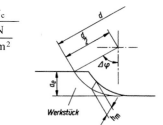

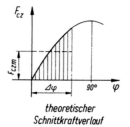

theoretischer
Schnittkraftverlauf

| spezifische Schnittkraft k_c | $k_c = \dfrac{k_{c1\cdot1}}{h_m^z} K_v\, K_\gamma\, K_{ws}\, K_{wv}\, K_{ks}\, K_f$ |

$k_c, k_{c1\cdot1}$	h	z	K
$\dfrac{N}{mm^2}$	mm	1	1

$k_{c1\cdot1}$ Hauptwert der spezifischen Schnittkraft (1.5 Nr. 4)

z Spanungsdickenexponent (11.1.4)

K Korrekturfaktoren (11.1.4)

Schnittkraft F_{czm} beim Stirnfräsen (Mittelwert)

$$F_{czm} = a_p\, h_m\, k_c$$

a_p Schnitttiefe

h_m Mittenspanungsdicke:

$$h_m = \frac{360°}{\pi \Delta\varphi°} \cdot \frac{a_e}{d}\, f_z \sin\kappa_r$$

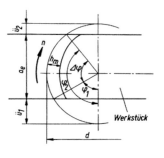

$\Delta\varphi$ Eingriffswinkel
für außermittiges Stirnfräsen:

$$\Delta\varphi = \varphi_2 - \varphi_1$$

$$\cos\varphi_1 = 1 - \frac{2\ddot{u}_1}{d}$$

wenn $\varphi > 90°$, $\cos\varphi$ negativ ansetzen

$$\cos\varphi_2 = 1 - \frac{2\ddot{u}_2}{d}$$

für mittiges Stirnfräsen:

$$\sin\frac{\Delta\varphi}{2} = \frac{a_e}{d}$$

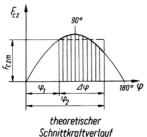

theoretischer Schnittkraftverlauf

$\ddot{u}$ Fräserüberstand

a_e Arbeitseingriff

d Fräserdurchmesser

f_z Vorschub je Schneide (Zahnvorschub)

κ_r Einstellwinkel

k_c spezifische Schnittkraft

Vorschubkraft F_{fz}

Komponente der Aktivkraft F_{az} in Vorschubrichtung

Aktivkraft F_{az}

Komponente der Zerspankraft F_z in der Arbeitsebene:

$$F_{az} = \sqrt{F_{fz}^2 + F_{fNz}^2}$$

Vorschub-Normalkraft F_{fNz}

Komponente der Aktivkraft F_{az} in der Arbeitsebene, rechtwinklig zur Vorschubrichtung:

$$F_{fNz} = \sqrt{F_{az}^2 - F_{fz}^2}$$

Passivkraft F_{pz}

Komponente der Zerspankraft F_z rechtwinklig zur Arbeitsebene:

$$F_{pz} = \sqrt{F_z^2 - F_{az}^2}$$

Zerspankraft F_z

Gesamtkraft, die während der Zerspanung auf die Einzelschneide einwirkt.

11

Fertigungstechnik

11.2.5 Leistungsbedarf

Schnittleistung P_c

$$P_c = \frac{F_{czm}\, z_e\, v_c}{6 \cdot 10^4}$$

P_c	F_{czm}	z_e	v_c
kW	N	1	$\dfrac{m}{min}$

F_{czm} Schnittkraft (Mittelwert) nach 11.2.4

z_e Anzahl der gleichzeitig im Schnitt stehenden Werkzeugschneiden:

$$z_e = \frac{\Delta\varphi°\, z}{360°}$$

$\Delta\varphi$ Eingriffswinkel

z Anzahl der Werkzeugschneiden

v_c Schnittgeschwindigkeit nach 11.2.2

Motorleistung P_m

$$P_m = \frac{P_c}{\eta_g}$$

η_g Getriebewirkungsgrad $\eta_g = 0,6 \ldots 0,8$

11.2.6 Hauptnutzungszeit

Hauptnutzungszeit t_h
beim Umfangsfräsen

Umfangsfräsen (Schruppen und Schlichten)
Umfangsstirnfräsen (Schruppen)

$$t_h = \frac{L}{v_f} = \frac{l_w + l_a + l_ü + l_f}{v_f}$$

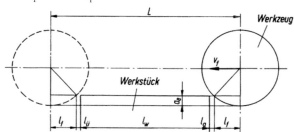

Darstellung der Werkzeugbewegung relativ zum Werkstück

Umfangsstirnfräsen (Schlichten)

$$t_h = \frac{L}{v_f} = \frac{l_w + l_a + l_ü + 2 l_f}{v_f}$$

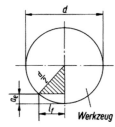

Darstellung der Werkzeugbewegung relativ zum Werkstück

l_w Werkstücklänge in Fräsrichtung
l_a Anlaufweg (Richtwert: 1 ... 2 mm)
$l_ü$ Überlaufweg (Richtwert: 1 ... 2 mm)
v_f Vorschubgeschwindigkeit

l_f Fräserzugabe: $l_f = \sqrt{a_e\,(d - a_e)}$
a_e Arbeitseingriff
d Fräserdurchmesser (Richtwert: $d > 4\, a_e$)

Hauptnutzungszeit t_h beim außermittigen Stirnfräsen $x \neq 0$

Stirnfräsen (Schruppen)

für $0 < x \leq \dfrac{a_e}{2}$ und $\dfrac{d}{2} > a_e$ gilt:

$$t_h = \frac{L}{v_f} = \frac{l_w + l_a + l_{ü} + l_{fa} - l_{fü}}{v_f}$$

l_w Werkstücklänge in Fräsrichtung
l_a Anlaufweg (Richtwert: 1 ... 2 mm)
$l_{ü}$ Überlaufweg (Richtwert: 1 ... 2 mm)
v_f Vorschubgeschwindigkeit

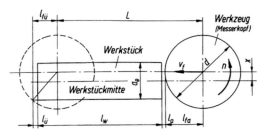

Darstellung der Werkzeugbewegung relativ zum Werkstück

Stirnfräsen (Schlichten)

für $0 < x \leq \dfrac{a_e}{2}$ und $\dfrac{d}{2} > a_e$ gilt:

$$t_h = \frac{L}{v_f} = \frac{l_w + l_a + l_{ü} + l_{fa} + l_{fü}}{v_f}$$

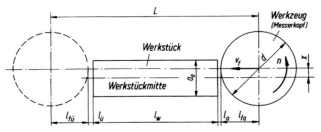

Darstellung der Werkzeugbewegung relativ zum Werkstück

l_{fa} Fräserzugabe (Anlaufseite): $l_{fa} = \dfrac{d}{2}$

$l_{fü}$ Fräserzugabe (Überlaufseite):

$$l_{fü} = \sqrt{\frac{d^2}{4} - \left(\frac{a_e}{2} + x\right)^2} \quad \text{für Schruppen}$$

$$l_{fü} = \frac{d}{2} \quad \text{für Schlichten}$$

d Fräserdurchmesser
a_e Arbeitseingriff
x Mittenversatz des Fräsers

Hauptnutzungszeit t_h
beim mittigen
Stirnfräsen $x = 0$

Stirnfräsen (Schruppen)

für $d > a_e$ gilt:

$$t_h = \frac{L}{v_f} = \frac{l_w + l_a + l_ü + l_{fa} - l_{fü}}{v_f}$$

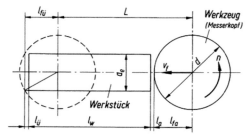

Darstellung der Werkzeugbewegung relativ zum Werkstück

Stirnfräsen (Schlichten)

für $d > a_e$ gilt:

$$t_h = \frac{L}{v_f} = \frac{l_w + l_a + l_ü + l_{fa} + l_{fü}}{v_f}$$

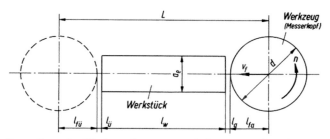

Darstellung der Werkzeugbewegung relativ zum Werkstück

l_w Werkstücklänge in Fräsrichtung

l_a Anlaufweg (Richtwert: 1 ... 2 mm)

$l_ü$ Überlaufweg (Richtwert: 1 ... 2 mm)

l_{fa} Fräserzugabe (Anlaufseite): $l_{fa} = \dfrac{d}{2}$

$l_{fü}$ Fräserzugabe (Überlaufseite):

$$l_{fü} = \frac{1}{2}\sqrt{d^2 - a_e^2} \quad \text{für Schruppen}$$

$$l_{fü} = \frac{d}{2} \quad \text{für Schlichten}$$

d Fräserdurchmesser

a_e Arbeitseingriff

v_f Vorschubgeschwindigkeit

11.3 Bohren

11.3.1 Schnittgrößen und Spanungsgrößen

Schnittgrößen und
Spanungsgrößen beim
Bohren

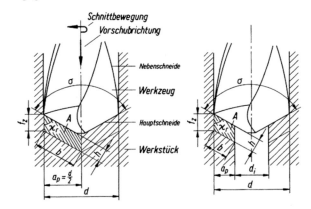

d	Bohrerdurchmesser (Nenndurchmesser)	a_p	Schnitttiefe
d_i	Durchmesser der Vorbohrung (beim Aufbohren)	b	Spanungsbreite
		h	Spanungsdicke
f_z	Vorschub je Schneide	A	Spanungsquerschnitt
z	Anzahl der Schneiden (Spiralbohrer $z = 2$)	κ_r	Einstellwinkel
		σ	Spitzenwinkel

Schnitttiefe a_p
(Schnittbreite)

Tiefe oder Breite des Eingriffs rechtwinklig zur Arbeitsebene

$$a_p = \frac{d}{2} \text{ beim Bohren ins Volle} \qquad a_p = \frac{d - d_i}{2} \text{ beim Aufbohren}$$

Vorschub f

Weg, den das Werkzeug während einer Umdrehung in Vorschubrichtung zurücklegt. Richtwerte nach 11.3.3

Vorschub f_z je Schneide

$$f_z = \frac{f}{z}$$

f Vorschub
z Anzahl der Werkzeugschneiden

Für zweischneidige Spiralbohrer ist

$$f_z = \frac{f}{2}$$

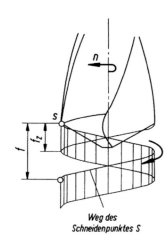

Weg des
Schneidenpunktes S

11

Fertigungstechnik

Spanungsbreite b	$b = \dfrac{d}{2\sin\kappa_r}$	
Spanungsdicke h	$h = \dfrac{f\sin\kappa_r}{2} = f_z\sin\kappa_r$	Bohren ins Volle
Spanungsquerschnitt A	$A = \dfrac{d\,f}{4} = \dfrac{d\,f_z}{2}$	

Spanungsbreite b	$b = \dfrac{d-d_i}{2\sin\kappa_r}$	
Spanungsdicke h	$h = \dfrac{f\sin\kappa_r}{2} f_z\sin\kappa_r$	Aufbohren
Spanungsquerschnitt A	$A = \dfrac{d-d_i}{4} f$ $A = \dfrac{d-d_i}{2} f_z$	

11.3.2 Geschwindigkeiten

Geschwindigkeiten beim Bohren relativ zum Werkstück

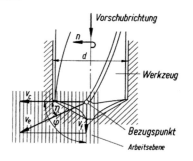

v_c Schnittgeschwindigkeit
v_f Vorschubgeschwindigkeit
v_e Wirkgeschwindigkeit
η Wirkrichtungswinkel
φ Vorschubrichtungswinkel (beim Bohren 90°)

Schnittgeschwindigkeit v_c (Richtwerte in 11.3.3)

$$v_c = \frac{d\,\pi\,n}{1000}$$

d Bohrerdurchmesser
n Werkzeugdrehzahl

v_c	d	n
$\dfrac{\text{m}}{\text{min}}$	mm	min^{-1}

Umrechnung der Schnittgeschwindigkeit $v_{c\,L2000}$ (Bohrarbeitskennziffer)

Schnittgeschwindigkeitsempfehlungen beziehen sich beim Bohren meist auf eine Standlänge (L, gesamter Standweg des Bohrers in Vorschubrichtung), die unter den in der Richtwerttabelle genannten Spanungsbedingungen erreicht wird. Dabei verwendet man als Bezugsgröße häufig eine Gesamtbohrtiefe von 2000 mm. Die auf diese Standlänge bezogene Schnittgeschwindigkeit ist die Bohrarbeitskennziffer $v_{c\,L2000}$.

Umrechnung der Richtwerte ($v_{c\,L2000}$) auf abweichende Standlängen bei sonst unveränderten Spanungsbedingungen:

$$v_c = v_{c\,L2000} \left(\frac{2000}{L} \right)^z$$

$v_{c\,L2000}$ Schnittgeschwindigkeit für $L = 2000$ mm (Bohrarbeitskennziffer)

L vorgegebene Standlänge in mm

z Standlängenexponent

Richtwerte für Spiralbohrer aus Schnellarbeitsstahl nach M. Kronenberg

Werkstoff	z
E 295	0,114
E 360	0,06

Die Verknüpfung von Schnittgeschwindigkeit und vorgegebenem Standweg ist beim Bohren verfahrensbedingt unsicher. Genauere Zuordnung von Standwegen und Standgeschwindigkeiten erfordern eine spezielle Untersuchung des vorliegenden Einzelfalls.

Standzeit T

Berechnung der Standzeit T aus der Standlänge L

$$T = \frac{L\,d\,\pi}{f\,v_c}$$

d Bohrerdurchmesser

f Vorschub

v_c Schnittgeschwindigkeit (Standgeschwindigkeit für Standlänge L)

erforderliche Werkzeugdrehzahl n_{erf}

$$n_{erf} = \frac{1000\,v_c}{d\,\pi}$$

n_{erf}	v_c	d
$\min^{-1}$	$\dfrac{\text{m}}{\text{min}}$	mm

v_c empfohlene Schnittgeschwindigkeit nach 4.3 oder umgerechnet

d Bohrerdurchmesser

Bei der Festlegung der Werkzeugdrehzahl sind die einstellbaren Maschinendrehzahlen (Drehzahlen an der Bohrspindel) zu beachten. Bohrmaschinen mit gestuftem Hauptgetriebe erzeugen Normdrehzahlen nach DIN 804 (11.1.1).

Vorschubgeschwindigkeit v_f

$$v_f = f\,n$$
$$v_f = z\,f_z\,n$$

v_f	f	f_z	z	n
$\dfrac{\text{mm}}{\text{min}}$	mm	mm	1	$\min^{-1}$

f Vorschub z Anzahl der Werkzeugschneiden

f_z Vorschub je Schneide n Werkzeugdrehzahl

Wirkgeschwindigkeit v_e

Momentangeschwindigkeit des betrachteten äußeren Schneidenpunkts (Bezugspunkt) der Hauptschneide in Wirkrichtung:

$$v_e = \sqrt{v_c^2 + v_f^2} \quad \text{bei } \varphi = 90°$$

$$v_e = \frac{v_c}{\cos\eta} = \frac{v_f}{\sin\eta}$$

$$v_f \leq v_c \Rightarrow v_e \approx v_c$$

11

Fertigungstechnik

11.3.3 Richtwerte für die Schnittgeschwindigkeit v_c und den Vorschub f beim Bohren

Werkstoff	Zugfestigkeit R_m in N/mm²	Schneid-werkzeug	Schnitt-geschwindig-keit v_c in m/min	Vorschub f in mm bei Bohrerdurchmesser			
				bis 4	> 4...10	> 10...25	> 25...63
S 235 JR, C22 S 275 JQ	bis 500	S S P 30	35 ... 30 80... 75	0,18 0,1	0,28 0,12	0,36 0,16	0,45 0,2
E 295, C 35	500 ... 600	S S P 30	30 ... 25 75 ... 70	0,16 0,08	0,25 0,1	0,32 0,12	0,40 0,16
E335, C45	600 ... 700	S S P 30	25 ... 20 70 ... 65	0,12 0,06	0,2 0,08	0,25 0,1	0,32 0,12
E 360, C 60	700 ... 850	S S P 30	20 ... 15 65 ... 60	0,11 0,05	0,18 0,06	0,22 0,08	0,28 0,01
Mn-, Cr Ni-Cr Mo- und andere legierte Stähle	700 ... 850	S S P 30	18 ... 14 40 ... 30	0,1 0,025	0,16 0,03	0,02 0,04	0,25 0,05
	850 ... 1 000	S S P 30	14 ... 12 30 ... 25	0,09 0,02	0,14 0,025	0,18 0,03	0,22 0,04
	1 000 ... 1 400	S S P 30	12 ... 8 25 ... 20	0,06 0,016	0,1 0,02	0,16 0,025	0,2 0,03
EN-GJL-150	150 ... 250	S S K 20	35 ... 25 90 ... 70	0,16 0,05	0,25 0,08	0,4 0,12	0,5 0,16
EN-GJL-250	250 ... 350	S S K 10	25 ... 20 40 ... 30	0,12 0,04	0,2 0,06	0,3 0,1	0,4 0,12
Temperguss		S S K 10	25 ... 18 60 ... 40	0,1 0,03	0,16 0,05	0,25 0,08	0,4 0,12
Cu Sn Zn-Leg. Cu Sn-Guss-Leg.		S S K 20	75 ... 50 85 ...60	0,12 0,06	0,18 0,08	0,25 0,1	0,36 0,12
Cu Zn-Guss-Leg.		S S K20	60 ... 40 100 ... 75	0,1 0,06	0,14 0,08	0,2 0,1	0,28 0,12
Al-Guss-Leg.		S S K20	200 ... 150 300 ... 250	0,16 0,06	0,25 0,08	0,3 0,1	0,4 0,12

SS Schnellarbeitsstahl
P 30, K 10, K 20 Hartmetalle

11.3.4 Richtwerte für den Hauptwert der spezifischen Schnittkraft k_c beim Bohren

spez. Schnittkraft k_c in N/mm² bei Vorschub f in mm und Einstellwinkel κ_r

Werkstoff	R_m in N/mm²	0.063 30°	0.063 45°	0.063 60°	0.063 90°	0.1 30°	0.1 45°	0.1 60°	0.1 90°	0.16 30°	0.16 45°	0.16 60°	0.16 90°	0.25 30°	0.25 45°	0.25 60°	0.25 90°	0.4 30°	0.4 45°	0.4 60°	0.4 90°	0.63 30°	0.63 45°	0.63 60°	0.63 90°	1 30°	1 45°	1 60°	1 90°
S 275 JR	bis 500	3200	3010	2880	2820	2950	2760	2650	2600	2710	2550	2450	2400	2500	2370	2270	2220	2320	2200	2100	2060	2150	2030	1960	1920	2000	1890	1830	1800
E295	520	4900	4470	4220	4100	4350	3980	3730	3610	3850	3500	3300	3190	3400	3100	2920	2820	3000	2740	2580	2500	2650	2430	2300	2240	2360	2180	2060	1990
E335	620	3850	3620	3460	3380	3540	3300	3150	3080	3230	3010	2890	2830	2970	2790	2680	2630	2730	2590	2480	2440	2530	2400	2310	2270	2350	2220	2140	2110
E360	720	6300	5680	5320	5150	5500	4980	4660	4500	4820	4350	4060	3920	4200	3790	3530	3410	3660	3300	3070	2960	3200	2900	2700	2600	2800	2520	2340	2260
C 45, C 45 E	670	3600	3450	3320	3260	3380	3200	3100	3040	3150	2990	2890	2840	2940	2790	2710	2660	2750	2610	2540	2490	2580	2450	2380	2340	2420	2310	2250	2220
C 60, C 60 E	770	3950	3690	3530	3450	3610	3380	3230	3150	3300	3100	2980	2920	3050	2880	2760	2700	2810	2670	2550	2490	2600	2490	2350	2300	2400	2260	2180	2130
16MnCr5	770	5150	4720	4450	4320	4590	4200	3950	3830	4080	3720	3500	3400	3620	3290	3100	3010	3210	2910	2740	2660	2840	2580	2440	2360	2510	2300	2160	2100
16CrNi6	630	6300	5680	5320	5150	5500	4980	4660	4510	4820	4350	4060	3920	4200	3750	3530	3400	3660	3230	3070	2950	2900	2800	2700	2590	2800	2520	2340	2260
34 Cr Mo 4	600	4650	4300	4100	4000	4200	3900	3700	3610	3800	3530	3370	3290	3460	3210	3060	2980	3150	2920	2780	2700	2880	2670	2530	2460	2600	2400	2300	2240
42 Cr Mo 4	730	6000	5450	5150	5000	5300	4880	4620	4500	4750	4370	4120	4000	4240	3880	3650	3550	3780	3440	3240	3150	3350	3060	2890	2800	2980	2720	2580	2500
50 Cr V 4	600	5460	5000	4700	4560	4850	4440	4210	4100	4330	3980	3730	3610	3840	3510	3300	3190	3400	3090	2910	2820	3060	2730	2580	2500	2650	2430	2290	2220
15CrMo5	590	4120	3880	3740	3660	3810	3590	3450	3390	3520	3320	3200	3130	3250	3070	2980	2890	3010	2840	2770	2670	2790	2630	2580	2470	2580	2420	2340	2290
Mn-, Cr Ni	850 … 1000	4900	4530	4310	4200	4420	4100	3900	3800	4000	3710	3440	3380	3630	3360	3150	3090	3300	3050	2890	2830	3000	2780	2660	2600	2720	2550	2440	2380
CrMo-u aleg St.	1000 … 1400	5150	4780	4560	4450	4670	4350	4150	4050	4250	3960	3790	3700	3870	3620	3470	3390	3520	3300	3170	3100	3220	3030	2910	2850	2970	2800	2680	2620
Nichtrost. St	600 … 700	4800	4500	4300	4200	4400	4120	3940	3850	4030	3770	3610	3530	3700	3470	3320	3250	3390	3200	3060	3000	3120	2940	2840	2780	2890	2730	2630	2580
Mn-Hartstahl		7150	6600	6270	6100	6440	5950	5650	5500	5800	5370	5100	4980	5240	4860	4620	4510	4740	4400	4190	4080	4290	3980	3800	3700	3890	3620	3440	3360
Hartguss		3950	3720	3570	3500	3640	3420	3270	3190	3340	3130	3010	2940	3060	2860	2750	2680	2810	2610	2510	2440	2560	2400	2300	2240	2350	2200	2110	2060
GE240	300 … 500	2920	2610	2560	2450	2670	2510	2410	2360	2460	2320	2280	2180	2390	2140	2090	2010	2320	1970	1910	1860	1930	1820	1750	1720	1790	1690	1630	1600
GE260	500 … 700	3200	3010	2880	2820	2950	2760	2650	2600	2710	2550	2450	2400	2500	2370	2270	2220	2320	2200	2100	2060	2150	2030	1960	1920	2000	1890	1830	1800
EN-GJL-150		1940	1800	1710	1670	1760	1630	1550	1510	1590	1480	1400	1370	1440	1340	1270	1250	1310	1220	1160	1140	1200	1120	1060	1040	1090	1020	970	950
EN-GJL-250		2800	2570	2430	2360	2500	2300	2180	2110	2240	2060	1930	1870	1990	1820	1710	1660	1760	1610	1510	1470	1560	1430	1340	1300	1380	1280	1200	1160
Temperguss		2650	2440	2300	2240	2370	2180	2060	2000	2120	1950	1850	1800	1900	1760	1670	1620	1700	1580	1500	1460	1530	1420	1350	1320	1390	1290	1230	1200
Cu Sn-Gussleg.	300 … 500	3200	3010	2880	2820	2950	2760	2650	2600	2710	2550	2450	2400	2500	2370	2270	2220	2320	2200	2100	2060	2150	2030	1960	1920	2000	1890	1830	1800
CuSnZn-Gussleg.		1480	1360	1280	1250	1320	1220	1150	1120	1180	1090	1030	1000	1060	970	920	890	950	870	820	800	850	780	730	710	750	700	670	650
Cu Sn Zn-Knetleg.		1500	1380	1320	1300	1350	1280	1220	1200	1250	1180	1120	1100	1150	1080	1030	1010	1050	980	940	920	960	900	870	850	880	840	800	780
Al-Gussleg.	300 … 420	1480	1360	1280	1250	1320	1220	1150	1120	1180	1090	1030	1000	1060	970	920	890	950	870	820	800	850	780	730	710	750	700	670	650
Mg-Gussleg.		520	490	475	470	480	455	435	430	440	420	405	400	410	385	370	365	380	350	335	330	340	320	305	305	310	300	285	280

11

Fertigungstechnik

11.3.5 Werkzeugwinkel

Werkzeugwinkel
am Bohrwerkzeug
(Spiralbohrer)

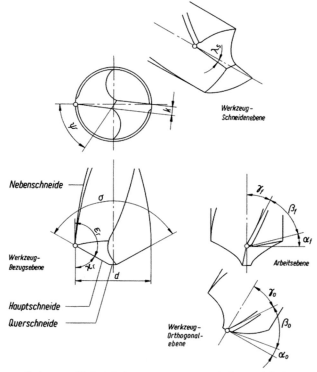

α_o Orthogonalfreiwinkel σ Spitzenwinkel
β_o Orthogonalkeilwinkel λ_s Neigungswinkel
γ_o Orthogonalspanwinkel ε_r Eckenwinkel
α_f Seitenfreiwinkel ψ_r Querschneidenwinkel
β_f Seitenkeilwinkel k Dicke des Bohrerkerns
γ_f Seitenspanwinkel   (an der Bohrerspitze)
κ_r Einstellwinkel

Orthogonalfreiwinkel α_o Der Winkel nimmt bei Kegelmantelschliff vom Außendurchmesser zum
(siehe auch 11.1.3)   Bohrerkern hin zu.
                               Bohren von Stahl: $\alpha_\mathrm{o} = 8°$ (außen) bis 30° (innen)

Orthogonalkeilwinkel β_o Der Winkel ist über die ganze Länge der Hauptschneide praktisch konstant.
(siehe auch 11.1.3)

Orthogonalspanwinkel γ_o Der Winkel nimmt durch die Form der Spannute vom Außendurchmesser
(siehe auch 11.1.3)   zum Bohrerkern hin bis zu negativen Werten (im Bereich der Querschneide
                               bis $-60°$) ab.

$$\gamma_\mathrm{o} = \arctan \frac{\tan \gamma_\mathrm{f} + \cos \kappa_\mathrm{r} \cdot \tan \lambda_\mathrm{s}}{\sin \kappa_\mathrm{r}} \qquad \begin{array}{l} \gamma_\mathrm{f} \quad \text{Seitenspanwinkel} \\ \kappa_\mathrm{r} \quad \text{Einstellwinkel} \\ \lambda_\mathrm{s} \quad \text{Neigungswinkel} \end{array}$$

| Seitenfreiwinkel α_f, gemessen in der Arbeitsebene | $\alpha_f = \text{arccot}(\sin \kappa_r \cdot \cot \alpha_o - \cos \kappa_r \cdot \tan \lambda_s)$ | κ_f Einstellwinkel α_o Orthogonalfreiwinkel λ_s Neigungswinkel |

Richtwerte für Werkzeug-Anwendungsgruppen N, H, W

Werkstoff	Gruppe	α_f
Stahl, Stahlguss, Gusseisen	N	6° ... 15°
Messing, Bronze	H	8° ... 18°
Al-Legierung	W	8° ... 18°

| Seitenkeilwinkel β_f, gemessen in der Arbeitsebene | $\beta_f = 90° - \alpha_f - \gamma_f$ | α_f Seitenfreiwinkel γ_f Seitenspanwinkel |

11

Fertigungstechnik

Seitenspanwinkel γ_f, gemessen in der Arbeitsebene

Der Seitenspanwinkel ist der Neigungswinkel der Nebenschneide (Komplementwinkel des äußeren Steigungswinkels) und damit der Drallwinkel des Spiralbohrers.

$$\gamma_f = \arctan \frac{d\,\pi}{h_n}$$

d Bohrerdurchmesser (Schneidendurchmesser an der Bohrerspitze)

h_n Steigung der Nebenschneide

Richtwerte

Werkstoff	Gruppe	γ_f
Stahl, Stahlguss, Gusseisen	N	16° ... 30°
Messing, Bronze	H	10° ... 13°
Al-Legierung	W	35° ... 40°

Anwendungsgruppe
N   für normale Werkstoffe
H   für harte und spröde Werkstoffe
W   für weiche und zähe Werkstoffe

N   H   W

Werkzeug-Anwendungsgruppen

Einstellwinkel κ_r (siehe auch 11.1.3)

$$\kappa_r = \frac{\sigma}{2}$$

σ Spitzenwinkel

Spitzenwinkel σ

Hüllkegelwinkel der beiden Hauptschneiden des Spiralbohrers:

$\sigma = 2\,\kappa_r$ κ_r Einstellwinkel

Richtwerte

Werkstoff	Gruppe	σ
Stahl, Stahlguss, Gusseisen	N	118°
Messing, Bronze	H	118° ... 140°
Al-Legierung	W	140°

Neigungswinkel λ_s

Der Neigungswinkel ergibt sich aus der Kerndicke des Spiralbohrers an der Bohrerspitze.

$$\tan \lambda_s = \frac{k \sin \kappa_r}{d}$$

k Kerndicke des Spiralbohrers an der Bohrerspitze Mindestwert $k_{min} = 0,197 \cdot d^{0,839}$

κ_r Einstellwinkel

d Bohrerdurchmesser (Schneidendurchmesser an der Bohrerspitze)

Eckenwinkel ε_r
(siehe auch 11.1.3)

$$\varepsilon_r = 180° - \kappa_r = \frac{360° - \sigma}{2}$$

κ_r Einstellwinkel

σ Spitzenwinkel

Querschneidenwinkel ψ

Winkel zur Bestimmung der Lage der Querschneide zur Hauptschneide. Der Querschneidenwinkel ist von der Art des Hinterschliffs der Freifläche abhängig und beträgt im Normalfall (bei $\alpha_f = 6°$ außen) $\psi = 55°$.

11.3.6 Zerspankräfte

Zerspankräfte beim Bohren bezogen auf das Werkzeug

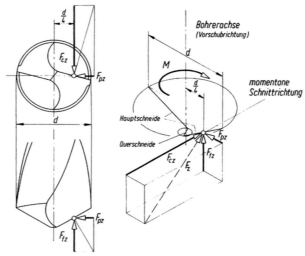

F_{cz} Schnittkraft an der Einzelschneide (leistungsführend)

F_{fz} Vorschubkraft an der Einzelschneide (leistungsführend)

F_{pz} Passivkraft an der Einzelschneide

F_z Zerspankraft an der Einzelschneide

M Schnittmoment

Schnittkraft F_{cz}
je Einzelschneide

Bohren ins Volle

$$F_{cz} = \frac{d\,f}{4} k_c\, S$$

Aufbohren

$$F_{cz} = \frac{d - d_i}{4} f\, k_c\, S$$

d Bohrerdurchmesser

d_i Durchmesser der Vorbohrung (beim Aufbohren)

f Vorschub

F_{cz}	d, d_i, f	k_c	S
N	mm	$\dfrac{N}{mm^2}$	1

k_c spezifische Schnittkraft

S Verfahrensfaktor

$S = 1$ für Bohren ins Volle

$S = 0,95$ für Aufbohren

spezifische Schnittkraft k_c Ermittlung entweder als Richtwert nach 11.3.4 oder rechnerisch:

$$k_c = \frac{k_{c1\cdot1}}{h^z} K_{ws} K_{wv}$$

$k_c, k_{c1\cdot1}$	h	z	K
$\frac{N}{mm^2}$	mm	1	1

$k_{c1\cdot1}$ Hauptwert der spezifischen
Schnittkraft (11.1.4)

h Spanungsdicke

z Spanungsdickenexponent (11.1.4)

K Korrekturfaktoren (11.1.4)

Vorschubkraft F_f Die Vorschubkraft wird besonders durch die Länge der Querschneide an der Bohrerspitze beeinflusst und beansprucht das Bohrwerkzeug auch auf Knickung (Ausspitzung der Querschneide).
Die bisher bekannten Berechnungsverfahren für F_f ergeben keine ausreichende Übereinstimmung. Daher wird hier auf die Ermittlung der Vorschubkraft verzichtet.

Schnittmoment M Drehmoment des aus beiden Schnittkräften F_{cz} nach 11.3.6 gebildeten Kräftepaars.

Bohren ins Volle   Aufbohren

$$M = F_{cz}\frac{d}{2} \qquad M = F_{cz}\frac{d+d_i}{2}$$

M	F_{cz}	d, d_i
Nm	N	mm

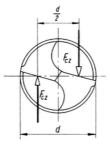
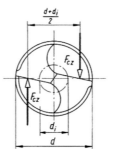

11.3.7 Leistungsbedarf

Schnittleistung P_c

$$P_c = \frac{2\pi M n}{6\cdot10^4} = \frac{M n}{9550}$$

M Schnittmoment
n Werkzeugdrehzahl

P_c	M	n
kW	Nm	min^{-1}

Bohren ins Volle   Aufbohren

$$P_c = \frac{F_{cz} v_c}{6\cdot10^4} \qquad P_c = \frac{F_{cz} v_c\left(1+\dfrac{d_i}{d}\right)}{6\cdot10^4}$$

P_c	F_{cz}	v_c	d, d_i
kW	N	$\frac{m}{min}$	mm

F_{cz} Schnittkraft an der Einzelschneide

v_c Schnittgeschwindigkeit (außen)

d Bohrerdurchmesser
d_i Durchmesser der Vorbohrung (beim Aufbohren)

Vorschubleistung P_f Bei der Berechnung des Bedarfs an Wirkleistung ist die Vorschubleistung wegen der geringen Vorschubgeschwindigkeit vernachlässigbar.

Motorleistung P_m

$$P_m = \frac{P_c}{\eta_g}$$

η_g Getriebewirkungsgrad
$\eta_g = 0{,}75 \ldots 0{,}9$

11

Fertigungstechnik

11.3.8 Hauptnutzungszeit

Hauptnutzungszeit t_h
beim Bohren ins Volle

$$t_h = \frac{L}{v_f} = \frac{l_w + l_a + l_\ddot{u} + l_s}{f\,n}$$

f Vorschub
n Werkzeugdrehzahl

Durchgangsbohrung

Grundbohrung

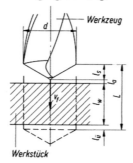

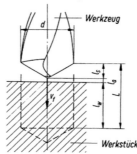

l_w Länge des zylindrischen
Bohrungsteils

l_a Anlaufweg (Richtwert: 1 mm)

$l_\ddot{u}$ Überlaufweg
Richtwerte: $l_\ddot{u} = 2$ mm bei
Durchgangsbohrungen
$l_\ddot{u} = 0$ bei Grundbohrungen

l_s Schneidenzugabe (werkzeugabhängig)

$$l_s = \frac{d}{2\tan\kappa_r} = \frac{d}{2\tan\dfrac{\sigma}{2}}$$

κ_r Einstellwinkel σ Spitzenwinkel

$l_s \approx 0{,}3\,d$ für Werkzeug-Anwendungs-
gruppe N mit $\sigma = 118° ...120°$

Hauptnutzungszeit t_h
beim Aufbohren

$$t_h = \frac{L}{v_f} = \frac{l_w + l_a + l_\ddot{u} + l_s}{f\,n}$$

f Vorschub
n Werkzeugdrehzahl

Durchgangsbohrung

Grundbohrung

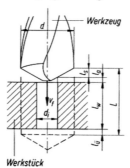

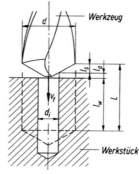

l_w Länge des zylindrischen
Bohrungsteils

l_a Anlaufweg (Richtwert: 1 mm)

$l_\ddot{u}$ Überlaufweg
Richtwerte: $l_\ddot{u} = 2$ mm bei
Durchgangsbohrungen
$l_\ddot{u} = 0$ bei Grundbohrungen

l_s Schneidenzugabe (werkzeugabhängig)

$$l_s = \frac{d - d_i}{2\tan\kappa_r} = \frac{d - d_i}{2\tan\dfrac{\sigma}{2}}$$

κ_r Einstellwinkel σ Spitzenwinkel

$l_s \approx 0{,}3\,(d - d_i)$ für Werkzeug-
Anwendungsgruppe N mit
$\sigma = 118° ...120°$

11.4 Schleifen

11.4.1 Schnittgrößen

Schnittgrößen beim Umfangsschleifen als Längsschleifen

Beim Umfangsschleifen als Einstechschleifen wird der Axialvorschub durch den Radialvorschub ersetzt.

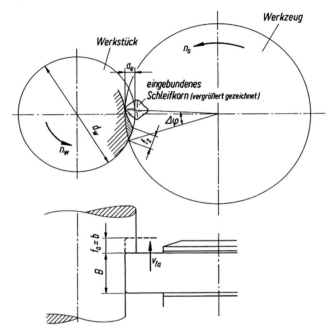

a_e Arbeitseingriff
f_a Axialvorschub
f_z Vorschub je Einzelkorn (Rundvorschub)
d_w Werkstückdurchmesser
B Schleifscheibenbreite

Arbeitseingriff a_e

Beim Umfangslängsschleifen die Tiefe des Eingriffs des Werkzeugs, gemessen in der Arbeitsebene rechtwinklig zum Rundvorschub. Der Arbeitseingriff wird durch Werkzeugzustellung direkt eingestellt.

Richtwerte für a_e in mm:

	Schruppen	Schlichten
Stahl	0,003 ... 0,04	0,002 ... 0,013
Gusseisen	0,006 ... 0,04	0,004 ... 0,020

Ausfeuern ohne Zustellung ($a_e = 0$) verbessert Genauigkeit und Oberflächengüte.

Axialvorschub f_a (Seitenvorschub)

Beim Umfangslängsschleifen der Weg, den das Werkzeug während einer Umdrehung des Werkstücks in Vorschubrichtung zurücklegt:

Richtwerte: Schruppschleifen $f_a = 0{,}60 ... 0{,}75 \cdot B$
Schlichtschleifen $f_a = 0{,}25 ... 0{,}50 \cdot B$

Fertigungstechnik

11

Vorschub f_z je Einzelkorn (Rundvorschub)

Beim Umfangsschleifen der Weg, den ein Punkt auf dem Werkstückumfang während des Eingriffs eines Einzelkorns durch den Rundvorschub zurücklegt:

$$f_z = \frac{\lambda_{ke}}{q}$$

f_z	λ_{ke}	q
mm	mm	1

λ_{ke} effektiver Kornabstand
q Geschwindigkeitsverhältnis

effektiver Kornabstand λ_{ke}

statistischer Mittelwert (nach J. Peklenik)

$$\lambda_{ke} \approx c - 0{,}928\, a_e$$

λ_{ke}	a_e
mm	μm

a_e Arbeitseingriff
c Konstante, berücksichtigt die Körnung des Schleifwerkzeugs

Körnung	c
60	41,5
80	49,5
100	57,5
120	62,8
150	66,5

Geschwindigkeitsverhältnis q

$$q = \frac{v_c}{v_w}$$

v_c Schnittgeschwindigkeit
v_w Umfangsgeschwindigkeit des Werkstücks

Richtwerte für q

	Stahl	Gusseisen	Al-Legierung
Außenrundschleifen	125	100	50
Innenrundschleifen	80	63	32
Flachschleifen	80	63	32

Radialvorschub f_r

Beim Umfangseinstechschleifen der Weg, den das Werkzeug während einer Umdrehung des Werkstücks in Vorschubrichtung zurücklegt.

Richtwerte für f_r in mm

	Schruppen	Schlichten
Stahl	0,002 ... 0,024	0,0004 ... 0,0050
Gusseinen	0,006 ... 0,030	0,0012 ... 0,0060

11.4.2 Geschwindigkeiten

Umfangsschleifen als Längsschleifen   Umfangsschleifen als Einstechschleifen

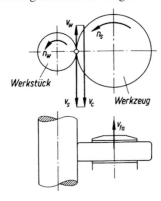 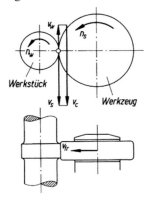

n_s Drehzahl der Schleifscheibe	v_c Schnittgeschwindigkeit
v_s Umfangsgeschwindigkeit der Schleifscheibe	v_{fa} Axialvorschubgeschwindigkeit (beim Längsschleifen)
n_w Drehzahl des Werkstücks	v_{fr} Radialvorschubgeschwindigkeit (beim Einstechschleifen)
v_w Umfangsgeschwindigkeit des Werkstücks	

Umfangsgeschwindigkeit v_s der Schleifscheibe

$$v_s = \frac{d\,\pi\,n_s}{6 \cdot 10^4}$$

v_s	d	n_s
$\dfrac{m}{s}$	mm	min^{-1}

d Durchmesser der Schleifscheibe
n_s Drehzahl der Schleifscheibe

Da $n_s \geq n_w$, ist die Umfangsgeschwindigkeit der Schleifscheibe praktisch die Schnittgeschwindigkeit (siehe 11.4.1) beim Schleifen.

Umfangsgeschwindigkeit v_w des Werkstücks

$$v_w = \frac{d_w\,\pi\,n_w}{1000}$$

v_w	d_w	n_w
$\dfrac{m}{min}$	mm	min^{-1}

d_w Durchmesser des Werkstücks
n_w Drehzahl des Werkstücks (Rundvorschubbewegung)

Richtwerte für v_w in m/min

	Stahl unlegiert	Stahl legiert	Gusseisen	Al-Legierung
Außenrundschleifen (Schruppen)	12 ... 18	15 ... 18	12 ... 15	30 ...40
Außenrundschleifen (Schlichten)	8 ... 12	10... 14	9 ... 12	24 ... 30
Innenrundschleifen	18 ... 24	20 ... 25	21 ... 24	30 ...40

11

Fertigungstechnik

Schnittgeschwindig-
keit v_c

$v_c = v_s + v_w$ beim Gegenlaufschleifen

$v_c = v_s - v_w$ beim Gleichlaufschleifen

v_s Umfangsgeschwindigkeit der Schleifscheibe

v_w Umfangsgeschwindigkeit des Werkstücks

$v_s \geq v_w \Rightarrow v_c \approx v_s$ d Durchmesser der Schleifscheibe

$v_c \approx v_s = d \pi n_s$ n_s Drehzahl der Schleifscheibe

Richtwerte für v_c in m/s

	Stahl	Gusseisen	Al-Legierung
Außenrundschleifen	32	25	16
Innenrundschleifen	25	20	12
Flachschleifen (Umfangsschleifen)	32	25	16

Zulässige Höchstgeschwindigkeiten für Schleifkörper (Unfallverhütungs-vorschriften) nur nach Angaben der Hersteller einstellen.

Aus den hohen Schnittgeschwindigkeiten und dem geringen Arbeits-eingriff ergeben sich für das Einzelkorn sehr kurze Eingriffszeiten von 0,03 ms ... 0,15 ms (hohe örtliche Erwärmung an der Wirkstelle).

Axialvorschub-
geschwindigkeit v_{fa}

$v_{fa} = f_a n_w$

f_a Axialvorschub (Seitenvorschub)

n_w Drehzahl des Werkstücks

v_{fa}	f_a	n_w
$\dfrac{mm}{min}$	mm	min^{-1}

Radialvorschub-
geschwindigkeit v_{fr}

$v_{fr} = f_r n_w$

f_r Radialvorschub

n_w Drehzahl des Werkstücks

v_{fr}	f_r	n_w
$\dfrac{mm}{min}$	mm	min^{-1}

11.4.3 Werkzeugwinkel

Die im Schleifwerkzeug fest eingebundenen Schleifmittelkörner bilden Schneidteile mit geometrisch unbestimmten Schneidkeilen. Eine definierbare und beeinflussbare Schneidkeilgeometrie liegt daher nicht vor.

Nach statistischen Untersuchungen der Schleifscheibentopografie kann eine mittlere Kornschneide mit einem Schneidkeil verglichen werden, dessen Spanwinkel zwischen $- 30°$ und $- 80°$ liegt.

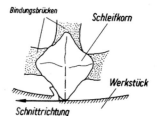

11.4.4 Zerspankräfte

Zerspankräfte beim Um-
fangsschleifen bezogen
auf das Werkzeug

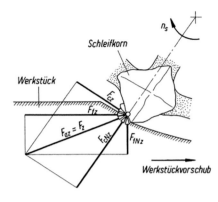

F_{cz} Schnittkraft am Einzelkorn
F_{cNz} Schnitt-Normalkraft am
Einzelkorn
F_{az} Aktivkraft am Einzelkorn
F_{fz} Vorschubkraft am
Einzelkorn
F_{fNz} Vorschub-Normalkraft am
Einzelkorn
F_z Zerspankraft am Einzelkorn

Schnittkraft F_{czm}

Komponente (Mittelwert) der Zerspankraft F_z in Schnittrichtung:

$$F_{czm} = b\, h_m\, k_c\, S$$

b wirksame Schleifbreite
$b = f_a$ beim Außenrundlängsschleifen
f_a Axialvorschub (Seitenvorschub)

F_{czm}	b, h_m	k_c	S
N	mm	$\dfrac{\text{N}}{\text{mm}^2}$	1

Mittenspanungsdicke h_m

$$h_m = \frac{\lambda_{ke}}{q}\sqrt{a_e\left(\frac{1}{d}+\frac{1}{d_w}\right)} \qquad \text{Außenrundlängsschleifen}$$

$$h_m = \frac{\lambda_{ke}}{q}\sqrt{a_e\left(\frac{1}{d}-\frac{1}{d_w}\right)} \qquad \text{Innenrundlängsschleifen}$$

$$h_m = \frac{\lambda_{ke}}{q}\sqrt{\frac{a_e}{d}} \qquad \text{Flachschleifen}$$

λ_{ke} effektiver Kornabstand (siehe 11.4.1)
q Geschwindigkeitsverhältnis (11.4.1)
a_e Arbeitseingriff (11.4.1)
d Durchmesser der Schleifscheibe
d_w Durchmesser des Werkstücks

spezifische Schnittkraft k_c

$$k_c = \frac{k_{c1\cdot 1}}{h_m^z}$$

$k_c, k_{c1\cdot 1}$	h	z
$\dfrac{\text{N}}{\text{mm}^2}$	mm	1

$k_{c1\cdot 1}$ Hauptwert der spezifischen
Schnittkraft (11.1.4)
z Spanungsdickenexponent
(11.1.4)

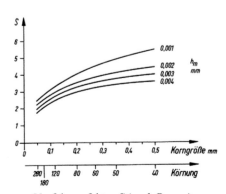

Verfahrensfaktor S (nach Preger)

Fertigungstechnik **11**

11.4.5 Leistungsbedarf

Schnittleistung P_c

$$P_c = \frac{F_{czm} \, z_e \, v_c}{10^3}$$

P_c	F_{czm}	z_e	v_c
kW	N	1	$\dfrac{m}{s}$

F_{czm} Schnittkraft (Mittelwert) nach 11.4.4
v_c Schnittgeschwindigkeit nach 11.4.2

Anzahl der gleichzeitig
schneidenden
Schleifkörner z_e

$$z_e = \frac{d \, \pi \, \Delta\varphi°}{\lambda_{ke} \, 360°}$$

z_e	d	$\Delta\varphi$	λ_{ke}
1	mm	°	mm

d Durchmesser der Schleifscheibe
λ_{ke} effektiver Kornabstand nach 11.4.1

Eingriffswinkel $\Delta\varphi$ für
Außenrundschleifen
(konvexe Oberfläche)

$$\Delta\varphi° \approx \frac{360°}{\pi} \sqrt{\frac{a_e}{d\left(1+\dfrac{d}{d_w}\right)}}$$

a_e Arbeitseingriff nach 11.4.1
d Durchmesser der Schleifscheibe
d_w Durchmesser des Werkstücks

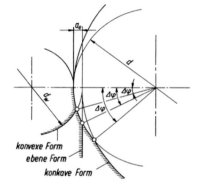

konvexe Form
ebene Form
konkave Form

Eingriffswinkel $\Delta\varphi$ für
Innenrundschleifen
(konkave Oberfläche)

$$\Delta\varphi° \approx \frac{360°}{\pi} \sqrt{\frac{a_e}{d\left(1-\dfrac{d}{d_w}\right)}}$$

Eingriffswinkel $\Delta\varphi$
für Flachschleifen
(ebene Oberfläche)

$$\Delta\varphi° \approx \frac{360°}{\pi} \sqrt{\frac{a_e}{d}}$$

Motorleistung P_m

$$P_m = \frac{P_c}{\eta_g}$$

P_c Schnittleistung
η_g Getriebewirkungsgrad
     $\eta_g = 0{,}4 \dots 0{,}6$ je nach Bauart und Belastungsgrad
     der Maschine

11.4.6 Hauptnutzungszeit

Hauptnutzungszeit t_h
beim Rundschleifen
(Längsschleifen
zwischen Spitzen

$$t_h = \frac{L}{v_{fa}} i = \frac{l_w - \dfrac{B}{3}}{f_a \, n_w} i$$

l_w Werkstücklänge in Schleifrichtung (Längsrichtung)
B Schleifscheibenbreite
f_a Axialvorschub
n_w Drehzahl des Werkstücks

$$n_w = \frac{v_w}{d_w \, \pi}$$

v_w Umfangsgeschwindigkeit des Werkstücks
d_w Durchmesser des Werkstücks

i   Anzahl der erforderlichen Zustellschritte (Schleifhübe):

$$i = \frac{d_w - d_f}{2a_e} \quad \text{Außenrundschleifen}, \quad i = \frac{d_f - d_w}{2a_e} \quad \text{Innenrundschleifen}$$

d_w Durchmesser des Werkstücks (Ausgangsdurchmesser)
d_f Fertigdurchmesser des Werkstücks
a_e Arbeitseingriff

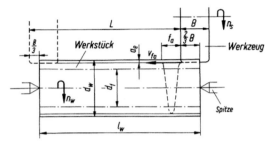

Darstellung gilt sinngemäß auch für das Innenrundschleifen

Hauptnutzungszeit t_h
beim Rundschleifen
(Einstechschleifen)
zwischen Spitzen

$$t_h = \frac{L}{v_{fr}} = \frac{\dfrac{d_w - d_f}{2} + l_a}{f_r \, n_w}$$

d_w Durchmesser des Werkstücks (Ausgangsdurchmesser)
d_f Fertigdurchmesser des Werkstücks
l_a Anlaufweg (Richtwert: 0,1 ... 0,3 mm)
f_r Radialvorschub
n_w Drehzahl des Werkstücks

$$n_w = \frac{v_w}{d_w \, \pi}$$

v_w Umfangsgeschwindigkeit des Werkstücks
d_w Durchmesser des Werkstücks

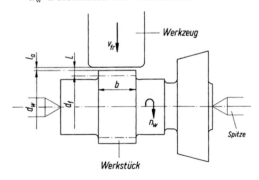

11

Fertigungstechnik

Hauptnutzungszeit t_h
beim spitzenlosen
Rundschleifen
(Durchgangsschleifen)

$$t_h = \frac{L}{v_{fa}} = \frac{i_w l_w + B}{0,95 \, d_r \, \pi \, n_r \sin \alpha}$$

B Schleifscheibenbreite

d_r Durchmesser der Regelscheibe

n_r Drehzahl der Regelscheibe

α Verstellwinkel der Regelscheibe Richtwert für Längsschleifen: $\alpha = 3° \dots 5°$

i_w Anzahl der aufeinander folgenden Werkstücke beim Durchgangsschleifen

l_w Länge des einzelnen Werkstücks

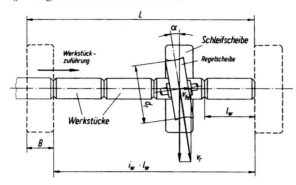

Hauptnutzungszeit t_h
beim spitzenlosen
Rundschleifen
(Einstechschleifen)

$$t_h = \frac{L}{v_{fr}} = \frac{\dfrac{d_w - d_f}{2} + l_a}{f_r \, n_w}$$

d_w Durchmesser des Werkstücks (Ausgangsdurchmesser)

d_f Fertigdurchmesser des Werkstücks

l_a Anlaufweg (Richtwert: 0,1 ... 0,3 mm)

f_r Radialvorschub

n_w Drehzahl des Werkstücks

$$n_w = 0,95 \, n_r \frac{d_r}{d_w}$$

v_w Umfangsgeschwindigkeit des Werkstücks

d_w Durchmesser des Werkstücks

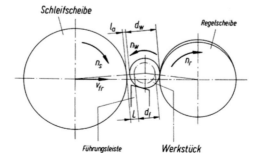

11.5 Biegen

Biegestanzen

Abkantungen bis 200 mm Länge, Biegewinkel 0°... 179°

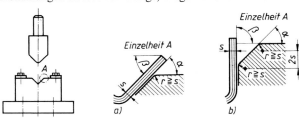

Abkanten

Abkantungen über 200 mm bis 6 m Abkantlänge

11.5.1 Zuschnittlänge L

Biegeteil mit einfachem Winkel

$$L = l_1 + l_b + l_2$$

$$l_b = \frac{\pi r_f \alpha°}{180°}$$

$$r_f = r + x$$

α Biegewinkel

β Innenwinkel, $\beta = 180° - \alpha$

L Zuschnittlänge

l_1, l_2 gegebene Fertigungslängen

l_b Bogenlänge

r Innenbiegeradius $r \geq s$

r_f Fertigungsradius

x Abstand der neutralen Faser vom Innenradius

$$x = \frac{s}{2} \text{ bei } \alpha \leq 30° \mid x = \frac{s}{3} \text{ bei } \alpha > 30°$$

Biegeteil mit Maßangabe bis zum Winkelscheitel

$$L = l_3 + l_4 - v_1$$

$$v_1 = \frac{2(r + s)}{\tan \dfrac{\beta}{2}} - \pi r_f \left(1 - \frac{\beta°}{180°}\right)$$

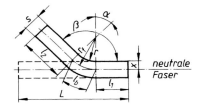

l_3, l_4 gegebene Fertigungslängen

r_f Fertigungsradius

v_1 Verkürzung der gegebenen Maßsumme $l_3 + l_4$

$$x = \frac{s}{2} \text{ bei } \beta \geq 150° \mid x = \frac{s}{3} \text{ bei } \beta < 150°$$

Biegeteil mit Maßangabe
bis zur Bogentangente

$$L = l_5 + l_6 - v_2$$

$$v_2 = 2(r+s) - \pi r_f \left(1 - \frac{\beta^\circ}{180^\circ}\right)$$

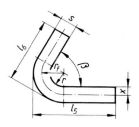

l_5, l_6 gegebene Fertigungslängen

r_f Fertigungsradius

v_1 Verkürzung der gegebenen
      Maßsumme $l_5 + l_6$

$$x = \frac{s}{2} \ \text{bei} \ \beta \ge 150^\circ \ | \ x = \frac{s}{3} \ \text{bei} \ \beta < 150^\circ$$

Doppelbiegeteil

$$L = l_7 + l_8 + l_9 + \frac{\pi}{180^\circ}\left(r_{f1} \cdot \alpha_1^\circ + r_{f2} \cdot \alpha_2^\circ\right)$$

bei $\alpha = 90^\circ$:

$$L = l_7 + l_8 + l_9 + \frac{\pi}{2}\left(r_{f1} + r_{f2}\right)$$

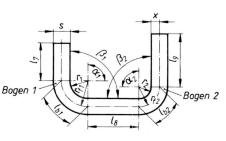

$l_{7..9}$ gegebene Fertigungs-
      längen

r_f Fertigungsradius

$l_{b1..2}$ Länge der Bögen 1 und 2

l_b siehe Biegeteil mit
      einfachem Winkel

$$x = \frac{s}{3} \ \text{bei} \ \beta > 90^\circ \ | \ x = \frac{s}{4} \ \text{bei} \ \beta \le 90^\circ$$

11.5.2 Rückfederung

Biegewinkel und
Biegeradius

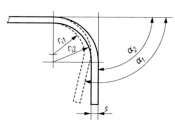

α_1 Biegewinkel beim Biegen im Gesenk $\left.\begin{array}{l} \\ \end{array}\right\} \alpha_1 > \alpha_2$
α_2 Biegewinkel nach der Rückfederung

r_{i2} Biegewinkel nach der Rückfederung
r_{i1} Biegewinkel bei Berücksichtigung der Rückfederung $\left.\begin{array}{l} \\ \end{array}\right\} r_{i2} > r_{i1}$

Rückfederungsdiagramm

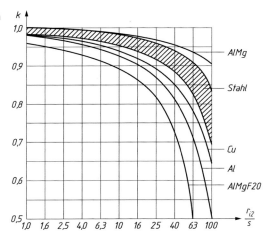

Korrekturwert k

Korrekturwert k in Abhängigkeit von r_{i2}/s:

$$k = \frac{r_{i1} + 0,5s}{r_{i2} + 0,5s} = \frac{\alpha_2}{\alpha_1}$$

Beispiel zur
Rückfederung

Ein Stahlband mit s = 2 mm Dicke soll im Gesenk genau rechtwinklig gebo-
gen werden. Der innere Biegeradius beträgt r_{i2} = 20 mm. Wie muss das
Biegegesenk unter Berücksichtigung der Rückfederung ausgebildet werden?

r_{i2}/s = 20 mm / 2 mm = 10

Korrekturwert aus dem Rückfederungsdiagramm $k \approx 0,96$

Umstellung der Formel für den Korrekturwert k nach r_{i1}:

$$r_{i1} = k(r_{i2} + 0,5s) - 0,5s = 19,16 \text{ mm} \qquad k = \frac{\alpha_2}{\alpha_1}$$

$$\alpha_1 = \frac{\alpha_2}{k} = \frac{90°}{0,96} = 93,75°$$

11.5.3 Berechnung der Biegekraft

Biegekraft F_b

$$F_b = \frac{2 l_b s^2 R_m \varepsilon}{3 l_a}$$

F_b	l_a, l_b, s	R_m	ε
N	mm	$\dfrac{\text{N}}{\text{mm}^2}$	1

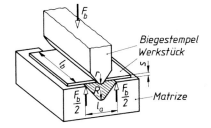

Beiwert ε beücksichtigt die Schlagwirksamkeit:

ε = 2,5   für Bleche mit geringen Dickentoleranzen (± 0,1 mm)

ε = 3,5   für Bleche aus warmgewalztem Flachmaterial

$R_{min} = r + s \qquad r_{min} = s$

11

Fertigungstechnik

11.6 Schneiden

11.6.1 Abschneiden

Parallelschnitt
Schnittkraft F_s

$$F_s = l\, s\, \tau_{aB\,max}$$

F_s	l, s	A_s	τ_{aBmax}
N	mm	mm^2	$\dfrac{N}{mm^2}$

l Schnittlänge
s Blechdicke
τ_{aBmax} Werkstoff-Abscherfestigkeit
$A_s = l\, s$ Schnittquerschnitt

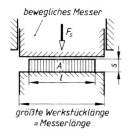

bewegliches Messer

größte Werkstücklänge
= Messerlänge

Schrägschnitt
Schnittkraft F_s

$$F_s = \frac{0,5\, s^2\, \tau_{aB\,max}}{\tan \lambda}$$

F_s	s	A_s	τ_{aBmax}	$\tan \lambda$
N	mm	mm^2	$\dfrac{N}{mm^2}$	1

s Blechdicke
λ $= 2°...6°$ Messeröffnungswinkel

τ_{aBmax} Werkstoff-Abscherfestigkeit
$A_s = 0,5\, s^2 / \tan \lambda$ Schnittquerschnitt

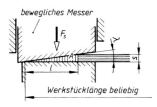

bewegliches Messer

Werkstücklänge beliebig

Trapezschnitt
(für kurze Längen *l*)
Schnittkraft F_s

$$F_s = (s\, l - 0,5\, l^2 \tan \lambda)\tau_{aB\,max}$$

F_s	s, l	A_s	τ_{aBmax}	$\tan \lambda$
N	mm	mm^2	$\dfrac{N}{mm^2}$	1

s Blechdicke
λ $= 2°...6°$ Messeröffnungswinkel

τ_{aBmax} Werkstoff-Abscherfestigkeit
$A_s = s\, l - 0,5\, l^2 \tan \lambda$ Schnittquer-
                                   schnitt
$l < s / \tan \lambda$ Schnittlänge

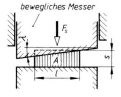

bewegliches Messer

Rollenschnitt
Schnittkraft F_s

$$F_s = \frac{s\, l}{2}\,\tau_{aB\,max}$$

F_s	s, l	A_s	τ_{aBmax}
N	mm	mm^2	$\dfrac{N}{mm^2}$

s Blechdicke
b_{st} Streifenbeite
b_1 Abfallbreite
τ_{aBmax} Werkstoff-Abscherfestigkeit
$A_s = s\, l - 0,5\, l^2 \tan \lambda$ Schnittquerschnitt
$l < s / \tan \lambda$ Schnittlänge

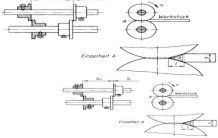

Werkstück

Einzelheit A

Werkstück

Einzelheit A

Abscherfestigkeit τ_{aBmax}
(Richtwerte)

Werkstoff	$\tau_{aB\,max}$ N/mm²	Werkstoff	$\tau_{aB\,max}$ N/mm²
Stahl S235JR	300	Cu, weich	250
	350	Pb, weich	25
S355J2G3 (0,2 % C)	400	Al-Cu-Legierungen	250
E295 (0,3 % C)	450	Al-Mg-Legierungen	200
E355	550	Al 99,5, weich	80
E360	650	Al 99,5, hart gewalzt	150
hart gewalzt		Pappe, weich	20
mit 0,8 % C	900	Pappe, hart, holzfrei	40
nicht rostend		Papier in 20 Lagen	20
weich	550	in 10 Lagen	25
Ms 58, weich	280	in 5 Lagen	50
Ms 63, weich	400	in 1 Lage	150

11

Fertigungstechnik

11.6.2 Ausschneiden, Lochen

Definition

Lochen: Herstellung eines geschlossenen, *innen* geformten Linienzugs.
Größte Werkstoffdicke $s_{max} \approx 45$ mm Walzstahldicke.

Ausschneiden: Herstellung eines geschlossenen, *außen* geformten Linienzugs.
Größte Werkstoffdicke $s_{max} \approx 15$ mm Walzstahldicke.

Schneidwerkzeug mit
Parallelanschliff

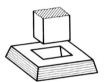

Schnittquerschnitt A_s

$$A_s = s\, U$$

   s Blechdicke des Werkstücks
   U Umfang des Schneidstempels

Schnittkraft F_s

$$F_s = s\, U\, \tau_{aB\,max}$$

F_s	s, U	A_s	τ_{aBmax}
N	mm	mm²	$\dfrac{N}{mm^2}$

Schneidwerkzeug mit
Schräganschliff;
Schneidplatte / Stempel

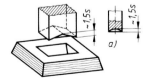

Schräganschliff Schneidplatte   Schräganschliff Stempel

Schnittquerschnitt A_s

$$A_s = 0,7\, s\, U$$

   s Blechdicke des Werkstücks
   U Umfang des Schneidstempels

Schnittkraft F_s

$$F_s = 0,7\, s\, U\, \tau_{aB\,max}$$

F_s	s, U	A_s	τ_{aBmax}
N	mm	mm²	$\dfrac{N}{mm^2}$

11.6.3 Stahlblech – Verarbeitung

Stahlblech-Tafelgrößen

530 mm ·	760 mm	für Qualitätsbleche ab 0,18 mm Dicke
500 mm ·	1 000 mm	⎫
600 mm ·	1 200 mm	⎬ nach Anfrage lieferbare Zwischengrößen
700 mm ·	1 400 mm	⎭
800 mm ·	1 600 mm	für Blechdicken bis 0,75 mm
1 000 mm ·	2 000 mm	für Blechdicken 0,5 mm und darüber (Normalformat)
1 250 mm ·	2 500 mm	für Blechdicken 0,75 mm und darüber (Mittelformat)
1 500 mm ·	3 000 mm	für Blechdicken 1,0 mm und darüber (Großformat)

1-Lochstreifen
für Ronden

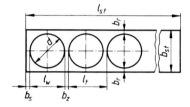

l_{st} Streifenlänge,
l_w Werkstücklänge
l_t Streifenlänge für ein Werkstück
   $l_t = l_w + b_z$
b_t Randstegbreite
b_s Seitenstegbreite
b_z Zwischenstegbreite
b_{st} Streifenbreite

2-Lochstreifen
für Ronden

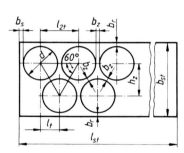

l_{2t} Streifenlänge für zwei Werkstücke
h_z Zwischenhöhe der Werkstück-
      reihen
   $h_z = 0,866 \cdot (d + b_z)$
(alle anderen Längen siehe
1-Lochstreifen)

3-Lochstreifen
für Ronden

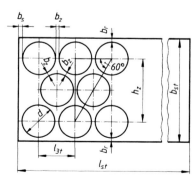

l_{3t} Streifenlänge für drei Werkstücke
h_z Zwischenhöhe der Werkstück-
      reihen
   $h_z = \sqrt{3}(d + b_z)$
(alle anderen Längen siehe
1-Lochstreifen)

Sachwortverzeichnis

Sachwortverzeichnis

Sachwortverzeichnis